Nichtlineare Optimierung

Rüdiger Reinhardt • Armin Hoffmann
Tobias Gerlach

Nichtlineare Optimierung

Theorie, Numerik und Experimente

Springer Spektrum

Dr. rer. nat. habil. Rüdiger Reinhardt
Prof. Dr. rer. nat. habil. Armin Hoffmann
Dr. rer. nat. Tobias Gerlach
Technische Universität Ilmenau
Institut für Mathematik

ISBN 978-3-8274-2948-3 ISBN 978-3-8274-2949-0 (eBook)
DOI 10.1007/978-3-8274-2949-0

Die Deutsche Nationalbibliothek verzeichnet diese Publikation in der Deutschen Nationalbibliografie; detaillierte bibliografische Daten sind im Internet über http://dnb.d-nb.de abrufbar.

Springer Spektrum

Planung und Lektorat: Dr. Andreas Rüdinger, Sabine Bartels
Einbandentwurf: SpieszDesign, Neu-Ulm unter Verwendung einer Abbildung der Autoren

Gedruckt auf säurefreiem und chlorfrei gebleichtem Papier

Springer Spektrum ist eine Marke von Springer DE. Springer DE ist Teil der Fachverlagsgruppe Springer Science+Business Media.
www.springer-spektrum.de

Für Hanna, Hannes, Lion, Luise, Lukas, Marie, Nele, Sophia und Xaver.

Vorwort

Das Gebiet der nichtlinearen Optimierung galt noch bis vor wenigen Jahrzehnten als Spezialgebiet der Angewandten Mathematik, und die Anwendungen waren hauptsächlich in den Natur-, Ingenieur- und auch Wirtschaftswissenschaften zu finden. Dies hat sich heute in zweierlei Hinsicht grundsätzlich geändert. Einerseits gehört das Lehrgebiet Mathematische Optimierung inzwischen zur Standardausbildung in vielen Studiengängen. Andererseits hat die Vielfalt und Anzahl der zu lösenden Optimierungsprobleme stark zugenommen, sodass man heute kaum noch einen uns umgebenden Lebens- oder Arbeitsbereich findet, der nicht in irgendeiner Weise mit der Optimierung verbunden ist. Dementsprechend ist auch die Anzahl der Monographien und Lehrbücher zum Gebiet der mathematischen Optimierung insbesondere in den letzten Jahren stark angewachsen, und es ist natürlich nicht mehr möglich, das Gebiet in nur einem Lehrbuch diesen Umfangs umfassend darzustellen.
Zentraler Gegenstand unseres Buches sind numerische Verfahren zur Lösung glatter nichtlinearer Optimierungsprobleme. Wir geben einerseits eine ausführliche Einführung in die Theorie der nichtlinearen Optimierung sowie wichtiger Lösungsverfahren und ergänzen die Ausführungen durch viele numerische Experimente. Die Besonderheit des Buches liegt darin, dass dem Leser über eine eigens dafür eingerichtete Internetseite

http://www.tu-ilmenau.de/28764

oder

http://www.tu-ilmenau.de/mmor/team/armin-hoffmann/edoptlab/

alle Quelltexte sowohl der Algorithmen als auch der konkreten Experimente, eine Anleitung zur Durchführung der Experimente und die Lösungen der im Buch formulierten Übungsaufgaben zur Verfügung gestellt werden. Die Algorithmen und Experimente sind dabei Bestandteil der zur nichtkommerziellen Nutzung freien Lehrsoftware EdOptLab, die von den Autoren unter der Programmierumgebung Matlab®[1] entwickelt wurde.
Das im Lehrbuch behandelte Teilgebiet der nichtlinearen Optimierung kann somit – je nach Interessenlage des Lesers – ganz unterschiedlich erarbeitet werden. Der vornehmlich an den Algorithmen und ihren Eigenschaften interessierte Leser kann zunächst die numerischen Experimente am PC nachempfinden und dadurch sein Interesse an einem tiefer gehenden Studium der Konvergenzaussagen zu den Algorithmen wecken. Schließlich kann sich der mathematisch stärker interessierte Leser intensiver mit der Motivation und der Theorie von Optimierungsverfahren beschäftigen. Unumgänglich für das Verständnis der Beweise und wichtig für die Motivation der numerischen Verfahren sind dabei die Optimalitätskriterien und Dualitätsbetrachtungen für nichtlineare Optimierungsprobleme.

[1]Matlab®, Symbolic Math Toolbox™ (S. viii) und Optimization Toolbox™ (S. 260) sind eingetragene Warenzeichen der Firma The MathWorks, Inc., U.S.A., www.mathworks.com

Für das Verständnis der theoretischen Teile des Buches ist eine gewisse Vertrautheit des Lesers mit der linearen Algebra und der Analysis erforderlich – etwa in dem Umfang, wie diese Gebiete im Grundkurs Mathematik für Studierende der Natur- oder Ingenieurwissenschaften gelehrt werden. Die Inhalte haben wir für das Selbstverständnis des Buches im Abschnitt 1.1 zum Nachschlagen zusammengestellt.
Es ist nicht das Ziel der umfangreichen numerischen Experimente (etwa 100 Seiten), die Lösungsverfahren durch Benchmarktests miteinander zu vergleichen, sondern es werden durch speziell ausgewählte Testbeispiele typische Verhaltensweisen der Algorithmen aufgezeigt, die sich häufig nicht in mathematischen Sätzen fassen lassen. Dabei wurde auf möglichst aussagekräftige Grafiken und Tabellen Wert gelegt. Da die Quellfiles und die Testbeispiele editierbar bzw. erweiterbar sind, kann der Leser die Programmierumgebung EdOptLab durch weitere Beispiele und Algorithmen ergänzen, wobei sowohl die grafischen als auch die tabellarischen Ausgaben von EdOptLab genutzt werden können.
Vorteilhaft für den Nutzer von EdOptLab ist weiterhin, dass die Ableitungen der Funktionen, die das Optimierungsproblem definieren, auf drei unterschiedliche Arten gebildet werden können: Durch numerische Differenziation (ND), durch symbolische Differenziation (SD) unter Verwendung der Symbolic Math Toolbox von Matlab und schließlich durch Anbindung der Toolbox Intlab (siehe Rump (1999)) zur Automatischen Differenziation (AD), die der Autor für nichtkommerzielle Nutzung frei zur Verfügung stellt.
Herrn Prof. Dr. Siegfried Rump von der Technischen Universität Hamburg-Harburg sei an dieser Stelle ausdrücklich für die Erlaubnis zur Verwendung seiner AD-Toolbox unter EdOptLab gedankt.
Wir vermeiden es, im Vorwort den Inhalt der einzelnen Kapitel aufzuzählen – darüber gibt das Inhaltsverzeichnis vollständigen Aufschluss. Ergänzend soll gesagt werden, dass das Buch Resultat von Vorlesungen, Übungen und Praktika zur nichtlinearen Optimierung an der Technischen Universität Ilmenau ist.
Bei aller Sorgfalt sind Fehler im Buch und im Programmsystem nicht auszuschließen. Wir sind daher allen Lesern für diesbezügliche Hinweise per e-Mail an

`armin.hoffmann@tu-ilmenau.de`

dankbar.

Herrn Dr. Andreas Rüdinger und Frau Sabine Bartels vom Spektrum Akademischer Verlag danken wir für die sehr angenehme und konstruktive Zusammenarbeit und ihre unendliche Geduld bei der Entstehung dieses Buches.

Ilmenau, im Juli 2012

Rüdiger Reinhardt, Armin Hoffmann, Tobias Gerlach

Inhaltsverzeichnis

1 Grundlagen

Übersicht

1.1 Grundlagen aus der linearen Algebra und der mehrdimensionalen Analysis

Zunächst wollen wir einige Grundlagen aus der linearen Algebra und der mehrdimensionalen Analysis zusammenstellen. Hierbei werden wir auf Beweise verzichten und verweisen diesbezüglich auf einschlägige Lehrbücher, wie beispielsweise Burg et al. (2008), Dallmann und Elster (1991, 1991, 1992), Dieudonné (1987), Heuser (2009, 2008) und Hoffmann et al. (2005, 2006).

Mit $\mathbb{N} = \{0, 1, 2, \cdots\}$ wird die Menge der natürlichen Zahlen und mit $\mathbb{Z}$, $\mathbb{R}$ bzw. $\mathbb{C}$ die Menge der ganzen, reellen bzw. komplexen Zahlen bezeichnet. Weiterhin sei für Mengen $X_1,\ X_2,\ \cdots,\ X_n$ ihr Kreuzprodukt $X_1 \times X_2 \times \cdots X_n$ definiert durch $X_1 \times X_2 \times \cdots X_n := \{(x_1,\ x_2,\ \cdots,\ x_n) \mid x_i \in X_i,\ i = 1,\ 2,\ \cdots,\ n\}$. Sind X und Y zwei Mengen, dann bezeichnen $|X|$ bei endlichen Mengen die Anzahl der Elemente von X, $X \cup Y := \{x \mid x \in X \text{ oder } x \in Y\}$ die Vereinigung, $X \cap Y := \{x \mid x \in X \text{ und } x \in Y\}$ den Durchschnitt, $X \setminus Y := \{x \mid x \in X \text{ und } x \notin Y\}$ die Mengendifferenz von X und Y sowie $F:\ X \to Y$ eine Funktion aus X nach Y. Eine solche Funktion F wird im Weiteren auch als Abbildung bzw. Operator bezeichnet. Im Allgemeinen ist die Funktion F nur auf einer Teilmenge D von X erklärt. Für $G \subset X$ und $B \subset Y$ heißen die Mengen

$$F(G) := \{F(x) \mid x \in G \cap D\} \quad \text{bzw.} \quad F^{-1}(B) := \{x \in D \mid F(x) \in B\}$$

Bild von G bzgl. F bzw. *Urbild* von B bzgl. F. Schreiben wir explizit $F:\ D \subset X \to Y$, dann ist D der (für unsere Betrachtungen benötigte) *Definitionsbereich* der Funktion F.

Betrachten wir in späteren Formulierungen die Funktion $F: X \to Y$ auf bzw. über einer Menge M, dann vereinbaren wir, dass der Definitionsbereich der Funktion F die Menge M umfasst.

Definition 1.1

Eine Menge X von Vektoren heißt *linearer Raum* oder *Vektorraum* über dem Körper der reellen Zahlen $\mathbb{R}$ (kurz *reeller Vektorraum*), wenn für den auf der Menge X definierten zweistelligen Operator $\oplus : X \times X \to X$ die Eigenschaften **V1**, $\cdots$, **V4** erfüllt sind sowie eine Multiplikation $\odot : \mathbb{R} \times X \to X$ mit den Eigenschaften **V5**, $\cdots$, **V8** definiert ist:

(V1) $\forall \boldsymbol{x}, \boldsymbol{y}, \boldsymbol{z} \in X : (\boldsymbol{x} \oplus \boldsymbol{y}) \oplus \boldsymbol{z} = \boldsymbol{x} \oplus (\boldsymbol{y} \oplus \boldsymbol{z})$ (Assoziativität bzgl. $\oplus$).

(V2) $\forall \boldsymbol{x}, \boldsymbol{y} \in X : \boldsymbol{x} \oplus \boldsymbol{y} = \boldsymbol{y} \oplus \boldsymbol{x}$ (Kommutativität bzgl. $\oplus$).

(V3) $\exists \mathbf{0} \in X \; \forall \boldsymbol{x} \in X : \boldsymbol{x} \oplus \mathbf{0} = \boldsymbol{x}$ (Existenz des Nullelementes bzgl. $\oplus$).

(V4) $\forall \boldsymbol{x} \in X \; \exists \boldsymbol{y} := (-\boldsymbol{x}) \in X : \boldsymbol{x} \oplus \boldsymbol{y} = \mathbf{0}$ (Existenz des inversen Elementes bzgl. $\oplus$).

(V5) $\forall \boldsymbol{x}, \boldsymbol{y} \in X \; \forall \alpha \in \mathbb{R} : \alpha \odot (\boldsymbol{x} \oplus \boldsymbol{y}) = \alpha \odot \boldsymbol{x} \oplus \alpha \odot \boldsymbol{y}$ („1. Distributivgesetz").

(V6) $\forall \boldsymbol{x} \in X \; \forall \alpha, \beta \in \mathbb{R} : (\alpha + \beta) \odot \boldsymbol{x} = \alpha \odot \boldsymbol{x} \oplus \beta \odot \boldsymbol{x}$ („2. Distributivgesetz").

(V7) $\forall \boldsymbol{x} \in X \; \forall \alpha, \beta \in \mathbb{R} : (\alpha\beta) \odot \boldsymbol{x} = \alpha \odot (\beta \odot \boldsymbol{x})$ („Assoziativität" bzgl. $\odot$).

(V8) $\forall \boldsymbol{x} \in X : 1 \odot \boldsymbol{x} = \boldsymbol{x}$ (Normierung).

Wir betrachten im Folgenden nur reelle Vektorräume mit der zusätzlichen Eigenschaft

(V9) $\forall \boldsymbol{x} \in X \; \forall \alpha \in \mathbb{R} : \alpha \odot \boldsymbol{x} = \boldsymbol{x} \odot \alpha$ (Kommutativität bzgl. $\odot$).

Um dem Leser zu verdeutlichen, dass in einem Vektorraum vier Operationen (die Addition von Vektoren „$\oplus$", die Addition von Zahlen „$+$", die Multiplikation von Zahlen mit Vektoren „$\odot$" und die Multiplikation von Zahlen) benutzt werden, haben wir in der Definition 1.1 dies durch die unterschiedlichen Operationssymbole hervorgehoben. Im Weiteren werden wir anstelle von „$\oplus$" stets das übliche Additionszeichen „$+$" benutzen und das Multiplikationszeichen „$\odot$" wie üblich weglassen.

Ein Beispiel für einen Vektorraum ist natürlich der n-dimensionale euklidische Raum $\mathbb{R}^n$ mit der üblichen Vektoraddition bzw. der üblichen Multiplikation mit einem Skalar. Ein Element $\boldsymbol{x} \in \mathbb{R}^n$ wird im Weiteren generell als Spaltenvektor in kartesischen Koordinaten aufgefasst. Für einen Vektor

$$\boldsymbol{x} = \begin{pmatrix} x_1 \\ \vdots \\ x_n \end{pmatrix} \in \mathbb{R}^n \text{ definieren wir } \boldsymbol{x}^T := \begin{pmatrix} x_1, \cdots, x_n \end{pmatrix},$$

und wir vereinbaren für $\boldsymbol{x}, \boldsymbol{y} \in \mathbb{R}^n$ die Schreibweisen

$$\begin{aligned}
\boldsymbol{x} = \boldsymbol{y} \quad &\Leftrightarrow \quad x_i = y_i, \\
\boldsymbol{x} \geq \boldsymbol{y} \quad &\Leftrightarrow \quad x_i \geq y_i, \\
\boldsymbol{x} > \boldsymbol{y} \quad &\Leftrightarrow \quad x_i > y_i, \\
\boldsymbol{x} \leq \boldsymbol{y} \quad &\Leftrightarrow \quad x_i \leq y_i \text{ und} \\
\boldsymbol{x} < \boldsymbol{y} \quad &\Leftrightarrow \quad x_i < y_i
\end{aligned}$$

für alle $i \in \{1, \cdots, n\}$. Offensichtlich gelten die folgenden Eigenschaften:

(1) (Reflexivität) $\forall \boldsymbol{x} \in \mathbb{R}^n : \boldsymbol{x} \leq \boldsymbol{x}$.

(2) (Antisymmetrie) $\forall \boldsymbol{x}, \boldsymbol{y} \in \mathbb{R}^n : \boldsymbol{x} \leq \boldsymbol{y}$ und $\boldsymbol{y} \leq \boldsymbol{x} \Rightarrow \boldsymbol{x} = \boldsymbol{y}$.

(3) (Transitivität) $\forall \boldsymbol{x}, \boldsymbol{y}, \boldsymbol{z} \in \mathbb{R}^n : \boldsymbol{x} \leq \boldsymbol{y}$ und $\boldsymbol{y} \leq \boldsymbol{z} \Rightarrow \boldsymbol{x} \leq \boldsymbol{z}$.

(4) $\forall \boldsymbol{x}, \boldsymbol{y} \in \mathbb{R}^n \; \forall \alpha \in \mathbb{R} : \boldsymbol{x} \leq \boldsymbol{y}$ und $\alpha \geq 0$ bzw. $\alpha \leq 0 \Rightarrow \alpha\boldsymbol{x} \leq \alpha\boldsymbol{y}$ bzw. $\alpha\boldsymbol{x} \geq \alpha\boldsymbol{y}$.

(5) $\forall \boldsymbol{x}, \boldsymbol{y}, \boldsymbol{z} \in \mathbb{R}^n : \boldsymbol{x} \leq \boldsymbol{y} \Rightarrow \boldsymbol{x} + \boldsymbol{z} \leq \boldsymbol{y} + \boldsymbol{z}$ und $\boldsymbol{x} - \boldsymbol{z} \leq \boldsymbol{y} - \boldsymbol{z}$.

Ferner definieren wir

$$\mathbb{R}_+ := \{x \in \mathbb{R} \mid x \geq 0\}, \; \mathbb{R}_{++} := \{x \in \mathbb{R} \mid x > 0\}, \; \mathbb{R}^n_+ := \{\boldsymbol{x} \in \mathbb{R}^n \mid \boldsymbol{x} \geq \boldsymbol{0}\}$$

und $\overline{\mathbb{R}} := \mathbb{R} \cup \{-\infty, \infty\}$. Für eine Matrix

$$A = (a_{ij})_{mn} = \begin{pmatrix} a_{11} & \cdots & a_{1n} \\ \vdots & \ddots & \vdots \\ a_{m1} & \cdots & a_{mn} \end{pmatrix} \in \mathbb{R}^{(m,n)}$$

wird mit

$$A^T := \begin{pmatrix} a_{11} & \cdots & a_{m1} \\ \vdots & \ddots & \vdots \\ a_{1n} & \cdots & a_{mn} \end{pmatrix} \in \mathbb{R}^{(n,m)}$$

die *transponierte* Matrix von A bezeichnet. Eine Matrix $A \in \mathbb{R}^{(m,n)}$ heißt *obere Dreiecksmatrix*, *untere Dreiecksmatrix* bzw. *Diagonalmatrix*, wenn $a_{ij} = 0$ für alle $i > j$, für alle $i < j$ bzw. für alle $i \neq j$ gilt. Ferner sei $\operatorname{diag}(a_1, \cdots, a_n)$ die Diagonalmatrix $A \in \mathbb{R}^{(n,n)}$ mit den Hauptdiagonalelementen $a_{11} = a_1, \ldots, a_{nn} = a_n$. Offensichtlich ist der Raum aller reellen (m, n)-Matrizen mit

$$A + B = (a_{ij})_{mn} + (b_{ij})_{mn} := (a_{ij} + b_{ij})_{mn}$$

und

$$\alpha A = \alpha(a_{ij})_{mn} := (\alpha a_{ij})_{mn}$$

ein weiteres Beispiel für einen Vektorraum.
Eine quadratische Matrix $A \in \mathbb{R}^{(n,n)}$ heißt *symmetrisch*, wenn $A = A^T$ gilt. Wir definieren das *Kronecker-Symbol*

$$\delta_{ij} := \begin{cases} 1, & \text{falls } i = j \text{ und} \\ 0, & \text{sonst.} \end{cases} .$$

und bezeichnen mit

$$E_n := (\delta_{ij})_{nn} = \begin{pmatrix} 1 & 0 & \cdots & 0 \\ 0 & 1 & \cdots & 0 \\ \vdots & \vdots & \ddots & \vdots \\ 0 & 0 & \cdots & 1 \end{pmatrix} = \left(\boldsymbol{e}_1, \ \cdots, \ \boldsymbol{e}_n \right)$$

die n-dimensionale *Einheitsmatrix* bestehend aus den n-dimensionalen *Einheitsvektoren* $\boldsymbol{e}_1, \ \cdots, \ \boldsymbol{e}_n$.
Wir nennen die Vektoren $\boldsymbol{x}^1, ..., \boldsymbol{x}^r$ eines Vektorraumes X *linear unabhängig*, wenn die Gleichung $\sum_{i=1}^{r} \lambda_i \boldsymbol{x}^i = \boldsymbol{0}$ nur die Lösung $\lambda_1 = \cdots = \lambda_r = 0$ besitzt. Andernfalls werden die Vektoren *linear abhängig* genannt. Eine Menge von Vektoren aus X heißt linear unabhängig, wenn jede endliche Auswahl linear unabhängig ist. Die eindeutig bestimmte maximale Anzahl linear unabhängiger Vektoren aus X nennen wir die *Dimension* von X (kurz $\dim X$). Die zugehörigen Vektoren bilden eine *Basis* von X.
Der *Rang* einer Matrix $A \in \mathbb{R}^{(m,n)}$ ist die maximale Anzahl ihrer linear unabhängigen Spaltenvektoren $\boldsymbol{a}_j := (a_{1j}, a_{2j}, \ldots, a_{mj})^T \in \mathbb{R}^m$ mit $j \in \{1, 2, \ldots, n\}$ bzw. der maximalen Anzahl ihrer linear unabhängigen Zeilenvektoren $(\boldsymbol{a}^i)^T := (a_{i1}, a_{i2}, \ldots, a_{in}) \in \mathbb{R}^n$ mit $i \in \{1, 2, \ldots, m\}$ und wird mit $\operatorname{rang} A$ bezeichnet. Ein inhomogenes lineares Gleichungssystem $A\boldsymbol{x} = \boldsymbol{b}$ mit $A = (\boldsymbol{a}_1, \ldots, \boldsymbol{a}_n) \in \mathbb{R}^{(m,n)}$, $\boldsymbol{x} \in \mathbb{R}^n$ und $\boldsymbol{b} \in \mathbb{R}^m$ ist genau dann lösbar, wenn der Rang von A gleich dem Rang der erweiterten Koeffizientenmatrix $(A, b) := (\boldsymbol{a}_1, \ldots, \boldsymbol{a}_n, \boldsymbol{b}) \in \mathbb{R}^{(m,n+1)}$ ist.

Definition 1.2
Es sei X ein reeller Vektorraum. Eine Abbildung $\langle \cdot, \cdot \rangle : X \times X \to \mathbb{R}$ heißt *Skalarprodukt* auf X, wenn die folgenden Eigenschaften erfüllt sind:

(S1) $\forall \boldsymbol{x} \in X : \langle \boldsymbol{x}, \boldsymbol{x} \rangle \geq 0$ (Nichtnegativität).

(S2) $\forall \boldsymbol{x} \in X : \langle \boldsymbol{x}, \boldsymbol{x} \rangle = 0 \Leftrightarrow \boldsymbol{x} = \boldsymbol{0}$ (Definitheit).

(S3) $\forall \boldsymbol{x}, \boldsymbol{y}, \boldsymbol{z} \in X \ \forall \alpha, \beta \in \mathbb{R} : \langle \alpha \boldsymbol{x} + \beta \boldsymbol{y}, \boldsymbol{z} \rangle = \alpha \langle \boldsymbol{x}, \boldsymbol{z} \rangle + \beta \langle \boldsymbol{y}, \boldsymbol{z} \rangle$ (Linearität).

(S4) $\forall \boldsymbol{x}, \boldsymbol{y} \in X : \langle \boldsymbol{x}, \boldsymbol{y} \rangle = \langle \boldsymbol{y}, \boldsymbol{x} \rangle$ (Symmetrie).

Zwei Vektoren $\boldsymbol{x}, \boldsymbol{y} \in X$ heißen *orthogonal* zueinander, wenn $\langle \boldsymbol{x}, \boldsymbol{y} \rangle = 0$ gilt. Ist X ein linearer Raum der Dimension n, dann bilden die Vektoren $\{\boldsymbol{u}_1, \cdots, \boldsymbol{u}_m\} \subset X \setminus \{\boldsymbol{0}\}$ mit $m \leq n$ ein *Orthogonalsystem* in X, wenn alle diese Vektoren paarweise zueinander orthogonal sind. Besitzen diese Vektoren zusätzlich die Länge 1, so wird die Menge $\{\boldsymbol{u}_1, \cdots, \boldsymbol{u}_m\}$ als *Orthonormalsystem* (kurz *ONS*) in X bezeichnet. Ein Orthonormalsystem mit $m = n$ wird als *Orthonormalbasis* (kurz *ONB*) von X bezeichnet.

Für das *übliche Skalarprodukt* auf $\mathbb{R}^n$ definiert durch $\langle \boldsymbol{x}, \boldsymbol{y} \rangle := \boldsymbol{x}^T \boldsymbol{y}$ bildet die sogenannte *kanonische Basis* $\{\boldsymbol{e}_1, \ \cdots, \ \boldsymbol{e}_n\}$ eine Orthonormalbasis des $\mathbb{R}^n$. Weiterhin ist für eine symmetrische Matrix $Q \in \mathbb{R}^{(n,n)}$ mit $\boldsymbol{x}^T Q \boldsymbol{x} \geq 0$ für alle $\boldsymbol{x} \in \mathbb{R}^n$

$$\langle \boldsymbol{x}, \boldsymbol{y} \rangle_Q := \boldsymbol{x}^T Q \boldsymbol{y}$$

genau dann ein Skalarprodukt auf $\mathbb{R}^n$, wenn $\boldsymbol{x}^T Q \boldsymbol{x} = 0$ nur für $\boldsymbol{x} = \boldsymbol{0}$ gilt.
Die folgende Ungleichung wird im Weiteren von großer Bedeutung sein.

Lemma 1.3
In einem Vektorraum X mit Skalarprodukt $\langle \cdot, \cdot \rangle : X \times X \to \mathbb{R}$ gilt für alle $\boldsymbol{x}, \boldsymbol{y} \in X$ die *Cauchy-Schwarzsche-Ungleichung*

$$|\langle \boldsymbol{x}, \boldsymbol{y} \rangle| \leq \sqrt{\langle \boldsymbol{x}, \boldsymbol{x} \rangle} \sqrt{\langle \boldsymbol{y}, \boldsymbol{y} \rangle} \ .$$

Definition 1.4
Es sei X eine nichtleere Menge. Eine Abbildung $d : X \times X \to \mathbb{R}$ wird *Metrik* auf X genannt, wenn sie die folgenden Eigenschaften erfüllt:

(M1) $\forall \boldsymbol{x}, \boldsymbol{y} \in X : d(\boldsymbol{x}, \boldsymbol{y}) \geq 0$ (Nichtnegativität).

(M2) $\forall \boldsymbol{x}, \boldsymbol{y} \in X : d(\boldsymbol{x}, \boldsymbol{y}) = 0 \Leftrightarrow \boldsymbol{x} = \boldsymbol{y}$ (Definitheit).

(M3) $\forall \boldsymbol{x}, \boldsymbol{y} \in X : d(\boldsymbol{x}, \boldsymbol{y}) = d(\boldsymbol{y}, \boldsymbol{x})$ (Symmetrie).

(M4) $\forall \boldsymbol{x}, \boldsymbol{y}, \boldsymbol{z} \in X : d(\boldsymbol{x}, \boldsymbol{y}) \leq d(\boldsymbol{x}, \boldsymbol{z}) + d(\boldsymbol{z}, \boldsymbol{y})$ (Dreiecksungleichung).

Die mit dieser Metrik versehene Menge X heißt *metrischer Raum*.

Offensichtlich stimmen die hier aufgeführten Eigenschaften völlig mit den intuitiven Vorstellungen bzgl. eines Abstandsbegriffes für $X = \mathbb{R}^n$ überein.
Wir geben jetzt einen kurzen Abriss über einige wichtige topologische Begriffe in metrischen Räumen. Dafür seien bis auf Weiteres X ein metrischer Raum mit zugehöriger Metrik $d : X \times X \to \mathbb{R}$, $\boldsymbol{x} \in X$ und $r \in \mathbb{R}$ mit $r > 0$. Mit $U_r(\boldsymbol{x}) := \{\boldsymbol{y} \in X \mid d(\boldsymbol{y}, \boldsymbol{x}) < r\}$ bzw. $\bar{U}_r(\boldsymbol{x}) := \{\boldsymbol{y} \in X \mid d(\boldsymbol{y}, \boldsymbol{x}) \leq r\}$ bezeichnen wir die *(offene) Kugel* bzw. *abgeschlos-*

sene Kugel um $\boldsymbol{x}$ mit dem Radius $r > 0$. Je nach Auswahl der Metrik und der zugrunde gelegten Menge X können offene und abgeschlossene Kugeln verschiedene geometrische Formen haben. Ein Punkt $\boldsymbol{x} \in M$ mit $M \subset X$ wird als *isolierter Punkt* von M bezeichnet, wenn ein $\bar{r} > 0$ existiert mit $M \cap U_{\bar{r}}(x) = \{\boldsymbol{x}\}$. Eine Menge $M \subset X$ heißt *beschränkt*, wenn sie in einer Kugel mit endlichem Radius enthalten ist. Andernfalls nennen wir sie *unbeschränkt*. Eine *Umgebung* von $\boldsymbol{x}$ ist eine Menge $U \subset X$, die für einen hinreichend kleinen Radius $\varepsilon > 0$ eine Kugel $U_\varepsilon(\boldsymbol{x})$ enthält. Die Kugel $U_\varepsilon(\boldsymbol{x})$ wird *ε-Umgebung* von $\boldsymbol{x}$ genannt. Ist X Teilmenge eines Vektorraumes und gilt speziell $\boldsymbol{x} = \boldsymbol{0} \in X$, so sprechen wir von einer *Nullumgebung*. Eine Menge $M \subset X$ heißt *offen*, wenn für jeden ihrer Punkte $\boldsymbol{x}$ ein $\varepsilon > 0$ mit $U_\varepsilon(x) \subset M$ existiert oder wenn M leer ist. Die Vereinigung beliebig vieler offener Mengen und der Durchschnitt endlich vieler offener Mengen ist wieder eine offene Menge. Demgegenüber heißt die Menge M *abgeschlossen*, wenn ihr Komplement $X \setminus M$ offen ist. Die Vereinigung endlich vieler abgeschlossener Mengen und der Durchschnitt beliebig vieler abgeschlossener Mengen ist wieder eine abgeschlossene Menge. Die leere Menge und der gesamte Raum X sind damit gleichzeitig offene und abgeschlossene Mengen. Weiterhin definieren wir $\operatorname{int} M$ als die größte offene Teilmenge von M und $\operatorname{cl} M$ als die kleinste abgeschlossene Obermenge von M. Die Mengen $\operatorname{int} M$ bzw. $\operatorname{cl} M$ heißen *innerer Kern* bzw. *Abschluss* der Menge M. Für offene Mengen bzw. abgeschlossene Mengen M gilt somit $M = \operatorname{int} M$ bzw. $M = \operatorname{cl} M$. Jeder Punkt $\boldsymbol{x} \in \operatorname{int} M$ wird als *innerer Punkt*, und jeder Punkt $\boldsymbol{x} \in \partial M := \operatorname{cl} M \setminus \operatorname{int} M$ wird als *Randpunkt* der Menge M bezeichnet.

Für jede Metrik $d : X \times X \to \mathbb{R}$ im Raum X lässt sich für Folgen $\{\boldsymbol{x}^k\}_{k\in\mathbb{N}}$ aus X (kurz: $\{\boldsymbol{x}^k\}_{k\in\mathbb{N}} \subset X$) gemäß

$$\{\boldsymbol{x}^k\}_{k\in\mathbb{N}} \textit{ konvergiert } \text{gegen } \boldsymbol{x}^* \in X \Leftrightarrow \lim_{k\to\infty} d(\boldsymbol{x}^*, \boldsymbol{x}^k) = 0$$

ein Konvergenzbegriff definieren. Wir bezeichnen $\boldsymbol{x}^*$ als *Grenzwert* der Folge $\{\boldsymbol{x}^k\}_{k\in\mathbb{N}}$ und schreiben kurz $\lim_{k\to\infty} \boldsymbol{x}^k = \boldsymbol{x}^*$. Ein Punkt $\boldsymbol{x}^* \in X$ ist genau dann Grenzwert einer Folge $\{\boldsymbol{x}^k\}_{k\in\mathbb{N}} \subset X$, wenn für alle $\varepsilon > 0$ ein $k_0(\varepsilon) \in \mathbb{N}$ existiert, sodass $\boldsymbol{x}^k \in U_\varepsilon(\boldsymbol{x}^*)$ für alle $k > k_0(\varepsilon)$ gilt. Mit anderen Worten ist $\boldsymbol{x}^*$ also genau dann Grenzwert der Folge $\{\boldsymbol{x}^k\}_{k\in\mathbb{N}}$, wenn für alle $\varepsilon > 0$ nur endlich viele Folgenglieder nicht in $U_\varepsilon(\boldsymbol{x}^*)$ liegen. In metrischen Räumen besitzt jede konvergente Folge genau einen Grenzwert. Demgegenüber heißt ein Punkt $\boldsymbol{x}^* \in X$ *Häufungspunkt* einer Folge $\{\boldsymbol{x}^k\}_{k\in\mathbb{N}} \subset X$, wenn für alle $\varepsilon > 0$ unendlich viele Folgenglieder $\boldsymbol{x}^k$ in $U_\varepsilon(\boldsymbol{x}^*)$ liegen. Damit ist jeder Grenzwert einer Folge in X auch ein Häufungspunkt. Eine Folge $\{\boldsymbol{x}^k\}_{k\in\mathbb{N}} \subset X$ heißt *Cauchy-Folge* wenn für alle $\varepsilon > 0$ ein $k_0(\varepsilon) \in \mathbb{N}$ existiert, sodass $d(\boldsymbol{x}^m, \boldsymbol{x}^n) < \varepsilon$ für alle $m, n \geq k_0(\varepsilon)$ gilt. Offensichtlich ist jede konvergente Folge auch eine Cauchy-Folge. Die Umkehrung dieser Aussage gilt nicht für alle metrischen Räume. Ein metrischer Raum heißt *vollständig*, wenn jede Cauchy-Folge in X einen Grenzwert in X besitzt. Eine Teilmenge M eines metrischen Raumes X heißt *kompakt*, wenn jede Folge aus M eine in M konvergente Teilfolge enthält. Weiterhin ist eine Menge $M \subset \mathbb{R}^n$ genau dann kompakt, wenn sie sowohl beschränkt als auch abgeschlossen ist.

Definition 1.5 (Norm)
Eine Abbildung $\|\cdot\| : X \to \mathbb{R}$ heißt *Norm* im Vektorraum X, wenn die folgenden Eigenschaften erfüllt sind:

(N1) $\forall \boldsymbol{x} \in X : \|\boldsymbol{x}\| \geq 0$ (Nichtnegativität).

(N2) $\forall \boldsymbol{x} \in X : \|\boldsymbol{x}\| = 0 \Leftrightarrow \boldsymbol{x} = \boldsymbol{0}$ (Definitheit).

(N3) $\forall \boldsymbol{x} \in X \; \forall \alpha \in \mathbb{R} : \|\alpha \boldsymbol{x}\| = |\alpha| \; \|\boldsymbol{x}\|$ (Homogenität).

(N4) $\forall \boldsymbol{x}, \boldsymbol{y} \in X : \|\boldsymbol{x} + \boldsymbol{y}\| \leq \|\boldsymbol{x}\| + \|\boldsymbol{y}\|$ (Dreiecksungleichung).

Natürlich erzeugt eine Norm im Vektorraum X mittels der (kanonischen) Metrik $d(\boldsymbol{x}, \boldsymbol{y}) := \|\boldsymbol{x} - \boldsymbol{y}\|$ auf jeder Teilmenge einen metrischen Raum. Die beiden folgenden Eigenschaften einer Norm ergeben sich unmittelbar aus der Definition.

Lemma 1.6
(a) Für eine beliebige Norm $\|\cdot\|$ im Vektorraum X und alle $\boldsymbol{x}, \boldsymbol{y} \in X$ gilt

$$\big|\|\boldsymbol{x}\| - \|\boldsymbol{y}\|\big| \leq \|\boldsymbol{x} - \boldsymbol{y}\| .$$

(b) Für eine beliebige Norm $\|\cdot\|$ in X und alle $\boldsymbol{x}_1, \cdots, \boldsymbol{x}_m \in X$ sowie $\alpha_1, \cdots, \alpha_m \in \mathbb{R}$ gilt

$$\|\sum_{i=1}^{m} \alpha_i \boldsymbol{x}_i\| \leq \sum_{i=1}^{m} |\alpha_i| \; \|\boldsymbol{x}_i\| .$$

Beispiel 1.7
Für jedes $p \in \mathbb{N}$ mit $p \geq 1$ ist durch $\|\cdot\|_p : \mathbb{R}^n \to \mathbb{R}$ mit $\|\boldsymbol{x}\|_p := \left(\sum\limits_{i=1}^{n} |x_i|^p\right)^{\frac{1}{p}}$ eine Norm im $\mathbb{R}^n$ definiert. Für spezielle Werte von p ergeben sich die folgenden Normen:

- $p = 1$: $\|\boldsymbol{x}\|_1 := \sum\limits_{i=1}^{n} |x_i|$ (l_1- *oder Betragssummennorm*)
- $p = 2$: $\|\boldsymbol{x}\|_2 := \sqrt{\sum\limits_{i=1}^{n} x_i^2} = \sqrt{\boldsymbol{x}^T \boldsymbol{x}}$ (l_2- *oder euklidische Norm*)
- $p = \infty$: $\|\boldsymbol{x}\|_\infty := \max\limits_{1 \leq i \leq n} |x_i|$ (l_∞- *oder Maximumnorm*) ■

Allgemein wird in einem Vektorraum mit Skalarprodukt durch $\|\boldsymbol{x}\| := \sqrt{\langle \boldsymbol{x}, \boldsymbol{x} \rangle}$ eine Norm (*die sogenannte induzierte Norm*) definiert. Ein mit einer Norm versehener Vektorraum wird *normierter Raum* genannt. Ein bezüglich der (kanonischen) Metrik vollständiger normierter Raum heißt *Banach-Raum*. Schließlich wird ein mit einem Skalarprodukt $\langle \cdot, \cdot \rangle : X \times X \to \mathbb{R}$ versehener Vektorraum X, der als normierter Raum bzgl.

der (kanonischen) Metrik vollständig ist, *Hilbert-Raum* genannt. In einem Banach- bzw. Hilbert-Raum ist jede abgeschlossene Teilmenge bzgl. der (kanonischen) Metrik ein vollständiger metrischer Raum.
Das folgende Lemma zeigt, dass in endlichdimensionalen normierten Räumen alle Normen äquivalent sind.

Lemma 1.8
Für zwei beliebige Normen $\|\cdot\|$ und $\|\cdot\|'$ im endlichdimensionalen Vektorraum X existieren stets Konstanten $C_1, C_2 > 0$ mit

$$C_1\|\boldsymbol{x}\|' \leq \|\boldsymbol{x}\| \leq C_2\|\boldsymbol{x}\|'$$

für alle $\boldsymbol{x} \in X$.

Wir möchten bemerken, dass in endlichdimensionalen normierten Vektorräumen X mit Lemma 1.8 natürlich alle durch Normen definierten topologischen Begriffe unabhängig von der gewählten Norm sind.
Der Vektorraum $\mathbb{R}^{(m,n)}$ kann ebenfalls auf vielfältige Weise normiert werden. Ein Beispiel sind die sogenannten induzierten Matrixnormen.

Definition 1.9
Es sei $A \in \mathbb{R}^{(m,n)}$. Für beliebige Normen $\|\cdot\| : \mathbb{R}^n \to \mathbb{R}$ sowie $\|\cdot\|' : \mathbb{R}^m \to \mathbb{R}$ wird mittels

$$\|A\| := \sup_{x\in\mathbb{R}^n\setminus\{0\}} \frac{\|A\boldsymbol{x}\|'}{\|\boldsymbol{x}\|} = \max_{\|x\|=1} \|A\boldsymbol{x}\|'$$

die durch die Vektornormen *induzierte Matrixnorm* von A definiert.

Beispiel 1.10
Für die von der Betragssummennorm bzw. Maximumnorm in Urbild- und Bildraum der entsprechenden Matrixabbildung induzierten Matrixnormen im $\mathbb{R}^{(m,n)}$ gilt:

- $\|A\|_1 := \max_{\|x\|_1=1} \|A\boldsymbol{x}\|_1 = \max_{j=1,\cdots,n} \sum_{i=1}^{m} |a_{ij}|$ (maximale Spaltenbetragssumme)
- $\|A\|_\infty := \max_{\|x\|_\infty=1} \|A\boldsymbol{x}\|_\infty = \max_{i=1,\cdots,m} \sum_{j=1}^{n} |a_{ij}|$ (maximale Zeilenbetragssumme) ■

Die beiden folgenden Lemmata formulieren wichtige Eigenschaften von induzierten Matrixnormen.

Lemma 1.11
Es seien $\|\cdot\| : \mathbb{R}^n \to \mathbb{R}$ und $\|\cdot\|' : \mathbb{R}^m \to \mathbb{R}$ zwei beliebige Normen. Für die induzierte Matrixnorm gelten die Normeigenschaften (N1) bis (N4) und

(a) $\|A\boldsymbol{x}\|' \leq \|A\|\|\boldsymbol{x}\|$ für alle $A \in \mathbb{R}^{(m,n)}$ und alle $\boldsymbol{x} \in \mathbb{R}^n$.

(b) $\|AB\| \leq \|A\|\|B\|$ für alle $A \in \mathbb{R}^{(n,m)}$ und alle $B \in \mathbb{R}^{(m,p)}$.

Lemma 1.12

(a) In einem Hilbert-Raum X gilt für alle $\boldsymbol{v} \in X$ bezüglich der induzierten (Matrix-) Norm

$$\|\boldsymbol{v}\| = \max_{u \in X,\ \|u\|=1} \langle \boldsymbol{u}, \boldsymbol{v} \rangle \ .$$

(b) Für die durch die euklidischen Normen in Urbild- und Bildraum $\mathbb{R}^n$ induzierte Matrixnorm $\|\cdot\|_2$ der Rang-1-Matrix $\boldsymbol{v}\boldsymbol{w}^T$ gilt:

$$\|\boldsymbol{v}\boldsymbol{w}^T\|_2 = \max_{u \in \mathbb{R}^n,\ \|u\|_2=1} \|\boldsymbol{v}\boldsymbol{w}^T\boldsymbol{u}\|_2 = \|\boldsymbol{v}\|_2\|\boldsymbol{w}\|_2 \ .$$

Mit der Cauchy-Schwarzschen-Ungleichung folgt aus Lemma 1.11 (a) weiterhin:

Lemma 1.13

Für alle $A \in \mathbb{R}^{(n,n)}$ und alle $\boldsymbol{x} \in \mathbb{R}^n$ gilt

$$|\boldsymbol{x}^T A\boldsymbol{x}| \leq \|A\|_2\|\boldsymbol{x}\|_2^2 \ .$$

Für eine Matrix $A \in \mathbb{R}^{(n,n)}$ definieren wir $\mathrm{Spur}(A) := \sum_{i=1}^{n} a_{ii}$. Die natürliche Erweiterung der l_2-Norm auf den Vektorraum $\mathbb{R}^{(m,n)}$ führt auf die sogenannte *Frobenius-Norm* $\|A\|_F$ gemäß

$$\|A\|_F := \sqrt{\sum_{i=1}^{m}\sum_{j=1}^{n} a_{ij}^2} \ ,$$

welche aber keine induzierte Matrixnorm ist. Für $A, B \in \mathbb{R}^{(n,m)}$ lässt sich mittels

$$\langle A, B\rangle := \mathrm{Spur}(A^T B)$$

ein Skalarprodukt definieren, und es folgt

$$\|A\|_F = \sqrt{\langle A, A\rangle} \ .$$

Die Frobenius-Norm besitzt die folgende nützliche Eigenschaft:

Lemma 1.14
Es seien $A \in \mathbb{R}^{(n,n)}$ und $\{\boldsymbol{u}_k\}_{k=1,2,\ldots,n}$ eine Orthonormalbasis des $\mathbb{R}^n$ bezüglich des üblichen Skalarproduktes. Dann gilt die Zerlegungsformel

$$\|A\|_F^2 = \sum_{k=1}^{n} \|A\boldsymbol{u}_k\|_2^2.$$

Definition 1.15
Es sei $A \in \mathbb{R}^{(n,n)}$. Eine Zahl $\lambda \in \mathbb{C}$ heißt *Eigenwert* der Matrix A, wenn ein Vektor $\boldsymbol{v} \in \mathbb{C}^n \setminus \{\boldsymbol{0}\}$ existiert mit $A\boldsymbol{v} = \lambda\boldsymbol{v}$. Jeder Vektor $\boldsymbol{v} \in \mathbb{C}^n \setminus \{\boldsymbol{0}\}$, der die Gleichung $A\boldsymbol{v} = \lambda\boldsymbol{v}$ erfüllt, heißt *Eigenvektor* der Matrix A zum Eigenwert λ.

Bekanntlich ist $\lambda \in \mathbb{C}$ genau dann Eigenwert der Matrix A, wenn $\det(A - \lambda E_n) = 0$ gilt. Somit besitzt jede Matrix $A \in \mathbb{R}^{(n,n)}$ aufgrund des Fundamentalsatzes der Algebra n (komplexe) Eigenwerte. Sind alle Eigenwerte einer Matrix $A \in \mathbb{R}^{(n,n)}$ reell, dann bezeichnen wir mit $\lambda_{\text{min}}(A)$ bzw. $\lambda_{\text{max}}(A)$ den kleinsten bzw. größten Eigenwert von A. Eine Matrix $A \in \mathbb{R}^{(n,n)}$ heißt *invertierbar* oder auch *regulär*, wenn eine Matrix $A^{-1} \in \mathbb{R}^{(n,n)}$ mit $AA^{-1} = A^{-1}A = E_n$ existiert. Die so definierte Matrix A^{-1} wird als *inverse Matrix* von A bezeichnet.

Lemma 1.16
Es sei $A \in \mathbb{R}^{(n,n)}$. Dann gilt:

(a) Die Matrix A ist genau dann invertierbar, wenn alle Eigenwerte von A verschieden von Null sind.

(b) Ist die Matrix A invertierbar und λ ein Eigenwert von A mit zugehörigem Eigenvektor $\boldsymbol{u}$, dann ist $\frac{1}{\lambda}$ ein Eigenwert von A^{-1} mit demselben zugehörigen Eigenvektor $\boldsymbol{u}$.

Ist die Matrix A symmetrisch, so gilt darüberhinaus:

(c) Alle Eigenwerte von A sind reell.

(d) Eigenvektoren zu verschiedenen Eigenwerten von A sind orthogonal zueinander.

(e) Sind $\lambda_1, \cdots, \lambda_n \in \mathbb{R}$ die Eigenwerte von A, dann existiert bezüglich des üblichen Skalarproduktes eine Orthonormalbasis $\{\boldsymbol{u}_1, \cdots, \boldsymbol{u}_n\} \subset \mathbb{R}^n$ von Eigenvektoren, d. h. für alle $i, j = 1, \cdots, n$ gilt $\boldsymbol{u}_i^T \boldsymbol{u}_j = \delta_{ij}$ und $A\boldsymbol{u}_i = \lambda_i \boldsymbol{u}_i$.

Zwei Matrizen $A, C \in \mathbb{R}^{(n,n)}$ heißen *ähnlich*, wenn eine invertierbare Matrix $B \in \mathbb{R}^{(n,n)}$ existiert, sodass $C = B^{-1}AB$ gilt.

Lemma 1.17
Es seien $A, B, C \in \mathbb{R}^{(n,n)}$, B regulär und $C = B^{-1}AB$. Dann gilt:

(a) Ist λ ein Eigenwert von A, so ist λ auch ein Eigenwert von C.

(b) Ist $\boldsymbol{u}$ ein Eigenvektor von A, so ist $B^{-1}\boldsymbol{u}$ ein Eigenvektor von C.

Eine Matrix $A \in \mathbb{R}^{(n,n)}$ heißt *orthogonal*, wenn $A^{-1} = A^T$ gilt.

Lemma 1.18
Für eine Matrix $A \in \mathbb{R}^{(n,n)}$ sind die folgenden Aussagen (a), (b) und (c) äquivalent:

(a) A ist orthogonal.

(b) $(A\boldsymbol{x})^T A\boldsymbol{y} = \boldsymbol{x}^T\boldsymbol{y}$ für alle $\boldsymbol{x}, \boldsymbol{y} \in \mathbb{R}^n$.

(c) Die Spalten von A bilden eine Orthonormalbasis des $\mathbb{R}^n$ bezüglich des üblichen Skalarproduktes.

Mit Lemma 1.18 (b) folgt $\|A\boldsymbol{x}\|_2 = \|\boldsymbol{x}\|_2$ für jede orthogonale Matrix $A \in \mathbb{R}^{(n,n)}$ und alle $\boldsymbol{x} \in \mathbb{R}^n$.

Satz 1.19 (Spektralsatz)
Es seien $A \in \mathbb{R}^{(n,n)}$ eine symmetrische Matrix, $\lambda_1, \cdots, \lambda_n \in \mathbb{R}$ die Eigenwerte von A und $\{\boldsymbol{u}_1, \cdots, \boldsymbol{u}_n\} \subset \mathbb{R}^n$ eine zugehörige Orthonormalbasis von Eigenvektoren bezüglich des üblichen Skalarproduktes. Ferner seien $D \in \mathbb{R}^{(n,n)}$ mit $D := \mathrm{diag}(\lambda_1, \cdots, \lambda_n)$ und $U \in \mathbb{R}^{(n,n)}$ mit $U := (\boldsymbol{u}_1, \cdots, \boldsymbol{u}_n)$. Dann gilt

$$U^T U = UU^T = E_n,\ U^T AU = D \text{ und } A = UDU^T\ .$$

Als Folgerung aus dem Spektralsatz erhält man das folgende Lemma:

Lemma 1.20
Es sei $A \in \mathbb{R}^{(n,n)}$ eine symmetrische Matrix, dann gilt

$$\lambda_{\min}(A)\|\boldsymbol{x}\|_2^2 \leq \boldsymbol{x}^T A\boldsymbol{x} \leq \lambda_{\max}(A)\|\boldsymbol{x}\|_2^2$$

für alle $\boldsymbol{x} \in \mathbb{R}^n$.

Die im Folgenden definierte Klasse der (semi-)definiten Matrizen ist für die Optimierung von großer Bedeutung.

Definition 1.21
Es sei $A \in \mathbb{R}^{(n,n)}$ eine symmetrische Matrix.

(a) Die Matrix A heißt *positiv semi-definit*, wenn $\boldsymbol{x}^T A\boldsymbol{x} \geq 0$ für alle $\boldsymbol{x} \in \mathbb{R}^n$ gilt.

(b) Die Matrix A heißt *positiv definit*, wenn $\boldsymbol{x}^T A\boldsymbol{x} > 0$ für alle $\boldsymbol{x} \in \mathbb{R}^n \setminus \{\boldsymbol{0}\}$ gilt.

(c) Die Matrix A heißt *negativ semi-definit* bzw. *negativ definit*, wenn die Matrix $-A$ positiv semi-definit bzw. positiv definit ist.

(d) Die Matrix A heißt *indefinit*, wenn Vektoren $\boldsymbol{x}, \boldsymbol{y} \in \mathbb{R}^n$ existieren mit $\boldsymbol{x}^T A\boldsymbol{x} > 0$ und $\boldsymbol{y}^T A\boldsymbol{y} < 0$.

Wir werden im Weiteren mit $\mathbb{SPD}^n$ die Menge aller positiv definiten Matrizen $A \in \mathbb{R}^{(n,n)}$ bezeichnen. Der folgende Satz charakterisiert positiv definite Matrizen.

Satz 1.22
Für eine symmetrische Matrix $A \in \mathbb{R}^{(n,n)}$ sind die folgenden Aussagen (a) bis (e) äquivalent:

(a) $A \in \mathbb{SPD}^n$.

(b) Alle Eigenwerte von A sind positiv.

(c) Alle Hauptunterdeterminanten

$$\det \begin{pmatrix} a_{11} & a_{12} & \cdots & a_{1k} \\ a_{21} & a_{22} & \cdots & a_{2k} \\ \vdots & \vdots & \ddots & \vdots \\ a_{k1} & a_{k2} & \cdots & a_{kk} \end{pmatrix} \quad \text{mit } k = 1, 2, \cdots, n$$

von A sind positiv.

(d) Es existiert eine eindeutig bestimmte untere Dreiecksmatrix $L = (l_{ij})_{nn} \in \mathbb{R}^{(n,n)}$ mit $A = LL^T$ und $l_{ii} > 0$ für alle $i \in \{1, \cdots, n\}$.

(e) Es existiert ein $m > 0$, sodass für alle $\boldsymbol{x} \in \mathbb{R}^n$ die Ungleichung

$$\boldsymbol{x}^T A\boldsymbol{x} \geq m\|\boldsymbol{x}\|_2^2$$

erfüllt ist.

Weitere nützliche Eigenschaften positiv definiter Matrizen werden in dem folgenden Lemma aufgeführt.

Lemma 1.23

(a) Für jede Matrix $A \in \mathbb{R}^{(m,n)}$ ist die Matrix $A^T A \in \mathbb{R}^{(n,n)}$ positiv semi-definit. Gilt ferner $\operatorname{rang}(A) = n$, so folgt $A^T A \in \mathbb{SPD}^n$.

(b) Eine Matrix $A \in \mathbb{R}^{(n,n)}$ ist genau dann invertierbar, wenn $A^T A \in \mathbb{SPD}^n$ gilt.

(c) Für jede Matrix $A \in \mathbb{SPD}^n$ existiert die inverse Matrix A^{-1}, und es gilt $A^{-1} \in \mathbb{SPD}^n$.

(d) Für jede Matrix $A \in \mathbb{SPD}^n$ existiert genau eine Matrix $A^{\frac{1}{2}} \in \mathbb{SPD}^n$ mit $A = A^{\frac{1}{2}} A^{\frac{1}{2}}$.

Gilt $A \in \mathbb{SPD}^n$, dann existiert nach Satz 1.19 eine Zerlegung $A = UDU^T$ mit $D = \operatorname{diag}(\lambda_1, \cdots, \lambda_n)$. Für die nach Lemma 1.23 (d) eindeutig bestimmte Matrix $A^{\frac{1}{2}} \in \mathbb{SPD}^n$ mit $A = A^{\frac{1}{2}} A^{\frac{1}{2}}$ folgt somit $A^{\frac{1}{2}} = UD^{\frac{1}{2}}U^T$ mit $D^{\frac{1}{2}} = \operatorname{diag}(\sqrt{\lambda_1}, \cdots, \sqrt{\lambda_n})$.
Die von der euklidischen Norm induzierte Matrixnorm im $\mathbb{R}^{(m,n)}$

$$\|A\|_2 := \max_{\|x\|_2=1} \|Ax\|_2$$

wird als *Spektralnorm* bezeichnet. Für die Spektralnorm gilt $\|A\|_2 = \sqrt{\lambda_{\max}(A^T A)}$. Ist A symmetrisch bzw. $A \in \mathbb{SPD}^n$, so folgt insbesondere $\|A\|_2 = \max\{|\lambda_{\min}(A)|, |\lambda_{\max}(A)|\}$ bzw. $\|A\|_2 = \lambda_{\max}(A)$.

Lemma 1.24 (Geiger und Kanzow (1999))
Es seien $A, B \in \mathbb{R}^{(n,n)}$ und $\|\cdot\|$ eine beliebige Matrixnorm im $\mathbb{R}^{(n,n)}$.

(a) Gilt $\|A\| < 1$, dann ist die Matrix $E_n - A$ invertierbar mit

$$\|(E_n - A)^{-1}\| \le \frac{1}{1 - \|A\|} .$$

(b) Gilt $\|E_n - BA\| < 1$, dann sind die Matrizen A und B invertierbar mit

$$\|B^{-1}\| \le \frac{\|A\|}{1 - \|E_n - BA\|} \text{ und } \|A^{-1}\| \le \frac{\|B\|}{1 - \|E_n - BA\|} .$$

Vereinbarung:
Für $x \in \mathbb{R}^n$ und $A \in \mathbb{R}^{(n,n)}$ wird im weiteren Verlauf des gesamten Buches mit $\|x\|$ die euklidische Norm von x und mit $\|A\|$ die durch die euklidische

Norm induzierte Spektralnorm von A, bezeichnet, sofern nicht explizit etwas anderes formuliert wird.

Es seien $A, B \subset \mathbb{R}^n$ und $\alpha \in \mathbb{R}$. Für die strukturelle Darstellung von Teilmengen des $\mathbb{R}^n$ vereinbaren wir die folgenden algebraischen Operationen (siehe Abb. 1.1):

$$A + B := \{\boldsymbol{a} + \boldsymbol{b} \in \mathbb{R}^n \mid \boldsymbol{a} \in A, \boldsymbol{b} \in B\} \text{ und } \alpha A := \{\alpha \boldsymbol{a} \in \mathbb{R}^n \mid \boldsymbol{a} \in A\} .$$

Für eine einelementige Menge $B = \{\boldsymbol{b}\}$ schreiben wir kürzer $A + \boldsymbol{b} := A + \{\boldsymbol{b}\}$.

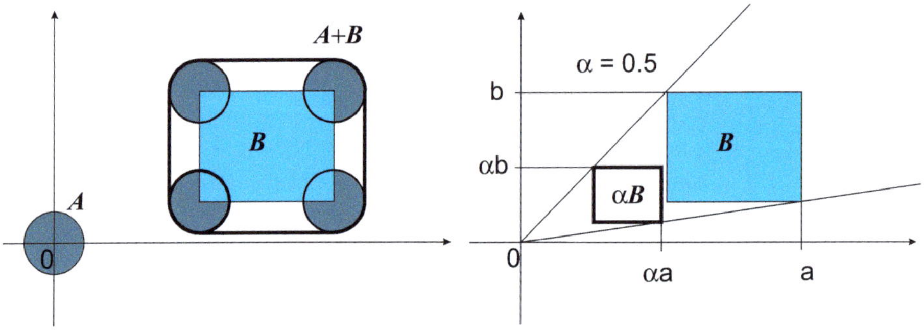

Abb. 1.1 Mengenaddition $A + B$ und Multiplikation αB

Es gelten die folgenden Eigenschaften:

Lemma 1.25

(a) $\forall A, B, C \subset \mathbb{R}^n : A + (B + C) = (A + B) + C.$

(b) $\forall A, B \subset \mathbb{R}^n : A + B = B + A.$

(c) $\forall A \subset \mathbb{R}^n : A + \boldsymbol{0} = A.$

(d) $\forall A \subset \mathbb{R}^n \; \forall \alpha \in \mathbb{R} : \alpha A = A\alpha.$

(e) $\forall A, B \subset \mathbb{R}^n \; \forall \alpha \in \mathbb{R} : \alpha(A + B) = \alpha A + \alpha B.$

(f) $\forall A \subset \mathbb{R}^n \; \forall \alpha, \beta \in \mathbb{R}$ mit $\alpha\beta \geq 0 : (\alpha + \beta)A = \alpha A + \beta A.$

(g) $\forall A \subset \mathbb{R}^n \; \forall \alpha, \beta \in \mathbb{R} : (\alpha\beta)A = \alpha(\beta A).$

(h) $\forall A \subset \mathbb{R}^n : 1A = A$ und $0A = \boldsymbol{0}.$

Wir möchten bemerken, dass mit

- $A - B := \{\boldsymbol{a} - \boldsymbol{b} \in \mathbb{R}^n \mid \boldsymbol{a} \in A, \boldsymbol{b} \in B\}$

i. Allg. nicht $A - A = \mathbf{0}$ für $A \in \mathbb{R}^n$ folgt.

Die im Folgenden definierte *Landau-Symbolik* dient dazu, asymptotisches Verhalten von Funktionen in einer Umgebung eines Punktes qualitativ zu charakterisieren.

Definition 1.26 (Landau-Symbolik)
Eine Funktion $F : \mathbb{R}^n \to \mathbb{R}^m$ ist für $\|\boldsymbol{x}\| \to 0$ und gegebenes $k > 0$

(a) ein „groß O" von $\|\boldsymbol{x}\|^k$, wenn ein $C > 0$ existiert, sodass für alle $\boldsymbol{x}$ aus einer Nullumgebung $\|F(\boldsymbol{x})\| \leq C\|\boldsymbol{x}\|^k$ gilt.

(b) ein „klein o" von $\|\boldsymbol{x}\|^k$, wenn $\lim\limits_{\|x\|\to 0} \dfrac{\|F(\boldsymbol{x})\|}{\|\boldsymbol{x}\|^k} = 0$ gilt.

Wir schreiben dann formal $\|F(\boldsymbol{x})\| = O(\|\boldsymbol{x}\|^k)$ bzw. $\|F(\boldsymbol{x})\| = o(\|\boldsymbol{x}\|^k)$ oder einfach nur $F(\boldsymbol{x}) = O(\|\boldsymbol{x}\|^k)$ bzw. $F(\boldsymbol{x}) = o(\|\boldsymbol{x}\|^k)$.

Offensichtlich gilt $O(O(\|\boldsymbol{x}\|^k)) = O(\|\boldsymbol{x}\|^k)$, $o(o(\|\boldsymbol{x}\|^k)) = o(\|\boldsymbol{x}\|^k)$, $o(O(\|\boldsymbol{x}\|^k)) = o(\|\boldsymbol{x}\|^k)$ und $O(o(\|\boldsymbol{x}\|^k)) = o(\|\boldsymbol{x}\|^k)$. Der folgende Satz (siehe z. B. Hildebrandt (2002)) formuliert weitere Rechenregeln für die Landau-Symbolik.

Satz 1.27
Es seien $F, G : U \subset \mathbb{R}^n \to \mathbb{R}^m$, U eine Nullumgebung und $\alpha, \beta \in \mathbb{R}$.

(a) Gilt $\|F(\boldsymbol{x})\| = O(\|\boldsymbol{x}\|^k)$ und $\|G(\boldsymbol{x})\| = O(\|\boldsymbol{x}\|^j)$ bzw. $\|F(\boldsymbol{x})\| = o(\|\boldsymbol{x}\|^k)$ und $\|G(\boldsymbol{x})\| = o(\|\boldsymbol{x}\|^j)$ mit $k, j > 0$, dann folgt

$$\|\alpha F(\boldsymbol{x}) + \beta G(\boldsymbol{x})\| = O(\|\boldsymbol{x}\|^{\min\{k,j\}}) \text{ und } |F(\boldsymbol{x})^T G(\boldsymbol{x})| = O(\|\boldsymbol{x}\|^{k+j})$$

bzw.

$$\|\alpha F(\boldsymbol{x}) + \beta G(\boldsymbol{x})\| = o(\|\boldsymbol{x}\|^{\min\{k,j\}}) \text{ und } |F(\boldsymbol{x})^T G(\boldsymbol{x})| = o(\|\boldsymbol{x}\|^{k+j}) .$$

(b) Gilt $\|F(\boldsymbol{x})\| = O(\|\boldsymbol{x}\|^k)$ bzw. $\|F(\boldsymbol{x})\| = o(\|\boldsymbol{x}\|^k)$ mit $k > 0$, dann folgt

$$\|\boldsymbol{x}\|^r \|F(\boldsymbol{x})\| = O(\|\boldsymbol{x}\|^{k+r}) \text{ bzw. } \|\boldsymbol{x}\|^r \|F(\boldsymbol{x})\| = o(\|\boldsymbol{x}\|^{k+r})$$

für alle $r > -k$.

(c) Gilt $\|F(\boldsymbol{x})\| = O(\|\boldsymbol{x}\|^k)$ bzw. $\|F(\boldsymbol{x})\| = o(\|\boldsymbol{x}\|^k)$ und $r \geq 0$, dann folgt

$$\|F(\boldsymbol{x})\|^r = O(\|\boldsymbol{x}\|^{kr}) \text{ bzw. } \|F(\boldsymbol{x})\|^r = o(\|\boldsymbol{x}\|^{kr}) .$$

(d) Gilt $\|F(\boldsymbol{x})\| = O(\|\boldsymbol{x}\|^k)$ oder $\|F(\boldsymbol{x})\| = o(\|\boldsymbol{x}\|^k)$ und $\lim\limits_{x\to 0} \|G(\boldsymbol{x})\| = 0$, dann folgt

$$|G(x)^T F(\boldsymbol{x})| = o(\|\boldsymbol{x}\|^k) .$$

(e) Gilt $\|F(\boldsymbol{x})\| = O(\|\boldsymbol{x}\|^k)$, dann folgt $\|F(\boldsymbol{x})\| = o(\|\boldsymbol{x}\|^{k-1})$.

Wir möchten bemerken, dass die Umkehrung von Satz 1.27 (e) i. Allg. nicht gilt.

Die in diesem Buch betrachteten Verfahren zur Lösung von Optimierungsproblemen beruhen zum überwiegenden Teil darauf, dass sich die betrachteten Funktionen zumindest lokal hinreichend glatt verhalten, was unmittelbar zu den zentralen Begriffen der Stetigkeit und der Differenzierbarkeit einer Funktion führt.

Definition 1.28
Es seien X und Y normierte Räume und $\emptyset \neq G \subset X$. Eine Funktion $F : G \to Y$ heißt

(a) *stetig in* $\boldsymbol{x}^0 \in G$, wenn für alle $\varepsilon > 0$ ein $\delta = \delta(\boldsymbol{x}^0, \varepsilon) > 0$ existiert mit

$$\|F(\boldsymbol{x}) - F(\boldsymbol{x}^0)\| \leq \varepsilon$$

für alle $\boldsymbol{x} \in G \cap \bar{U}_\delta(\boldsymbol{x}^0)$.

(b) *stetig auf* G, wenn sie in jedem Punkt $\boldsymbol{x}^0 \in G$ stetig ist.

(c) *gleichmäßig stetig auf* G, wenn für alle $\varepsilon > 0$ ein $\delta > 0$ existiert mit

$$\|F(\boldsymbol{x}) - F(\boldsymbol{y})\| \leq \varepsilon$$

für alle $\boldsymbol{x}, \boldsymbol{y} \in G$ mit $\|\boldsymbol{x} - \boldsymbol{y}\| < \delta$.

(d) *lokal Lipschitz-stetig auf* G, wenn für alle $\boldsymbol{x}^0 \in G$ eine Umgebung $U(\boldsymbol{x}^0)$ und eine lokale Lipschitz-Konstante $L = L(\boldsymbol{x}^0) \geq 0$ existiert mit

$$\|F(\boldsymbol{x}) - F(\boldsymbol{y})\| \leq L\|\boldsymbol{x} - \boldsymbol{y}\|$$

für alle $\boldsymbol{x}, \boldsymbol{y} \in G \cap U(\boldsymbol{x}^0)$.

(e) *Lipschitz-stetig auf* G, wenn eine Lipschitz-Konstante $L \geq 0$ existiert mit

$$\|F(\boldsymbol{x}) - F(\boldsymbol{y})\| \leq L\|\boldsymbol{x} - \boldsymbol{y}\|$$

für alle $\boldsymbol{x}, \boldsymbol{y} \in G$.

Für eine Menge $G \subset \mathbb{R}^n$ bezeichnen wir mit $C^0(G \subset \mathbb{R}^n, \mathbb{R}^m)$ die Menge aller auf G stetigen Funktionen $F : \mathbb{R}^n \to \mathbb{R}^m$. Offensichtlich ist jede auf einer Teilmengmenge G des normierten Raumes X, insbesondere bei $X = \mathbb{R}^n$, gleichmäßig stetige Funktion dort auch stetig. Die Umkehrung dieser Aussage gilt jedoch nur für kompakte Mengen G.

Ist weiterhin $F : G \to Y$ eine auf G Lipschitz-stetige Funktion mit Lipschitz-Konstante $L > 0$ und $\varepsilon > 0$ fest gewählt, dann folgt für alle $\boldsymbol{x}, \boldsymbol{y} \in G$ mit $\|\boldsymbol{x} - \boldsymbol{y}\| < \dfrac{\varepsilon}{L}$

$$\|F(\boldsymbol{x}) - F(\boldsymbol{y})\| \leq L\|\boldsymbol{x} - \boldsymbol{y}\| < L\frac{\varepsilon}{L} = \varepsilon \; .$$

Somit ist jede auf G Lipschitz-stetige Funktion dort auch gleichmäßig stetig. Wiederum gilt die Umkehrung dieser Aussage nicht (siehe Aufgabe 1.2).
Für die Urbilder offener und abgeschlossener Mengen sowie die Bilder kompakter Mengen bei stetigen Abbildungen zwischen den normierten Räumen X und Y gilt:

Satz 1.29
Es seien X und Y normierte Räume, $\emptyset \neq G \subset X$ und $B \subset Y$ sowie $F : G \to Y$ eine stetige Funktion auf G.
Dann gilt für das Urbild $F^{-1}(B) := \{\boldsymbol{x} \in G \,|\, F(\boldsymbol{x}) \in B\}$:

(a) Sind G und B offene Mengen, dann ist auch $F^{-1}(B)$ eine offene Menge.

(b) Sind G und B abgeschlossene Mengen, dann ist auch $F^{-1}(B)$ eine abgeschlossene Menge.

Satz 1.30
Es seien X und Y normierte Räume, $\emptyset \neq G \subset X$ sowie $F : G \to Y$ eine stetige Funktion auf G. Dann ist für jede kompakte Menge $M \subset G$ ihr Bild $F(M) \subset Y$ bezüglich F ebenfalls eine kompakte Menge.

Definition 1.31
Eine Funktion $F : G \subset \mathbb{R}^n \to \mathbb{R}^m$ heißt

(a) *differenzierbar in* $\boldsymbol{x}^0 \in \operatorname{int} G$, wenn eine Matrix $A \in \mathbb{R}^{(m,n)}$ mit folgender Eigenschaft existiert: Zu jedem $\varepsilon > 0$ existiert ein $\delta = \delta(\boldsymbol{x}^0, \varepsilon) > 0$, sodass $\bar{U}_\delta(\boldsymbol{x}^0) \subset G$ und

$$\|F(\boldsymbol{x}^0 + \boldsymbol{h}) - F(\boldsymbol{x}^0) - A\boldsymbol{h}\| \leq \varepsilon \|\boldsymbol{h}\|$$

für alle $\boldsymbol{h} \in \mathbb{R}^n$ mit $\|\boldsymbol{h}\| \leq \delta$ gilt. Wir nennen die Matrix A die Ableitung von F nach $\boldsymbol{x}$ an der Stelle $\boldsymbol{x}^0$ und setzen symbolisch $F'(\boldsymbol{x}^0) := A$.

(b) *differenzierbar auf* $G_0 \subset \operatorname{int} G$, wenn sie in jedem Punkt $\boldsymbol{x}^0 \in G_0$ differenzierbar ist.

(c) *differenzierbar in $\boldsymbol{x}^0$ in Richtung $\boldsymbol{h} \in \mathbb{R}^n$*, wenn für die Funktion $\Phi : \mathbb{R} \to \mathbb{R}^m$ mit $\Phi(t) := F(\boldsymbol{x}^0 + t\boldsymbol{h})$ die Ableitung nach t für $t = 0$

$$\left.\frac{d\,\Phi(t)}{d\,t}\right|_{t=0} = \left.\frac{d\,F(\boldsymbol{x}^0 + t\boldsymbol{h})}{d\,t}\right|_{t=0} = \lim_{t\to 0} \frac{F(\boldsymbol{x}^0 + t\boldsymbol{h}) - F(\boldsymbol{x}^0)}{t}$$

existiert. Der zugehörige Grenzwert heißt *Richtungsableitung von F in $\boldsymbol{x}^0$ in Richtung $\boldsymbol{h}$* und wird mit $F'(\boldsymbol{x}^0; \boldsymbol{h})$ bezeichnet.

Da die Richtungsableitung auch das Differenzial von F beschreibt, findet man auch oft die Bezeichnung $d\,F(\boldsymbol{x}^0; \boldsymbol{h})$.
Die Definition der Differenzierbarkeit im Punkt $\boldsymbol{x}^0$ können wir mit der Landau-Symbolik kurz durch

$$\|F(\boldsymbol{x}^0 + \boldsymbol{h}) - F(\boldsymbol{x}^0) - F'(\boldsymbol{x}^0)\boldsymbol{h}\| = o(\|\boldsymbol{h}\|)$$

ausdrücken. Soll die Abhängigkeit von $\boldsymbol{x}^0$ hervorgehoben werden, dann schreiben wir anstelle von $o(\|\boldsymbol{h}\|)$ genauer $o_{\boldsymbol{x}^0}(\|\boldsymbol{h}\|)$.
Wir bemerken, dass die Definition 1.31 auf normierte Räume X und Y anstelle von $\mathbb{R}^n$ und $\mathbb{R}^m$ wörtlich übertragen werden kann. In diesem Fall ist A eine lineare Abbildung von X in Y. Ist mindestens der Raum X unendlichdimensional, dann muss man zusätzlich die Stetigkeit des linearen Operators A fordern. In endlichdimensionalen Räumen folgt die Stetigkeit automatisch.

Satz 1.32
Wenn eine Funktion $F : G \subset \mathbb{R}^n \to \mathbb{R}^m$ in $\boldsymbol{x}^0 \in \operatorname{int} G$ differenzierbar ist, dann ist die Richtungsableitung $d\,F(\boldsymbol{x}; \boldsymbol{h})$ linear und stetig in $\boldsymbol{h}$, und es gilt für alle Richtungen $\boldsymbol{h} \in \mathbb{R}^n$ die Darstellung

$$d\,F(\boldsymbol{x}^0; \boldsymbol{h}) = F'(\boldsymbol{x}^0; \boldsymbol{h}) = F'(\boldsymbol{x}^0)\boldsymbol{h}\ . \tag{1.1}$$

Ersetzt man bei der Richtungsableitung im Falle der Differenzierbarkeit die Richtung $\boldsymbol{h}$ formal durch das Differenzial $d\boldsymbol{x}$, dann wird das Differenzial $d\boldsymbol{x}$ auf der linken Seite der Gleichung (1.1) als Argument unterdrückt, und man schreibt für das Differenzial $d\,F(\boldsymbol{x}^0)$ von F an der Stelle $\boldsymbol{x}^0$

$$d\,F(\boldsymbol{x}^0) = F'(\boldsymbol{x}^0; d\,\boldsymbol{x}) = F'(\boldsymbol{x}^0)d\,\boldsymbol{x}\ .$$

Setzt man $\boldsymbol{h}$ gleich dem k-ten Einheitsvektor $\boldsymbol{e}_k$, dann gilt:

$$F'(\boldsymbol{x}^0; \boldsymbol{e}_k) = \left.\frac{\partial F(\boldsymbol{x})}{\partial x_k}\right|_{x=x^0} = \frac{\partial F(\boldsymbol{x}^0)}{\partial x_k} = F'(\boldsymbol{x}^0)\boldsymbol{e}_k\ .$$

Hieraus ergibt sich unmittelbar als Darstellung für die Matrix $F'(\boldsymbol{x}^0)$

$$F'(\boldsymbol{x}^0) = \left(\frac{\partial F(\boldsymbol{x}^0)}{\partial x_1}, \frac{\partial F(\boldsymbol{x}^0)}{\partial x_2}, \ldots, \frac{\partial F(\boldsymbol{x}^0)}{\partial x_n}\right)$$

$$= \begin{pmatrix} \frac{\partial F_1(\boldsymbol{x}^0)}{\partial x_1} & \frac{\partial F_1(\boldsymbol{x}^0)}{\partial x_2} & \cdots & \frac{\partial F_1(\boldsymbol{x}^0)}{\partial x_n} \\ \frac{\partial F_2(\boldsymbol{x}^0)}{\partial x_1} & \frac{\partial F_2(\boldsymbol{x}^0)}{\partial x_2} & \cdots & \frac{\partial F_2(\boldsymbol{x}^0)}{\partial x_n} \\ \vdots & \vdots & \ddots & \vdots \\ \frac{\partial F_m(\boldsymbol{x}^0)}{\partial x_1} & \frac{\partial F_m(\boldsymbol{x}^0)}{\partial x_2} & \cdots & \frac{\partial F_m(\boldsymbol{x}^0)}{\partial x_n} \end{pmatrix} = \begin{pmatrix} F_1'(\boldsymbol{x}^0) \\ F_2'(\boldsymbol{x}^0) \\ \vdots \\ F_m'(\boldsymbol{x}^0) \end{pmatrix}.$$

Wir nennen diese Matrix der partiellen Ableitungen 1. Ordnung von F die *Jacobi-Matrix* der Funktion F im Punkt $\boldsymbol{x}^0$. Häufig wird dafür auch $J_F(\boldsymbol{x}^0)$ oder auch einfach nur $J(\boldsymbol{x}^0)$ geschrieben, wenn klar ist, welche Funktion F gemeint ist. Mit dem *Nabla-Operator* $\nabla := \left(\frac{\partial}{\partial x_1}, \frac{\partial}{\partial x_2}, \ldots, \frac{\partial}{\partial x_n}\right)^T$ folgt für die Jacobi-Matrix einer in $\boldsymbol{x}^0$ differenzierbaren Funktion $F : \mathbb{R}^n \to \mathbb{R}^m$ die Darstellung

$$F'(\boldsymbol{x}^0) = \begin{pmatrix} \nabla F_1(\boldsymbol{x}^0)^T \\ \nabla F_2(\boldsymbol{x}^0)^T \\ \vdots \\ \nabla F_m(\boldsymbol{x}^0)^T \end{pmatrix},$$

und wir definieren

$$\nabla F(\boldsymbol{x}^0) := F'(\boldsymbol{x}^0)^T = \left(\nabla F_1(\boldsymbol{x}^0), \nabla F_2(\boldsymbol{x}^0), \ldots, \nabla F_m(\boldsymbol{x}^0)\right).$$

Wir vereinbaren, dass aus schreibtechnischen Gründen für konkrete Vektorargumente in Funktionen diese als Zeilenvektoren und ggf. sogar ohne Vektorklammern dargestellt werden.

Beispiel 1.33
Es sei $F: \mathbb{R}^3 \to \mathbb{R}^2$ mit

$$F(\boldsymbol{x}) = F(x_1, x_2, x_3) = \begin{pmatrix} F_1(x_1, x_2, x_3) \\ F_2(x_1, x_2, x_3) \end{pmatrix} = \begin{pmatrix} x_1^2 + x_1 x_3 \\ x_1 x_2 x_3 - e^{x_3} \end{pmatrix}.$$

Für die 1. Ableitung von F an der Stelle $\boldsymbol{x}^0 = (x_1^0, x_2^0, x_3^0)^T$ und die Richtungsableitung von F an der Stelle $\boldsymbol{x}^0 = (x_1^0, x_2^0, x_3^0)^T$ in Richtung $\boldsymbol{h} = (h_1, h_2, h_3)^T$ gilt

$$F'(\boldsymbol{x}^0) = F'(x_1^0, x_2^0, x_3^0) = \begin{pmatrix} F_1'(x_1^0, x_2^0, x_3^0) \\ F_2'(x_1^0, x_2^0, x_3^0) \end{pmatrix} = \begin{pmatrix} 2x_1^0 + x_3^0 & 0 & x_1^0 \\ x_2^0 x_3^0 & x_1^0 x_3^0 & x_1^0 x_2^0 - e^{x_3^0} \end{pmatrix}$$

und

$$
\begin{aligned}
d\,F(\boldsymbol{x}^0;\boldsymbol{h}) &= \begin{pmatrix} 2x_1^0 + x_3^0 & 0 & x_1^0 \\ x_2^0 x_3^0 & x_1^0 x_3^0 & x_1^0 x_2^0 - e^{x_3^0} \end{pmatrix} \begin{pmatrix} h_1 \\ h_2 \\ h_3 \end{pmatrix} \\
&= \begin{pmatrix} \left(2x_1^0 + x_3^0\right) h_1 + x_1^0 h_3 \\ x_2^0 x_3^0 h_1 + x_1^0 x_3^0 h_2 + (x_1^0 x_2^0 - e^{x_3^0}) h_3 \end{pmatrix} .
\end{aligned}
$$

Für $\boldsymbol{x}^0 = (0,\ 1,\ 2)^T$ und $\boldsymbol{h} = (4,\ 2,\ -1)^T$ ergibt sich somit

$$
F'(0,\ 1,\ 2) = \begin{pmatrix} 2 & 0 & 0 \\ 2 & 0 & -e^2 \end{pmatrix}, \quad \nabla F(0,\ 1,\ 2) = \begin{pmatrix} 2 & 2 \\ 0 & 0 \\ 0 & -e^2 \end{pmatrix}
$$

und

$$
d\,F((0,\ 1,\ 2);(4,\ 2,\ -1)) = \begin{pmatrix} 8 \\ 8 + e^2 \end{pmatrix} .
$$

■

Wir möchten bemerken: Für ein beliebiges Skalarprodukt im $\mathbb{R}^n$ wird der *Gradient* $\text{grad}f(\boldsymbol{x}^0)$ einer Funktion $f : \mathbb{R}^n \to \mathbb{R}$ an der Stelle $\boldsymbol{x}^0 \in \mathbb{R}^n$ definiert durch

$$
f'(\boldsymbol{x}^0)\boldsymbol{d} = \langle \text{grad}f(\boldsymbol{x}^0), \boldsymbol{d} \rangle \text{ für alle } \boldsymbol{d} \in \mathbb{R}^n .
$$

Beispielsweise ergibt sich für das Skalarprodukt $\langle \boldsymbol{x}, \boldsymbol{y} \rangle := \boldsymbol{x}^T Q \boldsymbol{y}$ mit $Q \in \mathbb{SPD}^n$

$$
\text{grad}\, f(\boldsymbol{x}^0) = Q^{-1} f'(\boldsymbol{x}^0)^T .
$$

Somit gilt die Beziehung

$$
\text{grad}f(\boldsymbol{x}^0) = \nabla f(\boldsymbol{x}^0) = f'(\boldsymbol{x}^0)^T = \left(\frac{\partial f(\boldsymbol{x}^0)}{\partial x_1}, \ldots, \frac{\partial f(\boldsymbol{x}^0)}{\partial x_n} \right)^T
$$

nur dann, wenn (wie im Weiteren vorausgesetzt) der Urbildraum $\mathbb{R}^n$ mit der kanonischen Basis $\{\boldsymbol{e}_1, \ldots, \boldsymbol{e}_n\}$ und dem üblichen Skalarprodukt $\langle \boldsymbol{x}, \boldsymbol{y} \rangle := \boldsymbol{x}^T \boldsymbol{y}$ versehen ist.
Im Folgenden stellen wir die wichtigsten Regeln für die Ableitung einer Funktion zusammen.

Satz 1.34 (Linearität und Kettenregel)

(a) Die Funktionen $F^1, F^2 : \mathbb{R}^n \to \mathbb{R}^m$ seien in $\boldsymbol{x}^0 \in \mathbb{R}^n$ differenzierbar. Dann ist für alle $\alpha, \beta \in \mathbb{R}$ auch die Funktion $F : \mathbb{R}^n \to \mathbb{R}^m$ mit $F(\boldsymbol{x}) = \alpha F^1(\boldsymbol{x}) + \beta F^2(\boldsymbol{x})$ in $\boldsymbol{x}^0$ differenzierbar, und es gilt

$$
\nabla F(\boldsymbol{x}^0) = \alpha \nabla F^1(\boldsymbol{x}^0) + \beta \nabla F^2(\boldsymbol{x}^0) .
$$

(b) Die Funktionen $F : \mathbb{R}^n \to \mathbb{R}^m$ bzw. $G : \mathbb{R}^m \to \mathbb{R}^p$ seien in $\boldsymbol{x}^0 \in \mathbb{R}^n$ bzw. in $F(\boldsymbol{x}^0) \in \mathbb{R}^m$ differenzierbar. Dann ist auch die mittelbare Funktion $H : \mathbb{R}^n \to \mathbb{R}^p$ mit $H(\boldsymbol{x}) := (G \circ F)(\boldsymbol{x}) = G(F(\boldsymbol{x}))$ in $\boldsymbol{x}^0$ differenzierbar, und es gilt

$$J_H(\boldsymbol{x}^0) = J_{G\circ F}(\boldsymbol{x}^0) = J_G(\boldsymbol{y})\big|_{y=F(x^0)} J_F(\boldsymbol{x}^0)$$

bzw.

$$\nabla H(\boldsymbol{x}^0) = \nabla(G \circ F)(\boldsymbol{x}^0) = \nabla F(\boldsymbol{x}^0)\nabla G(F(\boldsymbol{x}^0)) \; .$$

Beispiel 1.35
Es seien $\boldsymbol{x}^0, \boldsymbol{d} \in \mathbb{R}^m$, $F : \mathbb{R} \to \mathbb{R}^m$ mit $F(t) = \boldsymbol{x}^0 + t\boldsymbol{d}$ und $G : \mathbb{R}^m \to \mathbb{R}^p$ in $F(t^0)$ differenzierbar. Dann gilt für die Funktion $H : \mathbb{R} \to \mathbb{R}^p$ mit $H(t) = G \circ F(t) = G(F(t))$ nach Satz 1.34 (b): $\nabla H(t^0) = \nabla(G \circ F)(t^0) = \nabla F(t^0)\nabla G(F(t^0)) = \boldsymbol{d}^T\nabla G(\boldsymbol{x}^0 + t^0\boldsymbol{d})$. ■

Eine Funktion $F : \mathbb{R}^n \times \mathbb{R}^m \to \mathbb{R}^p$ heißt *bilinear*, wenn

$$F(\alpha\boldsymbol{x}^1 + \beta\boldsymbol{x}^2, \boldsymbol{y}) = \alpha F(\boldsymbol{x}^1, \boldsymbol{y}) + \beta F(\boldsymbol{x}^2, \boldsymbol{y})$$

und

$$F(\boldsymbol{x}, \alpha\boldsymbol{y}^1 + \beta\boldsymbol{y}^2) = \alpha F(\boldsymbol{x}, \boldsymbol{y}^1) + \beta F(\boldsymbol{x}, \boldsymbol{y}^2)$$

für alle $\boldsymbol{x}^1, \boldsymbol{x}^2, \boldsymbol{x} \in \mathbb{R}^n$, $\boldsymbol{y}^1, \boldsymbol{y}^2, \boldsymbol{y} \in \mathbb{R}^m$ und $\alpha, \beta \in \mathbb{R}$ gilt. Man kann zeigen, dass eine bilineare Funktion $F : \mathbb{R}^n \times \mathbb{R}^m \to \mathbb{R}^p$ auf ihrem Definitionsbereich nicht nur stetig sondern auch differenzierbar ist.

Satz 1.36 (Produktregel für bilineare Funktionen)
Es seien $\boldsymbol{x}^0, \boldsymbol{h} \in \mathbb{R}^n$, $\boldsymbol{y}^0, \boldsymbol{k} \in \mathbb{R}^m$ und $F : \mathbb{R}^n \times \mathbb{R}^m \to \mathbb{R}^p$ eine bilineare Funktion. Dann gilt

$$d\,F((\boldsymbol{x}, \boldsymbol{y}); (\boldsymbol{h}, \boldsymbol{k})) = F(\boldsymbol{h}, \boldsymbol{y}) + F(\boldsymbol{x}, \boldsymbol{k}) \; .$$

Beispiel 1.37
Wir betrachten die quadratische Funktion $f : \mathbb{R}^n \to \mathbb{R}$ mit $f(\boldsymbol{x}) = \boldsymbol{x}^T Q\boldsymbol{x}$ und $Q \in \mathbb{R}^{(n,n)}$ und definieren $F : \mathbb{R}^n \times \mathbb{R}^n \to \mathbb{R}$ durch $F(\boldsymbol{x}, \boldsymbol{y}) := \boldsymbol{x}^T Q\boldsymbol{y}$. Dann gilt $f(\boldsymbol{x}) = F(\boldsymbol{x}, \boldsymbol{x})$. Für die Richtungsableitung von F in $\boldsymbol{x}^0 \in \mathbb{R}^n$ in Richtung $\boldsymbol{h} \in \mathbb{R}^n$ folgt nach der Produktregel gemäß Satz 1.36, der Kettenregel mit $\boldsymbol{y}(\boldsymbol{x}) = \boldsymbol{x}$ und $\boldsymbol{k} := d\,\boldsymbol{y}(\boldsymbol{x}; \boldsymbol{h}) = \boldsymbol{h}$

$$d\,f(\boldsymbol{x}^0; \boldsymbol{h}) = F(\boldsymbol{h}, \boldsymbol{y}(\boldsymbol{x}^0)) + F(\boldsymbol{x}^0, d\,\boldsymbol{y}(\boldsymbol{x}^0; \boldsymbol{h})) = \boldsymbol{h}^T Q\boldsymbol{x}^0 + (\boldsymbol{x}^0)^T Q\boldsymbol{h} = (\boldsymbol{x}^0)^T(Q^T + Q)\boldsymbol{h} \; .$$

Somit gilt nach Satz 1.32

$$f'(\boldsymbol{x}^0) = (x^0)^T(Q^T + Q) \text{ bzw. } \nabla f(\boldsymbol{x}^0) = (Q + Q^T)\boldsymbol{x}^0 \; .$$

Ist die Matrix Q symmetrisch, so folgt $\nabla f(\boldsymbol{x}^0) = 2Q\boldsymbol{x}^0$. ■

Satz 1.38 (Ableitung der Umkehrfunktion)
Die Abbildung $F : \mathbb{R}^n \to \mathbb{R}^n$ bilde die Umgebung U von $\boldsymbol{x}^0$ eineindeutig auf die Menge $F(U)$ ab. F sei auf U differenzierbar, und die Jacobi-Matrix $J_F(\boldsymbol{x}^0)$ sei regulär. Dann ist die Jacobi-Matrix von F in einer Umgebung von $\boldsymbol{x}^0$ regulär, und die Umkehrabbildung $G := F^{-1}$ ist in einer Umgebung von $F(\boldsymbol{x}^0)$ differenzierbar mit

$$G'(\boldsymbol{y}) = (F'(\boldsymbol{x}))^{-1}\big|_{x=F^{-1}(y)} \ .$$

Basierend auf dem Begriff der Differenzierbarkeit wird die stetige Differenzierbarkeit einer Funktion definiert.

Definition 1.39
Eine Funktion $F : G \subset \mathbb{R}^n \to \mathbb{R}^m$ heißt

(a) *stetig differenzierbar in* $\boldsymbol{x}^0 \in \operatorname{int} G$, wenn sie in einer Umgebung U von $\boldsymbol{x}^0$ differenzierbar ist und die Abbildung $\Psi : U \to \mathbb{R}^{(m,n)}$ mit $\Psi(\boldsymbol{x}) = F'(\boldsymbol{x})$ in $\boldsymbol{x}^0$ stetig ist.

(b) *stetig differenzierbar auf* $G_0 \subset \operatorname{int} G$, wenn sie in jedem Punkt $\boldsymbol{x}^0 \in G_0$ stetig differenzierbar ist.

Der folgende Satz gibt ein handhabbares, hinreichendes und notwendiges Kriterium für die stetige Differenzierbarkeit an.

Satz 1.40
Eine vektorwertige Funktion $F = (F_1, \cdots, F_m)^T : \mathbb{R}^n \to \mathbb{R}^m$ mit den Koordinatenfunktionen $F_i : \mathbb{R}^n \to \mathbb{R}$, $i = 1, 2, .., m$ ist genau dann in $\boldsymbol{x}^0 \in \mathbb{R}^n$ *stetig differenzierbar*, wenn jede Koordinatenfunktion in einer Umgebung von $\boldsymbol{x}^0$ stetig ist, in dieser Umgebung die partiellen Ableitungen 1. Ordnung $\frac{\partial F_i(\boldsymbol{x})}{\partial x_j}$ für $i = 1, \cdots, m$ und $j = 1, \cdots, n$ existieren und diese in $\boldsymbol{x}^0$ stetig sind.

Es ist oft nicht einfach, die Differenzierbarkeit direkt gemäß Definition nachzuweisen. Der Nachweis der stetigen Differenzierbarkeit ist dagegen über die stetige partielle Differenzierbarkeit wesentlich einfacher zu realisieren.
Hängt die Funktion F formal von zwei oder mehreren Variablengruppen ab, so kann man hier eine partielle Ableitung definieren, indem man die Richtung $\boldsymbol{h}$ analog auf-

spaltet. Wenn also $F(\boldsymbol{x}, \boldsymbol{y}, \boldsymbol{z})$ bzgl. $\boldsymbol{w} = (\boldsymbol{x}^T, \boldsymbol{y}^T, \boldsymbol{z}^T)^T$ differenzierbar ist, dann gilt die Formel des sogenannten totalen Differenzials

$$F'((\boldsymbol{x}, \boldsymbol{y}, \boldsymbol{z}); (\boldsymbol{h}, \boldsymbol{k}, \boldsymbol{l})) = \frac{\partial F(\boldsymbol{x}, \boldsymbol{y}, \boldsymbol{z})}{\partial \boldsymbol{x}} \boldsymbol{h} + \frac{\partial F(\boldsymbol{x}, \boldsymbol{y}, \boldsymbol{z})}{\partial \boldsymbol{y}} \boldsymbol{k} + \frac{\partial F(\boldsymbol{x}, \boldsymbol{y}, \boldsymbol{z})}{\partial \boldsymbol{z}} \boldsymbol{l} .$$

Die partiellen Ableitung nach $\boldsymbol{x}$ berechnet sich wie die Ableitung, wenn man bei der Ausführung $\boldsymbol{x}$ als variabel und die anderen Variablen $\boldsymbol{y}$ sowie $\boldsymbol{z}$ als konstant betrachtet. Analoges gilt für die partiellen Ableitungen nach $\boldsymbol{y}$ und $\boldsymbol{z}$. Aus der Existenz der partiellen Ableitungen folgt nicht die Formel für das totale Differenzial. Sind die Funktion F und ihre partiellen Ableitungen in der eben erklärten verallgemeinerten Version in einer Umgebung von $(\boldsymbol{x}^0, \boldsymbol{y}^0, \boldsymbol{z}^0)$ stetig, dann folgt daraus wieder die Stetigkeit der Ableitung von F in dieser Umgebung, und das totale Differenzial existiert. Für die partiellen Ableitungen benutzen wir die folgenden Indexschreibweisen

$$\frac{\partial F(\boldsymbol{x}, \boldsymbol{y}, \boldsymbol{z})}{\partial \boldsymbol{x}} = F_x(\boldsymbol{x}, \boldsymbol{y}, \boldsymbol{z}) \text{ bzw. } \left(\frac{\partial F(\boldsymbol{x}, \boldsymbol{y}, \boldsymbol{z})}{\partial \boldsymbol{x}}\right)^T = \nabla_x F(\boldsymbol{x}, \boldsymbol{y}, \boldsymbol{z}) .$$

Die 2. Ableitung einer Funktion erhält man, indem man für die Jacobi-Matrix gemäß unserer obigen Definition wiederum die Ableitung nach $\boldsymbol{x}$ bildet. Dabei entstehen alle 2. partiellen Ableitungen von F nach $\boldsymbol{x}$. Auch hier lässt sich in konkreten Fällen die zweifache stetige Differenzierbarkeit wieder über die entsprechende stetige partielle Differenzierbarkeit bis zur Ordnung 2 nachweisen. Da wir stets stetige Differenzierbarkeit benutzen werden, nehmen wir der Einfacheit halber dieses hinreichende und notwendige Kriterium für die stetige Differenzierbarkeit höherer Ableitungen als Definition.

Definition 1.41

Eine vektorwertige Funktion $F = (F_1, \cdots, F_m)^T : \mathbb{R}^n \to \mathbb{R}^m$ mit den Koordinatenfunktionen $F_i : \mathbb{R}^n \to \mathbb{R}$, $i = 1, 2, .., m$ heißt für $k \in \mathbb{N}$

(a) in $\boldsymbol{x}^0 \in \mathbb{R}^n$ *k-mal stetig differenzierbar*, wenn jede Koordinatenfunktion in einer Umgebung von $\boldsymbol{x}^0$ stetig ist, in dieser Umgebung alle ihre partiellen Ableitungen bis einschließlich k-ter Ordnung existieren und diese in $\boldsymbol{x}^0$ stetig sind.

(b) auf der offenen Menge $D \subset \mathbb{R}^n$ *k-mal stetig differenzierbar*, wenn F in jedem Punkt $\boldsymbol{x} \in D$ k-mal stetig differenzierbar ist.

Ist eine Funktion $f : \mathbb{R}^n \to \mathbb{R}$ in $\boldsymbol{x}^0 \in \mathbb{R}^n$ 2-mal differenzierbar, so bezeichnen wir mit

$$\nabla^2 f(\boldsymbol{x}^0) = \begin{pmatrix} \frac{\partial f(\boldsymbol{x}^0)}{\partial x_1 \partial x_1} & \cdots & \frac{\partial f(\boldsymbol{x}^0)}{\partial x_1 \partial x_n} \\ \vdots & & \vdots \\ \frac{\partial f(\boldsymbol{x}^0)}{\partial x_n \partial x_1} & \cdots & \frac{\partial f(\boldsymbol{x}^0)}{\partial x_n \partial x_n} \end{pmatrix}$$

die *Hesse-Matrix* von f in $\boldsymbol{x}^0$. Oft verwendet man für die Hesse-Matrix auch die Bezeichnungen $f''(\boldsymbol{x}^0)$ oder $\boldsymbol{H}_f(\boldsymbol{x}^0)$. Die Hesse-Matrix ist bei zweifacher Differenzierbarkeit stets symmetrisch.

Beispiel 1.42
Wir betrachten erneut die Funktion F aus Beispiel 1.33. Bei Bildung der 2. Ableitung von F entsteht nun für jede Koordinatenfunktion eine Hesse-Matrix. Damit ist $F''(\boldsymbol{x}) = \nabla^2 F(\boldsymbol{x}) = H_F(\boldsymbol{x})$ eine Struktur mit drei Indizes (ein sogenannter Tensor 3. Stufe). Bei der schreibtechnischen Darstellung muss man Kompromisse eingehen. Wir schreiben die beiden Hesse-Matrizen aus Platzgründen nebeneinander als Zeilenvektor von Matrizen.

$$F''(\boldsymbol{x}^0) = \Big(H_{F_1}(\boldsymbol{x}^0), H_{F_2}(\boldsymbol{x}^0)\Big) = \left(\begin{pmatrix} 2, & 0, & 1 \\ 0, & 0, & 0 \\ 1, & 0, & 0 \end{pmatrix}, \begin{pmatrix} 0, & x_3^0, & x_2^0 \\ x_3^0, & 0, & x_1^0 \\ x_2^0, & x_1^0, & -e^{x_3^0} \end{pmatrix}\right)_{(3,3,2)}$$

■

Für eine offene Menge $G \subset \mathbb{R}^n$ bezeichnen wir mit $C^k(G \subset \mathbb{R}^n, \mathbb{R}^m)$ bzw. $C^{k,L}(G \subset \mathbb{R}^n, \mathbb{R}^m)$ die Menge aller auf G k-mal stetig differenzierbaren Funktionen $F: \mathbb{R}^n \to \mathbb{R}^m$ bzw. die Menge aller auf G k-mal stetig differenzierbaren Funktionen $F: \mathbb{R}^n \to \mathbb{R}^m$, bei denen alle k-ten partiellen Ableitungen auf der Menge G Lipschitz-stetig sind.
Eine Menge $M \subset \mathbb{R}^n$ heißt *zusammenhängend*, wenn zu je zwei verschiedenen Punkten $\boldsymbol{x}, \boldsymbol{y} \in M$ eine stetige Abbildung $f : [0,1] \to M$ mit $f(0) = \boldsymbol{x}$ und $f(1) = \boldsymbol{y}$ existiert. Eine offene und zusammenhängende Menge wird *Gebiet* genannt.
Unsere betrachtete Aufgabenstellung wird im Weiteren die Berechnung lokaler Extremwerte für Optimierungsprobleme mit und ohne Restriktionen sein. Für die diesbezügliche Theorie und auch für die Verfahren benötigen wir oft Stetigkeits- und Differenzierbarkeitseigenschaften nur in einer gewissen Umgebung der zu berechnenden lokalen Lösung. Wenn wir im Weiteren beispielsweise also pauschal fordern, dass $F \in C^k(\mathbb{R}^n, \mathbb{R}^m)$ gilt, dann verstehen wir darunter nur, dass die Funktion F auf einem hinreichend großen Gebiet G des $\mathbb{R}^n$ stetig ist und bis einschließlich zur k-ten Ordnung stetige partielle Ableitungen besitzt. Dieses Gebiet G soll alle für die Theorie und Verfahren interessanten Punkte enthalten. Oft betrachten wir auch F auf einer abgeschlossenen Menge $D \subset \mathbb{R}^n$. In diesem Fall gilt bei $F \in C^k(\mathbb{R}^n, \mathbb{R}^m)$ stets $D \subset G$, sodass F zumindest in jedem Punkt von D stetig ist und stetige partielle Ableitungen bis zur Ordnung k besitzt.
Viele der folgenden Resultate gelten bereits bei Differenzierbarkeit. Wir formulieren sie unter der etwas schärferen Voraussetzung der stetigen Differenzierbarkeit, weil wir diese schärfere Voraussetzung später bei den numerischen Verfahren benötigen und weil es eine einfachere Notation bei den Voraussetzungen ermöglicht.
Aus dem Satz von Taylor für Funktionen $f: \mathbb{R}^n \to \mathbb{R}$ ergeben sich die folgenden Spezialisierungen:

Satz 1.43 (Mittelwertsatz der Differenzialrechnung)

(a) Es seien $f \in C^1(\mathbb{R}^n, \mathbb{R})$ und $\boldsymbol{x}, \boldsymbol{d} \in \mathbb{R}^n$. Dann existiert ein $t \in (0,1)$ mit

$$f(\boldsymbol{x}+\boldsymbol{d}) = f(\boldsymbol{x}) + \nabla f(\boldsymbol{x}+t\boldsymbol{d})^T \boldsymbol{d}.$$

(b) Es seien $f \in C^2(\mathbb{R}^n, \mathbb{R})$ und $\boldsymbol{x}, \boldsymbol{d} \in \mathbb{R}^n$. Dann existiert ein $t \in (0,1)$ mit

$$f(\boldsymbol{x}+\boldsymbol{d}) = f(\boldsymbol{x}) + \nabla f(\boldsymbol{x})^T \boldsymbol{d} + \frac{1}{2}\boldsymbol{d}^T \nabla^2 f(\boldsymbol{x}+t\boldsymbol{d})\boldsymbol{d}.$$

Für Operatoren $F : \mathbb{R}^n \to \mathbb{R}^m$ mit $m > 1$ gelten die entsprechend übertragenen Aussagen von Satz 1.43 nur komponentenweise, da kein einheitliches $t \in (0,1)$ für alle F_i existieren muss. Die Mittelwertsätze können in diesem Fall in Ungleichungs- oder Integralform dargestellt werden. Durch Verwendung der Landau-Symbolik können wir vorteilhafterweise den Mittelwertsatz für Operatoren auch in Form einer Gleichung formulieren.

Satz 1.44

(a) Es seien $F \in C^1(\mathbb{R}^n, \mathbb{R}^m)$ und $\boldsymbol{x}, \boldsymbol{d} \in \mathbb{R}^n$. Dann gilt

$$F(\boldsymbol{x}+\boldsymbol{d}) = F(\boldsymbol{x}) + \nabla F(\boldsymbol{x})^T \boldsymbol{d} + o(\|\boldsymbol{d}\|).$$

(b) Es seien $F \in C^2(\mathbb{R}^n, \mathbb{R}^m)$ und $\boldsymbol{x}, \boldsymbol{d} \in \mathbb{R}^n$. Dann gilt

$$\begin{aligned} F(\boldsymbol{x}+\boldsymbol{d}) &= F(\boldsymbol{x}) + \nabla F(\boldsymbol{x})^T \boldsymbol{d} + \tfrac{1}{2}\begin{pmatrix} \boldsymbol{d}^T \nabla^2 F_1(\boldsymbol{x})\boldsymbol{d} \\ \cdots \\ \boldsymbol{d}^T \nabla^2 F_m(\boldsymbol{x})\boldsymbol{d} \end{pmatrix} + o(\|\boldsymbol{d}\|^2) \text{ und} \\ F(\boldsymbol{x}+\boldsymbol{d}) &= F(\boldsymbol{x}) + \nabla F(\boldsymbol{x})^T \boldsymbol{d} + O(\|\boldsymbol{d}\|^2)\,. \end{aligned}$$

Der Mittelwertsatz in Integralform, eine Erweiterung des Hauptsatzes der Differenzial- und Integralrechnung, ermöglicht oft schärfere Abschätzungen.

Satz 1.45 (Mittelwertsatz in der Integralform)

Es seien $F \in C^1(\mathbb{R}^n, \mathbb{R}^m)$ und $\boldsymbol{x}, \boldsymbol{d} \in \mathbb{R}^n$. Dann gilt

$$F(\boldsymbol{x}+\boldsymbol{d}) = F(\boldsymbol{x}) + \int_{t=0}^{1} F'(\boldsymbol{x}+t\boldsymbol{d})\boldsymbol{d}\, dt\,.$$

Für $m = 1$ erhält man aus Satz 1.45 unmittelbar:

Folgerung 1.46

(a) Es seien $f \in C^1(\mathbb{R}^n, \mathbb{R})$ und $\boldsymbol{x}, \boldsymbol{d} \in \mathbb{R}^n$. Dann gilt

$$f(\boldsymbol{x} + \boldsymbol{d}) = f(\boldsymbol{x}) + \int_{t=0}^{1} \nabla f(\boldsymbol{x} + t\boldsymbol{d})^T \boldsymbol{d} \, dt.$$

(b) Es seien $f \in C^2(\mathbb{R}^n, \mathbb{R})$ und $\boldsymbol{x}, \boldsymbol{d} \in \mathbb{R}^n$. Dann gilt

$$\nabla f(\boldsymbol{x} + \boldsymbol{d}) = \nabla f(\boldsymbol{x}) + \int_{t=0}^{1} \nabla^2 f(\boldsymbol{x} + t\boldsymbol{d})\boldsymbol{d} \, dt.$$

Beenden möchten wir diesen Abschnitt mit zwei Sätzen, die für die Problemstellungen der restringierten Optimierung von zentraler Bedeutung sind.

Satz 1.47 (Satz über implizite Funktionen)
Es seien $G \subset \mathbb{R}^m \times \mathbb{R}^n$ eine offene Menge, $(\boldsymbol{x}^0, \boldsymbol{y}^0) \in G$ und $F \in C^k(G, \mathbb{R}^n)$ mit $F(\boldsymbol{x}^0, \boldsymbol{y}^0) = \boldsymbol{0}$ und $\det F_y(\boldsymbol{x}^0, \boldsymbol{y}^0) \neq 0$. Dann existieren eine Umgebung U von $\boldsymbol{x}^0$, eine Umgebung V von $\boldsymbol{y}^0$ und eine eindeutig bestimmte Abbildung $f : U \subset \mathbb{R}^m \to V$ mit den folgenden Eigenschaften:

(a) Für alle $\boldsymbol{x} \in U$ gilt $F(\boldsymbol{x}, f(\boldsymbol{x})) = \boldsymbol{0}$.

(b) Alle in $U \times V$ liegenden Nullstellen von F liegen auf dem Graphen von f, und es gilt $\boldsymbol{y}^0 = f(\boldsymbol{x}^0)$.

(c) Die Funktion f ist auf U k-mal stetig differenzierbar.

(d) Für die Ableitung von f gilt

$$f'(\boldsymbol{x}) = -\left(F_y(\boldsymbol{x}, \boldsymbol{y})\right)^{-1}\Big|_{y=f(x)} F_x(\boldsymbol{x}, \boldsymbol{y})\big|_{y=f(x)} .$$

Satz 1.48 (Satz von Farkas)
Es seien $A \in \mathbb{R}^{(m,n)}$ und $\boldsymbol{b} \in \mathbb{R}^m$. Dann gilt:
Aus $A^T\boldsymbol{y} \leq \boldsymbol{0}$ folgt $\boldsymbol{b}^T\boldsymbol{y} \leq 0$ genau dann, wenn ein Vektor $\boldsymbol{u} \in \mathbb{R}^n$ mit $\boldsymbol{u} \geq \boldsymbol{0}$ und $A\boldsymbol{u} = \boldsymbol{b}$ existiert.

1.2 Aufgabenstellung der mathematischen Optimierung

Unter einem mathematischen *Optimierungsproblem* (P) verstehen wir die Aufgabe, das Minimum oder Maximum einer Funktion $f : D \subset \mathbb{R}^n \to \mathbb{R}$ bezüglich einer nichtleeren Menge $M \subset D$ zu bestimmen. Für so definierte Optimierungsprobleme vereinbaren wir die Schreibweisen

$$\text{MIN}\{f(\boldsymbol{x})|\ \boldsymbol{x} \in M\} \text{ bzw. } \text{MAX}\{f(\boldsymbol{x})|\ \boldsymbol{x} \in M\}\ .$$

Die Funktion f wird als *Zielfunktion*, die Menge M als *zulässige Menge* oder *zulässiger Bereich* und jeder Punkt $\boldsymbol{x} \in M$ als *zulässiger Punkt* des Optimierungsproblems bezeichnet. Ist M eine offene Menge, so bezeichnen wir das zugehörige Optimierungsproblem als Optimierungsproblem ohne Nebenbedingungen (unrestringiertes Optimierungsproblem). Andernfalls, sprechen wir von einem Optimierungsproblem mit Nebenbedingungen (restringiertes Optimierungsproblem).

Für $f : D \subset \mathbb{R}^n \to \mathbb{R}$ und $\emptyset \neq M \subset D$ definieren wir die folgenden Schreibweisen:

$$f(\boldsymbol{x}^*) = \min\{f(\boldsymbol{x}) \mid \boldsymbol{x} \in M\} = \min_{x \in M} f(\boldsymbol{x}) \Leftrightarrow \boldsymbol{x}^* \in M \text{ und } f(\boldsymbol{x}^*) \leq f(\boldsymbol{x}) \text{ für alle } \boldsymbol{x} \in M,$$

bzw.

$$f(\boldsymbol{x}^*) = \max\{f(\boldsymbol{x}) \mid \boldsymbol{x} \in M\} = \max_{x \in M} f(\boldsymbol{x}) \Leftrightarrow \boldsymbol{x}^* \in M \text{ und } f(\boldsymbol{x}^*) \geq f(\boldsymbol{x}) \text{ für alle } \boldsymbol{x} \in M,$$

und hierauf aufbauend:

$$\boldsymbol{x}^* \in \arg\min_{x \in M} f(\boldsymbol{x}) \Leftrightarrow \boldsymbol{x}^* \in M \text{ und } f(\boldsymbol{x}^*) = \min_{x \in M} f(\boldsymbol{x})$$

bzw.

$$\boldsymbol{x}^* \in \arg\max_{x \in M} f(\boldsymbol{x}) \Leftrightarrow \boldsymbol{x}^* \in M \text{ und } f(\boldsymbol{x}^*) = \max_{x \in M} f(\boldsymbol{x}).$$

Die im Weiteren grundlegenden Begriffe Minimalstelle, Maximalstelle, Minimum und Maximum werden in der folgenden Definition zusammengefasst.

Definition 1.49
Es seien $f : D \subset \mathbb{R}^n \to \mathbb{R}$ und $\emptyset \neq M \subset D$. Ein Punkt $\boldsymbol{x}^* \in M$ heißt

(a) *globale Minimalstelle* von f über M wenn $f(\boldsymbol{x}^*) = \min_{x \in M} f(\boldsymbol{x})$ gilt.

(b) *lokale Minimalstelle* von f über M, wenn ein $\varepsilon > 0$ existiert, sodass

$$f(\boldsymbol{x}^*) = \min_{x \in M \cap U_\varepsilon(x^*)} f(\boldsymbol{x})$$

gilt.

(c) *globale Maximalstelle* von f über M, wenn $f(\boldsymbol{x}^*) = \max_{x \in M} f(\boldsymbol{x})$ gilt.

(d) *lokale Maximalstelle* von f über M, wenn ein $\varepsilon > 0$ existiert, sodass

$$f(\boldsymbol{x}^*) = \max_{x \in M \cap U_\varepsilon(x^*)} f(\boldsymbol{x})$$

gilt.

Eine Minimalstelle bzw. Maximalstelle $\boldsymbol{x}^*$ von f über M heißt *strikt* oder auch *streng*, wenn ein $\varepsilon > 0$ existiert, sodass $f(\boldsymbol{x}^*) < f(\boldsymbol{x})$ bzw. $f(\boldsymbol{x}^*) > f(\boldsymbol{x})$ für alle $\boldsymbol{x} \in M \cap U_\varepsilon(\boldsymbol{x}^*)$ mit $\boldsymbol{x} \neq \boldsymbol{x}^*$ gilt.
Ist $\boldsymbol{x}^*$ eine globale (lokale) Minimalstelle bzw. eine globale (lokale) Maximalstelle von f über M, so heißt $f(\boldsymbol{x}^*)$ *globales (lokales) Minimum* bzw. *globales (lokales) Maximum* von f über M.

Ist $\boldsymbol{x}^*$ eine globale (lokale) Minimalstelle bzw. eine globale (lokale) Maximalstelle von f über M, so bezeichnen wir $\boldsymbol{x}^*$ auch als globale (lokale) Lösung der Optimierungsprobleme MIN $\{f(\boldsymbol{x}) \mid \boldsymbol{x} \in M\}$ bzw. MAX $\{f(\boldsymbol{x}) \mid \boldsymbol{x} \in M\}$.
Es sei $\emptyset \neq W \subset \mathbb{R}$. Ein $a \in \mathbb{R}$ heißt *untere Schranke* bzw. *obere Schranke* von W, wenn $a \leq x$ bzw. $a \geq x$ für alle $x \in W$ gilt. Besitzt die Menge W eine untere bzw. eine obere Schranke, so heißt W nach *unten beschränkt* bzw. nach *oben beschränkt*, andernfalls heißt W nach *unten unbeschränkt* bzw. nach *oben unbeschränkt*.
Hierauf basierend definieren wir für eine Funktion $f : D \subset \mathbb{R}^n \to \mathbb{R}$ das *Infimum* bzw. das *Supremum* von f über M mit $\emptyset \neq M \subset D$ wie folgt:

$$\inf_{x \in M} f(\boldsymbol{x}) := \begin{cases} \text{die größte untere Schranke von } f(M), \text{ falls } f(M) \text{ nach unten beschränkt,} \\ -\infty \text{ , falls } f(M) \text{ nach unten unbeschränkt ist.} \end{cases}$$

bzw.

$$\sup_{x \in M} f(\boldsymbol{x}) := \begin{cases} \text{die kleinste obere Schranke von } f(M), \text{ falls } f(M) \text{ nach oben beschränkt,} \\ \infty \text{ , falls } f(M) \text{ nach oben unbeschränkt ist.} \end{cases}$$

Für ein Optimierungsproblem (P) mit Zielfunktion f und zulässigen Bereich M definieren wir wiederum

$$\inf(P) := \inf_{x \in M} f(\boldsymbol{x}) \text{ und } \sup(P) := \sup_{x \in M} f(\boldsymbol{x}) \text{ ,}$$

wobei wir zweckmäßigerweise $\inf_{\emptyset} f(\boldsymbol{x}) := \infty$ und $\sup_{\emptyset} f(\boldsymbol{x}) := -\infty$ setzen.

Beispiel 1.50

Wir betrachten die stückweise definierte Funktion $f: \ M := (1,8] \to \mathbb{R}$ mit

$$f(x) = \begin{cases} -(x-2)^2+2 & , \text{falls } x \in (1,2] \\ 2 & , \text{falls } x \in (2,3] \\ -\frac{x}{2}+\frac{7}{2} & , \text{falls } x \in (3,4] \\ \frac{3}{2} & , \text{falls } x \in (4,5] \\ (x-6)^3+\frac{5}{2} & , \text{falls } x \in (5,6] \\ -\frac{x}{2}+\frac{11}{2} & , \text{falls } x \in (6,7] \\ \frac{(x-7)^2}{4}+2 & , \text{falls } x \in (7,8] \end{cases} .$$

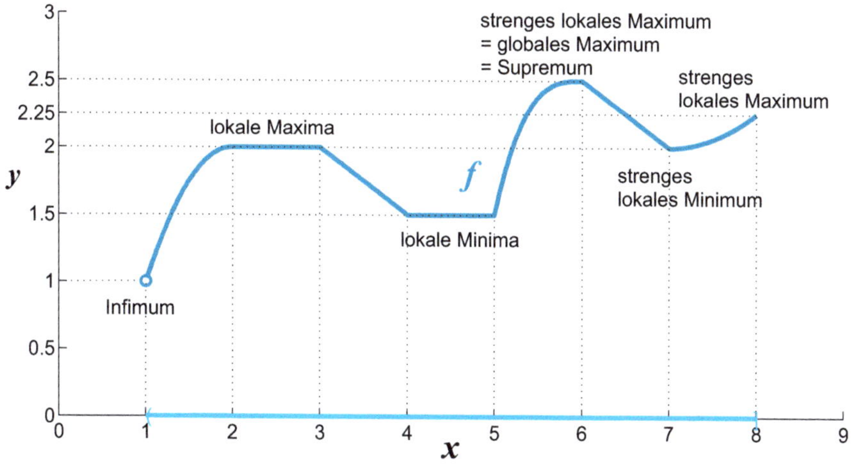

Abb. 1.2 Funktionsgraph der Funktion aus Beispiel 1.50

Die so definierte Funktion f besitzt über M

- die lokalen Minimalstellen $x^* \in [4,5] \cup \{7\}$ mit den zugehörigen lokalen Minima $f([4,5]) = \frac{3}{2}$ sowie $f(7) = 2$,
- die strenge lokale Minimalstelle $x^* = 7$ mit dem zugehörigen strengen lokalen Minimum $f(7) = 2$,
- die lokalen Maximalstellen $x^* \in [2,3] \cup \{6,8\}$ mit den zugehörigen lokalen Maxima $f([2,3]) = 2$, $f(6) = \frac{5}{2}$ sowie $f(8) = \frac{9}{4}$,
- die strengen lokalen Maximalstellen $x^* \in \{6,8\}$ mit den zugehörigen strengen lokalen Maxima $f(6) = \frac{5}{2}$ sowie $f(8) = \frac{9}{4}$ und
- die eindeutig bestimmte strenge globale Maximalstelle $x^* = 6$ mit dem zugehörigen strengen globalen Maxima $\max\limits_{x \in M} f(x) = \sup\limits_{x \in M} f(x) = f(6) = \frac{5}{2}$.

Weiterhin gilt zwar $\inf_{x \in M} f(x) = 1$, es existiert jedoch keine globale Minimalstelle und damit kein globales Minimum von f über M. ■

Eine erste Aussage bezüglich der Existenz von Minimal- und Maximalstellen liefert der folgende Satz.

Satz 1.51 (Satz von Weierstraß)
Ist $f : D \to \mathbb{R}$ eine stetige Funktion über der nichtleeren und kompakten Menge $D \subset \mathbb{R}^n$, dann existieren das globale Minimum und das globale Maximum von f über D.

Beweis: Wir führen den Beweis nur für das Minimum. Wegen der Stetigkeit von f und der Kompaktheit von D ist $f(D) := \{f(\boldsymbol{x}) \mid \boldsymbol{x} \in D\} \subset \mathbb{R}$ ebenfalls kompakt und damit beschränkt. Somit ist $\inf_{x \in D} f(\boldsymbol{x}) = \alpha > -\infty$. Es sei $\{\boldsymbol{x}^k\}_{k \in \mathbb{N}}$ eine Folge aus D mit $\lim_{k \to \infty} f(\boldsymbol{x}^k) = \alpha$. Wegen der Kompaktheit von D und der Definition des Infimums über einer Menge in $\mathbb{R}$ besitzt diese Folge eine gegen ein $\boldsymbol{x}^* \in D$ konvergente Teilfolge, deren Funktionswerte wegen der Stetigkeit von f gegen $f(\boldsymbol{x}^*) = \alpha$ konvergieren. Offensichtlich gilt nun für alle $\boldsymbol{x} \in D$ die Ungleichung $f(\boldsymbol{x}) \geq f(\boldsymbol{x}^*)$. □

Da $\min\{f(\boldsymbol{x}) \mid \boldsymbol{x} \in M\} = -\max\{-f(\boldsymbol{x}) \mid \boldsymbol{x} \in M\}$ gilt, werden wir uns im Weiteren auf die Behandlung von Minimierungsproblemen beschränken.
Für die kommenden Betrachtungen erweist sich die folgende Definition als sehr hilfreich.

Definition 1.52
Es seien $f : \mathbb{R}^n \to \mathbb{R}$ und $\alpha \in \mathbb{R}$. Die Menge $\mathcal{N}_f(\alpha) = \{\boldsymbol{x} \in \mathbb{R}^n \mid f(\boldsymbol{x}) \leq \alpha\}$ heißt (untere) *Niveaumenge* der Funktion f zum Niveau α.

Beispiel 1.53
Wir betrachten die Funktion $f : \mathbb{R} \to \mathbb{R}$ mit $f(x) = \cos(x)$. Dann gilt beispielsweise

(a) $\mathcal{N}_f(\alpha) = \mathbb{R}$ für alle $\alpha \geq 1$,

(b) $\mathcal{N}_f\left(\frac{1}{2}\right) = \bigcup_{k \in \mathbb{Z}} \left[\frac{\pi}{3} + 2k\pi, \frac{5\pi}{3} + 2k\pi\right]$,

(c) $\mathcal{N}_f(-1) = \bigcup_{k \in \mathbb{Z}} (2k+1)\pi$ und

(d) $\mathcal{N}_f(\alpha) = \emptyset$ für alle $\alpha < -1$. ■

Wir stellen jetzt zwei wichtige Eigenschaften von Niveaumengen stetiger Funktionen zusammen, die wir für spätere Ausführungen benötigen.

Lemma 1.54
Es sei $f \in C^0(\mathbb{R}^n, \mathbb{R})$. Dann ist für alle $\boldsymbol{x} \in \mathbb{R}^n$ die Menge $\mathcal{N}_f(f(\boldsymbol{x}))$ abgeschlossen.

Beweis: Es sei $\{\boldsymbol{x}^k\}_{k\in\mathbb{N}} \subset \mathcal{N}_f(f(\boldsymbol{x}))$ eine Folge mit $\lim\limits_{k\to\infty} \boldsymbol{x}^k = \boldsymbol{x}^*$. Wegen der Definition der Menge $\mathcal{N}_f(f(\boldsymbol{x}))$ gilt $f(\boldsymbol{x}^k) \leq f(\boldsymbol{x})$ für alle $k \in \mathbb{N}$ und somit $f(\boldsymbol{x}^*) \leq f(\boldsymbol{x})$ bzw. $\boldsymbol{x}^* \in \mathcal{N}_f(f(\boldsymbol{x}))$ wegen der Stetigkeit der Funktion f. □

Lemma 1.55
Es seien $f \in C^0(\mathbb{R}^n, \mathbb{R})$ sowie $D \subset \mathbb{R}^n$ nichtleer und abgeschlossen. Ist $\mathcal{N}_f(f(\boldsymbol{x}^0)) \cap D$ für ein $\boldsymbol{x}^0 \in D$ beschränkt, so ist die Menge $\mathcal{N}_f(f(\boldsymbol{x}^0)) \cap D$ kompakt und die Funktion f besitzt über D eine globale Minimalstelle.

Beweis: Da die Menge D abgeschlossen ist, folgt mit Lemma 1.54 die Abgeschlossenheit von $\mathcal{N}_f(f(\boldsymbol{x})) \cap D$ für alle $\boldsymbol{x} \in \mathbb{R}^n$ und mit der Beschränktheit von $\mathcal{N}_f(f(\boldsymbol{x}^0)) \cap D$ für ein $\boldsymbol{x}^0 \in D$ die Kompaktheit von $\mathcal{N}_f(f(\boldsymbol{x}^0)) \cap D$. Nach dem Satz von Weierstraß besitzt f über $\mathcal{N}_f(f(\boldsymbol{x}^0)) \cap D$ eine globale Minimalstelle, die wegen der Definition der (unteren) Niveaumenge auch eine globale Minimalstelle von f über D sein muss. □

1.3 Konvexe Mengen und Funktionen

Konvexe Mengen, konvexe Kegel und konvexe Funktionen besitzen für die Theorie und für die Verfahren der nichtlinearen Optimierung eine besondere Bedeutung.

Definition 1.56

(a) Eine nichtleere Menge $M \subset \mathbb{R}^n$ heißt *Kegel*, wenn $\lambda\boldsymbol{x} \in M$ für alle $\boldsymbol{x} \in M$ und alle $\lambda \geq 0$ gilt.

(b) Eine nichtleere Menge $K \subset \mathbb{R}^n$ heißt *konvexer Kegel*, wenn $\lambda_1\boldsymbol{x} + \lambda_2\boldsymbol{y} \in K$ für alle $\boldsymbol{x}, \boldsymbol{y} \in K$ und alle $\lambda_1, \lambda_2 \geq 0$ gilt.

(c) Eine Menge $D \subset \mathbb{R}^n$ heißt *konvex*, wenn $\lambda_1\boldsymbol{x} + \lambda_2\boldsymbol{y} \in D$ für alle $\boldsymbol{x}, \boldsymbol{y} \in D$ und alle $\lambda_1, \lambda_2 \geq 0$ mit $\lambda_1 + \lambda_2 = 1$ gilt.

Offensichtlich ist eine Menge D genau dann konvex, wenn $\lambda\boldsymbol{x} + [1 - \lambda]\boldsymbol{y} \in D$ für alle $\boldsymbol{x}, \boldsymbol{y} \in D$ und alle $\lambda \in [0, 1]$ gilt. Weiterhin ist jeder konvexe Kegel eine konvexe Menge, und es gilt $\mathbf{0} \in K$ für jeden konvexen Kegel K. Wir möchten weiterhin bemerken, dass

- die leere Menge per Definition zwar eine konvexe Menge aber kein konvexer Kegel ist,
- der gesamte $\mathbb{R}^n$ trivialerweise sowohl eine konvexe Menge als auch ein konvexer Kegel ist und
- jede einelementige Menge $D \subset \mathbb{R}^n$ zwar per Definition eine konvexe Menge ist, aber nur dann auch ein konvexer Kegel, wenn $D = \{\mathbf{0}\}$ gilt.

Anschaulich ist eine nichtleere und nicht einelementige Menge genau dann konvex, wenn sie mit je zwei verschiedenen Punkten $\boldsymbol{x}$ und $\boldsymbol{y}$ auch deren gesamte Verbindungsstrecke enthält, und genau dann ein konvexer Kegel, wenn sie konvex ist und mit jedem von $\mathbf{0}$ verschiedenen Punkt $\boldsymbol{x}$ auch den gesamten Strahl enthält, der vom Nullpunkt durch diesen Punkt verläuft (siehe Abb. 1.3).

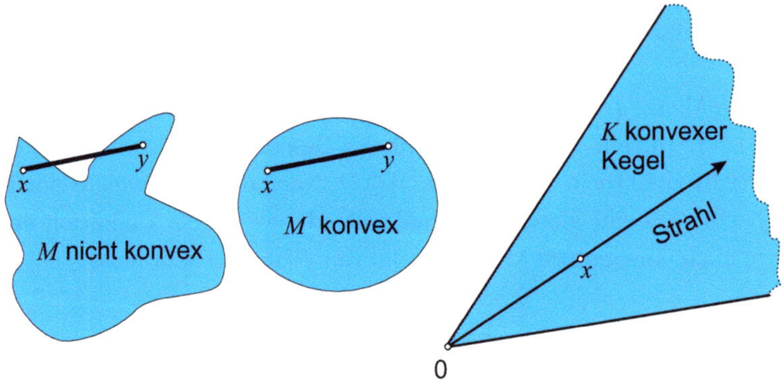

Abb. 1.3 Konvexe Menge und konvexer Kegel

Lemma 1.57

(a) Eine Menge $\emptyset \neq D \subset \mathbb{R}^n$ ist genau dann konvex, wenn $\sum_{i=1}^{p} \lambda_i \boldsymbol{x}_i \in D$ für alle $p \in \mathbb{N}$ mit $p \geq 2$ sowie beliebige $\boldsymbol{x}_1, \cdots, \boldsymbol{x}_p \in D$ und $\lambda_1, \cdots, \lambda_p \geq 0$ mit $\sum_{i=1}^{p} \lambda_i = 1$ gilt.

(b) Eine nichtleere Menge $K \subset \mathbb{R}^n$ ist genau dann ein konvexer Kegel, wenn $\sum_{i=1}^{p} \lambda_i \boldsymbol{x}_i \in K$ für alle $p \in \mathbb{N}$ mit $p \geq 2$ sowie beliebige $\boldsymbol{x}_1, \cdots, \boldsymbol{x}_p \in K$ und $\lambda_1, \cdots, \lambda_p \geq 0$ gilt.

Beweis: Wir führen den Beweis nur für (a). Offensichtlich genügt es zu zeigen, dass $\sum_{i=1}^{p} \lambda_i \boldsymbol{x}_i \in D$ aus der Konvexität der Menge $D \subset \mathbb{R}^n$ für alle $p \in \mathbb{N}$ mit $p \geq 2$ sowie beliebige $\boldsymbol{x}_1, \cdots, \boldsymbol{x}_p \in D$ und $\lambda_1, \cdots, \lambda_p \geq 0$ mit $\sum_{i=1}^{p} \lambda_i = 1$ folgt. Der Beweis erfolgt mittels vollständiger Induktion über p. Für $p = 2$ ist nichts zu zeigen. Somit gelte die Aussage für $p \geq 2$. Es seien $\boldsymbol{x}_1, \cdots, \boldsymbol{x}_{p+1} \in D$, $\lambda_1, \cdots, \lambda_{p+1} \geq 0$ und

$\sum_{i=1}^{p+1} \lambda_i = 1$. Da o.B.d.A. $\lambda_{p+1} \in [0,1)$ angenommen werden kann, gilt $\frac{\lambda_i}{1-\lambda_{p+1}} \geq 0$ für alle $i \in \{1, 2, \cdots, p\}$, $\sum_{i=1}^{p} \frac{\lambda_i}{1-\lambda_{p+1}} = 1$ und somit nach Induktionsvoraussetzung $\sum_{i=1}^{p} \frac{\lambda_i}{1-\lambda_{p+1}} \boldsymbol{x}_i \in D$. Aus der Konvexität der Menge D folgt nun abschließend $\sum_{i=1}^{p+1} \lambda_i \boldsymbol{x}_i = \lambda_{p+1} \boldsymbol{x}_{p+1} + [1 - \lambda_{p+1}] \sum_{i=1}^{p} \frac{\lambda_i}{1-\lambda_{p+1}} \boldsymbol{x}_i \in D$. □

Definition 1.58
Es sei $\emptyset \neq M \subset \mathbb{R}^n$. Die Mengen

$$\operatorname{conv}(M) := \left\{ \boldsymbol{x} \in \mathbb{R}^n \;\middle|\; \boldsymbol{x} = \sum_{i=1}^{p} \lambda_i \boldsymbol{x}_i,\ \boldsymbol{x}_i \in M,\ \lambda_i \geq 0,\ \sum_{i=1}^{p} \lambda_i = 1,\ p \in \mathbb{N} \right\},$$

$$\operatorname{cone}(M) := \left\{ \boldsymbol{x} \in \mathbb{R}^n \;\middle|\; \boldsymbol{x} = \sum_{i=1}^{p} \lambda_i \boldsymbol{x}_i,\ \boldsymbol{x}_i \in M,\ \lambda_i \geq 0,\ p \in \mathbb{N} \right\}$$

bzw.

$$\operatorname{span}(M) := \left\{ \boldsymbol{x} \in \mathbb{R}^n \;\middle|\; \boldsymbol{x} = \sum_{i=1}^{p} \lambda_i \boldsymbol{x}_i,\ \boldsymbol{x}_i \in M,\ \lambda_i \in \mathbb{R},\ p \in \mathbb{N} \right\}$$

werden als *konvexe Hülle*, *konvexe Kegelhülle* bzw. *lineare Hülle* von M bezeichnet.

Für $M = \emptyset$ definieren wir $\operatorname{conv}(\emptyset) := \emptyset$, $\operatorname{cone}(\emptyset) := \{\mathbf{0}\}$ bzw. $\operatorname{span}(\emptyset) := \{\mathbf{0}\}$. Wie man zeigen kann, gilt:

- Der Durchschnitt von beliebig vielen konvexen Mengen bzw. konvexen Kegeln ist wieder eine konvexe Menge bzw. ein konvexer Kegel (siehe Aufgabe 1.4).
- Die Menge $\operatorname{conv}(M)$ bzw. $\operatorname{cone}(M)$ ist der Durchschnitt aller M enthaltenden konvexen Mengen bzw. aller M enthaltenden konvexen Kegel und somit die kleinste konvexe Menge bzw. der kleinste konvexe Kegel, die bzw. der die Menge M enthält (siehe Aufgabe 1.5).

Definition 1.59
Für eine (nichtleere) endliche Menge $M = \{\boldsymbol{x}_1, \cdots, \boldsymbol{x}_p\} \subset \mathbb{R}^n$ heißt $\operatorname{conv}(M)$ bzw. $\operatorname{cone}(M)$ endlich erzeugtes *Polyeder* bzw. endlich erzeugter *polyedrischer Kegel*.

Die folgende Definition charakterisiert besondere Punkte von konvexen Mengen.

Definition 1.60
Es sei $\emptyset \neq M \subset \mathbb{R}^n$ eine konvexe Menge. Ein Punkt $\boldsymbol{x} \in M$ heißt *Extremalpunkt* von M, wenn aus jeder Darstellung $\boldsymbol{x} = \lambda \boldsymbol{x}_1 + [1-\lambda]\boldsymbol{x}_2$ mit $\boldsymbol{x}_1, \boldsymbol{x}_2 \in M$ und $\lambda \in (0,1)$ folgt, dass $\boldsymbol{x}_1 = \boldsymbol{x}_2$ gilt.

Es seien $M = \{\boldsymbol{x}_1, \cdots, \boldsymbol{x}_p\} \subset \mathbb{R}^n$ und $\mathrm{conv}(M)$ die konvexe Hülle von M. Natürlich kann jeder Punkt $\boldsymbol{x} = \lambda \boldsymbol{x}_i + [1-\lambda]\boldsymbol{x}_j \in M$ mit $\boldsymbol{x}_i, \boldsymbol{x}_j \in M \setminus \{\boldsymbol{x}\}$ und $\lambda \in (0,1)$ aus M entfernt werden, ohne dass sich die konvexe Hülle verändert. Somit gilt das folgende Lemma.

Lemma 1.61
Jedes endlich erzeugte Polyeder lässt sich als konvexe Hülle seiner Extremalpunkte darstellen.

Für unbeschränkte konvexe Mengen genügen offensichtlich die Extremalpunkte nicht mehr zur Darstellung der gesamten Menge.

Definition 1.62
Es sei $K \subset \mathbb{R}^n$ ein konvexer Kegel. Ein $\boldsymbol{d} \in K$ heißt *extremale Richtung* von K, wenn aus jeder Darstellung $\boldsymbol{d} = \beta_1 \boldsymbol{d}_1 + \beta_2 \boldsymbol{d}_2$ mit $\boldsymbol{d}_1, \boldsymbol{d}_2 \in K$ und $\beta_1, \beta_2 > 0$ folgt, dass $\boldsymbol{d}_1 = \gamma \boldsymbol{d}_2$ für ein $\gamma > 0$ gilt.

Beispiel 1.63
Es seien $A = \begin{pmatrix} 1 & 1 \\ 2 & -1 \\ -1 & 2 \end{pmatrix} \in \mathbb{R}^{(3,2)}$ und $\boldsymbol{a}_0 = \begin{pmatrix} 1 \\ -1 \\ -1 \end{pmatrix} \in \mathbb{R}^3$. Die Mengen $K := \left\{\boldsymbol{x} \in \mathbb{R}^2 \middle| \, A\boldsymbol{x} \geq \boldsymbol{0}\right\} \subset \mathbb{R}^2$ bzw. $M := \left\{\boldsymbol{x} \in \mathbb{R}^2 \middle| \, A\boldsymbol{x} \geq \boldsymbol{a}_0\right\} \subset \mathbb{R}^2$ sind ein konvexer Kegel bzw. eine unbeschränkte konvexe Menge. Es ergeben sich als extremale Richtungen von K die Vektoren $\boldsymbol{d}_1 = (1,2)^T$ und $\boldsymbol{d}_2 = (2,1)^T$ und als Extremalpunkte von M die Punkte $\boldsymbol{x}_1 = (1,0)^T$ und $\boldsymbol{x}_2 = (0,1)^T$. Offensichtlich gilt $K = \mathrm{cone}(\{\boldsymbol{d}_1, \boldsymbol{d}_2\})$ und $M = \mathrm{conv}(\{\boldsymbol{x}_1, \boldsymbol{x}_2\}) + \mathrm{cone}(\{\boldsymbol{d}_1, \boldsymbol{d}_2\})$. ■

Wir bemerken, dass
Im Weiteren gelte auch für jede konvexe Menge $D \subset \mathbb{R}^n$ stets $D \neq \emptyset$. Es folgt die Definition einer konvexen Funktion.

Definition 1.64
Es sei $D \subset \mathbb{R}^n$ eine konvexe Menge. Eine Funktion $f : \mathbb{R}^n \to \mathbb{R}$ heißt

(a) *konvex* über D, wenn für alle $\boldsymbol{x}, \boldsymbol{y} \in D$ und alle $\lambda \in [0,1]$ gilt

$$f\left(\lambda \boldsymbol{x} + [1-\lambda]\boldsymbol{y}\right) \leq \lambda f(\boldsymbol{x}) + [1-\lambda] f(\boldsymbol{y}) \,.$$

(b) *streng konvex* über D, wenn für alle $\boldsymbol{x}, \boldsymbol{y} \in D$ mit $\boldsymbol{x} \neq \boldsymbol{y}$ und alle $\lambda \in (0,1)$ gilt

$$f\left(\lambda \boldsymbol{x} + [1-\lambda]\boldsymbol{y}\right) < \lambda f(\boldsymbol{x}) + [1-\lambda] f(\boldsymbol{y}) \,.$$

(c) *gleichmäßig konvex* über D mit Modul m, wenn ein $m > 0$ existiert, sodass für alle $\boldsymbol{x}, \boldsymbol{y} \in D$ und alle $\lambda \in [0,1]$ gilt

$$f\left(\lambda \boldsymbol{x} + [1-\lambda]\boldsymbol{y}\right) + \frac{m}{2}\lambda[1-\lambda]\|\mathbf{y}-\mathbf{x}\|^{\mathbf{2}} \leq \lambda \mathbf{f}(\boldsymbol{x}) + [\mathbf{1}-\lambda]\mathbf{f}(\boldsymbol{y}) \,.$$

Anschaulich besagt die Definition 1.64, dass eine Funktion f über einer konvexen Menge $D \subset \mathbb{R}$ genau dann konvex über D ist, wenn für beliebige $x, y \in D$ die Sekante durch die Punkte $(x, f(x))$ und $(y, f(y))$ des Graphen von f nirgends unterhalb des Graphen der Funktion f verläuft. Ein Beispiel für eine gleichmäßig konvexe Funktion ist die Funktion $f : \mathbb{R} \to \mathbb{R}$ mit $f(x) = x^2$. Offensichtlich ist jede gleichmäßig konvexe Funktion streng konvex und jede streng konvexe Funktion auch konvex. Die Umkehrungen dieser beiden Aussagen gelten i. Allg. nicht. Beispielsweise ist die Funktion $f : \mathbb{R} \to \mathbb{R}$ mit $f(x) = x$ konvex, aber nicht streng konvex bzw. die Funktion $f : \mathbb{R} \to \mathbb{R}$ mit $f(x) = x^4$ streng konvex, aber nicht gleichmäßig konvex. Eine Funktion $f : \mathbb{R}^n \to \mathbb{R}$ heißt *konkav, streng konkav* bzw. *gleichmäßig konkav* mit Modul m über der konvexen Menge $D \subset \mathbb{R}^n$, wenn die Funktion $-f$ konvex, streng konvex bzw. gleichmäßig konvex mit Modul m über D ist. Eine Funktion f ist offensichtlich genau dann sowohl konvex als auch konkav über einer konvexen Menge D, wenn $f(\lambda \boldsymbol{x} + [1-\lambda]\boldsymbol{y}) = \lambda f(\boldsymbol{x}) + [1-\lambda] f(\boldsymbol{y})$ für alle $\boldsymbol{x}, \boldsymbol{y} \in D$ und alle $\lambda \in [0,1]$ gilt. Eine Funktion $f : \mathbb{R}^n \to \mathbb{R}$ heißt *affin-linear*, wenn f sich darstellen lässt in der Form $f(\boldsymbol{x}) = \boldsymbol{b}^T\boldsymbol{x} + a$ mit $\boldsymbol{b} \in \mathbb{R}^n$ und $a \in \mathbb{R}$. Wie man leicht zeigen kann, ist jede affin-lineare Funktion sowohl konvex als auch konkav über $\mathbb{R}^n$ (siehe auch Aufgabe 1.8). Analog zu Lemma 1.57 gilt:

Lemma 1.65
Es sei $D \subset \mathbb{R}^n$ eine konvexe Menge. Eine Funktion $f : \mathbb{R}^n \to \mathbb{R}$ ist genau dann konvex über D, wenn für alle $p \in \mathbb{N}$ mit $p \geq 2$ sowie beliebige $\boldsymbol{x}_1, \cdots, \boldsymbol{x}_p \in D$ und beliebige $\lambda_1, \cdots, \lambda_p \geq 0$ mit $\sum_{i=1}^{p} \lambda_i = 1$ gilt

$$f\left(\sum_{i=1}^{p} \lambda_i \boldsymbol{x}_i\right) \leq \sum_{i=1}^{p} \lambda_i f(\boldsymbol{x}_i) \,.$$

Der Beweis von Lemma 1.65 sei dem Leser als Aufgabe 1.14 überlassen. Zum Beweis des nachfolgenden Satzes benötigen wir das folgende Lemma:

Lemma 1.66
Es seien $D \subset \mathbb{R}^n$ eine konvexe Menge, $f : \mathbb{R}^n \to \mathbb{R}$ eine konvexe Funktion über D und $P \subset D$ ein endlich erzeugtes Polyeder mit Extremalpunkten $V = \{\boldsymbol{x}_1, \cdots, \boldsymbol{x}_p\}$. Dann gilt $f(\boldsymbol{x}) \leq \max_{i \in V} f(\boldsymbol{x}_i)$ für alle $\boldsymbol{x} \in P$.

Beweis: Es seien $\boldsymbol{x} \in P$ und $\delta := \max_{i \in V} f(\boldsymbol{x}_i)$. Nach Lemma 1.61 gibt es für $\boldsymbol{x}$ eine Darstellung der Form $\boldsymbol{x} = \sum_{i=1}^{p} \lambda_i \boldsymbol{x}_i$ mit $\lambda_i \geq 0$ und $\sum_{i=1}^{p} \lambda_i = 1$. Aufgrund der Konvexität von f folgt mit Lemma 1.65

$$f(\boldsymbol{x}) = f\left(\sum_{i=1}^{p} \lambda_i \boldsymbol{x}_i\right) \leq \sum_{i=1}^{p} \lambda_i f(\boldsymbol{x}_i) \leq \sum_{i=1}^{p} \lambda_i \delta = \delta \sum_{i=1}^{p} \lambda_i = \delta\,.$$

□

Bezüglich der Stetigkeit von konvexen Funktionen gilt der folgende Satz:

Satz 1.67
Ist $f : \mathbb{R}^n \to \mathbb{R}$ eine konvexe Funktion über der konvexen Menge $D \subset \mathbb{R}^n$, dann ist die Funktion f im Inneren von D stetig.

Beweis: Es seien $\boldsymbol{x} \in \operatorname{int} D$ und $\boldsymbol{e}_i$ mit $i \in \{1, \cdots, n\}$ die n Einheitsvektoren des $\mathbb{R}^n$. Da $\operatorname{int} D$ eine offene Menge ist, existiert ein $r_1 > 0$, sodass $P \subset \operatorname{int} D$ für das endlich erzeugte Polyeder P mit Extremalpunkten $\{\boldsymbol{x} \pm r_1 \boldsymbol{e}_i \,|1 \leq i \leq n\}$ gilt. Nach Lemma 1.66 gilt $f(\bar{\boldsymbol{x}}) \leq \max_{1 \leq i \leq n} f(x \pm r_1 \boldsymbol{e}_i) =: \delta < \infty$ für alle $\bar{\boldsymbol{x}} \in P$. Ferner werde $r_2 > 0$ so gewählt, dass $K(\boldsymbol{x}, r_2) = \{\boldsymbol{y} \in \mathbb{R}^n \mid \|\boldsymbol{y} - \boldsymbol{x}\| \leq r_2\} \subset P$ gilt. Es seien nun $\boldsymbol{y} \in K(\boldsymbol{x}, r_2) \setminus \{\boldsymbol{x}\}$ sowie $\boldsymbol{a}$ und $\boldsymbol{b}$ die Endpunkte des durch $\boldsymbol{x}$ und $\boldsymbol{y}$ verlaufenden Durchmessers von $K(\boldsymbol{x}, r_2)$ mit $\|\boldsymbol{a} - \boldsymbol{x}\| = \|\boldsymbol{b} - \boldsymbol{x}\| = r_2$ sowie $\boldsymbol{x} - \boldsymbol{y} = \lambda(\boldsymbol{a} - \boldsymbol{x})$ und $\boldsymbol{y} - \boldsymbol{x} = \lambda(\boldsymbol{b} - \boldsymbol{x})$ für ein $\lambda \in (0, 1)$. Aus $\boldsymbol{x} = \boldsymbol{y} + \lambda(\boldsymbol{a} - \boldsymbol{x})$ folgt $\boldsymbol{x} = \frac{1}{1+\lambda}\boldsymbol{y} + \frac{\lambda}{1+\lambda}\boldsymbol{a}$. Wegen der Konvexität von f gilt $f(\boldsymbol{x}) \leq \frac{1}{1+\lambda} f(\boldsymbol{y}) + \frac{\lambda}{1+\lambda} f(\boldsymbol{a})$ und somit $f(\boldsymbol{y}) - f(\boldsymbol{x}) \geq \lambda(f(\boldsymbol{x}) - f(\boldsymbol{a})) \geq -\lambda(\delta - f(\boldsymbol{x}))$. Aus $\boldsymbol{y} = \boldsymbol{x} + \lambda(\boldsymbol{b} - \boldsymbol{x}) = \lambda \boldsymbol{b} + [1 - \lambda]\boldsymbol{x}$ folgt $f(\boldsymbol{y}) \leq \lambda f(\boldsymbol{b}) + [1 - \lambda] f(\boldsymbol{x})$ wegen der Konvexität von f und somit $f(\boldsymbol{y}) - f(\boldsymbol{x}) \leq \lambda(f(\boldsymbol{b}) - f(\boldsymbol{x})) \leq \lambda(\delta - f(\boldsymbol{x}))$. Zusammengefasst gilt also $|f(\boldsymbol{y}) - f(\boldsymbol{x})| \leq \lambda(\delta - f(\boldsymbol{x}))$. Für $\boldsymbol{y} \to \boldsymbol{x}$ folgt $\lambda \to 0$ und somit $|f(\boldsymbol{y}) - f(\boldsymbol{x})| \to 0$, womit die Stetigkeit von f in $\boldsymbol{x}$ gezeigt ist. □

Eine konvexe Funktion muss auf dem Rand ihres Definitionsbereichs nicht stetig sein, wie das Beispiel

$$f : [-1, 1] \to \mathbb{R} \text{ mit } f(x) = \begin{cases} x^2 & , \text{für } |x| < 1 \\ a & , \text{für } |x| = 1 \end{cases}$$

mit $a > 1$ zeigt. Weiterhin muss eine konvexe Funktion, die im Inneren ihres Definitionsbereiches stetig ist, dort nicht notwendigerweise auch differenzierbar sein, wie man leicht am Beispiel $f : \mathbb{R} \to \mathbb{R}$ mit $f(x) = |x|$ sieht. Charakterisierungen für differenzierbare konvexe Funktionen liefern die im Folgenden aufgeführten Sätze.

Satz 1.68 (Stützeigenschaft)
Es seien $D \subset \mathbb{R}^n$ eine konvexe Menge und $f \in C^1(\mathbb{R}^n, \mathbb{R})$. Dann gilt:

(a) Die Funktion f ist genau dann konvex über D, wenn

$$f(\boldsymbol{y}) \geq f(\boldsymbol{x}) + \nabla f(\boldsymbol{x})^T(\boldsymbol{y} - \boldsymbol{x})$$

für alle $\boldsymbol{x}, \boldsymbol{y} \in D$ gilt.

(b) Die Funktion f ist genau dann streng konvex über D, wenn

$$f(\boldsymbol{y}) > f(\boldsymbol{x}) + \nabla f(\boldsymbol{x})^T(\boldsymbol{y} - \boldsymbol{x})$$

für alle $\boldsymbol{x}, \boldsymbol{y} \in D$ mit $\boldsymbol{x} \neq \boldsymbol{y}$ gilt.

(c) Die Funktion f ist genau dann gleichmäßig konvex über D, wenn ein $m > 0$ existiert, sodass

$$f(\boldsymbol{y}) \geq f(\boldsymbol{x}) + \nabla f(\boldsymbol{x})^T(\boldsymbol{y} - \boldsymbol{x}) + \frac{m}{2}\|\boldsymbol{y} - \boldsymbol{x}\|^2$$

für alle $\boldsymbol{x}, \boldsymbol{y} \in D$ gilt.

Beweis:
Zu (a): Es seien zunächst f eine konvexe Funktion über D, $\boldsymbol{x}, \boldsymbol{y} \in D$ und die Hilfsfunktion $h : \mathbb{R} \to \mathbb{R}$ definiert durch $h(\lambda) = [1-\lambda]\, f(\boldsymbol{x}) + \lambda f(\boldsymbol{y}) - f\left([1-\lambda]\, \boldsymbol{x} + \lambda \boldsymbol{y}\right)$. Aus der Konvexität von f folgt $h(\lambda) \geq 0$ für $\boldsymbol{x} \neq \boldsymbol{y}$ und $\lambda \in (0,1)$. Weiterhin gilt $h(0) = 0$ und $h'(0) = -f(\boldsymbol{x}) + f(\boldsymbol{y}) - \nabla f(\boldsymbol{x})^T (\boldsymbol{y} - \boldsymbol{x}) \geq 0$, woraus unmittelbar

$$f(\boldsymbol{y}) \geq f(\boldsymbol{x}) + \nabla f(\boldsymbol{x})^T (\boldsymbol{y} - \boldsymbol{x})$$

folgt.
Andererseits gelte nun $f(\boldsymbol{y}) \geq f(\boldsymbol{x}) + \nabla f(\boldsymbol{x})^T(\boldsymbol{y} - \boldsymbol{x})$ für beliebige $\boldsymbol{x}, \boldsymbol{y} \in D$ und $\lambda \in [0,1]$. Aus der Konvexität von D folgt $\boldsymbol{z} := \lambda \boldsymbol{x} + [1-\lambda]\boldsymbol{y} \in D$ und somit sowohl $f(\boldsymbol{x}) \geq f(\boldsymbol{z}) + \nabla f(\boldsymbol{z})^T (\boldsymbol{x} - \boldsymbol{z})$ als auch $f(\boldsymbol{y}) \geq f(\boldsymbol{z}) + \nabla f(\boldsymbol{z})^T (\boldsymbol{y} - \boldsymbol{z})$. Nun gilt

$$\begin{aligned}
\lambda f(\boldsymbol{x}) + [1-\lambda] f(\boldsymbol{y}) &\geq \lambda \left(f(\boldsymbol{z}) + \nabla f(\boldsymbol{z})^T (\boldsymbol{x} - \boldsymbol{z})\right) + [1-\lambda] \left(f(\boldsymbol{z}) + \nabla f(\boldsymbol{z})^T (\boldsymbol{y} - \boldsymbol{z})\right) \\
&= f(\boldsymbol{z}) + \nabla f(\boldsymbol{z})^T \left(\lambda (\boldsymbol{x} - \boldsymbol{z}) + [1-\lambda] (\boldsymbol{y} - \boldsymbol{z})\right) \\
&= f(\boldsymbol{z}) + \nabla f(\boldsymbol{z})^T (\lambda \boldsymbol{x} + [1-\lambda]\boldsymbol{y} - \boldsymbol{z}) = f(\lambda \boldsymbol{x} + [1-\lambda]\boldsymbol{y}),
\end{aligned}$$

womit die Konvexität von f über D gezeigt ist.
Zu (b): Es seien f eine streng konvexe Funktion über D, $\boldsymbol{x}, \boldsymbol{y} \in D$ mit $\boldsymbol{x} \neq \boldsymbol{y}$ und

$\boldsymbol{z} := \frac{1}{2}(\boldsymbol{x}+\boldsymbol{y})$. Somit folgt $\boldsymbol{y}-\boldsymbol{x} = 2(\boldsymbol{z}-\boldsymbol{x})$ aufgrund der Definition von $\boldsymbol{z}$, $\nabla f(\boldsymbol{x})^T(\boldsymbol{z}-\boldsymbol{x}) \leq f(\boldsymbol{z}) - f(\boldsymbol{x})$ wegen (a), $f(\boldsymbol{z}) < \frac{1}{2}f(\boldsymbol{x}) + \frac{1}{2}f(\boldsymbol{y})$ aufgrund der strengen Konvexität von f und schließlich

$$\begin{aligned}\nabla f(\boldsymbol{x})^T(\boldsymbol{y}-\boldsymbol{x}) &= 2\nabla f(\boldsymbol{x})^T(\boldsymbol{z}-\boldsymbol{x}) \leq 2(f(\boldsymbol{z})-f(\boldsymbol{x})) < 2(\tfrac{1}{2}f(\boldsymbol{x})+\tfrac{1}{2}f(\boldsymbol{y})-f(\boldsymbol{x}))\\ &= f(\boldsymbol{y})-f(\boldsymbol{x}).\end{aligned}$$

Gilt $f(\boldsymbol{y}) > f(\boldsymbol{x}) + \nabla f(\boldsymbol{x})^T(\boldsymbol{y}-\boldsymbol{x})$ für alle $\boldsymbol{x}, \boldsymbol{y} \in D$ mit $\boldsymbol{x} \neq \boldsymbol{y}$, dann folgt die strenge Konvexität von f über D analog der entsprechenden Beweisführung unter (a).
Zu (c): Der Beweis der Teilaussage (c) erfolgt analog dem Beweis der Teilaussage (a) und sei dem Leser als Aufgabe 1.18 überlassen. □

Für differenzierbare konvexe Funktion liegt die Tangentialhyperebene an dem Graphen der Funktion für keinen Punkt oberhalb des Graphen der Funktion – die Tangentialhyperebenen „stützen" also den Funktionsgraphen. Bei strenger Konvexität haben der Graph der Funktion und die Tangentialhyperebene genau einen Punkt (den Stützpunkt) gemein.
Bei gleichmäßiger Konvexität der Funktion f liegt der Graph der Funktion sogar oberhalb eines nur parallel verschiebbaren Hyperparaboloiden, der jeweils in mindestens einem Punkt den Graphen von f stützt.

Beispiel 1.69
Wir betrachten die stückweise definierte Funktion $f: M := [1,8] \to \mathbb{R}$ mit

$$f(y) = \begin{cases} \frac{1}{8}(y-3)^4 + 4 & \text{, falls } y \in [1,4] \\ \frac{1}{2}y + \frac{17}{8} & \text{, falls } y \in (4,6] \\ \frac{1}{8}(y-5)^4 + 5 & \text{, falls } y \in (6,8] \end{cases}.$$

Die so definierte stetig differenzierbare Funktion f ist konvex über dem Intervall $[1,8]$ und streng konvex über den Teilintervallen $[1,4]$ sowie $[6,8]$. Für alle $y \in [1,8]$ liegt die Tangente in $(y, f(y))$ an den Graphen der Funktion f nie oberhalb des Funktionsgraphen und für alle $y \in [1,4] \cup [6,8]$ haben diese Tangente und der Funktionsgraph nur den Punkt $(y, f(y))$ gemein. ■

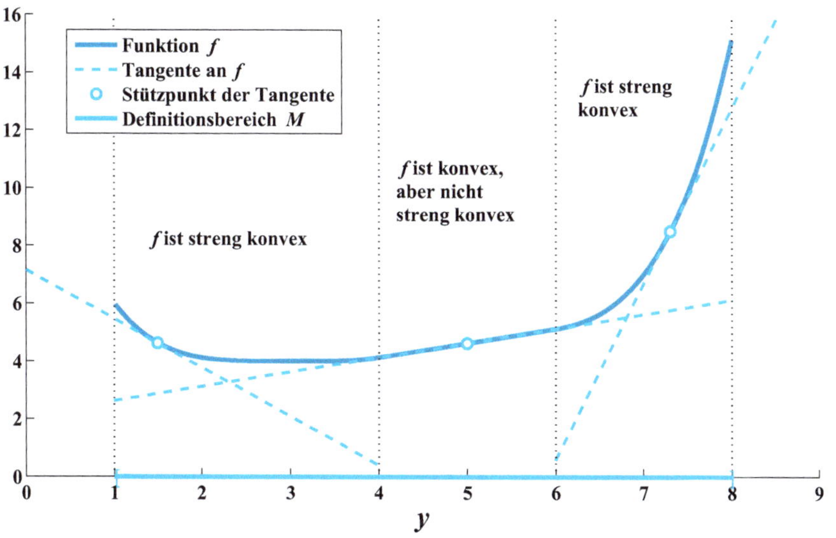

Abb. 1.4 Funktionsgraph der Funktion aus Beispiel 1.69

Beispiel 1.70

Es sei $f \in C^1(\mathbb{R},\mathbb{R})$ und $p : \mathbb{R}\times\mathbb{R}\times\mathbb{R} \to \mathbb{R}$ mit $p(y,x,m) = f(x)+f'(x)(y-x)+\frac{m}{2}(y-x)^2$ sowie $\frac{\partial}{\partial y}p(y,x,m) = f'(x)+m(y-x)$, womit $f(x) = p(x,x,m)$ und $f'(x) = \frac{\partial}{\partial y}p(x,x,m)$ gilt. Wir betrachten nun die gleichmäßig konvexe Funktion $f : \mathbb{R} \to \mathbb{R}$ mit

$$f(y) = y^2 + \frac{1}{12}(y-1)^4 \, .$$

Wählen wir speziell $x = 1$ und $m = 2$ so folgt

$$\begin{aligned} f(y) - p(y,1,2) &= y^2 + \tfrac{1}{12}(y-1)^4 - \big(f(1) + f'(1)(y-1) + (y-1)^2\big) \\ &= y^2 + \tfrac{1}{12}(y-1)^4 - \big(1 + 2(y-1) + (y-1)^2\big) = \tfrac{1}{12}(y-1)^4 \geq 0 \end{aligned}$$

für alle $y \in \mathbb{R}$. Andererseits existiert für $x = 1$ und $m > 2$ jeweils eine von m abhängige Umgebung U von $\bar{y} = 1$ mit $f(y) - p(y,1,m) < 0$ für alle $y \in U \setminus \{1\}$ (siehe Abb. 1.5). Für beliebige feste $x \in \mathbb{R}$ und $m = 2$ gilt jedoch $f(y) - p(y,x,2) \geq 0$ für alle $y \in \mathbb{R}$, d. h. der Graph der Funktion f wird durch die Parabeln p mit $m = 2$ „gestützt" (siehe Abb. 1.6). ■

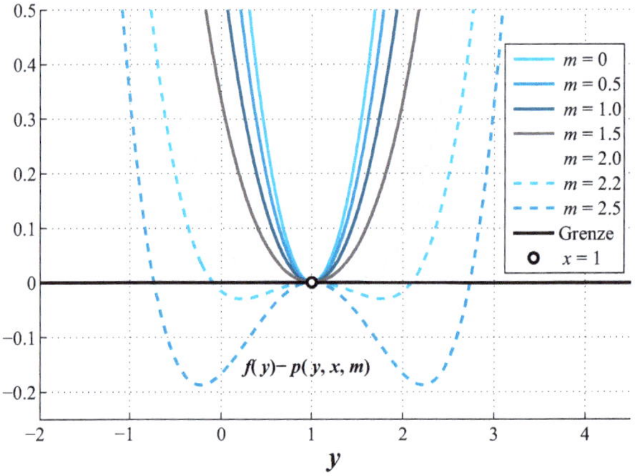

Abb. 1.5 Differenz $f(y) - p(y, 1, m)$ für die Funktion aus Beispiel 1.70 und verschiedene $m \in \mathbb{R}$

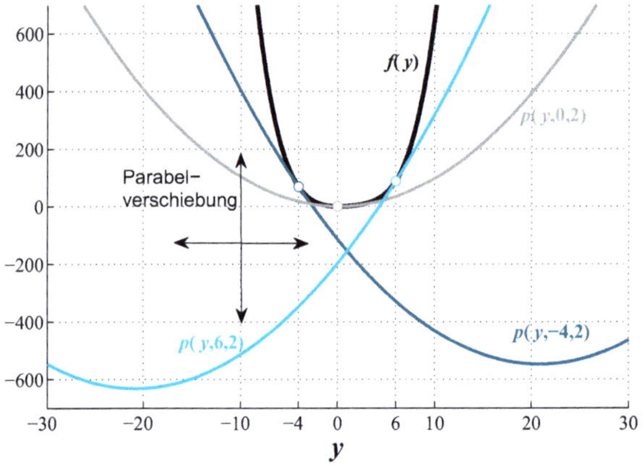

Abb. 1.6 Stützende Parabeln p für die Funktion aus Beispiel 1.70, $m = 2$ und $x \in \{-4, 0, 6\}$

Die folgende Definition verallgemeinert den Begriff der Monotonie von reellen Funktionen einer Variablen.

Definition 1.71
Es sei $D \subset \mathbb{R}^n$ eine konvexe Menge. Eine Funktion $F : \mathbb{R}^n \to \mathbb{R}^n$ heißt

(a) *monoton* über D, wenn $(F(\boldsymbol{y}) - F(\boldsymbol{x}))^T (\boldsymbol{y} - \boldsymbol{x}) \geq 0$ für alle $\boldsymbol{x}, \boldsymbol{y} \in D$ gilt.

(b) *streng monoton* über D, wenn $(F(\boldsymbol{y}) - F(\boldsymbol{x}))^T (\boldsymbol{y} - \boldsymbol{x}) > 0$ für alle $\boldsymbol{x}, \boldsymbol{y} \in D$ mit $\boldsymbol{x} \neq \boldsymbol{y}$ gilt.

(c) *gleichmäßig monoton* über D, wenn ein $m > 0$ existiert, sodass

$$\left(F(\boldsymbol{y}) - F(\boldsymbol{x})\right)^T (\boldsymbol{y} - \boldsymbol{x}) \geq m\|\boldsymbol{y} - \boldsymbol{x}\|^2$$

für alle $\boldsymbol{x}, \boldsymbol{y} \in D$ gilt.

Satz 1.72 (Monotonie)
Es seien $D \subset \mathbb{R}^n$ eine konvexe Menge und $f \in C^1(\mathbb{R}^n, \mathbb{R})$. Dann gilt:

(a) Die Funktion f ist genau dann konvex über D, wenn

$$\left(\nabla f(\boldsymbol{y}) - \nabla f(\boldsymbol{x})\right)^T (\boldsymbol{y} - \boldsymbol{x}) \geq 0$$

für alle $\boldsymbol{x}, \boldsymbol{y} \in D$ gilt, d. h. wenn ∇f *monoton über D ist.*

(b) Die Funktion f ist genau dann streng konvex über D, wenn

$$\left(\nabla f(\boldsymbol{y}) - \nabla f(\boldsymbol{x})\right)^T (\boldsymbol{y} - \boldsymbol{x}) > 0$$

für alle $\boldsymbol{x}, \boldsymbol{y} \in D$ mit $\boldsymbol{x} \neq \boldsymbol{y}$ gilt, d. h. wenn ∇f *streng monoton über D ist.*

(c) Die Funktion f ist genau dann gleichmäßig konvex über D, wenn ein $m > 0$ existiert, sodass

$$\left(\nabla f(\boldsymbol{y}) - \nabla f(\boldsymbol{x})\right)^T (\boldsymbol{y} - \boldsymbol{x}) \geq m\|\boldsymbol{y} - \boldsymbol{x}\|^2$$

für alle $\boldsymbol{x}, \boldsymbol{y} \in D$ gilt, d. h. wenn ∇f *gleichmäßig monoton über D* ist.

Beweis:
Zu (a): Es seien zunächst f eine konvexe Funktion über D und $\boldsymbol{x}, \boldsymbol{y} \in D$. Mit Satz 1.68 (a) gilt $f(\boldsymbol{x}) - f(\boldsymbol{y}) \geq \nabla f(\boldsymbol{y})^T(\boldsymbol{x} - \boldsymbol{y})$ und $f(\boldsymbol{y}) - f(\boldsymbol{x}) \geq \nabla f(\boldsymbol{x})^T(\boldsymbol{y} - \boldsymbol{x})$. Addition der beiden Ungleichungen liefert $0 \geq \nabla f(\boldsymbol{y})^T(\boldsymbol{x} - \boldsymbol{y}) + \nabla f(\boldsymbol{x})^T(\boldsymbol{y} - \boldsymbol{x})$ und folglich

$$\left(\nabla f(\boldsymbol{y}) - \nabla f(\boldsymbol{x})\right)^T (\boldsymbol{y} - \boldsymbol{x}) \geq 0\,.$$

Nun gelte $\left(\nabla f(\boldsymbol{y}) - \nabla f(\boldsymbol{x})\right)^T (\boldsymbol{y} - \boldsymbol{x}) \geq 0$ für beliebige $\boldsymbol{x}, \boldsymbol{y} \in D$. Wir definieren die Hilfsfunktion $h : \mathbb{R} \to \mathbb{R}$ mit $h(\lambda) = f(\lambda\boldsymbol{x} + [1 - \lambda]\boldsymbol{y})$, $h(1) - h(0) = f(\boldsymbol{x}) - f(\boldsymbol{y})$ und $h'(\lambda) = \nabla f(\lambda\boldsymbol{x} + [1 - \lambda]\boldsymbol{y})^T(\boldsymbol{x} - \boldsymbol{y})$. Mit $\lambda\boldsymbol{x} + [1 - \lambda]\boldsymbol{y} - \boldsymbol{y} = \lambda(\boldsymbol{x} - \boldsymbol{y})$ folgt nach Voraussetzung

$$\lambda\left(\nabla f(\lambda\boldsymbol{x} + [1 - \lambda]\boldsymbol{y}) - \nabla f(\boldsymbol{y})\right)^T (\boldsymbol{x} - \boldsymbol{y}) \geq 0$$

bzw.

$$\nabla f(\lambda\boldsymbol{x} + [1 - \lambda]\boldsymbol{y})^T (\boldsymbol{x} - \boldsymbol{y}) \geq \nabla f(\boldsymbol{y})^T (\boldsymbol{x} - \boldsymbol{y})$$

für alle $\lambda \in [0, 1]$. Somit gilt nach dem Mittelwertsatz in Integralform

$$f(\boldsymbol{x}) - f(\boldsymbol{y}) = \int\limits_{\lambda=0}^{1} h'(\lambda)\, d\lambda \geq \int\limits_{\lambda=0}^{1} \nabla f(\boldsymbol{y})^T (\boldsymbol{x} - \boldsymbol{y}) = \nabla f(\boldsymbol{y})^T (\boldsymbol{x} - \boldsymbol{y})$$

und hiermit nach Satz 1.68 (a) die Konvexität von f über D.
Zu (b): Ist f eine streng konvexe Funktion über D, dann folgt

$$(\nabla f(\boldsymbol{y}) - \nabla f(\boldsymbol{x}))^T (\boldsymbol{y} - \boldsymbol{x}) > 0$$

für alle $\boldsymbol{x}, \boldsymbol{y} \in D$ mit $\boldsymbol{x} \neq \boldsymbol{y}$ analog der entsprechenden Beweisführung unter (a).
Nun gelte $(\nabla f(\boldsymbol{y}) - \nabla f(\boldsymbol{x}))^T (\boldsymbol{y} - \boldsymbol{x}) > 0$ für beliebige $\boldsymbol{x}, \boldsymbol{y} \in D$ mit $\boldsymbol{x} \neq \boldsymbol{y}$. Nach dem Mittelwertsatz der Differenzialrechnung existiert ein $t \in (0, 1)$ mit

$$\begin{aligned}
& f(\boldsymbol{y}) - f(\boldsymbol{x}) = \nabla f(\boldsymbol{x} + t(\boldsymbol{y} - \boldsymbol{x}))^T (\boldsymbol{y} - \boldsymbol{x}) \\
= \;& (\nabla f(\boldsymbol{x} + t(\boldsymbol{y} - \boldsymbol{x})) - \nabla f(\boldsymbol{x}))^T (\boldsymbol{y} - \boldsymbol{x}) + \nabla f(\boldsymbol{x})^T (\boldsymbol{y} - \boldsymbol{x}) \\
= \;& \frac{1}{t} (\nabla f(\boldsymbol{x} + t(\boldsymbol{y} - \boldsymbol{x})) - \nabla f(\boldsymbol{x}))^T (\boldsymbol{x} + t(\boldsymbol{y} - \boldsymbol{x}) - \boldsymbol{x}) + \nabla f(\boldsymbol{x})^T (\boldsymbol{y} - \boldsymbol{x}) \\
> \;& \nabla f(\boldsymbol{x})^T (\boldsymbol{y} - \boldsymbol{x}),
\end{aligned}$$

was nach Satz 1.68 (b) äquivalent zur strengen Konvexität von f über D ist.
Zu (c): Der Beweis der Teilaussage (c) erfolgt analog dem Beweis der Teilaussage (a) und sei dem Leser als Aufgabe 1.19 überlassen. □

Satz 1.73
Es seien $D \subset \mathbb{R}^n$ eine konvexe Menge und $f \in C^2(\mathbb{R}^n, \mathbb{R})$. Dann gilt:

(a) Ist die Hesse-Matrix $\nabla^2 f(\boldsymbol{x})$ für alle $\boldsymbol{x} \in D$ positiv semi-definit, so ist die Funktion f konvex über D.

(b) Ist die Hesse-Matrix $\nabla^2 f(\boldsymbol{x})$ für alle $\boldsymbol{x} \in D$ positiv definit, so ist die Funktion f streng konvex über D.

(c) Existiert eine Konstante $m > 0$ mit $\boldsymbol{d}^T \nabla^2 f(\boldsymbol{x}) \boldsymbol{d} \geq m \|\boldsymbol{d}\|^2$ für alle $\boldsymbol{x} \in D$ und alle $\boldsymbol{d} \in \mathbb{R}^n$, so ist die Funktion f gleichmäßig konvex über D.

(d) Ist D eine offene konvexe Menge, so gelten in (a) und (c) auch die Umkehrungen.

Beweis:
Zu (a): Es gelte $\boldsymbol{d}^T \nabla^2 f(\boldsymbol{x}) \boldsymbol{d} \geq 0$ für alle $\boldsymbol{x} \in D$ und alle $\boldsymbol{d} \in \mathbb{R}^n$. Mit dem Mittelwertsatz in der Integralform angewendet auf ∇f folgt

$$(\nabla f(\boldsymbol{y}) - \nabla f(\boldsymbol{x}))^T (\boldsymbol{y} - \boldsymbol{x}) = \int\limits_{t=0}^{1} (\boldsymbol{y} - \boldsymbol{x})^T \nabla^2 f(\boldsymbol{x} + t(\boldsymbol{y} - \boldsymbol{x}))(\boldsymbol{y} - \boldsymbol{x})\, dt \geq 0$$

für alle $\boldsymbol{x}, \boldsymbol{y} \in D$. Dies ist nach Satz 1.72 (a) äquivalent zur Konvexität von f über D.
Zu (b) und (c): Der Beweis der Teilaussagen (b) und (c) erfolgt analog dem Beweis der Teilaussage (a) und sei dem Leser als Aufgabe 1.20 überlassen.
Zu (d): Es seien D eine offene konvexe Menge, f eine gleichmäßig konvexe Funktion über D, $\boldsymbol{x} \in D$ und $\boldsymbol{d} \in \mathbb{R}^n$. Nach Satz 1.72 (c) existiert ein $m > 0$ mit

$$(\nabla f(\boldsymbol{y}) - \nabla f(\boldsymbol{x}))^T (\boldsymbol{y} - \boldsymbol{x}) \geq m\|\boldsymbol{y} - \boldsymbol{x}\|^2$$

für alle $\boldsymbol{y} \in D$. Wegen der Offenheit von D gilt $\boldsymbol{x} + t\boldsymbol{d} \in D$ für alle hinreichend kleinen $t > 0$, und es folgt wegen $f \in C^2(\mathbb{R}^n, \mathbb{R})$

$$\begin{aligned} \boldsymbol{d}^T \nabla^2 f(\boldsymbol{x}) \boldsymbol{d} &= \lim_{t \to +0} \frac{(\nabla f(\boldsymbol{x} + t\boldsymbol{d}) - \nabla f(\boldsymbol{x}))^T \boldsymbol{d}}{t} \\ &= \lim_{t \to +0} \frac{(\nabla f(\boldsymbol{x} + t\boldsymbol{d}) - \nabla f(\boldsymbol{x}))^T t\boldsymbol{d}}{t^2} \geq \lim_{t \to +0} \frac{m\|t\boldsymbol{d}\|^2}{t^2} = m\|\boldsymbol{d}\|^2 , \end{aligned}$$

womit die Aussage für gleichmäßig konvexe Funktion bewiesen ist. Für konvexe Funktionen folgt die Aussage unmittelbar mit $m = 0$. □

Die Umkehrung der Aussage (b) von Satz 1.73 gilt i. Allg. nicht, wie das Beispiel $f : \mathbb{R} \to \mathbb{R}$ mit $f(x) = x^4$ zeigt. Die folgenden Sätze 1.74 und 1.75 verdeutlichen die Bedeutung der Konvexitätseigenschaften für die Optimierung.

Satz 1.74
Es seien $D \subset \mathbb{R}^n$ eine konvexe Menge und $f : \mathbb{R}^n \to \mathbb{R}$ eine konvexe Funktion über D. Dann gilt:

(a) Jede lokale Minimalstelle von f über D ist auch eine globale Minimalstelle von f über D.

(b) Die Menge der Minimalstellen von f über D ist konvex.

(c) Ist f streng konvex über D, dann besitzt f höchstens eine Minimalstelle über D.

Beweis:
Zu (a): Es sei $\boldsymbol{x}^*$ eine lokale Minimalstelle von f über D. Angenommen, es existiert ein $\tilde{\boldsymbol{x}} \in D$ mit $f(\tilde{\boldsymbol{x}}) < f(\boldsymbol{x}^*)$, so folgt

$$f(\boldsymbol{x}^* + \lambda(\tilde{\boldsymbol{x}} - \boldsymbol{x}^*)) \leq \lambda f(\tilde{\boldsymbol{x}}) + [1 - \lambda] f(\boldsymbol{x}^*) < \lambda f(\boldsymbol{x}^*) + [1 - \lambda] f(\boldsymbol{x}^*) = f(\boldsymbol{x}^*)$$

aus der Konvexität von f für alle $\lambda \in (0, 1)$. Im Widerspruch hierzu muss jedoch ein $\bar{\lambda} \in (0, 1)$ mit $f(\boldsymbol{x}^* + \lambda(\tilde{\boldsymbol{x}} - \boldsymbol{x}^*)) \geq f(\boldsymbol{x}^*)$ für alle $\lambda \in (0, \bar{\lambda})$ existieren, da $\boldsymbol{x}^*$ eine lokale Minimalstelle von f über D ist.

Zu (b): Es seien $\boldsymbol{x}_1^*$ und $\boldsymbol{x}_2^*$ zwei lokale und damit globale Minimalstellen von f über D. Es gilt also $\hat{f} := f(\boldsymbol{x}_1^*) = f(\boldsymbol{x}_2^*)$. Aus der Konvexität von f folgt

$$\hat{f} \leq f(\lambda \boldsymbol{x}_1^* + [1-\lambda]\boldsymbol{x}_2^*) \leq \lambda f(\boldsymbol{x}_1^*) + [1-\lambda] f(\boldsymbol{x}_2^*) = \hat{f}$$

und somit $f(\lambda \boldsymbol{x}_1^* + [1-\lambda]\boldsymbol{x}_2^*) = \hat{f}$ für alle $\lambda \in [0,1]$.
Zu (c): Angenommen, es existieren zwei verschiedene lokale und damit globale Minimalstellen $\boldsymbol{x}_1^* \neq \boldsymbol{x}_2^*$ von f über D und gelte wiederum $\hat{f} = f(\boldsymbol{x}_1^*) = f(\boldsymbol{x}_2^*)$. Mit (b) folgt $f(\lambda \boldsymbol{x}_1^* + [1-\lambda]\boldsymbol{x}_2^*) = \hat{f}$ für alle $\lambda \in (0,1)$ – im Widerspruch zur strengen Konvexität von f. □

Satz 1.75
Es sei $f \in C^1(\mathbb{R}^n, \mathbb{R})$.

(a) Ist $D \subset \mathbb{R}^n$ eine konvexe Menge und f eine konvexe Funktion über D, dann ist für alle $\boldsymbol{x}^0 \in D$ die Menge $\mathcal{N}_f(f(\boldsymbol{x}^0)) \cap D$ konvex.

(b) Ist $D \subset \mathbb{R}^n$ eine konvexe abgeschlossene Menge und f eine gleichmäßig konvexe Funktion über D, dann besitzt die Funktion f genau eine Minimalstelle über D.

Beweis:
Zu (a): Es seien $\boldsymbol{x}, \boldsymbol{y} \in \mathcal{N}_f(f(\boldsymbol{x}^0)) \cap D$ und $\lambda \in [0,1]$. Aus der Konvexität von D folgt $\lambda\boldsymbol{x} + [1-\lambda]\boldsymbol{y} \in D$. Mit der Konvexität von f über D und wegen der Definition von $\mathcal{N}_f(f(\boldsymbol{x}^0))$ folgt weiterhin

$$f(\lambda\boldsymbol{x} + [1-\lambda]\boldsymbol{y}) \leq \lambda f(\boldsymbol{x}) + [1-\lambda] f(\boldsymbol{y}) \leq \lambda f(\boldsymbol{x}^0) + [1-\lambda] f(\boldsymbol{x}^0) = f(\boldsymbol{x}^0)$$

und somit $\lambda\boldsymbol{x} + [1-\lambda]\boldsymbol{y} \in \mathcal{N}_f(f(\boldsymbol{x}^0)) \cap D$.
Zu (b): Es sei $\boldsymbol{x}^0 \in D$. Mit (a) ist $\mathcal{N}_f(f(\boldsymbol{x}^0)) \cap D$ eine konvexe Menge. Wegen der gleichmäßigen Konvexität von f über der konvexen Menge D und $f \in C^1(\mathbb{R}^n, \mathbb{R})$ existiert nach Satz 1.68 (c) ein $m > 0$ mit

$$\nabla f(\boldsymbol{x}^0)^T(\boldsymbol{y} - \boldsymbol{x}^0) + \frac{m}{2}\|\boldsymbol{y} - \boldsymbol{x}^0\|^2 \leq f(\boldsymbol{y}) - f(\boldsymbol{x}^0) \leq 0$$

für alle $\boldsymbol{y} \in \mathcal{N}_f(f(\boldsymbol{x}^0)) \cap D$ und alle $\lambda \in [0,1]$. Mit der Cauchy-Schwarzschen-Ungleichung folgt

$$\|\boldsymbol{y} - \boldsymbol{x}^0\|^2 \leq \tfrac{2}{m}\nabla f(\boldsymbol{x}^0)^T(\boldsymbol{x}^0 - \boldsymbol{y}) \leq \tfrac{2}{m}\left\|\nabla f(\boldsymbol{x}^0)\right\| \left\|\boldsymbol{y} - \boldsymbol{x}^0\right\|$$

bzw. $\|\boldsymbol{y} - \boldsymbol{x}^0\| \leq \frac{2}{m}\|\nabla f(\boldsymbol{x}^0)\|$ für alle $\boldsymbol{y} \in \mathcal{N}_f(f(\boldsymbol{x}^0)) \cap D$ und somit die Beschränktheit von $\mathcal{N}_f(f(\boldsymbol{x}^0)) \cap D$. Nach Lemma 1.55 und Satz 1.74 (c) besitzt die Funktion f genau eine Minimalstelle über D. □

Wir möchten diesen Abschnitt mit einigen wichtigen Eigenschaften von stetig differenzierbaren Abbildungen über konvexen Mengen abschließen. Wenn eine Funktion f auf einer kompakten konvexen Menge D k-mal stetig differenzierbar ist, dann ist die $(k-1)$-te Ableitung Lipschitz-stetig auf D. Für Funktionen $f : \mathbb{R}^n \to \mathbb{R}$ gilt im Besonderen:

Satz 1.76

(a) Es seien $f \in C^1(\mathbb{R}^n, \mathbb{R})$ und $D \subset \mathbb{R}^n$ eine kompakte konvexe Menge D. Dann ist f Lipschitz-stetig auf D mit Lipschitz-Konstante

$$L := \max_{z \in D}\{\|\nabla f(\boldsymbol{z})\|\}\,.$$

(b) Es seien $f \in C^2(\mathbb{R}^n, \mathbb{R})$ und $D \subset \mathbb{R}^n$ eine kompakte konvexe Menge. Dann ist ∇f Lipschitz-stetig auf D mit Lipschitz-Konstante

$$L := \max_{z \in D}\{|\lambda_{\min}(\nabla^2 f(\boldsymbol{z}))|, |\lambda_{\max}(\nabla^2 f(\boldsymbol{z}))|\}\,.$$

Beweis:

Wegen $f \in C^1(\mathbb{R}^n, \mathbb{R})$ bzw. $f \in C^2(\mathbb{R}^n, \mathbb{R})$, der Stetigkeit der Norm und der Kompaktheit von D folgt mit dem Satz von Weierstraß die Existenz von $\max\limits_{z \in D}\{\|\nabla f(\boldsymbol{z})\|\}$ bzw. $\max\limits_{z \in D}\{\|\nabla^2 f(\boldsymbol{z})\|\}$.

Zu (a): Nach Folgerung 1.46 (a) gilt wegen der Konvexität von D

$$\begin{aligned} \|f(\boldsymbol{x}) - f(\boldsymbol{y})\| &= \|\int_0^1 \nabla f(\boldsymbol{x} + t(\boldsymbol{y} - \boldsymbol{x}))^T(\boldsymbol{y} - \boldsymbol{x})dt\| \\ &\leq \max_{z \in D}\{\|\nabla f(\boldsymbol{z})^T(\boldsymbol{y} - \boldsymbol{x})\|\} \\ &\leq \max_{z \in D}\{\|\nabla f(\boldsymbol{z})\|\}\ \|\boldsymbol{x} - \boldsymbol{y}\|\,. \end{aligned}$$

Zu (b): Nach Folgerung 1.46 (b) gilt wegen der Konvexität von D

$$\begin{aligned} \|\nabla f(\boldsymbol{x}) - \nabla f(\boldsymbol{y})\| &= \|\int_0^1 \nabla^2 f(\boldsymbol{x} + t(\boldsymbol{y} - \boldsymbol{x}))(\boldsymbol{y} - \boldsymbol{x})dt\| \\ &\leq \max_{z \in D}\{\|\nabla^2 f(\boldsymbol{z})(\boldsymbol{y} - \boldsymbol{x})\|\} \\ &\leq \max_{z \in D}\{\|\nabla^2 f(\boldsymbol{z})\|\}\ \|\boldsymbol{x} - \boldsymbol{y}\| \\ &= \max_{z \in D}\{|\lambda_{\min}(\nabla^2 f(\boldsymbol{z}))|, |\lambda_{\max}(\nabla^2 f(\boldsymbol{z}))|\}\ \|\boldsymbol{x} - \boldsymbol{y}\|\,. \end{aligned}$$

□

Der folgende Satz ist für viele Konvergenzbeweise von Bedeutung. Er erlaubt, die zweifache Differenzierbarkeit auf die Lipschitz-Stetigkeit der ersten Ableitung zu reduzieren und dabei den Faktor $\frac{1}{2}$ vor dem quadratischen Term zu erhalten.

Satz 1.77
Es seien $F \in C^1(\mathbb{R}^n, \mathbb{R}^m)$ und F' Lipschitz-stetig mit der Lipschitz-Konstanten $L \geq 0$ auf der konvexen Menge $D \subset \mathbb{R}^n$. Dann gilt

$$\|F(\boldsymbol{y}) - F(\boldsymbol{x}) - F'(\boldsymbol{x})(\boldsymbol{y} - \boldsymbol{x})\| \leq \frac{L}{2}\|\boldsymbol{y} - \boldsymbol{x}\|^2$$

für alle $\boldsymbol{x}, \boldsymbol{y} \in D$.

Beweis: Mit $\boldsymbol{d} := \boldsymbol{y} - \boldsymbol{x}$ und dem Mittelwertsatz 1.45 in Integralform folgt

$$\begin{aligned}
\|F(\boldsymbol{x} + \boldsymbol{d}) - F(\boldsymbol{x}) - F'(\boldsymbol{x})\boldsymbol{d}\| &= \|\int_0^1 (F'(\boldsymbol{x} + t\boldsymbol{d}) - F'(\boldsymbol{x}))\, \boldsymbol{d}\, dt\| \\
&\leq \int_0^1 \|(F'(\boldsymbol{x} + t\boldsymbol{d}) - F'(\boldsymbol{x}))\boldsymbol{d}\|\, dt \\
&\leq L\int_0^1 \|t\boldsymbol{d}\|\, dt\, \|\boldsymbol{d}\| = L\int_0^1 t\, dt\, \|\boldsymbol{d}\|^2 = \tfrac{L}{2}\|\boldsymbol{d}\|^2 .
\end{aligned}$$

□

1.4 Übungsaufgaben zu Kapitel 1

Aufgabe 1.1
Beweisen Sie:
Ist $A \in \mathbb{R}^{(n,n)}$ eine symmetrische Matrix mit Eigenwerten $\lambda_1 \leq \lambda_2 \leq \cdots \leq \lambda_n$ und existieren Konstanten $M \geq m > 0$ mit $m\|\boldsymbol{x}\|_2^2 \leq \boldsymbol{x}^T A\boldsymbol{x} \leq M\|\boldsymbol{x}\|_2^2$ für alle $\boldsymbol{x} \in \mathbb{R}^n$, dann gilt:

(a) $m \leq \lambda_1 \leq \lambda_2 \leq \cdots \leq \lambda_n \leq M$.

(b) $m\|\boldsymbol{x}\|_2^2 \leq \lambda_1\|\boldsymbol{x}\|_2^2 \leq \boldsymbol{x}^T A\boldsymbol{x} \leq \lambda_n\|\boldsymbol{x}\|_2^2 \leq M\|\boldsymbol{x}\|_2^2$ für alle $\boldsymbol{x} \in \mathbb{R}^n$.

(c) $\frac{1}{M}\|\boldsymbol{x}\|_2^2 \leq \frac{1}{\lambda_n}\|\boldsymbol{x}\|_2^2 \leq \boldsymbol{x}^T A^{-1}\boldsymbol{x} \leq \frac{1}{\lambda_1}\|\boldsymbol{x}\|_2^2 \leq \frac{1}{m}\|\boldsymbol{x}\|_2^2$ für alle $\boldsymbol{x} \in \mathbb{R}^n$.

Aufgabe 1.2
Zeigen Sie, dass die gleichmäßig stetige Funktion $f : [0, 1] \to \mathbb{R}$ mit $f(x) = \sqrt{x}$ nicht Lipschitz-stetig auf $[0, 1]$ ist.

Aufgabe 1.3
Beweisen Sie mit dem Satz von Farkas den folgenden Satz von Gordan:
Es sei $A \in \mathbb{R}^{(m,n)}$. Dann besitzt das System $A^T\boldsymbol{y} < \boldsymbol{0}$ genau dann keine Lösung, wenn ein Vektor $\boldsymbol{u} \in \mathbb{R}^n$ mit $\boldsymbol{u} \geq \boldsymbol{0}$, $\boldsymbol{u} \neq \boldsymbol{0}$ und $A\boldsymbol{u} = \boldsymbol{0}$ existiert.

Aufgabe 1.4

Zeigen Sie, dass der Durchschnitt von beliebig vielen konvexen Mengen bzw. konvexen Kegeln wieder eine konvexe Menge bzw. ein konvexer Kegel ist.

Aufgabe 1.5

Es sei $M \subset \mathbb{R}^n$. Zeigen Sie, dass $\operatorname{conv}(M)$ bzw. $\operatorname{cone}(M)$ gleich dem Durchschnitt aller konvexen Mengen bzw. aller konvexen Kegel ist, die M enthalten.

Aufgabe 1.6

Für $\boldsymbol{x}_1, \cdots, \boldsymbol{x}_p \in \mathbb{R}^n$ heißt $\sum\limits_{i=1}^{p} \lambda_i \boldsymbol{x}_i$ *Konvexkombination* von $\{\boldsymbol{x}_1, \cdots, \boldsymbol{x}_p\}$, wenn $\sum\limits_{i=1}^{p} \lambda_i = 1$ und $\lambda_i \geq 0$ für alle $i = 1, 2, \cdots, p$ gilt. Damit ist $\operatorname{conv}(M)$ die Menge aller Konvexkombinationen von Elementen aus M. Beweisen Sie den folgenden Satz von Caratheodory: Die konvexe Hülle einer Menge $M \subset \mathbb{R}^n$ ist die Menge aller Konvexkombinationen von höchstens $(n+1)$-elementigen Teilmengen von M.

Aufgabe 1.7

Es seien $D \subset \mathbb{R}^n$ eine nichtleere konvexe Menge und $f: D \to \mathbb{R}$. Mit

$$\operatorname{Epi}(f) = \{(\boldsymbol{x}, \alpha) \in D \times \mathbb{R} \,|\, f(\boldsymbol{x}) \leq \alpha\}$$

wird der *Epigraph* der Funktion f bezeichnet. Zeigen Sie, dass die Funktion f genau dann konvex über D ist, wenn $\operatorname{Epi}(f)$ eine konvexe Menge ist.

Aufgabe 1.8

Zeigen Sie:

Eine Funktion $f: \mathbb{R}^n \to \mathbb{R}$ ist genau dann sowohl konvex als auch konkav über $\mathbb{R}^n$, wenn f eine affin-lineare Funktion ist.

Aufgabe 1.9

Es seien $D \subset \mathbb{R}^n$ eine konvexe Menge, $f_i : \mathbb{R}^n \to \mathbb{R}$ und $\alpha_i \in \mathbb{R}$ mit $\alpha_i \geq 0$ für alle $i \in \{1, 2, \cdots, p\}$. Zeigen Sie: Ist jede der Funktionen f_i konvex über D, dann ist auch die Funktion $f: D \to \mathbb{R}$ mit $f(\boldsymbol{x}) := \sum\limits_{i=1}^{p} \alpha_i f_i(\boldsymbol{x})$ konvex über D.

Unter welcher (minimalen) zusätzlichen Voraussetzung ist f sogar streng konvex?

Aufgabe 1.10

Es seien $D \subset \mathbb{R}^n$ eine konvexe Menge und $f_i : \mathbb{R}^n \to \mathbb{R}$ für alle $i \in \{1, 2, \cdots, p\}$. Zeigen Sie: Ist jede der Funktionen f_i konvex über D, dann ist auch die Funktion $f: D \to \mathbb{R}$ mit $f(\boldsymbol{x}) := \max\limits_{i \in \{1,2,\cdots,p\}} f_i(\boldsymbol{x})$ konvex über D.

Aufgabe 1.11

Warum kann bei einer quadratischen Funktion $f: \mathbb{R}^n \to \mathbb{R}$ mit $f(\boldsymbol{x}) = \frac{1}{2}\boldsymbol{x}^T Q \boldsymbol{x} + \boldsymbol{b}^T \boldsymbol{x} + a$, $Q \in \mathbb{R}^{(n,n)}$, $\boldsymbol{b} \in \mathbb{R}^n$ und $a \in \mathbb{R}$ o. B. d. A. davon ausgegangen werden, dass die Matrix Q symmetrisch ist?

Aufgabe 1.12
Zeigen Sie, dass eine quadratische Funktion $f : \mathbb{R}^n \to \mathbb{R}$ mit $f(\boldsymbol{x}) = \frac{1}{2}\boldsymbol{x}^T Q\boldsymbol{x} + \boldsymbol{b}^T\boldsymbol{x} + a$, $Q \in \mathbb{R}^{(n,n)}$ symmetrisch, $\boldsymbol{b} \in \mathbb{R}^n$ und $a \in \mathbb{R}$ genau dann streng konvex ist, wenn $Q \in \mathbb{SPD}^n$ gilt.

Aufgabe 1.13
Zeigen Sie, dass jede quadratische Funktion $f : \mathbb{R}^n \to \mathbb{R}$ mit $f(\boldsymbol{x}) = \frac{1}{2}\boldsymbol{x}^T Q\boldsymbol{x} + \boldsymbol{b}^T\boldsymbol{x} + a$, $Q \in \mathbb{SPD}^n$, $\boldsymbol{b} \in \mathbb{R}^n$ und $a \in \mathbb{R}$ gleichmäßig konvex mit Modul $\lambda_{\min}(Q)$ ist.

Aufgabe 1.14
Beweisen Sie Lemma 1.65.

Aufgabe 1.15
Es seien $g : \mathbb{R} \to \mathbb{R}$ eine konvexe, monoton wachsende Funktion, $M \subset \mathbb{R}^n$ eine konvexe Menge und $f : \mathbb{R}^n \to \mathbb{R}$ eine konvexe Funktion über M. Zeigen Sie, dass die Funktion $h : \mathbb{R}^n \to \mathbb{R}$ mit $h = g \circ f$ ebenfalls konvex über M ist.

Aufgabe 1.16
Zeigen Sie, dass die Funktion $f : \mathbb{R}^3 \to \mathbb{R}$ mit $f(\boldsymbol{x}) = e^{x_1^2+x_2^2+x_3^2}$ konvex ist.

Aufgabe 1.17
Es seien $g : \mathbb{R}^m \to \mathbb{R}$ eine konvexe Funktion und $F = (f_1, \cdots, f_m)^T : \mathbb{R}^n \to \mathbb{R}^m$ mit f_i affin-linear für alle $i \in \{1, \cdots, m\}$. Zeigen Sie, dass die Funktion $h : \mathbb{R}^n \to \mathbb{R}$ mit $h = g \circ F$ ebenfalls konvex ist.

Aufgabe 1.18
Beweisen Sie die Teilaussage (c) aus Satz 1.68.

Aufgabe 1.19
Beweisen Sie die Teilaussage (c) aus Satz 1.72.

Aufgabe 1.20
Beweisen Sie die Teilaussagen (b) und (c) aus Satz 1.73.

2 Optimalitätskriterien

Übersicht

2.1 Optimalitätskriterien für Optimierungsprobleme ohne Nebenbedingungen

Im Folgenden gelte für die offene Menge $D \subset \mathbb{R}^n$ immer $D \neq \emptyset$.

Definition 2.1
Es seien $D \subset \mathbb{R}^n$ eine offene Menge und $f \in C^1(D, \mathbb{R})$. Ein Punkt $\boldsymbol{x}^* \in D$ heißt *stationärer Punkt* von f, wenn $\nabla f(\boldsymbol{x}^*) = 0$ gilt. Existieren in jeder offenen Umgebung $U(\boldsymbol{x}^*) \subset D$ eines stationären Punktes $\boldsymbol{x}^*$ sowohl Punkte $\boldsymbol{x}$ mit $f(\boldsymbol{x}) < f(\boldsymbol{x}^*)$ als auch Punkte $\boldsymbol{x}$ mit $f(\boldsymbol{x}) > f(\boldsymbol{x}^*)$, so heißt $\boldsymbol{x}^*$ *strenger Sattelpunkt* von f.

Der folgende Satz formuliert ein notwendiges Optimaltitätskriterium für stetig differenzierbare Funktionen.

Satz 2.2 (Notwendiges Optimalitätskriterium 1. Ordnung)
Es seien $D \subset \mathbb{R}^n$ eine offene Menge und $f \in C^1(D, \mathbb{R})$. Ist der Punkt $\boldsymbol{x}^* \in D$ eine lokale Minimalstelle von f über D, dann gilt $\nabla f(\boldsymbol{x}^*) = \boldsymbol{0}$.

Beweis: Es sei $\boldsymbol{d} \in \mathbb{R}^n \setminus \{\boldsymbol{0}\}$. Wegen der Offenheit von D und der lokalen Minimalstelle $\boldsymbol{x}^*$ gilt $\boldsymbol{x}^* + t\boldsymbol{d} \in D$, $\boldsymbol{x}^* - t\boldsymbol{d} \in D$, $f(\boldsymbol{x}^* + t\boldsymbol{d}) - f(\boldsymbol{x}^*) \geq 0$ und $f(\boldsymbol{x}^* - t\boldsymbol{d}) - f(\boldsymbol{x}^*) \geq 0$ für alle hinreichend kleinen $t > 0$. Weiterhin gilt wegen $f \in C^1(D, \mathbb{R})$

$$0 \leq \lim_{t \to +0} \frac{f(\boldsymbol{x}^* + t\boldsymbol{d}) - f(\boldsymbol{x}^*)}{t} = \nabla f(\boldsymbol{x}^*)^T \boldsymbol{d}$$

und

$$0 \leq \lim_{t \to +0} \frac{f(\boldsymbol{x}^* - t\boldsymbol{d}) - f(\boldsymbol{x}^*)}{t} = -\nabla f(\boldsymbol{x}^*)^T \boldsymbol{d} ,$$

woraus unmittelbar $\nabla f(\boldsymbol{x}^*) = \boldsymbol{0}$ folgt. □

Das im Satz 2.2 aufgeführte notwendige Optimalitätskriterium 1. Ordnung ist nicht hinreichend für das Vorliegen einer lokalen Minimalstelle, da ein $\boldsymbol{x}^* \in D$ mit $\nabla f(\boldsymbol{x}^*) = \boldsymbol{0}$ auch eine lokale Maximalstelle (siehe Aufgabe 2.1) oder ein strenger Sattelpunkt von f sein könnte. Für konvexe Funktionen über einer konvexen Menge ist das in Satz 2.2 formulierte notwendige Optimalitätskriterium 1. Ordnung jedoch auch hinreichend.

Satz 2.3
Es seien $D \subset \mathbb{R}^n$ eine offene konvexe Menge und $f \in C^1(D, \mathbb{R})$ eine konvexe Funktion über D. Ein Punkt $\boldsymbol{x}^* \in D$ ist genau dann eine globale Minimalstelle von f über D, wenn $\nabla f(\boldsymbol{x}^*) = \boldsymbol{0}$ gilt.

Beweis: Ist $\boldsymbol{x}^*$ eine globale Minimalstelle von f über D, so folgt $\nabla f(\boldsymbol{x}^*) = \boldsymbol{0}$ aufgrund von Satz 2.2 – auch wenn f nicht konvex ist. Es seien nun $\nabla f(\boldsymbol{x}^*) = \boldsymbol{0}$ und f konvex. Mit Satz 1.68 (a) folgt $f(\boldsymbol{x}) \geq f(\boldsymbol{x}^*) + \nabla f(\boldsymbol{x}^*)^T(\boldsymbol{x} - \boldsymbol{x}^*) = f(\boldsymbol{x}^*)$ für alle $\boldsymbol{x} \in D$, womit $\boldsymbol{x}^*$ eine globale Minimalstelle von f über D ist. □

Satz 2.4 (Notwendiges Optimalitätskriterium 2. Ordnung)
Es seien $D \subset \mathbb{R}^n$ eine offene Menge und $f \in C^2(D, \mathbb{R})$. Ist der Punkt $\boldsymbol{x}^* \in D$ eine lokale Minimalstelle von f über D, dann ist die Hesse-Matrix $\nabla^2 f(\boldsymbol{x}^*)$ positiv semi-definit.

Beweis: Es sei $\boldsymbol{d} \in \mathbb{R}^n \setminus \{\boldsymbol{0}\}$. Wegen der Offenheit von D und der lokalen Minimalität von $\boldsymbol{x}^*$ gilt $\boldsymbol{x}^* + t\boldsymbol{d} \in D$ und $f(\boldsymbol{x}^* + t\boldsymbol{d}) - f(\boldsymbol{x}^*) \geq 0$ für alle hinreichend kleinen $t > 0$. Mit $f \in C^2(D, \mathbb{R})$, dem Mittelwertsatz und Satz 2.2 folgt für gewisse $\tau(t) \in (0, 1)$

$$\begin{aligned} 0 &\leq f(\boldsymbol{x}^* + t\boldsymbol{d}) - f(\boldsymbol{x}^*) \\ &= f(\boldsymbol{x}^*) + t\nabla f(\boldsymbol{x}^*)^T \boldsymbol{d} + t^2 \boldsymbol{d}^T \nabla^2 f(\boldsymbol{x}^* + \tau(t)t\boldsymbol{d})\boldsymbol{d} - f(\boldsymbol{x}^*) \\ &= t^2 \boldsymbol{d}^T \nabla^2 f(\boldsymbol{x}^* + \tau(t)t\boldsymbol{d})\boldsymbol{d} , \end{aligned}$$

und somit nach Division durch t^2 für $t \to 0$ sofort $\boldsymbol{d}^T \nabla^2 f(\boldsymbol{x}^*)\boldsymbol{d} \geq 0$. □

Auch das in Satz 2.4 formulierte notwendige Optimalitätskriterium 2. Ordnung, die positive Semidefinitheit der Hesse-Matrix in einem stationären Punkt, ist wiederum nicht hinreichend für das Vorliegen einer lokalen Minimalstelle (siehe Aufgabe 2.2).

Satz 2.5 (Hinreichendes Optimalitätskriterium 2. Ordnung)
Es seien $D \subset \mathbb{R}^n$ eine offene Menge, $f \in C^2(D, \mathbb{R})$ und $\boldsymbol{x}^* \in D$.
Gilt $\nabla f(\boldsymbol{x}^*) = \boldsymbol{0}$ und $\nabla^2 f(\boldsymbol{x}^*) \in \mathbb{SPD}^n$, dann ist $\boldsymbol{x}^*$ eine strikte lokale Minimalstelle von f über D.

Beweis: Wegen der Offenheit von D gilt $\boldsymbol{x}^* + \boldsymbol{d}$ für alle $\boldsymbol{d} \in \mathbb{R}^n$ mit hinreichend kleiner Norm. Mit dem Mittelwertsatz folgt wegen $\nabla f(\boldsymbol{x}^*) = \boldsymbol{0}$ und $\nabla^2 f(\boldsymbol{x}^*) \in \mathbb{SPD}^n$ für diese $\boldsymbol{d}$

$$\begin{aligned} f(\boldsymbol{x}^* + \boldsymbol{d}) &= f(\boldsymbol{x}^*) + \nabla f(\boldsymbol{x}^*)^T \boldsymbol{d} + \tfrac{1}{2}\boldsymbol{d}^T \nabla^2 f(\boldsymbol{x}^* + t\boldsymbol{d})\boldsymbol{d} \\ &= f(\boldsymbol{x}^*) + \tfrac{1}{2}\boldsymbol{d}^T \nabla^2 f(\boldsymbol{x}^*)\boldsymbol{d} + \tfrac{1}{2}\boldsymbol{d}^T \left(\nabla^2 f(\boldsymbol{x}^* + t\boldsymbol{d}) - \nabla^2 f(\boldsymbol{x}^*)\right)\boldsymbol{d} \\ &\geq f(\boldsymbol{x}^*) + \tfrac{1}{2}\lambda_{\min}(\nabla^2 f(\boldsymbol{x}^*))\|\boldsymbol{d}\|^2 + \tfrac{1}{2}\boldsymbol{d}^T \left(\nabla^2 f(\boldsymbol{x}^* + t\boldsymbol{d}) - \nabla^2 f(\boldsymbol{x}^*)\right)\boldsymbol{d} \end{aligned}$$

für ein $t \in (0, 1)$. Mit

$$\left|\boldsymbol{d}^T \left(\nabla^2 f(\boldsymbol{x}^* + t\boldsymbol{d}) - \nabla^2 f(\boldsymbol{x}^*)\right)\boldsymbol{d}\right| \leq \|\nabla^2 f(\boldsymbol{x}^* + t\boldsymbol{d}) - \nabla^2 f(\boldsymbol{x}^*)\| \; \|\boldsymbol{d}\|^2$$

gilt

$$-\|\nabla^2 f(\boldsymbol{x}^* + t\boldsymbol{d}) - \nabla^2 f(\boldsymbol{x}^*)\| \; \|\boldsymbol{d}\|^2 \leq \boldsymbol{d}^T \left(\nabla^2 f(\boldsymbol{x}^* + t\boldsymbol{d}) - \nabla^2 f(\boldsymbol{x}^*)\right)\boldsymbol{d}$$

für alle $\boldsymbol{d} \in \mathbb{R}^n$, und es folgt

$$f(\boldsymbol{x}^* + \boldsymbol{d}) \geq f(\boldsymbol{x}^*) + \frac{1}{2}\left(\lambda_{\min}(\nabla^2 f(\boldsymbol{x}^*)) - \|\nabla^2 f(\boldsymbol{x}^* + t\boldsymbol{d}) - \nabla^2 f(\boldsymbol{x}^*)\|\right) \|\boldsymbol{d}\|^2$$

sowie schließlich wegen $f \in C^2(D, \mathbb{R})$

$$f(\boldsymbol{x}^* + \boldsymbol{d}) > f(\boldsymbol{x}^*)$$

für alle $\boldsymbol{d} \neq \boldsymbol{0}$ mit hinreichend kleiner Norm. □

Wir möchten bemerken, dass das in Satz 2.5 aufgeführte hinreichende Optimalitätskriterium nicht notwendig für das Vorliegen einer strikten lokalen Minimalstelle ist, wie das Beispiel $f : \mathbb{R}^2 \to \mathbb{R}$ mit $f(x_1, x_2) = x_1^4 + x_2^2$ an der Stelle $\boldsymbol{x}^* = (0, 0)^T$ zeigt.

Beispiel 2.6
Wir betrachten die Funktion (Problem Nr. 20) $f : \mathbb{R}^2 \to \mathbb{R}$ mit $f(\boldsymbol{x}) = \frac{1}{3}x_1^3 + x_1x_2^2 - 4x_1x_2 + 1$. Wegen $\nabla f(x_1, x_2) = \begin{pmatrix} x_1^2 + x_2^2 - 4x_2 \\ 2x_1(x_2 - 2) \end{pmatrix}$ erhalten wir die folgenden vier stationären Punkte $(0, 0)^T$, $(0, 4)^T$, $(-2, 2)^T$ und $(2, 2)^T$, für die die notwendige Bedingung 1. Ordnung aus Satz 2.2 für das Vorliegen einer lokalen Minimalstelle erfüllt ist. Da $\nabla^2 f(x_1, x_2) = \begin{pmatrix} 2x_1 & 2x_2 - 4 \\ 2x_2 - 4 & 2x_1 \end{pmatrix}$ gilt, ist aber lediglich für den Punkt $\boldsymbol{x}^* := (2, 2)^T$

mit $\nabla^2 f(2,2) = \begin{pmatrix} 4 & 0 \\ 0 & 4 \end{pmatrix}$ die notwendige Bedingung 2. Ordnung aus Satz 2.4 für das Vorliegen einer lokalen Minimalstelle erfüllt. Natürlich ist hier auch die hinreichende Bedingung 2. Ordnung aus Satz 2.5 erfüllt und $\boldsymbol{x}^*$ somit die einzige lokale Minimalstelle der Funktion f. ■

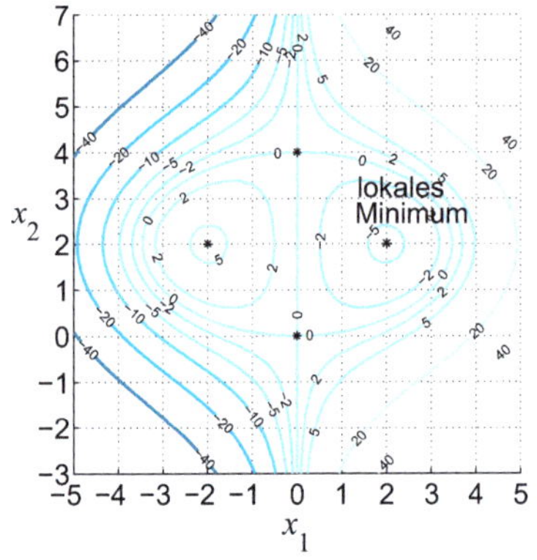

Abb. 2.1 Höhenlinienbild für die Funktion aus Beispiel 2.6

2.2 Optimalitätskriterien für Optimierungsprobleme mit Nebenbedingungen

Es seien $f : D \subset \mathbb{R}^n \to \mathbb{R}$, D eine offene und $M \subset D$ eine nichtleere Menge. Wir betrachten nun Optimierungsprobleme der Form $\text{MIN}\{f(\boldsymbol{x})|\ \boldsymbol{x} \in M\}$.

Definition 2.7
Es seien $\hat{\boldsymbol{x}} \in \mathbb{R}^n$, $\{\boldsymbol{x}^k\}_{k\in\mathbb{N}} \subset \mathbb{R}^n \setminus \{\hat{\boldsymbol{x}}\}$ und $\lim\limits_{k\to\infty} \boldsymbol{x}^k = \hat{\boldsymbol{x}}$. Die Folge $\{\boldsymbol{x}^k\}_{k\in\mathbb{N}}$ heißt *gerichtet konvergent* gegen $\hat{\boldsymbol{x}}$ in Richtung $\boldsymbol{y} \in \mathbb{R}^n \setminus \{\boldsymbol{0}\}$, wenn

$$\lim_{k\to\infty} \frac{\boldsymbol{x}^k - \hat{\boldsymbol{x}}}{\|\boldsymbol{x}^k - \hat{\boldsymbol{x}}\|} = \boldsymbol{y}$$

gilt.

Konvergiert die Folge $\{\boldsymbol{x}^k\}_{k\in\mathbb{N}}$ gerichtet gegen $\hat{\boldsymbol{x}}$ in Richtung $\boldsymbol{y}$, so vereinbaren wir die Schreibweise $\boldsymbol{x}^k \xrightarrow{\boldsymbol{y}} \hat{\boldsymbol{x}}$. Ist $\{\boldsymbol{x}^k\}_{k\in\mathbb{N}} \subset \mathbb{R}^n \setminus \{\hat{\boldsymbol{x}}\}$ eine gegen $\hat{\boldsymbol{x}} \in \mathbb{R}^n$ konvergente Folge, dann ist die durch $\boldsymbol{y}^k := \frac{\boldsymbol{x}^k - \hat{\boldsymbol{x}}}{\|\boldsymbol{x}^k - \hat{\boldsymbol{x}}\|}$ für alle $k \in \mathbb{N}$ definierte Folge $\{\boldsymbol{y}^k\}_{k\in\mathbb{N}}$ in der kompakten

Menge $\partial U_1(\mathbf{0}) \subset \mathbb{R}^n$ enthalten. Somit existiert eine gegen ein $\boldsymbol{d} \in \partial U_1(\mathbf{0})$ konvergente Teilfolge $\{\boldsymbol{y}^{k(i)}\}_{i\in\mathbb{N}}$ von $\{\boldsymbol{y}^k\}_{k\in\mathbb{N}}$, und für die entsprechende Teilfolge $\{\boldsymbol{x}^{k(i)}\}_{i\in\mathbb{N}}$ von $\{\boldsymbol{x}^k\}_{k\in\mathbb{N}}$ gilt $\boldsymbol{x}^{k_i} \xrightarrow{d} \hat{\boldsymbol{x}}$. Folglich enthält jede gegen $\hat{\boldsymbol{x}} \in \mathbb{R}^n$ konvergente Folge $\{\boldsymbol{x}^k\}_{k\in\mathbb{N}} \subset \mathbb{R}^n \setminus \{\hat{\boldsymbol{x}}\}$ mindestens eine gegen $\hat{\boldsymbol{x}}$ gerichtet konvergente Teilfolge.

Definition 2.8
Es seien $M \subset \mathbb{R}^n$, $\hat{\boldsymbol{x}} \in M$ und $\hat{\boldsymbol{x}}$ kein isolierter Punkt von M. Dann heißt

$$T(M,\hat{\boldsymbol{x}}) := \left\{\alpha \boldsymbol{y} \in \mathbb{R}^n \;\middle|\; \exists \{\boldsymbol{x}^k\}_{k\in\mathbb{N}} \subset M : \; \boldsymbol{x}^k \xrightarrow{y} \hat{\boldsymbol{x}}, \; \alpha \geq 0\right\}$$

Tangentenkegel in $\hat{\boldsymbol{x}}$ an die Menge M. Für einen isolierten Punkt $\hat{\boldsymbol{x}} \in M$ definieren wir $T(M,\hat{\boldsymbol{x}}) := \{\mathbf{0}\}$.

Natürlich gilt $\mathbf{0} \in T(M,\hat{\boldsymbol{x}})$ für alle $\hat{\boldsymbol{x}} \in M$ und $T(M,\hat{\boldsymbol{x}}) = \mathbb{R}^n$ für alle $\hat{\boldsymbol{x}} \in \operatorname{int} M$.

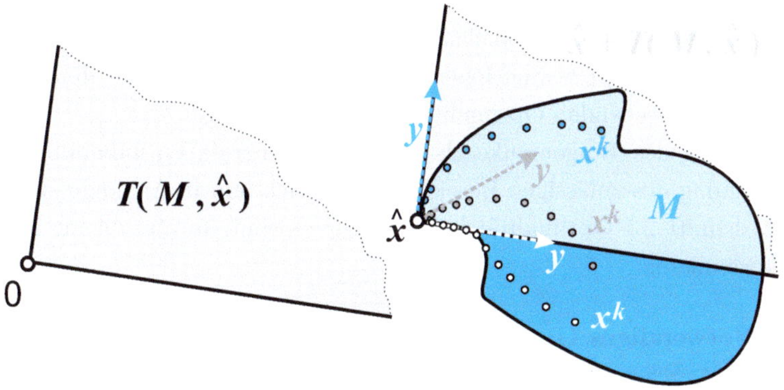

Abb. 2.2 Tangentenkegel $T(M,\hat{\boldsymbol{x}})$ und Approximation 1. Ordung $\hat{\boldsymbol{x}} + T(M,\hat{\boldsymbol{x}})$ an die Menge M im Punkt $\hat{\boldsymbol{x}} \in M$

Lemma 2.9
Für alle $\hat{\boldsymbol{x}} \in M \in \mathbb{R}^n$ ist der Tangentenkegel $T(M,\hat{\boldsymbol{x}})$ eine abgeschlossene Menge.

Beweis: Es sei $\{\boldsymbol{d}^k\}_{k\in\mathbb{N}} \subset T(M,\hat{\boldsymbol{x}})$ mit $\lim\limits_{k\to\infty} \boldsymbol{d}^k = \boldsymbol{d} \in \operatorname{cl} T(M,\hat{\boldsymbol{x}})$. Für $\boldsymbol{d} = \mathbf{0}$ folgt $\boldsymbol{d} \in T(M,\hat{\boldsymbol{x}})$. Somit gelte $\boldsymbol{d} \neq \mathbf{0}$ und o. B. d. A. $\boldsymbol{d}^k \neq \mathbf{0}$ für alle k. Nach der Definition des Tangentenkegels existieren für alle $k \in \mathbb{N}$ Folgen $\{\boldsymbol{x}^{k,l}\}_{l\in\mathbb{N}} \subset M$ mit $\boldsymbol{x}^{k,l} \xrightarrow{y^k} \hat{\boldsymbol{x}}$ und $\boldsymbol{y}^k = \frac{\boldsymbol{d}^k}{\|\boldsymbol{d}^k\|}$. Weiterhin existiert für jedes k ein Index $l(k)$ mit

$$\left\| \frac{\boldsymbol{x}^{k,l(k)} - \hat{\boldsymbol{x}}}{\|\boldsymbol{x}^{k,l(k)} - \hat{\boldsymbol{x}}\|} - \frac{\boldsymbol{d}^k}{\|\boldsymbol{d}^k\|} \right\| \leq \frac{1}{k} \,,$$

und es folgt

$$\left\| \frac{\boldsymbol{x}^{k,l(k)} - \hat{\boldsymbol{x}}}{\|\boldsymbol{x}^{k,l(k)} - \hat{\boldsymbol{x}}\|} - \frac{\boldsymbol{d}}{\|\boldsymbol{d}\|} \right\| \le \left\| \frac{\boldsymbol{x}^{k,l(k)} - \hat{\boldsymbol{x}}}{\|\boldsymbol{x}^{k,l(k)} - \hat{\boldsymbol{x}}\|} - \frac{\boldsymbol{d}^k}{\|\boldsymbol{d}^k\|} \right\| + \left\| \frac{\boldsymbol{d}^k}{\|\boldsymbol{d}^k\|} - \frac{\boldsymbol{d}}{\|\boldsymbol{d}\|} \right\|$$

bzw.

$$\lim_{k\to\infty} \frac{\boldsymbol{x}^{k,l(k)} - \hat{\boldsymbol{x}}}{\|\boldsymbol{x}^{k,l(k)} - \hat{\boldsymbol{x}}\|} = \frac{\boldsymbol{d}}{\|\boldsymbol{d}\|} \ .$$

Für die Folge $\{\boldsymbol{x}^{k,l(k)}\}_{k\in\mathbb{N}} \subset M$ gilt damit $\boldsymbol{x}^{k,l(k)} \xrightarrow{\boldsymbol{y}} \hat{\boldsymbol{x}}$, $\boldsymbol{y} = \frac{\boldsymbol{d}}{\|\boldsymbol{d}\|}$ und somit auch in diesem Fall $\boldsymbol{d} \in T(M, \hat{\boldsymbol{x}})$, womit die Abgeschlossenheit des Tangentenkegels $T(M, \hat{\boldsymbol{x}})$ gezeigt ist. □

Der um $\hat{\boldsymbol{x}}$ verschobene Tangentenkegel $\hat{\boldsymbol{x}} + T(M, \hat{\boldsymbol{x}})$ ist eine sogenannte Approximation 1. Ordung der zulässigen Menge M in einer gewissen Analogie zur Taylor-Approximation 1. Ordung einer Funktion. Wir haben gezeigt, dass die Ableitungen der Zielfunktion f die entscheidende Rolle bei der Formulierung der Optimalitätskriterien bei Problemstellungen ohne Nebenbedingungen spielen. Bei Problemstellungen mit Nebenbedingungen werden nun zusätzlich Approximationen 1. Ordnung der zulässigen Menge für die Formulierung der entsprechenden Optimalitätskriterien benötigt.
Unter Verwendung des Tangentenkegels als (zugegebenermaßen unhandliche) Approximation 1. Ordnung des zulässigen Bereiches lassen sich nun in Analogie zu den Ausführungen in Abschnitt 2.1 Optimalitätskriterien für Optimierungsprobleme mit Nebenbedingungen formulieren.

Satz 2.10 (Notwendiges Optimalitätskriterium 1. Ordnung)
Es seien $f : D \subset \mathbb{R}^n \to \mathbb{R}$, D eine offene Menge, $M \subset D$ eine nichtleere Menge und $f \in C^1(D, \mathbb{R})$. Ist $\hat{\boldsymbol{x}} \in M$ eine lokale Minimalstelle von f über M, dann gilt

$$\nabla f(\hat{\boldsymbol{x}})^T \boldsymbol{d} \ge 0$$

für alle $\boldsymbol{d} \in T(M, \hat{\boldsymbol{x}})$.

Beweis: Für $\boldsymbol{d} = \boldsymbol{0}$ ist nichts zu zeigen. Es gelte $\boldsymbol{d} \neq \boldsymbol{0}$ und sei $\{\boldsymbol{x}^k\}_{k\in\mathbb{N}} \subset M$ mit $\boldsymbol{x}^k \xrightarrow{\boldsymbol{y}} \hat{\boldsymbol{x}}$ und $\boldsymbol{y} = \frac{\boldsymbol{d}}{\|\boldsymbol{d}\|}$. Wegen der lokalen Minimalität von $\hat{\boldsymbol{x}}$ bzw. $f \in C^1(D, \mathbb{R})$ gilt

$$f(\boldsymbol{x}^k) - f(\hat{\boldsymbol{x}}) \ge 0$$

für alle hinreichend großen k bzw.

$$f(\boldsymbol{x}^k) = f(\hat{\boldsymbol{x}}) + \nabla f(\hat{\boldsymbol{x}})^T (\boldsymbol{x}^k - \hat{\boldsymbol{x}}) + o(\|\boldsymbol{x}^k - \hat{\boldsymbol{x}}\|)$$

für alle $k \in \mathbb{N}$. Hieraus ergibt sich

$$0 \le \lim_{k\to\infty} \frac{f(\boldsymbol{x}^k) - f(\hat{\boldsymbol{x}})}{\|\boldsymbol{x}^k - \hat{\boldsymbol{x}}\|} = \lim_{k\to\infty} \frac{\nabla f(\hat{\boldsymbol{x}})^T (\boldsymbol{x}^k - \hat{\boldsymbol{x}}) + o(\|\boldsymbol{x}^k - \hat{\boldsymbol{x}}\|)}{\|\boldsymbol{x}^k - \hat{\boldsymbol{x}}\|} = \frac{1}{\|\boldsymbol{d}\|}\ \nabla f(\hat{\boldsymbol{x}})^T \boldsymbol{d}$$

und somit unmittelbar $\nabla f(\hat{\boldsymbol{x}})^T \boldsymbol{d} \geq 0$. □

In Analogie zur Definition 2.1 bezeichnen wir einen zulässigen Punkt $\hat{\boldsymbol{x}} \in M$, der das notwendige Optimalitätskriterium 1. Ordnung erfüllt, auch als *stationären Punkt* des restringierten Optimierungsproblems.

Satz 2.11 (Hinreichendes Optimalitätskriterium 1. Ordnung)
Es seien $f : D \subset \mathbb{R}^n \to \mathbb{R}$, D eine offene Menge, $M \subset D$ eine nichtleere Menge und $f \in C^1(D, \mathbb{R})$. Gilt

$$\nabla f(\hat{\boldsymbol{x}})^T \boldsymbol{d} > 0$$

für alle $\boldsymbol{d} \in T(M, \hat{\boldsymbol{x}}) \setminus \{\boldsymbol{0}\}$, dann ist $\hat{\boldsymbol{x}} \in M$ eine strenge lokale Minimalstelle von f über M.

Beweis: Angenommen, $\hat{\boldsymbol{x}} \in M$ ist keine strenge lokale Minimalstelle von f über M, dann existiert für alle $k \in \mathbb{N}$ ein Punkt $\boldsymbol{x}^k \in M \cap U_{\frac{1}{k}}(\hat{\boldsymbol{x}})$ mit $\boldsymbol{x}^k \neq \hat{\boldsymbol{x}}$ und

$$f(\boldsymbol{x}^k) \leq f(\hat{\boldsymbol{x}}) \ .$$

Für die Folge $\{\boldsymbol{x}^k\}_{k \in \mathbb{N}} \subset M$ gilt $\lim\limits_{k \to \infty} \boldsymbol{x}^k = \hat{\boldsymbol{x}}$. Sei $\{\boldsymbol{x}^{k(l)}\}_{l \in \mathbb{N}}$ eine gegen $\hat{\boldsymbol{x}}$ in Richtung $\boldsymbol{y} \in \mathbb{R}^n$ gerichtet konvergente Teilfolge von $\{\boldsymbol{x}^k\}_{k \in \mathbb{N}}$. Somit gilt $\boldsymbol{y} \in T(M, \hat{\boldsymbol{x}}) \setminus \{\boldsymbol{0}\}$, und es folgt

$$0 \geq \lim_{l \to \infty} \frac{f(\boldsymbol{x}^{k(l)}) - f(\hat{\boldsymbol{x}})}{\|\boldsymbol{x}^{k(l)} - \hat{\boldsymbol{x}}\|} = \lim_{l \to \infty} \frac{\nabla f(\hat{\boldsymbol{x}})^T (\boldsymbol{x}^{k(l)} - \hat{\boldsymbol{x}}) + o(\|\boldsymbol{x}^{k(l)} - \hat{\boldsymbol{x}}\|)}{\|\boldsymbol{x}^{k(l)} - \hat{\boldsymbol{x}}\|} = \nabla f(\hat{\boldsymbol{x}})^T \boldsymbol{y}$$

– im Widerspruch zur Voraussetzung $\nabla f(\hat{\boldsymbol{x}})^T \boldsymbol{d} > 0$ für alle $\boldsymbol{d} \in T(M, \hat{\boldsymbol{x}}) \setminus \{\boldsymbol{0}\}$. □

Satz 2.12 (Notwendiges Optimalitätskriterium 2. Ordnung)
Es seien $f : D \subset \mathbb{R}^n \to \mathbb{R}$, D eine offene Menge, $M \subset D$ eine nichtleere Menge und $f \in C^2(D, \mathbb{R})$. Ist $\hat{\boldsymbol{x}} \in M$ eine lokale Minimalstelle von f über M mit $\nabla f(\hat{\boldsymbol{x}}) = \boldsymbol{0}$, dann gilt

$$\boldsymbol{d}^T \nabla^2 f(\hat{\boldsymbol{x}}) \boldsymbol{d} \geq 0$$

für alle $\boldsymbol{d} \in T(M, \hat{\boldsymbol{x}})$.

Beweis: Es gelte $\boldsymbol{d} \in T(M, \hat{\boldsymbol{x}})$ und o. B. d. A. $\boldsymbol{d} \neq \boldsymbol{0}$. Dann existiert eine Folge $\{\boldsymbol{x}^k\}_{k \in \mathbb{N}} \subset M$ mit $\boldsymbol{x}^k \xrightarrow{\boldsymbol{y}} \hat{\boldsymbol{x}}$ und $\boldsymbol{y} = \frac{\boldsymbol{d}}{\|\boldsymbol{d}\|}$. Wegen der lokalen Minimalität von $\hat{\boldsymbol{x}}$ bzw. wegen $f \in C^2(D, \mathbb{R})$ und $\nabla f(\hat{\boldsymbol{x}}) = \boldsymbol{0}$ gilt

$$f(\boldsymbol{x}^k) - f(\hat{\boldsymbol{x}}) \geq 0$$

für alle hinreichend großen k und

$$f(\boldsymbol{x}^k) = f(\hat{\boldsymbol{x}}) + \frac{1}{2}(\boldsymbol{x}^k - \hat{\boldsymbol{x}})^T \nabla^2 f(\hat{\boldsymbol{x}})(\boldsymbol{x}^k - \hat{\boldsymbol{x}}) + o(\|\boldsymbol{x}^k - \hat{\boldsymbol{x}}\|^2)$$

für alle $k \in \mathbb{N}$. Hieraus folgt

$$\begin{aligned} 0 &\leq \lim_{k\to\infty} \frac{f(\boldsymbol{x}^k) - f(\hat{\boldsymbol{x}})}{\|\boldsymbol{x}^k - \hat{\boldsymbol{x}}\|^2} \\ &= \lim_{k\to\infty} \frac{\frac{1}{2}(\boldsymbol{x}^k - \hat{\boldsymbol{x}})^T \nabla^2 f(\hat{\boldsymbol{x}})(\boldsymbol{x}^k - \hat{\boldsymbol{x}}) + o(\|\boldsymbol{x}^k - \hat{\boldsymbol{x}}\|^2)}{\|\boldsymbol{x}^k - \hat{\boldsymbol{x}}\|^2} \\ &= \frac{1}{2\,\|\boldsymbol{d}\|^2}\, \boldsymbol{d}^T \nabla^2 f(\hat{\boldsymbol{x}}) \boldsymbol{d} \end{aligned}$$

und somit $\boldsymbol{d}^T \nabla^2 f(\hat{\boldsymbol{x}})\boldsymbol{d} \geq 0$. □

Satz 2.13 (Hinreichendes Optimalitätskriterium 2. Ordnung)
Es seien $f : D \subset \mathbb{R}^n \to \mathbb{R}$, D eine offene Menge, $M \subset D$ eine nichtleere Menge und $f \in C^2(D, \mathbb{R})$. Gelten im Punkt $\hat{\boldsymbol{x}} \in M$ die Bedingungen

$$\nabla f(\hat{\boldsymbol{x}}) = \boldsymbol{0} \text{ und } \boldsymbol{d}^T \nabla^2 f(\hat{\boldsymbol{x}}) \boldsymbol{d} > 0$$

für alle $\boldsymbol{d} \in T(M, \hat{\boldsymbol{x}}) \setminus \{\boldsymbol{0}\}$, dann ist $\hat{\boldsymbol{x}} \in M$ eine strenge lokale Minimalstelle von f über M.

Der Beweis von Satz 2.13 erfolgt analog dem Beweis von Satz 2.11 und sei dem Leser als Aufgabe 2.7 überlassen. Für einen Punkt $\hat{\boldsymbol{x}} \in \operatorname{int} M$ gilt wie bereits erwähnt $T(M, \hat{\boldsymbol{x}}) = \mathbb{R}^n$. Somit stellen Satz 2.10, Satz 2.12 bzw. Satz 2.13 Verallgemeinerungen der bekannten Optimalitätskriterien für Optimierungsprobleme ohne Nebenbedingungen dar. Die hier formulierten Optimalitätskriterien 1. und 2. Ordnung nutzen nicht die konkrete Struktur der zulässigen Menge M und werden aus diesem Grunde auch als geometrische Optimalitätkriterien bezeichnet.
Dem aufmerksamen Leser wird nicht entgangen sein, dass die Bedingung $\nabla f(\hat{\boldsymbol{x}}) = \boldsymbol{0}$ in den Sätzen 2.12 und 2.13 für die lokale Lösung $\hat{\boldsymbol{x}}$ eines restringierten Optimierungsproblems nur in Ausnahmefällen erfüllt ist, denn dann wäre $\hat{\boldsymbol{x}}$ ja auch gleichzeitig ein stationärer Punkt von f und damit eine Lösung des zugehörigen unrestringierten Problems. Wir werden aber sehen, dass die beiden Sätze sehr nützlich sind, um weitere Optimalitätskriterien für die im Anschluss betrachteten restringierten Optimierungsprobleme mit konkreter Struktur des zulässigen Bereiches herzuleiten.

Im Folgenden werden wir uns auf Optimierungsprobleme mit Nebenbedingungen beschränken, bei denen der zulässige Bereich lediglich durch endlich viele Ungleichungs- und/oder Gleichungsnebenbedingungen beschrieben wird. Wir betrachten somit im Weiteren Problemstellungen der Form

$$\begin{aligned} &(P^{\leqq}_{=}) \quad \text{MIN}\{f(\boldsymbol{x})|\ \boldsymbol{x} \in M\} \text{ mit } M = \{\boldsymbol{x} \in \mathbb{R}^n|\ G(\boldsymbol{x}) \leq \boldsymbol{0},\ H(\boldsymbol{x}) = \boldsymbol{0}\}\ , \\ &(P^{\leq}) \quad \text{MIN}\{f(\boldsymbol{x})|\ \boldsymbol{x} \in M\} \text{ mit } M = \{\boldsymbol{x} \in \mathbb{R}^n|\ G(\boldsymbol{x}) \leq \boldsymbol{0}\} \text{ sowie} \\ &(P_{=}) \quad \text{MIN}\{f(\boldsymbol{x})|\ \boldsymbol{x} \in M\} \text{ mit } M = \{\boldsymbol{x} \in \mathbb{R}^n|\ H(\boldsymbol{x}) = \boldsymbol{0}\} \end{aligned}$$

mit $f : \mathbb{R}^n \to \mathbb{R}$, $G = (g_1, \cdots, g_m)^T : \mathbb{R}^n \to \mathbb{R}^m$ und $H = (h_1, \cdots, h_p)^T : \mathbb{R}^n \to \mathbb{R}^p$.

Vereinbarung:
Im weiteren Verlauf dieses Abschnittes seien die Funktionen f, G und H stets auf einer den zulässigen Bereich M umfassenden offenen Menge stetig differenzierbar.

Wir bezeichnen eine Ungleichungsnebenbedingung $g_i(\boldsymbol{x}) \leq 0$ als *aktiv* bzw. *nicht aktiv* in einem zulässigen Punkt $\boldsymbol{x} \in M$, wenn $g_i(\boldsymbol{x}) = 0$ bzw. $g_i(\boldsymbol{x}) < 0$ gilt, und wir definieren

$$\hat{I}(\boldsymbol{x}) := \{i \mid g_i(\boldsymbol{x}) = 0,\ i \in \{1, 2, \cdots, m\}\}$$

als Menge aller aktiven Indizes in $\boldsymbol{x}$.
Wir konzentrieren uns bei unseren Betrachtungen in den meisten Fällen auf die Problemstellung $\left(P_{=}^{\leq}\right)$, da sich alle Aussagen durch Spezialisierung auf die entsprechenden Problemstellungen $\left(P^{\leq}\right)$ bzw. $(P_{=})$ übertragen lassen.

Definition 2.14
Für einen zulässigen Punkt $\hat{\boldsymbol{x}} \in M$ des Optimierungsproblems $\left(P_{=}^{\leq}\right)$ heißt

$$K(\hat{\boldsymbol{x}}) := \left\{\boldsymbol{y} \in \mathbb{R}^n \,\middle|\, \nabla g_i(\hat{\boldsymbol{x}})^T \boldsymbol{y} \leq 0\ \forall i \in \hat{I}(\hat{\boldsymbol{x}}),\ \nabla h_j(\hat{\boldsymbol{x}})^T \boldsymbol{y} = 0\ \forall j \in \{1, \cdots, p\}\right\}$$

linearisierender Kegel in $\hat{\boldsymbol{x}}$ an die Menge M.

Offensichtlich gilt für den um $\hat{\boldsymbol{x}}$ verschobenen linearisierenden Kegel

$$\hat{\boldsymbol{x}} + K(\hat{\boldsymbol{x}}) = \left\{\boldsymbol{x} \in \mathbb{R}^n \,\middle|\, \begin{array}{lcll} g_i(\hat{\boldsymbol{x}}) + \nabla g_i(\hat{\boldsymbol{x}})^T(\boldsymbol{x} - \hat{\boldsymbol{x}}) & \leq & 0 & \forall i \in \hat{I}(\hat{\boldsymbol{x}}), \\ h_j(\hat{\boldsymbol{x}}) + \nabla h_j(\hat{\boldsymbol{x}})^T(\boldsymbol{x} - \hat{\boldsymbol{x}}) & = & 0 & \forall j \in \{1, \cdots, p\} \end{array}\right\}$$

mit $g_i(\hat{\boldsymbol{x}}) = 0$ für $i \in \hat{I}(\hat{\boldsymbol{x}})$ und $h_j(\hat{\boldsymbol{x}}) = 0$ für $j \in \{1, \cdots, p\}$, d. h. für die in $\hat{\boldsymbol{x}}$ aktiven Ungleichungsnebenbedingungen und alle Gleichungsnebenbedingungen werden die Funktionen g_i bzw. h_j jeweils durch ihre Taylor-Polynome 1. Grades mit Entwicklungsstelle $\hat{\boldsymbol{x}}$ ersetzt. Zwischen dem Tangentenkegel (geometrisch topologische Beschreibung) und dem linearisierenden Kegel (analytische Beschreibung) in einem zulässigen Punkt gilt die folgende Beziehung:

Lemma 2.15
Für jeden zulässigen Punkt $\hat{\boldsymbol{x}} \in M$ des Problems $\left(P_{=}^{\leq}\right)$ gilt $T(M, \hat{\boldsymbol{x}}) \subset K(\hat{\boldsymbol{x}})$.

Beweis: Es gelte $\boldsymbol{d} \in T(M, \hat{\boldsymbol{x}})$ und o. B. d. A. $\boldsymbol{d} \neq \boldsymbol{0}$. Dann existiert eine Folge $\{\boldsymbol{x}^k\}_{k\in\mathbb{N}} \subset M$ mit $\boldsymbol{x}^k \xrightarrow{\boldsymbol{y}} \hat{\boldsymbol{x}}$ und $\boldsymbol{y} = \frac{\boldsymbol{d}}{\|\boldsymbol{d}\|}$. Für alle $i \in \hat{I}(\hat{\boldsymbol{x}})$ bzw. $j \in \{1, \cdots, p\}$ und alle k gilt

$$g_i(\boldsymbol{x}^k) - g_i(\hat{\boldsymbol{x}}) = g_i(\boldsymbol{x}^k) \leq 0 \text{ bzw. } h_j(\boldsymbol{x}^k) - h_j(\hat{\boldsymbol{x}}) = 0\ .$$

Wegen $G \in C^1(\mathbb{R}^n, \mathbb{R}^m)$ bzw. $H \in C^1(\mathbb{R}^n, \mathbb{R}^p)$ folgt

$$0 \geq \lim_{k\to\infty} \frac{g_i(\boldsymbol{x}^k) - g_i(\hat{\boldsymbol{x}})}{\|\boldsymbol{x}^k - \hat{\boldsymbol{x}}\|} = \lim_{k\to\infty} \frac{\nabla g_i(\hat{\boldsymbol{x}})^T(\boldsymbol{x}^k - \hat{\boldsymbol{x}}) + o(\|\boldsymbol{x}^k - \hat{\boldsymbol{x}}\|)}{\|\boldsymbol{x}^k - \hat{\boldsymbol{x}}\|} = \nabla g_i(\hat{\boldsymbol{x}})^T \frac{\boldsymbol{d}}{\|\boldsymbol{d}\|}$$

bzw.

$$0 = \lim_{k\to\infty} \frac{h_j(\boldsymbol{x}^k) - h_j(\hat{\boldsymbol{x}})}{\|\boldsymbol{x}^k - \hat{\boldsymbol{x}}\|} = \lim_{k\to\infty} \frac{\nabla h_j(\hat{\boldsymbol{x}})^T(\boldsymbol{x}^k - \hat{\boldsymbol{x}}) + o(\|\boldsymbol{x}^k - \hat{\boldsymbol{x}}\|)}{\|\boldsymbol{x}^k - \hat{\boldsymbol{x}}\|} = \nabla h_j(\hat{\boldsymbol{x}})^T \frac{\boldsymbol{d}}{\|\boldsymbol{d}\|}$$

und damit offensichtlich $\boldsymbol{d} \in K(\hat{\boldsymbol{x}})$. □

Beispiel 2.16

Wir betrachten das Optimierungsproblem (Problem Nr. 118)

$$\text{MIN}\left\{ f(\boldsymbol{x}) = \frac{1}{2}(x_1+1)^2 + \frac{1}{2}x_2^2 \;\middle|\; \begin{array}{ll} g_1(x_1,x_2) = -x_1 + (x_2+1)^2 - 1 & \leq 0 \\ g_2(x_1,x_2) = -x_1 + (x_2-1)^2 - 1 & \leq 0 \end{array} \right\}$$

mit der globalen Lösung $\hat{\boldsymbol{x}} = (0,0)^T$ und $\nabla f(\hat{\boldsymbol{x}}) = (1,0)^T$, $\nabla g_1(\hat{\boldsymbol{x}}) = (-1,2)^T$, $\nabla g_2(\hat{\boldsymbol{x}}) = (-1,-2)^T$ sowie $\hat{I}(\hat{\boldsymbol{x}}) = \{1,2\}$. Die Abb. 2.3 zeigt, dass für dieses Beispiel $\nabla f(\hat{\boldsymbol{x}})^T\boldsymbol{d} \geq 0$ für alle $\boldsymbol{d} \in K(\hat{\boldsymbol{x}})$ gilt. ■

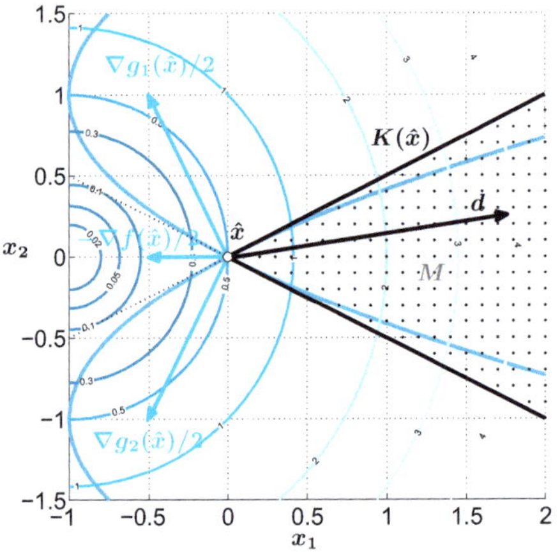

Abb. 2.3 Zulässiger Bereich M und Linearisierungskegel $K(\hat{\boldsymbol{x}})$ für Beispiel 2.16, $\nabla f(\hat{\boldsymbol{x}})^T\boldsymbol{d} \geq 0$ für alle $\boldsymbol{d} \in K(\hat{\boldsymbol{x}})$

Lemma 2.15 und Beispiel 2.16 geben Anlass zu der Vermutung, dass in Analogie zu Satz 2.10 für eine lokale Lösung $\hat{\boldsymbol{x}}$ eines Optimierungsproblems der Form $\left(P_{=}^{\leq}\right)$

$$\nabla f(\hat{\boldsymbol{x}})^T\boldsymbol{d} \geq 0$$

für alle $\boldsymbol{d} \in K(\hat{\boldsymbol{x}})$ gelten muss.

Beispiel 2.17

Wir betrachten das Optimierungsproblem (Problem Nr. 142)

$$\text{MIN}\left\{ f(\boldsymbol{x}) = (x_1 - 2)^2 + x_2^2 \;\middle|\; \begin{array}{ll} g_1(x_1, x_2) = (x_1 - 1)^3 + x_2 & \leq 0 \\ g_2(x_1, x_2) = -x_2 & \leq 0 \end{array} \right\}$$

mit der globalen Lösung $\hat{\boldsymbol{x}} = (1,0)^T$ und $\nabla f(\hat{\boldsymbol{x}}) = (-2,0)^T$, $\nabla g_1(\hat{\boldsymbol{x}}) = (0,1)^T$, $\nabla g_2(\hat{\boldsymbol{x}}) = (0,-1)^T$ sowie $\hat{I}(\hat{\boldsymbol{x}}) = \{1,2\}$. Für den Tangentenkegel bzw. den linearisierenden Kegel in $\hat{\boldsymbol{x}}$ gilt $T(M, \hat{\boldsymbol{x}}) = \{\boldsymbol{y} \in \mathbb{R}^2 \mid y_1 \leq 0, y_2 = 0\} \subsetneqq K(\hat{\boldsymbol{x}}) = \{\boldsymbol{y} \in \mathbb{R}^2 \mid y_2 = 0\}$ und somit $\nabla f(\hat{\boldsymbol{x}})^T \boldsymbol{d} \geq 0$ nur für alle $\boldsymbol{d} \in T(M, \hat{\boldsymbol{x}})$. ■

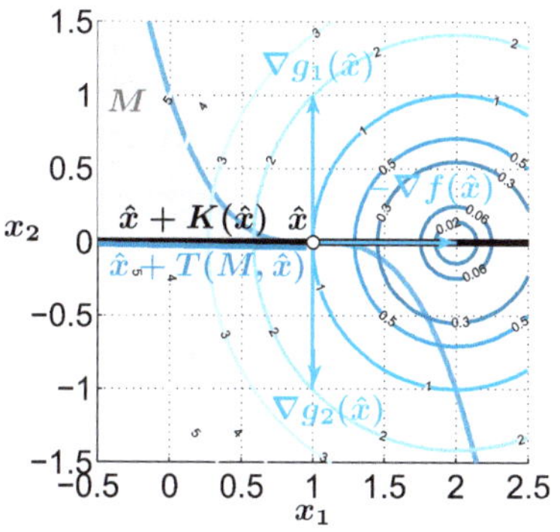

Abb. 2.4 Zulässiger Bereich M, Tangentenkegel $T(M, \hat{\boldsymbol{x}})$ und Linearisierungskegel $K(\hat{\boldsymbol{x}})$ für Beispiel 2.17, $T(M, \hat{\boldsymbol{x}}) \subsetneqq K(\hat{\boldsymbol{x}})$, $\nabla f(\hat{\boldsymbol{x}})^T \boldsymbol{d} \geq 0$ nur für alle $\boldsymbol{d} \in T(M, \hat{\boldsymbol{x}})$

Damit ist die vorher formulierte Vermutung falsch. Sie gilt jedoch trivialerweise, wenn wir zusätzlich $T(M, \hat{\boldsymbol{x}}) = K(\hat{\boldsymbol{x}})$ für die betrachtete lokale Minimalstelle $\hat{\boldsymbol{x}}$ eines Optimierungsproblems der Form $\left(P_{=}^{\leq}\right)$ fordern.

Definition 2.18

Ein zulässiger Punkt $\hat{\boldsymbol{x}}$ des Optimierungsproblems $\left(P_{=}^{\leq}\right)$ erfüllt die *Regularitätsbedingung* **(CQ)** (engl.: constraint qualification), wenn $T(M, \hat{\boldsymbol{x}}) = K(\hat{\boldsymbol{x}})$ gilt.

Im Gegensatz zum Tangentenkegel ist der linearisierende Kegel von der analytischen Darstellung des zulässigen Bereiches abhängig, wie das folgende Beispiel illustriert.

Beispiel 2.19
Wir betrachten das Optimierungsproblem

$$\text{MIN}\left\{ f(\boldsymbol{x}) = (x_1-2)^2 + x_2^2 \;\middle|\; \begin{array}{ll} g_1(x_1,x_2) = -(1-x_1)^3 + x_2 & \leq 0 \\ g_2(x_1,x_2) = -x_2 & \leq 0 \\ g_3(x_1,x_2) = x_1 - 1 & \leq 0 \end{array} \right\}$$

mit der globalen Lösung $\hat{\boldsymbol{x}} = (1,0)^T$ und $\nabla f(\hat{\boldsymbol{x}}) = (-2,0)^T$, $\nabla g_1(\hat{\boldsymbol{x}}) = (0,1)^T$, $\nabla g_2(\hat{\boldsymbol{x}}) = (0,-1)^T$, $\nabla g_3(\hat{\boldsymbol{x}}) = (1,0)^T$ sowie $\hat{I}(\hat{\boldsymbol{x}}) = \{1,2,3\}$. Der zulässige Bereich dieses Optimierungsproblems stimmt offensichtlich mit dem zulässigen Bereich aus Beispiel 2.17 überein. Wegen der zusätzlichen Nebenbedingung g_3 gilt hier jedoch

$$T(M,\hat{\boldsymbol{x}}) = K(\hat{\boldsymbol{x}}) = \left\{ \boldsymbol{y} \in \mathbb{R}^2 \mid y_1 \leq 0,\; y_2 = 0 \right\}$$

und somit $\nabla f(\hat{\boldsymbol{x}})^T \boldsymbol{d} = -2y_1 \geq 0$ für alle $\boldsymbol{d} \in K(\hat{\boldsymbol{x}})$. ■

Es folgen die Definitionen der Lagrange-Funktion, der Karush-Kuhn-Tucker-Bedingungen und eines Karush-Kuhn-Tucker-Punktes, die im Weiteren von zentraler Bedeutung für die Formulierung von Optimalitätsbedingungen sein werden.

Definition 2.20

(a) Die Abbildung $L : \mathbb{R}^n \times \mathbb{R}^m \times \mathbb{R}^p \to \mathbb{R}$ mit

$$L(\boldsymbol{x},\boldsymbol{u},\boldsymbol{v}) := f(\boldsymbol{x}) + G(\boldsymbol{x})^T\boldsymbol{u} + H(\boldsymbol{x})^T\boldsymbol{v} = f(\boldsymbol{x}) + \sum_{i=1}^{m} u_i g_i(\boldsymbol{x}) + \sum_{j=1}^{p} v_j h_j(\boldsymbol{x})$$

heißt *Lagrange-Funktion* des Optimierungsproblems $\left(P_{=}^{\leq}\right)$. Die Koordinaten der Vektoren $\boldsymbol{u} \in \mathbb{R}^m$ und $\boldsymbol{v} \in \mathbb{R}^p$ werden als *Lagrange-Multiplikatoren* bezeichnet.

(b) Die Bedingungen

$$\begin{gathered} \nabla_x L(\boldsymbol{x},\boldsymbol{u},\boldsymbol{v}) = \boldsymbol{0}, \\ \nabla_u L(\boldsymbol{x},\boldsymbol{u},\boldsymbol{v}) \leq \boldsymbol{0},\;\; \boldsymbol{u} \geq \boldsymbol{0},\;\; \boldsymbol{u}^T \nabla_u L(\boldsymbol{x},\boldsymbol{u},\boldsymbol{v}) = 0, \\ \nabla_v L(\boldsymbol{x},\boldsymbol{u},\boldsymbol{v}) = \boldsymbol{0} \end{gathered}$$

heißen *Karush-Kuhn-Tucker-Bedingungen* (kurz: *KKT-Bedingungen*) des Optimierungsproblems $\left(P_{=}^{\leq}\right)$.

(c) Jeder Punkt $(\hat{\boldsymbol{x}},\hat{\boldsymbol{u}},\hat{\boldsymbol{v}}) \in \mathbb{R}^n \times \mathbb{R}^m \times \mathbb{R}^p$, der die Karush-Kuhn-Tucker-Bedingungen des Optimierungsproblems $\left(P_{=}^{\leq}\right)$ erfüllt, wird als *Karush-Kuhn-Tucker-Punkt* (kurz: *KKT-Punkt*) von $\left(P_{=}^{\leq}\right)$ bezeichnet.

Wir bemerken, dass $\nabla_x L(\boldsymbol{x}, \boldsymbol{u}, \boldsymbol{v})$, $\nabla_u L(\boldsymbol{x}, \boldsymbol{u}, \boldsymbol{v})$ bzw. $\nabla_v L(\boldsymbol{x}, \boldsymbol{u}, \boldsymbol{v})$ die Gradienten der Lagrange-Funktion bzgl. der Variablenmengen $\{x_1, \cdots, x_n\}$, $\{u_1, \cdots, u_m\}$ bzw. $\{v_1, \cdots, v_p\}$ bezeichnen. Für die Problemstellungen $\left(P^{\leq}\right)$ bzw. $(P_=)$ vereinfachen sich die entsprechenden Lagrange-Funktionen zu

$$L : \mathbb{R}^n \times \mathbb{R}^m \to \mathbb{R} \text{ mit } L(\boldsymbol{x}, \boldsymbol{u}) := f(\boldsymbol{x}) + G(\boldsymbol{x})^T \boldsymbol{u} = f(\boldsymbol{x}) + \sum_{i=1}^{m} u_i g_i(\boldsymbol{x})$$

bzw.

$$L : \mathbb{R}^n \times \mathbb{R}^p \to \mathbb{R} \text{ mit } L(\boldsymbol{x}, \boldsymbol{v}) := f(\boldsymbol{x}) + H(\boldsymbol{x})^T \boldsymbol{v} = f(\boldsymbol{x}) + \sum_{j=1}^{p} v_j h_j(\boldsymbol{x})$$

und die zugehörigen KKT-Bedingungen zu

$$\begin{gathered} \nabla_x L(\boldsymbol{x}, \boldsymbol{u}) = \mathbf{0}, \\ \nabla_u L(\boldsymbol{x}, \boldsymbol{u}) \leq \mathbf{0}, \;\; \boldsymbol{u} \geq \mathbf{0}, \;\; \boldsymbol{u}^T \nabla_u L(\boldsymbol{x}, \boldsymbol{u}) = 0 \end{gathered}$$

bzw.

$$\begin{gathered} \nabla_x L(\boldsymbol{x}, \boldsymbol{v}) = \mathbf{0}, \\ \nabla_v L(\boldsymbol{x}, \boldsymbol{v}) = \mathbf{0} \; . \end{gathered}$$

Auch hier bezeichnen wir jeden Punkt $(\hat{\boldsymbol{x}}, \hat{\boldsymbol{u}}) \in \mathbb{R}^n \times \mathbb{R}^m$ bzw. $(\hat{\boldsymbol{x}}, \hat{\boldsymbol{v}}) \in \mathbb{R}^n \times \mathbb{R}^p$, der die KKT-Bedingungen der Optimierungsprobleme $\left(P^{\leq}\right)$ bzw. $(P_=)$ erfüllt, als KKT-Punkt der entsprechenden Optimierungsprobleme.
Ohne Verwendung der Lagrange-Funktion lassen sich die KKT-Bedingungen für das Problem $\left(P^{\leq}_{=}\right)$ offensichtlich äquivalent wie folgt formulieren:

$$\begin{gathered} \nabla f(\boldsymbol{x}) + \nabla G(\boldsymbol{x}) \boldsymbol{u} + \nabla H(\boldsymbol{x}) \boldsymbol{v} = \nabla f(\boldsymbol{x}) + \sum_{i=1}^{m} u_i \nabla g_i(\boldsymbol{x}) + \sum_{j=1}^{p} v_j \nabla h_j(\boldsymbol{x}) = \mathbf{0} \; , \\ G(\boldsymbol{x}) \leq \mathbf{0} \; , \boldsymbol{u} \geq \mathbf{0}, \;\; \boldsymbol{u}^T G(\boldsymbol{x}) = 0, \\ H(\boldsymbol{x}) = \mathbf{0} \; . \end{gathered}$$

Es sei nun $(\hat{\boldsymbol{x}}, \hat{\boldsymbol{u}}, \hat{\boldsymbol{v}})$ ein KKT-Punkt des Optimierungsproblems $\left(P^{\leq}_{=}\right)$. Die Bedingungen

$$\nabla_u L(\hat{\boldsymbol{x}}, \hat{\boldsymbol{u}}, \hat{\boldsymbol{v}}) = G(\hat{\boldsymbol{x}}) \leq \mathbf{0} \text{ und } \nabla_v L(\hat{\boldsymbol{x}}, \hat{\boldsymbol{u}}, \hat{\boldsymbol{v}}) = H(\hat{\boldsymbol{x}}) = \mathbf{0}$$

sind äquivalent dazu, dass $\hat{\boldsymbol{x}}$ ein zulässiger Punkt ist. Weiterhin sind die Bedingungen

$$\nabla_u L(\hat{\boldsymbol{x}}, \hat{\boldsymbol{u}}, \hat{\boldsymbol{v}}) = G(\hat{\boldsymbol{x}}) \leq \mathbf{0}, \;\; \hat{\boldsymbol{u}} \geq \mathbf{0}, \;\; \hat{\boldsymbol{u}}^T \nabla_u L(\hat{\boldsymbol{x}}, \hat{\boldsymbol{u}}, \hat{\boldsymbol{v}}) = 0$$

äquivalent zu

$$g_i(\hat{\boldsymbol{x}}) \leq 0, \;\; \hat{u}_i \geq 0, \;\; \hat{u}_i g_i(\hat{\boldsymbol{x}}) = 0 \;\forall i \in \{1, \cdots, m\} \; .$$

Daraus folgen die sogenannten *Komplementaritätsbedingungen*

$$g_i(\hat{\boldsymbol{x}}) = 0 \text{ oder } \hat{u}_i = 0 \; \forall i \in \{1, \cdots, m\} \; .$$

Somit gilt sowohl

$$\hat{u}_i = 0 \text{ für alle } i \in \{1, \cdots, m\} \setminus \hat{I}(\hat{\boldsymbol{x}})$$

als auch die Implikation

$$\hat{\boldsymbol{u}}_i > 0 \Rightarrow i \in \hat{I}(\hat{\boldsymbol{x}})$$

und für Problemstellungen der Form $\left(P^{\leq}\right)$ folgt

$$-\nabla f(\hat{\boldsymbol{x}}) \in \text{cone}\left\{\nabla g_i(\hat{\boldsymbol{x}}) \,\middle|\, i \in \hat{I}(\hat{\boldsymbol{x}})\right\} \; .$$

Gilt sogar $\hat{\boldsymbol{u}}_i > 0$ für alle $i \in \hat{I}(\hat{\boldsymbol{x}})$, so sagt man, dass in $(\hat{\boldsymbol{x}}, \hat{\boldsymbol{u}}, \hat{\boldsymbol{v}})$ die *strengen Komplementaritätsbedingungen* erfüllt sind.

Beispiel 2.21
Wir betrachten das Optimierungsproblem (Problem Nr. 103, $a = 2$ (Koeff. von x_1^2))

$$\text{MIN}\left\{ f(\boldsymbol{x}) = 2x_1^2 - x_2 \;\middle|\; \begin{array}{ll} g_1(x_1, x_2) = (x_1+1)^2 + x_2^2 - 1 & \leq 0 \\ g_2(x_1, x_2) = -x_1^2 - (x_2-1)^2 + 1 & \leq 0 \\ g_3(x_1, x_2) = -x_1 - 1 & \leq 0 \end{array} \right\}$$

und die zugehörige Lagrange-Funktion $L : \mathbb{R}^2 \times \mathbb{R}^3 \to \mathbb{R}$ mit

$$L(\boldsymbol{x}, \boldsymbol{u}) = 2x_1^2 - x_2 + \begin{pmatrix} (x_1+1)^2 + x_2^2 - 1 \\ -x_1^2 - (x_2-1)^2 + 1 \\ -x_1 - 1 \end{pmatrix}^T \begin{pmatrix} u_1 \\ u_2 \\ u_3 \end{pmatrix} .$$

Für die globale Lösung $\hat{\boldsymbol{x}} = (0,0)^T$ liefern die KKT-Bedingungen neben der Zulässigkeit von $\hat{\boldsymbol{x}}$

$$\begin{pmatrix} 0 \\ -1 \end{pmatrix} + \begin{pmatrix} 2 & 0 & -1 \\ 0 & 2 & 0 \end{pmatrix} \begin{pmatrix} \hat{u}_1 \\ \hat{u}_2 \\ \hat{u}_3 \end{pmatrix} = \boldsymbol{0}, \quad \begin{pmatrix} \hat{u}_1 \\ \hat{u}_2 \\ \hat{u}_3 \end{pmatrix} \geq \boldsymbol{0} \text{ sowie } \begin{pmatrix} \hat{u}_1 \\ \hat{u}_2 \\ \hat{u}_3 \end{pmatrix}^T \begin{pmatrix} 0 \\ 0 \\ -1 \end{pmatrix} = 0$$

und somit die Lagrange-Multiplikatoren $\hat{u}_1 = 0$, $\hat{u}_2 = \frac{1}{2}$ und $\hat{u}_3 = 0$. Wegen $\hat{u}_1 = 0$ und $g_1(0,0) = 0$ sind die strengen Komplementaritätsbedingungen in $\hat{\boldsymbol{x}}$ nicht erfüllt, während die Regularitätsbedingung **(CQ)** in $\hat{\boldsymbol{x}}$ offensichtlich gilt. Angenommen, die KKT-Bedingungen wären für den zulässigen Punkt $\bar{\boldsymbol{x}} = (-1,-1)^T$ ebenfalls erfüllbar, so müssten Multiplikatoren $\bar{u}_1, \bar{u}_2, \bar{u}_3 \geq 0$ existieren mit

$$\begin{pmatrix} -4 \\ -1 \end{pmatrix} + \begin{pmatrix} 0 & 2 & -1 \\ -2 & 4 & 0 \end{pmatrix} \begin{pmatrix} \bar{u}_1 \\ \bar{u}_2 \\ \bar{u}_3 \end{pmatrix} = \boldsymbol{0} \text{ sowie } \begin{pmatrix} \bar{u}_1 \\ \bar{u}_2 \\ \bar{u}_3 \end{pmatrix}^T \begin{pmatrix} 0 \\ -4 \\ 0 \end{pmatrix} = 0 \; .$$

Aufgrund der Komplementaritätsbedingungen würde $\bar{u}_2 = 0$ und somit

$$\begin{pmatrix} -4 \\ -1 \end{pmatrix} + \begin{pmatrix} 0 & -1 \\ -2 & 0 \end{pmatrix} \begin{pmatrix} \bar{u}_1 \\ \bar{u}_3 \end{pmatrix} = \mathbf{0}$$

für die übrigen Multiplikatoren $\bar{u}_1$ und $\bar{u}_3$ folgen. Dieses lineare Gleichungssystem besitzt aber die eindeutige Lösung $\bar{u}_1 = -\frac{1}{2}$ und $\bar{u}_3 = -4$, womit unsere Annahme falsch ist und die KKT-Bedingungen für den Punkt $\bar{\boldsymbol{x}}$ nicht erfüllbar sind. Offensichtlich ist $\bar{\boldsymbol{x}}$ die globale Maximalstelle von f über M (siehe auch Aufgabe 2.8). ■

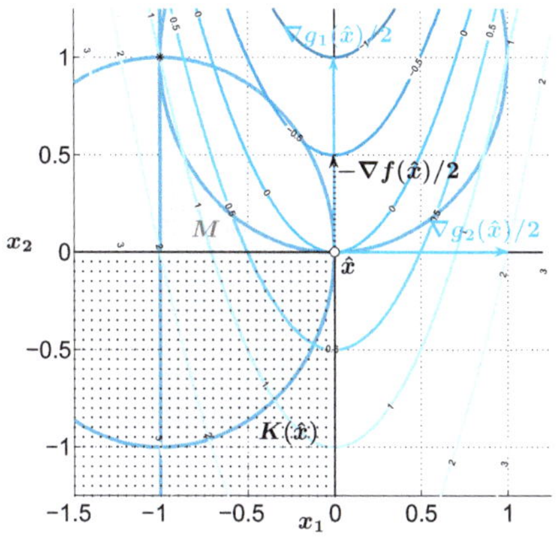

Abb. 2.5 Zulässiger Bereich M und Linearisierungskegel $K(\hat{\boldsymbol{x}})$ für Beispiel 2.21, strenge Komplementaritätsbedingungen in $\hat{\boldsymbol{x}}$ nicht erfüllt

Gilt in einer lokalen Lösung des Optimierungsproblems $(P^{\leqq}_{=})$ die Regularitätsbedingung **(CQ)**, so sind nach dem folgenden zentralen Satz von Karush, Kuhn und Tucker die KKT-Bedingungen immer erfüllt. Für Optimierungsprobleme ohne Nebenbedingungen reduzieren sich die KKT-Bedingungen auf die Forderung $\nabla f(\boldsymbol{x}) = \mathbf{0}$, also auf die bekannte notwendige Bedingung 1. Ordnung für diese Problemstellungen. Der Satz 2.22 verallgemeinert die Aussage des Satzes 2.2 und liefert ein notwendiges Optimalitätskriterium 1. Ordnung für Problemstellungen der Form $(P^{\leqq}_{=})$.

Satz 2.22 (Satz von Karush, Kuhn und Tucker)
Ist $\hat{\boldsymbol{x}}$ eine lokale Lösung des Optimierungsproblems $(P^{\leqq}_{=})$ und ist in $\hat{\boldsymbol{x}}$ die Regularitätsbedingung **(CQ)** erfüllt, dann existieren Multiplikatoren $\hat{\boldsymbol{u}} \in \mathbb{R}^m$ und $\hat{\boldsymbol{v}} \in \mathbb{R}^p$ derart, dass $(\hat{\boldsymbol{x}}, \hat{\boldsymbol{u}}, \hat{\boldsymbol{v}})$ ein KKT-Punkt von $(P^{\leqq}_{=})$ ist.

Beweis: Ist $\hat{\boldsymbol{x}} \in M$ eine lokale Lösung des Optimierungsproblems $\left(P^{\leqq}_{=}\right)$, so folgt wegen **(CQ)** mit Satz 2.10

$$-\nabla f(\hat{\boldsymbol{x}})^T \boldsymbol{d} \leq 0$$

für alle $\boldsymbol{d} \in T(M, \hat{\boldsymbol{x}}) = K(\hat{\boldsymbol{x}})$. Offensichtlich gilt

$$K(\hat{\boldsymbol{x}}) = \left\{ \boldsymbol{y} \in \mathbb{R}^n \;\middle|\; \begin{array}{ll} \nabla g_i(\hat{\boldsymbol{x}})^T \boldsymbol{y} \leq 0 & \forall i \in \hat{I}(\hat{\boldsymbol{x}}), \\ \nabla h_j(\hat{\boldsymbol{x}})^T \boldsymbol{y} \leq 0 & \forall j \in \{1, \cdots, p\}, \\ -\nabla h_j(\hat{\boldsymbol{x}})^T \boldsymbol{y} \leq 0 & \forall j \in \{1, \cdots, p\} \end{array} \right\}.$$

Nach dem Satz von Farkas existieren somit für $i \in \hat{I}(\hat{\boldsymbol{x}})$ und $j \in \{1, \cdots, p\}$ Multiplikatoren $\hat{u}_i, \hat{v}_j^+, \hat{v}_j^- \geq 0$ mit

$$-\nabla f(\hat{\boldsymbol{x}}) = \sum_{i \in \hat{I}(\hat{\boldsymbol{x}})} \hat{u}_i \nabla g_i(\hat{\boldsymbol{x}}) + \sum_{j \in \{1, \cdots, p\}} \hat{v}_j^+ \nabla h_j(\hat{\boldsymbol{x}}) - \sum_{j \in \{1, \cdots, p\}} \hat{v}_j^- \nabla h_j(\hat{\boldsymbol{x}}) .$$

Mit $\hat{u}_i := 0$ für alle $i \in \{1, 2, \cdots, m\} \setminus \hat{I}(\hat{\boldsymbol{x}})$ und $\hat{v}_j := \hat{v}_j^+ - \hat{v}_j^-$ für alle $j \in \{1, \cdots, p\}$ folgt die Behauptung des Satzes nun unmittelbar. □

Das Beispiel 2.17 zeigt, dass in einer lokalen Lösung eines Optimierungsproblemes der Form $\left(P^{\leqq}_{=}\right)$ die KKT-Bedingungen nicht erfüllt sein müssen, wenn dort die Regularitätsbedingung **(CQ)** verletzt ist.
Unter *konvexen Optimierungsproblemen* verstehen wir im Weiteren Problemstellungen der Form

$$\left(P^{f, \leq\, konv.}_{=\, aff.-l.}\right) \quad \text{MIN}\{f(\boldsymbol{x}) |\; \boldsymbol{x} \in M\} \text{ mit } M = \{\boldsymbol{x} \in \mathbb{R}^n |\; G(\boldsymbol{x}) \leq \boldsymbol{0},\; H(\boldsymbol{x}) = \boldsymbol{0}\}$$

mit f konvex über M, g_i konvex über M für alle $i \in \{1, \cdots, m\}$ und h_j affin-linear für alle $j \in \{1, \cdots, p\}$.

Lemma 2.23
Es seien $G : \mathbb{R}^n \to \mathbb{R}^m$, $H : \mathbb{R}^n \to \mathbb{R}^p$ und $M = \{\boldsymbol{x} \in \mathbb{R}^n |\; G(\boldsymbol{x}) \leq \boldsymbol{0}, H(\boldsymbol{x}) = \boldsymbol{0}\}$. Sind alle Koordinatenfunktionen g_i mit $i \in \{1, \cdots, m\}$ konvex über M und alle Koordinatenfunktionen h_j mit $j \in \{1, \cdots, p\}$ affin-linear, dann ist die Menge M konvex.

Beweis: Es seien $\boldsymbol{x}, \boldsymbol{y} \in M$ und $\lambda \in [0, 1]$. Somit gilt $g_i(\boldsymbol{x}) \leq 0$ und $g_i(\boldsymbol{y}) \leq 0$ für alle $i \in \{1, \cdots, m\}$ bzw. $h_j(\boldsymbol{x}) = 0$ und $h_j(\boldsymbol{y}) = 0$ für alle $j \in \{1, \cdots, p\}$. Aufgrund der Konvexität der Funktionen g_i gilt

$$g_i(\lambda \boldsymbol{x} + [1 - \lambda]\boldsymbol{y}) \leq \lambda g_i(\boldsymbol{x}) + [1 - \lambda] g_i(\boldsymbol{y}) \leq 0$$

für alle $i \in \{1, \cdots, m\}$. Da die Funktionen h_j nach Voraussetzung affin-linear und somit sowohl konvex als auch konkav sind (siehe Aufgabe 1.8), gilt weiterhin

$$h_j(\lambda \boldsymbol{x} + [1-\lambda]\boldsymbol{y}) = \lambda h_j(\boldsymbol{x}) + [1-\lambda]h_j(\boldsymbol{y}) = 0$$

für alle $j \in \{1, \cdots, p\}$ und damit $\lambda \boldsymbol{x} + [1-\lambda]\boldsymbol{y} \in M$. □

Für konvexe Optimierungsprobleme ist nach Satz 1.74 (a) und Lemma 2.23 jede lokale Lösung auch eine globale Lösung, und wir können kurz von einer Lösung sprechen. Weiterhin stellen für Probleme der Form $\left(P^{f,\leq\, konv.}_{=\, aff.-l.}\right)$ die KKT-Bedingungen (ohne zusätzliche Regularitätsbedingung) ein hinreichendes Optimalitätskriterium dar.

Satz 2.24
Ist $(\hat{\boldsymbol{x}}, \hat{\boldsymbol{u}}, \hat{\boldsymbol{v}}) \in \mathbb{R}^n \times \mathbb{R}^m \times \mathbb{R}^p$ ein KKT-Punkt des konvexen Optimierungsproblems $\left(P^{f,\leq\, konv.}_{=\, aff.-l.}\right)$, dann ist $\hat{\boldsymbol{x}}$ eine Lösung von $\left(P^{f,\leq\, konv.}_{=\, aff.-l.}\right)$.

Beweis: Nach Lemma 2.23 ist der zulässige Bereich M des Optimierungsproblems $\left(P^{f,\leq\, konv.}_{=\, aff.-l.}\right)$ eine konvexe Menge. Es sei $\boldsymbol{x} \in M$ ein beliebiger zulässiger Punkt. Mit Satz 1.68 (a), angewandt sowohl auf die Funktion f als auch auf die Funktionen g_i, folgt

$$f(\boldsymbol{x}) - f(\hat{\boldsymbol{x}}) \geq \nabla f(\hat{\boldsymbol{x}})^T(\boldsymbol{x} - \hat{\boldsymbol{x}})$$

und

$$0 \geq g_i(\boldsymbol{x}) = g_i(\boldsymbol{x}) - g_i(\hat{\boldsymbol{x}}) \geq \nabla g_i(\hat{\boldsymbol{x}})^T(\boldsymbol{x} - \hat{\boldsymbol{x}})$$

für alle $i \in \hat{I}(\hat{\boldsymbol{x}})$. Weiterhin gilt mit $h_j(\boldsymbol{x}) = \boldsymbol{c}_j^T\boldsymbol{x} + a$

$$0 = h_j(\boldsymbol{x}) - h_j(\hat{\boldsymbol{x}}) = \boldsymbol{c}_j^T(\boldsymbol{x} - \hat{\boldsymbol{x}})$$

für alle $j \in \{1, \cdots, p\}$. Aufgrund der KKT-Bedingungen folgt somit

$$\begin{aligned}
f(\boldsymbol{x}) - f(\hat{\boldsymbol{x}}) &\geq \nabla f(\hat{\boldsymbol{x}})^T(\boldsymbol{x} - \hat{\boldsymbol{x}}) \\
&= -\sum_{i \in \hat{I}(\hat{\boldsymbol{x}})} \hat{u}_i \nabla g_i(\hat{\boldsymbol{x}})^T(\boldsymbol{x} - \hat{\boldsymbol{x}}) - \sum_{j=1}^{p} \hat{v}_j \boldsymbol{c}_j^T(\boldsymbol{x} - \hat{\boldsymbol{x}}) \\
&\geq -\sum_{i \in \hat{I}(\hat{\boldsymbol{x}})} \hat{u}_i g_i(\boldsymbol{x}) \\
&\geq 0\,,
\end{aligned}$$

womit $\hat{\boldsymbol{x}}$ wegen $G(\hat{\boldsymbol{x}}) \leq \boldsymbol{0}$ und $H(\hat{\boldsymbol{x}}) = \boldsymbol{0}$ eine Lösung von $\left(P^{f,\leq\, konv.}_{=\, aff.-l.}\right)$ ist. □

Im Allgemeinen ist die Gültigkeit der Regularitätsbedingung **(CQ)** nur schwer zu überprüfen. Es gibt jedoch eine Vielzahl von (Regularitäts-)Bedingungen, die die Regularitätsbedingung **(CQ)** implizieren und leichter zu verifizieren sind (siehe beispielsweise Elster et al. (1977)) Wir wollen an dieser Stelle auf zwei wichtige Regularitätsbedingungen etwas näher eingehen.

Definition 2.25
Ein zulässiger Punkt $\hat{\boldsymbol{x}}$ des Optimierungsproblems $(P_{\overline{\overline{}}}^{\leq})$ erfüllt die *MFCQ-Regularitätsbedingung* (engl.: Mangasarian-Fromovitz constraint qualification, kurz **(MFCQ)**), wenn die beiden folgenden Bedingungen erfüllt sind:

(a) Die Gradienten $\nabla h_j(\hat{\boldsymbol{x}})$ mit $j \in \{1, \cdots, p\}$ sind linear unabhängig.

(b) $K^0(\hat{\boldsymbol{x}}) := \left\{ \boldsymbol{y} \in \mathbb{R}^n \,\middle|\, \begin{array}{lcl} \nabla g_i(\hat{\boldsymbol{x}})^T \boldsymbol{y} & < & 0 \; \forall i \in \hat{I}(\hat{\boldsymbol{x}}), \\ \nabla h_j(\hat{\boldsymbol{x}})^T \boldsymbol{y} & = & 0 \; \forall j \in \{1, \cdots, p\} \end{array} \right\}$ ist nichtleer.

Der folgende Satz zeigt, dass die Regularitätsbedingung **(MFCQ)** die Regularitätsbedingung **(CQ)** impliziert.

Satz 2.26
Ist $\hat{\boldsymbol{x}}$ ein zulässiger Punkt des Optimierungsproblems $(P_{\overline{\overline{}}}^{\leq})$ und ist in $\hat{\boldsymbol{x}}$ die Regularitätsbedingung **(MFCQ)** erfüllt, dann gilt in $\hat{\boldsymbol{x}}$ auch die Regularitätsbedingung **(CQ)**.

Beweis: Mit Lemma 2.15 genügt es zu zeigen, dass die Regularitätsbedingung **(MFCQ)**

$$K(\hat{\boldsymbol{x}}) \subset T(M, \hat{\boldsymbol{x}})$$

impliziert. Somit gelte **(MFCQ)**, und es seien $\boldsymbol{d} \in K(\hat{\boldsymbol{x}})$ sowie $\boldsymbol{d}^0 \in K^0(\hat{\boldsymbol{x}})$. Für $\delta > 0$ betrachten wir den Vektor

$$\boldsymbol{d}(\delta) := \boldsymbol{d} + \delta \boldsymbol{d}^0$$

mit

$$\nabla g_i(\hat{\boldsymbol{x}})^T \boldsymbol{d}(\delta) = \nabla g_i(\hat{\boldsymbol{x}})^T (\boldsymbol{d} + \delta \boldsymbol{d}^0) = \nabla g_i(\hat{\boldsymbol{x}})^T \boldsymbol{d} + \delta \nabla g_i(\hat{\boldsymbol{x}})^T \boldsymbol{d}^0 < 0$$

und

$$\nabla h_j(\hat{\boldsymbol{x}})^T \boldsymbol{d}(\delta) = \nabla h_j(\hat{\boldsymbol{x}})^T (\boldsymbol{d} + \delta \boldsymbol{d}^0) = \nabla h_j(\hat{\boldsymbol{x}})^T \boldsymbol{d} + \delta \nabla h_j(\hat{\boldsymbol{x}})^T \boldsymbol{d}^0 = 0$$

für alle $i \in \hat{I}(\hat{\boldsymbol{x}})$ und alle $j \in \{1, \cdots, p\}$.
Weiterhin definieren wir zunächst eine Abbildung $F : \mathbb{R} \times \mathbb{R}^p \to \mathbb{R}^p$ mit

$$F(t, \boldsymbol{y}) := H(\hat{\boldsymbol{x}} + t\boldsymbol{d}(\delta) + H'(\hat{\boldsymbol{x}})^T \boldsymbol{y}) \text{ und } H'(\hat{\boldsymbol{x}}) = (\nabla h_1(\hat{\boldsymbol{x}}), \cdots, \nabla h_p(\hat{\boldsymbol{x}}))^T \in \mathbb{R}^{(p,n)} .$$

Offensichtlich gilt $F(0, \boldsymbol{0}) = \boldsymbol{0}$ sowie $F_y(0, \boldsymbol{0}) = H'(\hat{\boldsymbol{x}}) H'(\hat{\boldsymbol{x}})^T \in \mathbb{R}^{(p,p)}$. Wegen der vorausgesetzten linearen Unabhängigkeit der Gradienten $\nabla h_j(\hat{\boldsymbol{x}})$ folgt $\det F_y(0, \boldsymbol{0}) \neq 0$. Nach dem Satz über implizite Funktionen existieren somit ein $\varepsilon_H > 0$ und eine Funktion $\varphi \in C^1((-\varepsilon_H, \varepsilon_H), \mathbb{R}^p)$ mit

$$\varphi(0) = \boldsymbol{0} \text{ und } F(t, \varphi(t)) = \boldsymbol{0} \text{ sowie } \varphi'(t) = -F_y(t, \varphi(t))^{-1} F_t(t, \varphi(t))$$

für alle $t \in (-\varepsilon_H, \varepsilon_H)$. Folglich ist

$$\varphi'(0) = -F_y(0,\mathbf{0})^{-1}F_t(0,\mathbf{0}) = -F_y(0,\mathbf{0})^{-1}H'(\hat{\boldsymbol{x}})\boldsymbol{d}(\delta) = -F_y(0,\mathbf{0})^{-1}\mathbf{0} = 0$$

wegen $\nabla h_j(\hat{\boldsymbol{x}})^T\boldsymbol{d}(\delta) = 0$ für alle $j \in \{1, \cdots, p\}$.
Wir definieren nun die Abbildung $\boldsymbol{x} : (-\varepsilon_H, \varepsilon_H) \subset \mathbb{R} \to \mathbb{R}^n$ mit

$$\boldsymbol{x}(t) = \hat{\boldsymbol{x}} + t\boldsymbol{d}(\delta) + H'(\hat{\boldsymbol{x}})^T\boldsymbol{\varphi}(t) \text{ und } \boldsymbol{x}'(t) = \boldsymbol{d}(\delta) + H'(\hat{\boldsymbol{x}})^T\boldsymbol{\varphi}'(t)\ .$$

Offensichtlich gilt

$$\boldsymbol{x}(0) = \hat{\boldsymbol{x}},\ \boldsymbol{x}'(0) = \boldsymbol{d}(\delta) \text{ sowie } H(\boldsymbol{x}(t)) = H(\hat{\boldsymbol{x}} + t\boldsymbol{d}(\delta) + H'(\hat{\boldsymbol{x}})^T\boldsymbol{\varphi}(t)) = F(t, \varphi(t)) = \mathbf{0}$$

für alle $t \in (-\varepsilon_H, \varepsilon_H)$. Wegen $G \in C^1(\mathbb{R}^n, \mathbb{R}^m)$ folgt auch $g_i(\boldsymbol{x}(t)) < 0$ für alle $i \in \{1, \cdots, m\} \setminus \hat{I}(\hat{\boldsymbol{x}})$ und alle hinreichend kleinen $t \in (-\varepsilon_H, \varepsilon_H)$. Für ein $i \in \hat{I}(\hat{\boldsymbol{x}})$ definieren wir die Hilfsfunktion $\xi_i : \mathbb{R} \to \mathbb{R}$ mit $\xi_i(t) = g_i(\boldsymbol{x}(t))$ und $\xi_i'(t) = \nabla g_i(\boldsymbol{x}(t))^T\boldsymbol{x}'(t)$. Somit gilt $\xi_i'(0) = \nabla g_i(\hat{\boldsymbol{x}})^T\boldsymbol{d}(\delta) < 0$ und folglich auch $g_i(\boldsymbol{x}(t)) < 0$ für alle $i \in \hat{I}(\hat{\boldsymbol{x}})$ und alle $t \in (0, \varepsilon_H)$ hinreichend klein. Damit existiert aber ein $\varepsilon > 0$ mit $G(\boldsymbol{x}(t)) \leq \mathbf{0}$ und $H(\boldsymbol{x}(t)) = \mathbf{0}$ für alle $t \in [0, \varepsilon)$. Wählen wir nun zwei Folgen $\{t_k\}_{k\in\mathbb{N}} \subset \mathbb{R}$ und $\{\boldsymbol{x}^k\}_{k\in\mathbb{N}} \subset \mathbb{R}^n$ mit $\lim\limits_{k\to\infty} t_k = 0$ sowie $t_k \in (0, \varepsilon)$ und $\boldsymbol{x}^k := \boldsymbol{x}(t_k)$ für alle k, dann folgt sofort $\lim\limits_{k\to\infty} \boldsymbol{x}^k = \boldsymbol{x}(0) = \hat{\boldsymbol{x}}$ sowie $\{\boldsymbol{x}^k\}_{k\in\mathbb{N}} \subset M$. Wegen $\boldsymbol{x}'(0) = \boldsymbol{d}(\delta)$ gilt weiterhin $\boldsymbol{x}^k \xrightarrow{\boldsymbol{y}} \hat{\boldsymbol{x}}$ mit $\boldsymbol{y} = \frac{\boldsymbol{d}(\delta)}{\|\boldsymbol{d}(\delta)\|}$ und somit $\boldsymbol{d}(\delta) \in T(M, \hat{\boldsymbol{x}})$. Schließlich folgt mit $\lim\limits_{\delta\to 0} \boldsymbol{d}(\delta) = \boldsymbol{d}$ und Lemma 2.9 nun unmittelbar $\boldsymbol{d} \in T(M, \hat{\boldsymbol{x}})$. □

Die Umkehrung von Satz 2.26 gilt i. Allg. nicht, wie das Beispiel 2.19 zeigt.

Definition 2.27
Ein zulässiger Punkt $\hat{\boldsymbol{x}}$ des Optimierungsproblems $(P_{\leqq}^{=})$ erfüllt die *LICQ-Regularitätsbedingung* (engl.: linear independence constraint qualification, kurz **(LICQ)**), wenn die Gradienten $\nabla g_i(\hat{\boldsymbol{x}})$ und $\nabla h_j(\hat{\boldsymbol{x}})$ mit $i \in \hat{I}(\hat{\boldsymbol{x}})$ und $j \in \{1, \cdots, p\}$ linear unabhängig sind.

Der folgende Satz zeigt, dass die Regularitätsbedingung **(LICQ)** die Regularitätsbedingung **(MFCQ)** und damit nach Satz 2.26 auch die Regularitätsbedingung **(CQ)** impliziert.

Satz 2.28
Ist $\hat{\boldsymbol{x}}$ ein zulässiger Punkt des Optimierungsproblems $(P_{\leqq}^{=})$ und ist in $\hat{\boldsymbol{x}}$ die Regularitätsbedingung **(LICQ)** erfüllt, dann gilt in $\hat{\boldsymbol{x}}$ auch die Regularitätsbedingung **(MFCQ)**.

Beweis: Ist in $\hat{\boldsymbol{x}}$ die Regularitätsbedingung **(LICQ)** erfüllt, dann ist trivialerweise auch Teil (a) der Definition von **(MFCQ)** gegeben. Nun seien $\tilde{m} := |\hat{I}(\hat{\boldsymbol{x}})| + p$ und $A \in \mathbb{R}^{(\tilde{m},n)}$ eine Matrix, wobei die ersten $|\hat{I}(\hat{\boldsymbol{x}})|$ Zeilen gleich den transponierten Gradienten $\nabla g_i(\hat{\boldsymbol{x}})^T$ mit $i \in \hat{I}(\hat{\boldsymbol{x}})$ sowie die folgenden p Zeilen gleich den transponierten

Gradienten $\nabla h_j(\hat{\boldsymbol{x}})^T$ mit $j \in \{1, \cdots, p\}$ seien. Ferner sei $\boldsymbol{b} \in \mathbb{R}^n$ ein Vektor, wobei $b_k = -1$ für $k = 1, \cdots, |\hat{I}(\hat{\boldsymbol{x}})|$ und $b_k = 0$ für $k = |\hat{I}(\hat{\boldsymbol{x}})| + 1, \cdots, |\hat{I}(\hat{\boldsymbol{x}})| + p$ gelten möge. Wegen der **(LICQ)**-Bedingung gilt $\operatorname{rang} A = \tilde{m} \leq n$, und das inhomogene lineare Gleichungssystem $A\boldsymbol{z} = \boldsymbol{b}$ besitzt mindestens eine Lösung $\boldsymbol{d} \in \mathbb{R}^n$, für welche offensichtlich $\boldsymbol{d} \in K^0(\hat{\boldsymbol{x}})$ gilt. □

Auch die Umkehrung von Satz 2.28 gilt i. Allg. nicht, wie das folgende Beispiel zeigt.

Beispiel 2.29
Wir betrachten das Optimierungsproblem (Problem Nr. 159)

$$\text{MIN}\left\{ f(\boldsymbol{x}) = (x_1 - 1)^2 + (x_2 + 1)^2 \;\middle|\; \begin{array}{ll} g_1(x_1, x_2) = (x_1 - 1)^3 - x_2 & \leq 0 \\ g_2(x_1, x_2) = -x_2 & \leq 0 \end{array} \right\}$$

mit der globalen Lösung $\hat{\boldsymbol{x}} = (1, 0)^T$ und $\nabla f(\hat{\boldsymbol{x}}) = (0, 2)^T$, $\nabla g_1(\hat{\boldsymbol{x}}) = (0, -1)^T$, $\nabla g_2(\hat{\boldsymbol{x}}) = (0, -1)^T$ sowie $\hat{I}(\hat{\boldsymbol{x}}) = \{1, 2\}$. Offensichtlich ist in $\hat{\boldsymbol{x}}$ die Regularitätsbedingung **(LICQ)** nicht erfüllt, die Regularitätsbedingung **(MFCQ)** wegen $K^0(\hat{\boldsymbol{x}}) = \{\boldsymbol{y} \in \mathbb{R}^2 \mid y_2 > 0\} \neq \emptyset$ dagegen schon. ■

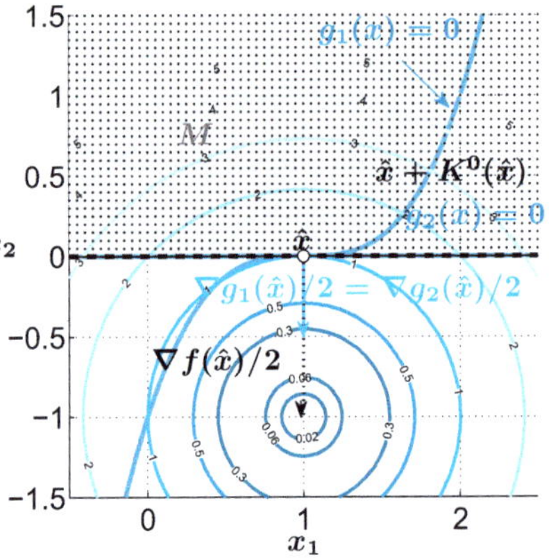

Abb. 2.6 Zulässiger Bereich M und $K^0(\hat{x})$ für Beispiel 2.29, **(MFCQ)** in $\hat{x}$ erfüllt, **(LICQ)** in $\hat{x}$ nicht erfüllt

Wir bemerken, dass für einen KKT-Punkt $(\hat{\boldsymbol{x}}, \hat{\boldsymbol{u}}, \hat{\boldsymbol{v}})$ des Optimierungsproblems $\left(P^{\leq}_{=}\right)$, in dem die Regularitätsbedingung **(LICQ)** erfüllt ist, die zugehörigen Lagrange-Multiplikatoren eindeutig bestimmt sind (siehe Aufgabe 2.12). Eine entsprechende Aussage gilt offensichtlich nicht, wenn in $\hat{\boldsymbol{x}}$ nur die Regularitätsbedingung **(MFCQ)** erfüllt ist (siehe ebenfalls Beispiel 2.29).

Wir wollen nun in Analogie zu unserer bisherigen Vorgehensweise Optimalitätskriterien 2. Ordnung für Probleme der Form $\left(P_{\overline{=}}^{\leq}\right)$ formulieren und definieren dazu für einen KKT-Punkt $(\hat{\boldsymbol{x}}, \hat{\boldsymbol{u}}, \hat{\boldsymbol{v}}) \in \mathbb{R}^n \times \mathbb{R}^m \times \mathbb{R}^p$

$$\hat{I}_+(\hat{\boldsymbol{x}}) := \left\{i \in \hat{I}(\hat{\boldsymbol{x}}) \mid \hat{\boldsymbol{u}}_i > 0\right\} \ , \hat{I}_0(\hat{\boldsymbol{x}}) := \left\{i \in \hat{I}(\hat{\boldsymbol{x}}) \mid \hat{\boldsymbol{u}}_i = 0\right\}$$

sowie

$$K_+(\hat{\boldsymbol{x}}) := \left\{ \boldsymbol{y} \in \mathbb{R}^n \,\middle|\, \begin{array}{l} \nabla g_i(\hat{\boldsymbol{x}})^T \boldsymbol{y} \leq 0 \ \forall i \in \hat{I}_0(\hat{\boldsymbol{x}}) \ , \\ \nabla g_i(\hat{\boldsymbol{x}})^T \boldsymbol{y} = 0 \ \forall i \in \hat{I}_+(\hat{\boldsymbol{x}}) \ , \\ \nabla h_j(\hat{\boldsymbol{x}})^T \boldsymbol{y} = 0 \ \forall j \in \{1, \cdots, p\} \end{array} \right\} .$$

Offensichtlich gilt $\hat{I}(\hat{\boldsymbol{x}}) = \hat{I}_+(\hat{\boldsymbol{x}}) \cup \hat{I}_0(\hat{\boldsymbol{x}})$ und $K_+(\hat{\boldsymbol{x}}) \subset K(\hat{\boldsymbol{x}})$.

Satz 2.30 (Notwendiges Optimalitätskriterium 2. Ordnung)
Es seien $f \in C^2(\mathbb{R}^n, \mathbb{R})$, $G \in C^2(\mathbb{R}^n, \mathbb{R}^m)$ und $H \in C^2(\mathbb{R}^n, \mathbb{R}^p)$. Ist $\hat{\boldsymbol{x}}$ eine lokale Lösung von $\left(P_{\overline{=}}^{\leq}\right)$, in der die Regularitätsbedingung **(LICQ)** erfüllt ist, und $(\hat{\boldsymbol{x}}, \hat{\boldsymbol{u}}, \hat{\boldsymbol{v}}) \in \mathbb{R}^n \times \mathbb{R}^m \times \mathbb{R}^p$ ein zugehöriger KKT-Punkt, dann gilt

$$\boldsymbol{d}^T \nabla_x^2 L(\hat{\boldsymbol{x}}, \hat{\boldsymbol{u}}, \hat{\boldsymbol{v}}) \boldsymbol{d} \geq 0$$

für alle $\boldsymbol{d} \in K_+(\hat{\boldsymbol{x}})$.

Beweis: Es sei

$$M_+ := \left\{ \boldsymbol{x} \in \mathbb{R}^n \,\middle|\, \begin{array}{ll} g_i(\boldsymbol{x}) \leq 0 & \forall i \in \hat{I}_0(\hat{\boldsymbol{x}}) \ , \\ g_i(\boldsymbol{x}) = 0 & \forall i \in \hat{I}_+(\hat{\boldsymbol{x}}) \ , \\ h_j(\boldsymbol{x}) = 0 & \forall j \in \{1, \cdots, p\} \end{array} \right\} \subset M \ .$$

Offensichtlich gilt $\hat{\boldsymbol{x}} \in M_+$ und aufgrund der Komplementaritätsbedingungen

$$L(\boldsymbol{z}, \hat{\boldsymbol{u}}, \hat{\boldsymbol{v}}) = f(\boldsymbol{z}) \text{ für alle } \boldsymbol{z} \in M_+ \ .$$

Da $\hat{\boldsymbol{x}}$ eine lokale Lösung von $\left(P_{\overline{=}}^{\leq}\right)$ (und damit trivialerweise auch eine lokale Minimalstelle von f über M_+) ist, und da $(\hat{\boldsymbol{x}}, \hat{\boldsymbol{u}}, \hat{\boldsymbol{v}})$ ein KKT-Punkt ist, folgt $\nabla_x L(\hat{\boldsymbol{x}}, \hat{\boldsymbol{u}}, \hat{\boldsymbol{v}}) = \nabla f(\hat{\boldsymbol{x}}) = \boldsymbol{0}$ und mit Satz 2.12 $\boldsymbol{d}^T \nabla_x^2 L(\hat{\boldsymbol{x}}, \hat{\boldsymbol{u}}, \hat{\boldsymbol{v}}) \boldsymbol{d} = \boldsymbol{d}^T \nabla^2 f(\hat{\boldsymbol{x}}) \boldsymbol{d} \geq 0$ für alle $\boldsymbol{d} \in T(M_+, \hat{\boldsymbol{x}}) \subset T(M, \hat{\boldsymbol{x}})$. Betrachten wir das Optimierungsproblems $\left(P_{\overline{=}}^{\leq}\right)$ eingeschränkt auf den zulässigen Bereich $M_+ \subset M$, so ist offensichtlich $K_+(\hat{\boldsymbol{x}})$ der linearisierende Kegel in $\hat{\boldsymbol{x}}$ an die Menge M_+. Mit Lemma 2.15 sowie den Sätzen 2.26 und 2.28 (jeweils angewandt auf die eingeschränkte Problemstellung) folgt $T(M_+, \hat{\boldsymbol{x}}) = K_+(\hat{\boldsymbol{x}})$, womit die Aussage des Satzes bewiesen ist. □

Die Aussage des Satzes 2.30 bleibt offensichtlich erhalten, wenn wir anstelle der Regularitätsbedingung **(LICQ)** für $\hat{\boldsymbol{x}}$ bzgl. des ursprünglichen Problems $\left(P_{\overline{=}}^{\leq}\right)$ lediglich die Regularitätsbedingung **(MFCQ)** für $\hat{\boldsymbol{x}}$ bzgl. des auf den zulässigen Bereich $M_+ \subset M$ eingeschränkten Problems voraussetzen.

Beispiel 2.31

Wir betrachten das Optimierungsproblem (Problem Nr. 103, $a = 0$ (Koeff. von x_1^2))

$$\text{MIN}\left\{ f(\boldsymbol{x}) = -x_2 \;\middle|\; \begin{array}{ll} g_1(x_1, x_2) = -x_1^2 - (x_2 - 1)^2 + 1 & \leq 0 \\ g_2(x_1, x_2) = (x_1 + 1)^2 + x_2^2 - 1 & \leq 0 \\ g_3(x_1, x_2) = -x_1 - 1 & \leq 0 \end{array} \right\}$$

mit dem zulässigen Punkt $\hat{\boldsymbol{x}} = (0,0)^T$ und $\nabla f(\hat{\boldsymbol{x}}) = (0,-1)^T$, $\nabla g_1(\hat{\boldsymbol{x}}) = (0,2)^T$, $\nabla g_2(\hat{\boldsymbol{x}}) = (2,0)^T$, $\nabla g_3(\hat{\boldsymbol{x}}) = (-1,0)^T$ sowie $\hat{I}(\hat{\boldsymbol{x}}) = \{1,2\}$. Offensichtlich sind in $\hat{\boldsymbol{x}}$ die Regularitätsbedingung **(LICQ)** und die notwendige Bedingung 1. Ordnung aus Satz 2.22 mit den (eindeutigen) Lagrange-Multiplikatoren $\hat{\boldsymbol{u}} = (\hat{u}_1, \hat{u}_2, \hat{u}_3)^T = (\frac{1}{2}, 0, 0)^T$ erfüllt. Somit gilt $\hat{I}_0(\hat{\boldsymbol{x}}) = \{2\}$, $\hat{I}_+(\hat{\boldsymbol{x}}) = \{1\}$, $K_+(\hat{\boldsymbol{x}}) = \left\{\boldsymbol{d} \in \mathbb{R}^2 \mid d_1 \leq 0,\ d_2 = 0\right\} \neq \emptyset$ sowie

$$\nabla_x^2 L(\boldsymbol{x}, \hat{\boldsymbol{u}}) = \begin{pmatrix} -1 & 0 \\ 0 & -1 \end{pmatrix},$$

womit die notwendige Bedingung 2. Ordnung aus Satz 2.30 in $\hat{\boldsymbol{x}}$ nicht erfüllt und $\hat{\boldsymbol{x}}$ somit keine lokale Minimalstelle des Optimierungsproblems ist. In der rechten Abbildung erkennt man, dass $\hat{\boldsymbol{x}}$ eine globale Maximalstelle der Lagrange-Funktion L in $\boldsymbol{x}$ für festes $\hat{\boldsymbol{u}} = (\frac{1}{2}, 0, 0)^T$ ist. ■

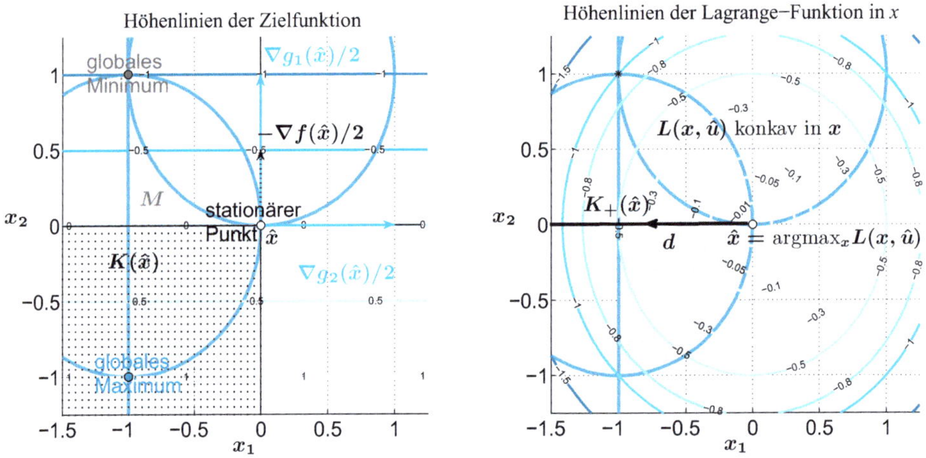

Abb. 2.7 Zielfunktion und Lagrange-Funktion für Beispiel 2.31, notwendige Bedingung 1. Ordnung in $\hat{x}$ erfüllt, notwendige Bedingung 2. Ordnung in $\hat{x}$ nicht erfüllt

Satz 2.32 (Hinreichendes Optimalitätskriterium 2. Ordnung)
Es seien $f \in C^2(\mathbb{R}^n, \mathbb{R})$, $G \in C^2(\mathbb{R}^n, \mathbb{R}^m)$, $H \in C^2(\mathbb{R}^n, \mathbb{R}^p)$ und $(\hat{\boldsymbol{x}}, \hat{\boldsymbol{u}}, \hat{\boldsymbol{v}}) \in \mathbb{R}^n \times \mathbb{R}^m \times \mathbb{R}^p$ ein KKT-Punkt von $\left(P_{\equiv}^{\leqq}\right)$. Gilt

$$\boldsymbol{d}^T \nabla_x^2 L(\hat{\boldsymbol{x}}, \hat{\boldsymbol{u}}, \hat{\boldsymbol{v}}) \boldsymbol{d} > 0$$

für alle $\boldsymbol{d} \in K_+(\hat{\boldsymbol{x}}) \setminus \{\boldsymbol{0}\}$, dann ist $\hat{\boldsymbol{x}}$ eine strenge lokale Minimalstelle von f über $M = \{\boldsymbol{x} \in \mathbb{R}^n \mid G(\boldsymbol{x}) \leq \boldsymbol{0}, H(\boldsymbol{x}) = \boldsymbol{0}\}$.

Beweis: Mit $K_+(\hat{\boldsymbol{x}}) = K(\hat{\boldsymbol{x}}) \cap \left\{\boldsymbol{d} \in \mathbb{R}^n \,\middle|\, \nabla g_i(\hat{\boldsymbol{x}})^T \boldsymbol{d} = 0 \;\forall i \in \hat{I}_+(\hat{\boldsymbol{x}})\right\}$ und $T(M, \hat{\boldsymbol{x}}) \subset K(\hat{\boldsymbol{x}})$ nach Lemma 2.15 folgt

$$\tilde{M} := T(M, \hat{\boldsymbol{x}}) \cap \left\{\boldsymbol{d} \in \mathbb{R}^n \,\middle|\, \nabla g_i(\hat{\boldsymbol{x}})^T \boldsymbol{d} = 0 \;\forall i \in \hat{I}_+(\hat{\boldsymbol{x}})\right\} \subset K_+(\hat{\boldsymbol{x}})$$

und somit nach Voraussetzung $\boldsymbol{d}^T \nabla_x^2 L(\hat{\boldsymbol{x}}, \hat{\boldsymbol{u}}) \boldsymbol{d} > 0$ für alle $\boldsymbol{d} \in \tilde{M} \setminus \{\boldsymbol{0}\}$. Angenommen, $\hat{\boldsymbol{x}}$ ist keine strenge lokale Minimalstelle von f über M, dann existieren analog der Beweisführung von Satz 2.13 eine Folge $\{\boldsymbol{x}^k\}_{k \in \mathbb{N}} \subset M$ und ein $\boldsymbol{z} \in T(M, \hat{\boldsymbol{x}}) \setminus \{\boldsymbol{0}\}$ mit $\boldsymbol{x}^k \xrightarrow{z} \hat{\boldsymbol{x}}$ und $f(\boldsymbol{x}^k) - f(\hat{\boldsymbol{x}}) \leq 0$ für alle k. Hiermit folgt

$$0 \geq \lim_{k \to \infty} \frac{f(\boldsymbol{x}^k) - f(\hat{\boldsymbol{x}})}{\|\boldsymbol{x}^k - \hat{\boldsymbol{x}}\|} = \lim_{k \to \infty} \frac{\nabla f(\hat{\boldsymbol{x}})^T (\boldsymbol{x}^k - \hat{\boldsymbol{x}}) + o(\|\boldsymbol{x}^k - \hat{\boldsymbol{x}}\|)}{\|\boldsymbol{x}^k - \hat{\boldsymbol{x}}\|} = \nabla f(\hat{\boldsymbol{x}})^T \boldsymbol{z} \,.$$

Wegen $g_i(\boldsymbol{x}^k) \leq 0$ für alle $i \in \{1, \cdots, m\}$ und $g_i(\hat{\boldsymbol{x}}) = 0$ für alle $i \in \hat{I}(\hat{\boldsymbol{x}})$ bzw. $h_j(\boldsymbol{x}^k) = h_j(\hat{\boldsymbol{x}}) = 0$ für alle $j \in \{1, \cdots, m\}$ folgt analog

$$\nabla g_i(\hat{\boldsymbol{x}})^T \boldsymbol{z} \leq 0 \text{ bzw. } \nabla h_j(\hat{\boldsymbol{x}})^T \boldsymbol{z} = 0$$

für alle $i \in \hat{I}(\hat{\boldsymbol{x}})$ bzw. für alle $j \in \{1, \cdots, m\}$ und weiterhin

$$L(\boldsymbol{x}^k, \hat{\boldsymbol{u}}, \hat{\boldsymbol{v}}) - L(\hat{\boldsymbol{x}}, \hat{\boldsymbol{u}}, \hat{\boldsymbol{v}}) = f(\boldsymbol{x}^k) - f(\hat{\boldsymbol{x}}) + \sum_{i \in \hat{I}(\hat{\boldsymbol{x}})} \hat{u}_i g_i(\boldsymbol{x}^k) \leq 0 \,.$$

Da $(\hat{\boldsymbol{x}}, \hat{\boldsymbol{u}}, \hat{\boldsymbol{v}})$ nach Voraussetzung ein KKT-Punkt von $\left(P_{\equiv}^{\leqq}\right)$ ist, gilt $\nabla_x L(\hat{\boldsymbol{x}}, \hat{\boldsymbol{u}}, \hat{\boldsymbol{v}}) = \boldsymbol{0}$, und es folgt

$$\begin{aligned}
0 &\geq \lim_{k \to \infty} \frac{L(\boldsymbol{x}^k, \hat{\boldsymbol{u}}, \hat{\boldsymbol{v}}) - L(\hat{\boldsymbol{x}}, \hat{\boldsymbol{u}}, \hat{\boldsymbol{v}})}{\|\boldsymbol{x}^k - \hat{\boldsymbol{x}}\|^2} \\
&= \lim_{k \to \infty} \frac{\frac{1}{2}(\boldsymbol{x}^k - \hat{\boldsymbol{x}})^T \nabla_x^2 L(\hat{\boldsymbol{x}}, \hat{\boldsymbol{u}}, \hat{\boldsymbol{v}})(\boldsymbol{x}^k - \hat{\boldsymbol{x}}) + o(\|\boldsymbol{x}^k - \hat{\boldsymbol{x}}\|^2)}{\|\boldsymbol{x}^k - \hat{\boldsymbol{x}}\|^2} \\
&= \tfrac{1}{2} \boldsymbol{z}^T \nabla_x^2 L(\hat{\boldsymbol{x}}, \hat{\boldsymbol{u}}, \hat{\boldsymbol{v}}) \boldsymbol{z}
\end{aligned}$$

und somit $\boldsymbol{z} \notin \left\{\boldsymbol{d} \in \mathbb{R}^n \,\middle|\, \nabla g_i(\hat{\boldsymbol{x}})^T \boldsymbol{d} = 0 \;\forall i \in \hat{I}_+(\hat{\boldsymbol{x}})\right\}$. Damit gilt $\nabla g_{i^*}(\hat{\boldsymbol{x}})^T \boldsymbol{z} < 0$ für mindestens ein $i^* \in \hat{I}_+(\hat{\boldsymbol{x}})$, und es folgt

$$0 = \nabla_x L(\hat{\boldsymbol{x}}, \hat{\boldsymbol{u}}, \hat{\boldsymbol{v}})^T \boldsymbol{z} = \nabla f(\hat{\boldsymbol{x}})^T \boldsymbol{z} + \sum_{i \in \hat{I}(\hat{\boldsymbol{x}})} \hat{u}_i \nabla g_i(\hat{\boldsymbol{x}})^T \boldsymbol{z} < 0 \,,$$

womit unsere getroffene Annahme, dass $\hat{\boldsymbol{x}}$ keine strenge lokale Minimalstelle von f über M sei, zum Widerpruch geführt und damit falsch ist. □

Wir möchten auch hier bemerken, dass nach dem aufgeführten Beweis die Aussage des Satzes 2.32 offensichtlich erhalten bleibt, wenn wir $\boldsymbol{d}^T \nabla_x^2 L(\hat{\boldsymbol{x}}, \hat{\boldsymbol{u}}, \hat{\boldsymbol{v}})\boldsymbol{d} > 0$ lediglich für alle $\boldsymbol{d} \in \tilde{M} \setminus \{\boldsymbol{0}\}$ fordern.
Für Optimierungsprobleme ohne Nebenbedingungen liefern die notwendige Bedingung aus Satz 2.30 bzw. die hinreichende Bedingung aus Satz 2.32 offensichtlich die bekannten Optimaltitätsbedingungen für diese Problemstellungen (vgl. Satz 2.4 bzw. Satz 2.5).

2.3 Übungsaufgaben zu Kapitel 2

Aufgabe 2.1
Zeigen Sie, dass das in Satz 2.2 formulierte Optimalitätskriterium 1. Ordnung auch notwendig für das Vorliegen einer lokalen Maximalstelle von f über D ist.

Aufgabe 2.2
Zeigen Sie, dass für die Funktion $f : \mathbb{R}^2 \to \mathbb{R}$ mit $f(x_1, x_2) = x_1^2 - x_2^4$ an der Stelle $\boldsymbol{x}^* = (0,0)^T$ zwar das notwendige Optimalitätskriterium 2. Ordnung aus Satz 2.4 erfüllt ist, $\boldsymbol{x}^*$ aber keine lokale Minimalstelle von f über $\mathbb{R}^2$ ist.

Aufgabe 2.3
Zeigen Sie:
Es seien $D \subset \mathbb{R}^n$ eine offene Menge und $f \in C^2(D, \mathbb{R})$. Ist der Punkt $\boldsymbol{x}^* \in D$ eine lokale Maximalstelle von f über D, dann ist die Hesse-Matrix $\nabla^2 f(\boldsymbol{x}^*)$ negativ semi-definit.

Aufgabe 2.4
Zeigen Sie:
Es seien $D \subset \mathbb{R}^n$ eine offene Menge, $f \in C^2(D, \mathbb{R})$, $\boldsymbol{x}^* \in D$ und $\nabla f(\boldsymbol{x}^*) = \boldsymbol{0}$. Dann gilt:

(a) Ist die Hesse-Matrix $\nabla^2 f(\boldsymbol{x}^*)$ negativ definit, dann ist $\boldsymbol{x}^*$ eine strikte lokale Maximalstelle von f über D.

(b) Ist die Hesse-Matrix $\nabla^2 f(\boldsymbol{x}^*)$ indefinit, dann ist $\boldsymbol{x}^*$ ein strenger Sattelpunkt von f.

Aufgabe 2.5
Klassifizieren Sie alle stationären Punkte der Funktion f aus Beispiel 2.6.

Aufgabe 2.6
Gegeben sei die Funktion $f : \mathbb{R}^2 \to \mathbb{R}$ mit $f(x_1, x_2) = 3x_1^4 - 4x_1^2 x_2 + x_2^2$.

(a) Zeigen Sie, dass $\boldsymbol{x}^* = (x_1^*, x_2^*)^T = (0,0)^T$ der einzige stationäre Punkt der Funktion f ist.

(b) Zeigen Sie, dass f längs jeder Ursprungsgeraden in $\boldsymbol{x}^*$ eine lokale Minimalstelle besitzt.

(c) Überprüfen Sie das hinreichende Optimalitätskriterium aus Satz 2.5 für eine lokale Minimalstelle von f in $\boldsymbol{x}^*$.

(d) Zeigen Sie, dass $\boldsymbol{x}^*$ keine lokale Minimalstelle der Funktion f ist.

Aufgabe 2.7
Beweisen Sie Satz 2.13.

Aufgabe 2.8
Zeigen Sie:
Es seien $f \in C^1(\mathbb{R}^n, \mathbb{R})$, $G \in C^1(\mathbb{R}^n, \mathbb{R}^m)$, $H \in C^1(\mathbb{R}^n, \mathbb{R}^p)$ und

$$M = \{\boldsymbol{x} \in \mathbb{R}^n |\ G(\boldsymbol{x}) \leq \mathbf{0},\ H(\boldsymbol{x}) = \mathbf{0}\} .$$

Dann gilt:
Ist $\bar{\boldsymbol{x}}$ eine lokale Maximalstelle von f über M und ist in $\bar{\boldsymbol{x}}$ die Regularitätsbedingung **(CQ)** erfüllt, dann existieren Multiplikatoren $\bar{\boldsymbol{u}} \in \mathbb{R}^m$ und $\bar{\boldsymbol{v}} \in \mathbb{R}^p$ mit

$$\begin{aligned} \nabla f(\bar{\boldsymbol{x}}) + \nabla G(\bar{\boldsymbol{x}})\bar{\boldsymbol{u}} + \nabla H(\bar{\boldsymbol{x}})\bar{\boldsymbol{v}} &= \mathbf{0} , \\ G(\bar{\boldsymbol{x}}) \leq \mathbf{0} ,\ \bar{\boldsymbol{u}} \leq \mathbf{0},\ \bar{\boldsymbol{u}}^T G(\bar{\boldsymbol{x}}) &= 0 \text{ und} \\ H(\bar{\boldsymbol{x}}) &= \mathbf{0} . \end{aligned}$$

Aufgabe 2.9
Zeigen Sie, dass $\hat{\boldsymbol{x}} = (0,0)^T$ die eindeutige Lösung des Optimierungsproblem aus Beispiel 2.16 ist.

Aufgabe 2.10
Zeigen Sie, dass $\hat{\boldsymbol{x}} = (1,1,2)^T$ die eindeutige Lösung des Optimierungsproblem

$$\text{MIN}\left\{ f(\boldsymbol{x}) = 3 - 5x_1 + \frac{1}{2}\left(x_1^2 + x_2^2 + x_3^2\right) \;\middle|\; \begin{array}{lll} g_1(x_1,x_2,x_3) = 3x_1 + 4x_2 - 8 & \leq 0 \\ g_2(x_1,x_2,x_3) = -x_1 - 2x_2 + 2 & \leq 0 \\ g_3(x_1,x_2,x_3) = 2x_1 - x_3 & \leq 0 \\ h(x_1,x_2,x_3) = -2x_1 + x_2 + x_3 - 1 & = 0 \end{array} \right\}$$

ist.

Aufgabe 2.11

Ein konvexes Optimierungsproblem der Form $\left(P^{f,\leq\, konv.}_{=\, aff.-l.}\right)$ erfüllt die *Regularitätsbedingung von Slater*, wenn $M^0 := \{\boldsymbol{x} \in \mathbb{R}^n |\ G(\boldsymbol{x}) < \mathbf{0},\ H(\boldsymbol{x}) = \mathbf{0}\} \neq \emptyset$ gilt. Zeigen Sie:
Ist $\hat{\boldsymbol{x}}$ eine Lösung des konvexen Optimierungsproblems $\left(P^{f,\leq\, konv.}_{=\, aff.-l.}\right)$ mit stetig differenzierbaren Problemfunktionen und erfüllt $\left(P^{f,\leq\, konv.}_{=\, aff.-l.}\right)$ die Regularitätsbedingung von Slater, dann existieren Multiplikatoren $\hat{\boldsymbol{u}} \in \mathbb{R}^m$ und $\hat{\boldsymbol{v}} \in \mathbb{R}^p$ derart, dass $(\hat{\boldsymbol{x}}, \hat{\boldsymbol{u}}, \hat{\boldsymbol{v}})$ ein KKT-Punkt von $\left(P^{f,\leq\, konv.}_{=\, aff.-l.}\right)$ ist.

Aufgabe 2.12

Zeigen Sie:
Ist in einem KKT-Punkt $(\hat{\boldsymbol{x}}, \hat{\boldsymbol{u}}, \hat{\boldsymbol{v}}) \in \mathbb{R}^n \times \mathbb{R}^m \times \mathbb{R}^p$ des Optimierungsproblems $\left(P^{\leq}_{=}\right)$ die Regularitätsbedingung **(LICQ)** erfüllt, dann sind die zugehörigen Lagrange-Multiplikatoren eindeutig bestimmt, d. h. es existiert kein weiterer KKT-Punkt $(\hat{\boldsymbol{x}}, \bar{\boldsymbol{u}}, \bar{\boldsymbol{v}})$ von $\left(P^{\leq}_{=}\right)$ mit $\hat{\boldsymbol{u}} \neq \bar{\boldsymbol{u}}$ oder $\hat{\boldsymbol{v}} \neq \bar{\boldsymbol{v}}$.

Aufgabe 2.13

Zeigen Sie, dass in der globalen Lösung des Optimierungsproblems aus Beispiel 2.21 das hinreichende Optimalitätskriterium 2. Ordnung nach Satz 2.32 erfüllt ist.

Aufgabe 2.14

Bestimmen Sie die Lösung des Optimierungsproblems

$$\text{MIN}\left\{ f(\boldsymbol{x}) = \frac{1}{x_1} + \frac{1}{x_2} + \frac{1}{x_3} \,\middle|\, h(x_1, x_2, x_3) = x_1 x_2 x_3 - 8 = 0 \right\} .$$

Aufgabe 2.15

Gegeben sei das Optimierungsproblem

$$\text{MIN}\left\{ f(\boldsymbol{x}) = -x_1^2 + x_2^2 \,\middle|\, \begin{array}{ll} g_1(x_1, x_2) = -x_1 & \leq 0 \\ g_2(x_1, x_2) = x_1 - 1 & \leq 0 \\ g_3(x_1, x_2) = -x_2 - 1 & \leq 0 \\ g_4(x_1, x_2) = x_2 - 1 & \leq 0 \end{array} \right\} .$$

Bestimmen Sie alle KKT-Punkte und die Lösung des Optimierungsproblems.

3 Lösungsverfahren für Optimierungsprobleme ohne Nebenbedingungen

Übersicht

3.1 Numerische Grundlagen

3.1.1 Konvergenzgeschwindigkeit

Für die Bewertung von iterativen Verfahren ist die Geschwindigkeit, mit der eine Iterationsfolge $\{\boldsymbol{x}^k\}_{k\in\mathbb{N}} \subset \mathbb{R}^n$ gegen eine (lokale oder globale) Lösung $\boldsymbol{x}^* \in \mathbb{R}^n$ des Optimierungsproblems konvergiert, ein wichtiges Kriterium.

Definition 3.1 (Q-Konvergenzgeschwindigkeit)
Es seien $\{\boldsymbol{x}^k\}_{k\in\mathbb{N}} \subset \mathbb{R}^n$ und $\lim\limits_{k\to\infty} \boldsymbol{x}^k = \boldsymbol{x}^*$. Die Folge $\{\boldsymbol{x}^k\}_{k\in\mathbb{N}}$ konvergiert gegen $\boldsymbol{x}^*$

(a) Q-*sublinear*, wenn eine Folge $\{c_k\}_{k\in\mathbb{N}}$ mit $\lim\limits_{k\to\infty} c_k = 1$ und ein $k_0 \in \mathbb{N}$ existieren, sodass
$$\|\boldsymbol{x}^{k+1} - \boldsymbol{x}^*\| \leq c_k \|\boldsymbol{x}^k - \boldsymbol{x}^*\|$$

(b) Q-*linear mit dem Konvergenzfaktor* C, wenn ein $C \in (0,1)$ und ein $k_0 \in \mathbb{N}$ existieren, sodass
$$\|\boldsymbol{x}^{k+1} - \boldsymbol{x}^*\| \leq C \|\boldsymbol{x}^k - \boldsymbol{x}^*\|$$

(c) Q-*superlinear*, wenn eine positive Nullfolge $\{c_k\}_{k\in\mathbb{N}}$ und ein $k_0 \in \mathbb{N}$ existieren, sodass
$$\|\boldsymbol{x}^{k+1} - \boldsymbol{x}^*\| \leq c_k \|\boldsymbol{x}^k - \boldsymbol{x}^*\|$$

(d) Q-*quadratisch*, wenn ein $C > 0$ und ein $k_0 \in \mathbb{N}$ existieren, sodass
$$\|\boldsymbol{x}^{k+1} - \boldsymbol{x}^*\| \leq C \|\boldsymbol{x}^k - \boldsymbol{x}^*\|^2$$

für alle $k \in \mathbb{N}$ mit $k \geq k_0$ gilt.

Offensichtlich gilt: Eine Folge $\{\boldsymbol{x}^k\}_{k\in\mathbb{N}} \subset \mathbb{R}^n$ konvergiert genau dann Q-sublinear, Q-linear, Q-superlinear bzw. Q-quadratisch gegen $\boldsymbol{x}^* \in \mathbb{R}^n$, wenn

- die Folge $\{\boldsymbol{x}^k - \boldsymbol{x}^*\}_{k\in\mathbb{N}} \subset \mathbb{R}^n$ mit der entsprechenden Q-Konvergenzgeschwindigkeit gegen $\mathbf{0} \in \mathbb{R}^n$ konvergiert.
- für alle $\alpha \in \mathbb{R} \setminus \{0\}$ die Folge $\{\alpha\boldsymbol{x}^k\}_{k\in\mathbb{N}} \subset \mathbb{R}^n$ mit der entsprechenden Q-Konvergenzgeschwindigkeit gegen $\alpha\boldsymbol{x}^*$ konvergiert.

Weiterhin möchten wir bemerken, dass im Gegensatz zur Q-linearen und Q-superlinearen Konvergenz bei der Definition der Q-sublinearen und Q-quadratischen Konvergenz einer Folge $\{\boldsymbol{x}^k\}_{k\in\mathbb{N}}$ gegen $\boldsymbol{x}^*$ die Voraussetzung $\lim\limits_{k\to\infty} \boldsymbol{x}^k = \boldsymbol{x}^*$ explizit gefordert werden muss und die Eigenschaft der linearen Konvergenz abhängig von der gewählten Norm ist.
Die aufgeführten Definitionen zur Q-Konvergenzgeschwindigeit basieren auf dem Quotientenkriterium zur absoluten Konvergenz von Reihen. Analog gibt es Definitionen zur R-Konvergenzgeschwindigkeit, die sich auf das Wurzelkriterium beziehen (siehe z. B. Ortega und Rheinboldt (1970)).

Definition 3.2 (R-Konvergenzgeschwindigkeit)
Es seien $\{\boldsymbol{x}^k\}_{k\in\mathbb{N}} \subset \mathbb{R}^n$ und $\lim\limits_{k\to\infty} \boldsymbol{x}^k = \boldsymbol{x}^*$. Die Folge $\{\boldsymbol{x}^k\}_{k\in\mathbb{N}}$ konvergiert R-*linear*, R-*superlinear* bzw. R-*quadratisch* gegen $\boldsymbol{x}^*$, wenn eine Q-lineare, Q-superlineare bzw. Q-quadratische positive Nullfolge $\{\varepsilon_k\}_{k\in\mathbb{N}}$ (als Majorante) und ein $k_0 \in \mathbb{R}$ existieren, sodass $\|\boldsymbol{x}^k - \boldsymbol{x}^*\| \leq \varepsilon_k$. für alle $k \geq k_0$ gilt.

Offensichtlich folgt bei Vorliegen einer Q-Konvergenzgeschwindigkeit die entsprechende R-Konvergenzgeschwindigkeit. Die hier definierte R-Konvergenzgeschwindigkeit ist genau genommen eine Mindestgeschwindigkeit (siehe Abb. 3.2). Weitergehende Betrachtungen findet man in Kosmol (1993) und detailliert in Schwetlick (1979). In den Abbildungen 3.1 und 3.2 zeigen wir anhand einfacher Folgen, wie eine entsprechende Q- bzw. R-Konvergenzgeschwindigkeit in einer halblogarithmischen Darstellung zu erkennen ist.

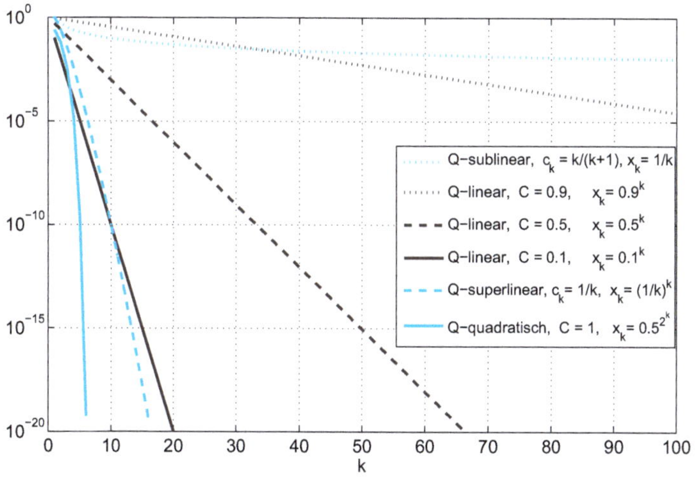

Abb. 3.1 Q-Konvergenzgeschwindigkeiten in halblogarithmischer Darstellung

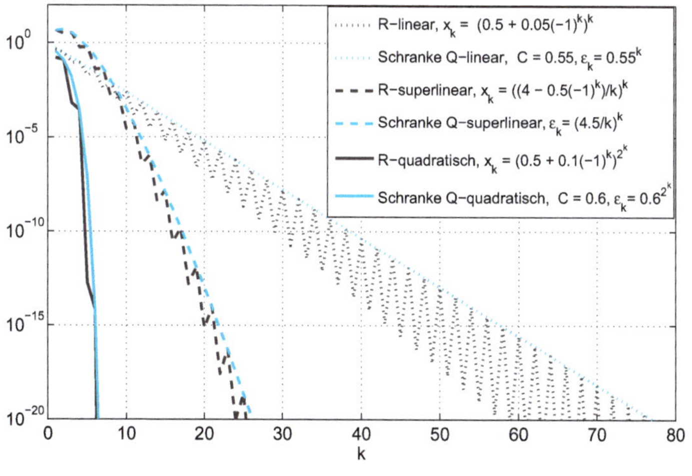

Abb. 3.2 R-Konvergenzgeschwindigkeiten in halblogarithmischer Darstellung

Für Funktionen $f \in C^1(\mathbb{R}^n, \mathbb{R})$ bzw. $f \in C^2(\mathbb{R}^n, \mathbb{R})$ kann aus der Q-Konvergenzgeschwindigkeit einer Folge $\{\boldsymbol{x}^k\}_{k \in \mathbb{N}}$ gegen $\boldsymbol{x}^*$ auf die entsprechende R-Konvergenzgeschwindigkeit der zugehörigen Funktionswertfolge $\{f(\boldsymbol{x}^k)\}_{k \in \mathbb{N}}$ gegen $f(\boldsymbol{x}^*)$ bzw. der zugehörigen Gradientenfolge $\{\nabla f(\boldsymbol{x}^k)\}_{k \in \mathbb{N}}$ gegen $\nabla f(\boldsymbol{x}^*)$ geschlossen werden, wie der folgende Satz zeigt.

Satz 3.3
Es seien $f \in C^1(\mathbb{R}^n, \mathbb{R})$ und $\{\boldsymbol{x}^k\}_{k \in \mathbb{N}}$ eine gegen $\boldsymbol{x}^*$ Q-linear, Q-superlinear bzw. Q-quadratisch konvergente Folge. Dann gilt:

(a) Die Folge der Funktionswerte $\{f(\boldsymbol{x}^k)\}_{k \in \mathbb{N}}$ konvergiert in der entsprechenden R-Konvergenzgeschwindigkeit gegen $f(\boldsymbol{x}^*)$.

Für $f \in C^2(\mathbb{R}^n, \mathbb{R})$ gilt zusätzlich:

(b) Die Folge der Gradienten $\{\nabla f(\boldsymbol{x}^k)\}_{k \in \mathbb{N}}$ konvergiert in der entsprechenden R-Konvergenzgeschwindigkeit gegen $\nabla f(\boldsymbol{x}^*)$.

Beweis: Es sei $\{\boldsymbol{x}^k\}_{k \in \mathbb{N}}$ eine gegen $\boldsymbol{x}^*$ Q-linear, Q-superlinear bzw. Q-quadratisch konvergente Folge. Wegen $\lim\limits_{k \to \infty} \boldsymbol{x}^k = \boldsymbol{x}^*$ existiert ein $\hat{k}_0$ mit

$$\|o(\boldsymbol{x}^* - \boldsymbol{x}^k)\| \leq \|\boldsymbol{x}^* - \boldsymbol{x}^k\|$$

für alle $k \geq \hat{k}_0$.
Zu (a): Für $f \in C^1(\mathbb{R}^n, \mathbb{R})$ gilt

$$f(\boldsymbol{x}^*) = f(\boldsymbol{x}^k) + \nabla f(\boldsymbol{x}^k)^T(\boldsymbol{x}^* - \boldsymbol{x}^k) + o(\|\boldsymbol{x}^* - \boldsymbol{x}^k\|) ,$$

und es existiert ein $K \geq 0$ mit $\|\nabla f(\boldsymbol{x}^k)\| \leq K$ für alle $k \in \mathbb{N}$. Somit folgt

$$\begin{aligned}
\left\|f(\boldsymbol{x}^k) - f(\boldsymbol{x}^*)\right\| &= \left\|\nabla f(\boldsymbol{x}^k)^T(\boldsymbol{x}^* - \boldsymbol{x}^k) + o(\|\boldsymbol{x}^* - \boldsymbol{x}^k\|)\right\| \\
&\leq \left\|\nabla f(\boldsymbol{x}^k)^T(\boldsymbol{x}^* - \boldsymbol{x}^k)\right\| + \left\|o(\|\boldsymbol{x}^* - \boldsymbol{x}^k\|)\right\| \\
&\leq \left\|\nabla f(\boldsymbol{x}^k)\right\| \left\|\boldsymbol{x}^* - \boldsymbol{x}^k\right\| + \left\|\boldsymbol{x}^* - \boldsymbol{x}^k\right\| \\
&= (K+1) \left\|\boldsymbol{x}^k - \boldsymbol{x}^*\right\|
\end{aligned}$$

für alle $k \geq \hat{k}_0$, womit die Konvergenz der Folge $\{f(\boldsymbol{x}^k)\}_{k \in \mathbb{N}}$ gegen $f(\boldsymbol{x}^*)$ in der entsprechenden R-Konvergenzgeschwindigkeit gezeigt ist.
Zu (b): Für $f \in C^2(\mathbb{R}^n, \mathbb{R})$ existiert ein $M \geq 0$ mit $\|\nabla^2 f(\boldsymbol{x}^k)\| \leq M$ für alle $k \in \mathbb{N}$, und es folgt analog in diesem Fall die Abschätzung

$$\|\nabla f(\boldsymbol{x}^k) - \nabla f(\boldsymbol{x}^*)\| \leq (M+1) \, \|\boldsymbol{x}^k - \boldsymbol{x}^*\|$$

für alle $k \geq \hat{k}_0$ und somit die Konvergenz der Folge $\{\nabla f(\boldsymbol{x}^k)\}_{k \in \mathbb{N}}$ gegen $\nabla f(\boldsymbol{x}^*)$ in der entsprechenden R-Konvergenzgeschwindigkeit. □

Wenn die Funktion f in einer konvexen Umgebung eines stationären Punktes $\boldsymbol{x}^*$ gleichmäßig konvex ist, dann kann wiederum unter zusätzlichen Differenzierbarkeitsvoraussetzungen aus der Konvergenzgeschwindigkeit der Funktionswerte oder Gradienten auch auf die Konvergenzgeschwindigkeit der Iterierten geschlossen werden. Aus diesem Grunde ist die (lokale) gleichmäßige Konvexität der Zielfunktion eine entscheidende Voraussetzung bei Konvergenzsätzen für Verfahren der Optimierung.

Satz 3.4
Die Funktion $f \in C^1(\mathbb{R}^n, \mathbb{R})$ sei gleichmäßig konvex über einer konvexen Umgebung U von $\boldsymbol{x}^* \in \mathbb{R}^n$ mit $\nabla f(\boldsymbol{x}^*) = \boldsymbol{0}$. Ferner existiere ein k_0 mit $\boldsymbol{x}^k \in U$ für alle $k \geq k_0$. Dann gilt:

(a) Konvergiert die Folge $\{f(\boldsymbol{x}^k) - f(\boldsymbol{x}^*)\}_{k \in \mathbb{N}}$ Q-linear, Q-superlinear bzw. Q-quadratisch gegen 0, dann konvergiert die Folge $\{\|\boldsymbol{x}^k - \boldsymbol{x}^*\|\}_{k \in \mathbb{N}}$ in der entsprechenden R-Geschwindigkeit gegen 0.

Für $f \in C^2(\mathbb{R}^n, \mathbb{R})$ gilt zusätzlich:

(b) Konvergiert eine der Folgen

$$\{f(\boldsymbol{x}^k) - f(\boldsymbol{x}^*)\}_{k \in \mathbb{N}}, \quad \{\|\nabla f(\boldsymbol{x}^k)\|\}_{k \in \mathbb{N}} \text{ oder } \{\|\boldsymbol{x}^k - \boldsymbol{x}^*\|\}_{k \in \mathbb{N}}$$

Q-superlinear bzw. Q-quadratisch gegen 0, dann sind die jeweils beiden anderen Folgen ebenfalls Q-superlinear bzw. Q-quadratisch gegen 0 konvergent.

(c) Konvergiert eine der Folgen

$$\{f(\boldsymbol{x}^k) - f(\boldsymbol{x}^*)\}_{k \in \mathbb{N}}, \quad \{\|\nabla f(\boldsymbol{x}^k)\|\}_{k \in \mathbb{N}} \text{ oder } \{\|\boldsymbol{x}^k - \boldsymbol{x}^*\|\}_{k \in \mathbb{N}}$$

Q-linear gegen 0, dann sind die jeweils beiden anderen Folgen R-linear gegen 0 konvergent.

Wir möchten an dieser Stelle auf den Beweis von Satz 3.4 verzichten und verweisen diesbezüglich auf Aufgabe 3.2.

Bemerkung 3.5
Bei den später betrachteten numerischen Verfahren werden wir anhand von Experimenten auch solche charakteristischen Eigenschaften der Verfahren aufzeigen, die sich nicht in mathematischen Sätzen formulieren lassen. In den entstehenden Tabellen und Abbildungen findet man endlich viele Glieder der Folgen der Funktionswerte („`fiter`") und der Gradientennormen („`err`"), wobei sich der maximale Index k durch ein entsprechendes

Abbruchkriterium ergibt. Aus den ersten $k+1$ Gliedern einer Folge mit Startpunktindex $k = 0$ kann man natürlich nicht auf die Konvergenzgeschwindigkeit der gesamten Folge schließen, sondern nur eine Tendenz feststellen. Diese Tendenzen erkennt man häufig bereits bis zum Abbruch des Verfahrens. Bei superlinearer bzw. quadratischer Konvergenz ist diese Tendenz oftmals jedoch erst kurz vor dem Abbruch des Verfahrens festzustellen. **Wir formulieren dann in den Experimenten, dass man in den Tabellen bzw. Abbildungen die lineare, superlineare bzw. quadratische Konvergenzgeschwindigkeit erkennen kann, meinen aber immer, dass eine Tendenz dazu feststellbar ist.** Auch spezifizieren wir hier (im Gegensatz zu den theoretischen Konvergenzaussagen) nicht, ob Q- oder R-lineare Konvergenz vorliegt. Wir sprechen in den Experimenten einfach von linearer, superlinearer bzw. quadratischer Konvergenz. Man erkennt bei einer abgebrochenen positiven Nullfolge, beispielsweise der Folge der Gradientennormen, eine Tendenz zur linearen (superlinearen) Konvergenz an der linearen (schneller als linearen) Zunahme der führenden (Nachkomma-)Nullen. Bei quadratischer Konvergenz verdoppeln sich faktisch von Iteration zu Iteration die korrekten führenden Nullen. Bei Exponentialschreibweise der Zahlen erkennt man dies gut an dem Exponenten in der Zehnerpotenz. ■

3.1.2 Symbolische, automatische und numerische Differenziation

Symbolische Differenziation (SD)

Wenn wir von symbolischer Differenziation sprechen, dann verstehen wir darunter, dass die analytischen Formeln für die Gradienten und Hesse-Matrizen aus der analytischen Darstellung der zugehörigen Funktion berechnet werden (also z. B. unter MATLAB als m-File). Diese analytischen Ausdrücke können aufwendig per Hand oder maschinell durch Formelmanipulationssoftware wie z. B. `Mathematika`®[1] oder `Maple`™[2] bestimmt werden. Unter EDOPTLAB wird dies mit der `Symbolic Math Toolbox` von MATLAB realisiert, indem aus einem m-File zur Beschreibung des Optimierungsproblems (Problem m-File) die m-Files für die Problemfunktion (`func0.m`) und ihre ersten (`grad0.m`) und zweiten partiellen Ableitungen (`hess0.m`) erzeugt werden.

Automatische Differenziation (AD)

Die automatische Differenziation wurde in den vergangenen 25 Jahren entwickelt. Es existieren eine Reihe von diesbezüglichen Software-Paketen, wie z. B. ADOL C (siehe Griewank et. al. (1996)) bzw. INTLAB (siehe Rump (1999)) zur Einbindung unter C++

[1] Mathematika® ist ein eingetragenes Warenzeichen der Firma Wolfram Research, U.S.A., http://www.wolfram.com

[2] Maple™ ist ein eingtragenes Warenzeichen der Firma Waterloo Maple Inc.,Kanada, www.maplesoft.com

bzw. MATLAB. Im Folgenden geben wir eine kurze Einführung zur AD. Für ein tieferes Studium empfehlen wir Griewank und Walther (2008).

Um die AD benutzen zu können, benötigt man wie bei der SD einen Code für die analytische Darstellung der Funktion. Unter MATLAB ist dies z. B. ein m-File. Die Software zur AD berechnet eine analytische Darstellung der ersten bzw. zweiten Ableitungen.

Die AD zerlegt zu diesem Zweck eine Funktion $f \in C^1(\mathbb{R}^n, \mathbb{R})$, deren Gradient zu ermitteln ist, unter Berücksichtigung bekannter Differenziationsregeln in eine endliche Anzahl „elementarer Funktionen" f_i (unäre und binäre Funktionen), sodass sich die Funktion f und ihr Gradient sukzessive aus diesen f_i und ihren Ableitungen an einer gewünschten Stelle $\boldsymbol{x}$ berechnen lassen.

Es seien $f \in C^1(\mathbb{R}^n, \mathbb{R})$ und $f_i \in C^1(\mathbb{R}^{n_i}, \mathbb{R}), i = n+1, \ldots, m$ $(m > n)$ gemäß vorliegender AD-Software auswertbare elementare Funktionen. Jede dieser Funktionen f_i sei von $x_k, k \in J_i, \mid J_i \mid = n_i \leq 2$ Variablen abhängig, und f sei wie folgt aus diesen elementaren Funktionen berechenbar:

$$
\begin{aligned}
&\texttt{for}\ i = n+1:1:m \\
&\qquad x_i := f_i(x_k, k \in J_i); \\
&\texttt{end}; \\
&f(x) = x_m;
\end{aligned}
\tag{3.1}
$$

Im Folgenden erläutern wir am Beispiel der sogenannten *zweidimensionalen Rosenbrock-Funktion* (wegen der Gestalt ihrer Höhenlinien auch *Bananen-Funktion* genannt)

$$f : \mathbb{R}^2 \to \mathbb{R} \text{ mit } f(\boldsymbol{x}) := 100(x_1^2 - x_2)^2 + (1 - x_1)^2$$

das Prinzip der AD, wenn eine Zerlegung der zu differenzierenden Funktion in elementare Funktionen bekannt ist. Wie die AD-Software erkennt, aus welchen elementaren Bestandteilen sich die Funktion zusammensetzt, beschreiben wir an dem Beispiel nicht. Zunächst definieren wir für das Beispiel zusätzliche Variablen x_3 bis x_9 bzw. Funktionen f_3 bis f_9 wie folgt:

$$
\begin{aligned}
x_3 &= f_3(x_1) := x_1^2 , \\
x_4 &= f_4(x_2, x_3) := x_3 - x_2 , \\
x_5 &= f_5(x_4) := x_4^2 , \\
x_6 &= f_6(x_5) := 100 x_5 , \\
x_7 &= f_7(x_1) := 1 - x_1 , \\
x_8 &= f_8(x_7) := x_7^2 , \\
x_9 &= f_9(x_6, x_8) := x_6 + x_8 , \\
f(x_1, x_2) &= x_9 .
\end{aligned}
$$

Diese Zerlegung von f wird durch den gerichteten Graphen $G = (V, E)$ gemäß Abb. 3.3 repräsentiert.

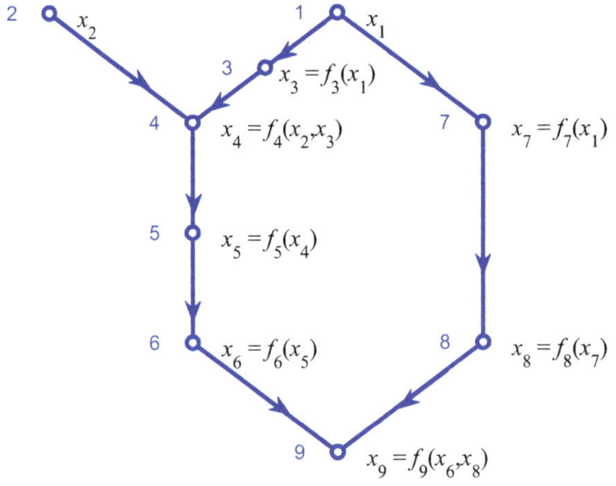

Abb. 3.3 Graph der Zerlegung für die zweidimensionale Rosenbrock-Funktion in elementare Funktionen

Die Indexmengen J_i aus (3.1) für $i = 3, \ldots, 9$ entsprechen dabei den Knotenmengen der Bögen $(j, i) \in E$, die den Endknoten i besitzen (Indexmenge der unmittelbaren Vorgänger des Knotens i).
Es gilt für das Beispiel:

$$J_3 = \{1\}, J_4 = \{2, 3\}, J_5 = \{4\}, J_6 = \{5\}, J_7 = \{1\}, J_8 = \{7\}, J_9 = \{6, 8\}.$$

Wir können nun zusammen mit der sukzessiven Berechnung (der Werte) der Funktionen f_i entsprechend (3.1) bzw. der $x_i, i = 3, \ldots, 9$ auch die (totalen) Gradienten $\triangledown x_i := \triangledown f_i(x_k, k \in J_i)$ der elementaren Funktionen bzgl. der Variablen x_1, x_2 berechnen.
Wir erhalten zunächst

$$\triangledown x_1 = (\frac{\partial x_1}{\partial x_1}, \frac{\partial x_1}{\partial x_2})^T = (1, 0)^T, \quad \triangledown x_2 = (0, 1)^T$$

und berechnen weiter mit den üblichen Differenziationsregeln

$$\begin{aligned}
\triangledown x_3 &= 2x_1 \triangledown x_1 \ , \\
\triangledown x_4 &= \triangledown x_3 - \triangledown x_2 \ , \\
\triangledown x_5 &= 2x_4 \cdot \triangledown x_4 \ , \\
\triangledown x_6 &= 100 \triangledown x_5 \ , \\
\triangledown x_7 &= - \triangledown x_1 \ , \\
\triangledown x_8 &= 2x_7 \triangledown x_7 \ , \\
\triangledown x_9 &= \triangledown x_6 + \triangledown x_8 \ , \\
\triangledown f &= \triangledown x_9 \ .
\end{aligned}$$

Sukzessives Einsetzen bestätigt das erwartete Resultat:

$$\nabla f(x_1, x_2) = \begin{pmatrix} 400(x_1^2 - x_2)x_1 - 2(1 - x_1) \\ -200(x_1^2 - x_2) \end{pmatrix}.$$

Setzt man voraus, dass die Struktur des Graphen G und die Bewertungen f_i der Knoten V gespeichert sind, so können Funktionswerte und partielle Ableitungen in einfacher Weise in dem sogenannten *Vorwärts-Mode* (engl. forward mode) wie folgt „synchron" berechnet werden:

$x_1 = 2, x_2 = 2$	$\nabla x_1 = (1,0)^T,\ \nabla x_2 = (0,1)^T$
....	....
$x_3 = 4$	$\nabla x_3 = (4,0)^T$
$x_4 = 2$	$\nabla x_4 = (4,-1)^T$
$x_5 = 4$	$\nabla x_5 = (16,-4)^T$
$x_6 = 400$	$\nabla x_6 = (1600,-400)^T$
$x_7 = -1$	$\nabla x_7 = (-1,0)^T$
$x_8 = 1$	$\nabla x_8 = (2,0)^T$
$x_9 = 401$	$\nabla x_9 = (1602,-400)^T$
....	....
$f = 401$	$\nabla f = (1602,-400)^T$

Man erkennt, dass simultan zur Berechnung des Gradienten auch der Funktionswert berechnet wird und bei der Berechnung der Hesse-Matrix gleichzeitig sowohl der Gradient als auch der Funktionswert berechnet werden. Bei der SD werden im Gegensatz dazu der Funktionswert, der Gradient und die Hesse-Matrix unabhängig voneinander berechnet. Der Vorwärtsmode der AD wird von dem unter EDOPTLAB verwendeten AD-Tool INTLAB V 5.5 (siehe Rump (1999)) benutzt. Der numerische Aufwand zur Berechnung des Gradienten liegt lt. Theorie dabei in der gleichen Größenordnung wie der für eine numerische Approximation des Gradienten – ist also proportional zur Anzahl n der Variablen der Funktion f. Das Experiment 3.1.1 zeigt aber bezüglich der benötigten CPU-Zeiten große Unterschiede.

Neben dem Vorwärts-Mode ist der sogenannte *Rückwärts-Mode* (engl. reverse mode) von Bedeutung. Dabei beginnt man mit der letzten elementaren Funktion, im Beispiel $x_9 = f_9(x_8, x_6)$ und leitet diese Funktion unter Benutzung der Kettenregel und der elementaren Zerlegung von f nach allen Veränderlichen $x_8, ..., x_1$ ab. Zum Schluss entstehen dann im Beispiel die gesuchten Ableitungen nach x_1 bzw. x_2. Der Nachteil bei dieser Methode ist, dass alle Zwischenergebnisse geeignet gespeichert werden müssen. Bemer-

kenswert ist dagegen, dass für den Rückwärts-Mode in Griewank und Walther (2000) gezeigt wurde, dass der Aufwand für die Berechnung des Gradienten das Fünffache des Rechenaufwandes für den Funktionswert von f nicht übersteigt, wenn die f_i nicht von n abhängen.
Eine effektive Implementierung von Algorithmen zur AD unter unterschiedlichen Gesichtpunkten (Rechenzeit, Speicherbedarf) und für unterschiedliche Anwendungen (Optimierung, Differenzialgleichungen, Optimale Steuerung) beschäftigt Informatiker und Mathematiker seit etwa zwei Jahrzehnten. Es gibt im Internet unter dem Stichwort „automatic differentiation" eine Fülle von Hinweisen zu freier und kommerzieller Software.

Numerische Differenziation (ND)

Der wesentliche Vorteil bei der SD und AD besteht darin, dass die Ableitungen im Rahmen der möglichen Floating-Point Arithmetik (8, 16 oder mehr Stellen bei C++ oder ca. 16 Stellen bei MATLAB) genau berechnet werden. Im Gegensatz dazu entstehen bei der numerischen Differenziation Fehler durch die Approximation der Ableitungen mittels finiter Differenzen. In der Optimierung verwendet man fast immer nur *Vorwärtsdifferenzen* und approximiert

- Gradienten durch *erste Vorwärtsdifferenzen der Funktionswerte*:
$$\frac{\partial f(\boldsymbol{x})}{\partial x_k} = \frac{f(\boldsymbol{x} + h\boldsymbol{e}_k) - f(\boldsymbol{x})}{h} + O(\|h\|) \,,$$
- Hesse-Matrizen durch *erste Vorwärtsdifferenzen der Gradienten*:
$$\frac{\partial^2 f(\boldsymbol{x})}{\partial x_k \partial x_j} = \frac{\frac{f(\boldsymbol{x}+h\boldsymbol{e}_k)}{\partial x_j} - \frac{f(\boldsymbol{x})}{\partial x_j}}{h} + O(\|h\|) \,,$$
- Hesse-Matrizen durch *zweite Vorwärtsdifferenzen der Funktionswerte*:
$$\frac{\partial^2 f(\boldsymbol{x})}{\partial x_k \partial x_j} = \frac{f(\boldsymbol{x} + h(\boldsymbol{e}_k + \boldsymbol{e}_j)) - f(\boldsymbol{x} + h\boldsymbol{e}_k) - f(\boldsymbol{x} + h\boldsymbol{e}_j) + f(\boldsymbol{x})}{h^2} + O(\|h\|) \,.$$

Mit ersten zentralen Differenzen (siehe Hoffmann et al. (2005, 2006), S. 581) erreicht man einen kleineren Fehler von $O(\|h\|^2)$, wobei sich der Aufwand in etwa verdoppelt. Die ND findet dort Anwendung, wo es unmöglich oder nur mit einem unvertretbar hohen Aufwand möglich ist, die Ableitungen analytisch zu bestimmen. Außerdem kann man die ND zu Kontrollzwecken benutzen, insbesondere dann, wenn die Ableitungen vom Nutzer „per Hand" berechnet worden sind. An zwei Experimenten demonstrieren wir, welchen Einfluss die Wahl des Inkrementes h auf die Genauigkeit der Approximation der Ableitung durch erste Vorwärtsdifferenzen hat.

Experiment 3.1.1 (Numerische Approximation der 1. Ableitung)
gradapprox.m: Die Ableitung der Funktion $f : \mathbb{R} \to \mathbb{R}$ mit $f(x) := \sin(x)$ wird an der Stelle $x = 2$ durch (erste) Vorwärts-Differenzenquotienten

$$\frac{f(x+h) - f(x)}{h}$$

approximiert. In Tab. 3.1 wird der Fehler zwischen exakter Ableitung und dem Differenzenquotienten in Abhängigkeit vom Inkrement h protokolliert.
Das Experiment bestätigt in etwa die Empfehlung (siehe Dennis und Schnabel (1983)) für die Wahl des Inkrementes h gemäß

$$h := \max\left\{\sqrt{macheps}\ |x_i|, \sqrt{macheps}\right\} \operatorname{sign}(x_i) \tag{3.2}$$

bei ersten Differenzenquotienten, wobei *macheps* die Maschinengenauigkeit bezogen auf die Zahl 1 darstellt. Dabei versucht man mit dem Faktor $\operatorname{sign}(x_i)$ der Auslöschung von Stellen zu begegnen, wenn $\boldsymbol{x}$ nahe Null ist. In Tab. 3.1 ist das gegensätzliche Wirken des Approximationsfehlers $\left|\frac{f(x+h)-f(x)}{h} - f'(x)\right|$ für die Ableitung und des Auslöschungsfehlers $2\left|\frac{f(x)\delta}{h}\right|$ beim Differenzenquotienten gut zu erkennen. Wo beide Fehler sich die Waage halten, erhalten wir die beste Approximation der ersten Ableitung. ■

h	df/dx	Vorw.Diff	error
1e-001	-0.416146837	-0.460880602	4.47e-002
1e-002	-0.416146837	-0.420686350	4.54e-003
1e-003	-0.416146837	-0.416601416	4.55e-004
1e-004	-0.416146837	-0.416192301	4.55e-005
1e-005	-0.416146837	-0.416151383	4.55e-006
1e-006	-0.416146837	-0.416147291	4.55e-007
1e-007	-0.416146837	-0.416146881	4.49e-008
1e-008	-0.416146837	-0.416146839	2.66e-009
1e-009	-0.416146837	-0.416146895	5.82e-008
1e-010	-0.416146837	-0.416147117	2.80e-007
1e-011	-0.416146837	-0.416144896	-1.94e-006
1e-012	-0.416146837	-0.416222612	7.58e-005
1e-013	-0.416146837	-0.416333634	1.87e-004
1e-014	-0.416146837	-0.421884749	5.74e-003
1e-015	-0.416146837	-0.333066907	-8.31e-002
1e-016	-0.416146837	0.000000000	-4.16e-001
Die Wurzel aus macheps=2.22e-016 ergibt: 1.49e-008			

Tab. 3.1 Erste Vorwärtsdifferenzen zur Approximation der 1. Ableitung von $\sin(x)$ an der Stelle $x = 2$ im Exp. 3.1.1

Experiment 3.1.2 (Numerische Approximation der Hesse-Matrix)
hessapprox.m: Die Hesse-Matrix der Funktion

$$f : \mathbb{R}^2 \to \mathbb{R} \text{ mit } f(\boldsymbol{x}) := (x_1 - 2)^4 + x_2^2(x_1 - 2)^2 + (x_2 + 1)^2$$

wird an der Stelle $\boldsymbol{x} = (1, 1)^T$ durch erste Vorwärtsdifferenzen der Gradienten und zweite Vorwärtsdifferenzen der Funktionswerte approximiert, wobei bei den zweiten Vorwärtsdifferenzen für das Inkrement $h := \max\{EPS|x_i|, EPS\}$ die folgenden Werte von EPS gewählt werden:
$EPS = 10^{-8}$, $EPS = \sqrt{macheps} \approx 1.5 \times 10^{-8}$ und $EPS = \sqrt[3]{macheps} \approx 6.1 \times 10^{-6}$.
Offensichtlich ist die Wahl von h gemäß (3.2) für zweite Vorwärtsdifferenzen zur Approximation der Hesse-Matrix nicht geeignet. Der größere Wert (siehe Dennis und Schnabel (1983))

$$h := \max\left\{\sqrt[3]{macheps}\,|x_i|, \sqrt[3]{macheps}\right\} \operatorname{sign}(x_i)$$

liefert hier eine „halbwegs brauchbare“ Approximation (siehe Tab. 3.2).
Als Schlussfolgerung ergeben sich bei Anwendung der zweiten Differenzenquotienten zur Approximation der Hesse-Matrix für Lösungsverfahren starke Einschränkungen in Bezug auf die Genauigkeit. ■

```
Berechnung der exakten Hesse-Matrix:
-----------------------------------------------------
    14.0000000000000000      -4.0000000000000000
    -4.0000000000000000       4.0000000000000000

Approximation: Inkrement h=max(EPS*abs(x),EPS)
-----------------------------------------------------
1. Vorwärtsdiff. der Gradienten und EPS= 1.5E-008:
-----------------------------------------------------
    13.9999998211860660      -4.0000000000000000
    -4.0000000000000000       4.0000000000000000

2. Vorwärtsdiff. der Funktionswerte und EPS= 1.0E-008:
-----------------------------------------------------
     8.8817841970012505      -6.6613381477509375
    -6.6613381477509375       0.0000000000000000

2. Vorwärtsdiff. der Funktionswerte und EPS= 1.5E-008:
-----------------------------------------------------
    12.0000000000000000      -3.0000000000000000
    -3.0000000000000000       8.0000000000000000

2. Vorwärtsdiff. der Funktionswerte und EPS= 6.1E-006:
-----------------------------------------------------
    13.9998715884840480      -2.9999932448047044
    -2.9999932448047044       3.9999183276195103
```

Tab. 3.2 Erste und zweite Vorwärtsdifferenzen zur Approximation der Hesse-Matrix für die Funktion aus Exp. 3.1.2 an der Stelle $\boldsymbol{x} = (1, 1)^T$

Experiment 3.1.3 (CPU-Zeit-Vergleich der Differenziationstechniken)
vergldiff01.m, vergldiff02.m: Zur Demonstration der Geschwindigkeiten für die einzelnen Differenziationstechniken unter MATLAB 7.4. betrachten wir die *n-dimensionale Rosenbrock-Funktion* (Problem Nr. 50, Dimension $n = 20, 30, \ldots, 100$)

$$f : \mathbb{R}^2 \to \mathbb{R} \text{ mit } f(\boldsymbol{x}) := \sum_{k=1}^{n-1} \left(100(x_k^2 - x_{k+1})^2 + (1 - x_k)^2\right) \tag{3.3}$$

und berechnen die Gradienten (siehe Abb. 3.4) und Hesse-Matrizen (siehe Abb. 3.5) mit Vorwärtsdifferenzen, AD (INTLAB V 5.5 AD Tool ohne Sparse - Technik) sowie SD (Erzeugung eines m-Files für die jeweiligen Ableitungen).
Sehr deutlich zeigt sich die Überlegenheit sowohl der AD als auch der SD gegenüber der ND. Bei der Berechnung der Hesse-Matrizen verstärkt sich dieser Effekt bei Benutzung der zweiten Differenzen. Berücksichtigt man zusätzlich die Zeiten für die einmalige Erzeugung der m-Files des Gradienten und der Hesse-Matrizen bei der SD (im Beispiel und für den verwendeten Rechner bei Dimension 50 ca. 15 Sekunden und bei Dimension 100 ca. 30 Sekunden für Gradient und Hesse-Matrix), dann ist die AD gegenüber der SD zu bevorzugen, erst recht, wenn Sparse-Techniken bei der AD genutzt werden können. Die Benutzung von Vorwärtsdifferenzen sollte nur in dem Fall erfolgen, wenn keine AD oder SD möglich ist. In EDOPTLAB ist die AD aus den oben genannten Gründen als Standard eingestellt. Durch Änderung des Parameters „`diffmode`" kann sowohl die SD als auch die ND verwendet werden. ■

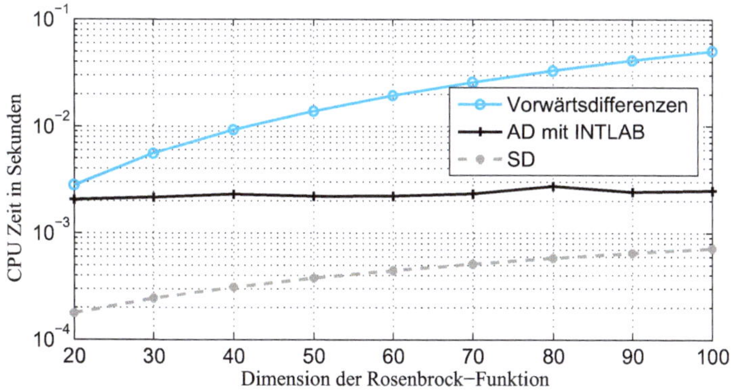

Abb. 3.4 CPU-Zeit zur Berechnung der Gradienten der Rosenbrock-Funktion mit ersten Vorwärtsdifferenzen, AD und SD im Exp. 3.1.3

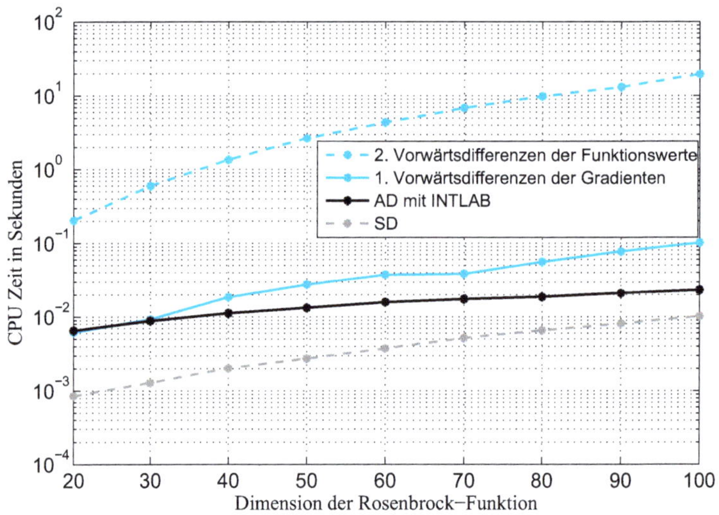

Abb. 3.5 CPU-Zeit zur Berechnung der Hesse-Matrizen der Rosenbrock-Funktion mit ersten und zweiten Vorwärtsdifferenzen, SD und AD im Exp. 3.1.3

3.1.3 Abbruchkriterien für Verfahren zur Lösung von Optimierungsproblemen ohne Nebenbedingungen

Bei einer Implemetierung von Algorithmen benötigen wir Kriterien für den Abbruch der zu berechnenden Folge $\{\boldsymbol{x}^k\}_{k\in\mathbb{N}}$, wobei der letzte Iterationspunkt eine geeignete Näherungslösung der betrachteten Minimierungsaufgabe sein soll (Bertsekas (1999), S. 36/37, Fletcher (1987), S. 23, Schwetlick (1979), S. 80, 126 und Dennis und Schnabel (1983), S. 159-161). Zunächst erscheint es sinnvoll, für einen vorgegebenen absoluten Abstand $\varepsilon_x > 0$ zur Lösung $\boldsymbol{x}^*$ bzw. $\varepsilon_f > 0$ zum Minimum $f(\boldsymbol{x}^*)$ die Kriterien

$$\|\boldsymbol{x}^k - \boldsymbol{x}^*\| < \varepsilon_x \text{ und } |f(\boldsymbol{x}^k) - f(\boldsymbol{x}^*)| < \varepsilon_f$$

zu verwenden. Wegen der Unkenntnis der Lösung bzw. des Funktionswertes am Lösungspunkt sind diese Kriterien i. Allg. nicht handhabbar. Aus den inkrementellen Kriterien

$$\|\boldsymbol{x}^{k+1} - \boldsymbol{x}^k\| < \varepsilon \text{ und } |f(\boldsymbol{x}^{k+1}) - f(\boldsymbol{x}^k)| < \varepsilon$$

kann man ohne spezielles Wissen über die theoretische Konvergenzgeschwindigkeit der Iterationsfolge nichts über die Nähe der Iterationspunkte zur Lösung aussagen. Setzt man z. B. $x^k = \sum_{j=1}^{k} \frac{1}{j}$, so folgt $\lim_{k\to\infty} \|\boldsymbol{x}^{k+1} - \boldsymbol{x}^k\| = \lim_{k\to\infty} \frac{1}{k+1} = 0$, aber $\lim_{k\to\infty} \boldsymbol{x}^k = \infty$. Wird die Folge der Iterationspunkte z. B. über einen kontrahierenden Operator T gemäß $\boldsymbol{x}^{k+1} = T\boldsymbol{x}^k$ mit der globalen Kontraktionsbedingung $\|T\boldsymbol{x} - T\boldsymbol{y}\| \leq c\|\boldsymbol{x} - \boldsymbol{y}\|$ und mit der festen Konstante $0 \leq c < 1$ erzeugt, dann gelten nach dem Banachschen Fixpunktsatz die Abschätzungen

$$\|\boldsymbol{x}^{k+1} - \boldsymbol{x}^*\| \leq \frac{c}{1-c}\|\boldsymbol{x}^{k+1} - \boldsymbol{x}^k\| \text{ sowie } \|\boldsymbol{x}^{k+1} - \boldsymbol{x}^*\| \leq \frac{c^{n+1}}{1-c}\|\boldsymbol{x}^1 - \boldsymbol{x}^0\| ,$$

und die inkrementelle Abbruchbedingung ist ein probates Mittel, eine Näherungslösung im Rahmen der vorgegebenen Genauigkeit zu bestimmen.
Gilt $\boldsymbol{x}^k \neq \boldsymbol{x}^*$ für alle k, so ist die Q-superlineare Konvergenz äqiuvalent zu

$$\lim_{k\to\infty} \frac{\|\boldsymbol{x}^{k+1} - \boldsymbol{x}^*\|}{\|\boldsymbol{x}^k - \boldsymbol{x}^*\|} = 0 ,$$

und es folgt

$$0 = \lim_{k\to\infty} \frac{\|\boldsymbol{x}^{k+1} - \boldsymbol{x}^*\|}{\|\boldsymbol{x}^k - \boldsymbol{x}^*\|} = \lim_{k\to\infty} \left| \frac{\|\boldsymbol{x}^{k+1} - \boldsymbol{x}^k\| - \|\boldsymbol{x}^k - \boldsymbol{x}^*\|}{\|\boldsymbol{x}^k - \boldsymbol{x}^*\|} \right| = \lim_{k\to\infty} \left| \frac{\|\boldsymbol{x}^{k+1} - \boldsymbol{x}^k\|}{\|\boldsymbol{x}^k - \boldsymbol{x}^*\|} - 1 \right|$$

bzw.

$$\lim_{k\to\infty} \frac{\|\boldsymbol{x}^{k+1} - \boldsymbol{x}^k\|}{\|\boldsymbol{x}^k - \boldsymbol{x}^*\|} = 1.$$

Im Fall Q-superlinearer Konvergenz kann somit als Abbruchkriterium für numerische Lösungsverfahren die Bedingung $\|\boldsymbol{x}^{k+1} - \boldsymbol{x}^k\| \leq \varepsilon$ mit einem fest vorgegebenen (kleinen) ε prinzipiell genutzt werden. Eine quantitative Abstandsabschätzung zum Lösungspunkt wie beim Banachschen Fixpunktsatz ist damit aber nicht gegeben.
Deshalb nutzt man bei der restriktionsfreien Minimierung als Abbruchbedingung die näherungsweise Erfüllung der notwendigen Optimalitätsbedingung, d. h. man bricht ab, wenn

$$\|\nabla f(\boldsymbol{x}^k)\| < \varepsilon \tag{3.4}$$

gilt. Bei unseren folgenden Experimenten benutzen wir in den Tabellen die Bezeichnung `err = norm(g)` $= \|\nabla f(\boldsymbol{x}^k)\|$. Jedoch erhalten wir durch (3.4) i. Allg. keine Information über den Abstand von $\boldsymbol{x}^k$ zur Lösung $\boldsymbol{x}^*$. Im Falle der gleichmäßigen Konvexität von f gilt zwar die Abschätzung

$$\|\boldsymbol{x}^k - \boldsymbol{x}^*\| \leq \frac{1}{m}\|\nabla f(\boldsymbol{x}^k)\| ,$$

jedoch ist in der Regel die Konstante m nicht bekannt. Die oft benutzte Abbruchbedingung (3.4) besitzt noch eine Reihe weiterer Nachteile. Oft ist es besser, das relative Abbruchkriterium

$$\|\nabla f(\boldsymbol{x}^k)\| < \varepsilon\|\nabla f(\boldsymbol{x}^{typ})\| ,$$

zu verwenden, wobei $\boldsymbol{x}^{typ}$ einen für die Funktion f „typischen“ x-Wert darstellt. Mit diesem relativen Abbruchkriterium würde aber bei der Minimierung von f oder $\alpha f, \alpha > 0$ ein Verfahren jeweils nach der gleichen Anzahl von Iterationen abbrechen, was bei einem absoluten Abbruchkriterium natürlich nicht der Fall ist.

Wir benutzen in unseren Experimenten stets die Abbruchbedingung (3.4), auch wenn sie die aufgeführten Nachteile besitzt. Ist die Bedingung (3.4) erfüllt, dann wurde erfolgreich eine Näherungslösung im Rahmen der vorgegebenen Genauigkeit $\varepsilon > 0$ gefunden. Es kann jedoch passieren, dass ein Verfahren keinen stationären Punkt findet oder die Anzahl der Iterationen sehr groß wird. Um auch diese Fälle zu berücksichtigen, werden Absicherungen zur Beendigung des Verfahrens nach endlicher Zeit – sogenannte *Safeguards* – getroffen. Das sind z. B.

1 Überschreiten einer vorgegebenen Iterationsanzahl „maxit“
2 Überschreiten einer vorgegebenen Anzahl von Funktionswertberechnungen
3 Überschreiten einer vorgegebenen CPU-Zeit
4 Unterschreiten eines vorgegebenen Abstandes zwischen aufeinanderfolgenden Iterationspunkten oder Funktionswerten
5 Unterschreiten einer vorgegebenen positiven Schrittlänge (siehe Abschnitt 3.3)
6 Unterschreiten einer vorgegebenen Länge der berechneten Suchrichtung (siehe Abschnitt 3.3)
7 Unterschreiten einer vorgegebenen Schranke für die Funktionswerte
8 Auftreten von nicht verarbeitbaren Zahlenformate (nan’s, inf etc. in MATLAB)

Die Safeguards **1**, **4**, **5**, **6**, **7** und **8** werden z. T. auch bei unseren Experimenten benutzt. Die unter EDOPTLAB programmierten Verfahren zeigen das jeweilige Abbruchkriterium an. In den „theoretischen“ Algorithmen benutzen wir als Abbruchbedingung $\nabla f(\boldsymbol{x}^k) = 0$, die nur in Ausnahmefällen für endliches k erreicht wird.

3.2 Das Newton-Verfahren

Es sei $f \in C^2(\mathbb{R}^n, \mathbb{R})$. Dann gilt für alle $\boldsymbol{x} \in \mathbb{R}^n$ und $\boldsymbol{x}^0 \in \mathbb{R}^n$ mit der Taylor-Formel 2. Ordung in Landau-Symbolik

$$f(\boldsymbol{x}) = f(\boldsymbol{x}^0) + \nabla f(\boldsymbol{x}^0)^T(\boldsymbol{x} - \boldsymbol{x}^0) + \frac{1}{2}(\boldsymbol{x} - \boldsymbol{x}^0)^T \nabla^2 f(\boldsymbol{x}^0)(\boldsymbol{x} - \boldsymbol{x}^0) + o(\|(\boldsymbol{x} - \boldsymbol{x}^0)\|^2).$$

Approximiert man die Funktion f in einer Umgebung von $\boldsymbol{x}^0$ lokal durch ihr Taylor-Polynom 2. Grades mit der Entwicklungsstelle $\boldsymbol{x}^0$ gemäß

$$T_2(f, \boldsymbol{x}^0, \boldsymbol{x}) := f(\boldsymbol{x}^0) + \nabla f(\boldsymbol{x}^0)^T(\boldsymbol{x} - \boldsymbol{x}^0) + \frac{1}{2}(\boldsymbol{x} - \boldsymbol{x}^0)^T \nabla^2 f(\boldsymbol{x}^0)(\boldsymbol{x} - \boldsymbol{x}^0),$$

so lautet nach Satz 2.2 eine notwendige Bedingung für das Vorliegen einer Minimalstelle von $T_2(f, \boldsymbol{x}^0, \boldsymbol{x})$

$$\nabla T_2(f, \boldsymbol{x}^0, \boldsymbol{x}) = \nabla f(\boldsymbol{x}^0) + \nabla^2 f(\boldsymbol{x}^0)(\boldsymbol{x} - \boldsymbol{x}^0) = \mathbf{0}.$$

Ist die Hesse-Matrix $\nabla^2 f(\boldsymbol{x}^0)$ invertierbar, so ergibt sich

$$\boldsymbol{x} = \boldsymbol{x}^0 - \left(\nabla^2 f(\boldsymbol{x}^0)\right)^{-1} \nabla f(\boldsymbol{x}^0).$$

Sukzessive Anwendung dieser Beziehung liefert, ausgehend von einem Startpunkt $\boldsymbol{x}^0 \in \mathbb{R}^n$, für $k \geq 0$ die Iterationsvorschrift des *Newton-Verfahrens*

$$\boldsymbol{x}^{k+1} = \boldsymbol{x}^k - \left(\nabla^2 f(\boldsymbol{x}^k)\right)^{-1} \nabla f(\boldsymbol{x}^k).$$

In der algorithmischen Umsetzung des Newton-Verfahrens vermeidet man die explizite Berechnung der inversen Hesse-Matrix. Stattdessen wird in jedem Iterationsschritt zunächst eine Lösung $\boldsymbol{d}^k \in \mathbb{R}^n$ der *Newton-Gleichung* $\nabla^2 f(\boldsymbol{x}^k)\boldsymbol{d} = -\nabla f(\boldsymbol{x}^k)$ bestimmt und anschließend $\boldsymbol{x}^{k+1} = \boldsymbol{x}^k + \boldsymbol{d}^k$ gesetzt. Das so bestimmte $\boldsymbol{d}^k$ wird als *Newton-Richtung* von f im Punkt $\boldsymbol{x}^k$ bezeichnet. Somit lässt sich das Newton-Verfahren wie folgt formulieren:

Algorithmus 1 (Newton-Verfahren)

S0 Wähle $\boldsymbol{x}^0 \in \mathbb{R}^n$, und setze $k := 0$.

S1 Wenn $\nabla f(\boldsymbol{x}^k) = \boldsymbol{0}$, dann STOPP.

S2 Bestimme eine Lösung $\boldsymbol{d}^k$ der Newton-Gleichung $\nabla^2 f(\boldsymbol{x}^k)\boldsymbol{d} + \nabla f(\boldsymbol{x}^k) = \boldsymbol{0}$.

S3 Setze $\boldsymbol{x}^{k+1} := \boldsymbol{x}^k + \boldsymbol{d}^k$ sowie $k := k + 1$, und gehe zu **S1.**

Es sei bemerkt, dass man das Newton-Verfahren auch als approximative Nullstellenbestimmung von ∇f durch das Taylor-Polynom 1. Grades von ∇f mit Entwicklungsstelle $\boldsymbol{x}^0$ deuten kann. Für den Beweis eines Konvergenzsatzes für das Newton-Verfahren benötigen wir das folgende Lemma.

Lemma 3.6

Es seien $f \in C^2(\mathbb{R}^n, \mathbb{R})$, $\boldsymbol{x}^* \in \mathbb{R}^n$ und $\nabla^2 f(\boldsymbol{x}^*)$ invertierbar. Dann existieren ein $\varepsilon > 0$ und eine Konstante $C > 0$, sodass für alle $\boldsymbol{x} \in U_\varepsilon(\boldsymbol{x}^*)$ die Hesse-Matrix $\nabla^2 f(\boldsymbol{x})$ ebenfalls invertierbar ist und außerdem $\|\nabla^2 f(\boldsymbol{x})^{-1}\| \leq C$ gilt.

Beweis: Wegen $f \in C^2(\mathbb{R}^n, \mathbb{R})$ existiert ein $\varepsilon > 0$ mit

$$\|\nabla^2 f(\boldsymbol{x}^*) - \nabla^2 f(\boldsymbol{x})\| \leq \frac{1}{2} \frac{1}{\|\nabla^2 f(\boldsymbol{x}^*)^{-1}\|}$$

für alle $\boldsymbol{x} \in U_\varepsilon(\boldsymbol{x}^*)$. Somit gilt

$$\begin{aligned} \|E_n - \nabla^2 f(\boldsymbol{x}^*)^{-1}\nabla^2 f(\boldsymbol{x})\| &= \|\nabla^2 f(\boldsymbol{x}^*)^{-1}(\nabla^2 f(\boldsymbol{x}^*) - \nabla^2 f(\boldsymbol{x}))\| \\ &\leq \|\nabla^2 f(\boldsymbol{x}^*)^{-1}\| \, \|\nabla^2 f(\boldsymbol{x}^*) - \nabla^2 f(\boldsymbol{x})\| \\ &\leq \tfrac{1}{2} \end{aligned}$$

ebenfalls für alle $\boldsymbol{x} \in U_\varepsilon(\boldsymbol{x}^*)$. Mit Lemma 1.24 (b) folgt die Invertierbarkeit von $\nabla^2 f(\boldsymbol{x})$ und

$$\|\nabla^2 f(\boldsymbol{x})^{-1}\| \leq \frac{\|\nabla^2 f(\boldsymbol{x}^*)^{-1}\|}{1 - \|E_n - \nabla^2 f(\boldsymbol{x}^*)^{-1}\nabla^2 f(\boldsymbol{x})\|} \leq 2\|\nabla^2 f(\boldsymbol{x}^*)^{-1}\|$$

für alle $\boldsymbol{x} \in U_\varepsilon(\boldsymbol{x}^*)$. Mit $C := 2\|\nabla^2 f(\boldsymbol{x}^*)^{-1}\|$ ist die Aussage bewiesen. □

Bezüglich der Konvergenz des Newton-Verfahrens gilt der folgende Satz.

Satz 3.7
Es seien $f \in C^2(\mathbb{R}^n, \mathbb{R})$, $\boldsymbol{x}^* \in \mathbb{R}^n$ ein stationärer Punkt von f und $\nabla^2 f(\boldsymbol{x}^*)$ invertierbar. Dann existiert eine ε-Umgebung $U_\varepsilon(\boldsymbol{x}^*)$, sodass für jeden Startpunkt $\boldsymbol{x}^0 \in U_\varepsilon(\boldsymbol{x}^*)$ das Newton-Verfahren durchführbar ist und die durch den Algorithmus 1 erzeugte Folge $\{\boldsymbol{x}^k\}_{k\in\mathbb{N}}$ Q-superlinear gegen $\boldsymbol{x}^*$ konvergiert. Gilt darüber hinaus, dass $\nabla^2 f(\boldsymbol{x}^*)$ in einer Umgebung von $\boldsymbol{x}^*$ Lipschitz-stetig ist, dann konvergiert die durch den Algorithmus 1 erzeugte Folge $\{\boldsymbol{x}^k\}_{k\in\mathbb{N}}$ Q-quadratisch gegen $\boldsymbol{x}^*$.

Beweis: Wegen $f \in C^2(\mathbb{R}^n, \mathbb{R})$ gilt $\|\nabla f(\boldsymbol{y}) - \nabla f(\boldsymbol{x}) - \nabla^2 f(\boldsymbol{x})(\boldsymbol{y} - \boldsymbol{x})\| = o(\|\boldsymbol{x} - \boldsymbol{y}\|)$ für beliebige $\boldsymbol{x}, \boldsymbol{y} \in \mathbb{R}^n$. Mit der Iterationsvorschrift und $\nabla f(\boldsymbol{x}^*) = 0$ folgt unter der Voraussetzung der Durchführbarkeit des Newton-Verfahrens für alle $k \geq 0$

$$\begin{aligned}
\left\|\boldsymbol{x}^{k+1} - \boldsymbol{x}^*\right\| &= \left\|\boldsymbol{x}^k - \left(\nabla^2 f(\boldsymbol{x}^k)\right)^{-1} \nabla f(\boldsymbol{x}^k) - \boldsymbol{x}^*\right\| \\
&= \left\|\boldsymbol{x}^k - \boldsymbol{x}^* - \nabla^2 f(\boldsymbol{x}^k)^{-1}\left[\nabla f(\boldsymbol{x}^k) - \nabla f(\boldsymbol{x}^*)\right]\right\| \\
&= \left\|\nabla^2 f(\boldsymbol{x}^k)^{-1}\left[\nabla f(\boldsymbol{x}^*) - \nabla f(\boldsymbol{x}^k) - \nabla^2 f(\boldsymbol{x}^k)\left(\boldsymbol{x}^* - \boldsymbol{x}^k\right)\right]\right\| \\
&\leq \left\|\nabla^2 f(\boldsymbol{x}^k)^{-1}\right\| \left\|\nabla f(\boldsymbol{x}^*) - \nabla f(\boldsymbol{x}^k) - \nabla^2 f(\boldsymbol{x}^k)\left(\boldsymbol{x}^* - \boldsymbol{x}^k\right)\right\| \\
&= \left\|\nabla^2 f(\boldsymbol{x}^k)^{-1}\right\| \; o(\|\boldsymbol{x}^k - \boldsymbol{x}^*\|)\,.
\end{aligned}$$

Wegen $f \in C^2(\mathbb{R}^n, \mathbb{R})$ und der Invertierbarkeit von $\nabla^2 f(\boldsymbol{x}^*)$ folgt mit Lemma 3.6 die Existenz eines $r_1 > 0$ und einer Konstanten $C > 0$, sodass für alle $\boldsymbol{x} \in U_{r_1}(\boldsymbol{x}^*)$ einerseits die Hesse-Matrix $\nabla^2 f(\boldsymbol{x})$ invertierbar ist und andererseits $\|\nabla^2 f(\boldsymbol{x})^{-1}\| \leq C$ gilt. Aufgrund von $\lim\limits_{h\to 0} \dfrac{o(\|\boldsymbol{h}\|)}{\|\boldsymbol{h}\|} = 0$ gibt es ein $r_2 > 0$ mit $o(\|\boldsymbol{h}\|) \leq \frac{1}{2C}\|\boldsymbol{h}\|$ für alle $\boldsymbol{h}$ mit $\|\boldsymbol{h}\| < r_2$. Mit $\varepsilon := \min\{r_1, r_2\}$ folgt für alle $\boldsymbol{x}^0 \in U_\varepsilon(\boldsymbol{x}^*)$

$$\|\boldsymbol{x}^1 - \boldsymbol{x}^*\| \leq C\frac{1}{2C}\|\boldsymbol{x}^0 - \boldsymbol{x}^*\| \leq \frac{1}{2}\varepsilon$$

und schließlich $\|\boldsymbol{x}^{k+1} - \boldsymbol{x}^*\| \leq \frac{1}{2}\varepsilon$ für alle $k \geq 0$, womit die Durchführbarkeit des Newton-Verfahrens und wegen $\|\boldsymbol{x}^{k+1} - \boldsymbol{x}^*\| \leq C\; o(\|\boldsymbol{x}^k - \boldsymbol{x}^*\|)$ auch die Q-superlineare Konvergenz der Folge $\{\boldsymbol{x}^k\}_{k\in\mathbb{N}}$ für alle $\boldsymbol{x}^0 \in U_\varepsilon(\boldsymbol{x}^*)$ gezeigt ist. Existiert darüberhinaus ein $r_3 > 0$, sodass für alle $\boldsymbol{x} \in U_{r_3}(\boldsymbol{x}^*)$ die Hesse-Matrix $\nabla^2 f(\boldsymbol{x})$ Lipschitz-stetig mit Lipschitz-Konstante $L > 0$ ist, dann existiert wegen $\lim\limits_{k\to\infty} \boldsymbol{x}^k = \boldsymbol{x}^*$ ein $k_0 \in \mathbb{N}$ mit $\boldsymbol{x}^k \in U_{\min\{\varepsilon, r_3\}}(\boldsymbol{x}^*)$, und für alle $k \geq k_0$ sind die Ungleichungen

$$\|\nabla f(\boldsymbol{x}^*) - \nabla f(\boldsymbol{x}^k) - \nabla^2 f(\boldsymbol{x}^k)(\boldsymbol{x}^k - \boldsymbol{x}^*)\| \leq \frac{L}{2}\|\boldsymbol{x}^* - \boldsymbol{x}^k\|^2$$

bzw.

$$\|\boldsymbol{x}^{k+1} - \boldsymbol{x}^*\| \leq \frac{CL}{2}\|\boldsymbol{x}^* - \boldsymbol{x}^k\|^2$$

erfüllt. Damit ist auch die Q-quadratische Konvergenz der Folge $\{\boldsymbol{x}^k\}_{k\in\mathbb{N}}$ gezeigt. □

Das Newton-Verfahren konvergiert unter den Voraussetzungen von Satz 3.7 generell *lokal* superlinear bzw. *lokal* quadratisch gegen stationäre Punkte, die natürlich auch Maximalstellen sein können. Somit kann im Verlauf des Newton-Verfahrens $f(\boldsymbol{x}^{k+1}) < f(\boldsymbol{x}^k)$ für $k = 0,\ 1,\ 2,\ \ldots$ nicht garantiert werden. Weitere Nachteile des Newton-Verfahrens bestehen einerseits im hohen rechentechnischen Aufwand, da in jedem Iterationsschritt eine Hesse-Matrix berechnet werden muss, und andererseits in dem Sachverhalt, dass die zur Bestimmung des $(k+1)$-ten Iterationspunktes zu lösende Newton-Gleichung unlösbar sein kann. Der hohe rechentechnische Aufwand wurde durch die Entwicklung der AD relativiert, sodass es heute durchaus möglich ist, Optimierungsprobleme hoher Dimension effektiv durch Verfahren zu lösen, welche Hesse-Matrizen benutzen. Im Fall der Nichtlösbarkeit der Newton-Gleichung bietet sich eine „least square"-Lösung der Newton-Gleichung an, um das Newton-Verfahren fortführen zu können. Im Rahmen der aufgeführten Konvergenzaussagen ist dieser so ermittelte Iterationspunkt als neuer Startpunkt des Newton-Verfahrens aufzufassen.

3.2.1 Numerische Experimente zum Newton-Verfahren

Experiment 3.2.1 (Quadratische Konvergenzgeschwindigkeit des Newton-Verfahrens)

Newton01.m: Wir betrachten die konvexe und beliebig oft stetig partiell differenzierbare Funktion (Problem Nr. 13) $f : \mathbb{R}^2 \to \mathbb{R}$ mit

$$f(\boldsymbol{x}) = (x_1 - 2)^4 + x_2^2(x_1 - 2)^2 + (x_2 + 1)^2\ ,$$

globaler Minimalstelle $\boldsymbol{x}^* = (2, -1)^T$ und $f(\boldsymbol{x}^*) = 0$. Zur Minimierung dieser Funktion wenden wir das Newton-Verfahren mit Startpunkt $\boldsymbol{x}^0 = (1, 1)^T$ und Abbruchtoleranz $\|\nabla f(\boldsymbol{x}^k)\| \leq 10^{-6}$ an. Da eine in einer beschränkten Umgebung von $\boldsymbol{x}^*$ dreimal stetig differenzierbare Funktion dort auch eine Lipschitz-stetige 2. Ableitung besitzt, sind nach Satz 3.7 in einer (hinreichend kleinen) Umgebung von $\boldsymbol{x}^*$ alle Voraussetzungen für eine quadratische Konvergenz der Iterierten $\boldsymbol{x}^k$ bei Anwendung des Newton-Verfahrens erfüllt. Die Spalten der von EdOptLab erzeugten Tabelle 3.3 geben den Iterationsverlauf des Newton-Verfahrens wieder. Dabei bezeichnen die Spalte „`iter`" die Iterationsnummer, die Spalte „`xiter(1)`" bzw. „`xiter(2)`" die 1. bzw. 2. Koordinaten der Iterationspunkte und die Spalte „`fiter`" die zugehörigen Funktionswerte. In der Spalte „`fiter`" ist die quadratische Konvergenz der Funktionswerte des Verfahrens gegen den optimalen Zielfunktionswert unmittelbar ersichtlich (Verdopplung der Anzahl der führenden Nullen ab der 4. Iteration bei jedem weiteren Iterationsschritt). Die Abbildung 3.6 illustriert den Iterationsverlauf und die Norm der zugehörigen Gradienten. ■

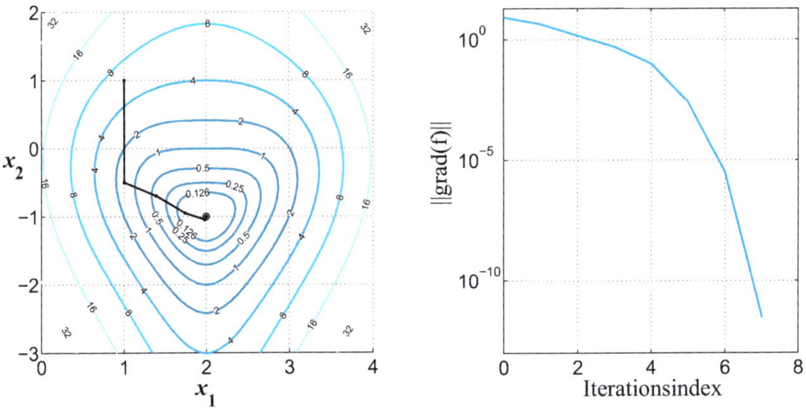

Abb. 3.6 Iterationsverlauf des Newton-Verfahrens im Exp. 3.2.1, quadratische Konvergenz

iter	xiter(1)	xiter(2)	fiter
0	1.0000000000	1.0000000000	6.0000000000e+000
1	1.0000000000	-0.5000000000	1.5000000000e+000
2	1.3913043478	-0.6956521739	4.0920737133e-001
3	1.7459441208	-0.9487980942	6.4891623477e-002
4	1.9862783400	-1.0482080866	2.5309302111e-003
5	1.9987342021	-1.0001699932	1.6316892669e-006
6	1.9999995657	-1.0000016017	2.7540453499e-012
7	2.0000000000	-1.0000000000	1.9714253277e-024

Tab. 3.3 Iterationsverlauf des Newton-Verfahrens im Exp. 3.2.1, quadratische Konvergenz

Experiment 3.2.2 (Lineare Konvergenzgeschwindigkeit des Newton-Verfahrens)
Newton02.m: Wir untersuchen die konvexe und beliebig oft stetig partiell differenzierbare Funktion (Problem Nr. 9) $f : \mathbb{R}^2 \to \mathbb{R}$ mit

$$f(\boldsymbol{x}) = (x_1 - 2)^4 + (x_1 - 2x_2)^2 \ ,$$

globaler Minimalstelle $\boldsymbol{x}^* = (2,1)^T$ und $f(\boldsymbol{x}^*) = 0$. Das Newton-Verfahren wird mit Startpunkt $\boldsymbol{x}^0 = (0,3)^T$ und Abbruchtoleranz $\|\nabla f(\boldsymbol{x}^k)\| \leq 10^{-6}$ angewendet. Die Hesse-Matrix $\nabla^2 f(\boldsymbol{x}^*) = \begin{pmatrix} 2 & -4 \\ -4 & 8 \end{pmatrix}$ mit den Eigenwerten $\lambda_1 = 0$ und $\lambda_2 = 10$ ist nicht regulär, womit die Voraussetzungen des Satzes 3.7 für eine superlineare Konvergenz der Iterierten verletzt sind. In Tab. 3.4 bezeichnen „`nf`", „`ng`" und „`nh`" die bis zur Iteration „`iter`" erfolgte kumulierte Anzahl von Funktionswert-, Gradienten- und Hesse-Matrixberechnungen. Die Nullen in den Spalten „`nd`" (steht für „non descent") bzw. „`LS`" (steht für „least square") zeigen, dass in jeder Iteration $f(\boldsymbol{x}_{iter+1}) \leq f(\boldsymbol{x}_{iter})$ gilt bzw. dass in jeder Iteration die Newton-Gleichung lösbar ist, und damit keine approximative

Lösung mittels „least square"-Ansatz bestimmt wurde. In der Spalte „`norm(g)`" ist die euklidische Norm des Gradienten der Zielfunktion im jeweiligen Iterationspunkt aufgeführt. Abb. 3.7 veranschaulicht den Iterationsverlauf. Man erkennt, dass das Newton-Verfahren nach einer Iteration näherungsweise einen Punkt auf der Achse zur Eigenrichtung mit dem Eigenwert $\lambda_1 = 0$ der Hesse-Matrix $\nabla^2 f(\boldsymbol{x}^*)$ (grau gestrichelte Linie) erreicht und dann langsam entlang dieser Richtung $(2,1)^T$ gegen den Minimalpunkt mit linearer Konvergenzgeschwindigkeit bzgl. der Funktionswerte und bzgl. der Norm des Gradienten strebt (siehe auch Tab. 3.4). ■

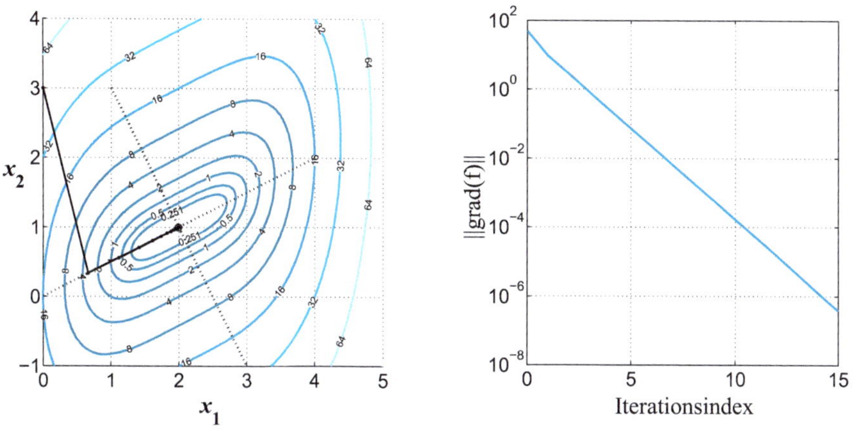

Abb. 3.7 Iterationsverlauf des Newton-Verfahrens im Exp. 3.2.2, lineare Konvergenz

iter	nf	ng	nh	fiter	nd	LS	norm(g)
0	1	1	1	5.200000e+001	0	0	5.01e+001
1	2	2	2	3.160494e+000	0	0	9.48e+000
2	3	3	3	6.242951e-001	0	0	2.81e+000
3	4	4	4	1.233175e-001	0	0	8.32e-001
4	5	5	5	2.435902e-002	0	0	2.47e-001
5	6	6	6	4.811659e-003	0	0	7.31e-002
6	7	7	7	9.504511e-004	0	0	2.17e-002
7	8	8	8	1.877434e-004	0	0	6.42e-003
8	9	9	9	3.708512e-005	0	0	1.90e-003
9	10	10	10	7.325456e-006	0	0	5.63e-004
10	11	11	11	1.447004e-006	0	0	1.67e-004
11	12	12	12	2.858279e-007	0	0	4.94e-005
12	13	13	13	5.645983e-008	0	0	1.47e-005
13	14	14	14	1.115256e-008	0	0	4.34e-006
14	15	15	15	2.202975e-009	0	0	1.29e-006
15	16	16	16	4.351555e-010	0	0	3.81e-007

Tab. 3.4 Iterationsverlauf des Newton-Verfahrens im Exp. 3.2.2, lineare Konvergenz

Experiment 3.2.3 (Mögliche Divergenz des Newton-Verfahrens)
Newton03.m: Die Funktion (Problem Nr. 21) $f : \mathbb{R}^2 \to \mathbb{R}$ mit

$$f(\boldsymbol{x}) = |x_1| - \ln(1 + |x_1|) + |x_2| - \ln(1 + |x_2|)$$

ist zweimal Lipschitz-stetig differenzierbar für alle $\boldsymbol{x} \in \mathbb{R}^2$ und außerdem streng konvex. Nach Satz 3.7 folgt (bei exakter Rechnung) die lokale quadratische Konvergenz des Newton-Verfahrens gegen die globale Minimalstelle $\boldsymbol{x}^* = (0,0)^T$. Insbesondere gilt für die Koordinaten x_i mit $i \in \{1,2\}$ im Verlauf des Newton-Verfahrens:

- Ist $x_i^0 = -1$ bzw. $x_i^0 = 1$, so folgt $x_i^k = (-1)^{k+1}$ bzw. $x_i^k = (-1)^k$.
- Ist $|x_i^0| < 1$, so folgt mit quadratischer Konvergenz $\lim\limits_{k\to\infty} x_i^k = 0$ (oszilierend).
- Ist $|x_i^0| > 1$, so folgt $\lim\limits_{k\to\infty} |x_i^k| = \infty$ (oszilierend).

Zum Nachweis dieser Aussagen sei auf Aufgabe 3.6 verwiesen. Wir demonstrieren dieses Verhalten des Newton-Verfahrens für die drei Startpunkte $\boldsymbol{x}^0 = (1,-1)^T$ (siehe Abb. 3.8), $\boldsymbol{x}^0 = (1,-0.97)^T$ (siehe Abb. 3.9) und $\boldsymbol{x}^0 = (1.01,-0.97)^T$ (siehe Abb. 3.10), indem wir jeweils den Iterationsverlauf von x_1^k und x_2^k für die ersten acht Iterationen darstellen.
Zusammenfassend stellen wir also fest, dass trotz der strengen Konvexität der Funktion f das Newton-Verfahren außerhalb einer gewissen Umgebung des Minimalpunktes (hier also $\|\boldsymbol{x}^0\| < 1$) divergiert und nur bei Startpunkten innerhalb dieser Umgebung konvergent ist. ■

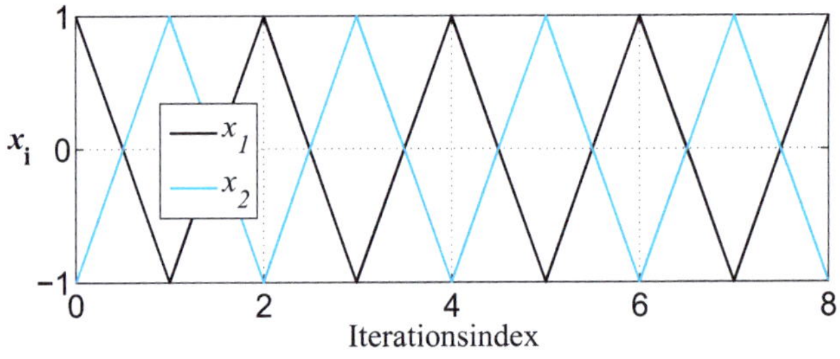

Abb. 3.8 Divergenz des Newton-Verfahrens mit Oszillation $x_i^k \in \{-1,1\}$ für $i = 1,2$ im Exp. 3.2.3 bei Startpunkt $\boldsymbol{x}^0 = (1,-1)^T$

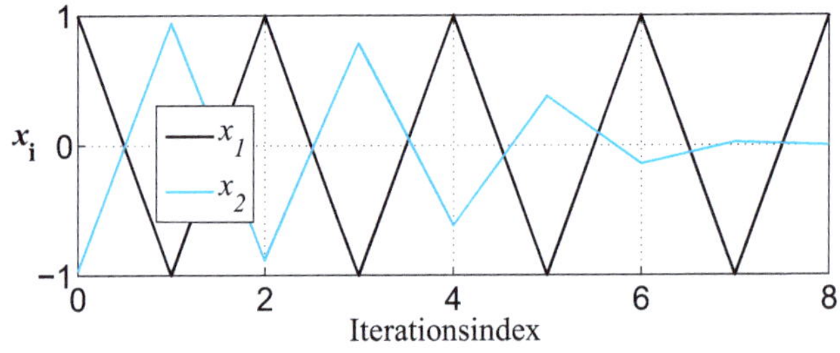

Abb. 3.9 Divergenz des Newton-Verfahrens mit Oszillation $x_1^k \in \{-1,1\}$ und Konvergenz für x_2^k im Exp. 3.2.3 bei Startpunkt $\boldsymbol{x}^0 = (1,-0.97)^T$

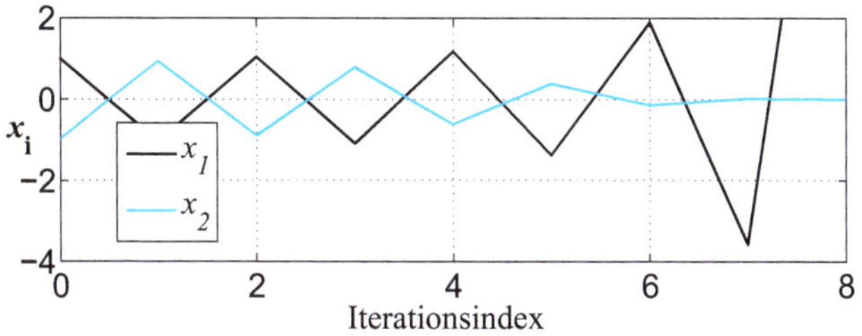

Abb. 3.10 Divergenz des Newton-Verfahrens mit Oszillation $\lim_{k\to\infty} |x_1^k| = \infty$ und Konvergenz für x_2^k im Exp. 3.2.3 bei Startpunkt $\boldsymbol{x}^0 = (1.01, -0.97)^T$

Experiment 3.2.4 („Theorie vs. Praxis")

Newton04.m: Wir betrachten die zweimal stetig differenzierbare Funktion (Problem Nr. 19) $f : \mathbb{R}^2 \to \mathbb{R}$ mit

$$f(\boldsymbol{x}) = (2x_1^2 + x_2^2)^2 + (x_1^2 + 2x_2^2)^{\frac{5}{4}} \ ,$$

globaler Minimalstelle $\boldsymbol{x}^* = (0,0)^T$ und $f(\boldsymbol{x}^*) = 0$. Die 2. Ableitung im Optimalpunkt $\boldsymbol{x}^*$ ist nicht Lipschitz-stetig. Nach Satz 3.7 folgt in einer (hinreichend kleinen) Umgebung von $\boldsymbol{x}^*$ bei exakter Arithmetik superlineare Konvergenz der Iterierten, und nach den Ausführungen in Abschnitt 3.1.1 gilt $\lim_{k\to\infty} c_k = 0$ für $c_k := \dfrac{\|\nabla f(\boldsymbol{x}^{k+1})\|}{\|\nabla f(\boldsymbol{x}^k)\|}$. Die folgenden Abbildungen zeigen, dass für das Newton-Verfahren mit Startpunkt $\boldsymbol{x}^0 = (2,2)^T$ und gewählter Abbruchbedingung $\|\nabla f(\boldsymbol{x}^k)\| \leq 10^{-16}$ eine superlineare Tendenz nur bis zu einer Genauigkeit von $\|\nabla f(\boldsymbol{x}^k)\| \geq 10^{-3}$, d. h. bis zur 8. Iteration (siehe Abb. 3.12), erkennbar ist. Der Grund liegt in den numerischen Ungenauigkeiten bei der Berechnung der Hesse-Matrix, die sowohl bei der symbolischen als auch bei der automatischen Differenziation für $\boldsymbol{x} \to \boldsymbol{0}$ einen „$\frac{0}{0}$"-Term enthält. Als Konsequenz wird nur lineare Konvergenz mit dem Konvergenzfaktor c_k von etwa 0.06 erzielt (siehe Abb. 3.11). Wir sehen, dass selbst die Berechnung der ersten und zweiten partiellen Ableitungen mithilfe der automatischen bzw. symbolischen Differenziation im Rahmen der 16-stelligen Gleitkommagenauigkeit unter MATLAB nicht ausreicht, um die an sich theoretisch vorhandene superlineare Konvergenz bis zu einer (moderateren) Abbruchbedingung von $\|\nabla f(\boldsymbol{x}^k)\| \leq 10^{-8}$ zu bestätigen, wenn die Formeln für die Ableitungen nicht sachgerecht vereinfacht werden. Die Tatsache, dass die theoretisch geltende Konvergenzgeschwindigkeit numerisch nicht erreicht wird, tritt sehr häufig bei praktischen Optimierungsproblemen auf. Deshalb sollten die Abbruchschranken nicht zu klein gewählt werden, insbesondere dann, wenn die Ergebnisse nicht mit hoher Genauigkeit benötigt werden. ■

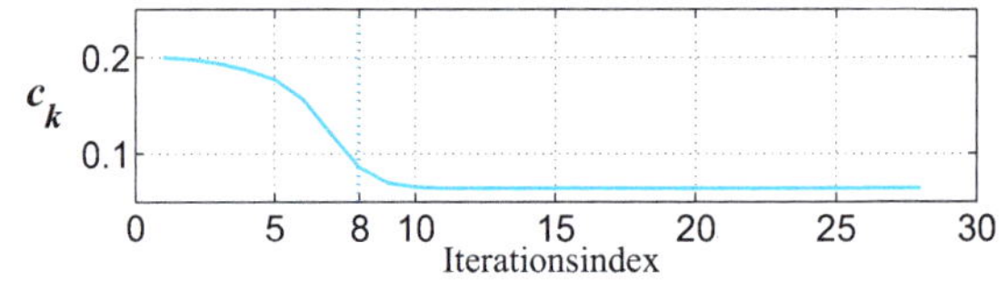

Abb. 3.11 Keine (praktische) superlineare Konvergenz des Newton-Verfahrens im Exp. 3.2.4

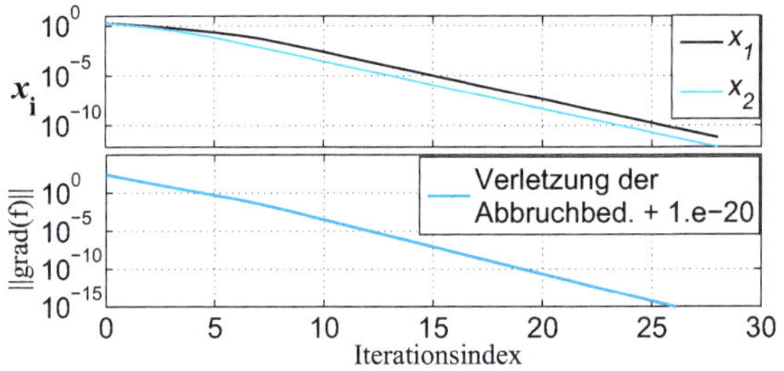

Abb. 3.12 Lineare Konvergenz des Newton-Verfahrens im Exp. 3.2.4

Experiment 3.2.5 (Nichtmonotonie des Newton-Verfahrens)
Newton05.m: Wir betrachten die dreidimensionale Rosenbrock-Funktion (Problem Nr. 50, Dimension $n = 3$) gemäß (3.3) mit globaler Minimalstelle $\boldsymbol{x}^* = (1, 1, 1)^T$ und $f(\boldsymbol{x}^*) = 0$. Das Newton-Verfahren mit Startpunkt $\boldsymbol{x}^0 = (-1.2, 1, -1.2)^T$ und Abbruchbedingung $\|\nabla f(\boldsymbol{x}^k)\| \leq 10^{-16}$ liefert $f(\boldsymbol{x}^{k+1}) > f(\boldsymbol{x}^k)$ für $k = 5$ (in Abb. 3.13 nicht erkennbar), $k = 7$ und $k = 9$. Ab $k = 9$ gilt $f(\boldsymbol{x}^{k+1}) \leq 70 f(\boldsymbol{x}^k)^2$ und $\|\boldsymbol{x}^{k+1} - \boldsymbol{x}^*\| \leq 30\|\boldsymbol{x}^k - \boldsymbol{x}^*\|^2$, d. h. im Rahmen unserer numerischen Genauigkeit liegt sogar quadratische Konvergenz bezüglich der Funktionswerte und Iterationspunkte vor. ■

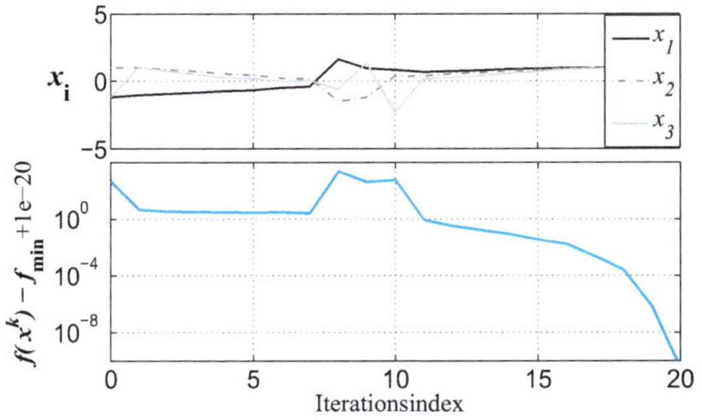

Abb. 3.13 Nichtmonotonie des Newton-Verfahrens im Exp. 3.2.5

Experiment 3.2.6 (Konvergenz gegen stationäre Punkte)
Newton06.m: Wie bereits erwähnt, konvergiert das Newton-Verfahren nicht nur gegen

lokale Minimalstellen, sondern auch gegen ggf. existierende andere stationäre Punkte. Wir betrachten die beliebig oft stetig partiell differenzierbare Funktion (Problem Nr. 6) $f : \mathbb{R}^2 \to \mathbb{R}$ mit

$$f(\boldsymbol{x}) = (x_1^2 + x_2 - 11)^2 + (x_1 + x_2^2 - 7)^2 \ .$$

Diese Funktion besitzt vier lokale Minimalstellen, eine lokale Maximalstelle und vier Sattelpunkte. In Abhängigkeit vom Startpunkt $\boldsymbol{x}^0$ konvergiert das Newton-Verfahren gegen jeden dieser neun stationären Punkte (siehe Abb. 3.14). ■

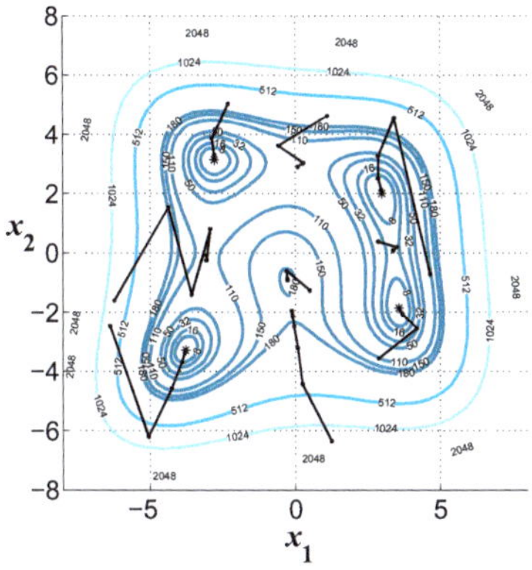

Abb. 3.14 Konvergenz des Newton-Verfahrens gegen stationäre Punkte im Exp. 3.2.6

3.3 Ein allgemeines Abstiegsverfahren mit Richtungssuche

Wie bereits aufgeführt kann im Verlauf des Newton-Verfahrens auch für konvexe Funktionen $f(\boldsymbol{x}^{k+1}) < f(\boldsymbol{x}^k)$ nicht garantiert werden. Verfahren, die diese Eigenschaft gewährleisten, werden als *Abstiegsverfahren* bezeichnet, und basieren bei den zunächst betrachteten Verfahren auf dem folgenden Begriff:

Definition 3.8
Es seien $f : \mathbb{R}^n \to \mathbb{R}$ und $\boldsymbol{x} \in \mathbb{R}^n$. Ein Vektor $\boldsymbol{d} \in \mathbb{R}^n$ heißt *Abstiegsrichtung* von f in $\boldsymbol{x}$, wenn ein $t_0 > 0$ existiert mit $f(\boldsymbol{x} + t\boldsymbol{d}) < f(\boldsymbol{x})$ für alle $t \in (0, t_0]$.

Ein allgemeines Abstiegsverfahren mit Richtungssuche kann wie folgt formuliert werden:

Algorithmus 2 (Prinzipalgorithmus für ein allgemeines Abstiegsverfahren)

S0 Wähle $\boldsymbol{x}^0 \in \mathbb{R}^n$, und setze $k := 0$.

S1 Wenn $\nabla f(\boldsymbol{x}^k) = \boldsymbol{0}$, dann STOPP.

S2 Ermittle eine Abstiegsrichtung $\boldsymbol{d}^k$ von f im Punkt $\boldsymbol{x}^k$.

S3 Ermittle eine Schrittweite $t_k > 0$ mit $f(\boldsymbol{x}^k + t_k\boldsymbol{d}^k) < f(\boldsymbol{x}^k)$.

S4 Setze $\boldsymbol{x}^{k+1} := \boldsymbol{x}^k + t_k\boldsymbol{d}^k$ sowie $k := k+1$, und gehe zu **S1**.

Es seien $f \in C^1(\mathbb{R}^n, \mathbb{R})$, $\boldsymbol{x} \in \mathbb{R}^n$, $\boldsymbol{d} \in \mathbb{R}^n$ und die Funktion $h : \mathbb{R} \to \mathbb{R}$ definiert durch $h(t) := f(\boldsymbol{x} + t\boldsymbol{d})$. Dann gilt $h'(0) = \nabla f(\boldsymbol{x})^T\boldsymbol{d}$ und somit die folgende hinreichende Bedingung für das Vorliegen einer Abstiegsrichtung in einem Punkt $\boldsymbol{x}$.

Lemma 3.9
Es seien $f \in C^1(\mathbb{R}^n, \mathbb{R})$, $\boldsymbol{x} \in \mathbb{R}^n$ und $\boldsymbol{d} \in \mathbb{R}^n$. Gilt $\nabla f(\boldsymbol{x})^T\boldsymbol{d} < 0$, dann ist $\boldsymbol{d}$ eine Abstiegsrichtung von f in $\boldsymbol{x}$.

Es seien nun $f \in C^1(\mathbb{R}^n, \mathbb{R})$ und $\boldsymbol{x} \in \mathbb{R}^n$ ein striktes lokales Maximum von f. Natürlich sind dann alle Richtungen $\boldsymbol{d} \in \mathbb{R}^n \setminus \{\boldsymbol{0}\}$ Abstiegsrichtungen von f in $\boldsymbol{x}$, aber es gilt $\nabla f(\boldsymbol{x})^T\boldsymbol{d} = 0$. Somit ist die in Lemma 3.9 formulierte Bedingung nicht notwendig für das Vorliegen einer Abstiegsrichtung. Gilt $f \in C^1(\mathbb{R}^n, \mathbb{R})$ und ist $\boldsymbol{x} \in \mathbb{R}^n$ kein stationärer Punkt von f, so ist $-\nabla f(\boldsymbol{x})$ eine Abstiegsrichtung von f in $\boldsymbol{x}$. Allgemeiner gilt:

Lemma 3.10
Es seien $f \in C^1(\mathbb{R}^n, \mathbb{R})$, $\boldsymbol{x} \in \mathbb{R}^n$ kein stationärer Punkt von f und $B \in \mathbb{SPD}^n$. Dann ist $\boldsymbol{d} = -B\nabla f(\boldsymbol{x})$ eine Abstiegsrichtung von f in $\boldsymbol{x}$.

Da weiterhin mit $\nabla^2 f(\boldsymbol{x}) \in \mathbb{SPD}^n$ auch $\left(\nabla^2 f(\boldsymbol{x})\right)^{-1} \in \mathbb{SPD}^n$ gilt, ergibt sich:

Folgerung 3.11
Es seien $f \in C^2(\mathbb{R}^n, \mathbb{R})$, $\boldsymbol{x}$ kein stationärer Punkt von f und $\nabla^2 f(\boldsymbol{x}) \in \mathbb{SPD}^n$, dann ist die Newton-Richtung $\boldsymbol{d} = -\left(\nabla^2 f(\boldsymbol{x})\right)^{-1} \nabla f(\boldsymbol{x})$ von f in $\boldsymbol{x}$ eine Abstiegsrichtung von f in $\boldsymbol{x}$.

Somit stellt zwar unter den Voraussetzungen der Folgerung 3.11 die gewählte Richtung $\boldsymbol{d}$ in jedem Schritt des Newton-Verfahrens eine Abstiegsrichtung dar, aufgrund der konstanten Schrittweite $t_k = 1$ für alle $k = 0, 1, 2, \ldots$ kann aber $f(\boldsymbol{x}^{k+1}) > f(\boldsymbol{x}^k)$, wie bereits erwähnt, für das Newton-Verfahren nicht ausgeschlossen werden (siehe Experiment 3.2.3).

Beispiel 3.12
Wir betrachten die Funktion $f : \mathbb{R} \to \mathbb{R}$ mit $f(x) = (x-4)^2$, strikter globaler Minimalstelle $x^* = 4$ und $f(x^*) = 0$. Wählt man nun $x^0 = 0$ und berechnet für $k = 0, 1, 2, \ldots$ die weiteren Iterationspunkte mittels $x^{k+1} = x^k + \left(\frac{1}{2}\right)^k = x^0 + \sum\limits_{i=0}^{k} \left(\frac{1}{2}\right)^i = \sum\limits_{i=0}^{k} \left(\frac{1}{2}\right)^i$, so gilt $f(x^{k+1}) < f(x^k)$ für alle k, $\lim\limits_{k\to\infty} x^k = 2$ und $\lim\limits_{k\to\infty} f(x^k) = f(2) = 4$. Die Iterationspunkte bewegen sich zwar in jedem Iterationsschritt auf die globale Minimalstelle x^* zu, jedoch werden im Verlauf des Verfahrens die gewählten Schrittweiten zu klein und das Verfahren konvergiert nicht gegen x^*. ■

Es seien $f : \mathbb{R}^n \to \mathbb{R}$, $\boldsymbol{x} \in \mathbb{R}^n$ und $\boldsymbol{d} \in \mathbb{R}^n$ eine Abstiegsrichtung von f in $\boldsymbol{x}$. Eine naheliegende Wahl für die Schrittweite in Richtung $\boldsymbol{d}$ wäre (im Falle der Existenz) die erste lokale Minimalstelle t_{perf} der Funktion $h : [0, \infty) \to \mathbb{R}$ mit $h(t) := f(\boldsymbol{x} + t\boldsymbol{d})$. Diese Schrittweite wird als *perfekte Schrittweite* im Punkt $\boldsymbol{x}$ in Richtung $\boldsymbol{d}$ bezeichnet. Im Allgemeinen lassen sich perfekte Schrittweiten natürlich nur näherungsweise bestimmen. Das folgende Beispiel zeigt aber, dass im Prinzipalgorithmus 2 die Wahl einer beliebigen Abstiegsrichtung $\boldsymbol{d}^k$ mit der zugehörigen perfekten Schrittweite im Iterationspunkt $\boldsymbol{x}^k$ nicht ausreicht, um die Konvergenz der Folge $\{\boldsymbol{x}^k\}_{k\in\mathbb{N}}$ gegen eine Minimalstelle von f zu garantieren.

Beispiel 3.13
Wir betrachten die streng konvexe Funktion $f : \mathbb{R}^2 \to \mathbb{R}$ mit $f(\boldsymbol{x}) = \|\boldsymbol{x}\|^2$, strikter globaler Minimalstelle $\boldsymbol{x}^* = (0,0)^T$ und $f(\boldsymbol{x}^*) = 0$. Für $\varrho \geq 0$ sind die Höhenlinien der Zielfunktion $f(\boldsymbol{x}) = \varrho^2$ (konzentrische) Kreise mit Mittelpunkt $\boldsymbol{x}^*$ und Radius ϱ. Wir werden im Folgenden ein Abstiegsverfahren basierend auf dem Prinzipalgorithmus 2 definieren. Dazu betrachten wir eine streng monoton fallende Folge von Radien $\{\rho_k\}_{k\in\mathbb{N}}$ mit $\rho_k > 0$ für alle k. Der Iterationspunkt $\boldsymbol{x}^k$ liege für alle k auf dem Kreis mit dem Mittelpunkt $\boldsymbol{x}^*$ und Radius ρ_k und sei für $k \geq 1$ als der Berührpunkt der Tangente durch $\boldsymbol{x}^{k-1}$ an diesen Kreis definiert. Um die Eindeutigkeit dieser Wahl in jedem Iterationsschritt zu gewährleisten, vereinbaren wir, dass die Iterationspunkte $\boldsymbol{x}^k$ den Punkt $\boldsymbol{x}^*$ im mathematisch positiven Sinn umlaufen. Als Startpunkt des Verfahrens wählen wir $\boldsymbol{x}^0 = (2,0)^T$ und somit $\rho_0 = 2$. Offensichtlich haben wir dadurch ein Abstiegsverfahren mit perfekter Schrittweite und Abstiegsrichtungen $\boldsymbol{d}^k = \boldsymbol{x}^{k+1} - \boldsymbol{x}^k$ definiert, welches genau dann gegen $\boldsymbol{x}^*$ konvergiert, wenn $\lim\limits_{k\to\infty} \rho_k = 0$ gilt. Wir wollen das Verhalten des Verfahrens für den Fall $\lim\limits_{k\to\infty} \rho_k = \bar{\rho} > 0$ noch etwas genauer analysieren. Für $k \geq 1$ seien die Winkel β_k und γ_k definiert durch $\beta_k := \measuredangle\left(\boldsymbol{x}^*, \boldsymbol{x}^{k-1}, \boldsymbol{x}^k\right)$ und $\gamma_k := \measuredangle\left(\boldsymbol{x}^{k-1}, \boldsymbol{x}^*, \boldsymbol{x}^k\right)$. Mit diesen Vereinbarungen lassen sich die Iterationspunkte für $k \geq 1$ mittels Polarkoordinaten darstellen durch

$$x^k = \rho_k \begin{pmatrix} \cos(\varphi_k) \\ \sin(\varphi_k) \end{pmatrix} \text{ mit } \varphi_k = \sum_{j=1}^{k} \gamma_j \,.$$

Im Fall der Nichtkonvergenz des Verfahrens gegen $\boldsymbol{x}^*$ können prinzipiell zwei Iterationsverläufe auftreten. Wählen wir zunächst $\rho_k = 1 + 2^{-k}$ für alle $k \geq 0$, dann gilt $\lim_{k\to\infty} \varphi_k = \sum_{j=1}^{\infty} \gamma_j < \infty$ (siehe Aufgabe 3.8 (a)), d. h. die Folge $\{\boldsymbol{x}^k\}_{k\in\mathbb{N}}$ konvergiert gegen einen Punkt auf dem Kreis mit dem Radius 1 (siehe Abb. 3.15 (links)). Wählen wir hingegen $\rho_k = 1 + \frac{1}{\sqrt{k+1}}$ für alle $k \geq 0$, dann gilt $\lim_{k\to\infty} \varphi_k = \sum_{j=1}^{\infty} \gamma_j = \infty$ (siehe Aufgabe 3.8 (b)), d. h. die Folge $\{x^k\}_{k\in\mathbb{N}}$ konvergiert nicht (siehe Abb. 3.15 (rechts)). Abschließend möchten wir bemerken, dass in den beiden letzten Beispielen offensichtlich $\lim_{k\to\infty} \beta_k = \frac{\pi}{2}$ gilt. Mit anderen Worten, der Winkel zwischen dem negativen Gradienten $-\nabla f(\boldsymbol{x}^k)$ und der Abstiegsrichtung $\boldsymbol{d}^k$ konvergiert gegen $\frac{\pi}{2}$. ■

Zur Sicherung der Konvergenz des Prinzipalgorithmus 2 gegen eine Minimalstelle müssen somit neben Voraussetzungen an die Funktion f sowohl Bedingungen an die Wahl der Abstiegsrichtungen $\boldsymbol{d}^k$ als auch Bedingungen an die Schrittweiten t_k gestellt werden.

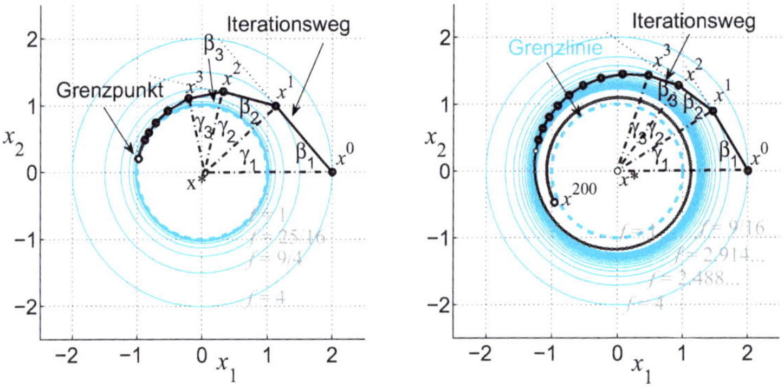

Abb. 3.15 Konvergenz des Abstiegsverfahrens gegen einen nicht-optimalen Grenzpunkt bzw. gegen eine Grenzlinie in Beispiel 3.13

3.3.1 Das Verfahren des steilsten Abstiegs

Es seien $f \in C^1(\mathbb{R}^n, \mathbb{R})$ und $\boldsymbol{x} \in \mathbb{R}^n$. Gilt $\nabla f(\boldsymbol{x}) \neq \boldsymbol{0}$, dann wird die Richtung $-\nabla f(\boldsymbol{x})$ als *Richtung des steilsten Abstiegs* von f im Punkt $\boldsymbol{x}$ bezeichnet, da für $\hat{\boldsymbol{d}} := -\frac{\nabla f(\boldsymbol{x})}{\|\nabla f(\boldsymbol{x})\|}$

$$\nabla f(\boldsymbol{x})^T \hat{\boldsymbol{d}} = \min\{\nabla f(\boldsymbol{x})^T \boldsymbol{d} \mid \|\boldsymbol{d}\| = 1\}$$

gilt. Wählt man im Prinzipalgorithmus 2 für die Abstiegsrichtung die Richtung des steilsten Abstiegs, so erhält man ein sogenanntes *Verfahren des steilsten Abstiegs*.
Bei der Untersuchung der Konvergenzgeschwindigkeit für Verfahren des steilsten Abstiegs beschränken wir uns zunächst auf eine Variante mit perfekter Schrittweite, angewandt auf eine streng konvexe quadratische Zielfunktion.

Lemma 3.14
Es seien $f : \mathbb{R}^n \to \mathbb{R}$ mit $f(\boldsymbol{x}) = \frac{1}{2}\boldsymbol{x}^T Q\boldsymbol{x} + \boldsymbol{b}^T\boldsymbol{x} + a$, $Q \in \mathbb{SPD}^n$, $\boldsymbol{b} \in \mathbb{R}^n$ und $a \in \mathbb{R}$ sowie $\boldsymbol{d} \in \mathbb{R}^n$ eine Abstiegsrichtung von f in $\bar{\boldsymbol{x}} \in \mathbb{R}^n$. Dann gilt für die eindeutig bestimmte perfekte Schrittweite t_{perf} im Punkt $\bar{\boldsymbol{x}}$ in Richtung $\boldsymbol{d}$

$$t_{\text{perf}} = -\frac{(Q\bar{\boldsymbol{x}} + \boldsymbol{b})^T\boldsymbol{d}}{\boldsymbol{d}^T Q\boldsymbol{d}}. \tag{3.5}$$

Beweis: Die Funktion $h : [0, \infty) \to \mathbb{R}$ sei definiert durch $h(t) = f(\bar{\boldsymbol{x}} + t\boldsymbol{d})$. Somit gilt $h'(t) = \nabla f(\bar{\boldsymbol{x}} + t\boldsymbol{d})^T\boldsymbol{d}$ und $h''(t) = \boldsymbol{d}^T\nabla^2 f(\bar{\boldsymbol{x}} + t\boldsymbol{d})\boldsymbol{d} = \boldsymbol{d}^T Q\boldsymbol{d} > 0$. Für die perfekte Schrittweite folgt

$$0 = h'(t) = \nabla f(\bar{\boldsymbol{x}} + t_{\text{perf}}\boldsymbol{d})^T\boldsymbol{d} = (Q(\bar{\boldsymbol{x}} + t_{\text{perf}}\boldsymbol{d}) + \boldsymbol{b})^T\,\boldsymbol{d} = (Q\bar{\boldsymbol{x}} + \boldsymbol{b})^T\,\boldsymbol{d} + t_{\text{perf}}\boldsymbol{d}^T Q\boldsymbol{d}$$

und damit die Aussage. □

Bezüglich der Konvergenzgeschwindigkeit gilt für das Verfahren des steilsten Abstiegs mit perfekter Schrittweite und streng konvexer quadratischer Zielfunktion der folgende Satz.

Satz 3.15
Es sei $f : \mathbb{R}^n \to \mathbb{R}$ mit $f(\boldsymbol{x}) = \frac{1}{2}\boldsymbol{x}^T Q\boldsymbol{x} + \boldsymbol{b}^T\boldsymbol{x} + a$, $Q \in \mathbb{SPD}^n$, $\boldsymbol{b} \in \mathbb{R}^n$, $a \in \mathbb{R}$ sowie eindeutiger globaler Minimalstelle $\boldsymbol{x}^* = -Q^{-1}\boldsymbol{b}$. Weiter sei $\{\boldsymbol{x}^k\}_{k\in\mathbb{N}}$ eine gemäß

$$\boldsymbol{x}^{k+1} := \boldsymbol{x}^k + t_k\boldsymbol{d}^k$$

mit perfekter Schrittweite $t_k := t_{\text{perf}} > 0$ im Punkt $\boldsymbol{x}^k$ in Richtung $\boldsymbol{d}^k$, $\boldsymbol{d}^k := -\nabla f(\boldsymbol{x}^k)$ und $\nabla f(\boldsymbol{x}^k) \neq \boldsymbol{0}$ für alle $k \in \mathbb{N}$ erzeugte Folge. Dann gilt

$$f(\boldsymbol{x}^{k+1}) - f(\boldsymbol{x}^*) \leq \left(\frac{\lambda_{\max}(Q) - \lambda_{\min}(Q)}{\lambda_{\max}(Q) + \lambda_{\min}(Q)}\right)^2 \left(f(\boldsymbol{x}^k) - f(\boldsymbol{x}^*)\right) .$$

Beweis: Wir betrachten die Funktion $\bar{f} : \mathbb{R}^n \to \mathbb{R}$ mit $\bar{f}(\boldsymbol{x}) = \frac{1}{2}\left(\boldsymbol{x} - \boldsymbol{x}^*\right)^T Q\left(\boldsymbol{x} - \boldsymbol{x}^*\right)$. Dann gilt

$$\begin{aligned}
f(\boldsymbol{x}) &= \tfrac{1}{2}\boldsymbol{x}^T Q\boldsymbol{x} + \boldsymbol{b}^T\boldsymbol{x} + a \\
&= \tfrac{1}{2}\left(\boldsymbol{x} - \boldsymbol{x}^*\right)^T Q\left(\boldsymbol{x} - \boldsymbol{x}^*\right) + \left(\boldsymbol{x}^*\right)^T Q\boldsymbol{x} - \tfrac{1}{2}\left(\boldsymbol{x}^*\right)^T Q\boldsymbol{x}^* + \left(-Q\boldsymbol{x}^*\right)^T\boldsymbol{x} + a \\
&= \bar{f}(\boldsymbol{x}) - \tfrac{1}{2}\left(\boldsymbol{x}^*\right)^T Q\boldsymbol{x}^* + a \\
&= \bar{f}(\boldsymbol{x}) + f(\boldsymbol{x}^*) .
\end{aligned}$$

Somit unterscheiden sich die beiden Funktionen f und $\bar{f}$ nur durch die additive Konstante $f(\boldsymbol{x}^*)$, und es kann o. B. d. A. $\boldsymbol{b} = \boldsymbol{0}$, $a = 0$ und $f(\boldsymbol{x}^*) = 0$ angenommen werden.

Weiterhin seien $\lambda_1 \leq \cdots \leq \lambda_n$ die Eigenwerte von Q und $\boldsymbol{v}^1, \cdots, \boldsymbol{v}^n$ die zugeordneten orthonormierten Eigenvektoren. Da diese Eigenvektoren eine Basis des $\mathbb{R}^n$ bilden, lässt sich jeder Iterationspunkt mittels $\boldsymbol{x}^k = \sum\limits_{i=1}^n \alpha_i^k \boldsymbol{v}^i$ mit $\alpha_i^k \in \mathbb{R}$ für alle $i = 1, \cdots, n$ darstellen. Mit $Q\boldsymbol{v}^i = \lambda_i \boldsymbol{v}^i$ folgt

$$f(\boldsymbol{x}^k) = \frac{1}{2}(\boldsymbol{x}^k)^T Q \boldsymbol{x}^k = \frac{1}{2}\sum_{i=1}^n (\alpha_i^k)^2 \lambda_i$$

und nach kurzer Rechnung

$$f(\boldsymbol{x}^k - tQ\boldsymbol{x}^k) = \frac{1}{2}\sum_{i=1}^n (\alpha_i^k)^2 \lambda_i (1 - t\lambda_i)^2$$

für alle $t > 0$. Mit t_{perf} in $\boldsymbol{x}^k$ ergibt sich für die konstante Schrittweite $\bar{t} = \frac{2}{\lambda_n + \lambda_1}$

$$f(\boldsymbol{x}^k - t_{\text{perf}} Q\boldsymbol{x}^k) \leq f(\boldsymbol{x}^k - \bar{t} Q\boldsymbol{x}^k) = \frac{1}{2}\sum_{i=1}^n (\alpha_i^k)^2 \lambda_i \left(\frac{\lambda_n + \lambda_1 - 2\lambda_i}{\lambda_n + \lambda_1}\right)^2 .$$

Mit $\max\limits_{i=1,\cdots,n} \left(\frac{\lambda_n+\lambda_1-2\lambda_i}{\lambda_n+\lambda_1}\right)^2 = \left(\frac{\lambda_n-\lambda_1}{\lambda_n+\lambda_1}\right)^2$ folgt

$$\begin{aligned} f(\boldsymbol{x}^{k+1}) - f(\boldsymbol{x}^*) &= f(\boldsymbol{x}^k - t_{\text{perf}} Q\boldsymbol{x}^k) - f(\boldsymbol{x}^*) \\ &\leq \tfrac{1}{2}\sum_{i=1}^n (\alpha_i^k)^2 \lambda_i \left(\tfrac{\lambda_n+\lambda_1-2\lambda_i}{\lambda_n+\lambda_1}\right)^2 - f(\boldsymbol{x}^*) \\ &\leq \left(\tfrac{\lambda_n-\lambda_1}{\lambda_n+\lambda_1}\right)^2 \left(\tfrac{1}{2}\sum_{i=1}^n (\alpha_i^k)^2 \lambda_i - f(\boldsymbol{x}^*)\right) \end{aligned}$$

und somit $f(\boldsymbol{x}^{k+1}) - f(\boldsymbol{x}^*) \leq \left(\frac{\lambda_{\max}(Q)-\lambda_{\min}(Q)}{\lambda_{\max}(Q)+\lambda_{\min}(Q)}\right)^2 \left(f(\boldsymbol{x}^k) - f(\boldsymbol{x}^*)\right)$. □

Wie das Beispiel aus Aufgabe 3.11 zeigt, ist die Abschätzung aus Satz 3.15 bestmöglich. Mit der *spektralen Konditionszahl* $\kappa := \kappa(Q) = \frac{\lambda_{\max}(Q)}{\lambda_{\min}(Q)}$ (für die positiv definite Matrix Q) lässt sich diese Abschätzung auch wie folgt formulieren:

$$f(\boldsymbol{x}^{k+1}) - f(\boldsymbol{x}^*) \leq \left(\frac{\kappa - 1}{\kappa + 1}\right)^2 \left(f(\boldsymbol{x}^k) - f(\boldsymbol{x}^*)\right) .$$

Somit gilt unter den Voraussetzungen des Satzes 3.15 Q-lineare Konvergenz für die Folge der Funktionswerte $\{f(\boldsymbol{x}^k)\}_{k\in\mathbb{N}}$. Für die Folge der Iterierten $\{\boldsymbol{x}^k\}_{k\in\mathbb{N}}$ folgt hieraus mit Satz 3.3 aber nur die R-lineare Konvergenz (siehe auch Aufgabe 3.10). Die Konvergenz des Verfahrens des steilsten Abstiegs mit perfekter Schrittweite bei streng konvexer quadratischer Zielfunktion $f(\boldsymbol{x}) = \frac{1}{2}\boldsymbol{x}^T Q \boldsymbol{x} + \boldsymbol{b}^T \boldsymbol{x} + a$ ist also umso langsamer, je größer die spektrale Konditionszahl der Matrix Q ist. Für $\kappa = 1000$ ergibt sich beispielsweise als Konvergenzfaktor $\left(\frac{\kappa-1}{\kappa+1}\right)^2 \approx 0.996$.
Die Aussage des Satzes 3.15 lässt sich lokal auf den Fall nichtquadratischer Funktionen

$f \in C^{2,L}(\mathbb{R}^n, \mathbb{R})$ übertragen (siehe Spellucci (1993), Satz 3.1.9). Dabei sind $\lambda_{\max}(Q)$ bzw. $\lambda_{\min}(Q)$ durch obere bzw. untere Schranken des größten bzw. kleinsten Eigenwertes der symmetrisch positiv definiten Hesse-Matrizen $\nabla^2 f(\boldsymbol{x})$ für alle $\boldsymbol{x}$ aus einer gewissen Kugel um das lokale Minimum $\boldsymbol{x}^*$ zu ersetzen und eine asymptotisch perfekte Schrittweitenfolge (siehe Abschnitt 3.4.1) zu wählen.
Es sei erwähnt, dass beim Verfahren des steilsten Abstiegs mit perfekter Schrittweite $\nabla f(\boldsymbol{x}^k)^T \nabla f(\boldsymbol{x}^{k+1}) = 0$ für zwei aufeinanderfolgende Iterationspunkte $\boldsymbol{x}^k$ und $\boldsymbol{x}^{k+1}$ gilt (siehe Aufgabe 3.7) und damit die Abstiegsrichtungen paarweise zueinander orthogonal sind.

Wir wollen im Folgenden hinreichende Bedingungen zur Sicherung der Konvergenz von Abstiegsverfahren auch für den Fall betrachten, dass die in einem Iterationspunkt gewählte Abstiegsrichtung bzw. Schrittweite nicht notwendig die Richtung des steilsten Abstiegs bzw. die perfekte Schrittweite ist. Dabei stehen die folgenden zwei Fragen im Mittelpunkt unserer Betrachtungen:

- Welche Forderungen sind an die Abstiegsrichtungen zur Sicherung der Konvergenz von Abstiegsverfahren zu stellen?
- Wie kann die perfekte Schrittweite durch andere Schrittweitenstrategien ersetzt werden, die auch für nichtquadratische Zielfunktionen mit geringem Aufwand implementierbar und durchführbar sind?

3.3.2 Zur Konvergenz allgemeiner Abstiegsverfahren

Wir betrachten die in Lemma 3.9 formulierte hinreichende Bedingung $\nabla f(\boldsymbol{x})^T \boldsymbol{d} < 0$ für das Vorliegen einer Abstiegsrichtung $\boldsymbol{d}$ von f in $\boldsymbol{x}$. Geometrisch bedeutet dies, dass der Winkel zwischen der Abstiegsrichtung $\boldsymbol{d}$ und der negativen Gradientenrichtung $\nabla f(\boldsymbol{x})$ kleiner als $\frac{\pi}{2}$ ist. Um Konvergenz von Abstiegsverfahren zu garantieren, erscheint es daher naheliegend (siehe auch die abschließende Bemerkung im Beispiel 3.13), diese Winkelbedingung für alle Iterationen $\boldsymbol{x}^k$ und alle gewählten Abstiegsrichtungen $\boldsymbol{d}^k$ zu fordern.

Definition 3.16 ((Streng) gradientenähnliche Richtungen)
Es seien $f \in C^1(\mathbb{R}^n, \mathbb{R})$ und $\{\boldsymbol{x}^k\}_{k\in\mathbb{N}} \subset \mathbb{R}^n$ mit $\nabla f(\boldsymbol{x}^k) \neq \boldsymbol{0}$ für alle $k \in \mathbb{N}$.

- Eine Folge $\{\boldsymbol{d}^k\}_{k\in\mathbb{N}} \subset \mathbb{R}^n$ heißt *gradientenähnlich* und ihre Elemente heißen *gradientenähnliche Richtungen* bezüglich f und $\{\boldsymbol{x}^k\}_{k\in\mathbb{N}}$, wenn eine von $\boldsymbol{x}^k$ und $\boldsymbol{d}^k$ unabhängige Konstante $\mu > 0$ existiert mit $-\dfrac{\nabla f(\boldsymbol{x}^k)^T \boldsymbol{d}^k}{\|\nabla f(\boldsymbol{x}^k)\| \|\boldsymbol{d}^k\|} \geq \mu$ für alle $\boldsymbol{x}^k$ und $\boldsymbol{d}^k$.
- Eine Folge $\{\boldsymbol{d}^k\}_{k\in\mathbb{N}} \subset \mathbb{R}^n$ heißt *streng gradientenähnlich* und ihre Elemente heißen *streng gradientenähnliche Richtungen* bezüglich f und $\{\boldsymbol{x}^k\}_{k\in\mathbb{N}}$, wenn von $\boldsymbol{x}^k$ und

$\boldsymbol{d}^k$ unabhängige Konstanten $\mu_1, \mu_2 > 0$ existieren mit $\mu_1 \|\nabla f(\boldsymbol{x}^k)\|^2 \leq -\nabla f(\boldsymbol{x}^k)^T \boldsymbol{d}^k$ sowie $\|\boldsymbol{d}^k\| \leq \mu_2 \|\nabla f(\boldsymbol{x}^k)\|$ für alle $\boldsymbol{x}^k$ und $\boldsymbol{d}^k$.

Offensichtlich ist jede streng gradientenähnliche Folge auch gradientenähnlich. Die Menge

$$\left\{\boldsymbol{d} \in \mathbb{R}^n \;\middle|\; -\nabla f(\boldsymbol{x})^T \boldsymbol{d} \geq \mu \|\nabla f(\boldsymbol{x})\| \|\boldsymbol{d}\| \right\}$$

bildet für festes $\boldsymbol{x} \in \mathbb{R}^n$ mit $\nabla f(\boldsymbol{x}) \neq \boldsymbol{0}$ und $\mu > 0$ einen abgeschlossenen konvexen Kegel (siehe Aufgabe 3.15), den wir als *Abstiegskegel von f bzgl. $\boldsymbol{x}$ und μ* bezeichnen werden. Es seien $f \in C^1(\mathbb{R}^n, \mathbb{R})$, $\boldsymbol{x}^k \in \mathbb{R}^n$ der aktuelle Iterationspunkt eines auf den Prinzipalgorithmus 2 basierenden Abstiegsverfahrens und $\boldsymbol{d}^k$ die in $\boldsymbol{x}^k$ gewählte Abstiegsrichtung mit $\nabla f(\boldsymbol{x}^k)^T \boldsymbol{d}^k < 0$. Wie bereits erwähnt, lässt sich i. Allg. die zugehörige perfekte Schrittweite t_{perf} nur näherungsweise bestimmen. Daher ist es unser Ziel, Schrittweiten $t_k > 0$ zu bestimmen, sodass $f(\boldsymbol{x}^k + t_k \boldsymbol{d}^k)$ gegenüber $f(\boldsymbol{x}^k)$ einen für die Konvergenz des Verfahrens hinreichenden Abstieg garantiert. Das folgende Lemma liefert für gewisse $t > 0$ eine Abschätzung der Differenz $f(\boldsymbol{x} + t\boldsymbol{d}) - f(\boldsymbol{x})$ nach oben.

Lemma 3.17
Es seien $f \in C^1(\mathbb{R}^n, \mathbb{R})$, $\boldsymbol{x} \in \mathbb{R}^n$, $N_f(f(\boldsymbol{x}))$ kompakt, ∇f auf $N_f(f(\boldsymbol{x}))$ Lipschitz-stetig mit Lipschitz-Konstante $L > 0$, $\boldsymbol{d} \in \mathbb{R}^n$ mit $\nabla f(\boldsymbol{x})^T \boldsymbol{d} < 0$. Ferner sei $\hat{t} = \hat{t}(\boldsymbol{x}, \boldsymbol{d})$ die erste Nullstelle der Hilfsfunktion $\varphi : [0, \infty) \to \mathbb{R}$ mit $\varphi(t) := f(\boldsymbol{x} + t\boldsymbol{d}) - f(\boldsymbol{x})$. Dann gilt

$$f(\boldsymbol{x} + t\boldsymbol{d}) \leq f(\boldsymbol{x}) + t \nabla f(\boldsymbol{x})^T \boldsymbol{d} + t^2 \frac{L}{2} \|\boldsymbol{d}\|^2$$

für alle $t \in \left[0, \hat{t}\right]$ mit $-\dfrac{2\nabla f(\boldsymbol{x})^T \boldsymbol{d}}{L \|\boldsymbol{d}\|^2} \leq \hat{t}$.

Beweis: Wir folgen Werner (1992). Für die Hilfsfunktion φ gilt $\varphi(0) = 0$, $\varphi'(t) = \nabla f(\boldsymbol{x} + t\boldsymbol{d})^T \boldsymbol{d}$, $\varphi'(0) < 0$ und somit $\varphi(t) < 0$ für alle hinreichend kleinen $t > 0$. Wegen der Kompaktheit von $N_f(f(\boldsymbol{x}))$ kann $\varphi(t) < 0$ nicht für alle $t \in (0, \infty)$ gelten, womit die Existenz der ersten Nullstelle $\hat{t} > 0$ von φ gezeigt ist, und es gilt $\boldsymbol{x} + t\boldsymbol{d} \in N_f(f(\boldsymbol{x}))$ für alle $t \in \left[0, \hat{t}\right]$. Somit folgt mit der Cauchy-Schwarzschen-Ungleichung und wegen der Lipschitz-Stetigkeit von ∇f auf $N_f(f(\boldsymbol{x}))$

$$\begin{aligned}
f(\boldsymbol{x} + t\boldsymbol{d}) &= f(\boldsymbol{x}) + t \nabla f(\boldsymbol{x})^T \boldsymbol{d} + \int_{s=0}^{t} \left(\nabla f(\boldsymbol{x} + s\boldsymbol{d}) - \nabla f(\boldsymbol{x})\right)^T \boldsymbol{d} \, ds \\
&\leq f(\boldsymbol{x}) + t \nabla f(\boldsymbol{x})^T \boldsymbol{d} + \int_{s=0}^{t} \|\nabla f(\boldsymbol{x} + s\boldsymbol{d}) - \nabla f(\boldsymbol{x})\| \, \|\boldsymbol{d}\| \, ds \\
&\leq f(\boldsymbol{x}) + t \nabla f(\boldsymbol{x})^T \boldsymbol{d} + \int_{s=0}^{t} L s \|\boldsymbol{d}\|^2 \, ds \\
&= f(\boldsymbol{x}) + t \nabla f(\boldsymbol{x})^T \boldsymbol{d} + t^2 \tfrac{L}{2} \|\boldsymbol{d}\|^2
\end{aligned}$$

und damit $-t\nabla f(\boldsymbol{x})^T\boldsymbol{d} - t^2\frac{L}{2}\|\boldsymbol{d}\|^2 \leq f(\boldsymbol{x}) - f(\boldsymbol{x}+t\boldsymbol{d})$ für alle $t \in [0, \hat{t}]$. Für $t = \hat{t} > 0$ folgt aus der letzten Ungleichung $-\hat{t}\nabla f(\boldsymbol{x})^T\boldsymbol{d} - \hat{t}^2\frac{L}{2}\|\boldsymbol{d}\|^2 \leq 0$ und somit $-\dfrac{2\nabla f(\boldsymbol{x})^T\boldsymbol{d}}{L\|\boldsymbol{d}\|^2} \leq \hat{t}$. □

Der folgende Satz liefert eine Abschätzung von $f(\boldsymbol{x}+t\boldsymbol{d}) - f(\boldsymbol{x})$ nach oben, wenn t gleich der (i. Allg. unbekannten) perfekten Schrittweiten t_{perf} gesetzt wird.

Satz 3.18

Es seien $f \in C^1(\mathbb{R}^n, \mathbb{R})$, $\boldsymbol{x} \in \mathbb{R}^n$, $N_f(f(\boldsymbol{x}))$ kompakt, ∇f auf $N_f(f(\boldsymbol{x}))$ Lipschitz-stetig mit Lipschitz-Konstante $L > 0$, $\boldsymbol{d} \in \mathbb{R}^n$ mit $\nabla f(\boldsymbol{x})^T\boldsymbol{d} < 0$. Ferner sei t^* die erste Nullstelle von h' mit $h : [0,\infty) \to \mathbb{R}$ und $h(t) = f(\boldsymbol{x}+t\boldsymbol{d})$. Dann gilt

$$-\frac{\nabla f(\boldsymbol{x})^T\boldsymbol{d}}{L\|\boldsymbol{d}\|^2} \leq t^* \text{ und } f(\boldsymbol{x}+t^*\boldsymbol{d}) \leq f(\boldsymbol{x}) - \frac{1}{2L}\left(\frac{\nabla f(\boldsymbol{x})^T\boldsymbol{d}}{\|\boldsymbol{d}\|}\right)^2 .$$

Beweis: Wir folgen erneut Werner (1992). Für die Funktion h gilt $h'(t) = \nabla f(\boldsymbol{x}+t\boldsymbol{d})^T\boldsymbol{d}$, $h'(0) < 0$ und somit $h'(t) < 0$ für alle hinreichend kleinen $t > 0$. Wegen der Kompaktheit von $N_f(f(\boldsymbol{x}))$ kann $h'(t) < 0$ nicht für alle $t \in (0,\infty)$ gelten, womit die Existenz der ersten positiven Nullstelle $t^* > 0$ von h' gezeigt ist. Die Hilfsfunktion h ist monoton fallend für alle $t \in [0, t^*]$, und es gilt $t^* \leq \hat{t}$, wobei $\hat{t}$ wie in Lemma 3.17 definiert ist. Wegen der Lipschitz-Stetigkeit von ∇f auf $N_f(f(\boldsymbol{x}))$ folgt

$$0 = \nabla f(\boldsymbol{x}+t^*\boldsymbol{d})^T\boldsymbol{d} = \nabla f(\boldsymbol{x})^T\boldsymbol{d} + \left(\nabla f(\boldsymbol{x}+t^*\boldsymbol{d}) - \nabla f(\boldsymbol{x})\right)^T\boldsymbol{d} \leq \nabla f(\boldsymbol{x})^T\boldsymbol{d} + Lt^*\|\boldsymbol{d}\|^2$$

bzw.

$$\tilde{t} := -\frac{\nabla f(\boldsymbol{x})^T\boldsymbol{d}}{L\|\boldsymbol{d}\|^2} \leq t^* .$$

Mit Lemma 3.17 gilt nun abschließend

$$\begin{aligned} f(\boldsymbol{x}+t^*\boldsymbol{d}) &\leq f(x+\tilde{t}\boldsymbol{d}) \leq f(\boldsymbol{x}) + \tilde{t}\nabla f(\boldsymbol{x})^T\boldsymbol{d} + \tilde{t}^2\frac{L}{2}\|\boldsymbol{d}\|^2 \\ &= f(\boldsymbol{x}) - \frac{\nabla f(\boldsymbol{x})^T\boldsymbol{d}}{L\|\boldsymbol{d}\|^2}\nabla f(\boldsymbol{x})^T\boldsymbol{d} + \left(\frac{\nabla f(\boldsymbol{x})^T\boldsymbol{d}}{L\|\boldsymbol{d}\|^2}\right)^2\frac{L}{2}\|\boldsymbol{d}\|^2 \\ &= f(\boldsymbol{x}) - \frac{1}{2L}\left(\frac{\nabla f(\boldsymbol{x})^T\boldsymbol{d}}{\|\boldsymbol{d}\|}\right)^2 . \end{aligned}$$

□

Die Aussage des Satzes 3.18 ist Motivation für die folgende Definition (siehe auch Kosmol (1993) sowie Warth und Werner (1977)).

Definition 3.19
Es seien $f \in C^1(\mathbb{R}^n, \mathbb{R})$ und $\operatorname{Desc} f \subset \mathbb{R}^n \times \mathbb{R}^n$ die Menge aller Paare $(\boldsymbol{x}, \boldsymbol{d})$ mit $\nabla f(\boldsymbol{x})^T \boldsymbol{d} < 0$.

- Eine Funktion $\mathcal{T}$, die jedem Paar $(\boldsymbol{x}, \boldsymbol{d}) \in \operatorname{Desc} f$ eine Teilmenge $\mathcal{T} = \mathcal{T}(\boldsymbol{x}, \boldsymbol{d})$ des $\mathbb{R}^+$ zuordnet, heißt *Schrittweitenstrategie.*
- Eine Schrittweitenstrategie $\mathcal{T}$ heißt *wohldefiniert*, wenn $\mathcal{T}(\boldsymbol{x}, \boldsymbol{d}) \neq \emptyset$ für alle Paare $(\boldsymbol{x}, \boldsymbol{d}) \in \operatorname{Desc} f$ gilt.
- Eine wohldefinierte Schrittweitenstrategie $\mathcal{T}$ heißt *effizient* bzgl. f, wenn für alle $(\boldsymbol{x}, \boldsymbol{d}) \in \operatorname{Desc} f$ eine von $\boldsymbol{x}$ und $\boldsymbol{d}$ unabhängige Konstante $\nu > 0$ existiert mit
$$f(\boldsymbol{x} + t\boldsymbol{d}) \leq f(\boldsymbol{x}) - \nu \left(\frac{\nabla f(\boldsymbol{x})^T \boldsymbol{d}}{\|\boldsymbol{d}\|} \right)^2$$
für alle $t \in \mathcal{T}(\boldsymbol{x}, \boldsymbol{d})$.
- Eine wohldefinierte Schrittweitenstrategie $\mathcal{T}$ heißt *semi-effizient* bzgl. f, wenn für alle $(\boldsymbol{x}, \boldsymbol{d}) \in \operatorname{Desc} f$ zwei von $\boldsymbol{x}$ und $\boldsymbol{d}$ unabhängige Konstanten $\nu_1 > 0$ und $\nu_2 > 0$ existieren mit
$$f(\boldsymbol{x} + t\boldsymbol{d}) \leq f(\boldsymbol{x}) - \min \left\{ \nu_1 \left(\frac{\nabla f(\boldsymbol{x})^T \boldsymbol{d}}{\|\boldsymbol{d}\|} \right)^2, \; \nu_2 \left(-\nabla f(\boldsymbol{x})^T \boldsymbol{d} \right) \right\}$$
für alle $t \in \mathcal{T}(\boldsymbol{x}, \boldsymbol{d})$.

Wir nennen eine Schrittweite $t \in \mathcal{T}(\boldsymbol{x}, \boldsymbol{d}) \neq \emptyset$ selbst *effizient* bzw. *semi-effizient*, wenn $\mathcal{T}$ *effizient* bzw. *semi-effizient* ist.

Offensichtlich ist mit dieser Definition die perfekte Schrittweite (unter den Voraussetzungen des Satzes 3.18) effizient und jede effiziente Schrittweitenstrategie auch semi-effizient. Das folgende Lemma zeigt, dass die Kombination von gradientenähnlichen Abstiegsrichtungen und effizienten Schrittweiten bzw. von streng gradientenähnlichen Abstiegsrichtungen und semi-effizienten Schrittweiten für den Prinzipalgorithmus 2 einen gewissen Mindestabstieg in jedem Iterationsschritt garantiert.

Lemma 3.20
Es seien $f \in C^1(\mathbb{R}^n, \mathbb{R})$ und $\{\boldsymbol{x}^k\}_{k \in \mathbb{N}}$ eine durch den Algorithmus 2 erzeugte Folge. Wenn entweder die zugehörige Folge der $\{\boldsymbol{d}^k\}_{k \in \mathbb{N}}$ gradientenähnlich und die zugehörigen Schrittweiten t_k effizient sind oder die zugehörige Folge der $\{\boldsymbol{d}^k\}_{k \in \mathbb{N}}$ streng gradientenähnlich und die zugehörigen Schrittweiten t_k semi-effizient sind, dann existiert eine Konstante $\gamma > 0$, sodass für alle $k \in \mathbb{N}$ die folgende Abstiegsbedingung gilt:
$$f(\boldsymbol{x}^{k+1}) \leq f(\boldsymbol{x}^k) - \gamma \|\nabla f(\boldsymbol{x}^k)\|^2 \, . \tag{3.6}$$

Beweis: Wir betrachten zunächst den Fall gradientenähnlicher Abstiegsrichtungen und effizienter Schrittweiten. Aus der Effizienz der Schrittweiten t_k folgt die Existenz einer Konstanten $\nu > 0$ mit

$$f(\boldsymbol{x}^k) - f(\boldsymbol{x}^{k+1}) = f(\boldsymbol{x}^k) - f(\boldsymbol{x}^k + t_k \boldsymbol{d}^k) \geq \nu \left(\frac{\nabla f(\boldsymbol{x}^k)^T \boldsymbol{d}^k}{\|\boldsymbol{d}^k\|} \right)^2$$

für alle $k \in \mathbb{N}$. Da weiterhin die Abstiegsrichtungen $\boldsymbol{d}^k$ gradientenähnlich für alle $k \in \mathbb{N}$ sind, existiert eine Konstante $\mu > 0$ mit $-\dfrac{\nabla f(\boldsymbol{x}^k)^T \boldsymbol{d}^k}{\|\boldsymbol{d}^k\|} \geq \mu \|\nabla f(\boldsymbol{x}^k)\|$ für alle $\boldsymbol{x}^k$ und alle $\boldsymbol{d}^k$. Somit folgt $f(\boldsymbol{x}^k) - f(\boldsymbol{x}^{k+1}) \geq \gamma \|\nabla f(\boldsymbol{x}^k)\|^2$ mit $\gamma := \nu\mu^2 > 0$ für alle $k \in \mathbb{N}$. Im Fall streng gradientenähnlicher Abstiegsrichtungen und semi-effizienter Schrittweiten folgt aus der Semi-Effizienz der Schrittweiten t_k die Existenz zweier Konstanten $\nu_1, \nu_2 > 0$ mit

$$f(\boldsymbol{x}^k) - f(\boldsymbol{x}^{k+1}) = f(\boldsymbol{x}^k) - f(\boldsymbol{x}^k + t_k \boldsymbol{d}^k) \geq \min \left\{ \nu_1 \left(\frac{\nabla f(\boldsymbol{x}^k)^T \boldsymbol{d}^k}{\|\boldsymbol{d}^k\|} \right)^2, \nu_2 \left(-\nabla f(\boldsymbol{x}^k)^T \boldsymbol{d}^k \right) \right\}$$

für alle $k \in \mathbb{N}$. Wegen der strengen Gradientenähnlichkeit der $\boldsymbol{d}^k$ für alle $k \in \mathbb{N}$ existieren Konstanten $\mu_1, \mu_2 > 0$ mit $\mu_1 \|\nabla f(\boldsymbol{x}^k)\|^2 \leq -\nabla f(\boldsymbol{x}^k)^T \boldsymbol{d}^k$ sowie $\|\boldsymbol{d}^k\| \leq \mu_2 \|\nabla f(\boldsymbol{x}^k)\|$ für alle $\boldsymbol{x}^k$ und alle $\boldsymbol{d}^k$. Somit folgt

$$\begin{aligned} \nu_1 \left(\frac{\nabla f(\boldsymbol{x}^k)^T \boldsymbol{d}^k}{\|\boldsymbol{d}^k\|} \right)^2 &\geq \nu_1 \left(\frac{\mu_1 \|\nabla f(\boldsymbol{x}^k)\|^2}{\mu_2 \|\nabla f(\boldsymbol{x}^k)\|} \right)^2 = \nu_1 \left(\frac{\mu_1}{\mu_2} \right)^2 \|\nabla f(\boldsymbol{x}^k)\|^2 , \\ \nu_2 \left(-\nabla f(\boldsymbol{x}^k)^T \boldsymbol{d}^k \right) &\geq \nu_2 \mu_1 \|\nabla f(\boldsymbol{x}^k)\|^2 \end{aligned}$$

und schließlich $f(\boldsymbol{x}^k) - f(\boldsymbol{x}^{k+1}) \geq \gamma \|\nabla f(\boldsymbol{x}^k)\|^2$ mit $\gamma := \min \left\{ \nu_1 \left(\dfrac{\mu_1}{\mu_2} \right)^2, \ \nu_2 \mu_1 \right\} > 0$ für alle $k \in \mathbb{N}$. □

Das folgende Lemma wird für den Beweis des Konvergenzsatzes 3.22 benötigt.

Lemma 3.21
Es seien $f \in C^1(\mathbb{R}^n, \mathbb{R})$, $\{\boldsymbol{x}^k\}_{k \in \mathbb{N}}$ eine durch den Algorithmus 2 erzeugte Folge, und es gelte die Abstiegsbedingung (3.6) für alle $k \in \mathbb{N}$, dann ist jeder Häufungspunkt der Folge $\{\boldsymbol{x}^k\}_{k \in \mathbb{N}}$ ein stationärer Punkt.

Beweis: Es konvergiere die Teilfolge $\{\boldsymbol{x}^{k_l}\}_{l \in \mathbb{N}}$ gegen $\boldsymbol{x}^*$. Dann folgt $\lim\limits_{l \to \infty} f(\boldsymbol{x}^{k_l}) = f(\boldsymbol{x}^*)$. Wegen der Monotonie der Folge $\{f(\boldsymbol{x}^k)\}_{k \in \mathbb{N}}$ ergibt sich $\lim\limits_{k \to \infty} f(\boldsymbol{x}^k) = f(\boldsymbol{x}^*)$, hieraus $\lim\limits_{k \to \infty} \left(f(\boldsymbol{x}^k) - f(\boldsymbol{x}^{k+1}) \right) = 0$ sowie mit (3.6) unmittelbar $\lim\limits_{k \to \infty} \|\nabla f(\boldsymbol{x}^k)\| = 0$. □

Es folgt ein erster Konvergenzsatz für Abstiegsverfahren mit Schrittweitenstrategien.

Satz 3.22 (Ortega und Rheinboldt (1970), Schwetlick (1979))
Es seien $f \in C^2(\mathbb{R}^n, \mathbb{R})$, $\{\boldsymbol{x}^k\}_{k\in\mathbb{N}}$ eine durch den Algorithmus 2 erzeugte Folge, $\mathcal{N}_f(f(\boldsymbol{x}^0))$ eine konvexe Menge, f eine über $\mathcal{N}_f(f(\boldsymbol{x}^0))$ gleichmäßig konvexe Funktion, und es gelte die Abstiegsbedingung (3.6) für alle $k \in \mathbb{N}$, dann konvergieren die Folge $\{\boldsymbol{x}^k\}_{k\in\mathbb{N}}$ R-linear gegen die eindeutig bestimmte globale Minimalstelle $\boldsymbol{x}^*$ und die Folge $\{f(\boldsymbol{x}^k)\}_{k\in\mathbb{N}}$ Q-linear gegen $f(\boldsymbol{x}^*)$.

Beweis: Aus der gleichmäßigen Konvexität von f über der konvexen Menge $\mathcal{N}_f(f(\boldsymbol{x}^0))$ und $f \in C^2(\mathbb{R}^n, \mathbb{R})$ folgt analog der Beweisführung im Beweis von Satz 1.75 (b) die Kompaktheit von $\mathcal{N}_f(f(\boldsymbol{x}^0))$ und dadurch die Existenz der eindeutig bestimmten globalen Minimalstelle $\boldsymbol{x}^*$ mit $\nabla f(\boldsymbol{x}^*) = \boldsymbol{0}$. Mit der Monotonie von $\{f(\boldsymbol{x}^k)\}_{k\in\mathbb{N}}$ und der Beschränktheit der Funktion f nach unten durch $f(\boldsymbol{x}^*)$ folgt die Konvergenz der Folge $\{f(\boldsymbol{x}^k)\}_{k\in\mathbb{N}}$ und somit $\lim\limits_{k\to\infty} \left(f(\boldsymbol{x}^k) - f(\boldsymbol{x}^{k+1})\right) = 0$. Wegen der Kompaktheit der Menge $\mathcal{N}_f(f(\boldsymbol{x}^0))$ enthält die Iterationsfolge $\{\boldsymbol{x}^k\}_{k\in\mathbb{N}} \subset \mathcal{N}_f(f(\boldsymbol{x}^0))$ eine in $\mathcal{N}_f(f(\boldsymbol{x}^0))$ konvergente Teilfolge und damit einen Häufungspunkt $\bar{\boldsymbol{x}} \in \mathcal{N}_f(f(\boldsymbol{x}^0))$. Mit Lemma 3.21 folgt $\nabla f(\bar{\boldsymbol{x}}) = \boldsymbol{0}$ und hieraus $\bar{\boldsymbol{x}} = \boldsymbol{x}^*$ bzw. $\lim\limits_{k\to\infty} f(\boldsymbol{x}^k) = f(\boldsymbol{x}^*)$ wegen Satz 2.3. Mit Satz 1.73 (c) gilt $\boldsymbol{d}^T\nabla^2 f(\boldsymbol{x})\boldsymbol{d} > 0$ für alle $\boldsymbol{x} \in \mathcal{N}_f(f(\boldsymbol{x}^0))$ und alle $\boldsymbol{d} \in \mathbb{R}^n \setminus \{\boldsymbol{0}\}$. Infolge der Kompaktheit von $\mathcal{N}_f(f(\boldsymbol{x}^0))$ liegen die Eigenwerte von $\nabla^2 f(\boldsymbol{x})$ für alle $\boldsymbol{x} \in \mathcal{N}_f(f(\boldsymbol{x}^0))$ in einem Intervall $[\lambda, \Lambda]$ mit $0 < \lambda \leq \Lambda < \infty$. Also gilt $\lambda\|\boldsymbol{d}\|^2 \leq \boldsymbol{d}^T\nabla^2 f(\boldsymbol{x})\boldsymbol{d} \leq \Lambda\|\boldsymbol{d}\|^2$ für alle $\boldsymbol{x} \in \mathcal{N}_f(f(\boldsymbol{x}^0))$ und alle $\boldsymbol{d} \in \mathbb{R}^n$. Wegen $\nabla f(\boldsymbol{x}^*) = \boldsymbol{0}$ folgt

$$\frac{\lambda}{2}\|\boldsymbol{x}^k - \boldsymbol{x}^*\|^2 \leq f(\boldsymbol{x}^k) - f(\boldsymbol{x}^*) \leq \frac{\Lambda}{2}\|\boldsymbol{x}^k - \boldsymbol{x}^*\|^2 .$$

Mit der Cauchy-Schwarzschen-Ungleichung, dem Mittelwertsatz in der Integralform angewendet auf ∇f und aus $\nabla f(\boldsymbol{x}^*) = \boldsymbol{0}$ folgt

$$\begin{aligned}
\left\|\nabla f(\boldsymbol{x}^k) - \nabla f(\boldsymbol{x}^*)\right\| \left\|\boldsymbol{x}^k - \boldsymbol{x}^*\right\| &\geq \left(\nabla f(\boldsymbol{x}^k) - \nabla f(\boldsymbol{x}^*)\right)^T \left(\boldsymbol{x}^k - \boldsymbol{x}^*\right) \\
&= \int\limits_{t=0}^{1} \left(\boldsymbol{x}^k - \boldsymbol{x}^*\right)^T \nabla^2 f\left(\boldsymbol{x}^* + t\left(\boldsymbol{x}^k - \boldsymbol{x}^*\right)\right)\left(\boldsymbol{x}^k - \boldsymbol{x}^*\right) dt \\
&\geq \int\limits_{t=0}^{1} \lambda \left\|\boldsymbol{x}^k - \boldsymbol{x}^*\right\|^2 dt \\
&= \lambda \left\|\boldsymbol{x}^k - \boldsymbol{x}^*\right\|^2 \geq 0
\end{aligned}$$

bzw.

$$\lambda \left\|\boldsymbol{x}^k - \boldsymbol{x}^*\right\| \leq \left\|\nabla f(\boldsymbol{x}^k)\right\| .$$

Mit diesen Abschätzungen und der Abstiegsbedingung (3.6) ergibt sich

$$\begin{aligned}
0 &< f(\boldsymbol{x}^{k+1}) - f(\boldsymbol{x}^*) = f(\boldsymbol{x}^k) - f(\boldsymbol{x}^*) + f(\boldsymbol{x}^{k+1}) - f(\boldsymbol{x}^k) \\
&\leq f(\boldsymbol{x}^k) - f(\boldsymbol{x}^*) - \gamma\|\nabla f(\boldsymbol{x}^k)\|^2 \leq f(\boldsymbol{x}^k) - f(\boldsymbol{x}^*) - \gamma\lambda^2\|\boldsymbol{x}^k - \boldsymbol{x}^*\|^2 \\
&\leq f(\boldsymbol{x}^k) - f(\boldsymbol{x}^*) - \tfrac{2\gamma\lambda^2}{\Lambda}(f(\boldsymbol{x}^k) - f(\boldsymbol{x}^*)) = (1 - \tfrac{2\gamma\lambda^2}{\Lambda})(f(\boldsymbol{x}^k) - f(\boldsymbol{x}^*)).
\end{aligned}$$

Wegen $f(\boldsymbol{x}^k) - f(\boldsymbol{x}^*) > 0$ und $\frac{2\gamma\lambda^2}{\Lambda} > 0$ folgt $1 - \frac{2\gamma\lambda^2}{\Lambda} \in (0, 1)$ und somit die Q-lineare Konvergenz der Funktionswerte sowie mit Satz 3.4 (a) auch die R-lineare Konvergenz für die Iterationspunkte. □

Eine Folge $\{\boldsymbol{d}^k\}_{k\in\mathbb{N}} \subset \mathbb{R}^n$ erfüllt die *Zoutendijk-Bedingung*, wenn gilt:

$$\sum_{k=0}^{\infty} \left(\frac{\nabla f(\boldsymbol{x}^k)^T \boldsymbol{d}^k}{\|\nabla f(\boldsymbol{x}^k)\| \|\boldsymbol{d}^k\|} \right)^2 = \infty \,. \tag{3.7}$$

Offensichtlich erfüllt jede gradientenähnliche Folge $\{\boldsymbol{d}^k\}_{k\in\mathbb{N}}$ die Zoutendijk-Bedingung. Wir bemerken, dass die Konvergenz der Folge der Iterationspunkte $\left\{\boldsymbol{x}^k\right\}_{k\in\mathbb{N}}$ gegen die Minimalstelle $\boldsymbol{x}^*$ im Satz 3.22 noch garantiert werden kann, wenn die Abstiegsbedingung (3.6) durch die Kombination der Zoutendijk-Bedingung mit einer effizienten Schrittweitenwahl ersetzt wird (siehe z. B. Geiger und Kanzow (1999)). Jedoch kann in diesem Fall die R-lineare Konvergenz der Folge der Iterationspunkte nicht mehr gewährleistet werden (siehe Aufgabe 3.8 (e)). Ohne die gleichmäßige Konvexität liefert die Zoutendijk-Bedingung nur eine sehr schwache Konvergenzaussage (siehe Lemma 3.23). Für den Konvergenzbeweis bei einem modifizierten Quasi-Newton-Verfahren (siehe Abschnitt 3.5) ist sie aber von Bedeutung.

Lemma 3.23

Es seien $f \in C^1(\mathbb{R}^n, \mathbb{R})$ nach unten beschränkt und $\{\boldsymbol{x}^k\}_{k\in\mathbb{N}}$ eine durch den Algorithmus 2 erzeugte Folge. Erfüllt die zugehörige Folge $\{\boldsymbol{d}^k\}_{k\in\mathbb{N}}$ die Zoutendijk-Bedingung (3.7) und ist die Folge der Schrittweiten $\{t_k\}_{k\in\mathbb{N}}$ effizient für alle $k \in \mathbb{N}$, dann existiert eine Teilfolge $\{\boldsymbol{x}^{k(l)}\}_{l\in\mathbb{N}}$ mit $\lim\limits_{l\to\infty} \nabla f(\boldsymbol{x}^{k(l)}) = 0$.

Beweis: Wir führen den Beweis indirekt. Angenommen es gibt keine solche Teilfolge, dann existiert ein $\varepsilon > 0$ mit $\|\nabla f(\boldsymbol{x}^k)\| \geq \varepsilon$ für alle $k \in \mathbb{N}$. Wegen der Effizienz der Schrittweite und der Zoutendijk-Bedingung gilt für Konstanten $C > 0, \nu > 0$

$$f(\boldsymbol{x}^k) - f(\boldsymbol{x}^{k+1}) \geq \nu \frac{\nabla f(\boldsymbol{x}^k)^T \boldsymbol{d}^k}{\|\nabla f(\boldsymbol{x}^k)\|^2 \|\boldsymbol{d}^k\|^2} \|\nabla f(\boldsymbol{x}^k)\|^2 \geq \nu C \varepsilon^2$$

für alle $k \in \mathbb{N}$. Hieraus folgt durch Addition dieser Ungleichungen von $k = 0, ..., m$ die Ungleichung $f(\boldsymbol{x}^0) - f(\boldsymbol{x}^{m+1}) \geq (m+1)\nu C\varepsilon^2$. Die Folge der Funktionswerte ist nach unten durch ein $b \in \mathbb{R}$ beschränkt. Damit folgt für $m \to \infty$ der Widerspruch

$$\infty > -b + f(\boldsymbol{x}^0) \geq f(\boldsymbol{x}^0) - f(\boldsymbol{x}^{m+1}) \geq (m+1)\nu C\varepsilon^2 \to \infty.$$

□

Wir möchten an dieser Stelle nochmals auf die Konvergenzaussage des Satzes 3.15 für eine streng konvexe quadratische Zielfunktion und die daraus resultierende R-lineare

Konvergenz der Folge $\{\boldsymbol{x}^k\}_{k\in\mathbb{N}}$ gegen die eindeutig bestimmte globale Minimalstelle zurückkommen. Die Aussage des folgenden Konvergenzsatzes, der besagt, dass bei einer (nicht notwendig quadratischen) Zielfunktion $f \in C^2(\mathbb{R}^n, \mathbb{R})$ unter gewissen Voraussetzungen eine durch den Prinzipalgorithmus 2 erzeugte Folge $\{\boldsymbol{x}^k\}_{k\in\mathbb{N}}$ sogar Q-linear gegen die eindeutig bestimmte globale Minimalstelle $\boldsymbol{x}^*$ konvergiert, wenn $\boldsymbol{d}^k := -\nabla f(\boldsymbol{x}^k)$ und eine (hinreichend kleine) konstante Schrittweite gewählt wird, erscheint in diesem Zusammenhang auf den ersten Blick verblüffend (siehe auch Aufgabe 3.17).

Satz 3.24
Es seien $f \in C^2(\mathbb{R}^n, \mathbb{R})$, $\{\boldsymbol{x}^k\}_{k\in\mathbb{N}}$ eine gemäß $\boldsymbol{x}^{k+1} := \boldsymbol{x}^k + t_k \boldsymbol{d}^k$ mit konstanter Schrittweite $t_k := t > 0$, $\boldsymbol{d}^k := -\nabla f(\boldsymbol{x}^k)$ und $\nabla f(\boldsymbol{x}^k) \neq \boldsymbol{0}$ für alle $k \in \mathbb{N}$ erzeugte Folge, $\mathcal{N}_f(f(\boldsymbol{x}^0))$ eine konvexe Menge und f eine über $\mathcal{N}_f(f(\boldsymbol{x}^0))$ gleichmäßig konvexe Funktion. Dann existiert ein $\bar{t} > 0$, sodass für alle $t \in (0, \bar{t})$ die Folge $\{\boldsymbol{x}^k\}_{k\in\mathbb{N}}$ Q-linear gegen die eindeutig bestimmte globale Minimalstelle $\boldsymbol{x}^*$ konvergiert.

Beweis: Die Kompaktheit der konvexen Menge $\mathcal{N}_f(f(\boldsymbol{x}^0))$ und die Existenz der eindeutig bestimmten globalen Minimalstelle $\boldsymbol{x}^*$ mit $\nabla f(\boldsymbol{x}^*) = \boldsymbol{0}$ folgen analog der Beweisführung im Beweis von Satz 1.75 (b). Mit Satz 1.76 (b) folgt weiterhin wegen $f \in C^2(\mathbb{R}^n, \mathbb{R})$

$$\|\nabla f(\boldsymbol{x}) - \nabla f(\boldsymbol{y})\| \leq L\, \|\boldsymbol{x} - \boldsymbol{y}\|$$

für alle $\boldsymbol{x}, \boldsymbol{y} \in \mathcal{N}_f(f(\boldsymbol{x}^0))$ mit $L = \max\limits_{\boldsymbol{z}\in\mathcal{N}_f(f(\boldsymbol{x}^0))} \{|\lambda_{\min}(\nabla^2 f(\boldsymbol{z}))|, |\lambda_{\max}(\nabla^2 f(\boldsymbol{z}))|\}$. Ist $\hat{t}_k$ jeweils die erste Nullstelle der Funktion $\varphi_k : [0, \infty) \to \mathbb{R}$ mit $\varphi_k(t) := f(\boldsymbol{x}^k + t\boldsymbol{d}^k) - f(\boldsymbol{x}^k)$, dann liefert Lemma 3.17

$$\hat{t}_k \geq -\frac{2\nabla f(\boldsymbol{x})^T \boldsymbol{d}}{L\,\|\boldsymbol{d}\|^2} = \frac{2\nabla f(\boldsymbol{x})^T \nabla f(\boldsymbol{x}^k)}{L\,\|\nabla f(\boldsymbol{x}^k)\|^2} = \frac{2}{L} > 0$$

für alle $k \in \mathbb{N}$. Bei der Wahl einer konstanten Schrittweite t mit $t < \dfrac{2}{L}$ gilt somit $\boldsymbol{x}^k \in \operatorname{int} \mathcal{N}_f(f(\boldsymbol{x}^0))$ für alle $k \geq 1$. Wegen der gleichmäßigen Konvexität der Funktion f über $\mathcal{N}_f(f(\boldsymbol{x}^0))$ existiert nach Satz 1.72 eine Konstante $m > 0$ mit

$$(\nabla f(\boldsymbol{y}) - \nabla f(\boldsymbol{x}))^T (\boldsymbol{y} - \boldsymbol{x}) \geq m\|\boldsymbol{y} - \boldsymbol{x}\|^2$$

für alle $\boldsymbol{x}, \boldsymbol{y} \in \mathcal{N}_f(f(\boldsymbol{x}^0))$ und damit auch für alle $\boldsymbol{x}, \boldsymbol{y} \in \operatorname{int} \mathcal{N}_f(f(\boldsymbol{x}^0))$. Nach dem Beweis von Satz 1.73 und mit Aufgabe 1.1 (a) gilt $\boldsymbol{d}^T \nabla^2 f(\boldsymbol{x}) \boldsymbol{d} \geq m\|\boldsymbol{d}\|^2$ sowie

$$m \leq \lambda_{\min}(\nabla^2 f(\boldsymbol{x})) = |\lambda_{\min}(\nabla^2 f(\boldsymbol{x}))| \leq \max\{|\lambda_{\min}(\nabla^2 f(\boldsymbol{x}))|, |\lambda_{\max}(\nabla^2 f(\boldsymbol{x}))|\} \leq L$$

für alle $\boldsymbol{x} \in \operatorname{int}\mathcal{N}_f(f(\boldsymbol{x}^0))$ und alle $\boldsymbol{d} \in \mathbb{R}^n$. Die Anwendung der Iterationsvorschrift liefert nun

$$\begin{aligned}\|\boldsymbol{x}^{k+1} - \boldsymbol{x}^*\|^2 &= \|\boldsymbol{x}^k - t\nabla f(\boldsymbol{x}^k) - \boldsymbol{x}^*\|^2 = \|\boldsymbol{x}^k - \boldsymbol{x}^* - t(\nabla f(\boldsymbol{x}^k) - \nabla f(\boldsymbol{x}^*))\|^2 \\ &= \|\boldsymbol{x}^k - \boldsymbol{x}^*\|^2 - 2t(\nabla f(\boldsymbol{x}^k) - \nabla f(\boldsymbol{x}^*))^T(\boldsymbol{x}^k - \boldsymbol{x}^*) \\ &\quad + t^2\|\nabla f(\boldsymbol{x}^k) - \nabla f(\boldsymbol{x}^*)\|^2 \\ &\leq \|\boldsymbol{x}^k - \boldsymbol{x}^*\|^2 - 2tm\|\boldsymbol{x}^k - \boldsymbol{x}^*\|^2 + t^2 L^2 \|\boldsymbol{x}^k - \boldsymbol{x}^*\|^2 \\ &= (1 - 2tm + t^2 L^2)\,\|\boldsymbol{x}^k - \boldsymbol{x}^*\|^2\end{aligned}$$

für alle $k \in \mathbb{N}$ und damit für alle konstanten Schrittweiten $t \in (0, \bar{t})$ mit

$$\bar{t} := \min\left\{\frac{2}{L}, \frac{2m}{L^2}\right\} = \frac{2m}{L^2}$$

die Q-lineare Konvergenz der Folge $\{\boldsymbol{x}^k\}_{k\in\mathbb{N}}$ gegen $\boldsymbol{x}^*$. □

Bemerkungen 3.25

(1) Eine Schrittweitenstrategie, die stets einen größeren Abstieg als eine bekannte effiziente (semi-effiziente) Schrittweitenstrategie ermöglicht, ist ebenfalls effizient (semi-effizient).

(2) Die Konvergenzeigenschaften eines Abstiegsalgorithmus mit effizienter bzw. semi-effizienter Schrittweitenstrategie ändern sich nicht, wenn nur in endlich vielen aufeinanderfolgenden Iterationsschritten keine effiziente Schrittweite bzw. keine semi-effiziente Schrittweite gewählt wird („spacer step“, Kosmol (1993), Kap. 6.4). Dabei können auch die konkreten effizienten bzw. semi-effizienten Schrittweitenstrategien ständig gewechselt werden, solange nur endlich viele verschiedene solcher Strategien benutzt werden. ■

3.3.3 Die Armijo- und die Powell-Wolfe-Schrittweitenstrategie

Definition 3.26 (Armijo-Bedingung, Armijo-Schrittweite)
Es seien $f \in C^1(\mathbb{R}^n, \mathbb{R})$, $\boldsymbol{x} \in \mathbb{R}^n$, $\boldsymbol{d} \in \mathbb{R}^n$ mit $\nabla f(\boldsymbol{x})^T\boldsymbol{d} < 0$, $\alpha \in (0,1)$ und $q \in (0,1)$. Eine Schrittweite t erfüllt die *Armijo-Bedingung* (siehe Abb. 3.16), wenn $t \in \mathcal{T}_{\mathrm{A}}(\boldsymbol{x}, \boldsymbol{d})$ gilt mit

$$\mathcal{T}_{\mathrm{A}}(\boldsymbol{x}, \boldsymbol{d}) := \left\{ t \in \mathbb{R} \;\middle|\; \begin{array}{l} t > 0, \\ f(\boldsymbol{x} + t\boldsymbol{d}) \leq f(\boldsymbol{x}) + \alpha t \nabla f(\boldsymbol{x})^T\boldsymbol{d} \end{array} \right\}.$$

Alle Schrittweiten $t \in \mathcal{T}_{\mathrm{A}}(\boldsymbol{x}, \boldsymbol{d})$ bezeichnen wir als *zulässig bzgl. der Armijo-Bedingung.* Die *Armijo-Schrittweite* t_{A} ist definiert als $t_{\mathrm{A}} := q^l > 0$, wobei l die kleinste natürliche Zahl ist, sodass $t_{\mathrm{A}} \in \mathcal{T}_{\mathrm{A}}(\boldsymbol{x}, \boldsymbol{d})$ gilt.

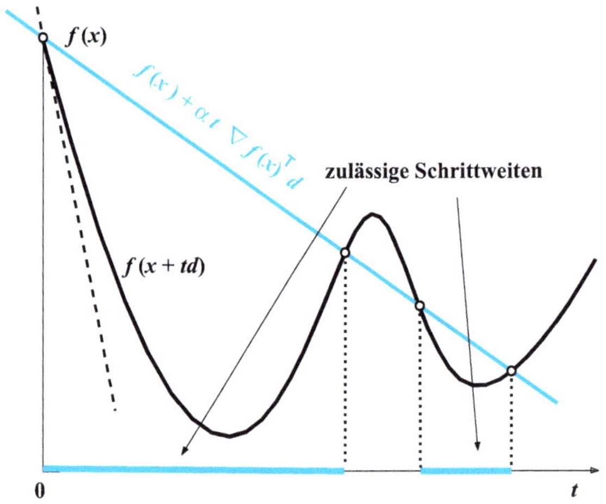

Abb. 3.16 Zulässige Schrittweiten bzgl. der Armijo-Bedingung

Wir beweisen zunächst die Wohldefiniertheit der Armijo-Schrittweite.

Satz 3.27
Es seien $f \in C^1(\mathbb{R}^n, \mathbb{R})$, $\boldsymbol{x} \in \mathbb{R}^n$, $\boldsymbol{d} \in \mathbb{R}^n$ mit $\nabla f(\boldsymbol{x})^T \boldsymbol{d} < 0$, $\alpha \in (0,1)$ und $q \in (0,1)$. Dann existiert ein endliches $l \in \mathbb{N}$ mit $f(\boldsymbol{x} + q^l \boldsymbol{d}) \leq f(\boldsymbol{x}) + \alpha q^l \nabla f(\boldsymbol{x})^T \boldsymbol{d}$.

Beweis: Angenommen, für alle $l \in \mathbb{N}$ gilt $f\left(\boldsymbol{x} + q^l \boldsymbol{d}\right) > f(\boldsymbol{x}) + \alpha q^l \nabla f(\boldsymbol{x})^T \boldsymbol{d}$, dann folgt $\dfrac{f\left(\boldsymbol{x} + q^l \boldsymbol{d}\right) - f(\boldsymbol{x})}{q^l} > \alpha \nabla f(\boldsymbol{x})^T \boldsymbol{d}$. Der Grenzübergang $l \to \infty$ und $q \in (0,1)$ liefert $\nabla f(\boldsymbol{x})^T \boldsymbol{d} \geq \alpha \nabla f(\boldsymbol{x})^T \boldsymbol{d}$ und somit $\nabla f(\boldsymbol{x})^T \boldsymbol{d} \geq 0$ – im Widerspruch zur Voraussetzung $\nabla f(\boldsymbol{x})^T \boldsymbol{d} < 0$. □

Satz 3.28
Es seien $f \in C^1(\mathbb{R}^n, \mathbb{R})$, $\boldsymbol{x} \in \mathbb{R}^n$, $N_f(f(\boldsymbol{x}))$ kompakt, ∇f auf $N_f(f(\boldsymbol{x}))$ Lipschitz-stetig mit Lipschitz-Konstante $L > 0$, $\boldsymbol{d} \in \mathbb{R}^n$ mit $\nabla f(\boldsymbol{x})^T \boldsymbol{d} < 0$, $\alpha \in (0,1)$ und $q \in (0,1)$. Dann existieren für die Armijo-Schrittweite $t_{\mathrm{A}} = q^l$ zwei von $\boldsymbol{x}$ und $\boldsymbol{d}$ unabhängige Konstanten $\nu_1, \nu_2 > 0$ mit

$$f(\boldsymbol{x} + t_{\mathrm{A}} \boldsymbol{d}) \leq f(\boldsymbol{x}) - \min \left\{ \nu_1 \left(\frac{\nabla f(\boldsymbol{x})^T \boldsymbol{d}}{\|\boldsymbol{d}\|} \right)^2,\ \nu_2 \left(-\nabla f(\boldsymbol{x})^T \boldsymbol{d} \right) \right\},$$

d. h. die Armijo-Schrittweite ist für alle $q \in (0,1)$ semi-effizient. Insbesondere gilt

$$t_{\mathrm{A}} \geq q \frac{2\,(\alpha - 1)\, \nabla f(\boldsymbol{x})^T \boldsymbol{d}}{L\, \|\boldsymbol{d}\|^2}.$$

Beweis: Wir folgen wiederum Werner (1992). Für $t_A = q^0 = 1$ folgt $f(\boldsymbol{x}) - f(\boldsymbol{x}+t_A\boldsymbol{d}) \geq -\alpha\nabla f(\boldsymbol{x})^T\boldsymbol{d}$. Gilt hingegen $t_A = q^l$ mit $l \geq 1$, so folgt $f(\boldsymbol{x}) - f(\boldsymbol{x}+t_A\boldsymbol{d}) \geq -\alpha t_A\nabla f(\boldsymbol{x})^T\boldsymbol{d}$ und $f(\boldsymbol{x}) - f(\boldsymbol{x}+t\boldsymbol{d}) < -\alpha t\nabla f(\boldsymbol{x})^T\boldsymbol{d}$ mit $t = q^{l-1}$. Ferner sei $\hat{t}$ wie in Lemma 3.17 definiert. Gilt $t \leq \hat{t}$, so folgt wegen $q \in (0,1)$, $\alpha \in (0,1)$, $\nabla f(\boldsymbol{x})^T\boldsymbol{d} < 0$, $t_A = qt$ und Satz 1.77

$$f(\boldsymbol{x}) + \alpha t\nabla f(\boldsymbol{x})^T\boldsymbol{d} \leq f(\boldsymbol{x}+t\boldsymbol{d}) \leq f(\boldsymbol{x}) + t\nabla f(\boldsymbol{x})^T\boldsymbol{d} + t^2\frac{L}{2}\|\boldsymbol{d}\|^2,$$

$$q\frac{2(\alpha-1)\nabla f(\boldsymbol{x})^T\boldsymbol{d}}{L\|\boldsymbol{d}\|^2} \leq qt = t_A$$

und

$$f(\boldsymbol{x}) - f(\boldsymbol{x}+t_A\boldsymbol{d}) \geq -\alpha t_A\nabla f(\boldsymbol{x})^T\boldsymbol{d} \geq \frac{2q\alpha(1-\alpha)}{L}\left(\frac{f(\boldsymbol{x})^T\boldsymbol{d}}{\|\boldsymbol{d}\|}\right)^2.$$

Gilt $t > \hat{t}$, so folgt wegen $t_A = qt$, $q \in (0,1)$, der Abschätzung für $\hat{t}$ aus Lemma 3.17, $\alpha \in (0,1)$ und $\nabla f(\boldsymbol{x})^T\boldsymbol{d} < 0$

$$t_A = qt > q\hat{t} \geq -q\frac{2\nabla f(\boldsymbol{x})^T\boldsymbol{d}}{L\|\boldsymbol{d}\|^2}$$

und

$$f(\boldsymbol{x}) - f(\boldsymbol{x}+t_A\boldsymbol{d}) \geq -\alpha t_A\nabla f(\boldsymbol{x})^T\boldsymbol{d} > \frac{2q\alpha}{L}\left(\frac{f(\boldsymbol{x})^T\boldsymbol{d}}{\|\boldsymbol{d}\|}\right)^2 > \frac{2q\alpha(1-\alpha)}{L}\left(\frac{f(\boldsymbol{x})^T\boldsymbol{d}}{\|\boldsymbol{d}\|}\right)^2.$$

Mit $\nu_1 := \frac{2q\alpha(1-\alpha)}{L} > 0$ und $\nu_2 := \alpha > 0$ ist die Aussage des Satzes bewiesen. □

Die Armijo-Schrittweite ist i. Allg. nicht effizient. Wir wollen kurz auf zwei Modifikationen eingehen, für die sich die Effizienz nachweisen lässt. Die *skalierte Armijo-Schrittweite* t_{sA} mit einem Skalierungsfaktor $s > 0$ wird definiert als $t_{sA} := sq^l > 0$, wobei $l \in \mathbb{N}$ wiederum die kleinste natürliche Zahl mit $t_{sA} \in \mathcal{T}_A(\boldsymbol{x},\boldsymbol{d})$ ist. Der Beweis der Wohldefiniertheit der skalierten Armijo-Schrittweite erfolgt analog der Beweisführung im Satz 3.27. Der folgende Satz zeigt, dass die skalierte Armijo-Schrittweite unter den Voraussetzungen des Satzes 3.28 für hinreichend großes s effizient ist.

Satz 3.29
Es seien $f \in C^1(\mathbb{R}^n,\mathbb{R})$, $\boldsymbol{x} \in \mathbb{R}^n$, $N_f(f(\boldsymbol{x}))$ kompakt, ∇f auf $N_f(f(\boldsymbol{x}))$ Lipschitz-stetig mit Lipschitz-Konstante $L > 0$, $\boldsymbol{d} \in \mathbb{R}^n$ mit $\nabla f(\boldsymbol{x})^T\boldsymbol{d} < 0$, $\alpha \in (0,1)$, $q \in (0,1)$ und $r > 0$. Dann existiert mit $s \geq -r\dfrac{\nabla f(\boldsymbol{x})^T\boldsymbol{d}}{\|\boldsymbol{d}\|^2} > 0$ für die skalierte Armijo-Schrittweite $t_{sA} = sq^l$ eine von $\boldsymbol{x}$ und $\boldsymbol{d}$ unabhängige Konstante $\nu > 0$ mit

$$f(\boldsymbol{x}+t_{sA}\boldsymbol{d}) \leq f(\boldsymbol{x}) - \nu\left(\frac{\nabla f(\boldsymbol{x})^T\boldsymbol{d}}{\|\boldsymbol{d}\|}\right)^2,$$

d. h. die skalierte Armijo-Schrittweite ist effizient.

Der Beweis von Satz 3.29 erfolgt nahezu analog dem Beweis von Satz 3.28 und sei dem Leser als Aufgabe 3.18 überlassen.

Natürlich ist ein konstantes s für alle möglichen $\boldsymbol{x} \in N_f(f(\boldsymbol{x}^0))$ praktisch nicht bestimmbar. Es reicht aber aus, die Skalierung s im Punkt $\boldsymbol{x}^k$ mit der Abstiegsrichtung $\boldsymbol{d}^k$ gemäß

$$s = -r\frac{\nabla f(\boldsymbol{x}^k)^T \boldsymbol{d}^k}{\left\|\boldsymbol{d}^k\right\|^2}$$

für ein $r > 0$ zu wählen. Unter EDOPTLAB verwenden wir die ebenfalls mögliche Skalierung

$$s = \max\left\{1, -r\frac{\nabla f(\boldsymbol{x}^k)^T \boldsymbol{d}^k}{\left\|\boldsymbol{d}^k\right\|^2}\right\} .$$

Die *Armijo-Schrittweite mit Aufweitung* ist definiert als $t_{\mathrm{AmA}} := q^l$, wobei l die kleinste ganze Zahl ist, sodass $t_{\mathrm{AmA}} \in \mathcal{T}_{\mathrm{A}}(\boldsymbol{x}, \boldsymbol{d})$ gilt. Somit kann im Gegensatz zur Armijo-Schrittweite $t_{\mathrm{AmA}} > 1$ gelten. Ist $N_f(f(\boldsymbol{x}))$ kompakt, so ist natürlich auch diese Schrittweite wohldefiniert sowie unter den Voraussetzungen des Satzes 3.28 effizient.

Satz 3.30

Es seien $f \in C^1(\mathbb{R}^n, \mathbb{R})$, $\boldsymbol{x} \in \mathbb{R}^n$, $N_f(f(\boldsymbol{x}))$ kompakt, ∇f auf $N_f(f(\boldsymbol{x}))$ Lipschitz-stetig mit Lipschitz-Konstante $L > 0$, $\boldsymbol{d} \in \mathbb{R}^n$ mit $\nabla f(\boldsymbol{x})^T \boldsymbol{d} < 0$, $\alpha \in (0,1)$ und $q \in (0,1)$. Dann existiert für die Armijo-Schrittweite mit Aufweitung t_{AmA} eine von $\boldsymbol{x}$ und $\boldsymbol{d}$ unabhängige Konstante $\nu > 0$ mit

$$f(\boldsymbol{x} + t_{\mathrm{AmA}}\boldsymbol{d}) \leq f(\boldsymbol{x}) - \nu\left(\frac{\nabla f(\boldsymbol{x})^T \boldsymbol{d}}{\|\boldsymbol{d}\|}\right)^2 ,$$

d. h. die Armijo-Schrittweite mit Aufweitung ist effizient.

Beweis: Wir setzen $t := t_{\mathrm{AmA}}$ und $\hat{t} := \frac{t_{\mathrm{AmA}}}{q} > t$. Nach Definition der Armijo-Schrittweite mit Aufweitung gilt $f(\boldsymbol{x} + t\boldsymbol{d}) \leq f(\boldsymbol{x}) + \alpha t \nabla f(\boldsymbol{x})^T \boldsymbol{d}$ und $f(\boldsymbol{x} + \hat{t}\boldsymbol{d}) > f(\boldsymbol{x}) + \alpha\hat{t}\nabla f(\boldsymbol{x})^T \boldsymbol{d}$. Somit folgt

$$\begin{aligned}(\alpha - 1)\hat{t}\nabla f(\boldsymbol{x})^T \boldsymbol{d} < f(\boldsymbol{x} + \hat{t}\boldsymbol{d}) - f(\boldsymbol{x}) - \hat{t}\nabla f(\boldsymbol{x})^T \boldsymbol{d} &\leq \tfrac{L}{2}\hat{t}^2\|\boldsymbol{d}\|^2 ,\\ \hat{t} &\geq \frac{2(\alpha-1)}{L}\frac{\nabla f(\boldsymbol{x})^T \boldsymbol{d}}{\|\boldsymbol{d}\|^2} ,\\ t = \hat{t}q &\geq \frac{2(\alpha-1)q}{L}\frac{\nabla f(\boldsymbol{x})^T \boldsymbol{d}}{\|\boldsymbol{d}\|^2}\end{aligned}$$

und schließlich $f(\boldsymbol{x}) - f(\boldsymbol{x} + t\boldsymbol{d}) \geq -\alpha t \nabla f(\boldsymbol{x})^T \boldsymbol{d} \geq \dfrac{2\alpha(1-\alpha)q}{L}\left(\dfrac{\nabla f(\boldsymbol{x})^T \boldsymbol{d}}{\|\boldsymbol{d}\|}\right)^2.$

Mit $\nu := \dfrac{2\alpha(1-\alpha)q}{L}$ ist die Aussage des Satzes bewiesen. □

Definition 3.31 (Powell-Wolfe-Bedingung)
Es seien $f \in C^1(\mathbb{R}^n, \mathbb{R})$, $\boldsymbol{x} \in \mathbb{R}^n$, $\boldsymbol{d} \in \mathbb{R}^n$ mit $\nabla f(\boldsymbol{x})^T \boldsymbol{d} < 0$ sowie $\alpha \in (0,1)$. Zusätzlich wählen wir einen weiteren Parameter $\beta \in (\alpha, 1)$. Eine Schrittweite t erfüllt die *Powell-Wolfe-Bedingung* (siehe Abb. 3.17), wenn $t \in \mathcal{T}_{\mathrm{PW}}(\boldsymbol{x}, \boldsymbol{d})$ gilt mit

$$\mathcal{T}_{\mathrm{PW}}(\boldsymbol{x}, \boldsymbol{d}) := \left\{ t \in \mathbb{R} \;\middle|\; \begin{array}{l} t > 0, \\ f(\boldsymbol{x} + t\boldsymbol{d}) \leq f(\boldsymbol{x}) + \alpha t \nabla f(\boldsymbol{x})^T \boldsymbol{d}, \\ \nabla f(\boldsymbol{x} + t\boldsymbol{d})^T \boldsymbol{d} \geq \beta \nabla f(\boldsymbol{x})^T \boldsymbol{d} \end{array} \right\}.$$

Alle Schrittweiten $t \in \mathcal{T}_{\mathrm{PW}}(\boldsymbol{x}, \boldsymbol{d})$ bezeichnen wir als *Powell-Wolfe-Schrittweiten.* Die Forderung $\nabla f(\boldsymbol{x} + t\boldsymbol{d})^T \boldsymbol{d} \geq \beta \nabla f(\boldsymbol{x})^T \boldsymbol{d}$ nennen wir *Tangentenbedingung.*

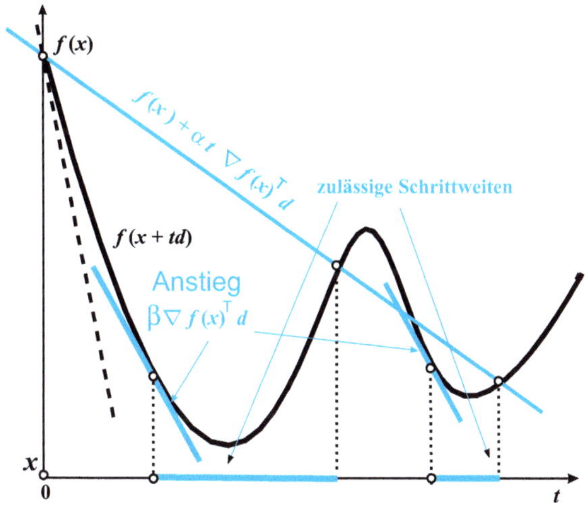

Abb. 3.17 Zulässige Schrittweiten bzgl. der Powell-Wolfe-Bedingung

Offensichtlich erfüllt jede Schrittweite t, die die Powell-Wolfe-Bedingung erfüllt, auch die Armijo-Bedingung. Die im Vergleich zur Armijo-Bedingung zusätzliche Tangentenbedingung verhindert aber i. Allg. nicht, dass im Verlauf des Verfahrens die Schrittweite t_k trotzdem zu klein werden kann. Unter ähnlichen Voraussetzungen wie bei der Armijo-Schrittweite zeigt der folgende Satz jedoch, dass die durch die Tangentenbedingung gegebene untere Intervallgrenze nicht gegen Null geht.

Satz 3.32
Es seien $f \in C^1(\mathbb{R}^n, \mathbb{R})$, $\boldsymbol{x} \in \mathbb{R}^n$, $N_f(f(\boldsymbol{x}))$ kompakt, ∇f auf $N_f(f(\boldsymbol{x}))$ Lipschitz-stetig mit Lipschitz-Konstante $L > 0$, $\boldsymbol{d} \in \mathbb{R}^n$ mit $\nabla f(\boldsymbol{x})^T \boldsymbol{d} < 0$, $\alpha \in (0,1)$ und $\beta \in (\alpha, 1)$.

Dann gilt $\mathcal{T}_{\text{PW}}(\boldsymbol{x},\boldsymbol{d}) \neq \emptyset$, und es existiert eine von $\boldsymbol{x}$ und $\boldsymbol{d}$ unabhängige Konstante $\nu > 0$ mit

$$f(\boldsymbol{x}+t\boldsymbol{d}) \leq f(\boldsymbol{x}) - \nu\left(\frac{\nabla f(\boldsymbol{x})^T\boldsymbol{d}}{\|\boldsymbol{d}\|}\right)^2$$

für alle $t \in \mathcal{T}_{\text{PW}}(\boldsymbol{x},\boldsymbol{d})$, d. h. die Powell-Wolfe-Schrittweitenstrategie ist effizient. Insbesondere gilt

$$t \geq \frac{(\beta-1)\nabla f(\boldsymbol{x})^T\boldsymbol{d}}{L\,\|\boldsymbol{d}\|^2}$$

für alle $t \in \mathcal{T}_{\text{PW}}(\boldsymbol{x},\boldsymbol{d})$.

Beweis: Wir folgen hier wieder Werner (1992) und definieren die Funktion $\varphi : [0,\infty) \to \mathbb{R}$ mit $\varphi(t) := f(\boldsymbol{x}) + \alpha t\nabla f(\boldsymbol{x})^T\boldsymbol{d} - f(\boldsymbol{x}+t\boldsymbol{d})$. Somit gilt $\varphi(0) = 0$, $\varphi'(t) = \alpha\nabla f(\boldsymbol{x})^T\boldsymbol{d} - \nabla f(\boldsymbol{x}+t\boldsymbol{d})^T\boldsymbol{d}$, $\varphi'(0) = (\alpha-1)\nabla f(\boldsymbol{x})^T\boldsymbol{d} > 0$ und $\varphi(t) > 0$ für alle hinreichend kleinen $t > 0$. Wegen $\alpha \in (0,1)$, $\nabla f(\boldsymbol{x})^T\boldsymbol{d} < 0$ und der Kompaktheit von $N_f(f(\boldsymbol{x}))$ kann $\varphi(t) > 0$ nicht für alle $t \in (0,\infty)$ gelten, und es muss eine erste Nullstelle $\hat{t} > 0$ von φ existieren. Damit gilt

$$f(\boldsymbol{x}+t\boldsymbol{d}) \leq f(\boldsymbol{x}) + \alpha t\nabla f(\boldsymbol{x})^T\boldsymbol{d}$$

für alle $t \in \left[0,\hat{t}\right]$. Nach dem Mittelwertsatz existiert ein $\tilde{t} \in \left(0,\hat{t}\right)$ mit $\varphi'(\tilde{t}) = 0$. Somit folgt

$$0 = \alpha\nabla f(\boldsymbol{x})^T\boldsymbol{d} - \nabla f(\boldsymbol{x}+\tilde{t}\boldsymbol{d})^T\boldsymbol{d} \geq \beta\nabla f(\boldsymbol{x})^T\boldsymbol{d} - \nabla f(\boldsymbol{x}+\tilde{t}\boldsymbol{d})^T\boldsymbol{d}$$

und damit $\tilde{t} \in \mathcal{T}_{\text{PW}}(\boldsymbol{x},\boldsymbol{d})$ wegen $0 < \alpha < \beta$ und $\nabla f(\boldsymbol{x})^T\boldsymbol{d} < 0$.
Sei nun $t \in \mathcal{T}_{\text{PW}}(\boldsymbol{x},\boldsymbol{d})$. Nach Definition der Powell-Wolfe-Schrittweite gilt

$$\beta\nabla f(\boldsymbol{x})^T\boldsymbol{d} - \nabla f(\boldsymbol{x})^T\boldsymbol{d} \leq \nabla f(\boldsymbol{x}+t\boldsymbol{d})^T\boldsymbol{d} - \nabla f(\boldsymbol{x})^T\boldsymbol{d}\,.$$

Mit der Cauchy-Schwarzschen-Ungleichung und der Lipschitz-Stetigkeit von ∇f auf $N_f(f(\boldsymbol{x}))$ folgt

$$-(1-\beta)\nabla f(\boldsymbol{x})^T\boldsymbol{d} \leq \left(\nabla f(\boldsymbol{x}+t\boldsymbol{d}) - \nabla f(\boldsymbol{x})\right)^T\boldsymbol{d} \leq \|\nabla f(\boldsymbol{x}+t\boldsymbol{d}) - \nabla f(\boldsymbol{x})\|\,\|\boldsymbol{d}\| \leq Lt\,\|\boldsymbol{d}\|^2$$

und damit

$$t \geq -\frac{(1-\beta)\nabla f(\boldsymbol{x})^T\boldsymbol{d}}{L\,\|\boldsymbol{d}\|^2}\,.$$

Wegen $\alpha \in (0,1)$, $\nabla f(\boldsymbol{x})^T\boldsymbol{d} < 0$ gilt $-\alpha\nabla f(\boldsymbol{x})^T\boldsymbol{d} > 0$ und somit nach Definition der Powell-Wolfe-Schrittweite

$$f(\boldsymbol{x}) - f(\boldsymbol{x}+t\boldsymbol{d}) \geq -\alpha t\nabla f(\boldsymbol{x})^T\boldsymbol{d} \geq \nu\left(\frac{\nabla f(\boldsymbol{x})^T\boldsymbol{d}}{\|\boldsymbol{d}\|}\right)^2$$

mit $\nu := \frac{\alpha(1-\beta)}{L} > 0$. □

Definition 3.33 (Strenge Powell-Wolfe-Bedingung)
Es seien $f \in C^1(\mathbb{R}^n, \mathbb{R})$, $\boldsymbol{x} \in \mathbb{R}^n$, $\boldsymbol{d} \in \mathbb{R}^n$ mit $\nabla f(\boldsymbol{x})^T \boldsymbol{d} < 0$ sowie $0 < \alpha < \beta < 1$. Eine Schrittweite t erfüllt die *strenge Powell-Wolfe-Bedingung,* wenn $t \in \mathcal{T}_{\text{sPW}}(\boldsymbol{x}, \boldsymbol{d})$ gilt mit

$$\mathcal{T}_{\text{sPW}}(\boldsymbol{x}, \boldsymbol{d}) := \left\{ t \in \mathbb{R} \;\middle|\; \begin{array}{l} t > 0, \\ f(\boldsymbol{x} + t\boldsymbol{d}) \leq f(\boldsymbol{x}) + \alpha t \nabla f(\boldsymbol{x})^T \boldsymbol{d}, \\ \left|\nabla f(\boldsymbol{x} + t\boldsymbol{d})^T \boldsymbol{d}\right| \leq -\beta \nabla f(\boldsymbol{x})^T \boldsymbol{d} \end{array} \right\} .$$

Alle Schrittweiten $t \in \mathcal{T}_{\text{sPW}}(\boldsymbol{x}, \boldsymbol{d})$ bezeichnen wir als *strenge Powell-Wolfe-Schrittweiten.* Die Forderung $\left|\nabla f(\boldsymbol{x} + t\boldsymbol{d})^T \boldsymbol{d}\right| \leq -\beta \nabla f(\boldsymbol{x})^T \boldsymbol{d}$ nennen wir *beidseitige Tangentenbedingung.*

Analog zu Satz 3.32 ist auch diese Schrittweitenstrategie effizient.

Satz 3.34
Es seien $f \in C^1(\mathbb{R}^n, \mathbb{R})$, $\boldsymbol{x} \in \mathbb{R}^n$, $N_f(f(\boldsymbol{x}))$ kompakt, ∇f auf $N_f(f(\boldsymbol{x}))$ Lipschitz-stetig mit Lipschitz-Konstante $L > 0$, $\boldsymbol{d} \in \mathbb{R}^n$ mit $\nabla f(\boldsymbol{x})^T \boldsymbol{d} < 0$, $\alpha \in (0, 1)$ und $\beta \in (\alpha, 1)$. Dann gilt $\mathcal{T}_{\text{sPW}}(\boldsymbol{x}, \boldsymbol{d}) \neq \emptyset$, und es existiert eine von $\boldsymbol{x}$ und $\boldsymbol{d}$ unabhängige Konstante $\nu > 0$ mit

$$f(\boldsymbol{x} + t\boldsymbol{d}) \leq f(\boldsymbol{x}) - \nu \left(\frac{\nabla f(\boldsymbol{x})^T \boldsymbol{d}}{\|\boldsymbol{d}\|} \right)^2$$

für alle $t \in \mathcal{T}_{\text{sPW}}(\boldsymbol{x}, \boldsymbol{d})$, d. h. die strenge Powell-Wolfe-Schrittweitenstrategie ist effizient.

Beweis: Wir definieren die Hilfsfunktion $h : \mathbb{R} \to \mathbb{R}$ mit $h(t) := f(\boldsymbol{x} + t\boldsymbol{d})$, $h'(t) = \nabla f(\boldsymbol{x} + t\boldsymbol{d})^T \boldsymbol{d}$ und $h'(0) = \nabla f(\boldsymbol{x})^T \boldsymbol{d} < 0$. Wegen der Kompaktheit von $N_f(f(\boldsymbol{x}))$ kann $h'(t) < 0$ nicht für alle $t \in (0, \infty)$ gelten, und es muss eine erste Nullstelle $\tilde{t} > 0$ von h' existieren. Analog zum Beweis von Satz 3.32 definieren wir die Hilfsfunktion $\varphi : \mathbb{R} \to \mathbb{R}$ mit $\varphi(t) := f(\boldsymbol{x}) + \alpha t \nabla f(\boldsymbol{x})^T \boldsymbol{d} - f(\boldsymbol{x} + t\boldsymbol{d})$, $\varphi(0) = 0$, $\varphi'(t) = \alpha \nabla f(\boldsymbol{x})^T \boldsymbol{d} - \nabla f(\boldsymbol{x} + t\boldsymbol{d})^T \boldsymbol{d}$, $\varphi'(0) = (\alpha - 1)\nabla f(\boldsymbol{x})^T \boldsymbol{d} > 0$ und $\varphi'(\tilde{t}) = \alpha \nabla f(\boldsymbol{x})^T \boldsymbol{d} < 0$. Somit existiert ein $t \in (0, \tilde{t})$ mit $\varphi(t) > 0$ und $\varphi'(t) = 0$. Wegen $\varphi(t) > 0$ gilt

$$f(\boldsymbol{x} + t\boldsymbol{d}) < f(\boldsymbol{x}) + \alpha t \nabla f(\boldsymbol{x})^T \boldsymbol{d} .$$

Weiterhin folgt $\alpha \nabla f(\boldsymbol{x})^T \boldsymbol{d} = \nabla f(\boldsymbol{x} + t\boldsymbol{d})^T \boldsymbol{d} < 0$ aus $\varphi'(t) = 0$ und daher mit $0 < \alpha < \beta$

$$\left|\nabla f(\boldsymbol{x} + t\boldsymbol{d})^T \boldsymbol{d}\right| = -\alpha \nabla f(\boldsymbol{x})^T \boldsymbol{d} < -\beta \nabla f(\boldsymbol{x})^T \boldsymbol{d} .$$

Somit gilt $\mathcal{T}_{\text{sPW}}(\boldsymbol{x}, \boldsymbol{d}) \neq \emptyset$. Da jede strenge Powell-Wolfe-Schrittweite natürlich auch eine Powell-Wolfe-Schrittweite ist, folgt die Existenz der Konstanten $\nu > 0$ mit

$$f(\boldsymbol{x}) - f(\boldsymbol{x} + t\boldsymbol{d}) \geq \nu \left(\frac{\nabla f(\boldsymbol{x})^T \boldsymbol{d}}{\|\boldsymbol{d}\|} \right)^2$$

für alle $t \in \mathcal{T}_{\mathrm{sPW}}(\boldsymbol{x}, \boldsymbol{d})$ unmittelbar aus Satz 3.32. □

Im Weiteren werden die bei der Definition der Armijo-Bedingung und der Powell-Wolfe-Bedingung verwendeten Parameter α bzw. β als *Sekantenparameter* bzw. *Tangentenparameter* bezeichnet. Es existieren eine Reihe von weiteren semi-effizienten und effizienten Schrittweitenstrategien, auf die wir hier nicht näher eingehen. Wir verweisen diesbezüglich auf Kosmol (1993) sowie Spellucci (1993).

3.3.4 Bemerkungen zur Implementierung von Schrittweitenstrategien

Quadratische und kubische Polynominterpolation

Da sich die perfekten Schrittweiten, wie bereits erwähnt, i. Allg. nur näherungsweise bestimmen lassen, aber bei vielen Iterationsverfahren insbesondere in der Endphase gute Konvergenzeigenschaften bewirken, möchten wir zunächst kurz auf die verschiedenen Möglichkeiten der Approximation von perfekten Schrittweiten durch quadratische sowie kubische Polynominterpolation eingehen. Für unsere weiteren Betrachtungen gelte $f \in C^1(\mathbb{R}^n, \mathbb{R})$, $\boldsymbol{x}, \boldsymbol{d} \in \mathbb{R}^n$ mit $\nabla f(\boldsymbol{x})^T \boldsymbol{d} < 0$, und wir definieren die Hilfsfunktion $h : [0, \infty) \to \mathbb{R}$ mit $h(t) := f(\boldsymbol{x} + t\boldsymbol{d})$ und $h'(t) = \nabla f(\boldsymbol{x} + t\boldsymbol{d})^T \boldsymbol{d}$.

Quadratische Interpolation nach Hermite: Von der Hilfsfunktion h seien die Werte $h(a)$, $h'(a)$ und $h(b)$ mit $0 \leq a < b$ bekannt. Das eindeutig bestimmte quadratische Interpolationspolynom $p : \mathbb{R} \to \mathbb{R}$ mit $p(a) = h(a)$, $p'(a) = h'(a)$ und $p(b) = h(b)$ berechnen wir mit dem zweckmäßigen Ansatz

$$p(t) := k_0 + k_1(t-a) + k_2(t-a)^2 .$$

Die Koeffizienten

$$k_0 = h(a), \; k_1 = h'(a) \text{ bzw. } k_2 = \frac{h(b) - h(a) - h'(a)\,(b-a)}{(b-a)^2} .$$

ergeben sich durch Einsetzen der Bedingungen. Für $k_2 \neq 0$ erhalten wir daraus die Interpolationsparabel

$$p(t) = h(a) + h'(a)(t-a) + \frac{h(b) - h(a) - h'(a)\,(b-a)}{(b-a)^2}(t-a)^2 .$$

Die perfekte Schrittweite vom Punkt $\boldsymbol{x}$ aus in Richtung $\boldsymbol{d}$ wird nun durch die (globale) Minimalstelle t^* von p approximiert, sofern die Parabel p nach oben geöffnet ist, d. h. wenn der Koeffizient $k_2 > 0$ ist. Wir betrachten auch den wichtigen Spezialfall $a = 0$. Es folgt aus $p'(t^*) = 2k_2(t^* - a) + k_1 = 0$ mit den obigen Koeffizienten, dass

$$t^* = a - \left.\frac{h'(a)\,(b-a)^2}{2\,(h(b) - h(a) - h'(a)\,(b-a))}\right|_{a=0} = \frac{-h'(0)b^2}{2\,(h(b) - h(0) - h'(0)b)}$$

gilt. Ist f eine streng konvexe quadratische Funktion, dann ergibt sich $t_{\text{perf}} = t^*$, d. h. die quadratische Polynominterpolation nach Hermite liefert die perfekte Schrittweite (siehe Aufgabe 3.20).

Quadratische Interpolation nach Lagrange: Gilt $h''(a) < 0$ sowie $h(a) > h(b)$ und ist b zu nahe an a gewählt, dann kann sich bei der Interpolation eine nach unten geöffnete Parabel ergeben. In diesem Fall hat man die Möglichkeit durch Berechnung eines Punktes $c > b$ mit $h(c) > h(b)$ durch Interpolation nach Lagrange eine nach oben geöffnete Parabel zu berechnen. Man findet so einen Punkt c bei Existenz der perfekten Schrittweite durch systematische Aufweitung des Intervalles $[a, b]$ über b hinaus. Die Bedingungen $p(a) = h(a), p(b) = h(b), p(c) = h(c)$ lassen sich, wie man leicht nachprüft, durch das folgende quadratische Interpolationspolynom realisieren:

$$p(t) = \frac{(t-b)(t-c)}{(a-b)(a-c)}h(a) + \frac{(t-a)(t-c)}{(b-a)(b-c)}h(b) + \frac{(t-a)(t-b)}{(c-a)(c-b)}h(c) \,.$$

Weiterhin gilt

$$p'(t) = \frac{2t-b-c}{(a-b)(a-c)}h(a) + \frac{2t-a-c}{(b-a)(b-c)}h(b) + \frac{2t-a-b}{(c-a)(c-b)}h(c)$$

und

$$p''(t) = 2\left(\frac{1}{(a-b)(a-c)}h(a) + \frac{1}{(b-a)(b-c)}h(b) + \frac{1}{(c-a)(c-b)}h(c)\right) \,.$$

Für $p''(0) > 0$ erhält man mit $p'(t^*) = 0$ eine Approximation für die perfekte Schrittweite.

Kubische Interpolationen nach Hermite: Werden bei Schrittweitenalgorithmen mehr als eine Iteration durchlaufen, dann stehen ab der 2. Iteration ein Funktionswert mit Ableitung und zwei weitere Funktionswerte von h zur Verfügung. Beim Test auf die Powell-Wolfe-Bedingung hat man sogar ab der ersten Iteration immer zwei Funktionswerte mit zugehörigen Ableitungen.

Von der Hilfsfunktion h sind in den folgenden beiden Fällen der kubischen Interpolation im Punkt a der Funktionswert $h(a)$ und die Ableitung $h'(a)$ bekannt. Oft ist dabei $a = 0$, sodass sich die folgenden Formeln vereinfachen. Wir verwenden daher in beiden Fällen für das kubische Polynom p den Ansatz

$$p(t) := k_0 + k_1(t-a) + k_2(t-a)^2 + k_3(t-a)^3 \,,$$

aus dem sich unmittelbar die Koeffizienten

$$k_0 = h(a), \quad k_1 = h'(a)$$

ergeben. Die Koeffizienten k_2 und k_3 berechnen sich aus unterschiedlichen linearen Gleichungssystemen, je nachdem welche Funktionswerte und Ableitungen verwendet werden.

Kubische Interpolation nach Hermite durch zwei Punkte: Von der Hilfsfunktion seien zusätzlich die Werte $h(b)$ und $h'(b)$ mit $0 \leq a < b$ bekannt. Zur Bestimmung von k_2 und k_3 ergibt sich das lineare Gleichungssystem

$$\begin{pmatrix} (b-a)^2 & (b-a)^3 \\ 2(b-a) & 3(b-a)^2 \end{pmatrix} \begin{pmatrix} k_2 \\ k_3 \end{pmatrix} = \begin{pmatrix} h(b) - h(a) - h'(a)(b-a) \\ h'(b) - h'(a) \end{pmatrix}$$

mit der Lösung

$$\begin{pmatrix} k_2 \\ k_3 \end{pmatrix} = \frac{1}{(b-a)^3} \begin{pmatrix} 3(b-a) & -(b-a)^2 \\ -2 & (b-a) \end{pmatrix} \begin{pmatrix} h(b) - h(a) - h'(a)(b-a) \\ h'(b) - h'(a) \end{pmatrix} .$$

Kubische Interpolation nach Hermite durch drei Punkte: Von der Hilfsfunktion seien zusätzlich $h(b)$ und $h(c)$ mit $0 \leq a < b < c$ bekannt. Zur Bestimmung von k_2 und k_3 ergibt sich das lineare Gleichungssystem

$$\begin{pmatrix} (b-a)^2 & (b-a)^3 \\ (c-a)^2 & (c-a)^3 \end{pmatrix} \begin{pmatrix} k_2 \\ k_3 \end{pmatrix} = \begin{pmatrix} h(b) - h(a) - h'(a)(b-a) \\ h(c) - h(a) - h'(a)(c-a) \end{pmatrix}$$

mit der Lösung

$$\begin{pmatrix} k_2 \\ k_3 \end{pmatrix} = \frac{1}{b-c} \begin{pmatrix} \dfrac{-(c-a)}{(b-a)^2} & \dfrac{b-a}{(c-a)^2} \\ \dfrac{1}{(b-a)^2} & \dfrac{-1}{(c-a)^2} \end{pmatrix} \begin{pmatrix} h(b) - h(a) - h'(a)(b-a) \\ h(c) - h(a) - h'(a)(c-a) \end{pmatrix} .$$

Die Minimalstelle $t^* > a$ des kubischen Polynoms ergibt sich in beiden Fällen bei $k_3 \neq 0$ und $k_2^2 - 3k_1k_3 > 0$ zu

$$t^* = a + \frac{1}{3k_3}(k_2 + \sqrt{k_2^2 - 3k_1k_3}) .$$

Die entsprechenden Fallunterscheidungen ggf. auch notwendige Alternativen (Safeguards), falls die Interpolation nicht möglich ist, sind bei der Programmierung von Schrittweiten mit Interpolation zu berücksichtigen. Wenn die Zielfunktion in $\boldsymbol{x}^*$ eine positiv definite Hesse-Matrix besitzt, dann ergibt die quadratische Interpolation in einer Umgebung von $\boldsymbol{x}^*$ gute Näherungen für die perfekte Schrittweite. Verhalten sich die Hilfsfunktionen h wie $(t-a)^n$ mit $n > 2$, dann liefert die quadratische Interpolation unbrauchbare Werte t^*. Die Werte t^*, die man mit der kubischen Interpolation gewinnt, sind dann meist eine bessere Approximation. Bei zu großem n führt auch die kubische Interpolation zu schlechten Approximationswerten, und die Schrittweitenbestimmungen reduzieren sich auf die zur Sicherheit mit verwendeten Bisektions- oder Reduktionsstrategien (Safeguards). Interpolationen mit Polynomen vom Grad größer als drei werden wegen des hohen Aufwandes nicht eingesetzt.

Das Verfahren des Goldenen Schnitts

Manchmal ist es zweckmäßig, die perfekte Schrittweite mit einer vorgegebenen relativen Genauigkeit zu approximieren, um zu testen, inwieweit eine mehr oder weniger starke Abweichung von der perfekten Schrittweite die Effektivität eines Verfahren beeinflusst. Hier bietet sich das sogenannte Verfahren des Goldenen Schnitts an.
Es sei $h \in C([a,b],R)$. Weiterhin nehmen wir an, dass h über dem Intervall $D_1 := [a,b]$ nur eine lokale Minimalstelle t^* (einschließlich möglicher Randextrema) besitzt. Für $a \leq t_1 \leq t_2 \leq b$ gilt dann

$$h(t_1) \leq h(t_2) \Rightarrow t^* \in [a,t_2] \text{ und } h(t_1) > h(t_2) \Rightarrow t^* \in [t_1,b] \; .$$

Durch den Vergleich zweier Funktionswerte erhält man also ein Teilintervall $D_2 \subset D_1$, in dem die Minimalstelle t^* enthalten ist. Innerhalb des neuen Teilintervalls D_2 werden nun wiederum die Funktionswerte in zwei Testpunkten verglichen und anhand der aufgeführten Regeln ein Teilintervall $D_3 \subset D_2 \subset D_1$ bestimmt, in dem die Minimalstelle t^* enthalten ist. Diese Vorgehensweise wird nun solange wiederholt, bis ein hinreichend kleines Teilintervall D_k konstruiert ist. Wir suchen nun nach einer Vorschrift zur fortgesetzten Erzeugung der Testpunkte, sodass der im Teilintervall verbleibende Testpunkt durch Hinzunahme jeweils nur eines neuen Punktes eine symmetrische Aufteilung des verbleibenden Teilintervalls ergibt und das Verhältnis der Intervalllängen konstant bleibt. Der übernommene Punkt ändert dabei seinen Teilpunktstatus, d. h. war er im alten Intervall rechter (linker) Teilpunkt, so ist er im neuen kleineren Intervall linker (rechter) Teilpunkt. Bezeichnen wir für $k = 1, 2, \cdots$ mit l_k die Länge des Teilintervalls D_k (siehe Abb. 3.18), so ergeben sich die rekursiven Beziehungen $l_k = l_{k+1} + l_{k+2}$ sowie $K := \frac{l_k}{l_{k+1}} = \frac{l_{k+1}}{l_{k+2}} > 0$ und damit $K^2 = \frac{l_k}{l_{k+2}} = \frac{l_{k+1}+l_{k+2}}{l_{k+2}} = K + 1$ bzw. $K^2 - K - 1 = 0$. Die quadratische Gleichung besitzt nun offensichtlich die positive Lösung $K = \frac{1+\sqrt{5}}{2} \approx 1.618034$ (Goldene Schnitt-Zahl).

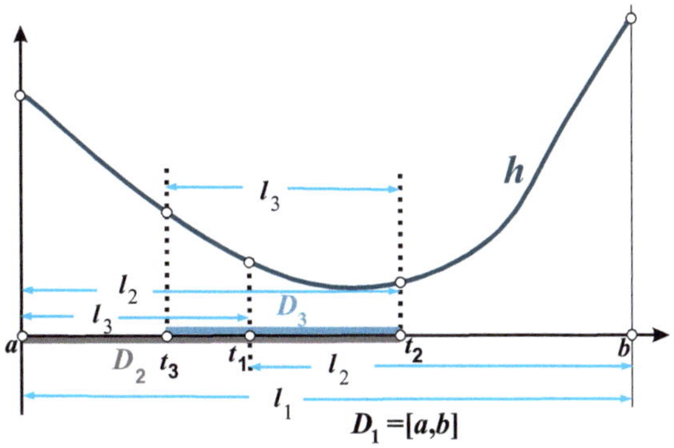

Abb. 3.18 Intervalllängenbeziehungen beim Goldenen Schnitt

Algorithmus 3 (Verfahren des Goldenen Schnitts)

S0 Wähle $\varepsilon > 0$, und setze $d := \frac{b-a}{K}$, $t_1 := b - d$, $h_1 := h(t_1)$, $t_2 := a + d$ sowie $h_2 := h(t_2)$.

S1 Setze $d := \frac{d}{K}$.

S2 Wenn $d < \varepsilon$, dann gehe zu **S5**.

S3 Wenn $h_1 < h_2$, dann setze $b := t_2$, $t_2 := t_1$, $h_2 := h_1$, $t_1 := b - d$ sowie $h_1 := h(t_1)$, und gehe zu **S1**.

S4 Wenn $h_1 \geq h_2$, dann setze $a := t_1$, $t_1 := t_2$, $h_1 := h_2$, $t_2 := a + d$ sowie $h_2 := h(t_2)$, und gehe zu **S1**.

S5 Wenn $h_1 < h_2$, dann setze $t^* = t_1$ und STOPP.

S6 Wenn $h_1 \geq h_2$, dann setze $t^* = t_2$ und STOPP.

Der Algorithmus 3 erzeugt in n Iterationen ein Intervall der Länge $d = \dfrac{b-a}{K^n}$ (in dem unter den formulierten Voraussetzungen die Minimalstelle t^* liegt). Für $b - a = 1$ und $d < \varepsilon = 10^{-2}$ bzw. $d < \varepsilon = 10^{-4}$ sind somit beispielsweise $n = 10$ bzw. $n = 20$ Iterationen notwendig. Wir bemerken, dass aufgrund des hohen Aufwandes das Verfahren des Goldenen Schnitts für professionelle Optimierungsprogramme und damit zur Lösung praktischer Probleme nicht geeignet ist.

Mögliche Implementierungen der Armijo- und Powell-Wolfe-Schrittweitenstrategie

Wir werden nun auf Implementierungen der Armijo-Schrittweite, der Armijo-Schrittweite mit Aufweitung und der Powell-Wolfe-Schrittweite eingehen. Wir beginnen zunächst mit (einfachen) Möglichkeiten für die Implementierungen der beiden erstgenannten Schrittweiten und setzen dafür $f \in C^1(\mathbb{R}^n, \mathbb{R})$, $\boldsymbol{x} \in \mathbb{R}^n$, $\boldsymbol{d} \in \mathbb{R}^n$ mit $\nabla f(\boldsymbol{x})^T \boldsymbol{d} < 0$, $\alpha \in (0,1)$, $\beta \in (\alpha, 1)$ sowie $q \in (0,1)$ voraus.

Algorithmus 4 (Armijo-Schrittweite)

S0 Setze $t := 1$.

S1 Wenn $f(\boldsymbol{x} + t\boldsymbol{d}) \leq f(\boldsymbol{x}) + \alpha t \nabla f(\boldsymbol{x})^T \boldsymbol{d}$, dann setze $t_{\mathrm{A}} := t$ und STOPP.

S2 Setze $t := qt$, und gehe zu **S1**.

Die Endlichkeit des Algorithmus 4 folgt unmittelbar aus Satz 3.27.

Algorithmus 5 (Armijo-Schrittweite mit Aufweitung)

S0 Setze $\hat{t} := 1$.

S1 Wenn $f(\boldsymbol{x} + \hat{t}\boldsymbol{d}) > f(\boldsymbol{x}) + \alpha\hat{t}\nabla f(\boldsymbol{x})^T\boldsymbol{d}$, dann setze $\hat{t} := q\hat{t}$, und gehe zu **S1**.

S2 Setze $\bar{t}_{\text{AmA}} := \hat{t}$ und $\hat{t} := \dfrac{\hat{t}}{q}$.

S3 Wenn $f(\boldsymbol{x} + \hat{t}\boldsymbol{d}) > f(\boldsymbol{x}) + \alpha\hat{t}\nabla f(\boldsymbol{x})^T\boldsymbol{d}$, dann STOPP.

S4 Gehe zu **S2**.

Offensichtlich liefert der Algorithmus 5 die gewöhnliche Armijo-Schrittweite, wenn die Schrittweite $\hat{t} = 1$ in S1 die Armijo-Bedingung nicht erfüllt. Erfüllt $\hat{t} = 1$ in S1 jedoch die Armijo-Bedingung, so wird die aktuelle Schrittweite durch q geteilt (aufgeweitet), solange die Armijo-Bedingung für die so konstruierten Schrittweiten t erfüllt bleibt. Der so formulierte Algorithmus liefert i. Allg. natürlich nicht die Armijo-Schrittweite mit Aufweitung, wie wir diese im Abschnitt 3.3.3 definiert haben. Jedoch liefert er uns Schrittweiten $t = \bar{t}_{\text{AmA}}$ und $\hat{t}$ mit Eigenschaften, wie wir sie im Beweis von Satz 3.30 zum Nachweis der Effizienz der Armijo-Schrittweite mit Aufweitung benötigten. Wenn wir wie im weiteren Verlauf dieses Abschnittes zusätzlich noch die Kompaktheit von $N_f(f(\boldsymbol{x}))$ voraussetzen, so ist natürlich auch die Endlichkeit des Algorithmus 5 gegeben. Bei den skalierten Armijo-Schrittweiten wird $\hat{t} = s$ im Schritt S0 gesetzt, wobei s z. B. gemäß Satz 3.29 gewählt wurde.

Im Folgenden werden wir nun eine Möglichkeit für die Implementation der Powell-Wolfe-Schrittweitenstrategie angeben und näher analysieren.

Algorithmus 6 (Powell-Wolfe-Schrittweite)

S0 Setze $t := 1$, und wähle $\tau_1, \tau_2 \in (0, \frac{1}{2}]$ sowie $\gamma > 1$.

S1 Wenn $f(\boldsymbol{x} + t\boldsymbol{d}) > f(\boldsymbol{x}) + \alpha t\nabla f(\boldsymbol{x})^T\boldsymbol{d}$, dann gehe zu **S4**.

S2 Wenn $\nabla f(\boldsymbol{x} + t\boldsymbol{d})^T\boldsymbol{d} < \beta\nabla f(\boldsymbol{x})^T\boldsymbol{d}$, dann setze $t := \gamma t$, und gehe zu **S1**.

S3 Setze $t_{\text{PW}} := t$ und STOPP.

S4 Setze $a := 0$ und $b := t$.

S5 Wähle $t \in [a + \tau_1(b - a), b - \tau_2(b - a)]$.

S6 Wenn $f(\boldsymbol{x} + t\boldsymbol{d}) > f(\boldsymbol{x}) + \alpha t\nabla f(\boldsymbol{x})^T\boldsymbol{d}$, dann setze $b := t$, und gehe zu **S5**.

S7 Wenn $\nabla f(\boldsymbol{x} + t\boldsymbol{d})^T\boldsymbol{d} < \beta\nabla f(\boldsymbol{x})^T\boldsymbol{d}$, dann setze $a := t$, und gehe zu **S5**.

S8 Setze $t_{\text{PW}} := t$ und STOPP.

Der hier formulierte Algorithmus 6 besteht offensichtlich aus zwei Phasen. In der ersten Phase (S1–S3) wird entweder eine Schrittweite $t_{\text{PW}} \in \mathcal{T}_{\text{PW}}(\boldsymbol{x}, \boldsymbol{d})$ gefunden oder ggf. das Intervall $[0, t]$ solange vergrößert, bis $f(\boldsymbol{x} + t\boldsymbol{d}) \leq f(\boldsymbol{x}) + \alpha t \nabla f(\boldsymbol{x})^T \boldsymbol{d}$ nicht mehr gilt. Wegen der Kompaktheit der Menge $N_f(f(\boldsymbol{x}))$ ist letzteres nach endlich vielen Vergrößerungen von t erfüllt. Erreicht der Algorithmus S4, so wird in der folgenden zweiten Phase (S4–S7) das in der ersten Phase konstruierte Intervall wieder schrittweise verkleinert. Dabei gilt stets $0 \leq a < b$ und

$$\begin{aligned} f(\boldsymbol{x} + a\boldsymbol{d}) &\leq f(\boldsymbol{x}) + \alpha a \nabla f(\boldsymbol{x})^T \boldsymbol{d}\,, \\ \nabla f(\boldsymbol{x} + a\boldsymbol{d})^T \boldsymbol{d} &< \beta \nabla f(\boldsymbol{x})^T \boldsymbol{d} \text{ sowie} \\ f(\boldsymbol{x} + b\boldsymbol{d}) &> f(\boldsymbol{x}) + \alpha b \nabla f(\boldsymbol{x})^T \boldsymbol{d}\,. \end{aligned}$$

Wir definieren die Hilfsfunktion $\varphi : \mathbb{R} \to \mathbb{R}$ mit $\varphi(t) := f(\boldsymbol{x} + t\boldsymbol{d}) - f(\boldsymbol{x}) - \alpha t \nabla f(\boldsymbol{x})^T \boldsymbol{d}$. Für jedes im Algorithmus 6 erzeugte Intervall $[a, b]$ gilt somit

$$\varphi(a) = f(\boldsymbol{x}+a\boldsymbol{d}) - f(\boldsymbol{x}) - \alpha a \nabla f(\boldsymbol{x})^T \boldsymbol{d} \leq 0 \text{ und } \varphi(b) = f(\boldsymbol{x}+b\boldsymbol{d}) - f(\boldsymbol{x}) - \alpha b \nabla f(\boldsymbol{x})^T \boldsymbol{d} > 0\,.$$

Mit $\varphi'(t) = \nabla f(\boldsymbol{x} + t\boldsymbol{d})^T \boldsymbol{d} - \alpha \nabla f(\boldsymbol{x})^T \boldsymbol{d}$ folgt weiterhin

$$\varphi'(a) = \nabla f(\boldsymbol{x} + a\boldsymbol{d})^T \boldsymbol{d} - \alpha \nabla f(\boldsymbol{x})^T \boldsymbol{d} \leq \nabla f(\boldsymbol{x} + a\boldsymbol{d})^T \boldsymbol{d} - \beta \nabla f(\boldsymbol{x})^T \boldsymbol{d} < 0\,.$$

Sei $\bar{t} \in (a, b)$ nun eine globale Minimalstelle von φ über $[a, b]$. Somit gilt $\varphi(\bar{t}) < 0$ und mit Satz 2.2 $\varphi'(\bar{t}) = 0$. Aus Stetigkeitsgründen existiert somit jeweils sogar ein Intervall $I \subset [a, b]$ mit $\bar{t} \in (a, b)$, $\varphi(t) \leq 0$ und $\varphi'(t) \geq (\beta - \alpha) \nabla f(\boldsymbol{x})^T \boldsymbol{d}$ bzw.

$$f(\boldsymbol{x} + t\boldsymbol{d}) \leq f(\boldsymbol{x}) + \alpha t \nabla f(\boldsymbol{x})^T \boldsymbol{d} \text{ und } \nabla f(\boldsymbol{x} + t\boldsymbol{d})^T \boldsymbol{d} \geq \beta \nabla f(\boldsymbol{x})^T \boldsymbol{d}$$

für alle $t \in I$. Angenommen die zweite Phase endet nicht nach endlich vielen Schritten, dann ziehen sich die Intervalle $[a, b]$ gemäß Konstruktion auf einen Punkt $\tilde{t}$ zusammen. Jeweils aus Stetigkeitsgründen folgt

$$\nabla f(\boldsymbol{x} + \tilde{t}\boldsymbol{d})^T \boldsymbol{d} = \alpha \nabla f(\boldsymbol{x})^T \boldsymbol{d} > \beta \nabla f(\boldsymbol{x})^T \boldsymbol{d} \text{ aus } \varphi'(\tilde{t}) = 0\,,$$

aber auch

$$\nabla f(\boldsymbol{x} + \tilde{t}\boldsymbol{d})^T \boldsymbol{d} \leq \beta \nabla f(\boldsymbol{x})^T \boldsymbol{d} \text{ aus } \nabla f(\boldsymbol{x} + a\boldsymbol{d})^T \boldsymbol{d} < \beta \nabla f(\boldsymbol{x})^T \boldsymbol{d}\,.$$

Somit ist unsere Annahme falsch und der Algorithmus 6 endet nach endlich vielen Schritten in S8 mit einer Schrittweite $t_{\text{PW}} \in \mathcal{T}_{\text{PW}}(\boldsymbol{x}, \boldsymbol{d})$.

Eine einfache Möglichkeit zur Bestimmung der Schrittweite t in S5 ist sicherlich, $t = a + \tau_1(b - a)$ oder $t = b - \tau_2(b - a)$ zu wählen. Eine zweite Möglichkeit besteht darin, die durch den Algorithmus bzgl. der Hilfsfunktion $h : [0, \infty) \to \mathbb{R}$ mit $h(t) := f(\boldsymbol{x} + t\boldsymbol{d})$ zur Verfügung stehenden Werte $h(a)$, $h'(a)$ sowie $h(b)$ zu nutzen, um die Minimalstelle t^* des quadratischen Interpolationspolynoms $p : \mathbb{R} \to \mathbb{R}$ mit $p(a) = h(a)$, $p'(a) = h'(a)$

und $p(b) = h(b)$ zu bestimmen, damit die perfekte Schrittweite zu approximieren und falls diese Approximation im Intervall $[a + \tau_1(b-a), b - \tau_2(b-a)]$ liegt, sie als neuen Testwert für t zu akzeptieren. Die Existenz und Eindeutigkeit der Minimalstelle t^* von p in S5 folgt wegen

$$\begin{aligned} h(b) &> f(\boldsymbol{x}) + \alpha b \nabla f(\boldsymbol{x})^T \boldsymbol{d} \\ &= f(\boldsymbol{x}) + \alpha a \nabla f(\boldsymbol{x})^T \boldsymbol{d} + \alpha\,(b-a)\,\nabla f(\boldsymbol{x})^T \boldsymbol{d} \\ &\geq h(a) + \alpha\,(b-a)\,\nabla f(\boldsymbol{x})^T \boldsymbol{d} \\ &> h(a) + \beta\,(b-a)\,\nabla f(\boldsymbol{x})^T \boldsymbol{d} \\ &> h(a) + h'(a)\,(b-a) \end{aligned}$$

nach den Ausführungen zur quadratischen Interpolation nach Hermite. Wir setzen:

$$t := \begin{cases} t^* & \text{, falls } t^* \in [a + \tau_1(b-a), b - \tau_2(b-a)] \\ a + \tau_1(b-a) & \text{, falls } t^* < a + \tau_1(b-a) \\ b - \tau_2(b-a) & \text{, falls } t^* > b - \tau_2(b-a)\ . \end{cases}$$

Alternativ ist die Bestimmung der Schrittweite t in S5 natürlich auch durch ein kubisches Interpolationspolynom möglich. Entsprechend den Ausführungen zur kubischen Interpolation nach Hermite muss dann $p'(b) = h'(b)$ noch (im Idealfall „kostengünstig“) bestimmt werden bzw. für c eine von a sowie b verschiedene und schon in S1 oder S6 untersuchte Schrittweite gewählt werden.
Die Bestimmung eines möglichst großen Intervalles $[a, b] \subset \mathcal{T}_{\text{PW}}(\boldsymbol{x}^k, \boldsymbol{d}^k)$ erwies sich für die Nutzung der Interpolation bei der Powell-Wolfe-Schrittweite als sehr zweckmäßig. Liegt der Interpolationspunkt nicht im Intervall, dann wird der nächstgelegene Randpunkt des Intervalles ausgewählt (*Backtracking*). Eine ähnliche Backtracking-Strategie ist auch für die Armijo-Schrittweite nützlich. Wenn die Reduktion in der Armijo-Regel nicht mit einem festen Faktor $q \in (0, 1)$ sondern mit einem variabel gestalteten Faktor $q \in [q_l, q_u] \subset (0, 1)$ bei fester unterer und oberer Grenze q_l, q_u ausgeführt wird, ändert sich an den Konvergenzaussagen prinzipiell nichts.

Algorithmus 7 (Armijo-Schrittweite mit Backtracking)

S0 Setze $t := 1$.

S1 Wenn $f(\boldsymbol{x} + t\boldsymbol{d}) \leq f(\boldsymbol{x}) + \alpha t \nabla f(\boldsymbol{x})^T \boldsymbol{d}$, dann setze $t_{AmB} := t$ und STOPP.

S2 Bestimme die eindeutige (globale) Minimalstelle t^* des quadratischen Interpolationspolynoms $p : \mathbb{R} \to \mathbb{R}$ mit $p(0) = f(\boldsymbol{x})$, $p'(0) = \nabla f(\boldsymbol{x})^T \boldsymbol{d}$ und $p(t) = f(\boldsymbol{x} + t\boldsymbol{d})$.

S3 Wenn $t^* \in [q_l t, q_u t]$, dann setze $t := t^*$, und gehe zu **S1**.

S4 Wenn $t^* < q_l t$, dann setze $t := q_l t$, und gehe zu **S1**.

S5 Wenn $t^* > q_u t$, dann setze $t := q_u t$, und gehe zu **S1**.

Ist in S1 des Algorithmus 7 die Armijo-Bedingung nicht erfüllt, d. h. gilt

$$f(\boldsymbol{x} + t\boldsymbol{d}) - f(\boldsymbol{x}) - \alpha t \nabla f(\boldsymbol{x})^T \boldsymbol{d} > 0 \ ,$$

so folgt wegen $\alpha \in (0,1)$ nach den Ausführungen zur quadratischen Interpolation nach Hermite für den Koeffizienten k_2 des quadratischen Interpolationspolynoms $p : \mathbb{R} \to \mathbb{R}$ mit $p(0) = f(\boldsymbol{x})$, $p'(0) = \nabla f(\boldsymbol{x})^T \boldsymbol{d}$ und $p(t) = f(\boldsymbol{x} + t\boldsymbol{d})$

$$k_2 = \frac{f(\boldsymbol{x} + t\boldsymbol{d}) - f(\boldsymbol{x}) - t\nabla f(\boldsymbol{x})^T \boldsymbol{d}}{t^2} > \frac{f(\boldsymbol{x} + t\boldsymbol{d}) - f(\boldsymbol{x}) - \alpha t\nabla f(\boldsymbol{x})^T \boldsymbol{d}}{t^2} > 0 \ ,$$

womit die Existenz der eindeutigen (globalen) Minimalstelle t^* des so definierten quadratischen Interpolationspolynoms p gegeben ist. Falls t die Armijo-Bedingung nicht erfüllt, so bestimmt man also ein t^* aus den bisherigen Daten gemäß dem quadratischen Approximationsmodell. Ab der zweiten Iteration kann natürlich auch die kubische Interpolation nach Hermite mit drei Funktionswerten eingesetzt werden. Liegt t^* im Intervall $[q_l t, q_u t]$, so dient es als nächster Testpunkt für die Armijo-Bedingung. Liegt es nicht in diesem Intervall, dann wird der dem Punkt t^* nächstgelegene Intervallrandpunkt der nächste Testpunkt. Beim erfolgreichen quadratischen Modell nach Hermite folgt aus einer Taylor-Entwicklung $0 < t^* \lessapprox 0.5t$ (siehe Dennis und Schnabel (1983)). Also ist $q_u = 0.5$ eine sinnvolle Wahl. Jedoch kann t bei einem Verhalten von h wie $(t-a)^n, n > 2$ zu klein werden. Bewährt hat sich der untere Parameter $q_l = 0.1$. Beim kubischen Modell erhält man zwar bessere Approximationen der perfekten Schrittweite, aber weder die obere Schranke $q_u t$ noch die untere Schranke $q_l t$ des Intervalles kann für das entstehende t^* gesichert werden. Im „Worst Case" wird die Interpolation nie akzeptiert, und man benutzt die Armijo-Regel mit $q \in \{q_l t, q_u t\}$.

Implementierungen von Schrittweitenstrategien unter EdOptLab

Bei den folgenden numerischen Experimenten unter EDOPTLAB werden wir verschiedene implementierte Schrittweitenstrategien benutzen. Unter EDOPTLAB sind für die Algorithmen zur Bestimmung einer Armijo- und einer Powell-Wolfe-Schrittweite bzw. für das Verfahren des Goldenen Schnitts die Schrittweitenparameter $\alpha = 0.0001$, $\beta = 0.9$, $q := \frac{1}{2}$, $\varepsilon = 0.01$, $\tau_1 = 0.1$, $\tau_2 = 0.1$ und $\gamma = 2$ voreingestellt, welche z. T. individuell angepasst bzw. verändert werden können. Wir unterscheiden bezüglich der Anfangsschrittweite zwischen Schrittweitenstrategien ohne Skalierung, d. h. mit fest vorgegebenem ersten Testpunkt $t = 1$, und Schrittweitenstrategien mit Skalierung, d. h. mit erstem Testpunkt $t = s$ und $s = \max\left\{1, \frac{-\nabla f(\boldsymbol{x}^k)^T \boldsymbol{d}^k}{\|\boldsymbol{d}^k\|^2}\right\}$. Unter EDOPTLAB stehen gegenwärtig die folgenden Schrittweitenstrategien (engl. **L**ine **S**earches) für numerische Experimente zur Verfügung.

LS 1.0/1.1: **Armijo-Schrittweite** mit/ohne Skalierung.

LS 2.0/2.1: **Armijo-Schrittweite** mit/ohne Skalierung. Nur wenn für die ermittelte Schrittweite $t \neq 1$ gilt und es numerisch möglich ist, erfolgt anschließend eine quadratische Interpolation (**QI**) **nach Lagrange**, und die Schrittweite mit kleinerem Zielfunktionswert wird ausgewählt.

LS 3.0/3.1: **Armijo-Schrittweite** mit/ohne Skalierung. Wenn es numerisch möglich ist, erfolgt anschließend eine **QI nach Lagrange**, und die Schrittweite mit kleinerem Zielfunktionswert wird ausgewählt.

LS 3.2: Berechnung der **QI nach Hermite** mit $f(\boldsymbol{x}^k), \nabla f(x^k)^T \boldsymbol{d}^k$ und $f(\boldsymbol{x}^k + \boldsymbol{d}^k)$ ohne weitere Safeguards, speziell für quadratische Funktionen geeignet.

LS 4.1: **Armijo-Backtracking** ohne Skalierung, nur dann mit **QI** nach Hermite und kubischer Interpolation **KI nach Hermite mit drei Punkten**, wenn Schrittweite 1 nicht akzeptiert wird (Dennis und Schnabel (1983), A6.3.1, S. 325).

LS 5.1: **Powell-Wolfe-Schrittweite mit Backtracking** ohne Skalierung, nur dann mit **QI** und **KI** wie in LS 4.1, wenn Schrittweite 1 nicht akzeptiert wird (Dennis und Schnabel (1983), A6.3.1mod, S. 328).

LS 6.0/6.1: **Armijo**-Schrittweite mit/ohne Skalierung, danach **Aufweitung** bis $b > t_{AR}$ mit $\varphi(0) > \varphi(t_{AR}) < \varphi(b)$. Auf dem Intervall $[0, b]$ wird dann der **Goldene Schnitt Algorithmus** mit relativer Genauigkeit von 1 % bzgl. der Länge des Ausgangsintervalls ausgeführt. Diese relative Genauigkeit kann jedoch zusätzlich über die 2. Koordinate des Line Search Parameters eingestellt werden. Mit 1 als 3. Koordinate wird eine Kombination von Goldenem Schnitt und **QI nach Lagrange** eingestellt (`fminbnd.m` aus MATLAB).

LS 7.0/7.1: **Strenge Powell-Wolfe-Regel mit Backtracking** mit/ohne Skalierung, ggf. mit **KI nach Hermite für zwei Punkte** im 2. Teil, wenn die Anfangsschrittweite nicht akzeptiert wird (Geiger und Kanzow (1999), S. 50).

LS 8.0/8.1: **Powell-Wolfe-Regel mit Backtracking** mit/ohne Skalierung, ggf. mit **KI nach Hermite für zwei Punkte** im 2. Teil, wenn die Anfangsschrittweite nicht akzeptiert wird (Geiger und Kanzow (1999), S. 46).

LS 9.0n: **Nicht monotone Armijo-Schrittweite** ohne Skalierung mit maximal $n \in \{0, 1, 2, ..., 99\}$ aufeinanderfolgenden Vergleichswerten (Geiger und Kanzow (1999), S. 96, siehe modifizierte Newton-Verfahren).

LS 10: **Konstantschrittweite**, Schrittweite als 2. Koordinate des Line Search Parameters einstellbar, Schrittweite $t_k = 0.1$ ist voreingestellt.

Ausführliche Hinweise zur Implementierung effektiver Schrittweitenalgorithmen findet man beispielsweise in Dennis und Schnabel (1983), Fletcher (1987), Geiger und Kanzow (1999), Kelley (1999), Nocedal und Wright (2006), Spellucci (1993) sowie Schwetlick (1979).

Bemerkungen 3.35

(1) Die reine Armijo-Regel ist unter EdOptLab der LS 1.1. Relativ einfache Modifikationen der Armijo-Regel sind LS 2.x und LS 3.x. Sie führen einen Armijo-Schritt mit anschließender quadratischer Interpolation aus, sofern er durchführbar ist, und verwenden den Punkt mit kleinerem Funktionswert. Dadurch bleibt die Semi-Effizienz bzw. Effizienz (bei Skalierung) der Schrittweite erhalten. Diese Varianten erzielen relativ gute Resultate. Der LS 3.x unterscheidet sich von LS 2.x dadurch, dass auch bei Schrittweite 1 eine Interpolation durchgeführt wird. Eine etwas kompliziertere Version dieser beiden Modifikationen findet man in Spellucci (1993), S. 100, Bem. 3.3.1.

(2) Unter Matlab findet man die Routine `fminbnd`. Sie kombiniert eine quadratische Interpolation nach Lagrange mit dem Verfahren des Goldenen Schnitts. Da die Interpolation für glatte Funktionen, deren 2. Ableitung in der Umgebung der Minimalstelle größer als Null ist, superlinear gegen die perfekte Schrittweite konvergiert, erhält sie auch die Superlinearität des übergeordneten Algorithmus und approximiert die perfekte Schrittweite mit wesentlich geringerem Aufwand als der „reine" Goldene Schnitt Algorithmus. Diese Routine ist aber nicht geeignet, um den Einfluss der relativen Genauigkeit der Approximation der perfekten Schrittweite in Abstiegsalgorithmen zu testen. ■

3.3.5 Numerische Experimente zu allgemeinen Abstiegsverfahren

Bei den folgenden Experimenten werden wir die im vorhergehendem Abschnitt erläuterten Schrittweitenstrategien testen und vergleichen.

Experiment 3.3.1 (Verfahren des steilsten Abstiegs mit perfekter Schrittweite bei quadratischer Zielfunktion)
Abstieg01.m: Wir betrachten die quadratische Funktion (Problem Nr. 4)

$$f : \mathbb{R}^2 \to \mathbb{R} \text{ mit } f(\boldsymbol{x}) = \frac{1}{4}(x_1 - 5)^2 + (x_2 - 6)^2$$

und globaler Minimalstelle $\boldsymbol{x}^* = (5,\ 6)^T$ sowie globalem Minimum $f(\boldsymbol{x}^*) = 0$. Zur Minimierung der Funktion wenden wir das Verfahren des steilsten Abstiegs mit perfekter

Schrittweite (LS 3.0), Startpunkt $\boldsymbol{x}^0 = (9,\ 7)^T$ und Abbruchtoleranz $\|\nabla f(\boldsymbol{x}^k)\| \leq 10^{-6}$ an. Der Iterationsverlauf ist in Abb. 3.19 (links) dargestellt. Offensichtlich gilt $\kappa = 4$ und somit nach Satz 3.15

$$\frac{f(\boldsymbol{x}^{k+1}) - f(\boldsymbol{x}^*)}{f(\boldsymbol{x}^k) - f(\boldsymbol{x}^*)} := C_k \leq C$$

für alle $k \in \mathbb{N}$ mit $C_k \leq \left(\frac{4-1}{4+1}\right)^2 = \frac{9}{25} = 0.36$. Das Experiment zeigt, dass die obere Schranke für den Konvergenzfaktor C scharf ist und hier in jedem Iterationsschritt angenommen wird (siehe Abb. 3.19 (rechts)). Jedoch können sich für andere Startpunkte $\boldsymbol{x}^0$ bessere (konstante) Konvergenzfaktoren ergeben (siehe auch Aufgabe 3.12). Beispielsweise liefert der Startpunkt $\boldsymbol{x}^0 = (9,\ 10)^T$ den Konvergenzfaktor $C \approx 0.1108$. ∎

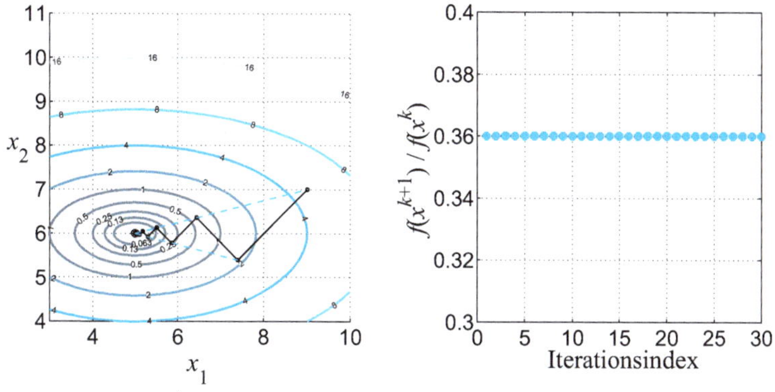

Abb. 3.19 Verfahren des steilsten Abstiegs mit perfekter Schrittweite für die quadratische Zielfunktion aus Exp. 3.3.1

Experiment 3.3.2 (Verfahren des steilsten Abstiegs mit skalierter Armijo-Schrittweite bei quadratischer Zielfunktion)

Abstieg02.m: Wir wiederholen Experiment 3.3.1, ersetzen jedoch die perfekte durch die skalierte Armijo-Schrittweite (LS 1.0). Im Verlauf dieses Experimentes ergeben sich zunächst relativ große Schrittweiten und schlechtere Faktoren C_k im Vergleich zum vorhergehenden Experiment (siehe Abb. 3.20 (oben rechts)). Nach acht Iterationen trifft der Iterationspunkt (zufällig) fast die x_1-Achse und die weiteren Iterationspunkte bewegen sich längs dieser Achse gegen die Lösung $\boldsymbol{x}^*$ (siehe Abb. 3.20 (unten), sichtbar nach „Zoom“ im MATLAB-Bild unter EDOPTLAB). Würde in dieser Situation nun wieder die perfekte Schrittweite gewählt werden, so würde das Verfahren im nächsten Schritt sehr nahe der Lösung sein. In diesem Experiment geschieht dies zwar nicht, trotzdem erfüllt dieses Verfahren mit 21 Iteration die Abbruchbedingung schneller als das Verfahren aus Exp. 3.3.1 mit perfekter Schrittweite (siehe Abb. 3.20 (oben links)). Da die Voraussetzungen von Satz 3.22 erfüllt sind, folgt die Q-lineare Konvergenz der Folge $\{f(\boldsymbol{x}^k)\}_{k\in\mathbb{N}}$ gegen $f(\boldsymbol{x}^*)$ und somit nach Satz 3.3 (c) die R-lineare Konvergenz der Folge $\{\|\nabla f(\boldsymbol{x}^k)\|\}_{k\in\mathbb{N}}$ gegen Null. Ab Iteration 8 ist sogar eine Tendenz zur Q-linearen Konvergenz der Norm der Gradienten zu beobachten. ■

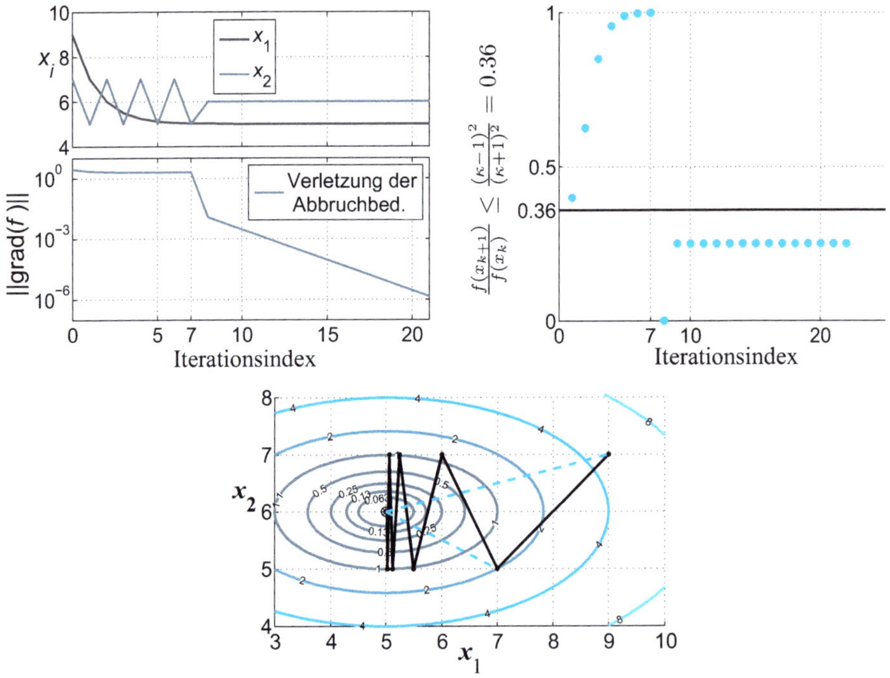

Abb. 3.20 Verfahren des steilsten Abstiegs mit skalierter Armijo-Schrittweite für die quadratische Zielfunktion aus Exp. 3.3.2

Experiment 3.3.3 (Vergleich zwischen Verfahren des steilsten Abstiegs und Abstiegsverfahren mit streng gradientenähnlichen Richtungen bei verschiedenen Schrittweitenstrategien)
Wir betrachten als Funktionen $f : \mathbb{R}^2 \to \mathbb{R}$

- die streng konvexe quadratische Funktion (Problem Nr. 4)

$$f(\boldsymbol{x}) = \frac{1}{4}(x_1 - 5)^2 + (x_2 - 6)^2 \ ,$$

- die nichtkonvexe zweidimensionale Rosenbrock-Funktion (Problem Nr. 1)

$$f(\boldsymbol{x}) = 100(x_2 - x_1^2)^2 + (1 - x_1)^2$$

mit sehr schlecht konditionierten Hesse-Matrizen in einer relativ großen Niveaumenge sowie

- die konvexe *Murphy-Funktion* (Problem Nr. 9)

$$f(\boldsymbol{x}) = (x_1 - 2)^4 + (x_1 - 2x_2)^2 \ .$$

mit nicht regulärer Hesse-Matrix im Lösungspunkt.

Für diese drei Funktionen untersuchen wir im Folgenden in den näher beschriebenen drei Langzeitexperimenten **(1)**, **(2)** und **(3)** das Verhalten von Abstiegsverfahren mit verschiedenen Richtungs- und Schrittweitenstrategien unter verschiedenen Abbruchbedingungen.

(1) **Abstieg03.m:** Verfahren des steilsten Abstiegs mit Abbruchtoleranz $\|\nabla f(\boldsymbol{x}^k)\| \leq 10^{-2}$.

(2) **Abstieg04.m:** Abstiegsverfahren mit Abbruchtoleranz $\|\nabla f(\boldsymbol{x}^k)\| \leq 10^{-2}$ sowie stochastischer Auswahl (Gleichverteilung) der Abstiegsrichtungen und ihrer Länge gemäß

$$\frac{-\nabla f(\boldsymbol{x}^k)^T \boldsymbol{d}^k}{\|\nabla f(\boldsymbol{x}^k)\| \|\boldsymbol{d}^k\|} \geq \cos\left(\frac{\pi}{2.1}\right) \geq 0.0747$$

und

$$\frac{1}{2}\|\nabla f(\boldsymbol{x}^k)\| \leq \|\boldsymbol{d}^k\| \leq 2\|\nabla f(\boldsymbol{x}^k)\| \ .$$

(3) **Abstieg04mod.m:** Wie **(2)**, jedoch mit Abbruchtoleranz $\|\nabla f(\boldsymbol{x}^k)\| \leq 10^{-6}$.

Jedes dieser Verfahren wird für fast alle in EdOptLab implementierten Schrittweitenstrategien sowie für 250 jeweils identische auf dem voreingestellten Zeichengebiet des jeweiligen Problems gleichmäßig verteilte Startpunkte durchgeführt, womit dieses Experiment eine relativ lange Rechenzeit benötigt. Um vorzeitige Abbrüche zu vermeiden bzw. die Vergleichbarkeit der Ergebnisse zu gewährleisten, wurde die maximale Iterationsanzahl auf 10^5 gesetzt und der Zufallsgenerator „Twister" zur stochastischen Auswahl der Abstiegsrichtungen und ihrer Länge für die Verfahren **(2)** und **(3)** bei allen 250 Startpunkten und allen untersuchten Schrittweitenstrategien stets gleich initialisiert. Wir wollen anhand dieses Experimentes herausfinden, welche Schrittweitenstrategien für ein Abstiegsverfahren nach dem Prinzipalgorithmus 2 „gut" bzw. „schlecht" sind und ob es diesbezügliche Unterschiede bei den drei betrachteten Funktionen gibt. Zum Vergleich ziehen wir jeweils die gerundeten Mittelwerte der Iterationen „`iter`" und der Funktionswertaufrufe „`fiter`" sowie die Streuung des Mittelwertes der Iterationen „`siter`" heran.

```
(1) Verfahren des steilsten Abstiegs
====================================
CPU-Zeit in Sekunden = 24775.19 (etwa 6h 53')
Toleranz = 1.00e-002, Zufallsinitialisierung (Twister) = 2000
-------------------------------------------------------------------
Problem     |       Nr. 4       |       Nr. 1       |       Nr. 9
-----------|------------------|------------------|-----------------
Linesearch | iter fiter siter | iter fiter siter | iter fiter siter
===========|==================|==================|=================
LS  1.0    |   8    17   0.1  | 3150 34870 209.2 |   22    98   0.8
LS  1.1    |   8    17   0.1  | 3150 34870 209.2 |   22    98   0.8
-----------|------------------|------------------|-----------------
LS  2.0    |   8    18   0.1  | 1689 19582 206.6 |   17    81   0.8
LS  2.1    |   8    18   0.1  | 1689 19582 206.6 |   17    81   0.8
LS  3.0    |   6    20   0.2  | 1668 19361 205.8 |   11    58   0.8
LS  3.1    |   6    20   0.2  | 1668 19361 205.8 |   11    58   0.8
-----------|------------------|------------------|-----------------
LS  4.1    |  31    83   0.3  | 1507  7229  98.9 |    8    22   0.2
LS  5.1    |  31    83   0.3  | 1465  7016  95.6 |    8    22   0.2
-----------|------------------|------------------|-----------------
LS  6.0    |   6    88   0.2  | 1960 43610  82.1 |   20   324   1.0
-----------|------------------|------------------|-----------------
LS  7.0    |   8    11   0.1  | 2227  8770 151.1 |   17    35   0.8
LS  7.1    |   8    11   0.1  | 2227  8770 151.1 |   17    35   0.8
LS  8.0    |   8    10   0.1  | 1998  7843 147.7 |   17    35   0.8
LS  8.1    |   8    10   0.1  | 1998  7843 147.7 |   17    35   0.8
===================================================================
```

Tab. 3.5 Auswertung Verfahren des steilsten Abstiegs mit Abbruchtoleranz $\|\nabla f(\boldsymbol{x}^k)\| \leq 10^{-2}$ im Exp. 3.3.3

Erwartungsgemäß liefert das Verfahren **(1)** bei allen betrachteten Schrittweitenstrategien für die zweidimensionale Rosenbrock-Funktion die bei Weitem schlechtesten Ergebnisse und bei fast allen betrachteten Schrittweitenstrategien für die streng konvexe quadratische Funktion die besten Ergebnisse. Überraschenderweise ist festzuhalten, dass das Verfahren für die Murphy-Funktion im Vergleich zur streng konvexen quadratischen Funktion keine wesentlich schlechteren und für die Schrittweitenstrategien LS 4.1 und 5.1 sogar bessere Ergebnisse aufweist. Diese Beobachtung ist jedoch, wie wir im Weiteren sehen werden, der eigentlich zu groben Abbruchbedingung $\|\nabla f(\boldsymbol{x}^k)\| \leq 10^{-2}$ geschuldet.

(2) Streng gradientenähnliche Suchrichtungen (stochastisch)

CPU-Zeit in Sekunden = 4641.72 (etwa 1h 18')
Toleranz = 1.00e-002, Zufallsinitialisierung (Twister) = 2000

Problem	Nr. 4			Nr. 1			Nr. 9		
Linesearch	iter	fiter	siter	iter	fiter	siter	iter	fiter	siter
LS 1.0	10	27	0.2	222	2393	8.1	19	87	0.5
LS 1.1	9	24	0.1	221	2356	9.0	19	88	0.4
LS 2.0	6	18	0.1	119	1293	4.6	12	65	0.4
LS 2.1	6	19	0.1	127	1361	4.6	13	65	0.4
LS 3.0	5	20	0.1	124	1350	4.5	10	56	0.3
LS 3.1	5	20	0.1	123	1318	4.3	10	54	0.3
LS 4.1	11	29	0.1	173	805	6.7	13	38	0.3
LS 5.1	11	29	0.1	173	808	6.7	13	38	0.3
LS 6.0	5	79	0.1	117	2563	5.3	10	165	0.4
LS 7.0	6	9	0.1	178	696	8.9	19	40	0.6
LS 7.1	6	10	0.1	171	661	9.4	18	40	0.6
LS 8.0	6	10	0.1	187	725	8.3	19	41	0.6
LS 8.1	6	10	0.1	186	719	9.6	19	41	0.6

Tab. 3.6 Auswertung Abstiegsverfahren mit streng gradientenähnlichen Abstiegsrichtungen und Abbruchtoleranz $\|\nabla f(\boldsymbol{x}^k)\| \leq 10^{-2}$ im Exp. 3.3.3

Im Vergleich zur Tab. 3.5 ergeben sich für das Verfahren **(2)** bei den Problemstellungen Nr. 4 und Nr. 9 bzgl. der benötigten Iterationsanzahl keine wesentlichen Unterschiede, wobei nun immer für das Problem Nr. 4 die besten Ergebnisse erzielt werden. Beim Problem Nr. 1 werden jedoch durch die stochastische Richtungswahl in den jeweiligen Abstiegskegeln viele große Schrittweiten ermöglicht, sodass sich die benötigte Iterationsanzahl bei allen Schrittweitenstrategien erheblich reduziert (beispielsweise bei LS 6.0 auf ≈ 6 % im Vergleich zum Verfahren **(1)**).

(3) Streng gradientenähnliche Suchrichtungen (stochastisch)

CPU-Zeit in Sekunden = 32916.63 (etwa 9h 9')

Toleranz = 1.00e-006, Zufallsinitialisierung (Twister) = 2000

Problem	Nr. 4			Nr. 1			Nr. 9		
Linesearch	iter	fiter	siter	iter	fiter	siter	iter	fiter	siter
LS 1.0	29	73	0.1	902	9755	15.3	7335	31204	11.6
LS 1.1	26	65	0.2	860	9200	19.2	7447	31044	10.8
LS 2.0	15	47	0.1	414	4538	8.8	658	3233	30.6
LS 2.1	18	50	0.2	498	5403	7.3	6983	31691	47.8
LS 3.0	14	49	0.2	350	3838	8.4	212	1152	10.1
LS 3.1	14	49	0.2	370	4015	8.8	217	1159	10.2
LS 4.1	33	81	0.2	723	3428	7.1	7509	20627	47.3
LS 5.1	33	81	0.2	718	3405	6.5	2029	6295	16.5
LS 6.0	14	210	0.2	371	8120	9.2	262	4277	9.8
LS 7.0	15	22	0.1	630	2417	12.6	2244	4441	25.3
LS 7.1	18	25	0.1	706	2686	7.4	2545	5010	27.9
LS 8.0	18	26	0.2	707	2697	11.0	2409	4731	26.7
LS 8.1	18	25	0.2	679	2575	7.6	2691	5241	29.3

Tab. 3.7 Auswertung Abstiegsverfahren mit streng gradientenähnlichen Abstiegsrichtungen und Abbruchtoleranz $\|\nabla f(x^k)\| \leq 10^{-6}$ im Exp. 3.3.3

Im Vergleich zu Tab. 3.6 lässt sich die für das Verfahren **(3)** auftretende Verdoppelung bis Vervierfachung des Aufwandes bei der streng konvexen quadratischen Funktion und der zweidimensionalen Rosenbrock-Funktion durch die Veränderung des Abbruchkriteriums von 10^{-2} auf 10^{-6} erklären (siehe Satz 3.22, lineare Konvergenz). Weiterhin bewirkt diese Veränderung des Abbruchkriteriums eine sehr starke Erhöhung der benötigten Iterationsanzahl bei der Murphy-Funktion (beispielsweise bei LS 4.1 auf $\approx$ 60 000 % im Vergleich zum Verfahren **(2)**), was wiederum zeigt, dass bei nicht regulärer Hesse-Matrix im Lösungspunkt sogar die lineare Konvergenz verloren geht. ■

Damit sind Abstiegsverfahren ohne besondere Auswahl der Abstiegsrichtungen, selbst wenn diese Richtungen streng gradientenähnlich sind, bei der Minimierung von Funktionen in einer Umgebung von Minimalstellen mit nicht regulärer Hesse-Matrix nicht empfehlenswert. Schrittweitenstrategien mit guter Approximation der perfekten Schrittweite wie LS 3.0/3.1 und LS 6.0 mildern ein wenig dieses ungünstige Verhalten. Wenn aber die Anfangsschrittweite akzeptiert wird, was bei den anderen Schrittweitenstrategien oft der Fall ist, ergibt sich eine sehr langsame Konvergenz. Wir werden uns diese Effekte bei verschiedenen Schrittweitenstrategien, bezogen auf die oben ausgeführten Tests, in den folgenden Experimenten etwas näher anschauen.

Experiment 3.3.4 (Verfahren des steilsten Abstiegs für Schrittweiten mit/ohne Interpolation bei Problem Nr. 1)
Abstieg05.m: Wir betrachten die zweidimensionale Rosenbrock-Funktion und das Verfahren des steilsten Abstiegs mit den Schrittweiten LS 3.0 und LS 1.0.
Wegen der sehr schlecht konditionierten Hesse-Matrizen im Tal des Funktionsgebirges ergibt sich bei der Schrittweitenstrategie mit zusätzlicher quadratischer Interpolation (LS 3.0) ähnlich wie bei der quadratischen Funktion im Beispiel 3.3.1 ein Zickzackverhalten (engl.: zigzagging) der Iterierten mit sehr kurzen Schrittweiten. Nur zufällig entstehen im Iterationsverlauf ein paar „Langschritte" (siehe Abb. 3.21). In der zugehörigen Tabelle 3.8 haben wir die vielen Kurzschritte ausgeblendet.

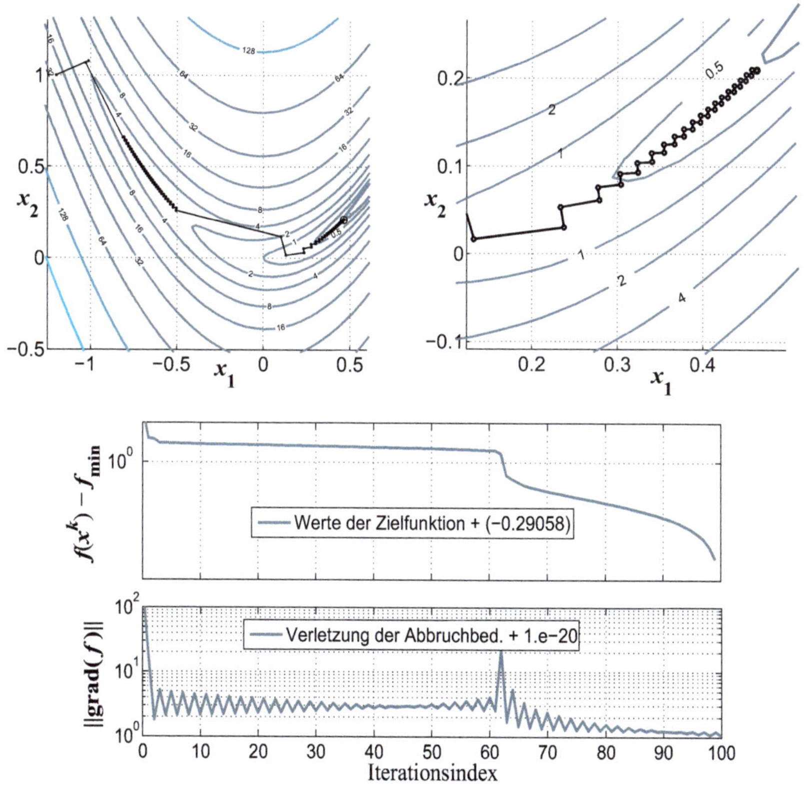

Abb. 3.21 Verfahren des steilsten Abstiegs (LS 3.0) für die Rosenbrock-Funktion aus Exp. 3.3.4, „Zickzackverhalten" der Iterierten

```
--------------------------------------------------------------
Problem: ad001 (Rosenbrock, n=2), N= 2 M= 0
Methode: STEEP-LS3.0, diffmode=1, tol=1.0e-006, maxit= 100
--------------------------------------------------------------
 iter    nf     ng    nh       fiter           t        norm(g)
--------------------------------------------------------------
  0       1      1     0   2.420000e+001   0.00e+000   2.33e+002
  1      14      2     0   4.307092e+000   8.68e-004   1.93e+001
  2      26      3     0   4.122656e+000   9.77e-004   1.77e+000
  3      30      4     0   3.292905e+000   2.60e-001   5.14e+000
  4      42      5     0   3.271922e+000   1.61e-003   2.07e+000
..............................................................
 61     641     63     0   2.270019e+000   3.46e-003   2.50e+000
 62     647     65     0   1.939172e+000   2.50e-001   2.22e+001
 63     657     66     0   7.536058e-001   4.73e-003   1.69e+000
 64     665     68     0   6.505884e-001   6.25e-002   5.31e+000
 65     675     69     0   5.889015e-001   4.38e-003   1.44e+000
 66     682     70     0   5.478350e-001   3.24e-002   3.34e+000
    ..........................................................
 75     768     80     0   4.178282e-001   4.77e-003   1.26e+000
 76     777     81     0   4.095257e-001   9.98e-003   1.77e+000
 77     787     82     0   4.018746e-001   4.89e-003   1.25e+000
    ..........................................................
100    1015    105     0   2.905787e-001   4.68e-003   1.04e+000
--------------------------------------------------------------
xstart( 1)=    -1.2000000000    xstart( 2)=     1.0000000000
fsolve( 0)=     0.2905786994
xsolve( 1)=     0.4634079712    xsolve( 2)=     0.2096013729
--------------------------------------------------------------
Resultate in Kurzform: CPU-Zeit: 0.266 Sek., diffmode= 1
iter=100, nf=1015, ng=105, nh= 0, Gesamtkosten: 1225
Zfkt.f= 0.29057869941 , |Opt.-Bed.|=1.04e+000
Abbruch wegen: it>maxit
--------------------------------------------------------------
```

Tab. 3.8 Iterationsverlauf Verfahren des steilsten Abstiegs (LS 3.0) im Exp. 3.3.4

Die Verwendung der reinen Armijo-Schrittweitenstrategie ohne Interpolation (LS 1.0) bringt kein besseres Konvergenzverhalten. Es gibt häufiger längere Schritte, die jedoch keinen wesentlichen Fortschritt liefern (siehe Abb. 3.22). Allerdings besitzt die zweidimensionale Rosenbrock-Funktion im Iterationspunkt $\boldsymbol{x}^{31}$ längs der betrachteten Suchrichtung $\boldsymbol{d}^{31}$ zwei lokale Minimalstellen. Da die Anfangsschrittweite zu groß ist, liefert der LS 1.0 bei $t_{31} = 0.5$ einen Punkt in der Nähe der zweiten Minimalstelle, welcher bereits einen relativ geringen Abstand zum Lösungspunkt $\boldsymbol{x}^* = (1,1)^T$ aufweist. In den folgenden 69 Iterationen ergeben sich nur noch sehr kleine Schrittweiten (≈ 0.002), wodurch kaum noch eine Annäherung an $\boldsymbol{x}^*$ erfolgt und das Verfahren ohne Erreichen der Abbruchbedingung (analog Tab. 3.8) wegen Überschreitung der vorgegebenen maximalen 100 Iterationsschritte abbricht. ■

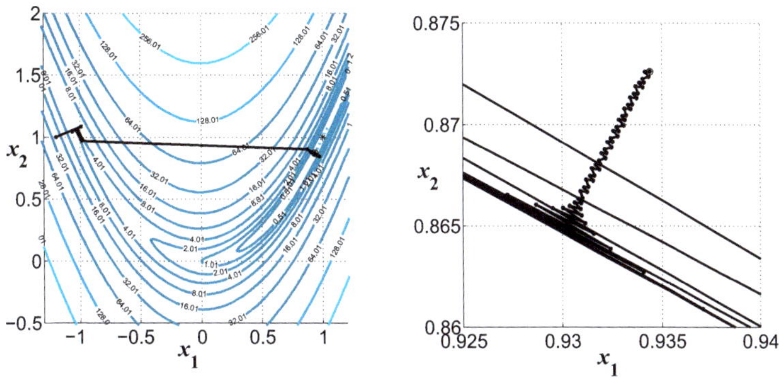

Abb. 3.22 Verfahren des steilsten Abstiegs (LS 1.0) für die Rosenbrock-Funktion aus Exp. 3.3.4

Experiment 3.3.5 (Abstiegsverfahren mit stochastischer Auswahl streng gradientenähnlicher Abstiegsrichtungen bei Problem Nr. 9)
Abstieg07.m: Der Vergleich der Tabellen 3.6 und 3.7 weist für die Murphy-Funktion auf sublineare Konvergenz hin, qualitativ beinahe unabhängig von der Schrittweitenstrategie. Die besten Ergebnisse erhalten wir noch für LS 3.0 (siehe Abb. 3.23). ■

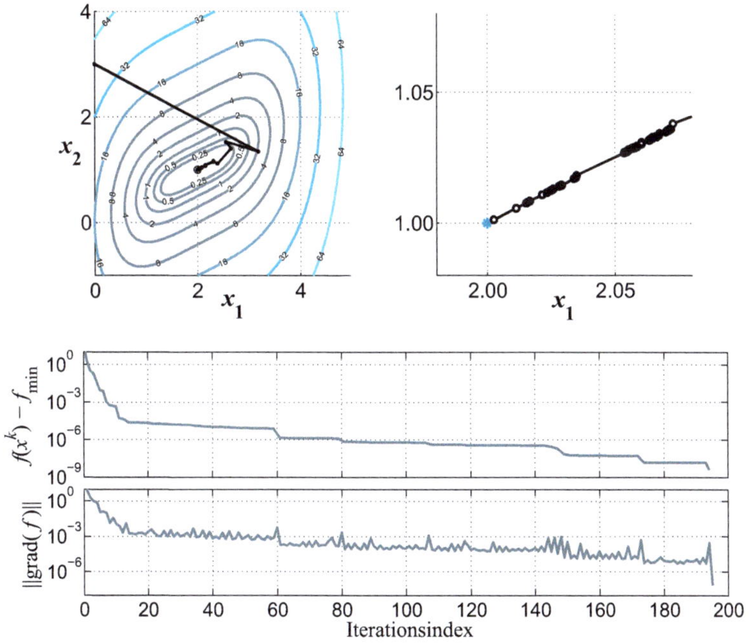

Abb. 3.23 Abstiegsverfahren (LS 3.0) mit stochastischer Auswahl streng gradientenähnlicher Abstiegsrichtungen für die Murphy-Funktion aus Exp. 3.3.5

Experiment 3.3.6 (Abstiegsverfahren mit stochastischer Auswahl streng gradientenähnlicher Abstiegsrichtungen bei Problem Nr.1, Nr. 4 und Nr. 11)
Abstieg09.m: Nach Satz 3.28 und Satz 3.32 werden für die Armijo- bzw. Powell-Wolfe-Schrittweiten während aller Iterationen gleichmäßige untere Schranken garantiert, wenn die Gradienten der Zielfunktion Lipschitz-stetig sind. Die Funktion (Problem Nr. 11)

$$f : \mathbb{R}^2 \to \mathbb{R} \text{ mit } f(\boldsymbol{x}) = (10x_1^2 + x_2^2)^{\frac{3}{4}}$$

ist in jeder Umgebung des Lösungspunktes $\boldsymbol{x}^* = (0,0)^T$ nicht Lipschitz-stetig. Für die quadratische Funktion (Problem Nr. 4) ist die Lipschitz-Konstante des Gradienten $L = 2$, und für die Rosenbrock-Funktion (Problem Nr. 1) gilt in einer kleinen Umgebung von $\boldsymbol{x}^*$ die Abschätzung $L \leq 1.85 \times 10^5$. Wir verwenden LS 1.0 und wählen bei der zweidimensionalen Rosenbrock-Funktion einen Startpunkt in der unmittelbaren Nähe ihres Lösungspunktes, um wegen der bewusst klein gewählten Abbruchbedingung von 10^{-12} nicht zu viele Iterationen zu benötigen. Aufgrund der in den Algorithmen benutzten Auswahl $\|\boldsymbol{d}^k\| \in [0.5, 2]\|\nabla f(\boldsymbol{x}^k)\|$ und $\nabla f(\boldsymbol{x}^k)^T \boldsymbol{d}^k \geq \cos(\beta)\|\nabla f(\boldsymbol{x}^k)\|\|\boldsymbol{d}^k\|$ mit $\beta = \pi/2.1$, Sekantenparameter $\alpha = 1e - 4$ sowie Diskontierungsfaktor $\rho = 0.5$ ergibt sich mit der jeweiligen Lipschitz-Konstanten L bei den Problemen Nr. 4 und 1, dass $t_k \geq \rho\frac{\cos(\beta)(1-\alpha)}{2L}$ gilt. Offensichtlich ist diese Abschätzung sehr grob, und die Schranke wird nicht einmal annäherungsweise erreicht. Für die im Lösungspunkt nicht Lipschitz-stetige Funktion (Problem Nr. 11) gehen die Schrittweiten zügig gegen Null (siehe Abb. 3.24). Alle Algorithmen brechen mit der Kurzinformation „`norm(d)<steptol`“ ab. Geprüft wird hier die Abbruchbedingung

$$t_k\|\boldsymbol{d}^k\| \leq 10^{-12}(1 + \|\boldsymbol{x}^k\|),$$

um zu verhindern, dass zu kleine Schritte verwendet werden. In der Regel sind schon Schrittweiten um 10^{-3}, wie sie bei der Rosenbrock-Funktion ohne besondere Auswahl von Abstiegsrichtungen wegen der schlechten Kondition der Hesse-Matrizen sehr oft auftreten, für ein Optimierungsverfahren nicht geeignet. Wählt man die Powell-Wolfe-Schrittweite LS 8.0, so wird diese Schrittweitenstrategie im letzten Schritt vor dem Abbruch mit „`norm(d)<steptol`“ nicht mehr korrekt ausgeführt, sondern wird durch die als Safeguard vorgesehene Armijo-Schrittweite ersetzt. In diesem Fall ist die Tangentenbedingung numerisch nicht mehr auswertbar. Die gewählte Abbruchbedingung ist in diesem Experiment zu klein. In professionellen Schrittweitenalgorithmen sind ähnliche Safeguards vorgesehen, um einen sinnvollen Verlauf und Abbruch des Algorithmus zu gewährleisten. ∎

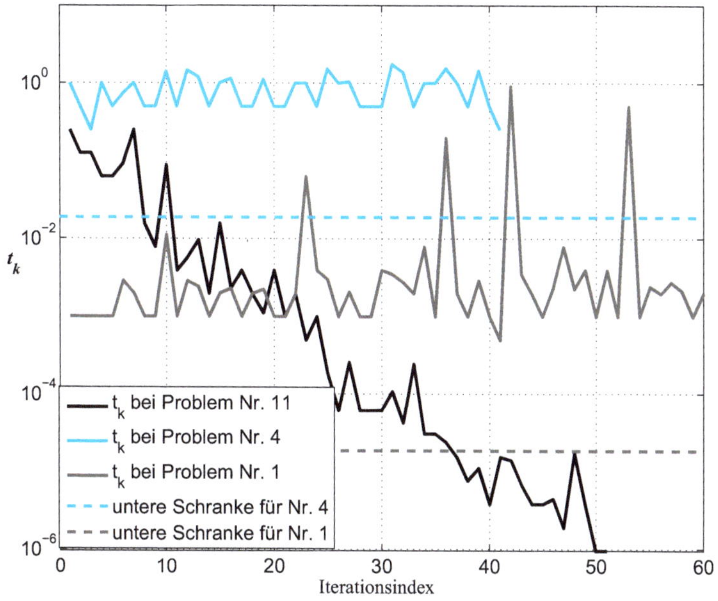

Abb. 3.24 Abstiegsverfahren (LS 1.0) für die Funktionen aus Exp. 3.3.6, $t_k \to 0$ bei nicht Lipschitz-stetigem Gradienten in $\boldsymbol{x}^*$

Experiment 3.3.7 (Verfahren des steilsten Abstiegs mit konstanter Schrittweite bei Problem Nr. 4)

Abstieg10.m: Zur Minimierung der Funktion wenden wir das Verfahren des steilsten Abstiegs mit unterschiedlichen konstanten Schrittweiten (LS 10), Startpunkt $\boldsymbol{x}^0 = (9,\ 9)^T$ und maximaler Iterationsanzahl 300 an.

Nach Aufgabe 1.13 und dem Beweis von Satz 3.24 folgt die Q-lineare Konvergenz der Folge $\{\boldsymbol{x}^k\}_{k \in \mathbb{N}}$ für alle konstanten Schrittweiten $t_k = t < \bar{t} = \frac{1}{4}$. Das Experiment zeigt deutlich (siehe Abb. 3.25), je kleiner die konstante Schrittweite $t_k = t$ gewählt wird, um so besser wird das typische Zickzack-Verhalten im Iterationsverlauf durchbrochen. Die rechte Abbildung zeigt, welchen Einfluss die Schrittweite auf die Konvergenz des Verfahrens hat. Offensichtlich sind zu kleine und zu große konstante Schrittweiten ungünstig. Bei größeren Schrittweiten tritt das Zickzack-Verhalten wieder verstärkt auf, und für Schrittweiten $t_k = t \geq 1$ divergiert das Verfahren sogar.

Da eine Funktion $f \in C^2(\mathbb{R}^n, \mathbb{R})$ in einer Umgebung einer lokalen Minimalstelle, in der die hinreichende Optimalitätsbedingung nach Satz 2.5 erfüllt ist, auch gleichmäßig konvex ist, möchten wir abschließend bemerken, dass das Verfahren des steilsten Abstiegs mit konstanter Schrittweite durchaus auch für nicht konvexe Funktionen zumindest lokal brauchbare Ergebnisse liefern kann. Diese Einschätzung ist aber nur im Vergleich zu den bisher untersuchten Abstiegsverfahren gültig. ■

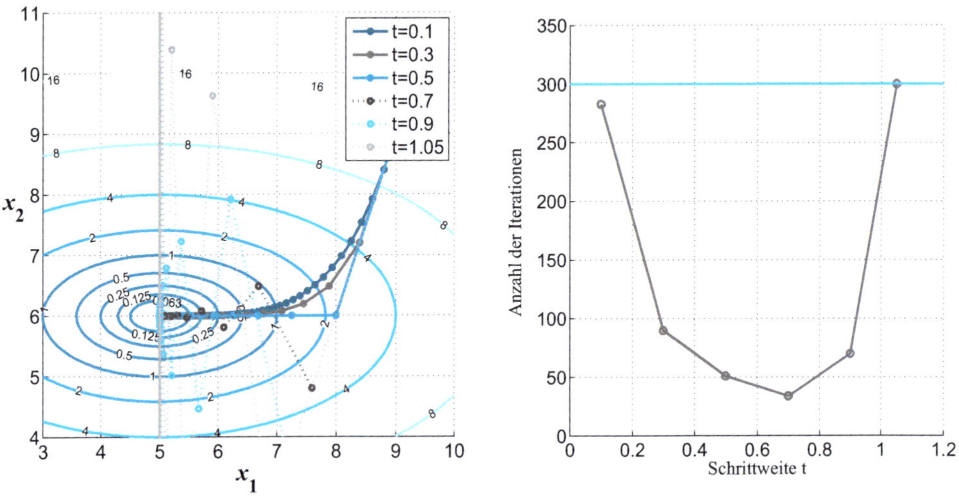

Abb. 3.25 Verfahren des steilsten Abstiegs mit konstanter Schrittweite für die quadratische Zielfunktion aus Exp. 3.3.7

Bemerkung 3.36

Wenn man stationäre Punkte als Gleichgewichtspunkte der Differenzialgleichung

$$\dot{\boldsymbol{x}}(\boldsymbol{t}) = -\nabla f(\boldsymbol{x}(t)),\ \boldsymbol{x}(0) = \boldsymbol{x}^0$$

sucht, d. h. Punkte für die $\lim_{t\to\infty} \nabla f(\boldsymbol{x}(t)) = 0$ gilt, dann erhält man als Lösungstrajektorie etwa die Kurve für $t = 0.1$ (siehe Abb. 3.25). Hinreichend für dieses Verhalten ist die positive Definitheit der Hesse-Matrix von f in der Niveaumenge $N_f(f(x^0))$. Der Zusammenhang zur Konstantschrittweite ist mit der numerischen Lösung solcher Differenzialgleichungen gegeben. Es folgt mit einer Schrittweite Δt und mit $\boldsymbol{x}^k := \boldsymbol{x}(k\Delta t)$ aus dem expliziten Eulerverfahren (siehe Hoffmann et al. (2005, 2006), Teil 2)

$$\frac{\boldsymbol{x}(t+\Delta t) - \boldsymbol{x}(t)}{\Delta t} = -\nabla f(\boldsymbol{x}(t)), \boldsymbol{x}(0) = \boldsymbol{x}^0,$$

was äquivalent zum obigen Gradientenverfahren mit der Konstantschrittweite $t_k = \Delta t$ ist. ■

3.4 Modifizierte Newton-Verfahren

3.4.1 Gedämpfte Newton-Verfahren

Im Abschnitt 3.2 haben wir gezeigt, dass das Newton-Verfahren unter gewissen Voraussetzungen mit mindestens superlinearer Konvergenzgeschwindigkeit gegen eine Lösung des nichtlinearen Gleichungssystems $\nabla f(\boldsymbol{x}) = \mathbf{0}$ (also gegen einen stationären Punkt) konvergiert, wenn das Verfahren in einer hinreichend kleinen Umgebung einer solchen Lösung startet. Ein Lösungsverfahren mit dieser Eigenschaft nennt man *lokal konvergent*. Unter geeigneten zusätzlichen Konvexitätsvoraussetzungen kann gesichert werden, dass die Newton-Richtungen $\boldsymbol{d}^k = -\left(\nabla^2 f(\boldsymbol{x}^k)\right)^{-1} \nabla f(\boldsymbol{x}^k)$ streng gradientenähnliche Abstiegsrichtungen der zu minimierenden Funktion f in $\boldsymbol{x}^k$ sind. Wie das Experiment 3.2.3 zeigt, reicht aber selbst die strenge Konvexität der Zielfunktion f nicht aus, um für beliebige Startpunkte eine Konvergenz des Newton-Verfahrens gegen die in diesem Fall eindeutig bestimmte lokale Minimalstelle zu sichern. Ersetzen wir die Iterationvorschrift des Newton-Verfahrens mittels der Einführung von Schrittweiten $t_k > 0$ durch

$$\boldsymbol{x}^{k+1} = \boldsymbol{x}^k - t_k \left(\nabla^2 f(\boldsymbol{x}^k)\right)^{-1} \nabla f(\boldsymbol{x}^k) \,,$$

so kann man zeigen, dass dieses *gedämpfte Newton-Verfahren* für $\nabla^2 f(\boldsymbol{x}^k) \in \mathbb{SPD}^n$ und geeignete Schrittweitenstrategien ein Abstiegsverfahren ist. Ist die Zielfunktion f nicht konvex, so muss man ggf. die Newton-Richtung durch eine geeignete Abstiegsrichtung ersetzen, um ein Abstiegsverfahren mit möglichst hoher Konvergenzgeschwindigkeit zu erhalten. Gelingt es schließlich, die Konvergenz eines so modifizierten Lösungsverfahrens gegen einen stationären Punkt, ausgehend von einem beliebigen Startpunkt $\boldsymbol{x}^0$ des Definitionsbereiches von f zu zeigen, dann bezeichnen wir das Verfahren als *global konvergent*. Im Falle des Newton-Verfahrens sprechen wir in diesem Sinne von einem *globalisierten Newton-Verfahren*. Um Verwechslungen zu vermeiden, werden wir im Weiteren für das Newton-Verfahren mit konstanter Schrittweite $t_k = 1$ gelegentlich die Bezeichnung *ungedämpftes* (oder auch *lokales*) *Newton-Verfahren* verwenden. Konvergiert nun das gedämpfte Newton-Verfahren gegen einen stationären Punkt der Funktion f und existiert ein $k_0 \in \mathbb{N}$, sodass für alle $k \geq k_0$ von der gewählten Schrittweitenstrategie die Schrittweite $t_k = 1$ erzeugt wird, d. h. das gedämpfte Newton-Verfahren geht in das ungedämpfte Newton-Verfahren über, so bleiben natürlich die (lokalen) Konvergenzaussagen des Satzes 3.7 erhalten. Der nachfolgende Satz zeigt, dass u. a. die Armijo-Schrittweitenstrategie und die Powell-Wolfe-Schrittweitenstrategie genau diese Eigenschaft besitzen.

Satz 3.37
Es seien $f \in C^2(\mathbb{R}^n, \mathbb{R})$, $\{\boldsymbol{x}^k\}_{k\in\mathbb{N}}$ eine durch den Prinzipalgorithmus 2 erzeugte Folge mit

$$\boldsymbol{d}^k = -\left(\nabla^2 f(\boldsymbol{x}^k)\right)^{-1} \nabla f(\boldsymbol{x}^k)$$

für alle $k \in \mathbb{N}$ und $\mathcal{N}_f(f(\boldsymbol{x}^0))$ eine konvexe Menge. Ist für gewisse Konstanten $M \geq m > 0$ die (m,M)-Bedingung

$$m\|\boldsymbol{d}\|^2 \leq \boldsymbol{d}^T \nabla^2 f(\boldsymbol{x}) \boldsymbol{d} \leq M\|\boldsymbol{d}\|^2 \tag{3.8}$$

für alle $\boldsymbol{d} \in \mathbb{R}^n$ und alle $\boldsymbol{x} \in \mathcal{N}_f(f(\boldsymbol{x}^0))$ erfüllt, dann gilt:

(a) Sind die gewählten Schrittweiten t_k semi-effizient, dann konvergiert die Folge $\{\boldsymbol{x}^k\}_{k\in\mathbb{N}}$ mindestens R-linear gegen die eindeutig bestimmte globale Minimalstelle $\boldsymbol{x}^*$.

(b) Gilt $\lim\limits_{k\to\infty} t_k = 1$, dann konvergiert die Folge $\{\boldsymbol{x}^k\}_{k\in\mathbb{N}}$ Q-superlinear gegen die eindeutig bestimmte globale Minimalstelle $\boldsymbol{x}^*$.

(c) Wird in jedem Iterationsschritt für t_k die perfekte Schrittweite gewählt, so gilt $\lim\limits_{k\to\infty} t_k = 1$.

(d) Wird in jedem Iterationsschritt für t_k die Armijo-Schrittweite mit $\alpha \in \left(0, \frac{1}{2}\right)$ gewählt, so gilt $t_k = 1$ für alle hinreichend großen $k \in \mathbb{N}$.

(e) Wird in jedem Iterationsschritt für t_k eine gemäß Algorithmus 6 konstruierte Powell-Wolfe-Schrittweite mit $\alpha \in \left(0, \frac{1}{2}\right)$ und $\beta \in (\alpha, 1)$ gewählt, so gilt $t_k = 1$ für alle hinreichend großen $k \in \mathbb{N}$.

(f) Ist $\nabla^2 f(\boldsymbol{x}^*)$ in einer Umgebung von $\boldsymbol{x}^*$ Lipschitz-stetig, so konvergiert die Folge $\{\boldsymbol{x}^k\}_{k\in\mathbb{N}}$ Q-quadratisch gegen die eindeutig bestimmte globale Minimalstelle $\boldsymbol{x}^*$, wenn in jedem Iterationsschritt die perfekte Schrittweite oder eine Schrittweite mit $t_k = 1$ für alle hinreichend großen $k \in \mathbb{N}$ gewählt wird.

Beweis: Mit Satz 1.73 (c) folgt wegen $\boldsymbol{d}^T \nabla^2 f(\boldsymbol{x}) \boldsymbol{d} \geq m\|\boldsymbol{d}\|^2$ für alle $\boldsymbol{d} \in \mathbb{R}^n$ und alle $\boldsymbol{x} \in \mathcal{N}_f(f(\boldsymbol{x}^0))$ die gleichmäßige Konvexität der Funktion f über $\mathcal{N}_f(f(\boldsymbol{x}^0))$. Wegen (3.8) existiert $\nabla^2 f(\boldsymbol{x})^{-1}$ für alle $\boldsymbol{x} \in \mathcal{N}_f(f(\boldsymbol{x}^0))$, und es folgt (siehe Aufgabe 1.1)

$$\frac{1}{M}\|\boldsymbol{d}\|^2 \leq \boldsymbol{d}^T \left(\nabla^2 f(\boldsymbol{x})\right)^{-1} \boldsymbol{d} \leq \frac{1}{m}\|\boldsymbol{d}\|^2$$

für alle $\boldsymbol{d} \in \mathbb{R}^n$ und alle $\boldsymbol{x} \in \mathcal{N}_f(f(\boldsymbol{x}^0))$. Nach Folgerung 3.11 sind somit für alle $k \in \mathbb{N}$ die Newton-Richtungen $\boldsymbol{d}^k$ Abstiegsrichtungen von f in $\boldsymbol{x}^k$, und es gilt

$$-\nabla f(\boldsymbol{x}^k)^T \boldsymbol{d}^k = \nabla f(\boldsymbol{x}^k)^T \left(\nabla^2 f(\boldsymbol{x}^k)\right)^{-1} \nabla f(\boldsymbol{x}^k) \geq \frac{1}{M}\|\nabla f(\boldsymbol{x}^k)\|^2$$

sowie

$$\|\boldsymbol{d}^k\| = \|\left(\nabla^2 f(\boldsymbol{x}^k)\right)^{-1} \nabla f(\boldsymbol{x}^k)\| \leq \|\left(\nabla^2 f(\boldsymbol{x}^k)\right)^{-1}\| \, \|\nabla f(\boldsymbol{x}^k)\| \leq \frac{1}{m}\|\nabla f(\boldsymbol{x}^k)\| \,.$$

Damit sind die gewählten Newton-Richtungen $\boldsymbol{d}^k$ streng gradientenähnlich.
Zu (a): Mit Lemma 3.20 folgt wegen der semi-effizienten Schrittweiten t_k die Gültigkeit der Abstiegsbedingung (3.6) für alle $k \in \mathbb{N}$. Die Aussage (a) folgt nun unmittelbar mit Satz 3.22.
Da die Armijo-Schrittweite nach Satz 3.28 semi-effizient ist und die perfekte Schrittweite bzw. Powell-Wolfe-Schrittweite nach Satz 3.18 bzw. nach Satz 3.32 effizient sind, kann nach (a) im Weiteren $\lim_{k\to\infty} \boldsymbol{x}^k = \boldsymbol{x}^*$, $\lim_{k\to\infty} \boldsymbol{d}^k = \boldsymbol{0}$ und somit $\boldsymbol{x}^k + t\boldsymbol{d}^k \in \mathcal{N}_f(f(\boldsymbol{x}^0))$ für alle $t \in [0,1]$ und k hinreichend groß vorausgesetzt werden.
Zu (b): Mit der Iterationsvorschrift des gedämpften Newton-Verfahrens gilt

$$\begin{aligned}
& \left\|\boldsymbol{x}^{k+1} - \boldsymbol{x}^*\right\| \\
= \; & \left\|\boldsymbol{x}^k - t_k \left(\nabla^2 f(\boldsymbol{x}^k)\right)^{-1} \nabla f(\boldsymbol{x}^k) - \boldsymbol{x}^*\right\| \\
= \; & \left\|\boldsymbol{x}^k - \boldsymbol{x}^* - \nabla^2 f(\boldsymbol{x}^k)^{-1}\left[t_k \nabla f(\boldsymbol{x}^k) - \nabla f(\boldsymbol{x}^*)\right]\right\| \\
= \; & \left\|\nabla^2 f(\boldsymbol{x}^k)^{-1}\left[\nabla f(\boldsymbol{x}^*) - t_k \nabla f(\boldsymbol{x}^k) - \nabla^2 f(\boldsymbol{x}^k)\left(\boldsymbol{x}^* - \boldsymbol{x}^k\right)\right]\right\| \\
\leq \; & \left\|\nabla^2 f(\boldsymbol{x}^k)^{-1}\right\| \left\|\nabla f(\boldsymbol{x}^*) - (t_k - 1 + 1)\nabla f(\boldsymbol{x}^k) - \nabla^2 f(\boldsymbol{x}^k)\left(\boldsymbol{x}^* - \boldsymbol{x}^k\right)\right\| \\
\leq \; & \frac{1}{m}\left\|\nabla f(\boldsymbol{x}^*) - \nabla f(\boldsymbol{x}^k) - \nabla^2 f(\boldsymbol{x}^k)\left(\boldsymbol{x}^* - \boldsymbol{x}^k\right) + (1 - t_k)\nabla f(\boldsymbol{x}^k)\right\| \\
\leq \; & \frac{1}{m}\left\|\nabla f(\boldsymbol{x}^*) - \nabla f(\boldsymbol{x}^k) - \nabla^2 f(\boldsymbol{x}^k)\left(\boldsymbol{x}^* - \boldsymbol{x}^k\right)\right\| + \frac{|1 - t_k|}{m}\left\|\nabla f(\boldsymbol{x}^k)\right\|
\end{aligned}$$

für alle $k \geq 0$. Nach dem Beweis von Satz 3.7 genügt es, den zweiten Summanden abzuschätzen. Wegen $\nabla f(\boldsymbol{x}^*) = 0$ folgt

$$\begin{aligned}
\frac{|1 - t_k|}{m}\left\|\nabla f(\boldsymbol{x}^k)\right\| &= \frac{|1 - t_k|}{m}\left\|\nabla f(\boldsymbol{x}^*) + \nabla^2 f(\boldsymbol{x}^*)(\boldsymbol{x}^k - \boldsymbol{x}^*) + o(\|\boldsymbol{x}^k - \boldsymbol{x}^*\|)\right\| \\
&= \frac{|1 - t_k|}{m}\left\|\nabla^2 f(\boldsymbol{x}^*)(\boldsymbol{x}^k - \boldsymbol{x}^*) + o(\|\boldsymbol{x}^k - \boldsymbol{x}^*\|)\right\| \\
&\leq \frac{|1 - t_k|}{m}\left(M\left\|\boldsymbol{x}^k - \boldsymbol{x}^*\right\| + \left\|o(\|\boldsymbol{x}^k - \boldsymbol{x}^*\|)\right\|\right)
\end{aligned}$$

und somit wegen $\lim_{k\to\infty} t_k = 1$ die Q-superlineare Konvergenz der Folge $\{\boldsymbol{x}^k\}_{k\in\mathbb{N}}$.

Zu (c): Wir definieren $Z_{k+1} := \int_{\tau=0}^{1} \nabla^2 f(\boldsymbol{x}^k + \tau t_k \boldsymbol{d}^k)\, d\tau$ und $\boldsymbol{d}_0^k := \frac{\boldsymbol{d}^k}{\|\boldsymbol{d}^k\|}$. Wegen der Definition der perfekten Schrittweite gilt $0 = \nabla f(\boldsymbol{x}^k + t_k \boldsymbol{d}^k)^T \boldsymbol{d}^k$ für alle $k \in \mathbb{N}$. Mit $f \in C^2(\mathbb{R}^n, \mathbb{R})$, dem Mittelwertsatz in Integralform und $-\nabla^2 f(\boldsymbol{x}^k)\boldsymbol{d}^k = \nabla f(\boldsymbol{x}^k)$ folgt

$$\begin{aligned}
0 &= \frac{\nabla f(\boldsymbol{x}^k + t_k \boldsymbol{d}^k)^T t_k \boldsymbol{d}^k}{\|t_k \boldsymbol{d}^k\|^2} = \frac{\left(\nabla f(\boldsymbol{x}^k) + Z_{k+1} t_k \boldsymbol{d}^k\right)^T t_k \boldsymbol{d}^k}{\|t_k \boldsymbol{d}^k\|^2} \\
&= \frac{\nabla f(\boldsymbol{x}^k)^T \boldsymbol{d}^k}{t_k \|\boldsymbol{d}^k\|^2} + \frac{(\boldsymbol{d}^k)^T Z_{k+1} \boldsymbol{d}^k}{\|\boldsymbol{d}^k\|^2} = -\frac{1}{t_k}\left(\boldsymbol{d}_0^k\right)^T \nabla^2 f(\boldsymbol{x}^k)\boldsymbol{d}_0^k + \left(\boldsymbol{d}_0^k\right)^T Z_{k+1} \boldsymbol{d}_0^k \\
&= \left(\boldsymbol{d}_0^k\right)^T \left[Z_{k+1} - \nabla^2 f(\boldsymbol{x}^k) - \left(\frac{1}{t_k} - 1\right)\nabla^2 f(\boldsymbol{x}^k)\right] \boldsymbol{d}_0^k \\
&= \left(\boldsymbol{d}_0^k\right)^T \left[Z_{k+1} - \nabla^2 f(\boldsymbol{x}^k)\right] \boldsymbol{d}_0^k - \left(\frac{1}{t_k} - 1\right)\left(\boldsymbol{d}_0^k\right)^T \nabla^2 f(\boldsymbol{x}^k)\boldsymbol{d}_0^k .
\end{aligned}$$

Wegen $f \in C^2(\mathbb{R}^n, \mathbb{R})$ können in der Definition von Z_{k+1} beim Grenzübergang für $k \to \infty$ Integration und Grenzwertbildung vertauscht werden, und es gilt somit

$$\lim_{k\to\infty} \left(\boldsymbol{d}_0^k\right)^T \left[Z_{k+1} - \nabla^2 f(\boldsymbol{x}^k)\right] \boldsymbol{d}_0^k = 0 \;.$$

Mit $\left(\boldsymbol{d}_0^k\right)^T \nabla^2 f(\boldsymbol{x}^k)\boldsymbol{d}_0^k \geq m\|\boldsymbol{d}_0^k\|^2 = m > 0$ folgt $\lim\limits_{k\to\infty} t_k = 1$.

Zu (d): Es genügt offensichtlich

$$f(\boldsymbol{x}^k + \boldsymbol{d}^k) \leq f(\boldsymbol{x}^k) + \alpha \nabla f(\boldsymbol{x}^k)^T \boldsymbol{d}^k \text{ bzw. } \alpha \leq \frac{f(\boldsymbol{x}^k + \boldsymbol{d}^k) - f(\boldsymbol{x}^k)}{\nabla f(\boldsymbol{x}^k)^T \boldsymbol{d}^k}$$

für alle hinreichend großen $k \in \mathbb{N}$ zu zeigen. Mit $f \in C^2(\mathbb{R}^n, \mathbb{R})$, dem Mittelwertsatz und $-\nabla^2 f(\boldsymbol{x}^k)\boldsymbol{d}^k = \nabla f(\boldsymbol{x}^k)$ folgt

$$\begin{aligned}
\frac{f(\boldsymbol{x}^k + \boldsymbol{d}^k) - f(\boldsymbol{x}^k)}{\nabla f(\boldsymbol{x}^k)^T \boldsymbol{d}^k} &= \frac{\nabla f(\boldsymbol{x}^k)^T \boldsymbol{d}^k + \frac{1}{2}\left(\boldsymbol{d}^k\right)^T \nabla^2 f(\tilde{\boldsymbol{x}})\boldsymbol{d}^k}{\nabla f(\boldsymbol{x}^k)^T \boldsymbol{d}^k} \\
&= 1 + \frac{1}{2}\frac{\left(\boldsymbol{d}^k\right)^T \nabla^2 f(\tilde{\boldsymbol{x}})\boldsymbol{d}^k}{\nabla f(\boldsymbol{x}^k)^T \boldsymbol{d}^k} = 1 - \frac{1}{2}\frac{\left(\boldsymbol{d}^k\right)^T \nabla^2 f(\tilde{\boldsymbol{x}})\boldsymbol{d}^k}{\left(\boldsymbol{d}^k\right)^T \nabla^2 f(\boldsymbol{x}^k)\boldsymbol{d}^k} \\
&= \frac{1}{2} - \frac{1}{2}\frac{\left(\boldsymbol{d}^k\right)^T \left[\nabla^2 f(\tilde{\boldsymbol{x}}) - \nabla^2 f(\boldsymbol{x}^k)\right] \boldsymbol{d}^k}{\left(\boldsymbol{d}^k\right)^T \nabla^2 f(\boldsymbol{x}^k)\boldsymbol{d}^k}
\end{aligned}$$

mit $\tilde{\boldsymbol{x}} = \boldsymbol{x}^k + \lambda_k \boldsymbol{d}^k$ für ein $\lambda_k \in (0,1)$. Weiterhin gilt natürlich auch $\lim\limits_{k\to\infty} \tilde{\boldsymbol{x}} = \boldsymbol{x}^*$, und es folgt sukzessive

$$\frac{\left|\left(\boldsymbol{d}^k\right)^T \left[\nabla^2 f(\tilde{\boldsymbol{x}}) - \nabla^2 f(\boldsymbol{x}^k)\right] \boldsymbol{d}^k\right|}{\left(\boldsymbol{d}^k\right)^T \nabla^2 f(\boldsymbol{x}^k)\boldsymbol{d}^k} \leq \frac{1}{m}\|\nabla^2 f(\tilde{\boldsymbol{x}}) - \nabla^2 f(\boldsymbol{x}^k)\| \;,$$

$$\lim_{k\to\infty} \frac{\left(\boldsymbol{d}^k\right)^T \left[\nabla^2 f(\tilde{\boldsymbol{x}}) - \nabla^2 f(\boldsymbol{x}^k)\right] \boldsymbol{d}^k}{\left(\boldsymbol{d}^k\right)^T \nabla^2 f(\boldsymbol{x}^k)\boldsymbol{d}^k} = 0 \;,$$

$$\lim_{k\to\infty} \frac{f(\boldsymbol{x}^k + \boldsymbol{d}^k) - f(\boldsymbol{x}^k)}{\nabla f(\boldsymbol{x}^k)^T \boldsymbol{d}^k} = \frac{1}{2}$$

und damit

$$\alpha \leq \frac{f(\boldsymbol{x}^k + \boldsymbol{d}^k) - f(\boldsymbol{x}^k)}{\nabla f(\boldsymbol{x}^k)^T \boldsymbol{d}^k}$$

für alle hinreichend großen $k \in \mathbb{N}$.

Zu (e): Mit (d) genügt es offenbar

$$\nabla f(\boldsymbol{x}^k + \boldsymbol{d}^k)^T \boldsymbol{d}^k \geq \beta \nabla f(\boldsymbol{x}^k)^T \boldsymbol{d}^k \text{ bzw. } \beta \geq \frac{\nabla f(\boldsymbol{x}^k + \boldsymbol{d}^k)^T \boldsymbol{d}^k}{\nabla f(\boldsymbol{x}^k)^T \boldsymbol{d}^k}$$

für alle hinreichend großen $k \in \mathbb{N}$ zu zeigen. Mit $f \in C^2(\mathbb{R}^n, \mathbb{R})$ und dem Mittelwertsatz gilt

$$\nabla f(\boldsymbol{x}^k + \boldsymbol{d}^k)^T \boldsymbol{d}^k = \nabla f(\boldsymbol{x}^k)^T \boldsymbol{d}^k + \left(\boldsymbol{d}^k\right)^T \nabla^2 f(\tilde{\boldsymbol{x}}) \boldsymbol{d}^k$$

mit $\tilde{\boldsymbol{x}} = \boldsymbol{x}^k + \lambda_k \boldsymbol{d}^k$ für ein $\lambda_k \in (0,1)$. Weiterhin folgt wegen $\lim_{k\to\infty} \tilde{\boldsymbol{x}} = \boldsymbol{x}^*$ und $-\nabla^2 f(\boldsymbol{x}^k)\boldsymbol{d}^k = \nabla f(\boldsymbol{x}^k)$

$$\left|\frac{\nabla f(\boldsymbol{x}^k + \boldsymbol{d}^k)^T \boldsymbol{d}^k}{\nabla f(\boldsymbol{x}^k)^T \boldsymbol{d}^k}\right| = \frac{\left|\left(\boldsymbol{d}^k\right)^T \left[\nabla^2 f(\tilde{\boldsymbol{x}}) - \nabla^2 f(\boldsymbol{x}^k)\right] \boldsymbol{d}^k\right|}{\left(\boldsymbol{d}^k\right)^T \nabla^2 f(\boldsymbol{x}^k)\boldsymbol{d}^k} \leq \frac{1}{m}\|\nabla^2 f(\tilde{\boldsymbol{x}}) - \nabla^2 f(\boldsymbol{x}^k)\| ,$$

$$\lim_{k\to\infty} \frac{\nabla f(\boldsymbol{x}^k + \boldsymbol{d}^k)^T \boldsymbol{d}^k}{\nabla f(\boldsymbol{x}^k)^T \boldsymbol{d}^k} = 0$$

und schließlich

$$\beta \geq \frac{\nabla f(\boldsymbol{x}^k + \boldsymbol{d}^k)^T \boldsymbol{d}^k}{\nabla f(\boldsymbol{x}^k)^T \boldsymbol{d}^k}$$

für alle hinreichend großen $k \in \mathbb{N}$.

Zu (f): Gilt $t_k = 1$ für alle hinreichend großen $k \in \mathbb{N}$, so geht das gedämpfte Newton-Verfahren in das Newton-Verfahren über und die Aussage folgt unmittelbar mit Satz 3.7. Somit werde in jedem Iterationsschritt die perfekte Schrittweite gewählt. Mit der Iterationsvorschrift des gedämpften Newton-Verfahrens gilt wie im Beweis von (b)

$$\left\|\boldsymbol{x}^{k+1} - \boldsymbol{x}^*\right\| \leq \frac{1}{m}\left\|\nabla f(\boldsymbol{x}^*) - \nabla f(\boldsymbol{x}^k) - \nabla^2 f(\boldsymbol{x}^k)\left(\boldsymbol{x}^* - \boldsymbol{x}^k\right)\right\| + \frac{|1-t_k|}{m}\left\|\nabla f(\boldsymbol{x}^k)\right\|$$

für alle $k \geq 0$. Nach dem Beweis von Satz 3.7 genügt es auch hier, den zweiten Summanden abzuschätzen. Aus den Beweisen von (b) und (c) folgt

$$\left\|\nabla f(\boldsymbol{x}^k)\right\| \leq M\left\|\boldsymbol{x}^k - \boldsymbol{x}^*\right\| + \left\|o(\|\boldsymbol{x}^k - \boldsymbol{x}^*\|)\right\|$$

und

$$\begin{aligned}
& \left(\boldsymbol{d}_0^k\right)^T \left[Z_{k+1} - \nabla^2 f(\boldsymbol{x}^k)\right] \boldsymbol{d}_0^k = \left(\frac{1}{t_k} - 1\right)\left(\boldsymbol{d}_0^k\right)^T \nabla^2 f(\boldsymbol{x}^k)\boldsymbol{d}_0^k \\
\Leftrightarrow\quad & \frac{\left(\boldsymbol{d}_0^k\right)^T \left[Z_{k+1} - \nabla^2 f(\boldsymbol{x}^k)\right] \boldsymbol{d}_0^k}{\left(\boldsymbol{d}_0^k\right)^T \nabla^2 f(\boldsymbol{x}^k)\boldsymbol{d}_0^k} = \frac{1}{t_k} - 1 \\
\Leftrightarrow\quad & t_k = \frac{\left(\boldsymbol{d}_0^k\right)^T \nabla^2 f(\boldsymbol{x}^k)\boldsymbol{d}_0^k}{\left(\boldsymbol{d}_0^k\right)^T Z_{k+1}\boldsymbol{d}_0^k} \\
\Leftrightarrow\quad & 1 - t_k = \frac{-\left(\boldsymbol{d}_0^k\right)^T \left[\nabla^2 f(\boldsymbol{x}^k) - Z_{k+1}\right] \boldsymbol{d}_0^k}{\left(\boldsymbol{d}_0^k\right)^T Z_{k+1}\boldsymbol{d}_0^k}
\end{aligned}$$

bzw.

$$|1 - t_k| \leq \frac{\|\left(\boldsymbol{d}_0^k\right)^T \left[\nabla^2 f(\boldsymbol{x}^k) - Z_{k+1}\right] \boldsymbol{d}_0^k\|}{\|\left(\boldsymbol{d}_0^k\right)^T Z_{k+1}\boldsymbol{d}_0^k\|} \leq \frac{\|\nabla^2 f(\boldsymbol{x}^k) - Z_{k+1}\|}{m} .$$

Weiterhin gilt wegen der Lipschitz-Stetigkeit von $\nabla^2 f(\boldsymbol{x}^*)$ in einer Umgebung von $\boldsymbol{x}^*$ mit Lipschitz-Konstante $L > 0$

$$\begin{aligned}
\|\nabla^2 f(\boldsymbol{x}^k) - Z_{k+1}\| &= \left\| \int_{\tau=0}^{1} \nabla^2 f(\boldsymbol{x}^k) - \nabla^2 f(\boldsymbol{x}^k + \tau t_k \boldsymbol{d}^k)\, d\tau \right\| \\
&= \left\| \int_{\tau=0}^{1} \nabla^2 f(\boldsymbol{x}^k) - \nabla^2 f(\boldsymbol{x}^k + \tau(\boldsymbol{x}^{k+1} - \boldsymbol{x}^k))\, d\tau \right\| \\
&\le \frac{L}{2}\|\boldsymbol{x}^{k+1} - \boldsymbol{x}^k\| \le \frac{L}{2}\left(\|\boldsymbol{x}^{k+1} - \boldsymbol{x}^*\| + \|\boldsymbol{x}^k - \boldsymbol{x}^*\|\right) \\
&\le \frac{L}{2}\left(\|\boldsymbol{x}^k - \boldsymbol{x}^*\| + \|\boldsymbol{x}^k - \boldsymbol{x}^*\|\right) = L\|\boldsymbol{x}^k - \boldsymbol{x}^*\|
\end{aligned}$$

und somit schließlich

$$\frac{|1-t_k|}{m}\, \left\|\nabla f(\boldsymbol{x}^k)\right\| \le \frac{L\, \|\boldsymbol{x}^k - \boldsymbol{x}^*\|}{m^2} \left(M\left\|\boldsymbol{x}^k - \boldsymbol{x}^*\right\| + \left\|o(\|\boldsymbol{x}^k - \boldsymbol{x}^*\|)\right\|\right),$$

womit die Q-quadratische Konvergenz der Folge $\{\boldsymbol{x}^k\}_{k\in\mathbb{N}}$ gegen $\boldsymbol{x}^*$ gezeigt ist. □

Wir haben im Beweis von Satz 3.37 (c) gezeigt, dass unter gewissen Voraussetzungen die perfekte Schrittweite beim gedämpften Newton-Verfahren gegen 1 konvergiert. Diese Aussage lässt sich auf die im Folgenden definierten sogenannten asymptotisch perfekten Schrittweiten übertragen, bei denen die „Perfektheit“ nur im Grenzübergang erfüllt ist.

Definition 3.38 (Asymptotisch perfekte Schrittweiten)
Es seien $f \in C^1(\mathbb{R}^n, \mathbb{R})$ und $\{\boldsymbol{x}^k\}_{k\in\mathbb{N}} \subset \mathbb{R}^n$ eine Folge von Iterierten definiert durch $\boldsymbol{x}^{k+1} = \boldsymbol{x}^k + t_k \boldsymbol{d}^k$ mit $\boldsymbol{d}^k$ ist Abstiegsrichtung von f in $\boldsymbol{x}^k$ sowie $t_k \ge 0$ für alle $k \in \mathbb{N}$. Die Folge $\{t_k\}_{k\in\mathbb{N}}$ heißt

- *asymptotisch perfekt* und ihre Elemente heißen *asymptotisch perfekte Schrittweiten* bezüglich f und $\{\boldsymbol{x}^k\}_{k\in\mathbb{N}}$, wenn

  $$\lim_{k\to\infty} \frac{\nabla f(\boldsymbol{x}^{k+1})^T \boldsymbol{d}^k}{\nabla f(\boldsymbol{x}^k)^T \boldsymbol{d}^k} = 0$$

  gilt.
- *asymptotisch perfekt von der Ordnung $p = 1, 2, \ldots$* und ihre Elemente heißen *asymptotisch perfekte Schrittweiten von der Ordnung p* bezüglich f und $\{\boldsymbol{x}^k\}_{k\in\mathbb{N}}$, wenn

  $$\frac{\nabla f(\boldsymbol{x}^{k+1})^T \boldsymbol{d}^k}{\nabla f(\boldsymbol{x}^k)^T \boldsymbol{d}^k} = O(\|\nabla f(\boldsymbol{x}^k)\|^p)$$

  gilt.

Mit dem Beweis der Teilaussage (c) von Satz 3.37 folgt (siehe Aufgabe 3.23):

Folgerung 3.39
Unter den Voraussetzungen des Satzes 3.37 ist die Schrittweitenfolge genau dann asymptotisch perfekt, wenn sie gegen 1 konvergiert.

Bemerkungen 3.40

(1) In Spellucci (1993), S. 121, finden wir das folgende interessante Resultat: Wenn für alle k die Testschrittweiten zur Bestimmung von t_k durch ein $\bar{t} < \infty$ beschränkt sind, die Abstiegsrichtungen streng gradientenähnlich sind, die (m,M)-Bedingung (3.8) gilt, weiterhin $\lim_{k\to\infty} \boldsymbol{x}^k = \boldsymbol{x}^*$, $\nabla f(\boldsymbol{x}^*) = \mathbf{0}$ erfüllt ist und die Hesse-Matrizen von f Lipschitz-stetig sind, dann erzeugt die quadratische Interpolation nach Hermite mit Funktionswert und Richtungsableitung in $\boldsymbol{x}^k$ sowie Funktionswert in $\boldsymbol{x}^k + t_k\boldsymbol{d}^k$ die bis auf Größen höherer Ordnung von t_k unabhängige Schrittweite

$$\begin{aligned} \hat{t}_k &= \frac{1}{2}\frac{-\nabla f(\boldsymbol{x}^k)\boldsymbol{d}^k t_k^2}{f(\boldsymbol{x}^k + t_k\boldsymbol{d}^k - f(\boldsymbol{x}^k) - \nabla f(\boldsymbol{x}^k)\boldsymbol{d}^k t_k} \\ &= \frac{-\nabla f(\boldsymbol{x}^k)\boldsymbol{d}^k\left(1 + O(\|\nabla f(\boldsymbol{x}^k)\|)\right)}{(\boldsymbol{d}^k)^T\nabla^2 f(\boldsymbol{x}^*)\boldsymbol{d}^k}. \end{aligned} \tag{3.9}$$

Bei quadratischer Interpolation nach Lagrange ergibt sich bis auf Größen höherer Ordnung natürlich das gleiche Resultat, wenn die größte Testschrittweite ebenfalls über alle Iterationen beschränkt bleibt. Die Schrittweite $\hat{t}_k$ liegt für alle hinreichend großen k im Intervall

$$\left[\frac{1}{2\lambda_{\max}(\nabla^2 f(\boldsymbol{x}^*))}, \frac{2}{\lambda_{\min}(\nabla^2 f(\boldsymbol{x}^*))}\right]\frac{|\nabla f(\boldsymbol{x}^k)^T\boldsymbol{d}^k|}{\|\boldsymbol{d}^k\|^2},$$

$\hat{t}_k$ genügt der Armijo-Bedingung, der beidseitigen Tangentenbedingung in der strengen Powell-Wolfe-Bedingung und ist asymptotisch perfekt von 1. Ordnung. Spellucci zeigt weiterhin (S. 123), dass unter den obigen Voraussetzungen jede beschränkte asymptotisch perfekte Schrittweitenfolge von 1. Ordnung der Formel (3.9) genügt. Das ist einer der Gründe für den Einsatz der Interpolation bei der Suche nach effektiven Schrittweiten, die vorgegebenen Schrittweitenregeln genügen und gleichzeitig so wenig wie möglich Funktionswert- und Gradientenberechnungen benötigen.

(2) Unter den Voraussetzungen des Satzes 3.37 ist die Folge der Konstantschrittweiten mit $t_k \equiv 1$ asymptotisch perfekt von 1. Ordnung.

(3) Asymptotisch perfekte Schrittweiten der Ordnung 1 sichern bereits bei Lipschitz-stetiger Hesse-Matrix im Satz 3.37 die Q-quadratische Konvergenz.

(4) In Kosmol (1993) wird in den Sätzen von Abschnitt 8.1 und 8.3 gezeigt, dass unter den Voraussetzungen von Satz 3.37 eine Reihe von weiteren semi-effizienten und effizienten Schrittweitenregeln ab einem Index $k \geq k_0$ die Schrittweite 1 akzeptieren und die Aussagen in **(2)**, **(3)** und **(4)** auch auf unendlichdimensionale Banachräume anstelle des $\mathbb{R}^n$ übertragen werden können. Auch hier genügen die Schrittweitenstrategien mit Interpolation ab einem gewissen Index k_0 diesen Regeln. ■

Oft ist die positive Definitheit der Hesse-Matrizen nur in einer kleinen Umgebung einer lokalen Minimalstelle gegeben. Auch bei Anwendung des gedämpften Newton-Verfahrens kann somit in einem weiter entfernten Iterationspunkt $\boldsymbol{x}^k$ die zugehörige Newton-Richtung $\boldsymbol{d}^k$ keine Abstiegsrichtung der Funktion f in $\boldsymbol{x}^k$ sein oder die zugehörige Newton-Gleichung keine Lösung besitzen. In diesem Fall bieten sich die folgenden beiden prinzipiellen Modifikationen an:

1. Möglichkeit: ***Streng gradientenähnliche Ausweichrichtung*** (siehe Goldstein und Price (1967))
Die Newton-Richtung $\boldsymbol{d}^k$ wird durch eine beliebige gradientenähnliche bzw. streng gradientenähnliche Richtung bezüglich f und $\{\boldsymbol{x}^k\}_{k\in\mathbb{N}}$ ersetzt, um die globale Konvergenzaussage nach Lemma 3.21 für Abstiegsverfahren im nicht konvexen Fall noch zu gewährleisten. Hier bieten sich als vermeintlich einfachste Lösung $\boldsymbol{d}^k := -\nabla f(\boldsymbol{x}^k)$ oder für fest vorgegebenes $\mu > 0$ die stochastische Wahl einer Richtung $\boldsymbol{d}^k$ aus dem Abstiegskegel von f bzgl. $\boldsymbol{x}^k$ und μ an. Dabei geht jedoch die Information 2. Ordnung aus der Hesse-Matrix verloren.

2. Möglichkeit: ***Regularisierung der Hesse-Matrix*** (siehe Levenberg (1944) und Marquardt (1963))
Durch die Addition

(a) einer geeigneten positiv definiten Diagonalmatrix D_k oder speziell

(b) des positiven Vielfachen der Einheitsmatrix $D_k := \mu_k E_n$ mit hinreichend großem $\mu_k \geq 0$

zur Hesse-Matrix $\nabla^2 f(\boldsymbol{x}^k)$ kann eine positiv definite Matrix $H_k := \nabla^2 f(\boldsymbol{x}^k) + D_k$ erzeugt werden (siehe Aufgabe 3.21). Für alle k ergibt sich dann eine streng gradientenähnliche Abstiegsrichtung von f in $\boldsymbol{x}^k$ als Lösung von $H_k \boldsymbol{d}^k = -\nabla f(\boldsymbol{x}^k)$, wenn man bei dieser Konstruktion beachtet, dass die Matrizen H_k die (m,M)-Bedingung (3.8) für ein festes $m > 0$ erfüllen. (siehe Aufgabe 3.26). Aus numerischen Gründen sollte $m \geq \sqrt{macheps}$ gewählt werden. Wegen der Symmetrie der Hesse-Matrix bietet es sich bei der Variante **(a)** an, diese Matrix H_k mit einer *modifizierten Cholesky-Zerlegung* nach Gill und Murray (1974) zu konstruieren. Eine etwas kompliziertere Variante findet man auf S. 243 in Schwetlick (1979). Wir folgen der vereinfachten Darstellung auf S. 95 in Bertsekas (1999).

Algorithmus 8 (Modifizierte Cholesky-Zerlegung)

S0 Wähle $\tau > 0$, und setze $(\eta_{ij})_{nn} := \nabla^2 f(\boldsymbol{x}^k)$, $L = (l_{ij})_{nn} := 0$ sowie $j := 1$.

S1 Berechne $l_{jj} := \sqrt{\max\left\{\tau, \eta_{jj} - \sum\limits_{m=1}^{j-1} l_{jm}^2\right\}}$.

S2 Berechne $l_{ij} := \dfrac{\eta_{ij} - \sum\limits_{m=1}^{j-1} l_{jm} l_{im}}{l_{jj}}$ für $i = j+1, \ldots, n$.

S3 Wenn $j < n$, dann setze $j := j + 1$, und gehe zu **S1.**

S4 Berechne $H_k := L^T L$ und STOPP.

Offensichtlich ergibt sich für $\tau = 0$ im Falle der Durchführbarkeit des Algorithmus 8 die übliche *Cholesky-Zerlegung.* Man kann zeigen (siehe Geiger und Kanzow (1999)), dass im Algorithmus 8 die Diagonalmatrix D_k mit den Hauptdiagonalelementen

$$d_{jj} = \max\left\{0, \tau - \left(\eta_{jj} - \sum_{m=1}^{j-1} l_{jm}^2\right)\right\}, j = 1, 2, \ldots, n$$

entsteht. In EDOPTLAB haben wir die Variante **(b)** aus Dennis und Schnabel (1983) (siehe S. 102, 103 und 315-317) eingebunden. Wir benutzen die dort angegebene Routine `modelhess.m`. Hierbei wird zunächst mit Variante **(a)** eine Diagonalmatrix D_k erzeugt. Wenn $D_k = 0$ ist, ist die Hesse-Matrix mit vertretbarer Kondition positiv definit und μ wird Null gesetzt. Ist $D_k \neq 0$, dann wird zusätzlich die sogenannte untere Gerschgorin-Schranke

$$\lambda = \min_{i=1,\ldots,n}\left\{\eta_{ii} - \sum_{j=1, j\neq i}^{n} \eta_{ij}\right\}$$

für die Eigenwerte der Hesse-Matrix berechnet. Mit $\mu = \min\{|\lambda|, \max\limits_{j=1,..,n} d_{jj}\}$ ist dann $H_k + \mu E_n$ mit numerisch vertretbarer Kondition positiv definit.

Den folgenden Algorithmus aus Geiger und Kanzow (1999) für ein gedämpftes Newton-Verfahren bei nicht notwendig konvexen Funktionen haben wir, wie dort vorgeschlagen, unter EDOPTLAB mit $\rho = 0.1$ und $\delta = 10^{-8}$ realisiert.

Algorithmus 9 (Globalisiertes Newton-Verfahren)

S0 Wähle $\boldsymbol{x}^0 \in \mathbb{R}^n$, $\alpha \in (0, \frac{1}{2})$, $\delta > 0$ sowie $\rho > 0$, und setze $k := 0$.

S1 Wenn $\nabla f(\boldsymbol{x}^k) = \boldsymbol{0}$, dann STOPP.

S2 Bestimme eine Lösung $\boldsymbol{d}^k$ der Newton-Gleichung $\nabla^2 f(\boldsymbol{x}^k)\boldsymbol{d} + \nabla f(\boldsymbol{x}^k) = \boldsymbol{0}$. Wenn keine Lösung existiert, oder wenn

$$\nabla f(\boldsymbol{x}^k)^T \boldsymbol{d}^k > -\delta \|\boldsymbol{d}^k\|^{2+\rho}$$

gilt, dann setze

$$\boldsymbol{d}^k := -\nabla f(\boldsymbol{x}^k)$$

oder ermittle eine andere (streng) gradientenähnliche Abstiegsrichtung $\boldsymbol{d}^k$.

S3 Bestimme gemäß der Armijo-Regel oder einer anderen (semi-)effizienten Schrittweitenstrategie eine Schrittweite t_k.

S4 Setze $\boldsymbol{x}^{k+1} := \boldsymbol{x}^k + t_k \boldsymbol{d}^k$ sowie $k := k + 1$, und gehe zu **S1.**

Für die Armijo-Schrittweite und $\boldsymbol{d} = -\nabla f(\boldsymbol{x}^k)$ als Ausweichrichtung sind in Geiger und Kanzow (1999) eine Reihe von Konvergenzaussagen aufgeführt. Wir zitieren die Hauptaussage:

Satz 3.41 (Geiger und Kanzow (1999))
Es seien $f \in C^2(\mathbb{R}^n, \mathbb{R})$, $\{\boldsymbol{x}^k\}_{k\in\mathbb{N}} \subset \mathbb{R}^n$ eine durch Algorithmus 9 mit Armijo-Schrittweite ohne Skalierung erzeugte Folge, $\boldsymbol{x}^*$ ein Häufungspunkt von $\{\boldsymbol{x}^k\}_{k\in\mathbb{N}}$ und $\nabla^2 f(\boldsymbol{x}^*) \in \mathbb{SPD}^n$. Dann gilt:

(a) Die Folge $\{\boldsymbol{x}^k\}_{k\in\mathbb{N}}$ konvergiert gegen $\boldsymbol{x}^*$ mit Q-superlinearer Konvergenzgeschwindigkeit oder bei Lipschitz-stetiger Hesse-Matrix sogar mit Q-quadratischer Konvergenzgeschwindigkeit.

(b) Für hinreichend große k ist die Newton-Gleichung immer lösbar, die Abstiegsrichtung $\boldsymbol{d}^k$ immer die Newton-Richtung und die Schrittweite beträgt 1.

Die umfangreichen Beweise in Geiger und Kanzow (1999) nutzen für den Nachweis der Konvergenz u. a. die Tatsache aus, dass aus $\nabla^2 f(\boldsymbol{x}^*) \in \mathbb{SPD}^n$ und der Stetigkeit der Hesse-Matrix folgt, dass f in einer gewissen Umgebung von x^* gleichmäßig konvex und der Gradient (lokal) Lipschitz-stetig ist. Weiterhin wird gezeigt, dass eine durch den Algorithmus erzeugte Folge, die einen Häufungspunkt mit positiv definiter Hesse-Matrix von f besitzt, gegen diesen Häufungspunkt konvergent ist. Für (b) benötigt man, dass in hinreichend kleiner Umgebung des Lösungspunktes $\boldsymbol{x}^*$ die Newton-Richtung eine streng gradientenähnliche Abstiegsrichtung ist und dass gemäß Satz 3.37 (d), (e) die Armijo-Bedingung mit der Schrittweite $t_k = 1$ bzgl. der Newton-Richtung akzeptiert wird. Letzteres impliziert die superlineare bzw. quadratische Konvergenz, da das gedämpfte Newton-Verfahren in das ungedämpfte Verfahren übergeht.

Wir bemerken, dass die Ausage des Satzes 3.41 erhalten bleibt, wenn die gewählten semi-effizienten Schrittweitenstrategien ab einem gewissen $k \geq k_0$ unter den gleichen Voraussetzungen wie in Satz 3.37 (d), (e) die Schrittweite 1 zulassen und auswählen. Diese Vorgehensweise ermöglicht offensichtlich bei den unter EdOptLab implementierten Schrittweitenstrategien nur Schrittweiten $t_k \leq 1$.

Die Bezeichnung „gedämpft" bedeutet aber nicht, dass die Schrittweite eines globalisierten Newton-Verfahrens generell kleiner oder gleich 1 zu wählen ist, auch wenn viele Konvergenzsätze in der Literatur es so verlangen. Vielmehr kann die Effektivität des Verfahrens durch Zulassung von größeren Schrittweiten als 1 wie z. B. bei Verwendung der Armijo-Regel mit Aufweitung, der skalierten Armijo-Regel oder entsprechend modifizierten Powell-Wolfe-Bedingung (skalierter Armijo-Anteil) gesteigert werden, was wir in Experimenten demonstrieren werden. Da diese Schrittweitenbestimmungen oft mit quadratischen oder kubischen Interpolationen arbeiten, ergeben sich asymptotisch perfekte Schrittweiten, und folglich konvergiert die Schrittweite gegen 1. Der Gewinn an Effektivität ergibt sich eventuell zu Beginn des Verfahrens, wo statt vieler kleiner Schritte ggf. nur wenige große Schritte ausgeführt werden müssen.

Wenn in Schritt S2 die Newton-Gleichung nicht lösbar ist oder die Newton-Richtung der dortigen Abstiegsbedingung nicht genügt, dann kann dies über viele aufeinanderfolgende Iterationen stattfinden. Das bewirkt bei der negativen Gradientenrichtung als Ausweichrichtung den zeitweisen Übergang in ein Verfahren des steilsten Abstiegs mit all den damit verbundenen schlechten Konvergenzeigenschaften. Bei Erzeugung von Ausweichrichtungen mit modifizierten Hesse-Matrizen und asymptotisch perfekten Schrittweitenstrategien ist das gedämpfte Newton-Verfahren im Vergleich zur 1. Möglichkeit i. Allg. effektiver, wenn die Schrittweite 1 nicht a priori (d. h. ohne Interpolation) akzeptiert wird. Nach Satz 3.41 endet die Dämpfungsphase nach endlich vielen Iterationen, und das Verfahren geht in das lokale Newton-Verfahren über. Die in der Dämpfungsphase ggf. enthaltenen Phasen mit Ausweichrichtungen können jedoch in beiden Fällen unter Umständen sehr lange dauern. Selbst wenn die Dämpfungsschritte oder die Wahl von Ausweichrichtungen nur sporadisch auftreten, kann dies die Anzahl der Iterationen bis zur Erfüllung der Abbruchbedingung erheblich vergrößern. Daher ist es erstrebenswert, dass das gedämpfte Newton-Verfahren so früh wie möglich in das lokale Newton-Verfahren übergeht. Wir werden diese angesprochenen Effekte in den Experimenten demonstrieren.

Damit empfiehlt sich folgende Strategie beim gedämpften Newton-Verfahren nach Algorithmus 9: Wird die Newton-Richtung im Schritt S2 als Abstiegsrichtung akzeptiert, dann sollte eine Schrittweitenstrategie mit A-priori-Test auf Schrittweite 1 verwendet werden. Ist dagegen die Newton-Richtung nicht berechenbar oder erfüllt die Newton-Richtung nicht die Abstiegsbedingung in Schritt S2, dann wähle man eine skalierte Schrittweitenstrategie mit abschließender Interpolation.

Ersetzt man die Dämpfung der Armijo-Schrittweite ohne Skalierung durch die folgende *nichtmonotone Armijo-Schrittweiten*-Suche (ein Vorschlag von Grippo, Lampariello und Lucidi siehe Geiger und Kanzow (1999), S.96, 97), dann ist das Verfahren immer noch global konvergent und lokal superlinear bzw. quadratisch konvergent. Die lokale Phase mit Schrittweite 1 kann aber im Vergleich zu den monotonen Schrittweitenstrategien früher beginnen.

Algorithmus 10 (Globalisiertes Newton-Verfahren, Armijo-LS nichtmonoton)

S0 Wähle $m \in \mathbb{N}$, $\boldsymbol{x}^0 \in \mathbb{R}^n$, $\alpha \in (0, \frac{1}{2})$, $q \in (0,1)$, $\delta > 0$ sowie $\rho > 0$, und setze $m_0 := 0$, $M_0 := \{f(\boldsymbol{x}^0)\}$ sowie $k := 0$.

S1 Wenn $\nabla f(\boldsymbol{x}^k) = \boldsymbol{0}$, dann STOPP.

S2 Bestimme eine Lösung $\boldsymbol{d}^k$ der Newton-Gleichung $\nabla^2 f(\boldsymbol{x}^k)\boldsymbol{d} + \nabla f(\boldsymbol{x}^k) = \boldsymbol{0}$.
Wenn keine Lösung existiert, oder wenn

$$\nabla f(\boldsymbol{x}^k)^T \boldsymbol{d}^k > -\delta \|\boldsymbol{d}^k\|^{2+\rho}$$

gilt, dann setze

$$\boldsymbol{d}^k := -\nabla f(\boldsymbol{x}^k)$$

oder ermittle eine andere (streng) gradientenähnliche Abstiegsrichtung $\boldsymbol{d}^k$.

S3 Setze $R_k := \max M_k$.
Wähle die kleinste Potenz $l \in \mathbb{N}$ mit $f(\boldsymbol{x}^k + q^l \boldsymbol{d}^k) \le R_k + q^l \alpha \nabla f(\boldsymbol{x}^k)^T \boldsymbol{d}^k$.
Setze $t_k := q^l$.
Wenn $\boldsymbol{d}^k$ Lösung der Newton-Gleichung ist, **dann** setze $m_{k+1} := \min\{m_k + 1, m\}$.
Sonst setze $m_{k+1} := 0$.

S4 Setze $\boldsymbol{x}^{k+1} := \boldsymbol{x}^k + t_k \boldsymbol{d}^k$, $M_{k+1} := \{f(\boldsymbol{x}^{k+1-m_{k+1}}), ..., f(\boldsymbol{x}^{k+1})\}$ sowie $k := k+1$, und gehe zu **S1.**

Manchmal erweist es sich als zweckmäßig, die nichtmonotone Schrittweitenbestimmung erst bei einem Iterationsindex $\bar{k} > 0$ zu beginnen, d. h. man setzt $m_0 = \cdots = m_{\bar{k}-1} = 0$. Die Experimente unter EdOptLab zeigen aber, dass der Gewinn mit der unterlegten simplen Armijo-Regel bei unseren kleindimensionalen Problemen nicht groß ist. Sind jedoch die Hesse-Matrizen schlecht konditioniert, dann bringt diese nichtmonotone Richtungssuche auch bei kleindimensionalen Problemen erhebliche Vorteile.
Eine weitere Möglichkeit zur Globalisierung des Newton-Verfahrens ist die Benutzung von Vertrauensbereichen (engl. Trust-Region), in denen der nächste Iterationspunkt gesucht wird. Diese Trust-Region-Verfahren behandeln wir in Abschnitt 3.7. Auch hier spielt wie bei den bisherigen Abstiegsverfahren eine Bedingung für einen Mindestabstieg analog zu (3.6) eine tragende Rolle.

3.4.2 Verfahren mit Newton-ähnlichen Richtungen

Wir stellen uns in diesem Abschnitt die Frage, unter welchen Bedingungen ein Verfahren zur Lösung des nichtlinearen Gleichungssystem $F(\boldsymbol{x}) = \mathbf{0}$, wie z. B. das Newton-Verfahren für $\nabla f(\boldsymbol{x}) = \mathbf{0}$, superlinear oder quadratisch konvergent ist. Die ersten Aussagen hierzu findet man z. B. in Dennis und Moré (1974) und weitergehende Resultate mit detaillierten Beweisen in Schwetlick (1979). Die wichtigsten Aussagen werden in Geiger und Kanzow (1999) für den endlichdimensionalen Fall und in Kosmol (1993) für den Fall unendlichdimensionaler Banachräume systematisch einschließlich aller Beweise dargestellt. Wir bringen hier nur eine kurze Zusammenstellung der wesentlichen Definitionen und Resultate. Fundamental ist dabei der Begriff der Folge von Newton-ähnlichen Richtungen.

Definition 3.42 (Newton-ähnliche Richtungen)
Es seien $F \in C^1(\mathbb{R}^n, \mathbb{R}^n)$, $\{\boldsymbol{d}^k\}_{k\in\mathbb{N}} \subset \mathbb{R}^n$ eine Folge von Richtungen, $\{t_k\}_{k\in\mathbb{N}} \subset \mathbb{R}_+$ eine Folge von Schrittweiten und $\{\boldsymbol{x}^k\}_{k\in\mathbb{N}} \subset \mathbb{R}^n$ eine Folge von Iterierten definiert durch $\boldsymbol{x}^{k+1} = \boldsymbol{x}^k + t_k\boldsymbol{d}^k$. Die Folge $\{\boldsymbol{d}^k\}_{k\in\mathbb{N}}$ heißt (bzgl. der Iterationsfolge $\{\boldsymbol{x}^k\}_{k\in\mathbb{N}}$ und der Funktion F)

- *Newton-ähnlich*, wenn
$$\lim_{k\to\infty} \frac{\|F(\boldsymbol{x}^k) + F'(\boldsymbol{x}^k)\boldsymbol{d}^k\|}{\|\boldsymbol{d}^k\|} = 0 \tag{3.10}$$
gilt.
- *Newton-ähnlich von 2. Ordnung*, wenn ein $C > 0$ und ein $k_0 \in \mathbb{N}$ existieren mit
$$\frac{\|F(\boldsymbol{x}^k) + F'(\boldsymbol{x}^k)\boldsymbol{d}^k\|}{\|\boldsymbol{d}^k\|^2} \leq C \text{ für alle } k \geq k_0. \tag{3.11}$$

Ist zusätzlich ab einem gewissen k die Schrittweite $t_k = 1$, d. h. es gilt $\boldsymbol{d}^k = \boldsymbol{x}^{k+1} - \boldsymbol{x}^k$, dann nennen wir die Iterationsfolge $\{\boldsymbol{x}^k\}_{k\in\mathbb{N}}$ *Newton-ähnlich* bzw. *Newton-ähnlich von 2. Ordnung* (bzgl. der Funktion F).

Offensichtlich ist jede Newton-ähnliche Richtung/Iterationsfolge von 2. Ordnung auch eine Newton-ähnliche Richtung/Iterationsfolge. Der folgende Satz zur Charakterisierung der Q-superlinearen und Q-quadratischen Konvergenz von Iterationsfolgen zur Lösung des Gleichungssystems $F(\boldsymbol{x}) = \mathbf{0}$ sagt aus, dass hierfür hinreichend und notwendig ist, dass die Iterationsfolge $\{\boldsymbol{x}^k\}_{k\in\mathbb{N}}$ Newton-ähnlich bzw. Newton-ähnlich von 2. Ordnung ist.

Satz 3.43
Es seien $F \in C^1(G \subset \mathbb{R}^n, \mathbb{R}^n)$, G offen, $\{\boldsymbol{x}^k\}_{k\in\mathbb{N}} \subset G$, $\lim\limits_{k\to\infty} \boldsymbol{x}^k = \boldsymbol{x}^*$, $\boldsymbol{x}^k \neq \boldsymbol{x}^{k+1}$ für alle $k \in \mathbb{N}$ und $F'(\boldsymbol{x}^*)$ eine reguläre Matrix. Dann sind folgenden Aussagen äquivalent

(a) Die Folge $\{\boldsymbol{x}^k\}_{k\in\mathbb{N}}$ konvergiert Q-superlinear gegen $\boldsymbol{x}^*$, und es gilt $F(\boldsymbol{x}^*) = \mathbf{0}$.

(b) Die Folge der Richtungen $\{\boldsymbol{s}^k\}_{k\in\mathbb{N}}$ mit $\boldsymbol{s}^k := \boldsymbol{x}^{k+1} - \boldsymbol{x}^k$ ist Newton-ähnlich.

(c) Es gilt $\lim\limits_{k\to\infty} \dfrac{\|F(\boldsymbol{x}^k) + F'(\boldsymbol{x}^*)\boldsymbol{s}^k\|}{\|\boldsymbol{s}^k\|} = 0.$

Ist $F' : G \to R^{(n,n)}$ zusätzlich Lipschitz-stetig in $\boldsymbol{x}^*$, dann gelten die Äquivalenzen entsprechend, wenn in **(a)** Q-superlinear durch Q-quadratisch, in **(b)** Newton-ähnlich durch Newton-ähnlich von 2. Ordnung und in **(c)** der Grenzwert durch die Aussage

$$\exists C > 0,\ k_0 \in \mathbb{N} : \quad \frac{\|F(\boldsymbol{x}^k) + F'(\boldsymbol{x}^*)\boldsymbol{s}^k\|}{\|\boldsymbol{s}^k\|^2} \leq C < \infty \text{ für alle } k \geq k_0$$

ersetzt werden.

Detaillierte Beweise sind in den Abschnitten 3.2 und 3.4 von Kosmol (1993) oder im Kapitel 7 von Geiger und Kanzow (1999) zu finden. Eine bei der Lösung der Gleichung $F(\boldsymbol{x}) = 0$ mit dem lokalen Newton-Verfahren entstehende Folge von Newton-Richtungen ist trivialerweise Newton-ähnlich von 2. Ordnung, da die Zähler in den zugehörigen Brüchen aus Definition 3.42 Null sind. Für die Optimierung ist natürlich insbesondere der Fall $F(\boldsymbol{x}) := \nabla f(\boldsymbol{x})$ und $F'(\boldsymbol{x}) := \nabla^2 f(\boldsymbol{x}) = H_f(\boldsymbol{x})$ interessant.
Im Folgenden betrachten wir, wie man Newton-ähnliche Richtungen erzeugen kann und unter welchen Bedingungen sich bei einer Schrittweitensteuerung (Dämpfung) aus der Newton-Ähnlichkeit der Richtungsfolge noch die Q-superlineare Konvergenz der Iterationsfolge ergibt.

Definition 3.44 (Konsistente Approximation, Matrixrichtung)
Es seien $F \in C^1(\mathbb{R}^n, \mathbb{R}^n)$, $\{\boldsymbol{x}^k\}_{k\in\mathbb{N}} \subset \mathbb{R}^n$ und $\{F'(\boldsymbol{x}^k)\}_{k\in\mathbb{N}} \subset \mathbb{R}^{(n,n)}$ die zugehörige Folge der Jacobi-Matrizen. Ein Folge $\{H_k\}_{k\in\mathbb{N}} \subset \mathbb{R}^{(n,n)}$ heißt *konsistente Approximation* der Folge von Jacobi-Matrizen, wenn

$$\lim_{k\to\infty} \|H_k - F'(\boldsymbol{x}^k)\| = 0$$

gilt. Die einer Folge regulärer Matrizen $\{H_k\}_{k\in\mathbb{N}} \subset \mathbb{R}^{(n,n)}$ gemäß

$$H_k \boldsymbol{d}^k + F(\boldsymbol{x}^k) = \mathbf{0}. \tag{3.12}$$

zugeordnete (eindeutig bestimmte) Folge $\{\boldsymbol{d}^k\}_{k\in\mathbb{N}}$ heißt Folge von *Matrixrichtungen*.

Ist $\{H_k\}_{k\in\mathbb{N}}$ eine konsistente Approximation regulärer Matrizen von $\{F'(\boldsymbol{x}^k)\}_{k\in\mathbb{N}}$, dann ist die zugehörige Folge von Matrixrichtungen Newton-ähnlich. Allgemeiner gilt:

Lemma 3.45
Es seien $F \in C^1(\mathbb{R}^n, \mathbb{R}^n)$, $\{\boldsymbol{x}^k\}_{k\in\mathbb{N}} \subset \mathbb{R}^n$ und $\{H_k\}_{k\in\mathbb{N}} \subset \mathbb{R}^{(n,n)}$ eine Folge regulärer Matrizen.

(a) Die Folge der zugehörigen Matrixrichtungen $\{\boldsymbol{d}^k\}_{k\in\mathbb{N}}$ ist genau dann Newton-ähnlich, wenn

$$\lim_{k\to\infty} \frac{\left\|\left(H_k - F'(\boldsymbol{x}^k)\right)\boldsymbol{d}^k\right\|}{\|\boldsymbol{d}^k\|} = 0 \tag{3.13}$$

gilt und genau dann Newton-ähnlich von 2. Ordnung, wenn ein $C > 0$ und ein $k_0 \in \mathbb{N}$ existieren mit

$$\frac{\left\|\left(H_k - F'(\boldsymbol{x}^k)\right)\boldsymbol{d}^k\right\|}{\|\boldsymbol{d}^k\|^2} \leq C \text{ für alle } k \geq k_0\,. \tag{3.14}$$

(b) Wenn $\boldsymbol{x}^{k+1} = \boldsymbol{x}^k + t_k\boldsymbol{d}^k$ und $\lim\limits_{k\to\infty} t_k = 1$ gilt und wenn die Folge der Matrixrichtungen $\{\boldsymbol{d}^k\}_{k\in\mathbb{N}}$ Newton-ähnlich und die Folge der Matrizen $\{F'(\boldsymbol{x}^k)\}_{k\in\mathbb{N}}$ Norm-beschränkt sind, dann ist auch die Folge $\{\boldsymbol{x}^k\}_{k\in\mathbb{N}}$ mit $\boldsymbol{x}^{k+1} = \boldsymbol{x}^k + t_k\boldsymbol{d}^k$ Newton-ähnlich.

Beweis:
Zu (a): Wegen (3.12) ist (3.13) (bzw. (3.14)) mit (3.10) (bzw. (3.11)) identisch.
Zu (b): Die Aussage folgt unmittelbar aus

$$\begin{aligned}
\frac{\|F(\boldsymbol{x}^k) + F'(\boldsymbol{x}^k)(\boldsymbol{x}^{k+1} - \boldsymbol{x}^k)\|}{\|\boldsymbol{x}^{k+1} - \boldsymbol{x}^k\|} &= \frac{\|H_k\boldsymbol{d}^k - t_kF'(\boldsymbol{x}^k)\boldsymbol{d}^k\|}{t_k\|\boldsymbol{d}^k\|} \\
&= \frac{\|H_k\boldsymbol{d}^k - F'(\boldsymbol{x}^k)\boldsymbol{d}^k + (1-t_k)F'(\boldsymbol{x}^k)\boldsymbol{d}^k\|}{t_k\|\boldsymbol{d}^k\|} \\
&\leq \frac{\|H_k\boldsymbol{d}^k - F'(\boldsymbol{x}^k)\boldsymbol{d}^k\|}{t_k\|\boldsymbol{d}^k\|} + \frac{(1-t_k)}{t_k}\|F'(\boldsymbol{x}^k)\| \underset{k\to\infty}{\longrightarrow} 0.
\end{aligned}$$

□

Folgerung 3.46 (Q-superlineare Konvergenz bei Matrixrichtungen)
Es seien $F \in C^1(\mathbb{R}^n, \mathbb{R}^n)$, $\{\boldsymbol{x}^k\}_{k\in\mathbb{N}} \subset \mathbb{R}^n$, die Folge der Matrixrichtungen $\{\boldsymbol{d}^k\}_{k\in\mathbb{N}}$ Newton-ähnlich, $\boldsymbol{x}^{k+1} = \boldsymbol{x}^k + t_k\boldsymbol{d}^k$, $\lim\limits_{k\to\infty} t_k = 1$ und $\lim\limits_{k\to\infty} \boldsymbol{x}^k = \boldsymbol{x}^*$. Dann ist $F(\boldsymbol{x}^*) = 0$ und die Folge $\{\boldsymbol{x}^k\}_{k\in\mathbb{N}}$ konvergiert Q-superlinear gegen $\boldsymbol{x}^*$.

Beweis: Aus der Konvergenz der Folge $\{\boldsymbol{x}^k\}_{k\in\mathbb{N}}$ und der Stetigkeit der Jacobi-Matrix in $\boldsymbol{x}^*$ folgt die Beschränktheit der Jacobi-Matrizen. Das Lemma 3.45 (b) liefert die Newton-Ähnlichkeit und damit nach Satz 3.43 (a) die Q-superlineare Konvergenz der Iterationsfolge sowie $F(\boldsymbol{x}^*) = 0$. □

Genügt die Zielfunktion f in einer Umgebung einer strikten lokalen Minimalstelle der (m,M)-Bedingung (3.8), dann sind Newton-ähnliche Richtungen nicht nur streng gradientenähnlich (siehe auch Aufgabe 3.25), sondern es gelten zusätzlich die folgenden Ungleichungen, welche für Konvergenzbeweise wichtig sind.

Lemma 3.47
Es seien $f \in C^1(\mathbb{R}^n, \mathbb{R})$, $\{\boldsymbol{x}^k\}_{k\in\mathbb{N}} \subset \mathbb{R}^n$ mit $\lim\limits_{k\to\infty} \boldsymbol{x}^k = \boldsymbol{x}^*$ und $\nabla f(\boldsymbol{x}^k) \neq \boldsymbol{0}$ für alle $k \in \mathbb{N}$ sowie die Folge der Richtungen $\{\boldsymbol{d}^k\}_{k\in\mathbb{N}}$ bezüglich $F(\boldsymbol{x}^k) := \nabla f(\boldsymbol{x}^k)$ mit $k \in \mathbb{N}$ Newton-ähnlich. Wenn in einer Umgebung von $\boldsymbol{x}^*$ die (m,M)-Bedingung (3.8) erfüllt ist, dann existieren ein $k_0 \in \mathbb{N}$ und ein $r > 1$, sodass für alle $k \geq k_0$ die Abstiegsbedingung $\nabla f(\boldsymbol{x}^k)\boldsymbol{d}^k < 0$ und die folgenden Ungleichungen erfüllt sind:

$$-\nabla f(\boldsymbol{x}^k)^T \boldsymbol{d}^k \geq \frac{m}{r}\|\boldsymbol{d}^k\|^2 \tag{3.15}$$

$$\|\nabla f(\boldsymbol{x}^k)\| \leq Mr\|\boldsymbol{d}^k\| \text{ und} \tag{3.16}$$

$$\|\nabla f(\boldsymbol{x}^k)\| \geq \frac{m}{r}\|\boldsymbol{d}^k\|. \tag{3.17}$$

Weiterhin gilt $-\dfrac{\nabla f(\boldsymbol{x}^k)^T \boldsymbol{d}^k}{\|\nabla f(\boldsymbol{x}^k)\|\,\|\boldsymbol{d}^k\|} \geq \dfrac{m}{r^2 M}$.

Beweis: Es sei $\boldsymbol{b}^k := \dfrac{\nabla f(\boldsymbol{x}^k) + \nabla^2 f(\boldsymbol{x}^k)\boldsymbol{d}^k}{\|\boldsymbol{d}^k\|}$. Dann ergeben sich mit Taylor-Entwicklung und der Definition der Newton-Ähnlichkeit die folgenden Abschätzungen:
Zu (3.15): $\dfrac{-\nabla f(\boldsymbol{x}^k)^T \boldsymbol{d}^k}{\|\boldsymbol{d}^k\|^2} = -\dfrac{(\boldsymbol{b}^k)^T \boldsymbol{d}^k}{\|\boldsymbol{d}^k\|} + \dfrac{(\boldsymbol{d}^k)^T \nabla^2 f(\boldsymbol{x}^k)\boldsymbol{d}^k}{\|\boldsymbol{d}^k\|^2} \geq -\|\boldsymbol{b}^k\| + m \geq \frac{m}{r_1} > 0$ für ein $r_1 > 1$ und alle $k \geq k_1$.
Zu (3.16): $\dfrac{\|\nabla f(\boldsymbol{x}^k)\|}{\|\boldsymbol{d}^k\|} = \left\|\boldsymbol{b}^k - \dfrac{\nabla^2 f(\boldsymbol{x}^k)^T \boldsymbol{d}^k}{\|\boldsymbol{d}^k\|}\right\| \leq \|\boldsymbol{b}^k\| + \|\nabla^2 f(\boldsymbol{x}^k)\| \leq r_2 M$ für ein $r_2 > 1$ und alle $k \geq k_2$.
zu (3.17): $\|\nabla f(\boldsymbol{x}^k)\|\,\|\boldsymbol{d}^k\| \geq -\nabla f(\boldsymbol{x}^k)^T \boldsymbol{d}^k \geq \frac{m}{r_1}\|\boldsymbol{d}^k\|^2$ für alle $k \geq k_1$.
Mit $k_0 := \max\{k_1, k_2\}$ und $r := \max\{r_1, r_2\}$ folgt die Aussage. □

Die Aussage von Satz 3.37 zum gedämpften Newton-Verfahren kann nun fast wörtlich auf Verfahren mit Newton-ähnlichen Richtungen übertragen werden. Wie die Newton-ähnlichen Richtungen dabei erzeugt werden, z. B. durch Matrixrichtungen, ist dabei unerheblich.

Satz 3.48
Es sei $f \in C^2(\mathbb{R}^n, \mathbb{R})$ und für alle $\boldsymbol{x} \in \mathcal{N}_f(f(\boldsymbol{x}^0))$ gelte die (m,M)-Bedingung (3.8). Die Folge $\{\boldsymbol{x}^k\}_{k\in\mathbb{N}}$ werde durch den Algorithmus 2 erzeugt, und die zugehörige Folge $\{\boldsymbol{d}^k\}_{k\in\mathbb{N}}$ von Abstiegsrichtungen sei Newton-ähnlich. Dann gilt:

(a) Sind die gewählten Schrittweiten t_k semi-effizient, dann konvergiert die Folge $\{\boldsymbol{x}^k\}_{k\in\mathbb{N}}$ mindestens R-linear gegen die eindeutig bestimmte globale Minimalstelle $\boldsymbol{x}^*$.

(b) Gilt $\lim\limits_{k\to\infty} t_k = 1$, dann konvergiert die Folge $\{\boldsymbol{x}^k\}_{k\in\mathbb{N}}$ Q-superlinear gegen die eindeutig bestimmte globale Minimalstelle $\boldsymbol{x}^*$.

(c) Die Schrittweitenfolge der t_k ist genau dann asymptotisch perfekt, wenn $\lim\limits_{k\to\infty} t_k = 1$ gilt. Ist die Schrittweite sogar asymptotisch perfekt von 1. Ordnung, dann genügt sie für alle hinreichend großen k der strengen Powell-Wolfe-Bedingung.

(d) Wird in jedem Iterationsschritt für t_k die Armijo-Schrittweite mit $\alpha \in \left(0, \frac{1}{2}\right)$ gewählt, so gilt $t_k = 1$ für alle hinreichend großen $k \in \mathbb{N}$.

(e) Wird in jedem Iterationsschritt für t_k eine gemäß Algorithmus 6 konstruierte (strenge) Powell-Wolfe-Schrittweite mit $\alpha \in \left(0, \frac{1}{2}\right)$ und $\beta \in (\alpha, 1)$ gewählt, so gilt $t_k = 1$ für alle hinreichend großen $k \in \mathbb{N}$.

(f) Ist die Hesse-Matrix $\nabla^2 f(\boldsymbol{x}^*)$ in einer Umgebung von $\boldsymbol{x}^*$ Lipschitz-stetig und die Richtungsfolge Newton-ähnlich von 2. Ordnung, so konvergiert die Folge $\{\boldsymbol{x}^k\}_{k\in\mathbb{N}}$ Q-quadratisch gegen die eindeutig bestimmte globale Minimalstelle $\boldsymbol{x}^*$, wenn in jedem Iterationsschritt eine asymptotisch perfekte Schrittweite von der Ordnung 1 gewählt wird.

Beweis: Die strenge Gradientenähnlichkeit der Richtungen folgt aus Lemma 3.47.
Zu (a): Wegen $\lim\limits_{k\to\infty} \boldsymbol{x}^k = \boldsymbol{x}^*$ und $\lim\limits_{k\to\infty} \boldsymbol{d}^k = \boldsymbol{0}$ gilt $\boldsymbol{x}^k + t_k\boldsymbol{d}^k \in \mathcal{N}_f(f(\boldsymbol{x}^0))$ für alle $k \geq k_0$ und $t_k \in [0, 1]$. Die Aussage folgt somit aus Satz 3.22.
Zu (b): Es sei r gemäß Lemma 3.47 gewählt und $c := (Mr)^{-1}$. Wegen der Newton-Ähnlichkeit existiert eine Nullfolge $\{\boldsymbol{c}^k\}_{k\in\mathbb{N}} \subset \mathbb{R}^n$ mit $\nabla f(\boldsymbol{x}^k) + \nabla^2 f(\boldsymbol{x}^k)\boldsymbol{d}^k = \boldsymbol{c}^k\|\boldsymbol{d}^k\|$. Also gilt

$$\|\boldsymbol{x}^{k+1} - \boldsymbol{x}^*\| \leq \|\boldsymbol{x}^k - t_k \left(\nabla^2 f(\boldsymbol{x}^k)\right)^{-1} \nabla f(\boldsymbol{x}^k) - \boldsymbol{x}^*\| + \| \left(\nabla^2 f(\boldsymbol{x}^k)\right)^{-1} \boldsymbol{c}^k\|\|\boldsymbol{d}^k\| \,.$$

Der zweite Summand ist wegen $\|\boldsymbol{d}^k\| \geq c\|\nabla f(\boldsymbol{x}^k)\| \geq cM\|\boldsymbol{x}^k - \boldsymbol{x}^*\|$ und der Beschränktheit der Matrizen $\left(\nabla^2 f(\boldsymbol{x}^k)\right)^{-1}$ nach Bedingung (3.8) ein $o(\|\boldsymbol{x}^k - \boldsymbol{x}^*\|)$. Die restlichen

Beweisschritte folgen analog zum Beweis von Satz 3.37.

Zu (c): Nach Lemma 3.47 existiert ein $C := Mr > 0$ mit

$$
\begin{aligned}
0 \quad \leftarrow \quad & \frac{|\nabla f(\boldsymbol{x}^{k+1})^T \boldsymbol{d}^k|}{|\nabla f(\boldsymbol{x}^k)^T \boldsymbol{d}^k|} \geq \frac{|\nabla f(\boldsymbol{x}^{k+1})^T \boldsymbol{d}^k|}{C\|\boldsymbol{d}^k\|^2} \\
= \quad & \frac{\left|\left(\nabla f(\boldsymbol{x}^k) + (1 - 1 + t_k - t_k)\nabla^2 f(\boldsymbol{x}^k)\boldsymbol{d}^k + Y_{k+1} t_k \boldsymbol{d}^k\right)^T \boldsymbol{d}^k\right|}{C\|\boldsymbol{d}^k\|^2} \\
= \quad & C^{-1} \left|T_1 + (t_k - 1)T_2 + t_k T_3\right|
\end{aligned}
\tag{3.18}
$$

mit den Bezeichnungen $Y_{k+1} := \int\limits_{t=0}^{1} \nabla^2 f(\boldsymbol{x}^k + t\boldsymbol{d}^k)\, dt$, $T_1 := \dfrac{(\nabla f(\boldsymbol{x}^k) + \nabla^2 f(\boldsymbol{x}^k)\boldsymbol{d}^k)^T \boldsymbol{d}^k}{\|\boldsymbol{d}^k\|^2}$, $T_2 := \dfrac{(\boldsymbol{d}^k)^T \nabla^2 f(\boldsymbol{x}^k)\boldsymbol{d}^k}{\|\boldsymbol{d}^k\|^2}$ und $T_3 := \dfrac{(\boldsymbol{d}^k)^T (Y_{k+1} - \nabla^2 f(\boldsymbol{x}^k))\boldsymbol{d}^k}{\|\boldsymbol{d}^k\|^2}$.

T_1 und $t_k T_3$ gehen wegen Newton-Ähnlichkeit bzw. Eigenschaften der Matrix Y_{k+1} gegen Null für $k \to \infty$. Damit muss auch $(t_k - 1)T_2$ für $k \to \infty$ gegen Null gehen, was wegen (3.8) $\lim\limits_{k\to\infty} t_k = 1$ nach sich zieht.

Gemäß Lemma 3.47 ist in der Beziehung (3.18) die umgekehrte Relation „$\leq$" mit $C = \frac{m}{r}$ möglich. Hieraus ergibt sich unmittelbar die Hinlänglichkeit der Aussage. Das zweite Resultat folgt sofort aus den Bemerkungen nach Satz 3.37, da Newton-ähnliche Richtungen streng gradientenähnlich sind.

Zu (d): Es gilt $\frac{1}{2} = \lim\limits_{k\to\infty} \dfrac{f(\boldsymbol{x}^k + \boldsymbol{d}^k) - f(\boldsymbol{x}^k)}{\nabla f(\boldsymbol{x}^k)^T \boldsymbol{d}^k} = \lim\limits_{k\to\infty} \dfrac{\nabla f(\boldsymbol{x}^k)^T \boldsymbol{d}^k + \frac{1}{2}(\boldsymbol{d}^k)^T \nabla^2 f(\hat{\boldsymbol{x}})\boldsymbol{d}^k}{\nabla f(\boldsymbol{x}^k)^T \boldsymbol{d}^k}$ mit $\hat{\boldsymbol{x}} \in [\boldsymbol{x}^k, \boldsymbol{x}^k + \boldsymbol{d}^k]$ nach der Taylor-Formel. Zu zeigen ist also nur noch $\gamma_k := \dfrac{(\boldsymbol{d}^k)^T \nabla^2 f(\hat{\boldsymbol{x}})\boldsymbol{d}^k}{\nabla f(\boldsymbol{x}^k)^T \boldsymbol{d}^k} \to -1$. Es seien $\boldsymbol{v}^k := \dfrac{\boldsymbol{d}^k}{\|\boldsymbol{d}^k\|}$ und $\boldsymbol{b}^k := \dfrac{\nabla f(\boldsymbol{x}^k) + \nabla^2 f(\boldsymbol{x}^k)\boldsymbol{d}^k}{\|\boldsymbol{d}^k\|}$.

Wegen $\boldsymbol{b}^k \to \boldsymbol{0}$ folgt

$$
\begin{aligned}
\gamma_k \quad = \quad & \frac{(\boldsymbol{v}^k)^T (\nabla^2 f(\hat{\boldsymbol{x}}) - \nabla^2 f(\boldsymbol{x}^k))\boldsymbol{v}^k + (\boldsymbol{v}^k)^T \nabla^2 f(\boldsymbol{x}^k)\boldsymbol{v}^k}{\nabla f(\boldsymbol{x}^k)^T \boldsymbol{v}^k \|\boldsymbol{d}^k\|} \\
= \quad & -1 + \frac{(\boldsymbol{v}^k)^T (\nabla^2 f(\hat{\boldsymbol{x}}) - \nabla^2 f(\boldsymbol{x}^k))\boldsymbol{v}^k + (\boldsymbol{b}^k)^T \boldsymbol{v}^k}{(\boldsymbol{b}^k)^T \boldsymbol{v}^k - (\boldsymbol{v}^k)^T \nabla^2 f(\boldsymbol{x}^k)\boldsymbol{v}^k} \to -1\,.
\end{aligned}
$$

Zu (e): Wir haben noch zu zeigen, dass ab einem gewissen k_0 die (beidseitige) Tangentenbedingung erfüllt ist. Dafür schätzen im Beweis von (c) beim ersten Quotienten den Nenner gemäß $|\nabla f(\boldsymbol{x}^k)^T \boldsymbol{d}^k| \geq \frac{m}{r}\|\boldsymbol{d}^k\|^2$ nach unten ab und setzen $t_k := 1$. Dann erhalten wir die Abschätzung

$$
\frac{|\nabla f(\boldsymbol{x}^k + \boldsymbol{d}^k)^T \boldsymbol{d}^k|}{|\nabla f(\boldsymbol{x}^k)^T \boldsymbol{d}^k|} \leq \frac{r}{m} \left| \frac{(\nabla f(\boldsymbol{x}^k) + \nabla^2 f(\boldsymbol{x}^k)\boldsymbol{d}^k)^T \boldsymbol{d}^k}{\|\boldsymbol{d}^k\|^2} + \frac{(\boldsymbol{d}^k)^T (Y_{k+1} - \nabla^2 f(\boldsymbol{x}^k))\boldsymbol{d}^k}{\|\boldsymbol{d}^k\|^2} \right|.
$$

Die rechte Seite geht für $k \to \infty$ gegen Null, und damit ist die beidseitige Tangentenbedingung ab einem k_0 mit Schrittweite 1 erfüllbar.

Zu (f): Wegen der Newton-Ähnlichkeit von 2. Ordnung existiert eine beschränkte Folge $\{\boldsymbol{c}^k\}_{k\in\mathbb{N}} \subset \mathbb{R}^n$ mit $\nabla f(\boldsymbol{x}^k) + \nabla^2 f(\boldsymbol{x}^k)\boldsymbol{d}^k = \boldsymbol{c}^k\|\boldsymbol{d}^k\|^2$. Also gilt

$$\|\boldsymbol{x}^{k+1} - \boldsymbol{x}^*\| \leq \|\boldsymbol{x}^k - t_k \left(\nabla^2 f(\boldsymbol{x}^k)\right)^{-1} \nabla f(\boldsymbol{x}^k) - \boldsymbol{x}^*\| + \| \left(\nabla^2 f(\boldsymbol{x}^k)\right)^{-1} \boldsymbol{c}^k\|\|\boldsymbol{d}^k\|^2 .$$

Der zweite Summand ist wegen $\|\boldsymbol{d}^k\| \leq \frac{r}{m}\|\nabla f(\boldsymbol{x}^k)\| \leq \frac{Mr}{m}\|\boldsymbol{x}^k - \boldsymbol{x}^*\|$ und der Beschränktheit der Matrizen $\left(\nabla^2 f(\boldsymbol{x}^k)\right)^{-1}$ nach Bedingung (3.8) ein $O(\|\boldsymbol{x}^k - \boldsymbol{x}^*\|^2)$. Die restlichen Beweisschritte folgen wiederum analog dem Beweis von Satz 3.37 unter der Beachtung, dass in (c) verschärfend die asymptotisch perfekte Schrittweite von 1. Ordnung gewählt wird. Dann ist mit gleichen Argumenten wieder $t_k - 1 = O(\|\boldsymbol{x}^k - \boldsymbol{x}^*\|)$, was die Q-quadratische Konvergenz bewirkt. □

Die im Beweis der Teilaussagen (c) und (e) benutzte Matrix Y_{k+1} wird wegen Folgerung 1.46 (b) *Mittelwertmatrix* genannt. Wir bemerken, dass die Konvergenz von t_k gegen 1 (siehe (b) und (c)) den Fall $t_k = 1$ für alle $k \geq k_0$ mit einschließt und dass hierbei diese Schrittweitenfolge auch asymptotisch perfekt von beliebiger Ordnung ist (siehe (f)).

3.4.3 Inexakte Newton-Verfahren

Wenn im Newton-Verfahren die symbolische bzw. automatische Differenziation durch finite Vorwärtsdifferenzen ersetzt bzw. die Ableitungen nicht exakt berechnet werden, dann kann die quadratische, superlineare oder sogar die lineare Konvergenz verloren gehen. Wir betrachten zunächst den Fall, dass die Hesse-Matrizen durch Vorwärtsdifferenzen aus den Gradienten von f gemäß

$$\nabla^2 f(\boldsymbol{x}^k) \approx \delta(\nabla f(x^k), h_k) := \left(\frac{\nabla f(\boldsymbol{x}^k + h_k\boldsymbol{e}_j) - \nabla f(\boldsymbol{x}^k)}{h_k}\right)_{j=1,2,\ldots,n}$$

berechnet werden und dass die Hesse-Matrizen in einer Umgebung der Optimalstelle $\boldsymbol{x}^*$ Lipschitz-stetig mit der Lipschitz-Konstanten L sind. Mit dem Mittelwertsatz in Integralform ergibt sich

$$\|\nabla^2 f(\boldsymbol{x}^k) - \delta(\nabla f(x^k), h_k)\| \leq \frac{L}{2}\,|h_k| .$$

Berechnet man die Hesse-Matrizen angenähert durch zweite Vorwärtsdifferenzen nur aus den Funktionswerten gemäß

$$\nabla^2 f(\boldsymbol{x}^k) \approx \delta^2(f(x^k), h_k) := \delta(\delta(f(\boldsymbol{x}^k), h_k), h_k) ,$$

dann folgt die etwas gröbere Abschätzung

$$\|\nabla^2 f(\boldsymbol{x}^k) - \delta(\nabla f(x^k), h_k)\| \leq L\,|h_k| .$$

Nach Abschnitt 3.6 in Kosmol (1993) konvergieren die Iterationspunkte des so modifizierten Newton-Verfahrens lokal

(a) Q-linear, wenn ein $k_0 \in \mathbb{N}$ und ein $h > 0$ existieren, sodass $0 < |h_k| \leq h$ für alle $k \geq k_0$ gilt.

(b) Q-superlinear, wenn $\lim\limits_{k \to \infty} h_k = 0$ gilt.

(c) Q-quadratisch, wenn ein $k_0 \in \mathbb{N}$ und ein $C \in \mathbb{R}$ mit $C > 0$ existieren, sodass $|h_k| \leq C \|\nabla f(x_k)\|$ für alle $k \geq k_0$ gilt.

Im Beweis zeigt man, dass eine hinreichend kleine, aber nicht notwendig gegen Null gehende Störung der Hesse-Matrix nach dem Störungslemma 1.24 für lineare inverse Operatoren die Anwendung des Banachschen Fixpunktsatzes ermöglicht und damit Q-lineare Konvergenz ergibt. Im Fall (b) kann man die Newton-Ähnlichkeit und im Fall (c) die Newton-Ähnlichkeit von 2. Ordnung nachweisen, woraus sich nach Satz 3.43 die entsprechenden Konvergenzgeschwindigkeiten ergeben.

Bei den Experimenten zur numerischen Differenziation unter MATLAB haben wir gesehen, dass es für eine gute Approximation der Hesse-Matrix und der Gradienten untere Grenzen für das Inkrement h_k gibt, die bei Verwendung erster Differenzen etwa bei $\sqrt{macheps} \approx 1.5 \times 10^{-8}$ und bei Verwendung von zweiten Differenzen etwa bei $\sqrt[3]{macheps} \approx 6 \times 10^{-6}$ liegen, um bestmögliche Approximationen zu gewährleisten. Damit sind sowohl lokale als auch gedämpfte Newton-Verfahren mit Approximationen der Hesse-Matrix durch Vorwärtsdifferenzen in der Endkonsequenz höchstens Q-linear konvergent. Ist die numerische Abbruchbedingung nicht zu klein gewählt, dann kann man jedoch in Experimenten noch eine Q-superlineare bzw. Q-quadratische Tendenz in der Konvergenzgeschwindigkeit der Iterationspunkte beobachten.

Eine andere Variante der inexakten Newton-Verfahren (engl. truncated Newton-Method) ist die nur näherungsweise Lösung der Newton-Gleichung mit der möglichst exakt berechneten Hesse-Matrix, um Zeit bei der Berechnung der Suchrichtung zu sparen. Der Satz 10.2 aus Geiger und Kanzow (1999) zeigt, dass bei geeigneten Genauigkeitsforderungen bzgl. der inexakten Lösung der Newton-Gleichungen die superlineare bzw. quadratische Konvergenz erhalten bleibt. Wenn die Newton-Gleichung mit der relativen Genauigkeit $0 < \eta_k < 1$ gemäß

$$\|\nabla^2 f(\boldsymbol{x}^k)\boldsymbol{d}^k + \nabla f(\boldsymbol{x}^k)\| \leq \eta_k \|\nabla f(\boldsymbol{x}^k)\| \tag{3.19}$$

gelöst wird, dann folgt unter den Voraussetzungen von Satz 3.7 für die Iterationspunkte

(a) Q-lineare Konvergenz, wenn ein $k_0 \in \mathbb{N}$ und ein hinreichend kleines $\eta \in (0, 1)$ (siehe Bemerkungen 3.49) existieren, sodass $\eta_k \leq \eta$ für alle $k \geq k_0$ gilt.

(b) Q-superlineare Konvergenz, wenn $\lim\limits_{k \to \infty} \eta_k = 0$ gilt.

(c) Q-quadratische Konvergenz, wenn $\eta_k = O(\|\nabla f(\boldsymbol{x}^k)\|)$ gilt.

Der Beweis verläuft analog dem Beweis zum lokalen Newton-Verfahren unter Einbeziehung der Störung (3.19).
In (a) kann der Konvergenzfaktor natürlich durch die praktische Wahl von η beliebig klein gewählt werden. Jedoch ist dieses hinreichend kleine η kaum bestimmbar. Bei Verwendung der skalierten Norm

$$\|\boldsymbol{x}\|_H := \|H\boldsymbol{x}\|$$

mit $H = \nabla^2 f(\boldsymbol{x}^*)$ ist die Folge $\{\boldsymbol{x}^k\}_{k\in\mathbb{N}}$ Q-linear konvergent mit dem Konvergenzfaktor η, d. h. es gilt

$$\|\boldsymbol{x}^{k+1} - \boldsymbol{x}^*\|_H \leq \eta\|\boldsymbol{x}^k - \boldsymbol{x}^*\|_H \ ,$$

und nach dem Banachschen Fixpunktsatz sind die Fehlerabschätzungen

$$\|\boldsymbol{x}^{k+1} - \boldsymbol{x}^*\|_H \leq \frac{\eta}{1-\eta}\|\boldsymbol{x}^{k+1} - \boldsymbol{x}^k\|_H, \quad \|\boldsymbol{x}^{k+1} - \boldsymbol{x}^*\|_H \leq \frac{\eta^{n+1}}{1-\eta}\|\boldsymbol{x}^1 - \boldsymbol{x}^0\|_H \tag{3.20}$$

erfüllt.

Bemerkungen 3.49

(1) Da die Wahl $H = \nabla^2 f(\boldsymbol{x}^*)$ prinzipiell möglich ist, ist die lineare Konvergenz des inexakten Newton-Verfahren unter (a) für beliebiges $\eta \in (0,1)$ gesichert. In praktischen Anwendungen sind natürlich $\boldsymbol{x}^*$ und damit auch $\nabla^2 f(\boldsymbol{x}^*)$ nicht bekannt. Somit ist es problematisch, eine geeignete Schätzung H für diese Hesse-Matrix zu finden.

(2) Man könnte die Bedingungen (3.20) im Fall (a) als zusätzlich Abbruchbedingung mit heranziehen, wenn man H durch $H_k := \nabla^2 f(\boldsymbol{x}^k)$ ersetzt, sofern die positive Definitheit gesichert ist.

(3) Der Satz 3.41 und der Algorithmus 9 können wiederum fast wörtlich auf inexakte Newton-Verfahren übertragen werden, sofern die Folge $\{\eta_k\}_{k\in\mathbb{N}}$ gegen Null konvergiert (siehe Abschnitt 10.2 in Geiger und Kanzow (1999)). ■

Als inexakte Newton-Richtungen benutzt man z. B. sogenannte konjugierte Gradientenrichtungen mit Vorkonditionierung (siehe z. B. Algorithmus 10.9 in Geiger und Kanzow (1999)), auf die wir in den Abschnitten zu konjugierten Gradientenverfahren (siehe Abschnitt 3.6) und Trust-Region-Verfahren (siehe Abschnitt 3.7) näher eingehen werden.

3.4.4 Numerische Experimente zu modifizierten Newton-Verfahren

Experiment 3.4.1 (Gedämpftes Newton-Verfahren mit $\boldsymbol{d}^k := -\nabla f(\boldsymbol{x}^k)$ als Ausweichrichtung)

modNewton01.m: Wir ersetzen im Langzeitexperiment 3.3.3 die dort verwendeten Abstiegsverfahren durch das gedämpfte Newton-Verfahren mit $\boldsymbol{d}^k := -\nabla f(\boldsymbol{x}^k)$ als Ausweichrichtung und wählen als Abbruchbedingung $\|\nabla f(\boldsymbol{x}^k)\| \leq 10^{-8}$. Die Ergebnisse (siehe Tab. 3.9) für die Probleme Nr. 1 und 9 sind im Vergleich zu den allgemeinen Abstiegsverfahren trotz verschärfter Abbruchbedingung wesentlich besser. Die ist für die streng konvexe quadratische Funktion aus Problem Nr. 4 bei LS 1.0 und LS 8.0 nicht der Fall.

Anzahl Startpunkte = 250, CPU-Zeit in Sekunden = 3602.05 (= 1 h)
Maximal erlaubte Iterationszahl = 10000, Toleranz = 1.00e-008

Problem	Nr. 4			Nr. 1			Nr. 9		
Linesearch	iter	fiter	siter	iter	fiter	siter	iter	fiter	siter
LS 1.0	232	695	74.2	80	556	15.9	12	50	0.2
LS 1.1	1	3	0.0	14	45	0.4	16	49	0.2
LS 2.0	1	4	0.0	12	80	0.5	14	51	0.2
LS 2.1	1	3	0.0	14	51	0.4	16	49	0.2
LS 3.0	1	4	0.0	12	82	0.4	13	62	0.2
LS 3.1	1	5	0.0	14	79	0.8	14	60	0.2
LS 4.1	2	6	0.1	33	124	1.4	17	50	0.2
LS 5.1	2	6	0.1	17	62	0.6	17	50	0.2
LS 6.0	4	60	0.0	12	214	1.0	16	250	0.2
LS 7.0	18	36	1.8	14	44	0.7	14	31	0.2
LS 7.1	1	2	0.0	14	33	0.4	16	33	0.2
LS 8.0	217	435	72.9	14	44	0.8	14	31	0.2
LS 8.1	1	2	0.0	14	31	0.4	16	33	0.2

Tab. 3.9 Auswertung gedämpftes Newton-Verfahren mit $\boldsymbol{d}^k := -\nabla f(\boldsymbol{x}^k)$ als Ausweichrichtung und Abbruchtoleranz $\|\nabla f(\boldsymbol{x}^k)\| \leq 10^{-8}$ im Exp. 3.4.1

Nach Aufgabe 3.4 liefert das lokale Newton-Verfahren die Minimalstelle einer streng konvexen quadratischen Funktion (Problem Nr. 4) in einem Schritt. Dies wird durch das Experiment für LS 1.1, 2.0, 2.1, 3.0, 3.1, 7.1 und 8.1, bei denen die Schrittweite 1 als Anfangschrittweite getestet oder die perfekte Schrittweite (= 1!) durch Interpolation gut approximiert wird, bestätigt.

modNewton02.m: Wir wollen zunächst die Ergebnisse für das Problem Nr. 4 etwas genauer analysieren und wenden nun das gedämpfte Newton-Verfahren mit Ausweichrichtung $\boldsymbol{d}^k := -\nabla f(\boldsymbol{x}^k)$, skalierter Armijo-Schrittweite (LS 1.0), Abbruchbedingung $\|\nabla f(\boldsymbol{x}^k)\| \leq 10^{-8}$ sowie Startpunkt $\boldsymbol{x}^0 = (7, 11)^T$ an. Während des gesamten Verfahrens genügt die in jedem Iterationsschritt zu Beginn getestete skalierte Schrittweite $t \approx 1.79$ stets der Armijo-Bedingung (siehe auch Aufgabe 3.24) und wird damit akzeptiert. Für alle $k > 0$ würde die Schrittweitenwahl $t_k = 1$ sofort die globale Minimalstelle als nächsten

Iterationspunkt liefern. Nach Satz 3.37 (a) und wegen $\lim_{k\to\infty} t_k \neq 1$ folgt nur die lineare Konvergenz mit Konvergenzfaktor $C = 0.79$, und das Verfahren endet erst nach über 80 Iterationen durch Unterschreiten der Schritttoleranz (siehe Abb. 3.26). Wählt man als Startpunkt $\boldsymbol{x}^0 = (6, 11)^T$, so wird die zu Beginn getestete Schrittweite $t \approx 1.94$ ebenfalls stets akzeptiert, und das Verfahren benötigt sogar mehr als 300 Iterationen. Analoge Resultate ergeben sich für die skalierten Powell-Wolfe-Schrittweiten LS 7.0 und LS 8.0.

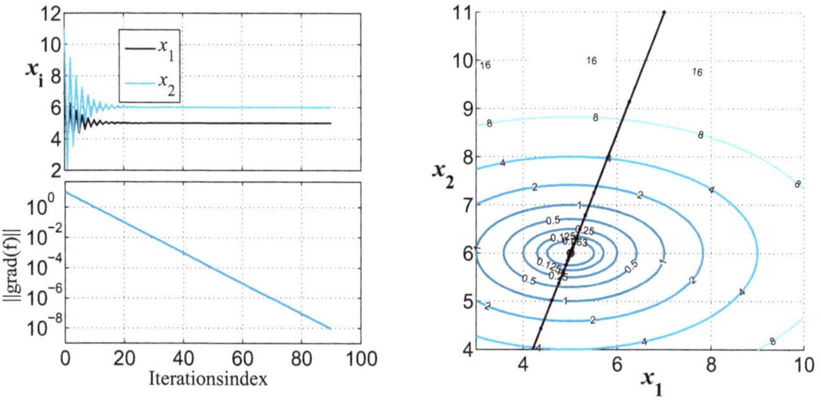

Abb. 3.26 Gedämpftes Newton-Verfahren mit $\boldsymbol{d}^k := -\nabla f(\boldsymbol{x}^k)$ als Ausweichrichtung und skalierter Armijo-Schrittweite (LS 1.0) für Problem Nr. 4 im Exp. 3.4.1

Wir ersetzen den LS 1.0 nun durch LS 4.1 und LS 5.1. Diese LS skalieren zwar nicht die Schrittweite, aber die Suchrichtung, wenn sie eine bestimmte Maximallänge überschreitet. Diese Richtungsskalierung tritt wegen $\lim_{k\to\infty} \boldsymbol{d}^k = \boldsymbol{0}$ jedoch nur endlich oft auf und bewirkt trotz der intern verwendeten Testschrittweite 1 keinen ungedämpften Newton-Schritt, womit das Verfahren nicht nach einem Schritt endet. Für den Startpunkt $\boldsymbol{x}^0 = (6, 11)^T$ ergeben sich identische Resultate für beide LS mit drei Iterationen (siehe Tab. 3.10).
Die Approximation der perfekten Schrittweite nur unter Verwendung des Verfahrens des Goldenen Schnitts ist bei Verfahren mit superlinearer Konvergenz problematisch. Die relative Abbruchgenauigkeit muss mindestens so hoch sein wie die Abbruchgenauigkeit des übergeordneten Verfahrens. Ist das nicht der Fall, dann hat man den Effekt, dass das an sich superlinear konvergente übergeordnete Verfahren nur linear konvergiert. Für den Startpunkt $\boldsymbol{x}^0 = (6, 11)^T$ ergeben sich für den LS 6.0 bei relativer Abbruchgenauigkeit von 10^{-2} fünf Iterationen mit Schrittweiten, die eben nur fast 1 sind (siehe Tab. 3.11).
Benutzt man eine Schrittweitenstrategie, die das Verfahren des Goldenen Schnitts mit einer fortgesetzten quadratischen Interpolation kombiniert, dann bleibt die superlineare Konvergenz des gedämpften Newton-Verfahrens und insbesondere der Abbruch nach einem Schritt bei streng konvexen quadratischen Funktionen erhalten, sofern mindestens eine quadratische Interpolation in jeder Iteration durchgeführt wird (siehe Tab. 3.12).

Diese Option ist unter EdOptLab durch Eingabe von [6.0,1e-2,1] anstelle von [6.0] für den Linesearch-Parameter „**linsmode**" möglich.

```
Problem: ad004 (quad.Funktion, kappa =4), N= 2 M= 0
Methode: NEWTOND-LS4.1, diffmode=1, tol=1.0e-008, maxit= 500
---------------------------------------------------------------
iter   nf     ng     nh        fiter        ndd LS     t         norm(g)
---------------------------------------------------------------
 0      1      1      1   2.525000e+001   0  0  0.00e+000  1.00e+001
 1      4      3      2   9.326886e+000   0  0  3.92e-001  6.09e+000
 2      7      5      3   1.173002e+000   0  0  6.45e-001  2.16e+000
 3      9      6      3   0.000000e+000   0  0  1.00e+000  0.00e+000
---------------------------------------------------------------
 Resultate in Kurzform: Abbruch wegen: norm(g)<=tol=1e-008
```

Tab. 3.10 Iterationsverlauf des modifizierten Newton-Verfahrens (LS 4.1) mit Ausweichrichtung $d^k := -\nabla f(x^k)$ für Problem Nr. 4 im Exp. 3.4.1

```
Problem: ad004 (quad.Funktion, kappa =4), N= 2 M= 0
Methode: NEWTOND-LS6.0, diffmode=1, tol=1.0e-008, maxit= 500
---------------------------------------------------------------
iter   nf     ng     nh        fiter        ndd LS     t         norm(g)
---------------------------------------------------------------
 0      1      1      1   2.525000e+001   0  0  0.00e+000  1.00e+001
 1     16      3      2   3.846206e-003   0  0  9.88e-001  1.24e-001
 2     31      5      3   5.858733e-007   0  0  9.88e-001  1.53e-003
 3     46      7      4   8.924315e-011   0  0  9.88e-001  1.88e-005
 4     61      9      5   1.359396e-014   0  0  9.88e-001  2.32e-007
 5     75     10      5   2.070699e-018   0  0  9.88e-001  2.87e-009
---------------------------------------------------------------
Resultate in Kurzform: Abbruch wegen: norm(g)<=tol=1e-008
```

Tab. 3.11 Iterationsverlauf des modifizierten Newton-Verfahrens (LS 6.0) mit Ausweichrichtung $d^k := -\nabla f(x^k)$ und relativer Abbruchgenauigkeit 10^{-2} für Problem Nr. 4 im Exp. 3.4.1

```
Problem: ad004 (quad.Funktion, kappa =4), N= 2 M= 0
Methode: NEWTOND-LS6.0, diffmode=1, tol=1.0e-008, maxit= 100
Linesearch: relative Genauigkeit = 1.0e-002
---------------------------------------------------------------
iter   nf     ng     nh        fiter        ndd LS    lambda      norm(g)
---------------------------------------------------------------
 0      1      1      1   2.525000e+001  0.0  0  0.00e+000  1.00e+001
 1     10      2      1   0.000000e+000  0.0  0  1.00e+000  0.00e+000
---------------------------------------------------------------
Resultate in Kurzform: Abbruch wegen: norm(g)<=tol=1e-008
```

Tab. 3.12 Iterationsverlauf des modifizierten Newton-Verfahrens (LS 6.0) mit QI, Ausweichrichtung $d^k := -\nabla f(x^k)$ und relativer Abbruchgenauigkeit 10^{-2} für Problem Nr. 4 im Exp. 3.4.1

Erhöht man die relative Abbruchgenauigkeit auf 10^{-10}, dann ist auch ohne fortgesetzte quadratische Interpolation der Abbruch des modifizierten Newton-Verfahrens nach einem Schritt gegeben, aber nur mit einem unvertretbar hohen Aufwand (siehe Tab. 3.13).

```
Problem: ad004 (quad.Funktion, kappa =4), N= 2 M= 0
Methode: NEWTOND-LS6.0, diffmode=1, tol=1.0e-008, maxit= 100
Linesearch: relative Genauigkeit = 1.0e-010
------------------------------------------------------------
iter   nf    ng    nh      fiter       ndd LS    lambda      norm(g)
------------------------------------------------------------
 0      1     1     1  2.525000e+001   0.0  0  0.00e+000  1.00e+001
 1     53     2     1  2.652619e-019   0.0  0  1.00e+000  1.03e-009
------------------------------------------------------------
Resultate in Kurzform: CPU-Zeit: 0.125 Sek., diffmode= 1
Abbruch wegen: norm(g)<=tol=1e-008
```

Tab. 3.13 Iterationsverlauf des modifizierten Newton-Verfahrens (LS 6.0) mit Ausweichrichtung $\boldsymbol{d}^k := -\nabla f(\boldsymbol{x}^k)$ und relativer Abbruchgenauigkeit 10^{-10} für Problem Nr. 4 im Exp. 3.4.1

Wir betrachten nun für die zweidimensionale Rosenbrock-Funktion (Problem Nr. 1) das gedämpfte Newton-Verfahren mit $\boldsymbol{d}^k := -\nabla f(\boldsymbol{x}^k)$ als Ausweichrichtung, Abbruchbedingung $\|\nabla f(\boldsymbol{x}^k)\| \leq 10^{-8}$ und den laut Langzeitexperiment interessanten Schrittweiten LS 4.1, LS 5.1 sowie LS 3.0.

Die einfache Backtracking Strategie LS 4.1 mit Anfangstestschrittweite 1 und quadratischer Interpolation liefert fast über den gesamten Iterationsprozess die Safeguard-Strategie $t_k = 0.1$, da die quadratische Interpolation wegen der schlechten Kondition der Hesse-Matrizen ständig Schrittweiten kleiner als 0.1 erzeugt und $t = 0.1$ die Armijo-Bedingung erfüllt (siehe Tab. 3.14). Damit ergibt sich bis zum Erreichen des lokalen Einzugsgebietes des Newton-Verfahrens ein Abstiegsverfahren mit Konstantschrittweite, wobei in keiner Iteration die negative Gradientenrichtung als Ausweichrichtung benutzt werden muss.

Ein besseres Verhalten zeigt hier der LS 5.1, da der Safeguard $t = 0.1$ die Tangentenbedingung nicht erfüllt. Die anschließende kubische Interpolation liefert brauchbare Schrittweiten, die eine schnelle Konvergenz ermöglichen, und die lokale Phase beginnt bereits nach 15 Iterationen (siehe Tab. 3.15).

Skalierte Schrittweitenregeln mit erzwungener zusätzlicher (quadratischer) Interpolation und Verwendung des Ergebnisses mit besserem Abstieg (wie z. B. LS 3.0) ermöglichen zu Beginn des Verfahrens ggf. Schrittweiten, die größer als 1 sind. Kurz vor Abbruch des Verfahrens geht die durch die Interpolation asymptotisch perfekte Schrittweite wegen guter Approximation der perfekten Schrittweite gegen 1, und wir erkennen eine lokal superlineare Konvergenz (siehe Tab. 3.16).

```
Problem: ad001 (Rosenbrock, n=2), N= 2 M= 0
Methode: NEWTOND-LS4.1, diffmode=1, tol=1.0e-008, maxit= 500
-----------------------------------------------------------------
 iter   nf     ng     nh       fiter       ndd LS     t        norm(g)
-----------------------------------------------------------------
  0      1      1      1   2.420000e+001    0  0  0.00e+000  2.33e+002
  1      4      3      2   4.731884e+000    0  0  1.00e+000  4.64e+000
  2      8      5      3   4.401825e+000    0  0  4.04e-002  7.27e+000
  3     12      7      4   4.072291e+000    0  0  9.30e-002  9.66e+000
  4     16      9      5   3.855360e+000    0  0  1.00e-001  1.00e+001
 ..Iteration 5 bis 55       nur Schrittweite t = 0.1 ...............
 56    224    113     57   1.399100e-001    0  0  1.00e-001  1.23e+000
 57    227    115     58   1.394364e-001    0  0  1.00e+000  1.19e+001
 58    230    117     59   2.738207e-002    0  0  1.00e+000  1.72e-001
 59    234    119     60   2.279020e-002    0  0  1.00e-001  1.64e-001
 60    238    121     61   1.906257e-002    0  0  1.00e-001  1.83e-001
 lokales Newton-Verfahren  setzt ein mit superlinearer Konvergenz
 61    241    123     62   1.905091e-002    0  0  1.00e+000  5.96e+000
 62    244    125     63   2.357058e-004    0  0  1.00e+000  1.93e-002
 63    247    127     64   5.421975e-006    0  0  1.00e+000  1.04e-001
 64    250    129     65   1.843388e-011    0  0  1.00e+000  5.45e-006
 65    252    130     65   3.400732e-020    0  0  1.00e+000  8.23e-009
-----------------------------------------------------------------
Resultate in Kurzform: CPU-Zeit: 0.500 Sek., diffmode= 1
Abbruch wegen: norm(g)<=tol=1e-008
```

Tab. 3.14 Iterationsverlauf des modifizierten Newton-Verfahrens (LS 4.1) mit Ausweichrichtung $d^k := -\nabla f(x^k)$ für Problem Nr. 1 im Exp. 3.4.1

```
Problem: ad001 (Rosenbrock, n=2), N= 2 M= 0
Methode: NEWTOND-LS5.1, diffmode=1, tol=1.0e-008, maxit= 500
-----------------------------------------------------------------
 iter   nf     ng     nh       fiter       ndd LS     t        norm(g)
-----------------------------------------------------------------
  0      1      1      1   2.420000e+001    0  0  0.00e+000  2.33e+002
  1      4      3      2   4.731884e+000    0  0  1.00e+000  4.64e+000
  2     10      6      3   4.062375e+000    0  0  1.13e-001  2.45e+001
 ..Iteration 3 bis 18       1 Mal t = 0.1 und 12 Mal t = 1  ..........
 19     71     43     20   2.291632e-004    0  0  1.00e+000  5.42e-002
----------------  lokale Phase mit Schrittweite t = 1   -------------
 20     74     45     21   4.704764e-006    0  0  1.00e+000  9.32e-002
 21     77     47     22   4.489383e-010    0  0  1.00e+000  7.64e-005
 22     80     49     23   2.069839e-017    0  0  1.00e+000  1.96e-007
 23     82     50     23   1.232595e-032    0  0  1.00e+000  2.22e-016
-----------------------------------------------------------------
Resultate in Kurzform: CPU-Zeit: 0.281 Sek., diffmode= 1
Abbruch wegen: norm(g)<=tol=1e-008
```

Tab. 3.15 Iterationsverlauf des modifizierten Newton-Verfahrens (LS 5.1) mit Ausweichrichtung $d^k := -\nabla f(x^k)$ für Problem Nr. 1 im Exp. 3.4.1

```
Problem: ad001 (Rosenbrock, n=2), N= 2 M= 0
Methode: NEWTOND-LS3.0, diffmode=1, tol=1.0e-008, maxit= 500
```

iter	nf	ng	nh	fiter	ndd	LS	´t	norm(g)
0	1	1	1	2.420000e+001	0	0	0.00e+000	2.33e+002
1	13	3	2	4.731591e+000	0	0	1.01e+000	3.48e+000
2	22	6	3	4.039780e+000	0	0	6.25e-002	2.34e+001
3	28	8	4	3.215664e+000	0	0	1.08e+000	1.72e+001
4	36	11	5	2.520155e+000	0	0	1.20e+000	1.60e+001
5	45	14	6	1.647105e+000	0	0	1.84e+000	7.94e+000
6	54	17	7	1.245465e+000	0	0	1.05e+000	7.67e+000
7	63	20	8	7.464178e-001	0	0	1.88e+000	5.92e+000
8	71	23	9	4.246874e-001	0	0	2.36e+000	9.51e+000
9	78	26	10	1.487482e-001	0	0	6.55e+000	1.50e+001
10	87	28	11	1.953273e-002	0	0	9.58e-001	7.35e-001
11	92	30	12	7.623244e-003	0	0	2.97e-001	7.43e-001
12	97	33	13	1.884297e-003	0	0	1.00e+000	1.50e+000
13	101	35	14	8.409331e-005	0	0	1.30e+000	3.20e-001
14	105	37	15	2.840344e-007	0	0	8.72e-001	2.35e-002
15	112	39	16	6.172544e-013	0	0	1.00e+000	1.01e-005
16	115	40	16	2.588409e-023	0	0	1.00e+000	1.91e-010

```
Resultate in Kurzform: CPU-Zeit: 0.250 Sek., diffmode= 1
Abbruch wegen: norm(g)<=tol=1e-008
```

Tab. 3.16 Iterationsverlauf des modifizierten Newton-Verfahrens (LS 3.0) mit Ausweichrichtung $d^k := -\nabla f(x^k)$ für Problem Nr. 1 im Exp. 3.4.1

Wir betrachten abschließend für die Murphy-Funktion mit nicht regulärer Hesse-Matrix im Lösungspunkt (Problem Nr. 9) das gedämpfte Newton-Verfahren mit $\boldsymbol{d}^k := -\nabla f(\boldsymbol{x}^k)$ als Ausweichrichtung, Abbruchbedingung $\|\nabla f(\boldsymbol{x}^k)\| \leq 10^{-8}$ und LS 3.0. Durch die Langschrittstrategie auf Interpolationsbasis zu Beginn des Verfahrens kann das gedämpfte Newton-Verfahren sogar in der lokalen Phase schneller als das ungedämpfte Newton-Verfahren sein. Wir demonstrieren das an diesem Problem, für welches das lokale Newton-Verfahren nur lineare Konvergenz aufweist (siehe Exp. 3.2.2). Man erkennt bei der Ausführung des Experimentes, dass Abstiegsrichtungen, die mit der zum Eigenwert Null zugehörigen Eigenrichtung kollinear sind, eine höhere als lineare Konvergenz verhindern. Beim gedämpften Newton-Verfahren setzt dieser Effekt in abgeschwächter Form ein, da die Abstiegsrichtungen nur fast kollinear sind. Auch hier ist nur eine lineare Konvergenzgeschwindigkeit gegeben, jedoch mit kleinerem Konvergenzfaktor (siehe Abb. 3.27 und Tab. 3.17). ■

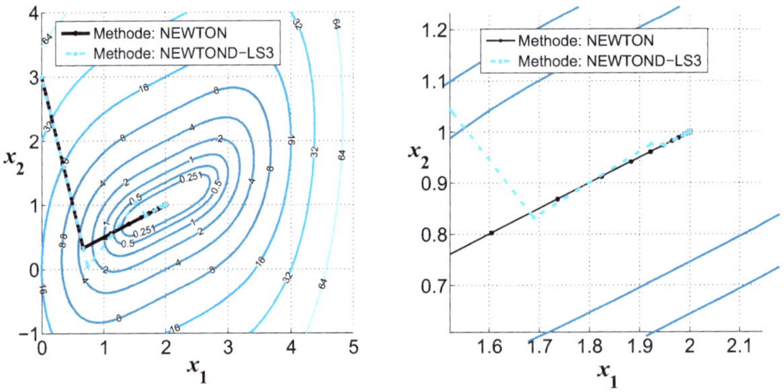

Abb. 3.27 Gedämpftes Newton-Verfahren mit $d^k := -\nabla f(x^k)$ als Ausweichrichtung und LS 3.0 schneller als lokales Newton-Verfahren für Problem Nr. 9 im Exp. 3.4.1

Problem: ad009 (Murphy), N= 2 M= 0

Methode:	NEWTON		NEWTOND-LS3	
iter	t	norm(g)	t	norm(g)
0	0	5.01e+001	0	5.01e+001
1	1	9.48e+000	1.11	7.21e+000
2	1	2.81e+000	1.87	2.73e+000
3	1	8.32e-001	1.04	1.19e-001
4	1	2.47e-001	2.27	1.33e-001
5	1	7.31e-002	1.01	1.17e-003
6	1	2.17e-002	2.15	1.50e-003
7	1	6.42e-003	1.08	1.23e-004
8	1	1.90e-003	2.04	1.30e-004
9	1	5.63e-004	1.02	2.66e-006
10	1	1.67e-004	2.46	3.91e-006
11	1	4.94e-005	1.00	1.80e-008
12	1	1.47e-005	2.18	2.13e-008
13	1	4.34e-006	1.14	2.98e-009
14	1	1.29e-006		
15	1	3.81e-007		
16	1	1.13e-007		
17	1	3.35e-008		
18	1	9.91e-009		

Tab. 3.17 Iterationsverlauf des lokalen Newton-Verfahrens und des modifizierten Newton-Verfahrens (LS 3.0) mit Ausweichrichtung $d^k := -\nabla f(x^k)$ für Problem Nr. 9 im Exp. 3.4.1

Wir betrachten im Folgenden Rosenbrock-Funktionen mit Dimensionen größer als zwei, welche mehrere lokale Minimalstellen und stationäre Punkte besitzen, und vergleichen verschiedene Verfahren und Schrittweitenstrategien, die trotz gleichen Startpunktes ggf. zu verschiedenen stationären Punkten konvergieren können.

Experiment 3.4.2 (Gedämpftes Newton-Verfahren mit $d^k := -\nabla f(x^k)$ als Ausweichrichtung wird zum Verfahren des steilsten Abstiegs)
modNewton03.m: Wir betrachten die 20-dimensionale Rosenbrock-Funktion (Problem Nr. 50, Dimension $n = 20$) und wenden die nicht skalierte Armijo-Schrittweite mit $s = 1$ an (LS 1.1), die lt. Theorie (siehe Satz 3.41) superlineare Konvergenz erzwingt. Von Iteration 6 bis Iteration 204 wird beim gedämpften Newton-Verfahren wegen ungenügenden Abstiegs die Ausweichrichtung $\boldsymbol{d}^k = -\nabla f(\boldsymbol{x}^k)$ gewählt (siehe Tab. 3.18). Damit geht das gedämpfte Newton Verfahren bis fast zum Schluss in das Verfahren des steilsten Abstiegs mit Armijo-Schrittweite über, was die schlechte Konvergenz erklärt. ■

```
Problem: ad050 (Rosenbrock,n0), N=20 M= 0
Methode: NEWTOND-LS1.1, diffmode=1, tol=1.0e-008, maxit= 500
----------------------------------------------------------------------
iter   nf      ng      nh         fiter        ndd LS    lambda      norm(g)
----------------------------------------------------------------------
  0     1       1       1    4.598000e+003     0  0   0.00e+000   3.09e+003
  1     4       3       2    1.055274e+003     0  0   1.00e+000   9.77e+002
  2     7       5       3    2.113135e+002     0  0   1.00e+000   3.01e+002
  3    10       7       4    2.776460e+001     0  0   1.00e+000   5.74e+001
  4    13       9       5    1.952799e+001     0  0   1.00e+000   4.00e+000
  5    17      11       6    1.952202e+001     0  0   5.00e-001   2.53e+000
  6    20      13       7    1.950445e+001    -1  0   1.00e+000   1.21e-001
von der 6. bis 210. Iteration nur steilster Abstieg mit Armijo
......................................................................
210   2209    421     211    1.931506e+001  -204  0   7.81e-003   4.33e+000
Fortsetzung Newton gedämpft
211   2215    423     212    1.919426e+001     0  0   1.25e-001   8.71e+000
......................................................................
239   2306    479     240    1.796665e+000     0  0   1.00e+000   4.84e+000
240   2310    481     241    1.374380e+000     0  0   5.00e-001   7.06e+000
jetzt beginnt die lokale Phase nur mit Schrittweite 1,
241   2313    483     242    8.836127e-001     0  0   1.00e+000   5.97e+000
242   2316    485     243    5.383159e-001     0  0   1.00e+000   3.60e+000
243   2319    487     244    3.261510e-001     0  0   1.00e+000   5.44e+000
244   2322    489     245    1.675153e-001     0  0   1.00e+000   2.00e+000
245   2325    491     246    9.618485e-002     0  0   1.00e+000   6.28e+000
246   2328    493     247    3.062507e-002     0  0   1.00e+000   5.51e-001
247   2331    495     248    1.677122e-002     0  0   1.00e+000   4.49e+000
248   2334    497     249    9.502679e-004     0  0   1.00e+000   4.33e-002
aber erst hier beginnt die superlineare/quadratische Konvergenzphase
249   2337    499     250    4.730692e-005     0  0   1.00e+000   2.69e-001
250   2340    501     251    1.121240e-008     0  0   1.00e+000   1.65e-004
251   2343    503     252    7.668824e-015     0  0   1.00e+000   3.43e-006
252   2345    504     252    3.878730e-028     0  0   1.00e+000   1.71e-013
----------------------------------------------------------------------
```

Tab. 3.18 Iterationsverlauf des modifizierten Newton-Verfahrens (LS 1.1) mit Ausweichrichtung $\boldsymbol{d}^k := -\nabla f(\boldsymbol{x}^k)$ für die 20-dimensionale Rosenbrock-Funktion, Übergang zum Verfahren des steilsten Abstiegs im Exp. 3.4.2

Die nichtmonotone Armijo-Schrittweitenstrategie (LS 9) mit der negativen Gradientenrichtung als Ausweichrichtung führt bei den untersuchten kleindimensionalen Problemen zu keinem erkennbaren Effektivitätsgewinn. Der Leser möge diesen Sachverhalt anhand der Files **modNewton07.m**, **modNewton09.m** und **modNewton10.m** testen.

Experiment 3.4.3 (Gedämpftes Newton-Verfahren mit Regularisierung)
modNewton04.m: Wir beginnen wieder mit einem Langzeitexperiment und betrachten die Rosenbrock-Funktion der Dimensionen 10, 15 und 20 für 250 stochastisch gleichverteilte Startpunkte in der Box $([-1.5, 1.5] \times [-0.5, 2.5])^{\frac{k}{2}}$ für Dimension $k = 10, 20$ und in der Box $([-1.5, 1.5] \times [-0.5, 2.5])^7 \times [-1.5, 1.5]$ für Dimension 15 bei einer Abbruchgenauigkeit für die Norm des Gradienten von 10^{-8}. Für alle ausgewählten Startpunkte erreicht das Verfahren diese Abbruchbedingung bei fast allen Schrittweitenstrategien in wesentlich weniger als 100 Iterationen (siehe Tab. 3.19). Die Schrittweiten mit erzwungener Interpolation sind erneut im Vorteil. Wir bemerken, dass in der Auswertung nicht unterschieden wird, zu welchen stationären Punkt die Verfahren jeweils konvergieren.

```
Anzahl Startpunkte = 250,  CPU-Zeit in Sekunden = 7507.31
Maximal erlaubte Iterationszahl = 10000,  Toleranz = 1.00e-008
-------------------------------------------------------------------
Dimension  |        10          |        15          |        20
-----------|--------------------|--------------------|--------------------
Linesearch | iter  cost  siter  | iter  cost  siter  | iter  cost  siter
===========|====================|====================|====================
LS  1.0    |  100  5524   17.5  |   95  7520   11.0  |  158 16735   44.4
LS  1.1    |   37  1901    2.1  |   46  3490    2.2  |   58  5891    3.1
-----------|--------------------|--------------------|--------------------
LS  2.0    |   30  1791    0.7  |   38  3322    0.8  |   47  5323    0.9
LS  2.1    |   34  1793    1.6  |   49  3833    3.1  |   56  5811    3.1
LS  3.0    |   30  1782    0.7  |   38  3310    0.8  |   47  5354    1.0
LS  3.1    |   29  1635    0.5  |   38  3157    0.7  |   47  5164    1.0
-----------|--------------------|--------------------|--------------------
LS  4.1    |   71  3661    2.4  |   94  7236    2.7  |  118 12031    3.4
LS  5.1    |   32  1697    0.3  |   42  3328    0.5  |   55  5931    2.9
-----------|--------------------|--------------------|--------------------
LS  6.0    |   28  1850    0.7  |   35  3221    0.8  |   41  4832    0.7
-----------|--------------------|--------------------|--------------------
LS  7.0    |   32  2463    0.8  |   42  4766    0.9  |   49  7551    0.9
LS  7.1    |   30  1574    0.3  |   38  3003    0.3  |   46  4907    0.4
LS  8.0    |   37  2698    1.2  |   44  4897    1.6  |   51  7690    1.5
LS  8.1    |   29  1545    0.3  |   38  2978    0.3  |   46  4814    0.3
==========================================================================
```

Tab. 3.19 Auswertung gedämpftes Newton-Verfahren mit Regularisierung für die Rosenbrock-Funktion der Dimensionen $k = 10, 15, 20$ im Langzeitexperiment 3.4.3

modNewton06.m: Wir betrachten die 20-dimensionale Rosenbrock-Funktion sowohl für das lokale Newton-Verfahren als auch für das gedämpfte regularisierte Newton-Verfahren mit LS 3.1. Dabei wurde ein Startpunkt gewählt, für den das lokale Verfahren nicht konvergiert (siehe Abb. 3.28), um die Robustheit des gedämpften Verfahrens aufzuzeigen (siehe Abb. 3.29). Die Tabelle 3.20 weist aus, dass die Regularisierung nur in den Iterationen 3 und 5 erforderlich ist. Jedoch wird die Abbruchtoleranz $\|\nabla f(\boldsymbol{x}^k)\| < 10^{-8}$ nicht erreicht, da das Verfahren mit zu kleiner Schritttoleranz abbricht. In diesem Fall bietet es sich an, das lokale Newton-Verfahren in dem letzten Iterationspunkt zu starten, um ggf. noch die geforderte Abbruchtoleranz zu erreichen. ■

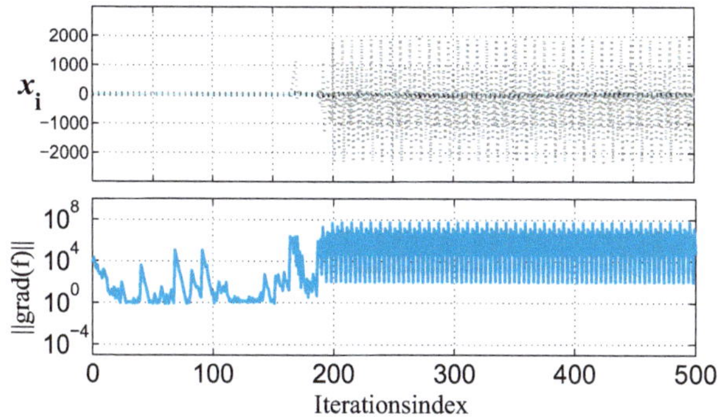

Abb. 3.28 Iterationsanalyse des ungedämpften Newton-Verfahrens für die 20-dimensionale Rosenbrock-Funktion im Exp. 3.4.3

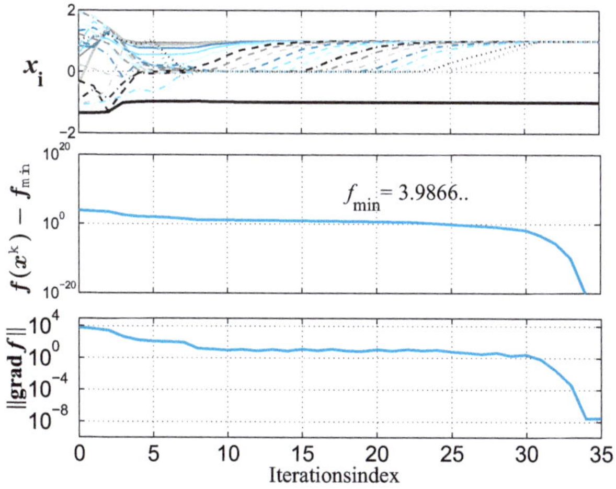

Abb. 3.29 Iterationsanalyse des gedämpften regularisierten Newton-Verfahrens (LS 3.1) für die 20-dimensionale Rosenbrock-Funktion im Exp. 3.4.3

```
---------------------------------------------------------------------
Problem: ad050 (Rosenbrock,n0), N=20 M= 0
Methode: NEWTONMD-LS3.1, diffmode=1, tol=1.0e-008, maxit= 500
---------------------------------------------------------------------
 iter  nf   ng   nh     fiter        lambda      add         norm(g)
---------------------------------------------------------------------
  0     1    1    1   7.02892e+003  0.00e+000  0.00e+000  6.32e+003
  1     6    3    2   4.73511e+003  2.91e-001  0.00e+000  4.52e+003
  2    10    5    3   2.63897e+003  5.27e-001  0.00e+000  2.67e+003
  3    14    7    4   4.13552e+002  1.40e+000  3.35e+002  4.73e+002
  4    20    9    5   1.34376e+002  3.10e+000  0.00e+000  1.72e+002
  5    27   12    6   1.05750e+002  2.50e-001  1.69e+001  1.18e+002
  6    32   14    7   6.59252e+001  2.54e-001  0.00e+000  1.13e+002
 ...... ab hier keine Regularisierung mehr (add = 0 ) ...........
  7    40   17    8   3.66431e+001  1.25e-001  0.00e+000  9.34e+001
 ...linearer langsamer Abstieg, Schrittweiten von 0.5 bis 1.3 ....
 30   146   74   31   4.00435e+000  1.00e+000  0.00e+000  2.76e+000
 31   151   76   32   3.98706e+000  2.36e+000  0.00e+000  6.88e-001
 Konvergenz der Schrittweite gegen 1, superlineare Phase
 32   155   78   33   3.98663e+000  9.55e-001  0.00e+000  2.45e-002
 33   159   80   34   3.98662e+000  9.84e-001  0.00e+000  4.15e-004
 34   164   83   35   3.98662e+000  1.00e+000  0.00e+000  2.76e-008
 Armijo nicht mehr korrekt auswertbar, Safeguard wird aktiviert
 35   168   83   35   3.98662e+000  0.00e+000  0.00e+000  2.76e-008
---------------------------------------------------------------------
```

Tab. 3.20 Iterationsverlauf des gedämpften regularisierten Newton-Verfahrens (LS 3.1) für die 20-dimensionale Rosenbrock-Funktion im Exp. 3.4.3

Experiment 3.4.4 (Ungedämpftes Newton-Verfahren mit Approximation der Ableitungen durch Differenzenquotienten)

modNewton08.m: Wir betrachten die 20-dimensionale Rosenbrock-Funktion und wählen die Abbruchtoleranz 10^{-13}. Bei der ersten Variante des ungedämpften Newton-Verfahrens mit Iterationsvorschrift $\boldsymbol{x}^{k+1} = \boldsymbol{x}^k + \boldsymbol{d}^k$ werden die Gradienten durch erste Vorwärtsdifferenzen und die Hesse-Matrizen durch zweite Vorwärtsdifferenzen approximiert. Nach den Ausführungen in Abschnitt 3.4.3 ist in diesem Fall nur noch lineare Konvergenz, oft mit einem relativ kleinen Konvergenzfaktor, zu erwarten. Bei der zweiten Variante sind die Gradienten analytisch gegeben und die Hesse-Matrizen werden durch erste Vorwärtsdifferenzen aus diesen berechnet. Der Iterationsverlauf für beide Varianten ist in der Abbildung 3.30 dargestellt. Wenn der Absolutbetrag der Koordinaten von $\boldsymbol{d}^k$ kleiner als *macheps* $\approx 2 \times 10^{-16}$ ist, dann stagniert die erste Variante das Verfahren ab der zehnten Iteration (siehe auch Tab. 3.21). Dagegen erreicht die zweite Variante nach weniger als zehn Iterationen die geforderte Abbruchtoleranz und zeigt eine Tendenz zur superlinearen Konvergenz. ■

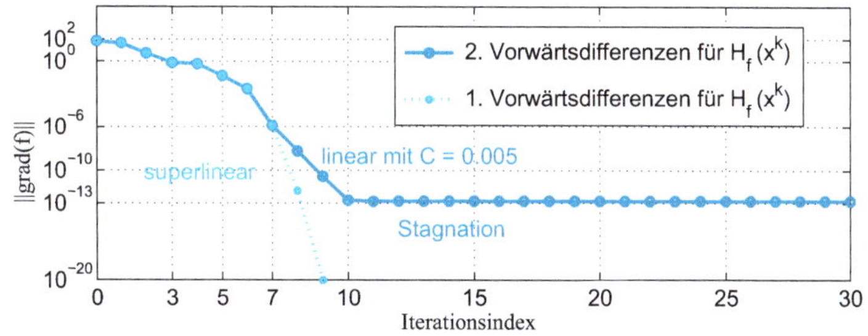

Abb. 3.30 Konvergenzverhalten des ungedämpften Newton-Verfahrens für die 20-dimensionale Rosenbrock-Funktion bei Verwendung von Vorwärtsdifferenzen für $\nabla^2 f(\boldsymbol{x}^k) = H_f(\boldsymbol{x}^k)$ im Exp. 3.4.4

```
Problem: ad050 (Rosenbrock), N=20 M= 0
Methode: NEWTON , diffmode=3, tol=1.0e-013, maxit=  25
---------------------------------------------------------
iter    nf      ng     nh        fiter       ndd nd LS    norm(g)
---------------------------------------------------------
 0     461      0      0   1.558000e+001   0  0  0   7.23e+001
 1     922      0      0   4.388404e+000   0  0  0   4.73e+001
 2    1383      0      0   7.102475e-002   0  0  0   5.40e+000
 3    1844      0      0   4.442188e-003   0  0  0   7.57e-001
 4    2305      0      0   5.390549e-004   0  0  0   6.08e-001
 5    2766      0      0   1.345773e-005   0  0  0   4.81e-002
 6    3227      0      0   1.615962e-008   0  0  0   3.25e-003
 7    3688      0      0   7.052982e-011   0  0  0   1.37e-006
 8    4149      0      0   6.215065e-011   0  0  0   5.95e-009
 9    4610      0      0   6.211167e-011   0  0  0   2.90e-011
.......... ab hier Stagnation ............................
10    5071      0      0   6.211149e-011   0  0  0   1.99e-013
..........................................................
25   11986      0      0   6.211149e-011   0 -1  0   1.66e-013
```

Tab. 3.21 Iterationsverlauf des ungedämpften Newton-Verfahrens mit zweiten Vorwärtsdifferenzen für die 20-dimensionale Rosenbrock-Funktion im Exp. 3.4.4

3.5 Quasi-Newton-Verfahren

Ein wesentlicher Nachteil der bisher betrachteten Newton-Verfahren (siehe Algorithmen 1, 9 oder 10) ist, dass in jedem Iterationsschritt zur Bestimmung einer Lösung der Newton-Gleichung die Hesse-Matrix $\nabla^2 f(\boldsymbol{x}^k)$ benötigt wird. Eine Strategie zur Reduzierung der damit verbundenen (hohen) Kosten besteht darin, die Hesse-Matrizen durch

„kostengünstige“ Approximationen $H_k \in \mathbb{SPD}^n$ zu ersetzen, sodass für die Abstiegsrichtungen $\boldsymbol{d}^k$ gemäß

$$H_k \boldsymbol{d}^k = -\nabla f(\boldsymbol{x}^k) \text{ mit } k = 0, 1, 2, \ldots \tag{3.21}$$

die superlineare Konvergenzgeschwindigkeit der entsprechend modifizierten Newton-Verfahren gegen einen stationären Punkt erhalten bleibt. Unter den (entsprechend angepassten) Voraussetzungen im Satz 3.43 ist dies für Verfahren mit Newton-ähnlichen Iterationsfolgen $\{\boldsymbol{x}^k\}_{k\in\mathbb{N}}$ genau dann der Fall, wenn die Richtungen $\boldsymbol{d}^k := \boldsymbol{x}^{k+1} - \boldsymbol{x}^k$ Newton-ähnlich sind, d. h. wenn mit (3.21)

$$\lim_{k\to\infty} \frac{\| \left(\nabla^2 f(\boldsymbol{x}^k) - H_k\right) \boldsymbol{d}^k \|}{\|\boldsymbol{d}^k\|} = 0 \tag{3.22}$$

gilt. Weiterhin ist (3.22) äquivalent (siehe Aufgabe 3.32) zu

$$\lim_{k\to\infty} \frac{\|\nabla f(\boldsymbol{x}^{k+1}) - \nabla f(\boldsymbol{x}^k) - H_k \boldsymbol{d}^k\|}{\|\boldsymbol{d}^k\|} = 0 \,. \tag{3.23}$$

Offensichtlich wäre (3.23) trivialerweise erfüllt, wenn $\nabla f(\boldsymbol{x}^{k+1}) - \nabla f(\boldsymbol{x}^k) = H_k \boldsymbol{d}^k$ gelten würde. Jedoch ist dies wegen (3.21) i. Allg. nicht gegeben. Es bietet sich jedoch an, die neue Matrix H_{k+1} so zu bestimmen, dass

$$\nabla f(\boldsymbol{x}^{k+1}) - \nabla f(\boldsymbol{x}^k) = H_{k+1} \boldsymbol{d}^k \tag{3.24}$$

gilt. Mit den Definitionen

$$\boldsymbol{p}^k := \boldsymbol{x}^{k+1} - \boldsymbol{x}^k \text{ und } \boldsymbol{q}^k := \nabla f(\boldsymbol{x}^{k+1}) - \nabla f(\boldsymbol{x}^k)$$

ergibt sich aus (3.24) die sogenannte *Quasi-Newton-Gleichung*

$$H_{k+1} \boldsymbol{p}^k = \boldsymbol{q}^k, \quad k = 0, 1, 2, \ldots \,. \tag{3.25}$$

Die so definierte Quasi-Newton-Gleichung wird oft auch als *Sekantenbedingung* bezeichnet. Als Motivation hierfür dient das folgende Beispiel:

Beispiel 3.50
Wir betrachten unter entsprechenden Differenzierbarkeitsvoraussetzungen das *Sekantenverfahren* zur Bestimmung einer Nullstelle der ersten Ableitung für Funktionen $\varphi : \mathbb{R} \to \mathbb{R}$. Wird in der Newton-Iteration

$$x^{k+1} := x^k - (\varphi''(x^k))^{-1} \varphi'(x^k) \text{ mit } k = 0, 1, 2, \ldots$$

die zweite Ableitung $\varphi''(x^k)$ für $k \geq 1$ durch den Differenzenquotienten H_k gemäß

$$H_k := \frac{\varphi'(x^k) - \varphi'(x^{k-1})}{x^k - x^{k-1}} \text{ mit } k = 1, 2, \ldots$$

ersetzt, dann ergibt sich mit den beiden Startpunkten $x^0 \neq x^1$ das Sekantenverfahren (siehe Abb. 3.31) mit der Iterationvorschrift

$$x^{k+1} = x^k - H_k^{-1}\varphi'(x^k) \text{ mit } k = 1, 2, \ldots .$$

Offenbar ist H_k die eindeutige Lösung der Sekantenbedingung

$$H_k(x^k - x^{k-1}) = \varphi'(x^k) - \varphi'(x^{k-1}) \text{ mit } k = 1, 2, \ldots .$$

Ist φ streng konvex, dann gilt nach Satz 1.72 (b) $H_k > 0$ für alle $k \geq 1$, und das Sekantenverfahren ist ein Abstiegsverfahren. ■

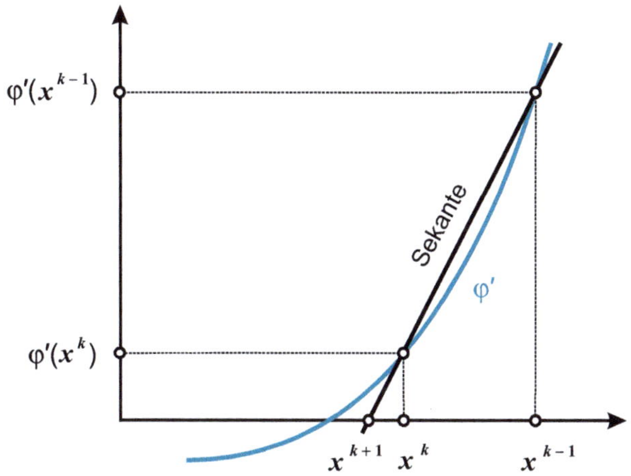

Abb. 3.31 Sekantenverfahren zur Bestimmung einer Nullstelle der ersten Ableitung einer Funktion $\varphi \in C^1(\mathbb{R}, \mathbb{R})$

Es stellt sich die Frage, wie (möglichst) positiv definite Matrizen bestimmt werden können, die der Quasi-Newton-Gleichung (3.25) genügen.

Beispiele 3.51

(1) Für eine quadratische Funktion $f : \mathbb{R}^n \to \mathbb{R}$ mit $f(\boldsymbol{x}) = \frac{1}{2}\boldsymbol{x}^T Q\boldsymbol{x} + \boldsymbol{b}^T\boldsymbol{x} + a$ ist die Quasi-Newton-Gleichung (3.25) offensichtlich für $H_k \equiv Q$ erfüllt.

(2) Betrachten wir beliebige Funktion $f \in C^2(\mathbb{R}^n, \mathbb{R})$, dann gilt nach dem Mittelwertsatz in Integralform:

$$\int_0^1 \boldsymbol{\nabla}^2 f\left(\boldsymbol{x}^{k-1} + t(\boldsymbol{x}^k - \boldsymbol{x}^{k-1})\right) dt\; (\boldsymbol{x}^k - \boldsymbol{x}^{k-1}) = \nabla f(\boldsymbol{x}^k) - \nabla f(\boldsymbol{x}^{k-1}) ,$$

und die symmetrische Mittelwertmatrix

$$Y_k := \int_0^1 \boldsymbol{\nabla}^2 f\left(\boldsymbol{x}^{k-1} + t(\boldsymbol{x}^k - \boldsymbol{x}^{k-1})\right) dt \tag{3.26}$$

erfüllt die Quasi-Newton-Gleichung (3.25). Ist weiterhin f eine gleichmäßig konvexe Funktion, so gilt $Y_k \in \mathbb{SPD}^n$ (siehe Aufgabe 3.33). ■

Die in den Beispielen 3.51 angegebenen Matrizen sind lediglich spezielle Lösungen der entsprechenden Quasi-Newton-Gleichung (3.25). Für $n \geq 2$ besteht der Lösungsraum des zugehörigen homogenen linearen Gleichungssystems nicht nur aus der trivialen Lösung, sondern besitzt die Dimension $\frac{n(n-1)}{2}$. Wir haben somit eine große Freiheit in der Auswahl von Matrizen, die (3.25) genügen.

Die grundlegende Idee der auf dem beschriebenen Ansatz basierenden sogenannten *Quasi-Newton-Verfahren* besteht nun darin, in der $(k+1)$-ten Iteration eine Approximation H_{k+1} für die Hesse-Matrix $\nabla^2 f(\boldsymbol{x}^{k+1})$ in der linearen Mannigfaltigkeit

$$L(\boldsymbol{p}^k, \boldsymbol{q}^k) := \left\{ \widetilde{H} \in \mathbb{R}^{(n,n)} \;\middle|\; \widetilde{H}\boldsymbol{p}^k = \boldsymbol{q}^k,\ \widetilde{H} = \widetilde{H}^T \right\} \tag{3.27}$$

zu bestimmen. Die Matrix H_{k+1} wird dabei aus der Matrix H_k mittels einfach zu berechnender Aufdatierungsformeln (auch *Quasi-Newton-Aufdatierungen* genannt) bestimmt, wobei diese neben H_k lediglich von $\boldsymbol{p}^k$ und $\boldsymbol{q}^k$ abhängen. In den 70-er und 80-er Jahren des vorigen Jahrhunderts wurde eine Vielzahl solcher Aufdatierungsformeln durch spezielle Ansätze konstruiert. Im nächsten Abschnitt werden wir auf die beiden wichtigsten Aufdatierungsformeln näher eingehen.

3.5.1 Elementare Herleitung und Eigenschaften der BFGS- und DFP-Aufdatierungen

Für unsere folgenden Ausführungen definieren wir zur Vereinfachung

$$\boldsymbol{x} := \boldsymbol{x}^k,\ \boldsymbol{x}^+ := \boldsymbol{x}^{k+1},\ \boldsymbol{p} := \boldsymbol{p}^k,\ \boldsymbol{q} := \boldsymbol{q}^k,\ H := H_k \text{ und } H_+ := H_{k+1}\ .$$

Eine mögliche Strategie zur Konstruktion von $H_+ \in L(\boldsymbol{p}, \boldsymbol{q})$ mit möglichst geringen und kostengünstigen Änderungen der Ausgangsmatrix H besteht darin, zu H quadratische Matrizen vom Rang 1 zu addieren. Die Idee hierzu findet sich bereits bei Algorithmen zur iterativen Lösung von linearen Gleichungssystemen (siehe z. B. Kanzow (2005)). Wir erläutern diese Vorgehensweise am folgenden Beispiel:

Beispiel 3.52 (Symmetrische Rang-1-Aufdatierung)
Wir wählen den Ansatz

$$H_+ := H + \boldsymbol{u}\boldsymbol{u}^T \text{ mit } \boldsymbol{u} \in \mathbb{R}^n \setminus \{\boldsymbol{0}\}\ . \tag{3.28}$$

Offensichtlich ist die Matrix $\boldsymbol{u}\boldsymbol{u}^T$ symmetrisch und besitzt den Rang 1, womit die aufdatierte Matrix H_+ genau dann symmetrisch ist, wenn H symmetrisch ist. Zur Bestimmung eines Vektors $\boldsymbol{u}$ mit

$$H_+\boldsymbol{p} = H\boldsymbol{p} + \boldsymbol{u}(\boldsymbol{u}^T\boldsymbol{p}) = \boldsymbol{q}$$

ist also ein nichtlineares Gleichungssystem mit n Gleichungen und n Unbekannten zu lösen. Wegen $H\boldsymbol{p} \neq \boldsymbol{q}$ folgt $(\boldsymbol{u}^T\boldsymbol{p}) \neq 0$, und wir setzen $\alpha := (\boldsymbol{u}^T\boldsymbol{p})^{-1}$. Damit ergibt sich

$$\boldsymbol{u} = \alpha(\boldsymbol{q} - H\boldsymbol{p}) \tag{3.29}$$

und nach skalarer Multiplikation mit $\boldsymbol{p}$

$$\alpha^{-1} = \boldsymbol{u}^T\boldsymbol{p} = \alpha(\boldsymbol{q} - H\boldsymbol{p})^T\boldsymbol{p} ,$$

woraus unmittelbar

$$\alpha^2 = \frac{1}{(\boldsymbol{q} - H\boldsymbol{p})^T\boldsymbol{p}} \tag{3.30}$$

folgt. Einsetzen von (3.29) und (3.30) in (3.28) liefert die sogenannte *symmetrische Rang-1-Aufdatierungsformel nach Broyden*

$$H_+ := H + \frac{(\boldsymbol{q} - H\boldsymbol{p})(\boldsymbol{q} - H\boldsymbol{p})^T}{(\boldsymbol{q} - H\boldsymbol{p})^T\boldsymbol{p}} . \tag{3.31}$$

Offensichtlich ist die so erhaltene Lösung eindeutig bzgl. des Ansatzes (3.28). Leider folgt aber für (3.31) aus $H \in \mathbb{SPD}^n$ i. Allg. nicht die positive Definitheit von H_+ (siehe Aufgaben 3.34 und 3.35). ■

Das Beispiel zeigt, dass zur Sicherung der positiven Definitheit der Matrizen H_+ bei vorliegender positiven Definitheit von H mehr Freiheiten als die durch den verwendeten Ansatz (3.28) gegebenen nötig sind. Eine naheliegende Möglichkeit zur Erhöhung der Freiheitsgrade auf $2n$ ist die Addition einer weiteren symmetrischen Matrix $\boldsymbol{v}\boldsymbol{v}^T$ vom Rang 1 gemäß

$$H_+ := H + \boldsymbol{u}\boldsymbol{u}^T + \boldsymbol{v}\boldsymbol{v}^T,$$

wobei $\boldsymbol{u}$ und $\boldsymbol{v}$ linear unabhängig sind und wiederum nur von $\boldsymbol{q}, \boldsymbol{p}$ und H abhängig sein sollen. Die so entstehenden Aufdatierungsvorschriften werden als *Rang-2-Aufdatierungsformeln* bezeichnet.

Setzen wir in (3.31) $\boldsymbol{q} = 0$, so ist die resultierende Matrix

$$\widehat{H} := H - \frac{(H\boldsymbol{p})(H\boldsymbol{p})^T}{(H\boldsymbol{p})^T\boldsymbol{p}}$$

positiv semi-definit, falls $H \in \mathbb{SPD}^n$ (siehe Aufgabe 3.28). Sie genügt jedoch nicht der Quasi-Newton-Gleichung (3.25), da offensichtlich $\widehat{H}\boldsymbol{p} = \boldsymbol{0}$ gilt. Mit der obigen Erweiterung

$$H_+ := \widehat{H} + \boldsymbol{v}\boldsymbol{v}^T$$

lautet somit die zu erfüllende Quasi-Newton-Gleichung

$$H_+\boldsymbol{p} = \left(\widehat{H} + \boldsymbol{v}\boldsymbol{v}^T\right)\boldsymbol{p} = \boldsymbol{v}(\boldsymbol{v}^T\boldsymbol{p}) = \boldsymbol{q} , \tag{3.32}$$

woraus unmittelbar $\boldsymbol{v} = \beta \boldsymbol{q}$ mit $\beta \in \mathbb{R}$ folgt. Einsetzen in (3.32) ergibt für $\boldsymbol{q}^T\boldsymbol{p} > 0$ den Parameter $\beta = (\sqrt{\boldsymbol{q}^T\boldsymbol{p}})^{-1}$ und damit schließlich die sogenannte ***direkte BFGS-Aufdatierung*** (nach **B**royden/**F**letcher/**G**oldfarb/**S**hanno):

$$H_+ = \Psi_{BFGS}(H, \boldsymbol{p}, \boldsymbol{q}) := H - \frac{(H\boldsymbol{p})(H\boldsymbol{p})^T}{(\boldsymbol{p})^T H\boldsymbol{p}} + \frac{\boldsymbol{q}\boldsymbol{q}^T}{\boldsymbol{q}^T\boldsymbol{p}} \,. \tag{3.33}$$

Die Bezeichnung „direkt“ bedeutet dabei, dass die Matrix H aufdatiert wird. Wird stattdessen die Matrix H^{-1} aufdatiert, so spricht man von inversen Aufdatierungen.
Wir wollen nun zunächst noch einige weitere wichtige (direkte und inverse) Aufdatierungsvorschriften betrachten. Sind sowohl H als auch H_+ invertierbar, dann erhält man durch zweifache Anwendung der *Sherman-Morrison-Woodbury-Rang-1-Aufdatierung* für eine inverse Matrix (siehe z. B. Geiger und Kanzow (1999))

$$(A + \boldsymbol{a}\boldsymbol{b}^T)^{-1} = A^{-1} - \frac{A^{-1}\boldsymbol{a}\boldsymbol{b}^T A^{-1}}{1 - \boldsymbol{b}^T A^{-1}\boldsymbol{a}}$$

die sogenannte *inverse BFGS-Aufdatierung* von $B := H^{-1}$ zu $B_+ = H_+^{-1}$ durch

$$B_+ = \Phi_{BFGS}(B, \boldsymbol{p}, \boldsymbol{q}) := \left(E_n - \frac{\boldsymbol{p}\boldsymbol{q}^T}{\boldsymbol{p}^T\boldsymbol{q}}\right) B \left(E_n - \frac{\boldsymbol{q}\boldsymbol{p}^T}{\boldsymbol{p}^T\boldsymbol{q}}\right) + \frac{\boldsymbol{p}\boldsymbol{p}^T}{\boldsymbol{p}^T\boldsymbol{q}} \,. \tag{3.34}$$

Offensichtlich erfüllt die Matrix B_+ die modifizierte (inverse) Quasi-Newton-Gleichung

$$B_+\boldsymbol{q} = \boldsymbol{p}.$$

Bestimmt man eine weitere Lösung B_+ dieser Gleichung in vollständiger Analogie zur geschilderten Vorgehensweise bei der direkten BFGS-Aufdatierung durch Ersetzung von H, H_+, $\boldsymbol{p}$ bzw. $\boldsymbol{q}$ durch B, B_+, $\boldsymbol{q}$ bzw. $\boldsymbol{p}$, dann erhält man die ***inverse DFP-Aufdatierung*** (nach **D**avidon/**F**letcher/**P**owell)

$$B_+ = \Phi_{DFP}(B, \boldsymbol{p}, \boldsymbol{q}) := B - \frac{(B\boldsymbol{q})(B\boldsymbol{q})^T}{(\boldsymbol{q})^T B\boldsymbol{q}} + \frac{\boldsymbol{p}\boldsymbol{p}^T}{\boldsymbol{p}^T\boldsymbol{q}} = \Psi_{BFGS}(B, \boldsymbol{q}, \boldsymbol{p}) \,. \tag{3.35}$$

Hieraus ergibt sich unter den entsprechenden Invertierbarkeitsvoraussetzungen wieder durch zweifache Anwendung der Sherman-Morrison-Woodbury-Rang-1-Aufdatierung von $H := B^{-1}$ zu $H_+ := B_+^{-1}$ die *direkte DFP-Aufdatierung*

$$H_+ = \Psi_{DFP}(H, \boldsymbol{p}, \boldsymbol{q}) = \left(E_n - \frac{\boldsymbol{q}\boldsymbol{p}^T}{\boldsymbol{q}^T\boldsymbol{p}}\right) H \left(E_n - \frac{\boldsymbol{p}\boldsymbol{q}^T}{\boldsymbol{q}^T\boldsymbol{p}}\right) + \frac{\boldsymbol{q}\boldsymbol{q}^T}{\boldsymbol{q}^T\boldsymbol{p}} = \Phi_{BFGS}(B, \boldsymbol{q}, \boldsymbol{p}) \,. \tag{3.36}$$

Wir bemerken, dass durch die Verwendung einer inversen Aufdatierung anstelle der Lösung des linearen Gleichungssystems (3.21) nur eine Matrixmultiplikation zur Richtungsbestimmung gemäß $\boldsymbol{d}^k = -B_k\nabla f(\boldsymbol{x}^k)$ auszuführen ist. Die Erfahrung zeigt jedoch, dass direkte Aufdatierungen mit anschließender Lösung der Gleichungssysteme numerisch stabilere Resultate liefern.

Weiterführende Untersuchungen führten auf eine noch umfangreiche Klasse von Aufdatierungsformeln, den sogenannten *Aufdatierungen der Broyden-Klasse*:

$$H_+(\rho) = H + \frac{\boldsymbol{q}\boldsymbol{q}^T}{\boldsymbol{q}^T\boldsymbol{p}} - \frac{H\boldsymbol{p}\boldsymbol{p}^T H}{\boldsymbol{p}^T H\boldsymbol{p}} + \rho\boldsymbol{p}^T H\boldsymbol{p}(\boldsymbol{v}\boldsymbol{v}^T) \text{ mit } \boldsymbol{v} = \frac{\boldsymbol{q}}{\boldsymbol{q}^T\boldsymbol{p}} - \frac{H\boldsymbol{p}}{\boldsymbol{p}^T H\boldsymbol{p}}$$

und dem frei zu wählenden Parameter $\rho \in \mathbb{R}$. Beispielsweise ergeben sich für $\rho = 1$ die direkte DFP-Aufdatierung und für $\rho = 0$ und die direkte BFGS-Aufdatierung. Gilt $\rho \in [0, 1]$, so spricht man auch von den sogenannten *Aufdatierungen der eingeschränkten Broyden-Klasse*. Für tiefergehende Ausführungen verweisen wir auf Abschnitt 11.6 in Geiger und Kanzow (1999), Kelley (1999), Abschnitt 11.1 in Kosmol (1993), Schwetlick (1979) sowie Abschnitt 3.1.2.6 in Spellucci (1993).

Gemäß den Ausführungen im Abschnitt 3.3 ist die durch die aufdatierte Matrix H_{k+1} erzeugte Richtung $\boldsymbol{d}^{k+1} = -H_{k+1}^{-1}\nabla f(\boldsymbol{x}^{k+1})$ stets eine Abstiegsrichtung, wenn die Matrix H_{k+1} positiv definit ist. Die folgenden zwei Lemmata zeigen, unter welchen Bedingungen die positive Definitheit von H_k auf H_{k+1} vererbt wird.

Lemma 3.53
Es seien $H,\ B \in \mathbb{SPD}^n$. Die durch BFGS- bzw. DFP-Aufdatierung gewonnenen Matrizen H_+ und B_+ sind genau dann aus $\mathbb{SPD}^n$, wenn $(\boldsymbol{p})^T\boldsymbol{q} > 0$ gilt.

Beweis: Wegen der Symmetrie zwischen den aufgeführten Aufdatierungsformeln und der Eigenschaft, dass bei Invertierung einer positiv definiten Matrix die positive Definitheit erhalten bleibt, genügt es, diese Eigenschaft z. B. für die direkte DFP-Aufdatierungsformel zu zeigen. Offensichtlich ist die Matrix H_+ symmetrisch, wenn H symmetrisch ist. Es sei zunächst H_+ positiv definit. Aus der Quasi-Newton-Gleichung $H_+\boldsymbol{p} = \boldsymbol{q}$ und $\boldsymbol{p} \neq \boldsymbol{0}$ folgt unmittelbar $\boldsymbol{q}^T\boldsymbol{p} = \boldsymbol{p}^T H_+\boldsymbol{p} > 0$.
Ist nun andererseits H positiv definit und $\boldsymbol{q}^T\boldsymbol{p} > 0$, so folgt

$$\begin{aligned}
\boldsymbol{x}^T H_+\boldsymbol{x} &= \boldsymbol{x}^T\left[\left(E_n - \frac{\boldsymbol{q}\boldsymbol{p}^T}{\boldsymbol{q}^T\boldsymbol{p}}\right) H \left(E_n - \frac{\boldsymbol{p}\boldsymbol{q}^T}{\boldsymbol{q}^T\boldsymbol{p}}\right) + \frac{\boldsymbol{q}\boldsymbol{q}^T}{\boldsymbol{q}^T\boldsymbol{p}}\right]\boldsymbol{x} \\
&= \boldsymbol{x}^T\left(E_n - \frac{\boldsymbol{q}\boldsymbol{p}^T}{\boldsymbol{q}^T\boldsymbol{p}}\right) H \left(E_n - \frac{\boldsymbol{p}\boldsymbol{q}^T}{\boldsymbol{q}^T\boldsymbol{p}}\right)\boldsymbol{x} + \frac{\boldsymbol{x}^T\boldsymbol{q}\boldsymbol{q}^T\boldsymbol{x}}{\boldsymbol{q}^T\boldsymbol{p}} \\
&\geq 0\,.
\end{aligned}$$

Es ist noch zu zeigen, dass $\boldsymbol{u} := \left(E_n - \frac{\boldsymbol{p}\boldsymbol{q}^T}{\boldsymbol{q}^T\boldsymbol{p}}\right)\boldsymbol{x}$ und $\boldsymbol{x}^T\boldsymbol{q}\boldsymbol{q}^T\boldsymbol{x}$ für $\boldsymbol{x} \neq 0$ nicht gleichzeitig verschwinden. Für $\boldsymbol{u} = \boldsymbol{0}$ folgt $\boldsymbol{x} = \lambda\boldsymbol{p}$ mit $\lambda \in \mathbb{R} \setminus \{0\}$ und somit

$$\boldsymbol{x}^T\boldsymbol{q}\boldsymbol{q}^T\boldsymbol{x} = \lambda^2(\boldsymbol{p}^T\boldsymbol{q})^2 > 0\,.$$

□

Lemma 3.54
Es seien $f \in C^1(\mathbb{R}^n, \mathbb{R})$, $\boldsymbol{x}^{k+1} = \boldsymbol{x}^k + t_k \boldsymbol{d}^k$ mit $\boldsymbol{x}^k, \boldsymbol{d}^k \in \mathbb{R}^n$ und $t_k \in \mathbb{R}^n_+$. Dann gilt $(\boldsymbol{q}^k)^T \boldsymbol{p}^k > 0$, wenn eine der beiden folgenden Bedingungen erfüllt ist:

(a) Es gilt $\nabla f(\boldsymbol{x}^k)^T \boldsymbol{d}^k < 0$, und bzgl. t_k ist die Tangentenbedingung der Powell-Wolfe-Schrittweitenstrategie erfüllt.

(b) Die Funktion f ist streng konvex über $\mathbb{R}^n$.

Der Beweis des Lemmas wird dem Leser überlassen (siehe Aufgabe 3.29).

Mit Lemma 3.53 und Lemma 3.54 (a) ist der folgende Abstiegsalgorithmus mit Quasi-Newton-Aufdatierungen wohldefiniert, wobei die formalen Bezeichnungen Ψ und Φ wahlweise durch eine Aufdatierung Ψ_{BFGS}, Φ_{BFGS} oder Ψ_{DFP}, Φ_{DFP} zu ersetzen sind.

Algorithmus 11 (Quasi-Newton-Verfahren)

S0. Wähle $\boldsymbol{x}^0 \in \mathbb{R}^n$, $H_0[$ bzw. $B_0] \in \mathbb{SPD}^n$, $\alpha, \beta \in (0,1)$ mit $\alpha < \beta$ sowie $\varepsilon \geq 0$, und setze $k := 0$.

S1. Wenn $\nabla f(\boldsymbol{x}^k) = \boldsymbol{0}$, dann STOPP.

S2. Bestimme $\boldsymbol{d}^k$ gemäß $H_k \boldsymbol{d}^k := -\nabla f(\boldsymbol{x}^k)$ [bzw. $\boldsymbol{d}^k := -B_k \nabla f(\boldsymbol{x}^k)$] und die Schrittweite t_k gemäß den Powell-Wolfe-Bedingungen.

S3. Setze $\boldsymbol{x}^{k+1} := \boldsymbol{x}^k + t_k \boldsymbol{d}^k$, $\boldsymbol{q}^k := \nabla f(\boldsymbol{x}^{k+1}) - \nabla f(\boldsymbol{x}^k)$ und $\boldsymbol{p}^k := \boldsymbol{x}^{k+1} - \boldsymbol{x}^k$.

S4. Setze $H_{k+1} := \Psi(H_k, \boldsymbol{p}^k, \boldsymbol{q}^k)$ [bzw. $B_{k+1} := \Phi(B_k, \boldsymbol{p}^k, \boldsymbol{q}^k)$] sowie $k := k+1$, und gehe zu **S1**.

Wir bemerken, dass mit Lemma 3.53 und Lemma 3.54 (b) auch für beliebige Schrittweitenstrategien die Durchführbarkeit des Algorithmus 11 garantiert werden kann, wenn die Funktion f streng konvex ist.

3.5.2 Ein allgemeiner Zugang zur Theorie der Quasi-Newton-Verfahren

Die ersten Beweise zur Konvergenz der Quasi-Newton-Verfahren findet man in Broyden et. al (1973) sowie Powell (1976). Sie verfolgen eine sehr diffizile Beweisstrategie. Wir folgen dem in Kosmol (1993) sehr ausführlich dargestellten Zugang über Sekantenverfahren minimaler Änderung, mit der für große Klassen von Quasi-Newton-Verfahren die Konvergenzbeweise unter einem einheitlichen Gesichtspunkt gelingen. Wir werden nur die Grundzüge dieses Zuganges darlegen.

Definition 3.55 (Gleichmäßig positiv definite Matrizenfolge)
Eine Folge $\{A_k\}_{k\in\mathbb{N}} \subset \mathbb{R}^{(n,n)}$ mit $A_k = A_k^T$ für alle k heißt *gleichmäßig positiv definit*, wenn Konstanten $0 < m \leq M < \infty$ existieren, sodass für alle k

$$m\|\boldsymbol{d}\|^2 \leq \boldsymbol{d}^T A_k \boldsymbol{d} \leq M\|\boldsymbol{d}\|^2$$

gilt. Wir schreiben dafür kurz $\{A_k\}_{k\in\mathbb{N}} \in \mathbb{SPD}^n$

Wenn die im Algorithmus 11 erzeugten Aufdatierungsmatrizen gleichmäßig positiv definit sind, dann ist die Folge der erzeugten zugehörigen Abstiegrichtungen streng gradientenähnlich (Beweis erfolgt analog zur Lösung der Aufgabe 3.25) und unter den Voraussetzungen von Satz 3.22 konvergiert die Folge der Iterationspunkte R-linear gegen eine lokale Minimalstelle. Wir diskutieren im Folgenden, unter welchen Bedingungen diese Eigenschaft erfüllt ist und unter welchen Bedingungen sogar Q-superlineare Konvergenz der Iterationspunkte erzielt werden kann. Wie auch bei modifizierten Newton-Verfahren spielt die Folge $\{Y_k\}_{k\in\mathbb{N}}$ der Mittelwertmatrizen wieder eine tragende Rolle.

Lemma 3.56
Es seien $f \in C^2(\mathbb{R}^n, \mathbb{R})$ und die Folge $\{\boldsymbol{x}^k\}_{k\in\mathbb{N}}$ gegen $\boldsymbol{x}^*$ konvergent, dann gilt

$$\lim_{k\to\infty} \|Y_{k+1} - \nabla^2 f(\boldsymbol{x}^k)\| = 0.$$

Ist die Hesse-Matrix von f darüberhinaus in einer Umgebung U von $\boldsymbol{x}^*$ Lipschitz-stetig mit der Konstanten L, dann gilt sogar

$$\|Y_{k+1} - \nabla^2 f(\boldsymbol{x}^k)\| \leq \frac{L}{2}\|\boldsymbol{x}^{k+1} - \boldsymbol{x}^k\| \,. \tag{3.37}$$

Beweis: O. B. d. A. sei U konvex. Für alle hinreichend großen Indizes k ist $\boldsymbol{x}^k \in U$. Damit folgt

$$\begin{aligned} & \|Y_{k+1} - \nabla^2 f(\boldsymbol{x}^k)\| \\ = \; & \left\|\int_0^1 \nabla^2 f(\boldsymbol{x}^k + t(\boldsymbol{x}^{k+1} - \boldsymbol{x}^k)) - \nabla^2 f(\boldsymbol{x}^*) + \nabla^2 f(\boldsymbol{x}^*) - \nabla^2 f(\boldsymbol{x}^k)\, dt\right\| \\ \leq \; & \int_0^1 \left(\|\nabla^2 f(\boldsymbol{x}^k + t(\boldsymbol{x}^{k+1} - \boldsymbol{x}^k)) - \nabla^2 f(\boldsymbol{x}^*)\| + \|\nabla^2 f(\boldsymbol{x}^*) - \nabla^2 f(\boldsymbol{x}^k)\|\right) dt \,. \end{aligned}$$

Für beliebiges $\delta > 0$ existiert nach Voraussetzung ein $N(\delta) > 0$ derart, dass für alle $k \geq n(\varepsilon)$ die Beziehung $\|\boldsymbol{x}^k - \boldsymbol{x}^*\| < \delta$ erfüllt ist. Wegen

$$\|\boldsymbol{x}^k + t(\boldsymbol{x}^{k+1} - \boldsymbol{x}^k) - \boldsymbol{x}^*\| \leq t\|\boldsymbol{x}^{k+1} - \boldsymbol{x}^*\| + (1-t)\|\boldsymbol{x}^k - \boldsymbol{x}^*\|$$

folgt die erste Aussage unmittelbar aus der Stetigkeit von $\nabla^2 f$. Bei zusätzlicher Lipschitz-Stetigkeit von $\nabla^2 f$ in einer Umgebung U von $\boldsymbol{x}^*$ ergibt sich

$$\begin{aligned} \|Y_{k+1} - \nabla^2 f(\boldsymbol{x}^k)\| &= \left\| \int_0^1 \nabla^2 f(\boldsymbol{x}^k + t(\boldsymbol{x}^{k+1} - \boldsymbol{x}^k)) - \nabla^2 f(\boldsymbol{x}^k)\, dt \right\| \\ &\leq L \int_0^1 \left\| (\boldsymbol{x}^k + t(\boldsymbol{x}^{k+1} - \boldsymbol{x}^k)) - \boldsymbol{x}^k \right\| dt \\ &= \frac{L}{2} \left\| \boldsymbol{x}^{k+1} - \boldsymbol{x}^k \right\| . \end{aligned}$$

□

Für den Nachweis der superlinearen Konvergenz der Quasi-Newton-Verfahren ist neben der Konvergenz der Schrittweiten gegen 1 die folgende Eigenschaft aufeinanderfolgender Aufdatierungsmatrizen von Bedeutung:

Definition 3.57 (Asymptotische Konvergenz)
Eine Folge $\{H_k\}_{k\in\mathbb{N}} \subset \mathbb{R}^{(n,n)}$ von Matrizen heißt *asymptotisch konvergent*, wenn

$$\lim_{k\to\infty} \|H_{k+1} - H_k\| = 0 \tag{3.38}$$

gilt.

Mit diesen Vorbereitungen können wir nun einen ersten Konvergenzsatz für Quasi-Newton-Verfahren beweisen.

Satz 3.58 (Superlineare Konvergenz des Algorithmus 11)
Es sei $f \in C^2(\mathbb{R}^n, \mathbb{R})$. Die mit dem Quasi-Newton-Verfahren gemäß Algorithmus 11 erzeugte Folge $\{\boldsymbol{x}^k\}_{k\in\mathbb{N}}$ konvergiere gegen $\boldsymbol{x}^*$, und die Hesse-Matrix $\nabla^2 f$ sei invertierbar sowie stetig in $\boldsymbol{x}^*$. Wenn die durch den Algorithmus erzeugten Schrittweiten t_k gegen 1 konvergieren und wenn die Folge der Aufdatierungsmatrizen $\{H_k\}_{k\in\mathbb{N}}$ asymptotisch konvergent ist, dann ist die Folge der Abstiegsrichtungen $\{\boldsymbol{d}^k\}_{k\in\mathbb{N}}$ gemäß $H_k\boldsymbol{d}^k = -\nabla f(\boldsymbol{x}^k)$ Newton-ähnlich und damit die Folge der Iterationspunkte gegen $\boldsymbol{x}^*$ Q-superlinear konvergent. Weiterhin gilt $\nabla f(\boldsymbol{x}^*) = 0$.

Beweis: Wir zeigen, dass die Folge $\{\boldsymbol{d}^k\}_{k\in\mathbb{N}}$ Newton-ähnlich ist. Nach der Folgerung 3.46 ist dann wegen $\lim\limits_{k\to\infty} t_k = 1$ die Q-superlineare Konvergenz der Folge $\{\boldsymbol{x}^k\}_{k\in\mathbb{N}}$ gegen $\boldsymbol{x}^*$ und $\nabla f(\boldsymbol{x}^*) = 0$ bewiesen. Aus $\boldsymbol{q}^k = H_{k+1}\boldsymbol{p}^k = Y_{k+1}\boldsymbol{p}^k$ ergibt sich

$$H_k\boldsymbol{p}^k = (H_k - H_{k+1})\boldsymbol{p}^k + H_{k+1}\boldsymbol{p}^k = (H_k - H_{k+1})\boldsymbol{p}^k + Y_{k+1}\boldsymbol{p}^k$$

und daraus mit der Dreiecksungleichung, Lemma 3.56 und $\boldsymbol{p}^k := \boldsymbol{x}^{k+1} - \boldsymbol{x}^k = t_k \boldsymbol{d}^k$

$$\begin{aligned} \lim_{k\to\infty} \frac{\|\nabla f(\boldsymbol{x}^k) + \nabla^2 f(\boldsymbol{x}^k)\boldsymbol{d}^k\|}{\|\boldsymbol{d}^k\|} &= \lim_{k\to\infty} \frac{\|(H_k - \nabla^2 f(\boldsymbol{x}^k))\boldsymbol{d}^k\|}{\|\boldsymbol{d}^k\|} \\ = \lim_{k\to\infty} \frac{\|(H_k - \nabla^2 f(\boldsymbol{x}^k))\boldsymbol{p}^k\|}{\|\boldsymbol{p}^k\|} &\le \lim_{k\to\infty} \left(\|H_k - H_{k+1}\| + \|Y_{k+1} - \nabla^2 f(\boldsymbol{x}^k)\|\right) = 0\,. \end{aligned}$$

□

Die neue Aufdatierungsmatrix H_{k+1} liegt nach (3.27) in der linearen Mannigfaltigkeit $L(\boldsymbol{p}^k, \boldsymbol{q}^k)$. Da H_{k+1} nach Satz 3.58 der Matrix H_k, die nicht zu $L(\boldsymbol{p}^k, \boldsymbol{q}^k)$ gehört, „möglichst nahe“ kommen soll, ist es sinnvoll, die folgende konvexe Minimierungsaufgabe zu ihrer Berechnung zu lösen:

$$\mathrm{MIN}\left\{ \|\widetilde{H} - H_k\|^2 \,\middle|\, \widetilde{H} \in L(\boldsymbol{p}^k, \boldsymbol{q}^k) \right\}\,. \tag{3.39}$$

Natürlich hängt die Lösung dieses Problems von der Wahl der Matrixnorm ab, d. h. je nach Auswahl der Matrixnorm erhalten wir andere zugehörige Aufdatierungsformeln. Die Lösung dieser Minimierungsaufgabe ist eindeutig bestimmt, wenn die Norm zu einem Skalarprodukt im Raum der quadratischen Matrizen gehört, da die Zielfunktion in diesem Fall eine streng konvexe quadratische Funktion ist. Für die Herleitung von Aufdatierungsvorschriften erweist sich die Frobenius-Norm als nützlich. Wir bemerken, dass $\langle A, B\rangle = \mathrm{Spur}(A^T B)$ auch für nicht quadratische Matrizen $A, B \in \mathbb{R}^{(n,m)}$ ein Skalarprodukt auf dem linearen Raum dieser Matrizen darstellt. Dieser lineare Raum mit Skalarprodukt ist vollständig und damit ein Hilbert-Raum. Den kürzesten Abstand eines Elementes H_k in einem Hilbert-Raum zu dem verschobenen abgeschlossenen linearen Unterraum $L(\boldsymbol{p}^k, \boldsymbol{q}^k)$ erhält man auch, wenn man von H_k aus das Lot auf $L(\boldsymbol{p}^k, \boldsymbol{q}^k)$ fällt. Die entstehende Lösung H_{k+1} wird deshalb auch *orthogonale Projektion* von H_k auf $L(\boldsymbol{p}^k, \boldsymbol{q}^k)$ genannt. Wir formulieren diesen Sachverhalt in dem folgenden Satz.

Satz 3.59
Es seien X ein endlich dimensionaler linearer Raum mit dem Skalarprodukt $\langle\cdot,\cdot\rangle$, M ein Unterraum von X, $\boldsymbol{a} \in X$ und $\boldsymbol{x} \in X \setminus (M + \boldsymbol{a})$. Dann hat das Optimierungsproblem

$$\mathrm{MIN}\,\{\langle \boldsymbol{x} - \boldsymbol{m}, \boldsymbol{x} - \boldsymbol{m}\rangle \mid \boldsymbol{m} \in M + \boldsymbol{a}\} \tag{3.40}$$

genau eine Lösung $\boldsymbol{y}$. Weiterhin ist $\boldsymbol{y}$ genau dann Lösung dieses Optimierungsproblems, wenn für beliebiges $\boldsymbol{m} \in M + \boldsymbol{a}$ die Elemente $\boldsymbol{y} - \boldsymbol{m}$ und $\boldsymbol{x} - \boldsymbol{m}$ orthogonal zueinander sind.

Beweis: Die erste Aussage folgt unmittelbar aus Satz 1.75 (b). Nun sei $\boldsymbol{y}$ Lösung von (3.40), dann gilt für alle $\boldsymbol{m} \in M + \boldsymbol{a}$ die Ungleichung

$$\langle \boldsymbol{x} - \boldsymbol{y}, \boldsymbol{x} - \boldsymbol{y}\rangle \le \langle \boldsymbol{x} - \boldsymbol{m}, \boldsymbol{x} - \boldsymbol{m}\rangle\,.$$

Mit $\boldsymbol{x}-\boldsymbol{m}=(\boldsymbol{x}-\boldsymbol{y})+(\boldsymbol{y}-\boldsymbol{m})$ und Division durch $\|\boldsymbol{y}-\boldsymbol{m}\|$ ergibt sich

$$0 \leq 2\left\langle \frac{\boldsymbol{y}-\boldsymbol{m}}{\|\boldsymbol{y}-\boldsymbol{m}\|}, \boldsymbol{x}-\boldsymbol{y}\right\rangle + \left\langle \frac{\boldsymbol{y}-\boldsymbol{m}}{\|\boldsymbol{y}-\boldsymbol{m}\|}, \boldsymbol{y}-\boldsymbol{m}\right\rangle . \tag{3.41}$$

Angenommen, für ein $\boldsymbol{m}_0 \neq \boldsymbol{y}$ gilt $q := \left\langle \frac{\boldsymbol{y}-\boldsymbol{m}_0}{\|\boldsymbol{y}-\boldsymbol{m}_0\|}, \boldsymbol{x}-\boldsymbol{y}\right\rangle < 0$. Mit $\boldsymbol{m}=\boldsymbol{y}+\lambda(\boldsymbol{y}-\boldsymbol{m}_0)$ geht für $\lambda \to +0$ der zweite Summand in (3.41) gegen Null, und es folgt damit der Widerspruch $0 \leq 2q < 0$. Für $q > 0$ führt der Spiegelpunkt $\boldsymbol{m}_s = 2\boldsymbol{y}-\boldsymbol{m}_0 \in M+\boldsymbol{a}$ von $\boldsymbol{m}_0$ zu $\boldsymbol{y}-\boldsymbol{m}_s = -(\boldsymbol{y}-\boldsymbol{m}_0)$ und damit wegen $\left\langle \frac{\boldsymbol{y}-\boldsymbol{m}_s}{\|\boldsymbol{y}-\boldsymbol{m}_s\|}, \boldsymbol{x}-\boldsymbol{y}\right\rangle = -q < 0$ wiederum zu einem Widerspruch. Der Beweis der Hinlänglichkeit wird dem Leser überlassen (siehe Aufgabe 3.30). □

Da die Aufdatierungsmatrix H_{k+1} der Quasi-Newton-Gleichung, also einer Sekantenbedingung, genügt, und da H_{k+1} bezogen auf alle möglichen Lösungen der Quasi-Newton-Gleichung den kleinsten Abstand zur vorhergehenden Aufdatierungsmatrix H_k besitzt, bezeichnet man die zugehörigen Quasi-Newton-Verfahren als *Sekantenverfahren minimaler Änderung.* Der Beweis der superlinearen Konvergenz dieser Quasi-Newton-Verfahren ergibt sich aus Satz 3.58 durch den Nachweis der asymptotischen Konvergenz der Aufdatierungsmatrizen. Wir skizzieren die dazu erforderlichen Schritte:
Die Mittelwertmatrizen liegen nach Beispiel 3.51 (2) in der jeweiligen linearen Mannigfaltigkeit $L(\boldsymbol{p}^k, \boldsymbol{q}^k)$. Bei Lipschitz-Stetigkeit der Hesse-Matrizen von f übertragen sich Konvergenzeigenschaften der Folge der Iterationen $\{\boldsymbol{x}^k\}_{k\in\mathbb{N}}$ analog zum Beweis für (3.37) auf die Folge der Mittelwertmatrizen $\{Y_k\}_{k\in\mathbb{N}}$. Dies betrifft insbesondere die R-lineare Konvergenz oder die etwas schwächere Konvergenzeigenschaft $\sum\limits_{k=1}^{\infty} \|Y_{k+1}-Y_k\| < \infty$. Diese Konvergenz der Mittelwertmatrizen und ihre Zugehörigkeit zu $L(\boldsymbol{p}^k, \boldsymbol{q}^k)$ garantieren nach einem Satz für aufeinanderfolgende Projektionen im Hilbert-Raum, dass die Aufdatierungsmatrizen asymptotisch konvergent und beschränkt sind.
Wir betrachten ein wichtiges Beispiel für ein Sekantenverfahren minimaler Änderung.

Beispiel 3.60 (PSB-Aufdatierung)
Die Lösung der Minimierungsaufgabe (3.39) mit der Frobenius-Norm ist die sogenannte ***direkte PSB-Aufdatierungsformel*** (**P**owells **s**ymmetrische **B**royden Formel)) für eine vorgegebene symmetrische Matrix $H \in \mathbb{R}^{(n,n)} \setminus L(\boldsymbol{p}, \boldsymbol{q})$

$$H_+ = H + \frac{(\boldsymbol{q}-H\boldsymbol{p})\boldsymbol{p}^T + \boldsymbol{p}(\boldsymbol{q}-H\boldsymbol{p})^T}{\boldsymbol{p}^T\boldsymbol{p}} - \frac{((\boldsymbol{q}-H\boldsymbol{p})^T\boldsymbol{p})\boldsymbol{p}\boldsymbol{p}^T}{(\boldsymbol{p}^T\boldsymbol{p})^2} . \tag{3.42}$$

Wir zeigen die Lösungseigenschaft von H_+ mit Mitteln der linearen Algebra und nutzen aus, dass für ein beliebiges Orthonormalsystem $\{\boldsymbol{v}^k\}_{k=1,2,\ldots,n}$ des $\mathbb{R}^n$ bezüglich des üblichen Skalarproduktes $\langle \boldsymbol{u}, \boldsymbol{v}\rangle = \boldsymbol{u}^T\boldsymbol{v}$ die Zerlegungsformel

$$\|B\|_F^2 = \sum_{i=1}^{n} \|B\boldsymbol{v}^i\|^2 \tag{3.43}$$

für die Frobenius Norm gilt. Aus der für die euklidische Norm bekannten Beziehung $\|\boldsymbol{v}\| = \max\limits_{\|\boldsymbol{u}\|=1} |\boldsymbol{v}^T\boldsymbol{u}|$ erhält man für die induzierte Matrixnorm der Rang-1 Matrix $\boldsymbol{v}\boldsymbol{w}^T$ die Beziehung

$$\|\boldsymbol{v}\boldsymbol{w}^T\| = \max_{\|\boldsymbol{u}\|=1} \|\boldsymbol{v}\boldsymbol{w}^T\boldsymbol{u}\| = \|\boldsymbol{v}\|\,\|\boldsymbol{w}\| \,. \tag{3.44}$$

Offensichtlich gilt für (3.42) $H_+\boldsymbol{p} = \boldsymbol{q}$ und $H_+ = H_+^T$, womit H_+ zulässig für (3.39) ist. Wir haben nur noch zu zeigen, dass $\|H_+ - H\|_F^2 \leq \|\widetilde{H} - H\|_F^2$ für beliebiges zulässiges $\widetilde{H}$ gilt. Wir erweitern $\boldsymbol{v}^1 := \frac{\boldsymbol{p}}{\|\boldsymbol{p}\|}$ zu einem Orthonormalsystem $\{\boldsymbol{v}^k\}_{k=1,2,\ldots,n}$ des $\mathbb{R}^n$ bezüglich des üblichen Skalarproduktes. Wegen $H_+\boldsymbol{p} = \widetilde{H}\boldsymbol{p} = \boldsymbol{q}$ ist $(H_+ - H)\boldsymbol{v}^1 = (\widetilde{H} - H)\boldsymbol{v}^1$. Formel (3.43) mit $B = H_+ - H$ auf der linken und $B = \widetilde{H} - H$ auf der rechten Seite liefert damit den Nachweis der Minimalität, wenn für $i = 2, 3, \ldots, n$ die Abschätzung

$$\|(H_+ - H)\boldsymbol{v}^i\| \leq \|(\widetilde{H} - H)\boldsymbol{v}^i\|$$

gilt. In der Tat folgt für beliebiges $\boldsymbol{v}$ mit $\boldsymbol{p}^T\boldsymbol{v} = 0$ wegen $\boldsymbol{p}^T\boldsymbol{p} = \|\boldsymbol{p}\|^2$ und (3.44)

$$\begin{aligned}
\|(H_+ - H)\boldsymbol{v}\| &= \left\| H\boldsymbol{v} + \frac{(\boldsymbol{q} - H\boldsymbol{p})\boldsymbol{p}^T\boldsymbol{v} + \boldsymbol{p}(\boldsymbol{q} - H\boldsymbol{p})^T\boldsymbol{v}}{\boldsymbol{p}^T\boldsymbol{p}} - \frac{((\boldsymbol{q} - H\boldsymbol{p})^T\boldsymbol{p})\boldsymbol{p}\boldsymbol{p}^T\boldsymbol{v}}{(\boldsymbol{p}^T\boldsymbol{p})^2} \right\| \\
&= \left\| \frac{\boldsymbol{p}(\boldsymbol{q} - H\boldsymbol{p})^T\boldsymbol{v}}{\boldsymbol{p}^T\boldsymbol{p}} \right\| = \left\| \frac{\boldsymbol{p}(\widetilde{H}\boldsymbol{p} - H\boldsymbol{p})^T\boldsymbol{v}}{\boldsymbol{p}^T\boldsymbol{p}} \right\| = \left\| \frac{\boldsymbol{p}\boldsymbol{p}^T(\widetilde{H} - H)\boldsymbol{v}}{\boldsymbol{p}^T\boldsymbol{p}} \right\| \\
&\leq \left\| \frac{\boldsymbol{p}\boldsymbol{p}^T}{\boldsymbol{p}^T\boldsymbol{p}} \right\| \left\| (\widetilde{H} - H)\boldsymbol{v} \right\| = \frac{\|\boldsymbol{p}\boldsymbol{p}^T\|}{\boldsymbol{p}^T\boldsymbol{p}} \left\| (\widetilde{H} - H)\boldsymbol{v} \right\| = \left\| (\widetilde{H} - H)\boldsymbol{v} \right\| \,.
\end{aligned}$$

Wir bemerken, dass man eine zugehörige *inverse PSB-Aufdatierungsformel* erhält, wenn man in der Zielfunktion von (3.39) H durch B und die Restriktion $H\boldsymbol{p} = \boldsymbol{q}$ durch $B\boldsymbol{q} = \boldsymbol{p}$ sowie $H^T = H$ durch $B^T = B$ ersetzt (siehe auch Aufgabe 3.31). ■

Verwendet man in jeder Iteration bei der Lösung von (3.39) ein anderes Skalarprodukt, dann spricht man von *variablen Sekantenverfahren minimaler Änderung*. Sind dabei die zugehörigen Normen der aufeinanderfolgenden Skalarprodukte zueinander äquivalent, dann behalten die Ausführungen aus Beispiel 3.60 bei Anwendung eines entsprechend modifizierten Projektionssatzes in Hilbert-Räumen ihre Gültigkeit.
Ein wichtiges Beispiel für variable Sekantenverfahren minimaler Änderung ergibt sich für die Minimierungsprobleme

$$\mathrm{MIN}\left\{ \|W_k(\widetilde{H} - H_k)W_k\|^2 \;\middle|\; \widetilde{H} \in L(\boldsymbol{p}^k, \boldsymbol{q}^k) \right\} , \tag{3.45}$$

wobei W_k positiv definite Matrizen sind. Mit dieser Eigenschaft der Matrizen W_k kann die Optimierungsaufgabe (3.45) als eine eineindeutige Transformation der Aufgabe (3.39) interpretiert werden. Dadurch kann die Lösung von (3.45) aus der Lösung von (3.39) durch die entsprechende Transformation der Variablen generiert werden.
Es ist interessant, dass eine Wahl von W_k aufbauend auf der (in numerischen Verfahren

nicht zur Verfügung stehenden) Mittelwertmatrix Y_k zu den uns bereits bekannten Aufdatierungsformeln führt. Es gelingt durch Verwendung der Beziehung $Y_{k+1}\boldsymbol{p}^k = \boldsymbol{q}^k$ in der Lösung von (3.45) die mit Y_k bzw. Y_{k+1} verknüpften Terme zu eliminieren. Sei also $Y_{k+1} := V_{k+1}V_{k+1}$. Wählen wir $W_k := (V_{k+1})^{-1}$ bzw. $W_k := V_{k+1}$, dann ergeben sich als Lösungen von (3.45) – wie man durch eine etwas längere Rechnung bestätigen kann (siehe z. B. Kosmol (1993)) – die direkte DFP- bzw. die inverse BFGS-Aufdatierungsformel. Ein Konvergenzssatz, der (3.45) zur Erzeugung von Aufdatierunsvorschriften mit einbezieht, lautet wie folgt:

Satz 3.61
Es seien $f \in C^2(\mathbb{R}^n, \mathbb{R})$, $\{\boldsymbol{x}^k\}_{k\in\mathbb{N}}$ eine durch den Algorithmus 11 mit Aufdatierungsformeln gemäß (3.39) (Sekantenverfahren minimaler Änderung) oder (3.45) (variables Sekantenverfahren minimaler Änderung) erzeugte und gegen $\boldsymbol{x}^*$ R-linear konvergente Folge, $\nabla^2 f$ Lipschitz-stetig in einer Umgebung von $\boldsymbol{x}^*$, $\nabla f(\boldsymbol{x}^k)^T \boldsymbol{d}^k < 0$ für alle $k \in \mathbb{N}$ und $\lim\limits_{k\to\infty} t_k = 1$. Dann konvergiert die Folge der Iterationen sogar Q-superlinear gegen $\boldsymbol{x}^*$, und es gilt $\nabla f(\boldsymbol{x}^*) = 0$.

Die Voraussetzung der R-linearen Konvergenz in Satz 3.61 kann durch die schwächere Forderung

$$\sum_{k=1}^{\infty} \|\boldsymbol{x}^{k+1} - \boldsymbol{x}^k\| < \infty \text{ und } \lim_{k\to\infty} \boldsymbol{x}^k = \boldsymbol{x}^* \tag{3.46}$$

ersetzt werden.

Die folgende Modifikation eines Quasi-Newton-Algorithmus (siehe Kosmol (1993), Abschnitt 11.0, Verfahren A2(mod)) verwendet eine zusätzliche Kegelbedingung. Bei Verwendung einer Powell-Wolfe Schrittweitenstrategie und bei gleichmäßiger Konvexität sowie zweifacher stetiger Differenzierbarkeit von f garantiert diese Kegelbedingung einen Mindestabstieg, der die abgeschwächte R-lineare Konvergenz der Iterationsfolge $\{\boldsymbol{x}^k\}_{k\in\mathbb{N}}$ gemäß (3.46) impliziert (siehe Kosmol (1993), Abschnitt 6.2, Satz, Bemerkung 1).

Algorithmus 12 (***Modifiziertes Quasi-Newton-Verfahren***)

S0. Setze $k := 0$.
Wähle $\boldsymbol{x}^0 \in \mathbb{R}^n, H_0[\text{ bzw. } B_0] \in \mathbb{SPD}^n$, $0 < \alpha < \beta < 1$, $\mu > 0$ und eine Nullfolge positiver Zahlen $\{\gamma_k\}_{k\in\mathbb{N}}$ mit $\lim\limits_{k\to\infty} k\gamma_k = \infty$ sowie $\mu\gamma_k < 1$ für alle $k \in \mathbb{N}$.

S1. Wenn $\nabla f(\boldsymbol{x}^k) = \boldsymbol{0}$, dann STOPP.

S2. Bestimme $\tilde{\boldsymbol{d}}^k$ gemäß

$$H_k\tilde{\boldsymbol{d}}^k := -\nabla f(\boldsymbol{x}^k) \qquad [\text{ bzw. } \tilde{\boldsymbol{d}}^k := -B_k\nabla f(\boldsymbol{x}^k)]\,.$$

S3. Berechne $\mu_k := -\dfrac{\nabla f(\boldsymbol{x}^k)^T \tilde{\boldsymbol{d}}^k}{\|\nabla f(\boldsymbol{x}^k)\| \|\tilde{\boldsymbol{d}}^k\|}$.

S4. **Wenn** $\mu_k < \mu\gamma_k$, **dann** wähle eine alternative Abstiegsrichtung $\boldsymbol{d}^k$ mit $-\dfrac{\nabla f(\boldsymbol{x}^k)^T \boldsymbol{d}^k}{\|\nabla f(\boldsymbol{x}^k)\| \|\boldsymbol{d}^k\|} \geq \mu\gamma_k$, und setze den Schaltparameter $\delta_k := 0$.

Sonst setze $\boldsymbol{d}^k := \tilde{\boldsymbol{d}}^k$ und $\delta_k := 1$.

S5. Bestimme die Schrittweite t_k gemäß den Powell-Wolfe-Bedingungen, und setze $\boldsymbol{x}^{k+1} := \boldsymbol{x}^k + t_k \boldsymbol{d}^k$.

S6. **Wenn** $\delta_k = 0$, **dann** setze

$$\boldsymbol{p}^k := \frac{\|\boldsymbol{x}^{k+1} - \boldsymbol{x}^k\|}{\|\tilde{\boldsymbol{d}}^k\|} \tilde{\boldsymbol{d}}^k \text{ und } \boldsymbol{q}^k := \nabla f(\boldsymbol{x}^k + \boldsymbol{p}^k) - \nabla f(\boldsymbol{x}^k) .$$

Sonst setze

$$\boldsymbol{p}^k := \boldsymbol{x}^{k+1} - \boldsymbol{x}^k \text{ und } \boldsymbol{q}^k := \nabla f(\boldsymbol{x}^{k+1}) - \nabla f(\boldsymbol{x}^k) .$$

S7. Bestimme die direkte [bzw. inverse] Aufdatierung

$$H_{k+1} := \Phi(H_k, \boldsymbol{p}^k, \boldsymbol{q}^k) \qquad [\text{ bzw. } B_{k+1} := \Psi(B_k, \boldsymbol{p}^k, \boldsymbol{q}^k)]$$

gemäß eines Sekantenverfahrens oder variablen Sekantenverfahrens minimaler Änderung, wobei die Mittelwertmatrix

$$Y(\boldsymbol{x}^k, \boldsymbol{p}^k) := \int_0^1 \nabla^2 f(\boldsymbol{x}^k + t\boldsymbol{p}^k) dt$$

stets den Restriktionen der ggf. modifizierten Minimierungsaufgaben (3.39) oder (3.45) genügt.
Wenn die Aufdatierungsformeln numerisch nicht auswertbar sind, dann setze $H_{k+1} := H_{00}$ [bzw. $B_{k+1} := B_{00}$] mit geeigneten positiv definiten Matrizen H_{00} [bzw. B_{00}].

S8. Setze $k := k + 1$, und gehe zu Schritt **S1**.

Bei der Wahl der alternativen Abstiegsrichtung in S4 betrachten wir unter EdOptLab die folgenden zwei Modifikationen:

(1) Algorithmus 12.1: Benutzung der negativen Gradientenrichtung

$$\boldsymbol{d}^k := -\nabla f(\boldsymbol{x}^k)$$

als Ausweichrichtung.

(2) **Algorithmus 12.2**: Berechnung einer Abstiegsrichtung $\boldsymbol{d}^k$ nach der Regularisierung der Quasi-Newton-Matrix H_k analog zu den modifizierten Newton-Verfahren durch Addition einer positiv definiten Diagonalmatrix D_k gemäß

$$\hat{H}_k := H_k + D_k \text{ und } \hat{H}_k \boldsymbol{d}^k = -\nabla f(\boldsymbol{x}^k) \ .$$

Wie bereits in Kosmol (1993) betont wird, ist die Nullfolge $\{\gamma_k\}_{k\in\mathbb{N}}$ nur für den Beweis des im Anschluss formulierten Konvergenzsatzes 3.62 entscheidend. Wegen der langsamen Konvergenz dieser Nullfolge und der bei einer Implementierung zu verwendenden Abbruchbedingung kann $\mu\gamma_k$ in einer Implementierung durch eine hinreichend kleine positive Zahl μ ersetzt werden.

Wenn in (3.39) oder (3.45) nur die Erfüllung der Quasi-Newton-Gleichung und die Symmetrie der Matrizen gefordert wird, dann genügt die Mittelwertmatrix im Schritt S7 diesen Bedingungen.

Die Powell-Wolfe-Schrittweitenregel kann auch durch andere effiziente Schrittweitenregeln ersetzt werden. Wichtig für die Erhaltung der Konvergenzeigenschaften ist dabei $\lim\limits_{k\to\infty} t_k = 1$.

Die Variante für $\delta_k = 0$ zur Berechnung von $\boldsymbol{p}^k$ und $\boldsymbol{q}^k$ unter S6 zerstört nicht die superlineare Konvergenz. Dies liegt daran, dass einerseits $\boldsymbol{p}^k$ stets in Richtung der Quasi-Newton-Richtung zeigt, wodurch die Aufdatierung der Matrizen durchführbar ist, und andererseits $\|\boldsymbol{p}^k\| = \|\boldsymbol{x}^{k+1} - \boldsymbol{x}^k\|$ gilt.

Ein Vorschlag zur Erzeugung einer positiv definiten Startmatrix H_0 [bzw. B_0] im Schritt S0 mit numerisch vertretbarer Kondition lautet wie folgt: Zunächst berechnet man in dem Startpunkt $\boldsymbol{x}^0$ in negativer Gradientenrichtung mit einer Schrittweite gemäß den Powell-Wolfe-Bedingungen einen nicht zu weit entfernten Punkt $\boldsymbol{x}^{00}$. Mit $\boldsymbol{p} := \boldsymbol{x}^{00} - \boldsymbol{x}^0$ und $\boldsymbol{q} := \nabla f(\boldsymbol{x}^{00}) - \nabla f(\boldsymbol{x}^0)$ berechnet man danach durch $\tau := \dfrac{\boldsymbol{q}^T\boldsymbol{p}}{\|\boldsymbol{q}\|^2} = \dfrac{\boldsymbol{q}^T Y^{-1}(\boldsymbol{x}^0,\boldsymbol{p})\boldsymbol{q}}{\|\boldsymbol{q}\|^2}$ den Rayleigh-Quotienten der inversen Mittelwertmatrix $Y^{-1}(\boldsymbol{x}^0,\boldsymbol{p})$ in Richtung $\boldsymbol{q}$. Damit liegt τ zwischen dem kleinsten und größten Eigenwert von $Y(\boldsymbol{x}^0,\boldsymbol{p})$ bzw. τ^{-1} zwischen dem kleinsten und größten Eigenwert von $Y^{-1}(\boldsymbol{x}^0,\boldsymbol{p})$. Bei direkter Aufdatierung setzt man $H_0 := \tau^{-1}E_n$ bzw. bei inverser Aufdatierung $B_0 := \tau E_n$.
Ist die Funktion f gleichmäßig konvex über dem Iterationsgebiet, dann behält τ für alle inversen Hesse-Matrizen die aufgeführte Eigenschaft. Dies bewirkt eine günstige Entwicklung der Eigenwertstruktur der Aufdatierungsmatrizen und verbessert das Konvergenzverhalten (siehe z. B. S. 138 in Spellucci (1993) oder Abschnitt 4.6 in Pytlak (2009)).

Treten im Verlauf des Algorithmus Konvergenzprobleme oder numerische Instabilitäten bei der Anwendung der Aufdatierungsformeln (siehe S7) auf, so bietet es sich an, das Verfahren im letzten Iterationspunkt neu zu starten. Man spricht in diesem Fall von einem *Restart* des Verfahrens. Dabei kann man die zuletzt benutzten $\boldsymbol{p}_k$ und $\boldsymbol{q}_k$ verwenden, um wiederum eine geeignete Startmatrix H_0 bzw. B_0 zu konstruieren, sofern $\boldsymbol{q}_k^T \boldsymbol{p}_k > 0$ gilt. Wir benutzen unter EdOptLab eine einfache Modifikation, die einen Restart ausführt, wenn die berechneten Abstiegsrichtungen nicht die Kegelbedingung erfüllen. Weiterhin verwenden wir für die Matrizen H_0 und B_0 im Schritt S0 (und auch bei einem Restart) der implementierten Quasi-Newton-Algorithmen die Einheitsmatrix, d. h. der negative Gradient von f wird als Abstiegsrichtung gewählt. Bei einer implementierten Variante des DFP-Verfahrens wird nach einer bestimmten Anzahl von Iterationen stets ein Restart ausgeführt.

Auch für das so modifizierte Quasi-Newton-Verfahren lässt sich ein Konvergenzsatz formulieren (Kosmol (1993), Kap. 11, Satz):

Satz 3.62 (Konvergenz des Algorithmus 12)
Es seien $\boldsymbol{x}^0 \in \mathbb{R}^n$ und $f \in C^2(\mathbb{R}^n, \mathbb{R})$. Die Niveaumenge $N_f(f(\boldsymbol{x}^0))$ sei beschränkt und besitze nur eine Stelle $\boldsymbol{x}^*$ mit $\nabla f(\boldsymbol{x}^*) = \boldsymbol{0}$. Weiter sei $\nabla^2 f$ Lipschitz-stetig in einer Umgebung von $\boldsymbol{x}^*$ und außerdem in $\boldsymbol{x}^*$ positiv definit. Dann gilt für eine vom Algorithmus 12 mit einer effizienten Schrittweitenstrategie erzeugte Iterationsfolge $\{\boldsymbol{x}^k\}_{k\in\mathbb{N}}$

$$\sum_{k=1}^{\infty} \|\boldsymbol{x}^{k+1} - \boldsymbol{x}^k\| < \infty \text{ und } \lim_{k\to\infty} \boldsymbol{x}^k = \boldsymbol{x}^*.$$

Sind zusätzlich ab einem Iterationsindex k_0 alle Aufdatierungen berechenbar, dann ist bei Verwendung einer Schrittweitenstrategie mit $\lim\limits_{k\to\infty} t_k = 1$ die Iterationsfolge $\{\boldsymbol{x}^k\}_{k\in\mathbb{N}}$ sogar Q-superlinear konvergent.

Da die Folge $\{\boldsymbol{d}^k\}_{k\in\mathbb{N}}$ Newton-ähnlich ist, ergibt sich bei positiv definiter Hesse-Matrix von f in $\boldsymbol{x}^*$, dass diese Richtungen auch streng gradienten-ähnlich sind und damit die Winkelbedingung in S4 ab einem hinreichend großen Iterationsindex immer erfüllt ist und folglich ab diesem Index ständig der Algorithmus 11 ausgeführt wird.

In Abschnitt 11.4 von Kosmol (1993) wird gezeigt, dass unter den Voraussetzungen des Satzes 3.62 und zusätzlicher gleichmäßiger Konvexität von f die Aussage bereits für den (nichtmodifizierten) Algorithmus 11 mit direkter bzw. inverser BFGS-Aufdatierung gilt. In Byrd, Nocedal und Yuan (1987) wird ein analoges Resultat für die Aufdatierungen der Broyden-Klasse mit Parameter aus $(0, 1]$ (und damit nicht für das DFP-Aufdatierung) unter Verwendung einer Powell-Wolfe-Schrittweitenstrategie gezeigt. Für die DFP-Aufdatierung folgt die gleichmäßige positive Definitheit der Aufdatierungsmatrizen, wenn man zusätzlich die Konvergenz der Iterationsfolge gemäß (3.46) voraussetzt.

Bei Newton-Ähnlichkeit der Richtungen $\boldsymbol{d}^k$ akzeptieren geeignete Schrittweitenstrategien, wie z. B. Powell-Wolfe- oder Armijo-Bedingung mit Backtracking, ab einem gewissen Index k_0 stets die Schrittweite 1. Wir sprechen für $k \geq k_0$ von einem *lokalen Quasi-Newton-Verfahren.* Da in den unter EdOptLab implementierten nichtskalierten Schrittweitenalgorithmen die Schrittweite 1 zu Beginn getestet wird, kann durch die Einsparung der Schrittweitensuche formal ein Effektivitätsgewinn erzielt werden. Um jedoch zu verhindern, dass die Schrittweite 1 auch außerhalb des lokalen Einzugsbereiches akzeptiert wird, bietet es sich an, eine zusätzliche Interpolation durchzuführen und diejenige Schrittweite mit dem größerem Abstieg zu verwenden.

Bei Quasi-Newton-Verfahren mit DFP-Aufdatierung kann die Kondition der Matrizen H_k bzw. B_k sehr groß werden. Dieser Effekt ist bei BFGS-Aufdatierung nicht so stark ausgeprägt. Aus diesem Grunde ist die BFGS-Aufdatierung der DFP-Aufdatierung i. Allg. vorzuziehen.

Wir führen noch einige weitere Modifikationen von Quasi-Newton-Verfahren an, wie sie z. B. in Dennis und Schnabel (1983), Kosmol (1993) sowie Geiger und Kanzow (1999) beschrieben werden.

(1) *Aufdatierungen von Faktorisierungen der Matrizen H_k*: In vielen Algorithmen wird die Quasi-Newton-Gleichung $H_k \boldsymbol{d}^k = -\nabla f(\boldsymbol{x}^k)$ bei nicht zu schlechter Kondition von H_k mittels Cholesky-Zerlegung $H_k = L_k^T L_k$ gelöst. Damit ist es aus Gründen der Zeitersparnis zweckmäßig, nicht H_{k+1} sondern direkt L_{k+1} aus L_k zu berechnen und aufzudatieren. Darüberhinaus wird z. B. in Abschnitt 11.7 von Geiger und Kanzow (1999) empfohlen, nach einer gewissen Anzahl von Iterationen eine direkte Aufdatierung von H_k durchzuführen.

(2) Aufdatierungen, die bestimmte Strukturen der Matrizen H_k garantieren, findet man u. a. in Kosmol (1993), Abschnitt 10.5 oder Dennis und Schnabel (1983), Kap. 11.

(3) *Limited memory Quasi-Newton-Verfahren* benutzen Aufdatierungstechniken, die den Speicherbedarf reduzieren. Hierbei werden die Näherungen der inversen Aufdatierungsmatrizen über kumulative Produktdarstellungen gewonnen, die numerisch schnell erzeugbar sind. Allerdings sind diese Verfahren wegen der relativ groben Näherung der exakten Aufdatierungsmatrizen nur noch linear konvergent. Dafür erweisen sie sich aber bei großen Problemen als sehr erfolgreich. Darstellungen dieser Techniken für die inverse Aufdatierung findet man in Kap. 12 von Geiger und Kanzow (1999) und für direkte Aufdatierungen in Byrd, Nocedal und Schnabel (1994).

(4) *Inexakte Quasi-Newton-Verfahren* (engl. truncated quasi-Newton-methods) lösen die bei direkter Aufdatierung entstehenden Gleichungssystem nur näherungsweise. In Pytlak (2009) wird gezeigt, unter welchen Voraussetzungen für diese Verfahren die superlineare Konvergenz erhalten bleibt.

Wir zitieren ein Resultat aus Abschnitt 10.6 in Kosmol (1993) zur lokalen Konvergenz von Sekanten-Verfahren minimaler Änderung.

Satz 3.63 (Lokale Konvergenz von Sekantenverfahren minimaler Änderung)
Es sei $f \in C^2(\mathbb{R}^n, \mathbb{R})$, $\nabla f(\boldsymbol{x}^*) = \mathbf{0}$, $\nabla^2 f$ regulär in $\boldsymbol{x}^*$ und Lipschitz-stetig in einer Umgebung von $\boldsymbol{x}^*$. Wählt man den Startpunkt $\boldsymbol{x}^0$ und die Startmatrix H_0 oder B_0 in einer hinreichend kleinen Umgebung von $\boldsymbol{x}^*$ bzw. $\nabla^2 f(\boldsymbol{x}^*)$ oder $\nabla^2 f(\boldsymbol{x}^*)^{-1}$, dann ist jedes Sekantenverfahren minimaler Änderung bei Schrittweite 1 durchführbar und Q-superlinear konvergent gegen $\boldsymbol{x}^*$.

Ersetzt man die Regularität von $\nabla^2 f(\boldsymbol{x}^*)$ durch die positive Definitheit, dann gilt die gleiche Aussage auch für Quasi-Newton-Verfahren mit BFGS-Aufdatierung (siehe Satz 11.33 aus Kap. 11 in Geiger und Kanzow (1999)).
Abschließend betrachten wir als Spezialfall die Anwendung von Quasi-Newton-Verfahren auf streng konvexe quadratische Funktionen. Hier kann die perfekte Schrittweite durch die Berechnungsvorschrift (3.5) oder mithilfe einer quadratischen Interpolation exakt bestimmt werden, und es gilt der folgende Satz:

Satz 3.64 (*Endliche STOPP-Eigenschaft*)
Es seien $f : \mathbb{R}^n \to \mathbb{R}$ mit $f(\boldsymbol{x}) = \frac{1}{2}\boldsymbol{x}^T Q \boldsymbol{x} + \boldsymbol{b}^T \boldsymbol{x}$ und $Q \in \mathbb{SPD}^n$. Ein Quasi-Newton-Verfahren nach Algorithmus 11 mit einer Aufdatierung aus der eingeschränkten Broyden-Klasse und perfekter Schrittweite endet nach $m \leq n$ Iterationen im Minimalpunkt $\boldsymbol{x}^*$. Die endliche Menge der Richtungen $\{\boldsymbol{d}^k\}_{k=0,1,\ldots,m-1}$ bilden bzgl. des Skalarproduktes $\langle \boldsymbol{x}, \boldsymbol{y} \rangle_Q := \boldsymbol{x}^T Q \boldsymbol{y}$ ein Orthogonalsystem. Weiterhin gilt $B_{k+1} Q \boldsymbol{d}^j = \boldsymbol{d}^j$ für alle $j = 0, \ldots, k$ und alle $k = 0, 1, \ldots, m-1$. Für $m = n$ folgt somit insbesondere $B_n = Q^{-1}$ bzw. $H_n = Q$.

In der Geometrie werden solche bzgl. Q orthogonalen Richtungen als konjugierte Richtungen bezeichnet (siehe Abschnitt 3.6). Wir verzichten auf den sehr technischen Beweis von Satz 3.64 mittels vollständiger Induktion, da wir einen analogen Beweis bei den CG-Verfahren (siehe Abschnitt 3.6) führen werden. Für beliebige Schrittweitenstrategien ist die endliche Stopp-Eigenschaft nach Satz 3.64 nicht gewährleistet. Ist die Zielfunktion f hinreichend glatt und gleichmäßig konvex, dann wird sie in einer hinreichend kleinen Umgebung der eindeutigen Minimalstelle sehr gut durch eine quadratische Funktion approximiert und zwar umso besser je kleiner diese Umgebung ist. Dadurch kann man mit Taylor-Entwicklung die superlineare Konvergenz bei Benutzung von asymptotisch perfekten Schrittweiten der Ordnung 1 quantifizieren (Spellucci (1993), S. 140). Im Detail und sehr umfassend wurde dies in Stoer (1977) sowie Babtist und Stoer (1977) untersucht.

Satz 3.65
Es sei $f \in C^3(\mathbb{R}^n, \mathbb{R})$ auf der Niveaumenge $N_f(f(\boldsymbol{x}^0)$ gleichmäßig konvex. Dann gilt für ein Quasi-Newton-Verfahren nach Algorithmus 11 mit einer Aufdatierung der eingeschränkten Broyden-Klasse und asymptotisch perfekter Schrittweite von 1. Ordnung

$$\|\boldsymbol{x}^{(k+1)n} - \boldsymbol{x}^*\| \leq C\|\boldsymbol{x}^{kn} - \boldsymbol{x}^*\|^2 \text{ (\textit{n-Schritt Q-quadratische Konvergenz})}$$

für alle $k \geq k_0$.

Allerdings folgt aus diesem Satz nicht die Q-superlineare Konvergenz, sondern nur die R-superlineare Konvergenz

$$\|\boldsymbol{x}^k - \boldsymbol{x}^*\| \leq cr^{(\sqrt[n]{2})^k} \text{ für alle } k \geq k_0$$

mit einem $c \geq 0$ und einem $r \in (0,1)$.
Startet man in hinreichend kleiner Umgebung von $\boldsymbol{x}^*$, dann gilt für die Quasi-Newton-Verfahren der eingeschränkten Broyden-Klasse die schärfere Abschätzung

$$\|\boldsymbol{x}^{k+n} - \boldsymbol{x}^*\| \leq C\|\boldsymbol{x}^k - \boldsymbol{x}^*\|^2$$

für alle $k \geq k_0$. In Ritter (1980) wird für diese Verfahrensklasse

$$\lim_{k\to\infty} \frac{\|\boldsymbol{x}^{k+n} - \boldsymbol{x}^*\|}{\|\boldsymbol{x}^k - \boldsymbol{x}^*\|^2} = 0$$

gezeigt (*n-Schritt Q-superquadratische Konvergenz*).

3.5.3 Numerische Experimente zu Quasi-Newton-Verfahren

Im Falle numerischer Instabilitäten bei der Lösung der Quasi-Newton-Gleichung bietet sich eine least-square-Lösung gemäß

$$\text{MIN}\left\{\|H_k\boldsymbol{d} + \nabla f(\boldsymbol{x}^k)\| \mid \boldsymbol{d} \in \mathbb{R}^n\right\}$$

an, um die Quasi-Newton-Verfahren fortführen zu können. Im Rahmen der aufgeführten Konvergenzaussagen ist der mit dieser Richtung $\boldsymbol{d}^k$ ermittelte Iterationspunkt $\boldsymbol{x}^{k+1}$ als neuer Startpunkt des Verfahrens aufzufassen.
In Analogie zu S2 des Algorithmus 9 wurde unter EDOPTLAB in den Realisierungen des Algorithmus 11 im Fall

$$\nabla f(\boldsymbol{x}^k)^T\boldsymbol{d}^k \geq -10^{-8}\|\boldsymbol{d}^k\|^{2.1}$$

ein Restart eingefügt. Hierbei wird in Schritt S2 die Matrix $H_k := E_n$ gesetzt, wodurch auch hier die Ausweichrichtung $\boldsymbol{d}^k := -\nabla f(\boldsymbol{x}^k)$ erzeugt wird.
In den Experimenten benutzen wir für die Quasi-Newton-Verfahren nur die direkte BFGS-, die inverse DFP- und die direkte PSB-Aufdatierung. Die zugehörigen Quasi-Newton-Verfahren nach Algorithmus 11 und 12 (genauer 12.1 oder 12.2) bezeichnen wir kurz mit ***BFGS-***, ***DFP-*** und ***PSB-Verfahren***. Zur weiteren Unterscheidung von DFP- bzw. PSB-Verfahren nach Algorithmus 12 fügen wir bei Bedarf den Variantenindex 1 oder 2 zur Bezeichnung hinzu.

Experiment 3.5.1 (Quasi-Newton-Verfahren bei verschiedenen Schrittweitenstrategien)
In Analogie zu den Langzeitexperimenten 3.3.3 und 3.4.1 betrachten wir die BFGS-, DFP- und PSB-Verfahren nach Algorithmus 11 und beiden Varianten des Algorithmus 12 bei verschiedenen Schrittweitenstrategien und wenden diese auf die Probleme Nr. 4, Nr. 1 sowie Nr. 9 an. Dabei wird der Winkelparameter $\mu := 10^{-8}$ gesetzt. Als Abbruchtoleranz wählen wir jeweils 10^{-8} und setzen die maximale Iterationszahl auf 1000. Der LS 6.0 wird mit 1 %-iger Genauigkeit ohne nachfolgende Interpolation durchgeführt.
QN01.m, QN0101.m, QN0102.m: Die Tabelle 3.22 enthält die Resultate für das BFGS-Verfahren nach Algorithmus 11. Bei der Schrittweite LS 1.0 und LS 8.0 benutzt das BFGS-Verfahren für die quadratische Funktion Nr. 4 bei vielen Startpunkten eine nahezu konstante Schrittweite $t_k \approx 2$. Dies führt wie bei den gedämpften Newton-Verfahren zu starken Oszillationen mit einer sehr langsamen Konvergenz. Bei diesen Schrittweitenstrategien werden zu große Anfangstestschrittweiten akzeptiert, womit wegen der fehlenden Interpolation die asymptotische Perfektheit der Schrittweiten nicht gegeben ist. Beim BFGS-Verfahren gemäß Algorithmus 12.1 und Algorithmus 12.2 wird die Ausweichrichtung kaum benutzt (siehe wiederum Abschnitt 11.4 in Kosmol (1993)).
QN02.m, QN0201.m, QN0202.m: Das DFP-Verfahren nach Algorithmus 11 benötigt im Durchschnitt mehr Iterationen als das BFGS-Verfahren und ist bei LS 1.0 und 8.0 ebenfalls uneffektiv(siehe Tab. 3.23). Bei den LS 1.1, 2.1, 4.0, 5.1 und 8.1 wird bei Problem Nr. 1 und bei Problem Nr. 9 zu früh die Schrittweite 1 akzeptiert. Schrittweitenstrategien mit abschließender Interpolation (LS 3.0, LS 3.1) sind offensichtlich von Vorteil. Für die Probleme Nr. 1 und Nr. 9 ergeben sich beim DFP-Verfahren nach den beiden Varianten des Algorithmus 12 mit dem empfohlenen Winkelparameter keine Verbesserungen.
QN05.m, QN0501.m, QN0502.m: Wir betrachten abschließend in diesem Langzeitexperiment das PSB-Verfahren nach Algorithmus 11 mit Restart. Das Verhalten dieses Algorithmus ähnelt bzgl. der Wahl unterschiedlicher Schrittweitenstrategien den Algorithmen mit BFGS- und DFP-Aufdatierung (siehe Tab. 3.24). Die PSB1- bzw. PSB2-Verfahren bringen hier ebenfalls keine wesentlichen Verbesserungen. ■

Anzahl Startpunkte = 250, CPU-Zeit in Sekunden = 3208.73
Maximal erlaubte Iterationszahl = 1000, Toleranz = 1.00e-008

Problem	Nr. 4			Nr. 1			Nr. 9		
Linesearch	iter	fiter	siter	iter	fiter	siter	iter	fiter	siter
LS 1.0	310	622	27.7	73	363	7.1	47	148	4.7
LS 1.1	7	14	0.1	27	73	0.6	25	55	0.3
LS 2.0	4	10	0.0	18	105	0.4	18	51	0.2
LS 2.1	7	14	0.1	25	76	0.5	24	54	0.2
LS 3.0	2	8	0.0	17	105	0.4	11	62	0.3
LS 3.1	2	8	0.0	19	93	0.4	11	59	0.3
LS 4.1	7	15	0.1	34	78	1.0	25	51	0.2
LS 5.1	7	15	0.1	30	72	0.7	25	52	0.2
LS 6.0	5	77	0.0	15	254	0.3	17	270	0.2
LS 7.0	5	7	0.4	18	46	0.4	21	27	0.2
LS 7.1	5	7	0.1	23	39	0.5	24	30	0.3
LS 8.0	272	274	26.4	21	51	1.5	21	28	0.2
LS 8.1	7	8	0.1	25	39	0.6	24	30	0.3

Tab. 3.22 Auswertung BFGS-Verfahren nach Alg. 11 im Exp. 3.5.1

Anzahl Startpunkte = 250, CPU-Zeit in Sekunden = 3646.44
Maximal erlaubte Iterationszahl = 1000, Toleranz = 1.00e-008

Problem	Nr. 4			Nr. 1			Nr. 9		
Linesearch	iter	fiter	siter	iter	fiter	siter	iter	fiter	siter
LS 1.0	256	514	26.4	247	1160	19.5	130	374	14.4
LS 1.1	7	15	0.1	51	138	3.1	47	104	4.1
LS 2.0	4	10	0.0	22	126	0.5	21	58	0.5
LS 2.1	7	15	0.1	50	132	5.0	37	83	1.8
LS 3.0	2	8	0.0	21	127	0.5	13	72	0.3
LS 3.1	2	8	0.0	22	119	0.5	13	72	0.3
LS 4.1	8	17	0.1	52	117	5.8	46	95	2.9
LS 5.1	8	17	0.1	324	684	25.9	46	98	2.8
LS 6.0	5	76	0.0	15	254	0.3	17	278	0.3
LS 7.0	6	8	0.7	29	62	4.4	22	31	0.4
LS 7.1	5	8	0.2	46	68	5.1	34	50	1.2
LS 8.0	226	228	25.4	53	90	9.1	23	32	0.7
LS 8.1	7	9	0.1	103	126	13.8	37	51	1.8

Tab. 3.23 Auswertung DFP-Verfahren nach Alg. 11 im Exp. 3.5.1

```
Anzahl Startpunkte = 250,  CPU-Zeit in Sekunden = 3423.94
Maximal erlaubte Iterationszahl =  1000,  Toleranz = 1.00e-008
--------------------------------------------------------------
Problem     |        Nr. 4      |        Nr. 1      |       Nr. 9
------------|-------------------|-------------------|-------------------
Linesearch  | iter fiter siter  | iter fiter siter  | iter fiter siter
============|===================|===================|===================
LS  1.0     |  280   561  25.8  |   57   366   3.1  |   33   100   2.7
LS  1.1     |    6    13   0.1  |   48   295   2.1  |   23    54   0.3
------------|-------------------|-------------------|-------------------
LS  2.0     |    4    11   0.0  |   33   275   1.4  |   18    53   0.3
LS  2.1     |    6    13   0.1  |   43   289   3.6  |   24    55   0.4
LS  3.0     |    2     8   0.0  |   30   259   1.4  |   11    64   0.3
LS  3.1     |    2     8   0.0  |   30   226   1.3  |   11    62   0.3
------------|-------------------|-------------------|-------------------
LS  4.1     |    7    15   0.1  |   51   175   2.1  |   25    52   0.4
LS  5.1     |    7    15   0.1  |   51   187   2.4  |   25    53   0.4
------------|-------------------|-------------------|-------------------
LS  6.0     |    5    78   0.0  |   23   436   0.9  |   18   276   0.3
------------|-------------------|-------------------|-------------------
LS  7.0     |    7     9   1.0  |   33   132   4.3  |   21    29   0.2
LS  7.1     |    5     7   0.1  |   38   114   2.4  |   23    30   0.3
LS  8.0     |  253   256  25.0  |   36   136   4.4  |   21    29   0.2
LS  8.1     |    6     8   0.1  |   39   112   2.2  |   23    29   0.3
```

Tab. 3.24 Auswertung PSB-Verfahren nach Alg. 11 im Exp. 3.5.1

Wir werden jetzt in Einzelexperimenten Eigenschaften des BFGS- und des DFP-Verfahrens etwas genauer betrachten.

Experiment 3.5.2 (Vergleich des BFGS- und des DFP-Verfahrens nach Algorithmus 11 mit LS 5.1 für die zweidimensionale Rosenbrock-Funktion)
QN07.m: Der LS 5.1 verwendet bei Akzeptanz der Schrittweite 1 keine Interpolation. In der Abbildung 3.32 sind die Lösungstrajektorien und jeweils darunter die Verletzung der Abbruchbedingungen dargestellt. Das BFGS-Verfahren erreicht nach 45 Iterationen die Abbruchtoleranz. Im Gegensatz hierzu bricht das DFP-Verfahren nach der vorgegebenen maximalen Iterationsanzahl ab, ohne in die Nähe der Abbruchtoleranz zu gelangen. Die Abbildung 3.33 verdeutlicht, dass beim DFP-Verfahren im Gegensatz zum BFGS-Verfahren die Schrittweite 1 fast permanent gewählt wird. Dies und der Sachverhalt, dass die Konditionen der Aufdatierungsmatrizen B_k sehr groß werden (siehe ebenfalls Abb. 3.33), sind Gründe für die sehr langsame Konvergenz des DFP-Verfahrens. ■

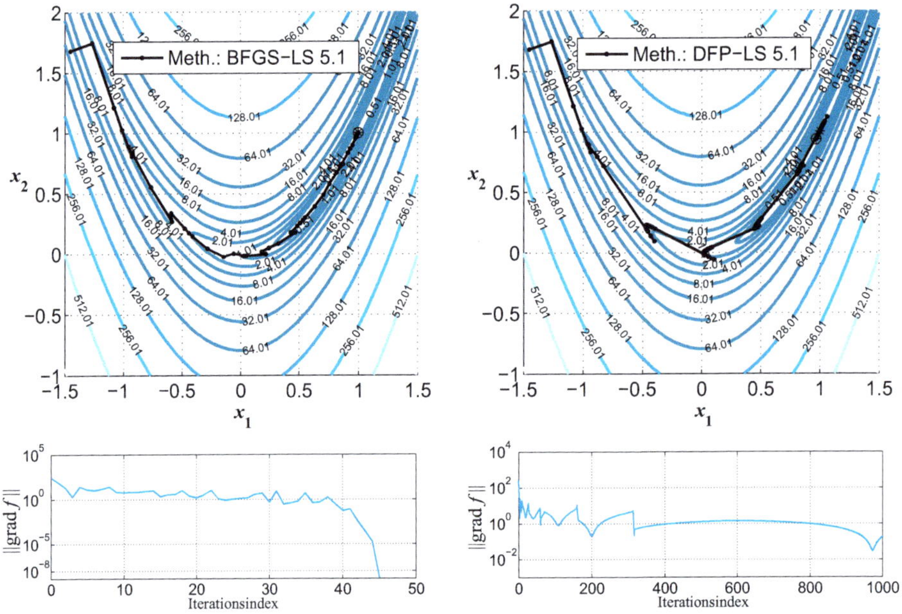

Abb. 3.32 Iterationsverlauf des BFGS- und DFP-Verfahrens nach Alg. 11 (LS 5.1) für die zweidimensionale Rosenbrock-Funktion im Exp. 3.5.2

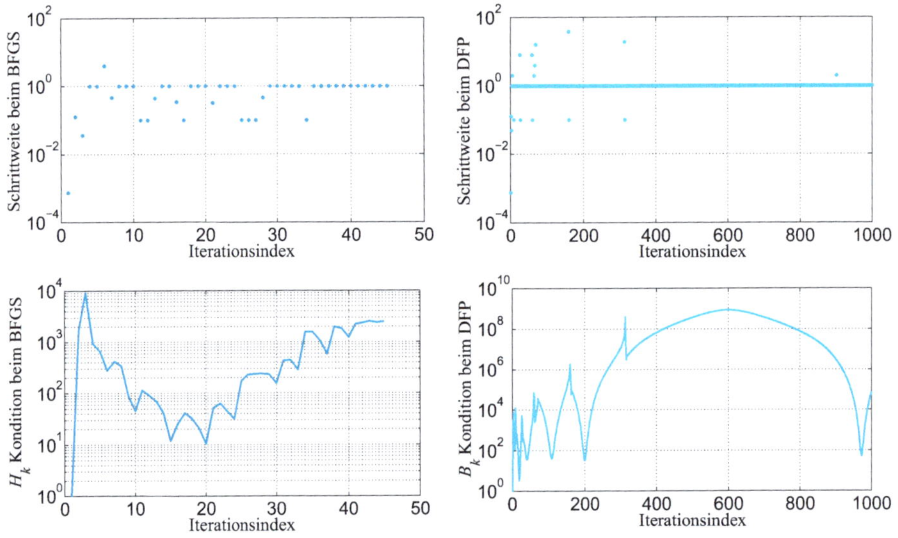

Abb. 3.33 Schrittweiten und spektrale Konditionszahl der Aufdatierungsmatrizen beim BFGS- und DFP-Verfahren nach Alg. 11 (LS 5.1) für die zweidimensionale Rosenbrock-Funktion im Exp. 3.5.2

Experiment 3.5.3 (Kostenvergleich des BFGS- und des DFP-Verfahrens nach Algorithmus 11 mit Powell-Wolfe-Schrittweiten bei der 20-dimensionalen Rosenbrock-Funktion)
QN20.m: Wir berechnen den Aufwand („`Kosten`") der Verfahrensvarianten als Summe der Anzahl „`nf`" der berechneten Funktionswerte und der Anzahl „`dim * ng`" der berechneten partiellen Ableitungen. In der Abbildung 3.34 stellen wir diese Kosten für die Powell-Wolfe-Schrittweiten 5.1 bzw. 7.0 beim BFGS- und DFP-Verfahren nach Algorithmus 11 mit der Abbruchtoleranz 10^{-6} für die Tangentenparameter $\beta = 0.9, 0.7, 0.45, 0.3, 0.1, 0.08, 0.06, 0.03, 0.01$ dar, um daraus Empfehlungen für eine günstige Wahl des Tangentenparameters zu erhalten. Offensichtlich ist es beim DFP-Verfahren im Gegensatz zum BFGS-Verfahren günstig, einen relativ kleinen Tangentenparameter von $\beta = 0.1$ (d. h. nahezu perfekte Schrittweiten) zu wählen. Die Überlegenheit des BFGS-Verfahrens gegenüber dem DFP-Verfahren zeigt sich auch in diesem Experiment, da das BFGS-Verfahren bei $\beta = 0.9$ am kostengünstigsten einsetzbar ist. Man beachte, dass der Aufwand allein für die Bestimmung einer Powell-Wolfe-Schrittweite bei $\beta = 0.1$ natürlich prinzipiell wesentlich größer als bei $\beta = 0.9$ ist. ■

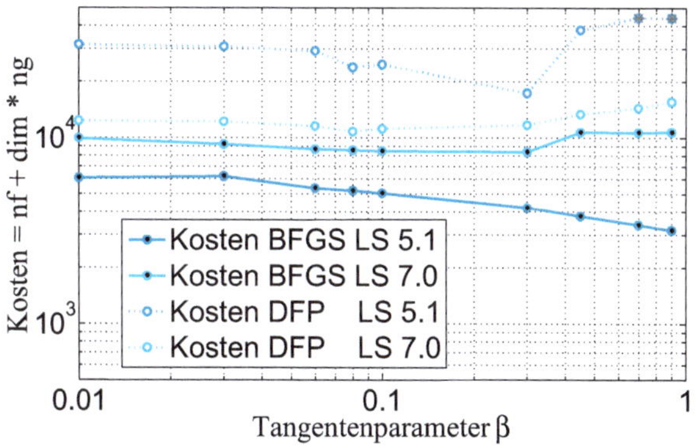

Abb. 3.34 Kostenanalyse des BFGS- und DFP-Verfahrens nach Alg. 11 mit LS 5.1 und 7.0 bei verschiedenen Tangentenparametern β für die 20-dimensionale Rosenbrock-Funktion im Exp. 3.5.3

Experiment 3.5.4 (Kostenvergleich des BFGS- und des DFP-Verfahrens nach Algorithmus 11 und Algorithmus 12 für verschiedene Schrittweitenstrategien bei der 20-dimensionalen Rosenbrock-Funktion)
QN21.m, QN22.m: mit Alg. 11: Wir vergleichen für verschiedene Schrittweiten den Aufwand der BFGS- und DFP-Verfahren (siehe Abb. 3.35). Dabei werden für die Powell-Wolfe-Schrittweiten die im vorhergehenden Experiment 3.5.3 ermittelten günstigsten

Tangentenparameter benutzt. Der LS 6.0 wird mit Interpolation und 10%-er (BFGS) bzw. 1%-er relativer Genauigkeit ausgeführt. Es zeigt sich, dass für das BFGS-Verfahren Schrittweitenstrategien mit Anfangstest der Schrittweite 1 und Interpolation (bei Bedarf) und für das DFP-Verfahren Schrittweitenstrategien mit erzwungener abschließender Interpolation vorteilhaft sind. Das DFP-Verfahren bricht bei LS 1.1 und LS 4.1 durch Erreichen der maximalen Iterationszahl 2000 ab. In der Abbildung markieren die grauen Punkte den bis dahin entstandenen Aufwand. Bei Anwendung der beiden Varianten des Algorithmus 12 ergeben sich nur geringfügige Unterschiede, wobei die DFP-Verfahren unabhängig von der gewählten Schrittweitenstrategie die Abbruchtoleranz erreichen. ■

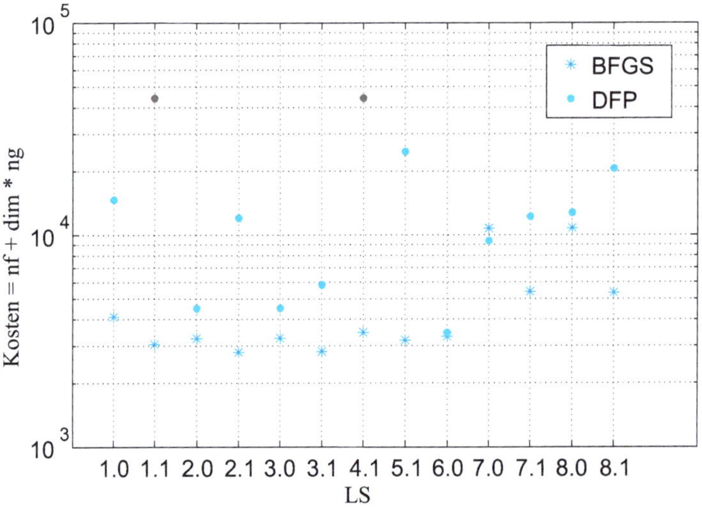

Abb. 3.35 Kostenanalyse des BFGS- und DFP-Verfahren nach Alg. 11 mit verschiedenen LS für die 20-dimensionale Rosenbrock-Funktion im Exp. 3.5.4

Experiment 3.5.5 (Vergleich der Iterierten des BFGS- und des DFP-Verfahrens nach Algorithmus 11 mit „fast perfekter" Schrittweite)

QN16.m, QN17.m: Nach Dixon (1972) sind bei Wahl der Einheitsmatrix für H_0 bzw. B_0 und gleichem Startpunkt $\boldsymbol{x}^0$ sowie perfekter Schrittweite in jeder Iteration die Iterationspunkte $\boldsymbol{x}^k$ bei allen Quasi-Newton-Verfahren mit Aufdatierungen aus der Broyden-Klasse identisch. Wir untersuchen für die zwei- bzw. 20-dimensionale Rosenbrock-Funktion die Abweichung $\|\boldsymbol{x}^k_{BFGS} - \boldsymbol{x}^k_{DFP}\|$ zwischen dem BFGS- und dem DFP-Verfahren mit Approximationen der perfekten Schrittweite durch LS 6.0 (Goldener Schnitt und fortgesetzte quadratische Interpolation) bei einer relativen Genauigkeit von 10^{-k} für $k = 1, 2, 4, 6, 8, 10$. In der Abbildung 3.36 werden die Normdifferenzen bis zum Abbruch eines der beiden Verfahren dargestellt. Für die Dimension $n = 2$ wird die zitierte theoretische Aussage auch experimentell bestätigt (siehe Abb. 3.36 (links)). Dagegen sind bei $n = 20$ die numerischen Instabilitäten beim DFP-Verfahren bereits zu groß, um im Rahmen der unter MATLAB verfügbaren Gleitkommastellen dieses Resultat auch numerisch zu verifizieren (siehe Abb. 3.36 (rechts)). ■

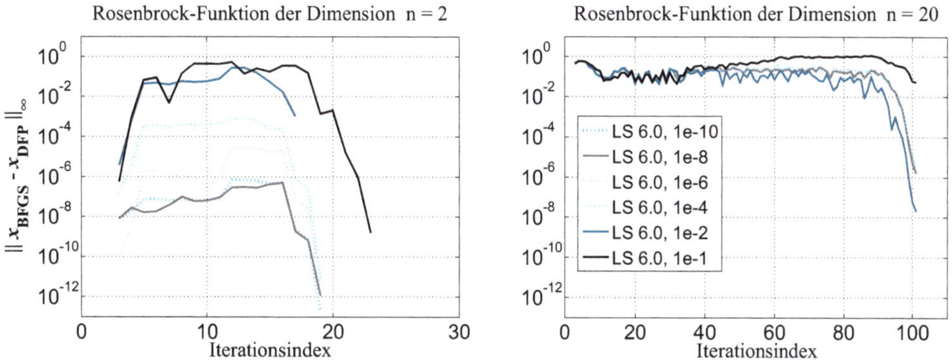

Abb. 3.36 Vergleich BFGS- und DFP-Verfahren nach Alg. 11 bei LS 6.0 mit verschiedenen relativen Genauigkeiten für die zwei- bzw. 20-dimensionale Rosenbrock-Funktion im Exp. 3.5.5

Experiment 3.5.6 (Vergleich des BFGS- und des PSB-Verfahrens nach Algorithmus 11 sowie des PSB1- und des PSB2-Verfahrens nach Algorithmus 12 bei der sechsdimensionalen Rosenbrock-Funktion)
QN23.m: Ein Vergleich der aufgeführten Varianten der Verfahren bei Verwendung des LS 6.0 mit Interpolation und relativem Fehler von 10^{-10} unterstreicht die Überlegenheit des BFGS-Verfahrens gegenüber den anderen untersuchten Quasi-Newton-Verfahren (siehe Abb. 3.37). Während das PSB-Verfahren nach Algorithmus 11 die maximal vorgegebene Anzahl von 2000 Iterationen überschreitet, gelangen sowohl das PSB1- als auch das PSB2-Verfahren relativ schnell in die Nähe der Lösung, benötigen dann aber sehr viele Iterationen für Verbesserungen der Näherungslösung. ■

Experiment 3.5.7 (Vergleich des BFGS-, des DFP- und des PSB-Verfahrens nach Algorithmus 11 mit Konstantschrittweite 1 bei der 20-dimensionalen Rosenbrock-Funktion)
QN25.m: Die aufgeführten lokalen Verfahren mit der Konstantschrittweite 1 (LS 10) werden in unterschiedlicher Entfernung vom Lösungspunkt $\boldsymbol{x}^*$ gemäß $\|\boldsymbol{x}^* - \boldsymbol{x}^0\| \approx 0.5\rho$ für $\rho = 0.1, 0.5$ mit jeweils gleichem $\boldsymbol{x}^0$ gestartet. Bei $\rho = 0.1$ erreichen das BFGS-, das DFP- und das PSB-Verfahren in wenigen Iterationen die geforderte Abbruchtoleranz von 10^{-6} (siehe Abb. 3.38). Vergrößern wir den Abstand des Startpunktes zur Lösung ($\rho = 0.5$), dann zeigt sich auch hier die Überlegenheit des lokalen BFGS-Verfahrens. Es erfüllt nach

45 Iterationen die Abbruchbedingung. Dagegen stagniert das lokale DFP-Verfahren und das lokale PSB-Verfahren divergiert. Das BFGS-Verfahren besitzt also einen größeren Einzugsbereich für die lokale Phase gegenüber den DFP- und PSB-Verfahren. ■

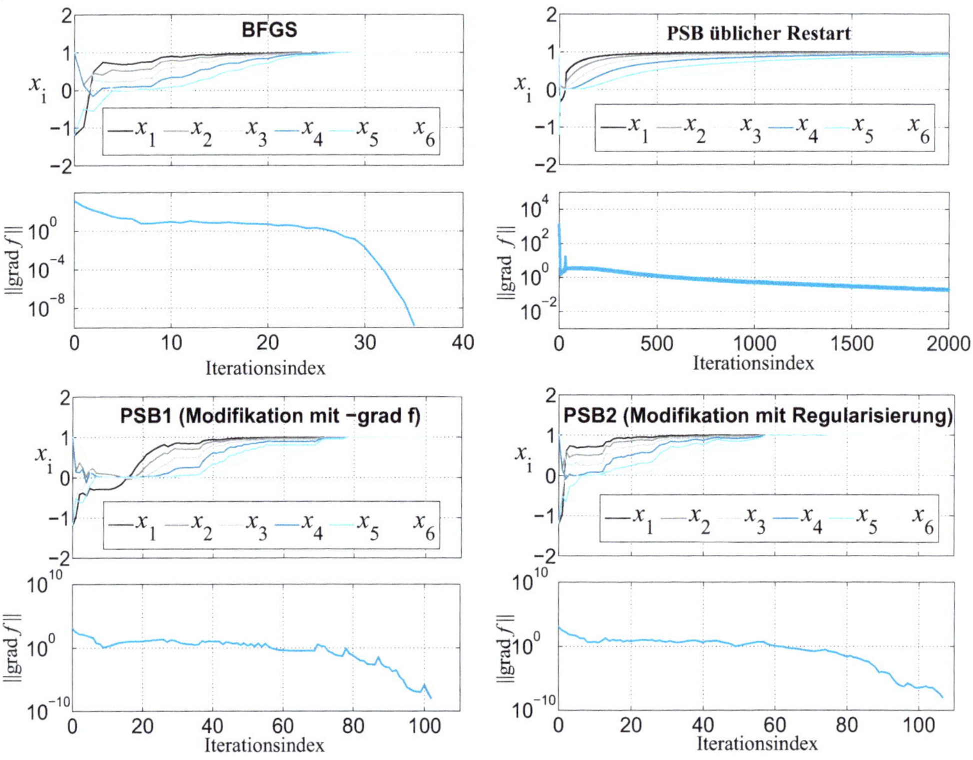

Abb. 3.37 Vergleich BFGS- und PSB-Verfahren für die sechsdimensionale Rosenbrock-Funktion bei fast perfekter Schrittweite im Exp. 3.5.6

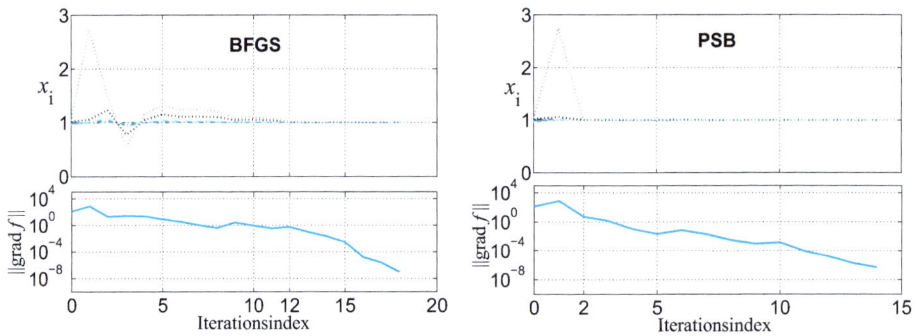

Abb. 3.38 Vergleich lokales BFGS- und lokales PSB-Verfahren nach Alg. 11 für die 20-dimensionale Rosenbrock-Funktion im Exp. 3.5.7

Experiment 3.5.8 (Quasi-Newton-Verfahren bei streng konvexen quadratischen Funktionen)
Wir betrachten BFGS-, DFP- und PSB-Verfahren bei streng konvexen quadratischen Funktionen $f : \mathbb{R}^n \to \mathbb{R}$ mit $f(\boldsymbol{x}) = \frac{1}{2}\boldsymbol{x}^T Q \boldsymbol{x} + \boldsymbol{q}^T \boldsymbol{x} + \gamma$ und verwenden die perfekte Schrittweite (LS 3.0). Bei der quadratischen Funktion aus Problem Nr. 60 wird die Dimension n, die Matrix Q und der Vektor $\boldsymbol{q}$ vorgegeben. Im Anschluss wird γ automatisch so bestimmt, dass der optimale Zielfunktionswert Null ist.
QN26.m, n = 5: Das BFGS- und DFP-Verfahren gemäß Algorithmus 11 enden nach 5 Iterationen im Lösungspunkt (siehe Satz 3.64 und Abb. 3.39). Erst in der letzten Iteration wird in Bezug auf die Genauigkeit der Approximation des Lösungspunktes und der Approximation von Q durch H_k bzw. Q^{-1} durch B_k der entscheidende Fortschritt erzielt. Die PSB-Verfahren (ohne Abb.) nach Algorithmus 11 und Algorithmus 12 benötigen etwa doppelt so viele Iterationen für die vorgegebene Abbruchgenauigkeit von 10^{-6}. Die Matrix Q wird durch die Aufdatierungen H_k nicht approximiert.
QN27.m, QN28.m, QN29.m, QN30.m: Die Verteilung der Eigenwerte der Matrix Q und die Kondition der Matrix Q beeinflussen die Effektivität der Quasi-Newton-Verfahren mit endlicher STOPP-Eigenschaft. Die im Experiment für die Dimension $n = 50$ benutzte gleichmäßige Verteilung der Eigenwerte zwischen $\lambda_{\min}(Q) = 0.1$ und $\lambda_{\max}(Q) = 100$ bewirkt, dass das Verfahren nach 34 Iterationen wegen Unterschreitung der Schritttoleranz abbricht. Weiterhin destabilisiert die hohe Kondition $\kappa(Q) = 1000$ die Quasi-Newton-Verfahren bei wachsender Dimension (siehe Abb. 3.40). Den Einfluss der Verteilung der Eigenwerte von Q werden wir bei den CG-Verfahren (siehe Abschnitt 3.6) näher untersuchen. ■

Experiment 3.5.9 (Konvergenz der Aufdatierungsmatrizen H_k gegen $\nabla^2 f(\boldsymbol{x}^*)$)
Nach Stoer (1984) konvergieren die Aufdatierungsmatrizen H_k bzw. B_k für Quasi-Newton-Verfahren mit Aufdatierungen der eingeschränkten Broyden-Klasse, bei direkter Aufdatierung gegen die Hesse-Matrix bzw. bei inverser Aufdatierung gegen die Inverse der Hesse-Matrix im Lösungspunkt $\boldsymbol{x}^*$, wenn die Problemfunktion f dreimal stetig differenzierbar und gleichmäßig konvex ist sowie asymptotisch perfekte und effiziente Schrittweitenregeln benutzt werden.
QN34.m, QN35.m, QN36.m: Wir betrachten die Rosenbrock-Funktion der Dimensionen $n = 2, 10, 20$ und verwenden das BFGS-Verfahren nach Algorithmus 11 mit LS 6.0 inklusive Interpolation sowie relativer Genauigkeit 10^{-5} bei Abbruchtoleranz 10^{-11}. Trotz der hohen Genauigkeit bei der Approximation der Lösung bei allen betrachteten Dimensionen n ist bereits für $n = 2$ nur eine sehr langsame Konvergenz der Schrittweiten gegen 1 und der Aufdatierungsmatrizen H_k gegen $\nabla^2 f(\boldsymbol{x}^*)$ zu beobachten (siehe Abb. 3.41). Für $n = 10$ und $n = 20$ ist eine Tendenz hierzu im Rahmen der MATLAB-Genauigkeit nicht mehr feststellbar (siehe Abb. 3.42). ■

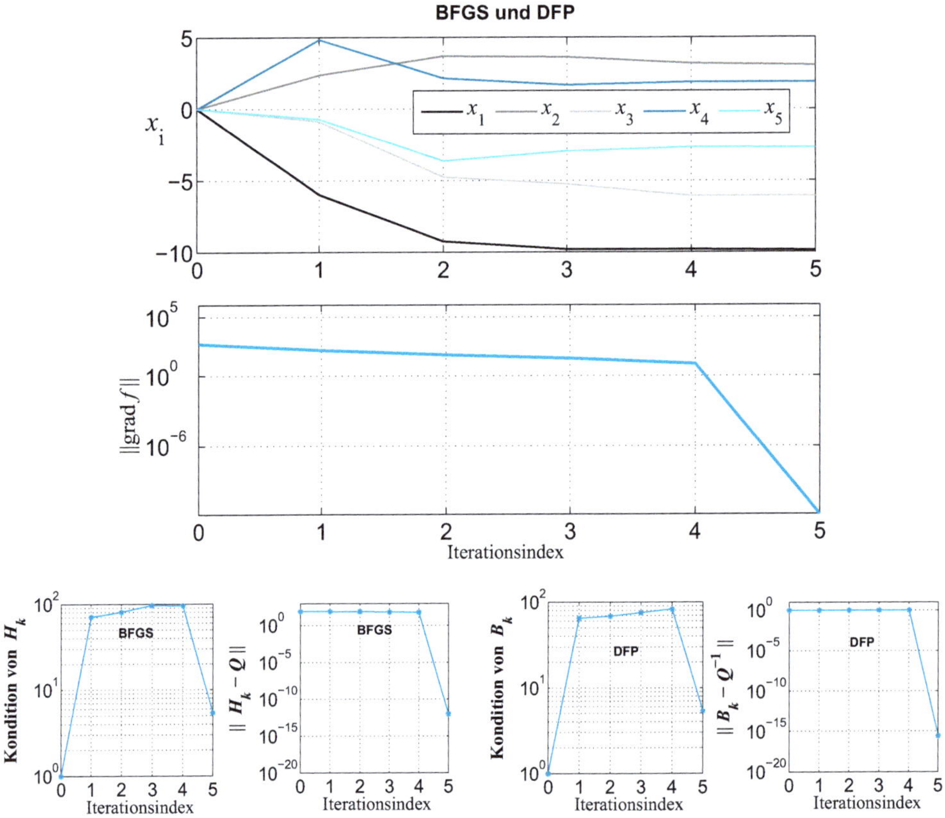

Abb. 3.39 Vergleich BFGS- und DFP-Verfahren nach Alg. 11 bei LS 3.0 für Problem Nr. 60 mit Dimension $n = 5$ im Exp. 3.5.8

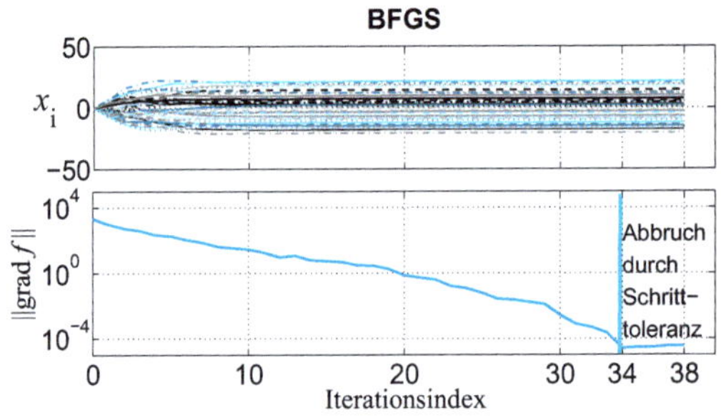

Abb. 3.40 Iterationsverlauf des BFGS-Verfahrens nach Alg. 11 bei LS 3.0 für Problem Nr. 60 mit Dimension $n = 50$ im Exp. 3.5.8

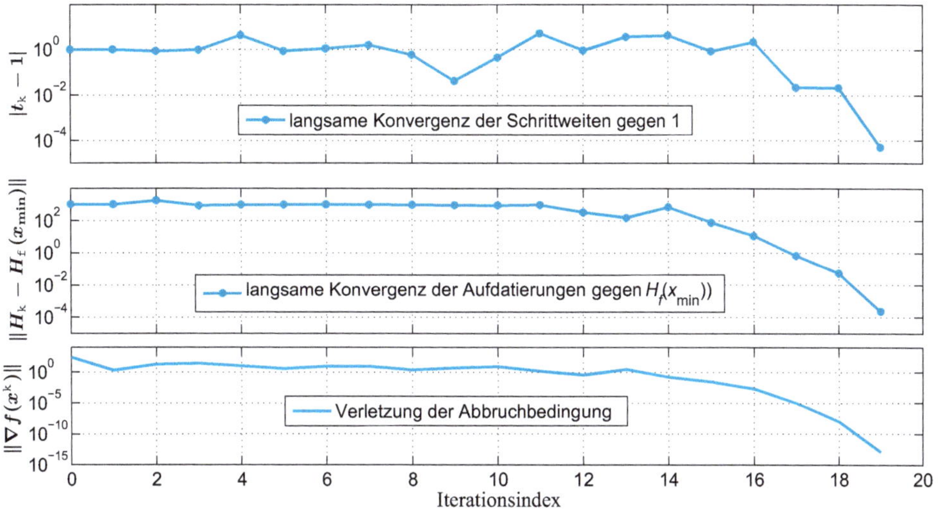

Abb. 3.41 Konvergenzanalyse des BFGS-Verfahrens nach Alg. 11 bei fast perfekter Schrittweite für die zweidimensionale Rosenbrock-Funktion im Exp. 3.5.9

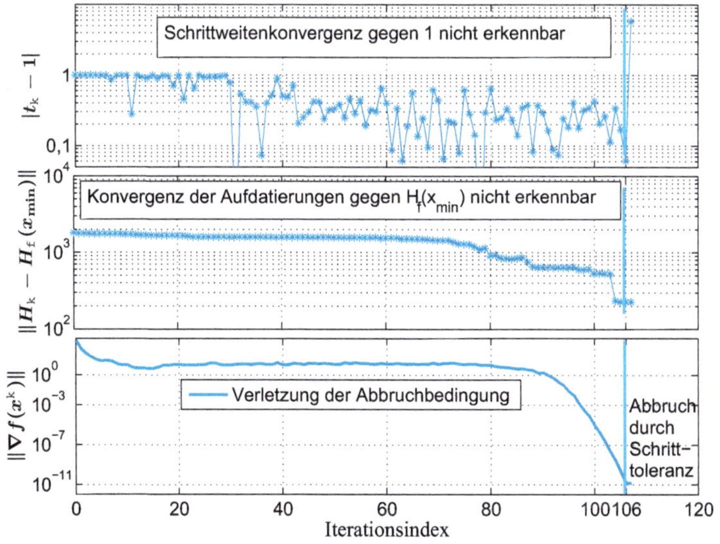

Abb. 3.42 Konvergenzanalyse des BFGS-Verfahrens nach Alg. 11 bei fast perfekter Schrittweite für die 20-dimensionale Rosenbrock-Funktion im Exp. 3.5.9

Experiment 3.5.10 (Kosten- und Zeitvergleich des BFGS-Verfahrens zu modifizierten Newton-Verfahren unter AD und SD)
Wir betrachten die sechsdimensionale Rosenbrock-Funktion f (Problem Nr. 50, Dimension $n = 6$) und die modifizierte Rosenbrock-Funktion $\bar{f}$ (Problem Nr. 70, Dimension $n = 6$) definiert durch $\bar{f} : \mathbb{R}^6 \to \mathbb{R}$ mit $\bar{f}(\boldsymbol{x}) := f(\boldsymbol{x}) + 2f(\boldsymbol{x})^2$. Die so modifizierte Rosenbrock-Funktion besitzt offensichtlich die gleiche globale Minimalstelle $\boldsymbol{x}^* = (1,1,1,1,1,1)^T$ mit dem minimalen Funktionswert Null. Während jedoch die Hesse-Matrizen von f nur in der Hauptdiagonalen und in der 1. Nebendiagonalen von Null verschiedene Elemente enthalten, sind bei $\bar{f}$ die Hesse-Matrizen $\nabla^2 \bar{f}(\boldsymbol{x})$ für $\boldsymbol{x} \neq \boldsymbol{x}^*$ voll besetzt. Unter EDOPTLAB wird daher bei der Rosenbrock-Funktion f die Anzahl der zu berechnenden Elemente der Hesse-Matrizen $\nabla^2 f$ gleich $2n - 1$ gesetzt.
QN32.m, n = 6: Wir vergleichen das BFGS-Verfahren nach Algorithmus 11 mit Varianten des (modifizierten) Newton-Verfahrens bezüglich der Anzahl der Iterationen und der Kosten bei Benutzung von LS 5.1 mit Tangentenparameter $\beta = 0.9$ und Abbruchtoleranz 10^{-6}. In Abbildung 3.43 werden neben der Anzahl der Iterationen je Verfahren die Anzahl der Berechnungen der Funktionswerte und partiellen Ableitungen bis zur 2. Ordnung als Kosten ausgewiesen. Man erkennt den Vorteil des BFGS-Verfahrens gegenüber den modifizierten Newton-Verfahren insbesondere bei Problem Nr. 70.

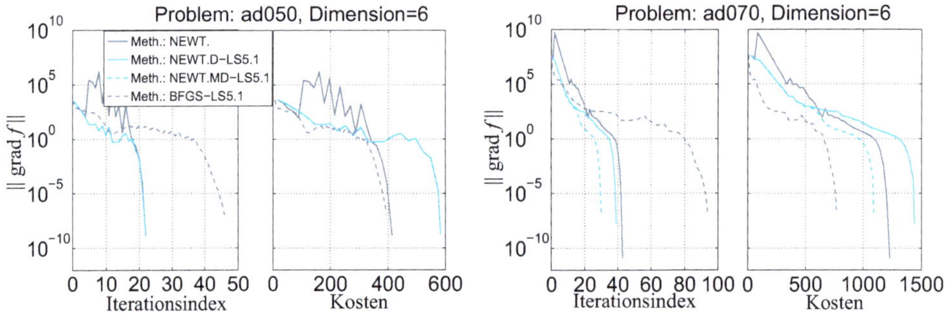

Abb. 3.43 Kostenanalyse des BFGS-Verfahrens nach Alg. 11 und des modifizierten Newton-Verfahren mit LS 5.1, Tangentenparameter $\beta = 0.9$ für die Probleme Nr. 50 und 70 (Dimension n=6) im Exp. 3.5.10

QN33.m, n = 6: Im letzten Teilexperiment vergleichen wir nun die benötigten (und z. T. gemittelten) CPU-Zeiten für das BFGS-Verfahren nach Algorithmus 11 und die Varianten des (modifizierten) Newton-Verfahrens bei Anwendung der AD bzw. SD zur Berechnung der Gradienten und der Hesse-Matrizen. Dabei berücksichtigen wir auch die jeweiligen Initialisierungszeiten, d. h. die zur Bereitstellung der Gradienten bzw. Hesse-Matrizen benötigten Zeiten.

Verfahren	Problem Nr. 50	Problem Nr. 70
Initialisierung AD	0.033	0.034
Newton	0.141	0.219
ged. Newton	0.172	0.328
ged. reg. Newton	0.172	0.250
BFGS	0.172	0.328

Tab. 3.25 Vergleich der CPU-Zeiten in Sekunden bei BFGS- und (modifizierten) Newton-Verfahren mit AD im Exp. 3.5.10

Verfahren	Problem Nr. 50	Problem Nr. 70
Initialisierung SD	0.323	0.376
Newton	0.031	0.109
ged. Newton	0.047	0.078
ged. reg. Newton	0.031	0.078
BFGS	0.047	0.109

Tab. 3.26 Vergleich der CPU-Zeiten in Sekunden bei BFGS- und (modifizierten) Newton-Verfahren mit SD im Exp. 3.5.10

Die Initialisierungszeiten sind bei SD für die betrachteten Probleme etwa zehnmal größer als bei AD. Andererseits beträgt die bei unserer Implementation benötigte CPU-Zeit unter Verwendung der SD nur 10 bis 50% derjenigen unter der Verwendung von AD (einmalige Anwendung der SD und nachfolgende Speicherung als m-File). ■

3.6 Verfahren der konjugierten Gradienten (CG-Verfahren)

Zur Erläuterung des Prinzips der CG-Verfahren beginnen wir mit einer geometrischen Betrachtung anhand einer streng konvexen quadratischen Funktion $f : \mathbb{R}^2 \to \mathbb{R}$ mit $f(\boldsymbol{x}) = \frac{1}{2}\boldsymbol{x}^T Q \boldsymbol{x} + \boldsymbol{b}^T \boldsymbol{x}$ und $Q \in \mathbb{SPD}^2$. Die Matrix Q besitze zwei unterschiedliche Eigenwerte, womit die Höhenlinien von f Ellipsen sind(siehe Abb. 3.44).

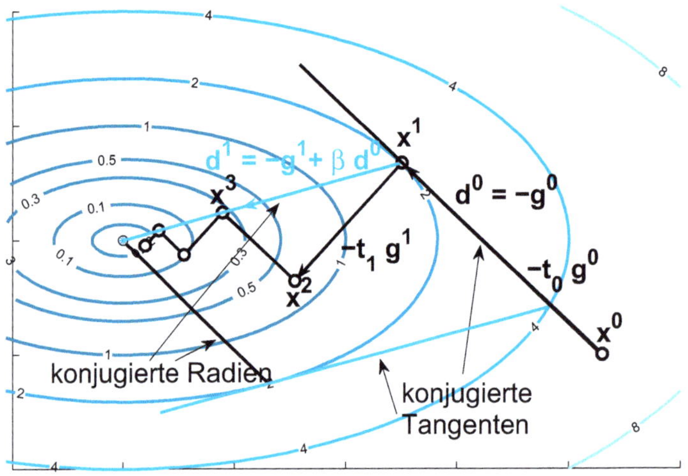

Abb. 3.44 Konjugierte Richtungen

Beginnend mit einem Startpunkt $\boldsymbol{x}^0$ sind in der Abbildung die ersten Iterationen $\boldsymbol{x}^1, \boldsymbol{x}^2, \boldsymbol{x}^3, \ldots$ des Verfahrens des steilsten Abstiegs mit perfekter Schrittweite dargestellt. Diese Abstiegsrichtungen sind – wie wir wissen – paarweise orthogonal. Verbindet man den Punkt $\boldsymbol{x}^1$ mit $\boldsymbol{x}^3$ und verlängert diese Strecke über $\boldsymbol{x}^3$ hinaus, so trifft dieser Strahl offenbar die Minimalstelle von f. Leicht nachzuvollziehen ist weiterhin die Konstruktion des eingezeichneten Parallelogramms, welches die Beziehungen zu den Begriffen „konjugierte Radien“ und „konjugierte Tangenten“ verdeutlicht. Diese Beobachtung liefert die Idee zu den in diesem Abschnitt untersuchten Verfahren. Die der Abbildung entnehmbaren Richtungen $\boldsymbol{d}^0 := -\boldsymbol{g}^0 = \nabla f(\boldsymbol{x}^0)$ und $\boldsymbol{d}^1 := \boldsymbol{x}^3 - \boldsymbol{x}^1$ sind sogenannte konjugierte Richtungen, d. h. mit dem Skalarprodukt $\langle \cdot, \cdot \rangle_Q$ gilt

$$(\boldsymbol{d}^0)^T Q \boldsymbol{d}^1 = \langle \boldsymbol{d}^0, \boldsymbol{d}^1 \rangle_Q = 0\,.$$

Wir definieren allgemeiner:

Definition 3.66 (Q-konjugierte oder Q-orthogonale Richtungen)
Es sei $Q \in \mathbb{SPD}^n$. Die vom Nullvektor verschiedenen Richtungen $\boldsymbol{d}^1$ und $\boldsymbol{d}^2$ heißen *Q-konjugiert* oder *Q-orthogonal*, wenn sie bzgl. des Skalarproduktes $\langle \cdot, \cdot \rangle_Q$ orthogonal sind, d. h. wenn $\langle \boldsymbol{d}^1, \boldsymbol{d}^2 \rangle_Q = 0$ gilt. Weiterhin nennen wir eine Richtung $\boldsymbol{d} \in \mathbb{R}^n$ *Q-orthogonal zu einem linearen Unterraum $U \subset \mathbb{R}^n$*, wenn $\langle \boldsymbol{d}, \boldsymbol{u} \rangle_Q = 0$ für alle $\boldsymbol{u} \in U$ gilt.

Man zeigt leicht, dass ein System von $m \leq n$ paarweise Q-konjugierten Vektoren $\boldsymbol{d}^0, \ldots, \boldsymbol{d}^{m-1}$ linear unabhängig ist und dass dieses System für $m = n$ eine Q-

Orthogonalbasis des $\mathbb{R}^n$ bildet (siehe Aufgabe 3.37).
Mit der Transformation $\boldsymbol{x}^i = (\boldsymbol{d}^0, \ldots, \boldsymbol{d}^{n-1})\boldsymbol{y}^i$ für $i = 1, 2$ folgt

$$(\boldsymbol{x}^1)^T Q \boldsymbol{x}^2 = (\boldsymbol{y}^1)^T (\boldsymbol{d}^0, \ldots, \boldsymbol{d}^{n-1})^T Q (\boldsymbol{d}^0, \ldots, \boldsymbol{d}^{n-1}) \boldsymbol{y}^2 = (\boldsymbol{y}^1)^T E_n \boldsymbol{y}^2 = (\boldsymbol{y}^1)^T \boldsymbol{y}^2.$$

Damit sind für gegebene Q-orthogonale Richtungen $\boldsymbol{x}^1$ und $\boldsymbol{x}^2$ die so transformierten Richtungen $\boldsymbol{y}^1$ und $\boldsymbol{y}^2$ orthogonal im Sinne des (üblichen) Skalarproduktes.

3.6.1 CG-Verfahren für streng konvexe quadratische Funktionen

Die Idee der CG-Verfahren besteht darin, für eine gegebene quadratische Funktion mit positiv definiter Matrix Q die (exakte) Minimierung in $k \leq n$ aufeinanderfolgenden paarweise Q-orthogonalen Richtungen durchzuführen, um nach höchstens n Iterationen die Minimalstelle von f zu erreichen.
Aus der linearen Algebra ist das *Orthogonalisierungsverfahren nach Gram-Schmidt* bekannt, mit dem man aus einer Menge von linear unabhängigen Vektoren $\{\boldsymbol{p}^0, \ldots, \boldsymbol{p}^{m-1}\} \subset \mathbb{R}^n$ iterativ Q-orthogonale Richtungen $\{\boldsymbol{d}^0, \ldots, \boldsymbol{d}^{m-1}\} \subset \mathbb{R}^n$ erzeugen kann.

Algorithmus 13 (Orthogonalisierungsverfahren nach Gram-Schmidt)

S0. Wähle $m \leq n$ linear unabhängige Vektoren $\boldsymbol{p}^0, \ldots, \boldsymbol{p}^{m-1} \in \mathbb{R}^n$ sowie eine Matrix $Q \in \mathbb{SPD}^n$, und setze $\boldsymbol{d}^0 := \boldsymbol{p}^0$ sowie $k := 1$.

S1 **Wenn** $k < m$, **dann** berechne

$$\boldsymbol{d}^k := \boldsymbol{p}^k - \sum_{i=0}^{k-1} \frac{(\boldsymbol{p}^k)^T Q \boldsymbol{d}^i}{(\boldsymbol{d}^i)^T Q \boldsymbol{d}^i} \, \boldsymbol{d}^i \, . \tag{3.47}$$

Sonst: STOPP.

S2 Setze $k := k + 1$, und gehe zu **S1**.

Der Beweis des folgenden Lemmas wird dem Leser überlassen (siehe Aufgabe 3.38).

Lemma 3.67
Das Orthogonalisierungsverfahren nach Gram-Schmidt ist durchführbar, und es gilt $\operatorname{span}\{\boldsymbol{d}^0, \ldots, \boldsymbol{d}^k\} = \operatorname{span}\{\boldsymbol{p}^0, \ldots, \boldsymbol{p}^k\}$ für alle $k = 0, \ldots, m-1$.

Für eine streng konvexe quadratische Funktion $f : \mathbb{R}^n \to \mathbb{R}$ mit $f(\boldsymbol{x}) = \frac{1}{2}\boldsymbol{x}^T Q \boldsymbol{x} + \boldsymbol{b}^T \boldsymbol{x}$ und $Q \in \mathbb{SPD}^n$ kann, aufbauend auf eine etwa mit dem Orthogonalisierungsverfahren nach Gram-Schmidt erzeugte Menge $\{\boldsymbol{d}^0, \ldots, \boldsymbol{d}^{n-1}\} \subset \mathbb{R}^n$ von paarweise Q-orthogonalen Richtungen, das *Verfahren der konjugierten Richtungen* zur Bestimmung der Minimalstelle von f wie folgt formuliert werden:

Algorithmus 14 (Verfahren der konjugierten Richtungen)

S0. Wähle $\boldsymbol{x}^0 \in \mathbb{R}^n$, und setze $k := 0$.

S1 Wenn $\nabla f(\boldsymbol{x}^k) = \boldsymbol{0}$, dann STOPP.

S2 Bestimme die perfekte Schrittweite t_k im Punkt $\boldsymbol{x}^k$ in Richtung $\boldsymbol{d}^k$ gemäß

$$t_k := -\frac{\langle \nabla f(\boldsymbol{x}^k), \boldsymbol{d}^k \rangle}{\langle \boldsymbol{d}^k, \boldsymbol{d}^k \rangle_Q}, \tag{3.48}$$

und setze $\boldsymbol{x}^{k+1} := \boldsymbol{x}^k + t_k \boldsymbol{d}^k$.

S3 Setze $k := k+1$, und gehe zu **S1**.

Satz 3.68
Es seien $f : \mathbb{R}^n \to \mathbb{R}$ mit $f(\boldsymbol{x}) = \frac{1}{2}\boldsymbol{x}^T Q \boldsymbol{x} + \boldsymbol{b}^T \boldsymbol{x}$ und $Q \in \mathbb{SPD}^n$ sowie $\{\boldsymbol{d}^0, \ldots, \boldsymbol{d}^{n-1}\} \subset \mathbb{R}^n$ eine Menge von paarweise Q-orthogonalen Richtungen. Weiterhin sei die Menge der Iterierten $\{\boldsymbol{x}^0, \ldots, \boldsymbol{x}^{m+1}\} \subset \mathbb{R}^n$ mit $m+1 \le n$ durch den Algorithmus 14 erzeugt. Dann gilt für $k = 0, \ldots, m$:

(a) $\nabla f(\boldsymbol{x}^{k+1})^T \boldsymbol{d}^j = 0$ für alle $0 \le j \le k$ und

(b) $f(\boldsymbol{x}^{k+1}) = \min\{f(\boldsymbol{x}) \mid \boldsymbol{x} \in V_{k+1}\}$ mit $V_{k+1} := \left\{ \boldsymbol{x} \,\middle|\, \boldsymbol{x} = \boldsymbol{x}^0 + \sum\limits_{i=0}^{k} \mu_i \boldsymbol{d}^i, \mu_i \in \mathbb{R} \right\}$.

Der Algorithmus 14 endet nach höchstens n Iterationen in der globalen Minimalstelle $\boldsymbol{x}^*$ von f.

Beweis:
Zu (a): Wegen (3.48) gilt $\nabla f(\boldsymbol{x}^{j+1})^T \boldsymbol{d}^j = 0$ für alle $j = 0, \ldots, k$. Für $j = 0, \ldots, k-1$ ist mit $\boldsymbol{x}^{k+1} - \boldsymbol{x}^{j+1} = \sum\limits_{i=j+1}^{k} t_i \boldsymbol{d}^i$ die (Quasi-Newton-) Gleichung

$$\nabla f(\boldsymbol{x}^{k+1}) - \nabla f(\boldsymbol{x}^{j+1})) = Q \sum_{i=j+1}^{k} t_i \boldsymbol{d}^i$$

erfüllt, und es folgt

$$\nabla f(\boldsymbol{x}^{k+1})^T \boldsymbol{d}^j = \nabla f(\boldsymbol{x}^{j+1})^T \boldsymbol{d}^j + \sum_{i=j+1}^{k} t_i (\boldsymbol{d}^i)^T Q \boldsymbol{d}^j = \sum_{i=j+1}^{k} t_i (\boldsymbol{d}^i)^T Q \boldsymbol{d}^j .$$

Wegen der Q-Orthogonalität der Richtungen $\boldsymbol{d}^i$ folgt die Aussage (a) unmittelbar.
Zu (b): Nun sei $k \in \{0, \ldots, m\}$. Offensichtlich ist $\boldsymbol{x} - \boldsymbol{x}^{k+1}$ für alle $\boldsymbol{x} \in V_{k+1}$ eine

Linearkombination der Richtungen $\boldsymbol{d}^0, \ldots, \boldsymbol{d}^k$. Wegen der Konvexität von f über $\mathbb{R}^n$ und mit (a), folgt nach Satz 1.68 (a)

$$f(\boldsymbol{x}) - f(\boldsymbol{x}^{k+1}) \geq \nabla f(\boldsymbol{x}^{k+1})^T(\boldsymbol{x} - \boldsymbol{x}^{k+1}) = 0$$

für alle $\boldsymbol{x} \in V_{k+1}$, womit $\boldsymbol{x}^{k+1}$ die globale Minimalstelle von f über V_{k+1} ist.
Da im Fall $m = n-1$ die Vektoren $\boldsymbol{d}^0, ..., \boldsymbol{d}^{n-1}$ eine Basis des $\mathbb{R}^n$ bilden, gilt $V_n = \mathbb{R}^n$ und somit $\boldsymbol{x}^n = \arg\min_{x \in \mathbb{R}^n} f(\boldsymbol{x})$ wegen Teilaussage (b). □

Es stellt sich nun die Frage, ob die A-priori-Berechnung der Q-orthogonalen Richtungen $\boldsymbol{d}^0, ..., \boldsymbol{d}^{n-1}$ gemäß Algorithmus 13 vermieden werden kann und stattdessen diese erst im Verlaufe des Verfahrens sukzessive bestimmt werden können. Es seien dafür im k-ten Iterationschritt die Q-orthogonalen Richtungen $\boldsymbol{d}^0, ..., \boldsymbol{d}^k$ bekannt. Zur Bestimmung von $\boldsymbol{d}^{k+1}$ genügt es, einen Vektor $\boldsymbol{p}^{k+1}$ zu finden, der von den bisher bekannten Richtungen $\boldsymbol{d}^0, ..., \boldsymbol{d}^k$ linear unabhängig ist. Der Vektor $\boldsymbol{p}^{k+1} := -\nabla f(\boldsymbol{x}^{k+1})$ erfüllt nach Satz 3.68 (a) diese Bedingung. Wie wir im Beweis des Satzes 3.69 zeigen werden, fallen bei dieser Wahl in (3.47) alle Summanden bis auf den letzten weg. Dadurch gewinnen wir eine sehr einfache Formel für $\boldsymbol{d}^{k+1}$. Außerdem werden wir für $\boldsymbol{d}^0 := -\nabla f(\boldsymbol{x}^0)$ zeigen, dass alle weiteren so erzeugten Suchrichtungen $\boldsymbol{d}^k$ auch Abstiegsrichtungen sind. Diese Überlegungen führen zu dem folgenden Algorithmus:

Algorithmus 15 (CG-Verfahren für streng konvexe quadratische Funktionen)

S0. Wähle $\boldsymbol{x}^0 \in \mathbb{R}^n$, und setze $\boldsymbol{d}^0 := -\nabla f(\boldsymbol{x}^0)$ sowie $k := 0$.

S1. Wenn $\nabla f(\boldsymbol{x}^k) = \boldsymbol{0}$, dann STOPP.

S2. Bestimme die perfekte Schrittweite t_k im Punkt $\boldsymbol{x}^k$ in Richtung $\boldsymbol{d}^k$ gemäß (3.48), und setze $\boldsymbol{x}^{k+1} := \boldsymbol{x}^k + t_k \boldsymbol{d}^k$.

S3. Berechne $\nabla f(\boldsymbol{x}^{k+1})$ sowie

$$\beta_k := \frac{\langle \nabla f(\boldsymbol{x}^{k+1}), \boldsymbol{d}^k \rangle_Q}{\langle \boldsymbol{d}^k, \boldsymbol{d}^k \rangle_Q}, \tag{3.49}$$

und setze $\boldsymbol{d}^{k+1} := -\nabla f(\boldsymbol{x}^{k+1}) + \beta_k \boldsymbol{d}^k$.

S4. Setze $k := k+1$, und gehe zu **S1**.

Wir benutzen bei der Formulierung des folgenden Satzes Potenzen von Matrizen $Q \in \mathbb{R}^{(n,n)}$ und definieren $Q^0 := E_n$ sowie für $i \in \mathbb{N}$ mit $i \geq 1$ rekursiv $Q^i := QQ^{i-1}$.

Satz 3.69
Es seien $f : \mathbb{R}^n \to \mathbb{R}$ mit $f(\boldsymbol{x}) = \frac{1}{2}\boldsymbol{x}^T Q\boldsymbol{x} + \boldsymbol{b}^T\boldsymbol{x}$ und $Q \in \mathbb{SPD}^n$ sowie V_k wie in Satz 3.68 definiert. Weiterhin sei die Menge der Iterierten $\{\boldsymbol{x}^0, \ldots, \boldsymbol{x}^{m+1}\} \subset \mathbb{R}^n$ mit $m+1 \leq n$ durch den Algorithmus 15 erzeugt. Dann gilt für $k = 1, \ldots, m$

(a) $\langle \nabla f(\boldsymbol{x}^j), \nabla f(\boldsymbol{x}^i)\rangle = 0$ für $0 \leq i < j \leq k$,

(b) $\langle \boldsymbol{d}^j, \boldsymbol{d}^i\rangle_Q = 0$ für $0 \leq i < j \leq k$,

(c) $\langle \nabla f(\boldsymbol{x}^j), \boldsymbol{d}^i\rangle = 0$ für $0 \leq i < j \leq k$,

(d) $\langle \nabla f(\boldsymbol{x}^j), \boldsymbol{d}^j\rangle = -\|\nabla f(\boldsymbol{x}^j)\|^2$ für $0 \leq j \leq k$,

(e) $V_k - \boldsymbol{x}^0 = \operatorname{span}\{\boldsymbol{d}^0, \ldots, \boldsymbol{d}^{k-1}\} = \operatorname{span}\{\nabla f(\boldsymbol{x}^0), \ldots, \nabla f(\boldsymbol{x}^{k-1})\}$,

(f) $V_k - \boldsymbol{x}^0 = \operatorname{span}\{\nabla f(\boldsymbol{x}^0), Q\nabla f(\boldsymbol{x}^0), \ldots, Q^{k-1}\nabla f(\boldsymbol{x}^0)\}$

sowie für alle $k = 2, \ldots, m$

(g) $\langle \nabla f(\boldsymbol{x}^j), \boldsymbol{d}^i\rangle_Q = 0$ für $0 \leq i < j-1 \leq k-1$.

Der Algorithmus 15 endet nach höchstens n Iterationen in der globalen Minimalstelle $\boldsymbol{x}^*$ von f (endliche STOPP-Eigenschaft).

Beweis: Offensichtlich gilt $\nabla f(\boldsymbol{x}^i) \neq \boldsymbol{0}$ für alle $i = 0, 1, \ldots, k \leq m \leq n-1$.
Zu (a)-(c): Für alle $l \in \{1, 2, \ldots, m\}$ folgt wegen (3.48) bzw. (3.49)

$$\begin{aligned}
\langle \nabla f(\boldsymbol{x}^l), \boldsymbol{d}^{l-1}\rangle &= \langle Q\boldsymbol{x}^l + \boldsymbol{b}, \boldsymbol{d}^{l-1}\rangle \\
&= \langle Q(\boldsymbol{x}^{l-1} + t_{l-1}\boldsymbol{d}^{l-1}) + \boldsymbol{b}, \boldsymbol{d}^{l-1}\rangle \\
&= \langle Q\boldsymbol{x}^{l-1} + \boldsymbol{b}, \boldsymbol{d}^{l-1}\rangle + t_{l-1}\langle \boldsymbol{d}^{l-1}, \boldsymbol{d}^{l-1}\rangle_Q \\
&= \langle \nabla f(\boldsymbol{x}^{l-1}), \boldsymbol{d}^{l-1}\rangle - \frac{\langle \nabla f(\boldsymbol{x}^{l-1}), \boldsymbol{d}^{l-1}\rangle}{\langle \boldsymbol{d}^{l-1}, \boldsymbol{d}^{l-1}\rangle_Q}\, \langle \boldsymbol{d}^{l-1}, \boldsymbol{d}^{l-1}\rangle_Q \\
&= 0
\end{aligned}$$

bzw.

$$\begin{aligned}
\langle \boldsymbol{d}^l, \boldsymbol{d}^{l-1}\rangle_Q &= \langle -\nabla f(\boldsymbol{x}^l) + \beta_{l-1}\boldsymbol{d}^{l-1}, \boldsymbol{d}^{l-1}\rangle_Q \\
&= -\langle \nabla f(\boldsymbol{x}^l), \boldsymbol{d}^{l-1}\rangle_Q + \beta_{l-1}\langle \boldsymbol{d}^{l-1}, \boldsymbol{d}^{l-1}\rangle_Q \\
&= -\langle \nabla f(\boldsymbol{x}^l), \boldsymbol{d}^{l-1}\rangle_Q + \frac{\langle \nabla f(\boldsymbol{x}^l), \boldsymbol{d}^{l-1}\rangle_Q}{\langle \boldsymbol{d}^{l-1}, \boldsymbol{d}^{l-1}\rangle_Q}\, \langle \boldsymbol{d}^{l-1}, \boldsymbol{d}^{l-1}\rangle_Q \\
&= 0\,.
\end{aligned}$$

Somit gilt speziell für $l = 1$ bzw. $l = k \leq m$

$$\langle \nabla f(\boldsymbol{x}^1), \boldsymbol{d}^0\rangle = 0,\ \langle \boldsymbol{d}^1, \boldsymbol{d}^0\rangle_Q = 0 \text{ und } \langle \nabla f(\boldsymbol{x}^1), \nabla f(\boldsymbol{x}^0)\rangle = -\langle \nabla f(\boldsymbol{x}^1), \boldsymbol{d}^0\rangle = 0$$

bzw.

$$\langle \nabla f(\boldsymbol{x}^k), \boldsymbol{d}^{k-1} \rangle = 0 \text{ und } \langle \boldsymbol{d}^k, \boldsymbol{d}^{k-1} \rangle_Q = 0 \,. \tag{3.50}$$

Der Beweis der Teilaussagen erfolgt nun mittels vollständiger Induktion über k. Somit gelte $k > 1$ und

$$\langle \nabla f(\boldsymbol{x}^j), \nabla f(\boldsymbol{x}^i) \rangle = 0, \ \langle \boldsymbol{d}^j, \boldsymbol{d}^i \rangle_Q = 0 \text{ sowie } \langle \nabla f(\boldsymbol{x}^j), \boldsymbol{d}^i \rangle = 0$$

für $0 \leq i < j \leq k-1$. Mit diesen Induktionsvoraussetzungen folgt unter Beachtung von (3.50) nun sukzessive

$$\begin{aligned}
\langle \nabla f(\boldsymbol{x}^k), \boldsymbol{d}^i \rangle &= \langle Q\boldsymbol{x}^k + \boldsymbol{b}, \boldsymbol{d}^i \rangle \\
&= \langle Q(\boldsymbol{x}^{k-1} + t_{k-1}\boldsymbol{d}^{k-1}) + \boldsymbol{b}, \boldsymbol{d}^i \rangle \\
&= \langle Q\boldsymbol{x}^{k-1} + \boldsymbol{b}, \boldsymbol{d}^i \rangle + t_{k-1} \langle \boldsymbol{d}^{k-1}, \boldsymbol{d}^i \rangle_Q \\
&= \langle \nabla f(\boldsymbol{x}^{k-1}), \boldsymbol{d}^i \rangle \\
&= 0 \qquad \text{für } 0 \leq i \leq k-2 \,,
\end{aligned}$$

$$\langle \nabla f(\boldsymbol{x}^k), \nabla f(\boldsymbol{x}^0) \rangle = -\langle \nabla f(\boldsymbol{x}^k), \boldsymbol{d}^0 \rangle = 0 \,,$$

$$\begin{aligned}
\langle \nabla f(\boldsymbol{x}^k), \nabla f(\boldsymbol{x}^i) \rangle &= \langle \nabla f(\boldsymbol{x}^k), -\boldsymbol{d}^i + \beta_{i-1}\boldsymbol{d}^{i-1} \rangle \\
&= -\langle \nabla f(\boldsymbol{x}^k), \boldsymbol{d}^i \rangle + \beta_{i-1} \langle \nabla f(\boldsymbol{x}^k), \boldsymbol{d}^{i-1} \rangle \\
&= 0 \qquad \text{für } 1 \leq i \leq k-1
\end{aligned}$$

sowie

$$\begin{aligned}
\langle \boldsymbol{d}^k, \boldsymbol{d}^i \rangle_Q &= \langle -\nabla f(\boldsymbol{x}^k) + \beta_{k-1}\boldsymbol{d}^{k-1}, \boldsymbol{d}^i \rangle_Q \\
&= -\langle \nabla f(\boldsymbol{x}^k), \boldsymbol{d}^i \rangle_Q + \beta_{k-1} \langle \boldsymbol{d}^{k-1}, \boldsymbol{d}^i \rangle_Q \\
&= 0 \qquad \text{für } 0 \leq i \leq k-2 \,.
\end{aligned}$$

Zu (d): Für $j = 0$ folgt die Aussage wegen $\boldsymbol{d}^0 = -\nabla f(\boldsymbol{x}^0)$ unmittelbar, und es gelte somit $1 \leq j \leq k$. Mit (3.49) und Teilaussage (c) folgt auch hier

$$\begin{aligned}
\langle \nabla f(\boldsymbol{x}^j), \boldsymbol{d}^j \rangle &= \langle \nabla f(\boldsymbol{x}^j), -\nabla f(\boldsymbol{x}^j) + \beta_{j-1}\boldsymbol{d}^{j-1} \rangle \\
&= -\langle \nabla f(\boldsymbol{x}^j), \nabla f(\boldsymbol{x}^j) \rangle + \beta_{j-1} \langle \nabla f(\boldsymbol{x}^j), \boldsymbol{d}^{j-1} \rangle \\
&= -\|f(\boldsymbol{x}^j)\|^2 \,.
\end{aligned}$$

Zu (e): Die Teilaussage folgt unmittelbar aus der Definition von V_k und S3 von Algorithmus 15.

Zu (f): Wir definieren Unterräume U_k, $W_k \subset \mathbb{R}^n$ gemäß

$$U_k := \operatorname{span}\{\nabla f(\boldsymbol{x}^0), Q\nabla f(\boldsymbol{x}^0), \ldots, Q^{k-1}\nabla f(\boldsymbol{x}^0)\} = \left\{ \boldsymbol{z} \;\middle|\; \boldsymbol{z} = \sum_{i=0}^{k-1} \rho_i Q^i \nabla f(\boldsymbol{x}^0),\ \rho_i \in \mathbb{R} \right\}$$

und

$$W_k := \operatorname{span}\{\nabla f(\boldsymbol{x}^0), \dots, \nabla f(\boldsymbol{x}^{k-1})\} = \left\{ \boldsymbol{z} \;\middle|\; \boldsymbol{z} = \sum_{i=0}^{k-1} \mu_i \nabla f(\boldsymbol{x}^i),\ \mu_i \in \mathbb{R} \right\} .$$

Mit Teilaussage (e) genügt es offensichtlich zu zeigen, dass $U_k = W_k$ für alle k mit $1 \le k \le m \le n-1$ gilt. Der Beweis erfolgt wiederum mittels vollständiger Induktion über k. Für $k = 1$ ist nichts zu zeigen. Mit $\nabla f(\boldsymbol{x}^1) = \nabla f(\boldsymbol{x}^0) + t_0 Q \boldsymbol{d}^0 = \nabla f(\boldsymbol{x}^0) - t_0 Q \boldsymbol{\nabla} f(\boldsymbol{x}^0)$ folgt wegen $t_0 \neq 0$ die Aussage auch für $k = 2$. Nun gelte $k \ge 3$ und $U_j = W_j$ für alle j mit $1 \le j \le k-1$. Dann folgt mit (3.49)

$$\begin{aligned} \nabla f(\boldsymbol{x}^{k-1}) - \nabla f(\boldsymbol{x}^{k-2}) &= t_{k-2} Q \boldsymbol{d}^{k-2} , \\ Q\boldsymbol{d}^{k-2} &= -Q \nabla f(\boldsymbol{x}^{k-2}) + \beta_{k-3} Q \boldsymbol{d}^{k-3} , \\ \nabla f(\boldsymbol{x}^{k-2}) - \nabla f(\boldsymbol{x}^{k-3}) &= t_{k-3} Q \boldsymbol{d}^{k-3} , \end{aligned}$$

und hiermit

$$\nabla f(\boldsymbol{x}^{k-1}) = -t_{k-2} Q \nabla f(\boldsymbol{x}^{k-2}) + \boldsymbol{u} \tag{3.51}$$

mit

$$\boldsymbol{u} := \left(1 + \frac{t_{k-2}\beta_{k-3}}{t_{k-3}}\right) \nabla f(\boldsymbol{x}^{k-2}) - \frac{t_{k-2}\beta_{k-3}}{t_{k-3}} \nabla f(\boldsymbol{x}^{k-3}) .$$

Offensichtlich gilt $\boldsymbol{u} \in W_{k-1} = U_{k-1}$ und nach Induktionsvoraussetzung $\nabla f(\boldsymbol{x}^{k-2}) \in W_{k-1} = U_{k-1}$. Damit existieren $\rho_i \in \mathbb{R}$ für $0 \le i \le k-2$ mit

$$\nabla f(\boldsymbol{x}^{k-2}) = \sum_{i=0}^{k-2} \rho_i Q^i \nabla f(\boldsymbol{x}^0) \text{ bzw. } Q \nabla f(\boldsymbol{x}^{k-2}) = \sum_{i=1}^{k-1} \rho_{i-1} Q^i \nabla f(\boldsymbol{x}^0) \in U_k ,$$

und es ergibt sich mit (3.51) $\nabla f(\boldsymbol{x}^{k-1}) \in U_k$ bzw. $W_k \subset U_k$. Andererseits muss wegen der Teilaussagen (a) und (e)

$$\nabla f(\boldsymbol{x}^{k-1}) \in W_k \setminus W_{k-1}$$

gelten. Somit folgt nach Induktionsvoraussetzung, dass der Koeffizient ρ_{k-1} in der Darstellung von $\nabla f(\boldsymbol{x}^{k-1})$ bzgl. der Basis $\{\nabla f(\boldsymbol{x}^0), Q\nabla f(\boldsymbol{x}^0), \dots, Q^{k-1} \nabla f(\boldsymbol{x}^0)\}$ gemäß

$$f(\boldsymbol{x}^{k-1}) = \sum_{i=0}^{k-1} \rho_i Q^i \nabla f(\boldsymbol{x}^0)$$

verschieden von Null ist. Damit gilt

$$Q^{k-1} \nabla f(\boldsymbol{x}^0) = \frac{f(\boldsymbol{x}^{k-1}) - \sum_{i=0}^{k-2} \rho_i Q^i \nabla f(\boldsymbol{x}^0)}{\rho_{k-1}}$$

und folglich auch $U_k \subset W_k$.

Zu (g): Es gelte $0 \leq i < j-1 \leq k-1$. Wegen $Q\boldsymbol{d}^i = \dfrac{\nabla f(\boldsymbol{x}^{i+1}) - \nabla f(\boldsymbol{x}^i)}{t_i}$ folgt mit Teilaussage (a)

$$\langle \nabla f(\boldsymbol{x}^j), \boldsymbol{d}^i \rangle_Q = \langle \nabla f(\boldsymbol{x}^j), Q\boldsymbol{d}^i \rangle = \frac{1}{t_i} \left(\langle \nabla f(\boldsymbol{x}^j), \nabla f(\boldsymbol{x}^{i+1}) \rangle - \langle \nabla f(\boldsymbol{x}^j), \nabla f(\boldsymbol{x}^i) \rangle \right) = 0 \,.$$

Die Endlichkeit des Algorithmus ergibt sich analog der Argumentation im Beweis von Satz 3.68. □

Die Basen der Unterräume zu den Mannigfaltikeiten V_k können nach Satz 3.69 durch Potenzen von Q, angewendet auf ein festes Element $\boldsymbol{g}^0$ aus $\mathbb{R}^n$, erzeugt werden. Solche Unterräume werden *Krylow-Unterräume* genannt. Damit gehört das CG-Verfahren zu den *Krylow-Unterraum-Verfahren* zur Lösung von linearen Gleichungssystemen (siehe Hoffmann et al. (2005, 2006), Teil 1, Kap. 19).

Bei schlechter Kondition von Q (und damit verbundenen numerischen Instabilitäten) oder bei Verwendung von nur asymptotisch perfekten Schrittweiten kann bei einer Implementierung natürlich nicht garantiert werden, dass der Algorithmus 15 nach höchstens n Iterationen stoppt.

Mit Satz 3.69 ergeben sich die folgenden Identitäten, deren Beweis wir dem Leser überlassen (siehe Aufgabe 3.36):

Folgerung 3.70

Für die perfekten Schrittweiten t_k gemäß (3.48) und die Koeffizienten β_k gemäß (3.49) gelten die folgenden Identitäten:

$$t_k = \frac{\langle \nabla f(\boldsymbol{x}^k), \nabla f(\boldsymbol{x}^k) \rangle}{\langle \boldsymbol{d}^k, \boldsymbol{d}^k \rangle_Q} = \frac{\|\nabla f(\boldsymbol{x}^k)\|^2}{\langle \boldsymbol{d}^k, \boldsymbol{d}^k \rangle_Q}\,, \tag{3.52}$$

$$\beta_k = \frac{\nabla f(\boldsymbol{x}^{k+1})^T (\nabla f(\boldsymbol{x}^{k+1}) - \nabla f(\boldsymbol{x}^k))}{\|\nabla f(\boldsymbol{x}^k)\|^2} = \frac{\|\nabla f(\boldsymbol{x}^{k+1})\|^2}{\|\nabla f(\boldsymbol{x}^k)\|^2}\,. \tag{3.53}$$

Mit Folgerung 3.70 kann der Algorithmus 15 in Hinblick auf eine effektivere Implementation neu formuliert werden:

Algorithmus 16 (*CG-Q-Verfahren*)

S0. Wähle $\boldsymbol{x}^0 \in \mathbb{R}^n$, und setze $\boldsymbol{g}^0 := \nabla f(\boldsymbol{x}^0)$, $\boldsymbol{d}^0 := -\boldsymbol{g}^0$ sowie $k := 0$.

S1. Wenn $\boldsymbol{g}^k = \boldsymbol{0}$, dann STOPP.

S2. Bestimme die Schrittweite t_k gemäß $t_k := \dfrac{\|\boldsymbol{g}^k\|^2}{\langle \boldsymbol{d}^k, \boldsymbol{d}^k\rangle_Q}$, und setze $\boldsymbol{x}^{k+1} := \boldsymbol{x}^k + t_k\boldsymbol{d}^k$ sowie

$$\boldsymbol{g}^{k+1} := \boldsymbol{g}^k + t_k Q\boldsymbol{d}^k \,. \tag{3.54}$$

S3. Setze $\boldsymbol{d}^{k+1} := -\boldsymbol{g}^{k+1} + \beta_k\boldsymbol{d}^k$ mit $\beta_k := \dfrac{\|\boldsymbol{g}^{k+1}\|^2}{\|\boldsymbol{g}^k\|^2}$.

S4. Setze $k := k+1$, und gehe zu **S1**.

Die Aufdatierung von $\boldsymbol{g}^{k+1}$ gemäß (3.54) spart gegenüber einer direkten Berechnung von $\nabla f(\boldsymbol{x}^{k+1})$ in S3 des Algorithmus 15 natürlich Rechenzeit und Speicherplatz. Allerdings ist es bei einer Implementation von Algorithmus 16 aus numerischen Gründen (Fehlerfortpflanzung) empfehlenswert, den Gradienten nach einer gewissen Anzahl von Iterationen zumindest einmal direkt zu berechnen.

3.6.2 Konvergenzeigenschaften und Eigenwertstruktur von Q

Es sei $f : \mathbb{R}^n \to \mathbb{R}$ mit $f(\boldsymbol{x}) = \frac{1}{2}\boldsymbol{x}^T Q\boldsymbol{x} + \boldsymbol{b}^T\boldsymbol{x}$, $Q \in \mathbb{SPD}^n$ und eindeutig bestimmter Minimalstelle $\boldsymbol{x}^*$. Wir beschäftigen uns im Folgenden mit Abschätzungen des Fehlers $f(\boldsymbol{x}^k) - f(\boldsymbol{x}^*)$ für eine mit dem CG-Verfahren berechnete Näherungslösung $\boldsymbol{x}^k$, wobei wir die Eigenwertstruktur der Matrix Q ausnutzen werden.

Dafür sei $p : \mathbb{R} \to \mathbb{R}$ ein Polynom n-ten Grades mit $p(\lambda) := \sum\limits_{j=1}^{n} \mu_j\lambda^j$ und $\mu_j \in \mathbb{R}$. Hierauf aufbauend definieren wir die Abbildung

$$P : \mathbb{R}^{(n,n)} \to \mathbb{R}^{(n,n)} \text{ mit } P(Q) := \sum_{j=1}^{n} \mu_j Q^j \,. \tag{3.55}$$

Ist nun $\boldsymbol{u}$ ein Eigenvektor von Q zum Eigenwert λ, d. h. es gilt $Q\boldsymbol{u} = \lambda\boldsymbol{u}$, dann folgt unmitttelbar $Q^j\boldsymbol{u} = \lambda^j\boldsymbol{u}$ und $P(Q)\boldsymbol{u} = p(\lambda)\boldsymbol{u}$ sowie bei Symmetrie der Matrix Q zusätzlich $P(Q)^T = P(Q) = P(Q^T)$ und $QP(Q) = P(Q)Q$.

Lemma 3.71
Es seien $Q \in \mathbb{SPD}^n$, $\lambda_1, \cdots, \lambda_n \in \mathbb{R}$ die Eigenwerte von Q, $\{\boldsymbol{u}_1, \ldots, \boldsymbol{u}_n\} \subset \mathbb{R}^n$ eine zugehörige ONB, $p : \mathbb{R} \to \mathbb{R}$ ein Polynom n-ten Grades und P gemäß (3.55) definiert. Dann folgt für alle $\boldsymbol{x} \in \mathbb{R}^n$ mithilfe der eindeutigen Basisdarstellung $\boldsymbol{x} = \sum\limits_{k=1}^{n} \xi_k\boldsymbol{u}_k$ für gewisse $\xi_k \in \mathbb{R}$

$$\boldsymbol{x}^T Q\boldsymbol{x} = \sum_{k=1}^{n} \lambda_k\xi_k^2 \quad \text{und} \quad [P(Q)\boldsymbol{x}]^T Q[P(Q)\boldsymbol{x}] = \sum_{k=1}^{n} \lambda_k \left(p(\lambda_k)\right)^2 \xi_k^2 \,.$$

Beweis: Aus $\|\boldsymbol{u}_k\| = 1$, $\boldsymbol{u}_k^T\boldsymbol{u}_j = \delta_{kj}$ und $Q\boldsymbol{u}_k = \lambda_k\boldsymbol{u}_k$ folgt

$$\boldsymbol{x}^TQ\boldsymbol{x} = \left(\sum_{k=1}^n \xi_k\boldsymbol{u}_k\right)^T Q\left(\sum_{j=1}^n \xi_j\boldsymbol{u}_j\right) = \sum_{k=1}^n\sum_{j=1}^n \boldsymbol{u}_k^TQ\boldsymbol{u}_j\xi_k\xi_j = \sum_{k=1}^n \lambda_k\xi_k^2 \,.$$

Wegen $P(Q)\boldsymbol{u}_k = P(\lambda_k)\boldsymbol{u}_k$, $Q = Q^T$ und $P(Q) = P(Q)^T$ gilt weiterhin

$$\begin{aligned}
[P(Q)\boldsymbol{x}]^TQ[P(Q)\boldsymbol{x}] &= [P(Q)\sum_{k=1}^n \xi_k\boldsymbol{u}_k]^TQ[P(Q)\sum_{j=1}^n \xi_j\boldsymbol{u}_j] \\
&= [\sum_{k=1}^n \xi_k\boldsymbol{u}_k]^TP(Q)QP(Q)[\sum_{j=1}^n \xi_j\boldsymbol{u}_j] \\
&= \sum_{k=1}^n\sum_{j=1}^n \boldsymbol{u}_k^TP(Q)QP(Q)\boldsymbol{u}_j\xi_k\xi_j \\
&= \sum_{k=1}^n p(\lambda_k)^2\lambda_k\xi_k^2 \,,
\end{aligned}$$

womit die gewünschte Aussage gezeigt ist. □

Wir beweisen jetzt unter Ausnutzung der Eigenwertstruktur von Q eine relativ allgemeine Fehlerabschätzung für die Funktionswerte $f(\boldsymbol{x}^k)$, die wesentliche Einsichten bzgl. der Konvergenzgeschwindigkeit von CG-Verfahren bei streng konvexen quadratischen Funktionen erlaubt.

Satz 3.72 (Bertsekas (1999), Pytlak (2009))
Es sei $f : \mathbb{R}^n \to \mathbb{R}$ mit $f(\boldsymbol{x}) = \frac{1}{2}\boldsymbol{x}^TQ\boldsymbol{x} + \boldsymbol{b}^T\boldsymbol{x}$, $Q \in \mathbb{SPD}^n$ und eindeutig bestimmter Minimalstelle $\boldsymbol{x}^*$. Weiterhin seien $\lambda_1, \cdots, \lambda_n \in \mathbb{R}$ die positiven Eigenwerte von Q sowie die Menge der Iterierten $\{\boldsymbol{x}^0, \ldots, \boldsymbol{x}^m\} \subset \mathbb{R}^n$ mit $m \le n$ und $\boldsymbol{x}^m = \boldsymbol{x}^*$ durch den Algorithmus 15 erzeugt. Dann gilt für $k = 0, \ldots, m-1$ die folgende A-priori-Fehlerabschätzung:

$$f(\boldsymbol{x}^{k+1}) - f(\boldsymbol{x}^*) \le \min_{\mu\in\mathbb{R}^{k+1}}\max_{j=1,\ldots,n}\left(1 + \lambda_j\sum_{i=0}^k \mu_i\lambda_j^i\right)^2 (f(\boldsymbol{x}^0) - f(\boldsymbol{x}^*)) \qquad (3.56)$$

mit $\boldsymbol{\mu} = (\mu_0, \mu_1, \ldots, \mu_k)^T$.

Beweis: Wir definieren für festes $\boldsymbol{\mu} = (\mu_0, \mu_1, \ldots, \mu_k)^T \in \mathbb{R}^{k+1}$ und $k \in \{0, \ldots, m-1\}$

$$p_k(\boldsymbol{\mu}, \lambda) := \sum_{j=0}^k \mu_j\lambda^j \text{ sowie } P_k(\boldsymbol{\mu}, Q) := \sum_{j=0}^k \mu_jQ^j \,.$$

Wegen Satz 3.69 (f) existiert ein eindeutig bestimmtes $\bar{\boldsymbol{\mu}} = (\bar{\mu}_0, \bar{\mu}_1, \ldots, \bar{\mu}_k)^T \in \mathbb{R}^{k+1}$ mit

$$\boldsymbol{x}^{k+1} = \boldsymbol{x}^0 + \sum_{j=0}^{k} \bar{\mu}_j Q^j \nabla f(\boldsymbol{x}^0) = \boldsymbol{x}^0 + P_k(\bar{\boldsymbol{\mu}}, Q)\nabla f(\boldsymbol{x}^0) \ .$$

Zusammen mit der Iterationsvorschrift des Algorithmus 15 folgt

$$\begin{aligned} \boldsymbol{x}^{k+1} - \boldsymbol{x}^* &= \boldsymbol{x}^0 - \boldsymbol{x}^* + P_k(\bar{\boldsymbol{\mu}}, Q)\nabla f(\boldsymbol{x}^0) \\ &= \boldsymbol{x}^0 - \boldsymbol{x}^* + P_k(\bar{\boldsymbol{\mu}}, Q)Q(\boldsymbol{x}^0 - \boldsymbol{x}^*) \\ &= (E_n + QP_k(\bar{\boldsymbol{\mu}}, Q))\,(\boldsymbol{x}^0 - \boldsymbol{x}^*) \end{aligned}$$

und hiermit wegen $f(\boldsymbol{x}^{k+1}) - f(\boldsymbol{x}^*) = \frac{1}{2}(\boldsymbol{x}^{k+1} - \boldsymbol{x}^*)^T Q(\boldsymbol{x}^{k+1} - \boldsymbol{x}^*)$

$$\begin{aligned} f(\boldsymbol{x}^{k+1}) - f(\boldsymbol{x}^*) &= \frac{1}{2}[(E_n + QP_k(\bar{\boldsymbol{\mu}}, Q))\,(\boldsymbol{x}^0 - \boldsymbol{x}^*)]^T Q[(E_n + QP_k(\bar{\boldsymbol{\mu}}, Q))\,(\boldsymbol{x}^0 - \boldsymbol{x}^*)] \\ &= \frac{1}{2}(\boldsymbol{x}^0 - \boldsymbol{x}^*)^T\,(E_n + QP_k(\bar{\boldsymbol{\mu}}, Q))^T\,Q\,(E_n + QP_k(\bar{\boldsymbol{\mu}}, Q))\,(\boldsymbol{x}^0 - \boldsymbol{x}^*) \\ &= \frac{1}{2}(\boldsymbol{x}^0 - \boldsymbol{x}^*)^T\,(E_n + QP_k(\bar{\boldsymbol{\mu}}, Q))^2\,Q(\boldsymbol{x}^0 - \boldsymbol{x}^*) \ . \end{aligned}$$

Mit der eindeutig bestimmten Darstellung $\boldsymbol{x}^0 - \boldsymbol{x}^* = \sum_{i=1}^{n} \xi_i \boldsymbol{u}_i$ bzgl. der zu $\lambda_1, \cdots, \lambda_n$ gehörigen ONB $\{\boldsymbol{u}_1, \ldots, \boldsymbol{u}_n\}$ und wegen $(E_n + QP_k(\bar{\boldsymbol{\mu}}, Q))\boldsymbol{u}_i = (1 + \lambda_i p_k(\bar{\boldsymbol{\mu}}, \lambda))\boldsymbol{u}_i$ für alle $i \in \{1, \ldots, n\}$ ergibt sich weiterhin

$$\begin{aligned} f(\boldsymbol{x}^{k+1}) - f(\boldsymbol{x}^*) &= \frac{1}{2}(\sum_{i=1}^{n} \xi_i \boldsymbol{u}_i)^T\,(E_n + QP_k(\bar{\boldsymbol{\mu}}, Q))^2\,Q(\sum_{i=1}^{n} \xi_i \boldsymbol{u}_i) \\ &= \frac{1}{2}\sum_{i=1}^{n}\sum_{j=1}^{n} \boldsymbol{u}_i^T\,(E_n + QP_k(\bar{\boldsymbol{\mu}}, Q))^2\,Q\boldsymbol{u}_j\;\xi_i\xi_j \\ &= \frac{1}{2}\sum_{j=1}^{n} \boldsymbol{u}_j^T\,(E_n + QP_k(\bar{\boldsymbol{\mu}}, Q))^2\,Q\boldsymbol{u}_j\;\xi_j^2 \\ &= \frac{1}{2}\sum_{j=1}^{n} \boldsymbol{u}_j^T\,(E_n + QP_k(\bar{\boldsymbol{\mu}}, Q))^2\,\boldsymbol{u}_j\;\lambda_j\xi_j^2 \end{aligned}$$

und es folgt mit Lemma 3.71, der Konstruktion von $\boldsymbol{x}^{k+1}$ sowie Satz 3.68 (b)

$$\begin{aligned} f(\boldsymbol{x}^{k+1}) - f(\boldsymbol{x}^*) &= \min_{\boldsymbol{\mu} \in \mathbb{R}^{k+1}} \frac{1}{2}\sum_{j=1}^{n}(1 + \lambda_j p_k(\boldsymbol{\mu}, \lambda_j))^2\;\lambda_j\xi_j^2 \\ &\le \min_{\boldsymbol{\mu} \in \mathbb{R}^{k+1}} \max_{j=1,\ldots,n} (1 + \lambda_j p_k(\boldsymbol{\mu}, \lambda_j))^2\;\frac{1}{2}\sum_{j=1}^{n} \lambda_j\xi_j^2 \\ &\le \min_{\boldsymbol{\mu} \in \mathbb{R}^{k+1}} \max_{j=1,\ldots,n} \left(1 + \lambda_j \sum_{i=0}^{k} \mu_i \lambda_j^i\right)^2 (f(\boldsymbol{x}^0) - f(\boldsymbol{x}^*)) \ . \end{aligned}$$

□

Durch geeignete Ansätze für das Polynom $k+1$-ten Grades der Form

$$\bar{p}(\lambda) := 1 + \lambda \sum_{i=0}^{k} \mu_i \lambda^i$$

ergeben sich unter den Voraussetzungen des Satzes 3.72 weitere wichtige Abschätzungen.

Folgerung 3.73

Es sei $f : \mathbb{R}^n \to \mathbb{R}$ mit $f(\boldsymbol{x}) = \frac{1}{2}\boldsymbol{x}^T Q \boldsymbol{x} + \boldsymbol{b}^T \boldsymbol{x}$, $Q \in \mathbb{SPD}^n$ und eindeutig bestimmter Minimalstelle $\boldsymbol{x}^*$. Weiterhin seien $\lambda_1 \leq \lambda_2 \leq \ldots \leq \lambda_{n-k} \leq \lambda_{n-k+1} \leq \ldots \leq \lambda_n \in \mathbb{R}$ die positiven Eigenwerte von Q sowie die Menge der Iterierten $\{\boldsymbol{x}^0, \ldots, \boldsymbol{x}^m\} \subset \mathbb{R}^n$ mit $m \leq n$ und $\boldsymbol{x}^m = \boldsymbol{x}^*$ durch den Algorithmus 15 erzeugt. Existieren $a, b \in \mathbb{R}$ mit $0 < a \leq \lambda_1 \leq \lambda_{n-k} \leq b$ und $b < \lambda_{n-k+1}$ bei $k > 0$, dann gilt für $k = 0, \ldots, m-1$ die A-priori-Fehlerabschätzung

$$f(\boldsymbol{x}^{k+1}) - f(\boldsymbol{x}^*) \leq \left(\frac{b-a}{b+a}\right)^2 (f(\boldsymbol{x}^0) - f(\boldsymbol{x}^*)) \,. \tag{3.57}$$

Beweis: Wir setzen

$$\bar{p}(\lambda) = 1 + \lambda \sum_{i=0}^{k} \mu_i \lambda^i = \begin{cases} \dfrac{2}{(a+b) \prod\limits_{i=n-k+1}^{n} \lambda_i} \left(\frac{a+b}{2} - \lambda\right) \prod\limits_{i=n-k+1}^{n} (\lambda_i - \lambda) & \text{für } k > 0, \\ \dfrac{2}{(a+b)} \left(\frac{a+b}{2} - \lambda\right) & \text{für } k = 0. \end{cases}$$

Wir betrachten den Fall $k > 0$. Offensichtlich besitzt $\bar{p}$ die Nullstellen $\lambda_{n-k+1} \leq \cdots \leq \lambda_n$ sowie $\frac{a+b}{2}$, und es gilt $\bar{p}(0) = 1$. Es gibt $n-k$ Eigenwerte im Intervall $[a, b]$ mit $a > 0$, und die k Eigenwerte $\lambda_{n-j+1}, j = 1, \ldots, k$ sind größer als b. Man erhält unter Berücksichtigung von $0 < \frac{\lambda_i - \lambda_j}{\lambda_i} \leq 1$ für $i = n-k+1, ..., n,\ j \leq n-k$ und wegen der Bildung des Maximums über alle Eigenwerte mit Satz 3.72 die Abschätzungen

$$\begin{aligned}
\frac{f(\boldsymbol{x}^{k+1}) - f(\boldsymbol{x}^*)}{f(\boldsymbol{x}^0) - f(\boldsymbol{x}^*)} &\leq \max_{j=1,\ldots,n} \left(1 + \lambda_j \sum_{i=0}^{k} \mu_i \lambda_j^i\right)^2 \\
&= \max_{j=1,\ldots,n} \left(\frac{2}{(a+b) \prod\limits_{i=n-k+1}^{n} \lambda_i} \left(\frac{a+b}{2} - \lambda_j\right) \prod_{i=n-k+1}^{n} (\lambda_i - \lambda_j)\right)^2 \\
&= \max_{j=1,\ldots,n-k} \left(\frac{2}{(a+b)} \left(\frac{a+b}{2} - \lambda_j\right) \prod_{i=n-k+1}^{n} \left(\frac{\lambda_i - \lambda_j}{\lambda_i}\right)\right)^2
\end{aligned}$$

und somit

$$\begin{aligned}\frac{f(\boldsymbol{x}^{k+1})-f(\boldsymbol{x}^*)}{f(\boldsymbol{x}^0)-f(\boldsymbol{x}^*)} &\le \max_{j=1,\dots,n-k}\left(\frac{2}{(a+b)}\left(\frac{a+b}{2}-\lambda_j\right)\right)^2\\ &\le \max_{\lambda\in[a,b]}\left(\frac{2}{(a+b)}\left(\frac{a+b}{2}-\lambda\right)\right)^2\\ &= \left(\frac{b-a}{b+a}\right)^2 .\end{aligned}$$

Für $k=0$ ergibt sich (3.57) analog. □

Folgerung 3.74
Es sei $f:\mathbb{R}^n\to\mathbb{R}$ mit $f(\boldsymbol{x})=\frac{1}{2}\boldsymbol{x}^TQ\boldsymbol{x}+\boldsymbol{b}^T\boldsymbol{x}$, $Q\in\mathbb{SPD}^n$ und eindeutig bestimmter Minimalstelle $\boldsymbol{x}^*$. Besitzt die Matrix Q nur $r\le n$ paarweise verschiedene Eigenwerte, dann endet der Algorithmus 15 nach r Iterationen mit $\boldsymbol{x}^r=\boldsymbol{x}^*$.

Beweis: Die paarweise verschiedenen Eigenwerte von Q seien mit $\lambda_1,\dots,\lambda_r$ bezeichnet. Wir betrachten das Polynom

$$P(\lambda):=1+\lambda P_{r-1}(\lambda):=\frac{(-1)^r}{\lambda_1\cdots\lambda_r}(\lambda-\lambda_1)\cdots(\lambda-\lambda_r) \tag{3.58}$$

vom Grad r mit $P(0)=1$. Durch Einsetzen aller r Eigenwerte in (3.58) folgt

$$0\le f(\boldsymbol{x}^r)-f(\boldsymbol{x}^*)\le\max_{j=1,\dots,r}\left(1+\lambda_jP_{r-1}(\lambda_j)\right)^2\left(f(\boldsymbol{x}^0)-f(\boldsymbol{x}^*)\right)=0$$

und damit die gewünschte Aussage. □

Für weitere Abschätzungen verweisen wir auf Pytlak (2009).

3.6.3 CG-Verfahren mit Präkonditionierung für quadratische Funktionen

Die Ausführungen im vorhergehenden Abschnitt zeigen, dass die betrachteten CG-Verfahren für streng konvexe quadratische Funktionen

$$f:\ \mathbb{R}^n\to\mathbb{R} \text{ mit } f(\boldsymbol{x})=\frac{1}{2}\boldsymbol{x}^TQ\boldsymbol{x}+\boldsymbol{b}^T\boldsymbol{x}$$

besonders effektiv sind, wenn die Differenz zwischen größtem und kleinsten Eigenwert der Matrix Q klein ist (siehe Folgerung 3.73). Eine diesen Sachverhalt ausnutzende Strategie ist es, die ursprüngliche Aufgabenstellung erst nach geeigneter Veränderung der Eigenwertstruktur unter Beibehaltung des Minimalpunktes von f mit einem CG-Verfahren zu lösen. Diese Veränderungen der ursprünglichen Aufgabenstellung nennt man *Präkonditionierung*.

Wir folgen jetzt den Ausführungen in Geiger und Kanzow (1999), S. 225-226. Ist $S \in \mathbb{R}^{(n,n)}$ eine reguläre Matrix und ist $\boldsymbol{x}^*$ die Lösung des Optimierungsproblems

$$\text{MIN}\left\{ f(\boldsymbol{x}) = \frac{1}{2}\boldsymbol{x}^T Q \boldsymbol{x} + \boldsymbol{b}^T \boldsymbol{x} \,\middle|\, \boldsymbol{x} \in \mathbb{R}^n \right\} ,$$

dann ist $\boldsymbol{y}^* := S^{-1}\boldsymbol{x}^*$ offensichtlich die Lösung des transformierten Optimierungsproblems

$$\text{MIN}\left\{ f_S(\boldsymbol{y}) := \frac{1}{2}\boldsymbol{y}^T S^T Q S \boldsymbol{y} + (S\boldsymbol{b})^T \boldsymbol{y} \,\middle|\, \boldsymbol{y} \in \mathbb{R}^n \right\} .$$

Weiterhin gilt für die so definierte streng konvexe quadratische Funktion $f_S : \mathbb{R}^n \to \mathbb{R}$

$$\nabla f_S(\boldsymbol{y}) = S^T \nabla f(\boldsymbol{x}) .$$

Bei der Anwendung des Algorithmus 15 auf die Funktion f_S mit Startpunkt $\boldsymbol{y}^0 := S^{-1}\boldsymbol{x}^0$ ergeben sich für alle $k \geq 0$ unter Verwendung von $Q_S := S^T Q S \in \mathbb{SPD}^n$ die folgenden Beziehungen:

$$\boldsymbol{d}_S^0 := -\nabla f_S(\boldsymbol{y}^0),\ t_k := \frac{\|\nabla f_S(\boldsymbol{y}^k)\|^2}{\langle \boldsymbol{d}_S^k, \boldsymbol{d}_S^k \rangle_{Q_S}},\ \boldsymbol{y}^{k+1} := \boldsymbol{y}^k + t_k \boldsymbol{d}_S^k$$

und

$$\boldsymbol{d}_S^{k+1} := -\nabla f_S(\boldsymbol{y}^{k+1}) + \beta_{Sk} \boldsymbol{d}_S^k \text{ mit } \beta_{Sk} := \frac{\|\nabla f_S(\boldsymbol{y}^{k+1})\|^2}{\|\nabla f_S(\boldsymbol{y}^k)\|^2} .$$

Durch die Rücktransformationen $\boldsymbol{x}^k := S\boldsymbol{y}^k$ bzw. $\boldsymbol{d}^k := S\boldsymbol{d}_S^k$ für alle $k \geq 0$ folgt mit $B := SS^T$ hieraus

$$\boldsymbol{d}^0 = -B\nabla f(\boldsymbol{x}^0),\ t_k = \frac{\langle \nabla f(\boldsymbol{x}^k), \nabla f(\boldsymbol{x}^k) \rangle_B}{\langle \boldsymbol{d}^k, \boldsymbol{d}^k \rangle_Q},\ \boldsymbol{x}^{k+1} = \boldsymbol{x}^k + t_k \boldsymbol{d}^k$$

und

$$\boldsymbol{d}^{k+1} = -B\nabla f(\boldsymbol{x}^{k+1}) + \beta_k \boldsymbol{d}^k \text{ mit } \beta_k := \frac{\langle \nabla f(\boldsymbol{x}^{k+1}), \nabla f(\boldsymbol{x}^{k+1}) \rangle_B}{\langle \nabla f(\boldsymbol{x}^k), \nabla f(\boldsymbol{x}^k) \rangle_B} .$$

Dies motiviert den folgenden Algorithmus für ein sogenanntes *präkonditioniertes CG-Verfahren*:

Algorithmus 17 (*PCG-Verfahren*)

S0. Wähle $\boldsymbol{x}^0 \in \mathbb{R}^n$ sowie $B \in \mathbb{SPD}^n$, und setze $\boldsymbol{g}^0 := \nabla f(\boldsymbol{x}^0)$, $\boldsymbol{d}^0 := -B\boldsymbol{g}^0$ sowie $k := 0$.

S1. Wenn $\boldsymbol{g}^k = \boldsymbol{0}$, dann STOPP.

S2. Setze $t_k := \dfrac{\langle \boldsymbol{g}^k, \boldsymbol{g}^k \rangle_B}{\langle \boldsymbol{d}^k, \boldsymbol{d}^k \rangle_Q}$, $\boldsymbol{x}^{k+1} := \boldsymbol{x}^k + t_k \boldsymbol{d}^k$ und $\boldsymbol{g}^{k+1} := \boldsymbol{g}^k + t_k Q \boldsymbol{d}^k$.

S3. Setze $\boldsymbol{d}^{k+1} := -B\boldsymbol{g}^{k+1} + \beta_k \boldsymbol{d}^k$ mit $\beta_k := \dfrac{\langle \boldsymbol{g}^{k+1}, \boldsymbol{g}^{k+1} \rangle_B}{\langle \boldsymbol{g}^k, \boldsymbol{g}^k \rangle_B}$.

S4. Setze $k := k + 1$, und gehe zu **S1**.

Für $B = E_n$ erhalten wir als Spezialfall den Algorithmus 16. Das in Algorithmus 17 formulierte präkonditionierte CG-Verfahren verfügt über bessere Konvergenzeigenschaften, wenn die Eigenwertstruktur von $S^T QS$ bzw. von BQ besser als die von Q im Sinne der Eigenwertbetrachtungen im letzten Abschnitt ist.

Zur Gewinnung geeigneter Matrizen B gibt es viele Vorschläge (siehe Kap. 12 in Geiger und Kanzow (1999) sowie Abschnitt 1.8 in Pytlak (2009)), von denen wir im Abschnitt 3.6.5 vier anführen werden.

Bemerkung 3.75
Nach Satz 3.64 erzeugen die Quasi-Newton-Verfahren der eingeschränkten Broyden-Klasse bei perfekter Schrittweite und streng konvexer quadratischer Zielfunktion konjugierte Suchrichtungen. Wenn bei direkter Aufdatierung $H_0 := E_n$ bzw. bei inverser Aufdatierung $B_0 := E_n$ gesetzt wird, dann sind die Iterationspunkte dieser Quasi-Newton-Verfahren mit den Iterationspunkten der CG-Verfahren identisch (siehe Myers (1986)). Beginnt man für vorgegebenes $B \in \mathbb{SPD}^n$ mit $B \neq E_n$ bei diesen Quasi-Newton-Verfahren mit $B_0 := B$ bzw. $H_0 := B^{-1}$, so ergibt sich auch hier die Iterationsfolge des PCG-Verfahrens (siehe S. 43 und 44 in Pytlak (2009)). ■

3.6.4 CG-Verfahren für nichtquadratische Funktionen

Wir übertragen den Algorithmus 15 auf hinreichend glatte nichtquadratische Funktionen. Der Vorteil dieser Verfahren gegenüber den in Abschnitt 3.4 und Abschnitt 3.5 betrachteten besteht darin, dass die neue Abstiegsrichtung nur aus dem Gradienten im aktuellen Iterationspunkt und aus der vorhergehenden Abstiegsrichtung konstruiert wird.
Bei Anwendung des Algorithmus 15 auf streng konvexe quadratische Funktionen gelten wegen der Orthogonalitätsbeziehungen zwischen den Gradienten die Beziehungen

$$\|\nabla f(\boldsymbol{x}^{k+1})\|^2 = (\nabla f(\boldsymbol{x}^{k+1}))^T (\nabla f(\boldsymbol{x}^{k+1}) - \nabla f(\boldsymbol{x}^k))$$

und

$$\|\nabla f(\boldsymbol{x}^k)\|^2 = (\boldsymbol{d}^k)^T (\nabla f(\boldsymbol{x}^{k+1}) - \nabla f(\boldsymbol{x}^k)).$$

Für nichtquadratische Funktionen ist die 2. Beziehung nur bei perfekter Schrittweitenwahl erfüllt, aber die erste gilt selbst bei perfekter Schrittweite i. Allg. nicht. Bei Verwendung der linken oder rechten Seiten dieser Beziehungen zur Berechnung der Koeffizienten β_k entstehen somit unterschiedliche CG-Algorithmen für nichtquadratische Funktionen, von denen wir drei wichtige Varainten im folgenden Algorithmus vorstellen.

Algorithmus 18 (CG-Verfahren für nichtquadratische Funktionen)
S0. Wähle $\boldsymbol{x}^0 \in \mathbb{R}^n$, und setze $\boldsymbol{d}^0 := -\nabla f(\boldsymbol{x}^0)$ sowie $k := 0$.

S1. Wenn $\nabla f(\boldsymbol{x}^k) = \boldsymbol{0}$, dann STOPP.

S2. Bestimme eine Schrittweite t_k gemäß einer effizienten Schrittweitenstrategie, und setze $\boldsymbol{x}^{k+1} := \boldsymbol{x}^k + t_k \boldsymbol{d}^k$.

S3. Berechne

$$\boldsymbol{d}^{k+1} := -\nabla f(\boldsymbol{x}^{k+1}) + \beta_k \boldsymbol{d}^k \tag{3.59}$$

mit

$$\beta_k := \frac{\|\nabla f(\boldsymbol{x}^{k+1})\|^2}{\|\nabla f(\boldsymbol{x}^k)\|^2} \quad \text{(Fletcher-Reeves)} \quad \text{oder}$$

$$\beta_k := \frac{(\nabla f(\boldsymbol{x}^{k+1}))^T(\nabla f(\boldsymbol{x}^{k+1}) - \nabla f(\boldsymbol{x}^k))}{(\nabla f(\boldsymbol{x}^k))^T \nabla f(\boldsymbol{x}^k)} \quad \text{(Polak-Ribière-Poljak)} \quad \text{oder}$$

$$\beta_k := \frac{(\nabla f(\boldsymbol{x}^{k+1}))^T(\nabla f(\boldsymbol{x}^{k+1}) - \nabla f(\boldsymbol{x}^k))}{(\boldsymbol{d}^k)^T(\nabla f(\boldsymbol{x}^{k+1}) - \nabla f(\boldsymbol{x}^k))} \quad \text{(Hesteness-Stiefel)} .$$

S4. Setze $k := k + 1$, und gehe zu **S1**.

In den Experimenten wird sich bestätigen, dass der Algorithmus mit den drei oben angeführten Vorschriften für β_k um so schlechter konvergiert, je weiter die gewählte Schrittweite t_k von der perfekten Schrittweite abweicht.

Wir vereinbaren die folgenden Kurzschreibweisen:

- *CG-FR-Verfahren* für das *CG-Verfahren nach Fletcher-Reeves*,
- *CG-PR-Verfahren* für das *CG-Verfahren nach Polak-Ribière-Poljak* und
- *CG-HS-Verfahren* für das *CG-Verfahren nach Hesteness-Stiefel.*

Bei Wahl der perfekten Schrittweite gilt für das CG-PR-Verfahren der folgende Konvergenzsatz:

Satz 3.76 (Polak und Ribière (1969))
Es sei $f \in C^2(\mathbb{R}^n, \mathbb{R})$ eine gleichmäßig konvexe Funktion. Dann ist die durch das CG-PR-Verfahren mit perfekter Schrittweite erzeugte Folge $\{\boldsymbol{d}^k\}_{k\in\mathbb{N}}$ streng gradientenähnlich und die Folge der Iterierten $\{\boldsymbol{x}^k\}_{k\in\mathbb{N}}$ konvergiert somit R-linear gegen die eindeutig bestimmte Lösung $\boldsymbol{x}^*$.

Beweis: Wir folgen dem Beweis in Schwetlick (1979) (S. 236). Mit Satz 3.22 und Lemma 3.20 genügt es, die strenge Gradientenähnlichkeit der Richtungen $\boldsymbol{d}^k$ zu zeigen. Mit der Mittelwertmatrix $Y_{k+1} = \int_{t=0}^{1} \nabla^2 f(\boldsymbol{x}^k + t\boldsymbol{d}^k)\, dt$ folgt

$$\nabla f(\boldsymbol{x}^{k+1}) - \nabla f(\boldsymbol{x}^k) = Y_{k+1}(\boldsymbol{x}^{k+1} - \boldsymbol{x}^k) = t_k Y_{k+1} \boldsymbol{d}^k \ .$$

Andererseits gilt wegen der Wahl der perfekten Schrittweite t_k

$$(\nabla f(\boldsymbol{x}^{j+1}))^T \boldsymbol{d}^j = 0 \text{ für alle } j \geq 0$$

und mit (3.59) für $k := k-1$

$$t_k (\boldsymbol{d}^k)^T Y_{k+1} \boldsymbol{d}^k = (\nabla f(\boldsymbol{x}^{k+1}) - \nabla f(\boldsymbol{x}^k))^T \boldsymbol{d}^k = -(\nabla f(\boldsymbol{x}^k))^T \boldsymbol{d}^k = \|\nabla f(\boldsymbol{x}^k)\|^2 \ . \quad (3.60)$$

Mit der Definition von β_k folgt

$$\beta_k = \frac{(\nabla f(\boldsymbol{x}^{k+1}))^T (\nabla f(\boldsymbol{x}^{k+1}) - \nabla f(\boldsymbol{x}^k))}{\|\nabla f(\boldsymbol{x}^k)\|^2} = \frac{(\nabla f(\boldsymbol{x}^{k+1}))^T Y_{k+1} \boldsymbol{d}^k}{(\boldsymbol{d}^k)^T Y_{k+1} \boldsymbol{d}^k} \ .$$

Aufgrund der gleichmäßigen Konvexität von f existiert nach Satz 1.73 (d) ein $m > 0$ mit

$$(\boldsymbol{d}^k)^T Y_{k+1} \boldsymbol{d}^k = \int_{t=0}^{1} (\boldsymbol{d}^k)^T \nabla^2 f(\boldsymbol{x}^k + t\boldsymbol{d}^k) \boldsymbol{d}^k \, dt \geq \int_{t=0}^{1} m \|\boldsymbol{d}^k\|^2 \, dt = m \|\boldsymbol{d}^k\|^2 \ .$$

Weiterhin ist die Folge der Funktionswerte $\{f(\boldsymbol{x}^k)\}_{k \in \mathbb{N}}$ monoton fallend. Somit liegen wegen der gleichmäßigen Konvexität von f alle Iterierten $\boldsymbol{x}^k$ in einer kompakten Menge, und es existiert ein $M > 0$ mit $\|Y_{k+1}\| \leq M$. Damit ergibt sich

$$(\nabla f(\boldsymbol{x}^{k+1}))^T Y_{k+1} \boldsymbol{d}^k \leq \|\nabla f(\boldsymbol{x}^{k+1})\| \; \|Y_{k+1}\| \; \|\boldsymbol{d}^k\| \leq M \; \|\nabla f(\boldsymbol{x}^{k+1})\| \; \|\boldsymbol{d}^k\| \ ,$$

und es folgt

$$|\beta_k| \leq \frac{M \|\nabla f(\boldsymbol{x}^{k+1})\| \|\boldsymbol{d}^k\|}{m \|\boldsymbol{d}^k\|^2} = \frac{M \|\nabla f(\boldsymbol{x}^{k+1})\|}{m \|\boldsymbol{d}^k\|} \ .$$

Mit (3.59) gilt somit

$$\|\boldsymbol{d}^{k+1}\| \leq \|\nabla f(\boldsymbol{x}^{k+1})\| + \beta_k \|\boldsymbol{d}^k\| \leq \left(1 + \frac{M}{m}\right) \|\nabla f(\boldsymbol{x}^{k+1})\| \ . \quad (3.61)$$

Mit (3.60) und (3.61) ergibt sich die gewünschte Aussage. □

Bemerkung 3.77

Für die drei CG-Verfahren gemäß Algorithmus 18 kann bei dreifacher Differenzierbarkeit der Funktion $f : \mathbb{R}^n \to \mathbb{R}$, Wahl der perfekten Schrittweite t_k für alle $k \geq 0$ und Restart nach jeweils n Iterationen n-Schritt Q-quadratische Konvergenz gezeigt werden (siehe Cohen (1972) sowie B7.3.7 in Schwetlick (1979)). Weiterhin ist bei perfekter Schrittweitenwahl das CG-PR-Verfahren mit dem CG-HS-Verfahren identisch. ■

Die globalen Konvergenzaussagen für CG-Verfahren sind bei fehlender gleichmäßiger Konvexität der Zielfunktion wesentlich schwächer. Exemplarisch führen wir die folgende Aussage an:

Satz 3.78 (Al-Baalie (1985))
Es seien $f \in C^1(\mathbb{R}^n, \mathbb{R})$ und $\boldsymbol{x}^0 \in \mathbb{R}$. Ist f auf der Niveaumenge $N_f(f(\boldsymbol{x}^0))$ nach unten beschränkt und ist der Gradient von f dort Lipschitz-stetig, dann gilt für das CG-FR-Verfahren mit der strengen Powell-Wolfe-Schrittweitenstrategie und den zugehörigen Parametern $0 < \alpha < \sigma < 0.5$

$$\lim_{k\to\infty} \inf \|\nabla f(\boldsymbol{x}^k)\| = 0 .$$

Wir bemerken, dass die Aussage von Satz 3.78 auch für das CG-PR-Verfahren gilt, wenn zusätzlich $\lim_{k\to\infty} \|\boldsymbol{x}^{k+1} - \boldsymbol{x}^k\| = 0$ gefordert wird (siehe Powell (1977)). Für weitere Varianten bzw. Modifikationen von CG-Verfahren und Konvergenzaussagen für nichtquadratische Probleme verweisen wir auf Dai und Yuan (1996), Geiger und Kanzow (1999), Gilbert und Nocedal (1992), Grippo und Lucidi (1997) sowie Pytlak (2009).

3.6.5 Numerische Experimente zu CG-Verfahren

Experiment 3.6.1 (Nichtperfekte Schrittweiten bei CG-Verfahren)
cg14.m: Wir betrachten die zweidimensionale streng konvexe quadratische Funktion aus Problem Nr.4 und testen die Empfindlichkeit des BFGS-, des CG-FR- und des CG-PR-Verfahrens bei Abweichungen von der perfekten Schrittweite. Wir vergleichen hierzu die benötigten Iterationen der einzelnen Verfahren bis zum Erreichen der Abbruchtoleranz von 10^{-6} bzgl. Veränderungen der relativen Genauigkeit in der Berechnung der perfekten Schrittweite nach LS 6.0. Es zeigt sich, dass sowohl das CG-PR- als auch das CG-FR-Verfahren für gute Konvergenzeigenschaften eine möglichst perfekte Schrittweite benötigen. Das BFGS-Verfahren reagiert robuster auf Abweichungen von der perfekten Schrittweite (siehe 3.27). ■

	Anzahl Iterationen bei relativer Genauigkeit			
Verfahren	1e-8	1e-4	1e-2	1e-1
CG-FR	2	4	4	11
CG-PR	2	4	8	14
BFGS	2	3	4	8

Tab. 3.27 Iterationsanalyse für das BFGS-, das CG-FR- und das CG-PR-Verfahren bei nicht perfektem LS (LS 6.0 mit diversen relativen Fehlern) für Problem Nr. 4 im Exp. 3.6.1

Experiment 3.6.2 (Vergleich von CG-PR-, CG-FR-, CG-Q-, BFGS- und Newton-Verfahren bei quadratischen Problemfunktionen und Wahl der perfekten Schrittweite)
cg03.m: Wir betrachten die streng konvexen quadratischen Funktionen aus Problem Nr. 60 für verschiedene Dimensionen n mit $2 \leq n \leq 100$. Die hierbei auftretenden voll besetzten Matrizen Q besitzen gleichmäßig verteilte Eigenwerte zwischen 0.1 und 10. Für die jeweils eindeutigen Lösungen $\boldsymbol{x}^*$ der Probleme gilt $x_i^* = 1$ mit $i = 1, 2, \ldots, n$. Der Vergleich der aufgeführten Verfahren erfolgt bei perfekter Schrittweite gemäß LS 3.2 für das CG-PR-, das CG-FR- und das BFGS-Verfahren sowie mit perfekter Schrittweite gemäß (3.48) für das CG-Q-Verfahren. Als Abbruchtoleranz wählen wir 10^{-12}. Wir demonstrieren die Unterschiede zwischen den (mit Ausnahme des Newton-Verfahrens) theoretisch identischen Verfahren bei unterschiedlichen Implementationen (siehe Abb. 3.45). Dabei bezeichnen

- Abbruchcode = 1: Abbruch bei $\|\nabla f(\boldsymbol{x}^k)\| < 10^{-12}$ (regulärer Abbruch),
- Abbruchcode = 2: Abbruch bei $\|\boldsymbol{x}^k - \boldsymbol{x}^{k-1}\| < 10^{-13}$ (Unterschreiten der Schritttoleranz)

und $\boldsymbol{x}^{\text{end}}$ den jeweils letzten Iterationspunkt. Die Bestimmung der perfekten Schrittweite durch quadratische Interpolation erweist sich als numerisch instabil. Aufgrund der Eigenwertverteilung der Matrix Q erfolgt der Abbruch beim CG-PR-, CG-FR-, CG-Q- und BFGS-Verfahren mit steigender Dimension weit vor Erreichen der n-ten Iteration (siehe Abb. 3.45 oben rechts). Das CG-Q-Verfahren erreicht dabei fast die Genauigkeit des ungedämpften Newton-Verfahrens und die benötigte CPU-Zeit entspricht näherungsweise der Zeit für einen ungedämpften Newton-Schritt (siehe Abb. 3.45 unten links). Dieser CPU-Zeit-Vergleich liefert ein überzeugendes Argument dafür, CG-Verfahren in geeigneter Implementation bei inexakten Newton-Verfahren zur Bestimmung einer approximativen Lösung der Newton-Gleichung zu benutzen.
cg04.m: Wir wiederholen das Experiment mit der Kondition $\kappa(Q) = 10^4$. Das Newton-Verfahren wird durch das gedämpfte Newton-Verfahren ersetzt, da das lokale Verfahren ab der Dimension $N = 50$ numerisch instabil oder divergent ist. Bei der Approximation der Minimalstelle und bei den CPU-Zeiten sind im Vergleich zum vorhergehenden Teilexperiment nur geringe Unterschiede zu erkennen. Wegen der größeren Kondition von Q tritt jedoch häufiger der Abbruch wegen Unterschreitung der Schritttoleranz (Abbruchcode = 2) ein. ∎

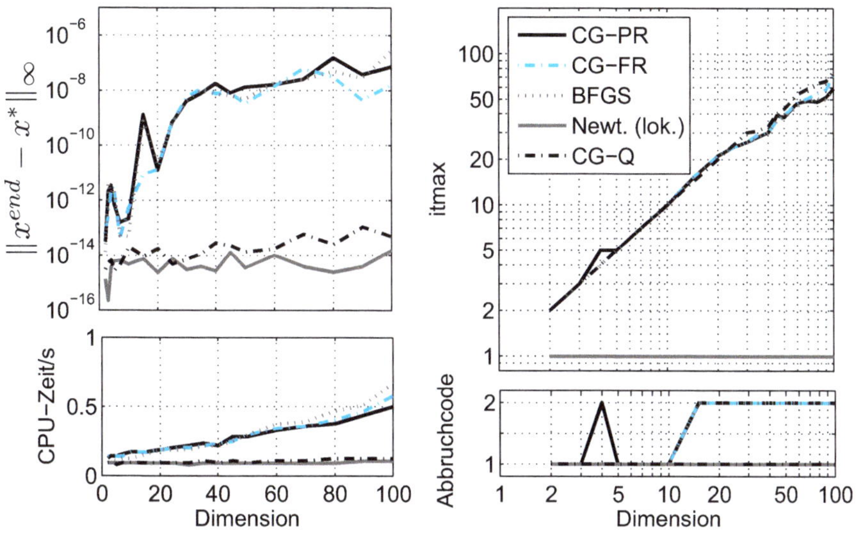

Abb. 3.45 Konvergenzvergleich von CG-PR-, CG-FR-, CG-Q-, BFGS- und Newton-Verfahren mit perfekter Schrittweite für Problem Nr. 60 ($\kappa(Q) = 100$) bei verschiedenen Dimensionen ($2 \leq n \leq 100$) im Exp. 3.6.2

Experiment 3.6.3 (**Vergleich von BFGS- und CG-Verfahren mit und ohne Präkonditionierung bei quadratischen Problemfunktionen und Wahl der perfekten Schrittweite**)
Wir betrachten in diesem Experiment die ersten drei der im Folgenden beschriebenen vier Möglichkeiten der Präkonditionierung für das PCG-Verfahren und das präkonditionierte BFGS-Verfahren bei streng konvexen quadratischen Funktionen.

(1) Der *Cholesky-Präkonditionierer* wird aus einer *unvollständigen Cholesky-Zerlegung* $R^T R$ von Q gewonnen, wobei R eine obere Dreiecksmatrix ist. $\boldsymbol{r}^j$ sei eine Spalte von R. Wenn für gewähltes $p > 0$ die Abschätzung $|r_{ij}| < p\|\boldsymbol{q}^j\|$ für ein $i \in \{1, 2, \ldots, n\}$ gilt und $i < j$ ist, wobei $\boldsymbol{q}^j$ die entsprechende Spalte von Q bezeichnet, so wird während der Cholesky-Zerlegung das Matrixelement $r_{ij} := 0$ gesetzt. Der Parameter p wird als Löschtoleranz (engl. drop tolerance) bezeichnet. Beim präkonditionierten BFGS-Verfahren ist nach Bemerkung 3.75 $H_0 := R^T R = B^{-1}$ zu setzen. Je kleiner die Löschtoleranz p gewählt wird, desto größer ist der Aufwand zur Berechnung von R und um so besser stimmt $R^T R$ mit Q überein.
Bei einer Implementierung des PCG-Verfahrens wird aus Stabilitäts- und Effektivitätsgründen $\boldsymbol{h} := B\boldsymbol{g}$ unter Benutzung des unvollständigen Cholesky-Faktors R durch sukzessives Lösen der zwei Gleichungssysteme $R^T\boldsymbol{w} = \boldsymbol{g}$ und $R\boldsymbol{h} = \boldsymbol{w}$ bestimmt (siehe z. B. Hoffmann et al. (2005, 2006)).

(2) Der *SSOR-Präkonditionierer* (engl. symmetric successive overrelaxation) ergibt sich aus dem Gauss-Seidel-Verfahren zur Lösung linearer Gleichungssysteme mit symmetrischer Koeffizientenmatrix (siehe z. B. Hoffmann et al. (2005, 2006)). Man benutzt die (eindeutige) Zerlegung von Q in der Form $Q = D + L + L^T$, wobei D eine Diagonalmatrix und L eine untere strenge Dreiecksmatrix ($l_{ii} = 0$) ist. Mit dem Relaxationsparameter $\omega \in [1, 2]$ setzt man im BFGS-Verfahren $H_0 := (D+\omega L)D^{-1}(D+\omega L)^T$. Analog zum Vorgehen unter **(1)** bestimmt man zunächst wieder $\boldsymbol{h} := B\boldsymbol{g}$ durch das Lösen von zwei Gleichungssystemen einschließlich einer zusätzlichen Multiplikation gemäß $(D + \omega L)\boldsymbol{u} = \boldsymbol{g}$, $\boldsymbol{w} = D\boldsymbol{u}$ und $(D + \omega L)\boldsymbol{h} = (2 - \omega)\boldsymbol{w}$.

(3) Eine sehr einfache und naheliegende Möglichkeit ist die Nutzung des *Jacobi-Präkonditionierers*, der bei Diagonaldominanz von Q erfolgreich ist. Man setzt im BFGS-Verfahren $H_0 := \text{diag}(q_{11}, ..., q_{nn})$ bzw. in den CG-Verfahren $B := \text{diag}(q_{11}^{-1}, ..., q_{nn}^{-1})$.

(4) Die Aufdatierungsmatrizen B_k der Quasi-Newton-Verfahren mit inverser Aufdatierung ergeben beim DFP- und BFGS-Verfahren wegen $B_n = Q^{-1}$ den idealen Präkonditionierer. Es genügen somit relativ wenige Schritte des Quasi-Newton-Verfahrens mit inverser BFGS-Aufdatierung, um einen brauchbaren sogenannten *BFGS-Präkonditionierer* zu erhalten (siehe Geiger und Kanzow (1999), Abschnitt 12.3 sowie Pytlak (2009), Kap. 5).

In den folgenden Teilexperimenten wird die Effektivität der Präkonditionierungen **(1)**, **(2)** und **(3)** am Problem Nr. 60 für n mit $2 \leq n \leq 100$ wiederum bei verschiedenen Eigenwertstrukturen ($\kappa(Q) = 100$ und $\kappa(Q) = 10^4$) getestet.

cg06.m, cg07.m, cg09.m, cg10.m: Wir vergleichen zunächst das BFGS-Verfahren ohne Präkonditionierung ($H_0 := E_n$) und die BFGS-Verfahren mit Cholesky-Präkonditionierer für die Löschparameter $p = 0.5,\ 0.1,\ 0.05,\ 0.01$. Im Fall $\kappa(Q) = 100$ beeinflusst die gewählte Präkonditionierung kaum die Genauigkeit der Approximation von $\boldsymbol{x}^*$ durch $\boldsymbol{x}^{\text{end}}$ (siehe Abb. 3.46, oben links). Jedoch verringern sich wie erwartet die Anzahl der Iterationen und die CPU-Zeit mit fallendem Parameter p. In der Literatur findet man oft die Empfehlung $p = 0.1$ (default unter EdOptLab).
Ähnliche Ergebnisse ergeben sich im Fall $\kappa(Q) = 10^4$ sowie beim BFGS-Verfahren mit SSOR-Präkonditionierer. Die Verwendung des Jacobi-Präkonditionierers bringt in diesem Beispiel kaum Verbesserungen gegenüber dem BFGS-Verfahren ohne Präkonditionierung, da die konstruierten Matrizen Q nicht diagonaldominant sind.
cg11.m: In der Abbildung 3.47 sind die Resultate für das CG-Q-Verfahren (ohne Präkonditionierung) und die PCG-Verfahren bei Verwendung des SSOR-Präkonditionierers für die Relaxationsparameter $\omega = 1,\ 1.2,\ 1.3,\ 1.4,\ 1.5$ im Fall $\kappa(Q) = 10^4$ dargestellt. Die Einsparung an Iterationen bei Verwendung einer Präkonditionierung ist wiederum zu

erkennen. Auch hier sind die Unterschiede bei den benötigten Iterationen für die gewählten ω nicht groß. Daher erscheint $\omega = 1.3$ ein guter Kompromiss zwischen Aufwand und Nutzen zu sein (default unter EDOPTLAB). Es zeigt sich auch in diesem Experiment, dass bei streng konvexen quadratischen Funktionen CG-Verfahren den BFGS-Verfahren vorzuziehen sind (siehe CPU-Zeiten). ■

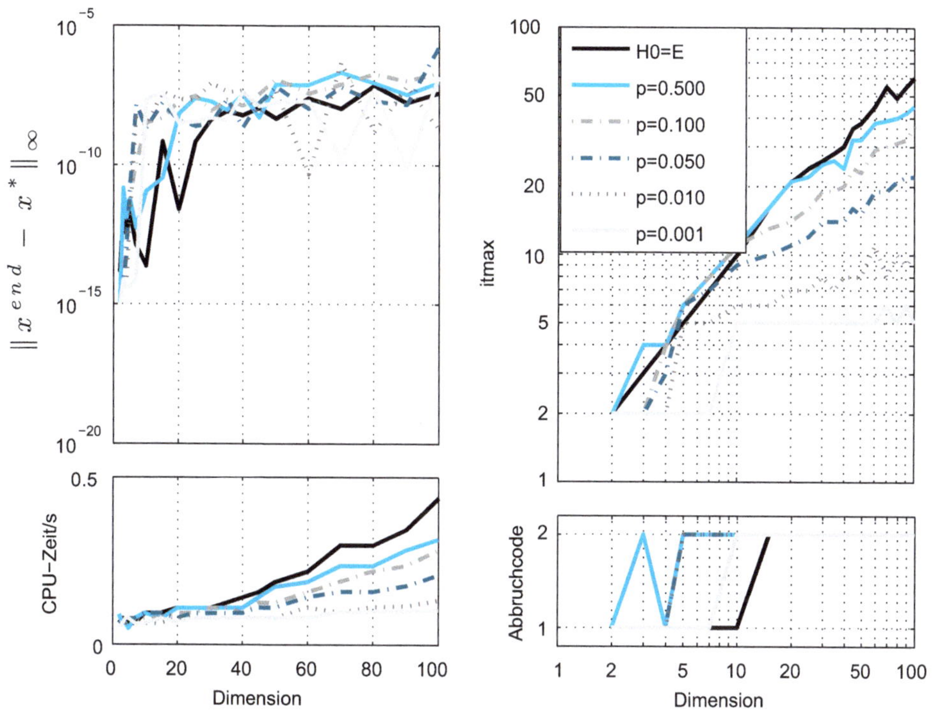

Abb. 3.46 Konvergenzvergleich zwischen dem BFGS- und dem BFGS-Verfahren mit Cholesky-Präkonditionierer bei Problem Nr. 60 mit $\kappa(Q) = 100$ für unterschiedliche Löschparameter p im Exp. 3.6.3

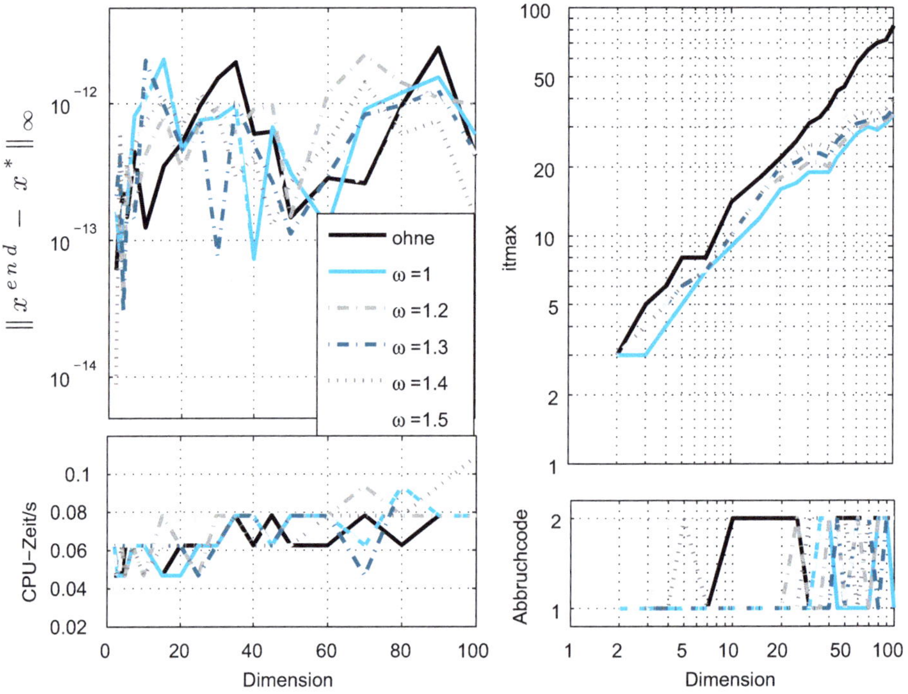

Abb. 3.47 Konvergenzvergleich zwischen dem CG-Q- und dem PCG-Verfahren mit SSOR-Präkonditionierer bei Problem Nr. 60 mit $\kappa(Q) = 10^4$ für unterschiedliche Relaxationsparameter ω im Exp. 3.6.3

Experiment 3.6.4 (**Vergleich von CG-PR-, CG-FR- und BFGS-Verfahren mit „fast perfekter" Schrittweite bei nichtquadratischen Problemfunktionen**)
cg12.m: Wir betrachten die zweidimensionale Rosenbrock-Funktion und verwenden jeweils LS 6.0 mit quadratischer Interpolation und relativer Genauigkeit von 10^{-6}. Die Iterationspunkte des CG-PR- und des BFGS-Verfahrens stimmen fast überein (siehe Abb. 3.48, oben) obwohl die Schrittweiten t_k nur beim BFGS-Verfahren gegen 1 gehen (siehe Abb. 3.48, Mitte). Damit bestätigt sich, dass für eine superlineare Konvergenz der CG-Verfahren im Gegensatz zum BFGS-Verfahren die Schrittweite nicht gegen 1 konvergieren muss. Weiterhin ist beim CG-PR-Verfahren superlineare Konvergenz (siehe Abb. 3.48, unten links) zu beobachten. Das CG-FR-Verfahren zeigt R-lineare Konvergenz, ist aber nach 100 Iterationen noch weit von der vorgegebenen Abbruchtoleranz entfernt (siehe Abb. 3.48, unten rechts). ■

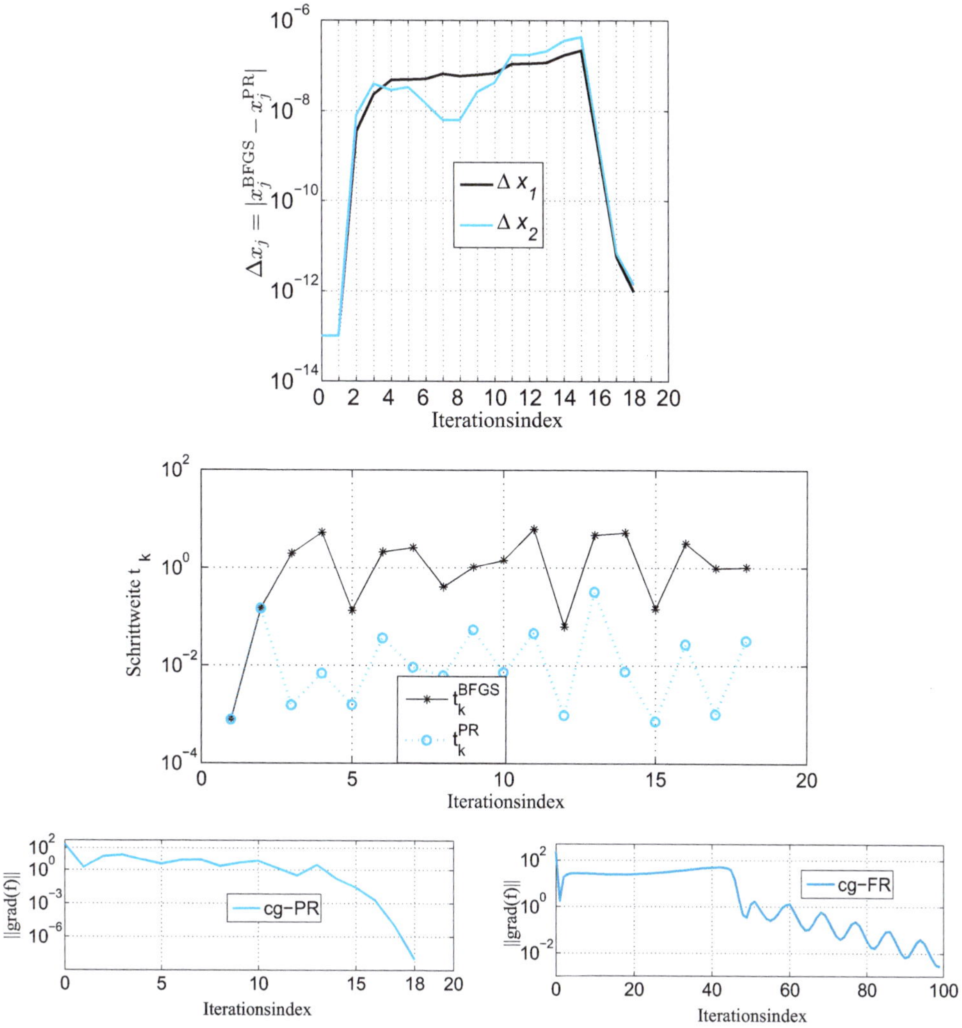

Abb. 3.48 Iterationsverlauf des BFGS-, CG-PR- und CG-FR-Verfahrens bei der zweidimensionalen Rosenbrock-Funktion mit LS 6.0 im Exp. 3.6.4

Experiment 3.6.5 (Vergleich von CG-PR-, CG-FR- und BFGS-Verfahren mit und ohne Restart bei „fast perfekter" Schrittweite und nichtquadratischen Problemfunktionen)
Für das Einfügen von Restarts unterscheiden wir die folgenden zwei Möglichkeiten:

(1) *Zyklischer Restart* nach einer festen nur von der Dimension des Problems abhängigen Iterationsanzahl und

(2) *Kontrollierter Restart* bei Vorliegen einer bestimmten Situation.

In Powell (1977) wird beispielsweise vorgeschlagen einen solchen kontrollierten Restart im Fall

$$|\nabla f(\boldsymbol{x}^{k+1}))^T \nabla f(\boldsymbol{x}^k)| \geq 0.2\|\nabla f(\boldsymbol{x}^{k+1})\|^2 \tag{3.62}$$

durchzuführen. Unter EdOptLab sind für das CG-FR- und CG-PR-Verfahren Varianten mit kontrolliertem Restart bei Eintreten der Bedingung (3.62) implementiert.

cg15.m: Wir betrachten erneut die zweidimensionale Rosenbrock-Funktion und verwenden wiederum LS 6.0 mit quadratischer Interpolation und relativer Genauigkeit von 10^{-6}. Im Vergleich zur sehr langsamen R-linearen Konvergenz des CG-FR-Verfahrens ohne Restart (siehe Abb. 3.48, unten rechts) erreicht das CG-FR-Verfahren mit Restart trotz ungenauerer Approximation der perfekten Schrittweite die Abbruchtoleranz bereits nach weniger als 30 Iterationen bei linearer Konvergenz (siehe Abb. 3.49). Es benötigt jedoch fast doppelt so viele Iterationen wie das BFGS- bzw. das CG-PR-Verfahren ohne Restart (siehe Abbildung 3.48, unten links).
Erhöhen wir die Dimension der Rosenbrock-Funktion auf $n = 6$, dann zeigt sich, dass das CG-PR- und das CG-FR-Verfahren aufgrund der noch schlechter konditionierten Hesse-Matrizen und der ungenau berechneten perfekten Schrittweite sehr langsam konvergieren (siehe Abb. 3.50). Auch das eigentlich stabilere CG-PR-Verfahren benötigt schon über 500 Iterationen, um die Abbruchtoleranz zu erreichen. Dagegen bewirkt der kontrollierte Restart sowohl für das CG-FR-Verfahren als auch für das CG-PR-Verfahren eine schnellere Konvergenz, wobei auch diese Varianten immer noch erheblich mehr Iterationen als das BFGS-Verfahren benötigen. ■

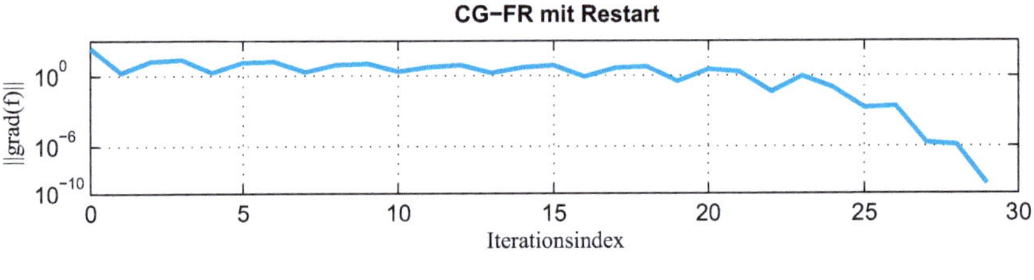

Abb. 3.49 Iterationsverlauf des CG-FR-Verfahrens mit Restart bei der zweidimensionalen Rosenbrock-Funktion mit LS 6.0 im Exp. 3.6.5

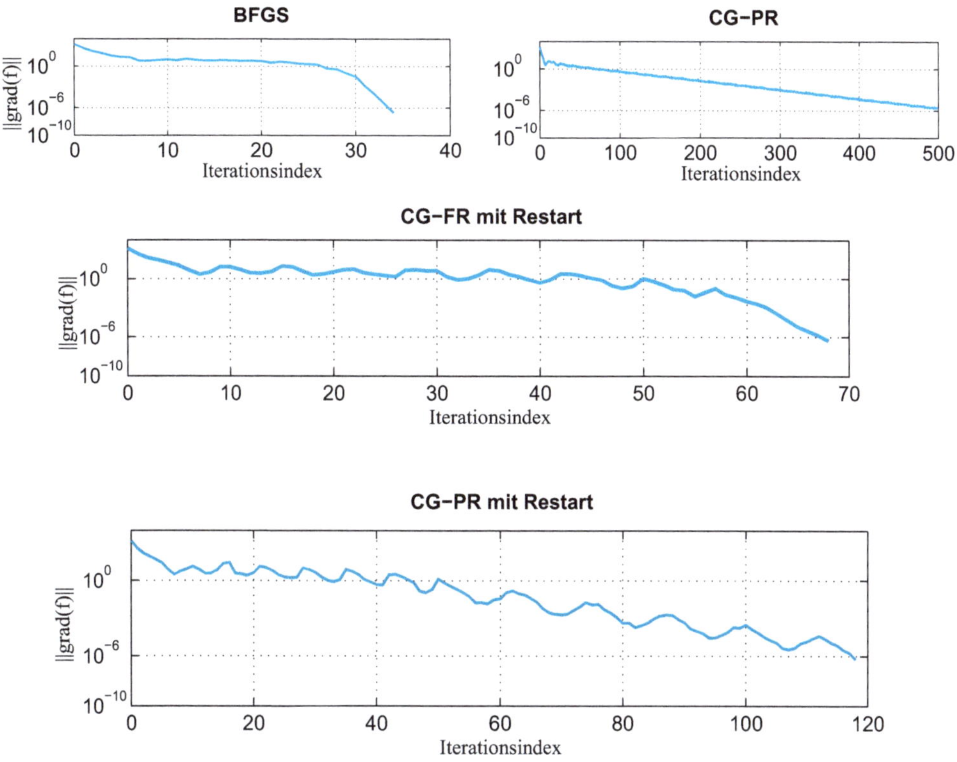

Abb. 3.50 Iterationsverlauf des BFGS- sowie des CG-FR- und CG-PR-Verfahrens mit und ohne Restart bei der sechsdimensionalen Rosenbrock-Funktion mit LS 6.0 im Exp. 3.6.5

Experiment 3.6.6 (Effektivitätsvergleich von CG-PR- und BFGS-Verfahren sowie CG-PR- und CG-FR-Verfahren mit Restart bei höherdimensionalen Problemen)

cg16.m: Wir betrachten die n-dimensionale skalierte Rosenbrock-Funktion (Problem Nr. 50) $f : \mathbb{R}^n \to \mathbb{R}$ mit

$$f(\boldsymbol{x}) = \sum_{k=1}^{n-1} \left(a(x_{k+1} - x_k^2)^2 + (1 - x_k)^2 \right)$$

für $2 \leq n \leq 50$ bzw. $2 \leq n \leq 100$. Als Schrittweite verwenden wir jeweils die strenge Powell-Wolfe-Schrittweite (LS 7.0).

Zunächst vergleichen wir für die aufgeführten Verfahren ihr Verhalten beim Skalierungsfaktor $a = 100$ (übliche Rosenbrock-Funktion) und wählen den Tangentenparameter im LS 7.0 zu $\beta = 0.45$ (siehe Tab. 3.28) bzw. zu $\beta = 0.1$ (siehe Tab. 3.29). Wie zu erwarten war, sind die CG-Verfahren bei dem kleineren Tangentenparameter effektiver. Jedoch

bleibt bei beiden Tangentenparametern das BFGS-Verfahren überlegen.
Vergleichen wir dagegen die Verfahren für den Skalierungsfaktor $a = 1$ (Verkleinerung der Konditionszahl der Hesse-Matrizen mit dem Faktor $\frac{1}{100}$), dann sind etwa ab Dimension $n = 30$ die betrachteten CG-Verfahren mit Restart dem BFGS-Verfahren überlegen (siehe Tab. 3.30).
Deutet man den Übergang von $a = 100$ zu $a = 1$ als Präkonditionierung, so bestätigt das Experiment die Empfehlung, bei höherdimensionalen Problemen präkonditionierte CG-Verfahren mit Restart anstelle von Quasi-Newton-Verfahren zu verwenden (siehe Kap. 8 in Pytlak (2009)). ■

	BFGS			CG-PR			CG-FR mit Restart			CG-PR mit Restart		
n	CPU	it	Kosten	CPU	it	Kosten	CPU	it	Kosten	CPU	it	Kosten
2	0.16	23	174	0.28	20	279	0.45	39	501	0.44	38	483
4	0.42	40	740	1.03	83	1955	0.86	69	1530	0.72	56	1265
6	0.58	56	1393	1.58	134	4221	1.16	89	2891	1.34	112	3479
10	0.95	90	3850	4.73	435	20614	2.02	176	8569	1.77	141	7315
15	1.11	103	6512	2.33	183	14320	2.30	182	13952	2.73	226	16688
20	1.39	129	10731	3.59	288	29190	2.98	236	23940	3.02	241	24423
25	1.77	152	16328	3.61	272	35542	3.97	319	39416	3.78	294	37128
30	2.00	177	21917	4.28	318	49600	4.55	351	52731	4.59	353	53258
35	2.34	194	29304	4.64	339	62640	4.97	370	65736	5.28	400	69732
40	2.77	230	38786	5.45	388	81385	6.00	452	90241	6.50	489	97088
50	3.28	278	56967	7.03	522	135558	6.78	502	128418	7.39	570	141780

Tab. 3.28 Effektivitätsvergleich für die n-dimensionale Rosenbrock-Funktionen $(2 \leq n \leq 50)$ bei LS 7.0 und Tangentenparameter $\beta = 0.45$ im Exp. 3.6.6

	BFGS			CG-PR			CG-FR mit Restart			CG-PR mit Restart		
n	CPU	it	Kosten	CPU	it	Kosten	CPU	it	Kosten	CPU	it	Kosten
2	0.23	22	213	0.33	21	330	0.36	28	381	0.36	27	375
4	0.36	32	555	3.94	374	7820	0.70	54	1270	0.72	55	1275
6	0.44	41	1029	3.59	337	9982	1.09	85	2905	1.13	86	2898
10	0.61	57	2343	4.06	368	17644	1.58	123	6545	1.64	129	6842
15	0.84	77	4880	5.70	520	36096	2.00	156	12416	2.16	169	13264
20	1.11	101	8505	6.13	535	50295	2.81	213	22617	2.70	205	22008
25	1.41	121	12714	5.94	483	58656	3.44	257	33826	3.39	250	32994
30	1.67	143	18135	6.16	485	71424	4.09	301	47678	4.30	299	47585
35	1.95	163	24300	8.28	648	107820	4.72	337	62136	5.22	380	69048
40	2.30	185	31693	8.73	668	128740	5.38	375	80032	6.16	445	91061
50	2.81	227	48348	8.52	662	164271	6.30	449	120360	6.36	453	121023

Tab. 3.29 Effektivitätsvergleich für die n-dimensionale Rosenbrock-Funktionen $(2 \leq n \leq 50)$ bei LS 7.0 und Tangentenparameter $\beta = 0.1$ im Exp. 3.6.6

	BFGS			CG-PR			CG-FR mit Restart			CG-PR mit Restart		
n	CPU	it	Kosten	CPU	it	Kosten	CPU	it	Kosten	CPU	it	Kosten
2	0.11	7	39	0.13	8	51	0.16	16	90	0.14	11	72
4	0.14	17	145	0.28	35	380	0.17	15	170	0.20	22	230
6	0.16	16	210	0.34	45	700	0.25	27	441	0.27	31	483
10	0.19	19	451	0.31	37	935	0.30	39	946	0.31	38	924
15	0.19	24	768	0.31	41	1504	0.41	57	1952	0.31	41	1408
20	0.23	30	1386	0.34	44	1995	0.30	36	1701	0.31	35	1659
25	0.25	33	1794	0.36	46	2548	0.30	35	2054	0.31	36	2132
30	0.31	40	2666	0.33	39	2635	0.30	35	2480	0.31	35	2449
35	0.33	40	2988	0.31	41	3168	0.34	39	3168	0.31	35	2880
40	0.36	47	4100	0.36	39	3813	0.33	36	3321	0.31	35	3239
50	0.39	52	5610	0.42	56	5967	0.34	40	4590	0.33	37	4284
100	0.50	50	11009	0.47	61	13130	0.34	37	8383	0.34	36	8181

Tab. 3.30 Effektivitätsvergleich für die skalierte n-dimensionale Rosenbrock-Funktionen ($2 \leq n \leq 100$) mit Skalierungsfaktor $a = 1$ bei LS 7.0 und Tangentenparameter $\beta = 0.45$ im Exp. 3.6.6

3.7 Trust-Region-Verfahren (TR-Verfahren)

3.7.1 Trust-Region-Modelle

Wir bemerken zunächst, dass für eine beliebige reguläre Matrix $A \in \mathbb{R}^{(n,n)}$ die Konditionszahl $\kappa(A)$ gemäß $\kappa(A) := \|A^{-1}\| \, \|A\|$ definiert ist.

In den Abschnitten 3.4 und 3.5 wurde ausgehend vom Iterationspunkt $\boldsymbol{x}^k$ eine Suchrichtung $\boldsymbol{d}^k$ als Lösung des linearen Gleichungssystems

$$H_k \boldsymbol{d} = -\nabla f\left(\boldsymbol{x}^k\right)$$

bestimmt, wobei für die symmetrische Matrix H_k entweder die Hesse-Matrix $\nabla^2 f(\boldsymbol{x}^k)$ oder eine (geeignete) Approximation gewählt wurde. Bei positiver Definitheit von H_k ist diese Suchrichtung eine Abstiegsrichtung, und die hierauf basierenden Algorithmen sind bei Verwendung von geeigneten Schrittweitenstrategien Abstiegsverfahren. Dabei können wir $\boldsymbol{d}^k$ auch als Lösung der unrestringierten quadratischen Optimierungsaufgabe

$$\text{MIN}\left\{ m_k(\boldsymbol{d}) := f_k + (\boldsymbol{g}^k)^T \boldsymbol{d} + \frac{1}{2}\boldsymbol{d}^T H_k \boldsymbol{d} \;\middle|\; \boldsymbol{d} \in \mathbb{R}^n \right\} \tag{3.63}$$

mit $f_k := f(\boldsymbol{x}^k)$ und $\boldsymbol{g}^k := \nabla f(\boldsymbol{x}^k)$ deuten. Offensichtlich gilt somit $m_k(\boldsymbol{0}) = f(\boldsymbol{x}^k)$ und $\nabla m_k(\boldsymbol{0}) = \boldsymbol{g}^k$, d. h. m_k und f stimmen bzgl. der Taylor-Approximation 1. Ordnung überein.

In diesem Abschnitt verfolgen wir einen anderen Weg zur Bestimmung des jeweiligen nächsten Iterationspunktes. Wir verzichten dabei auf eine Schrittweitenbestimmung sowie die Voraussetzung $H_k \in \mathbb{SPD}^n$ und betrachten anstelle von (3.63) für festes $\rho_k > 0$ das i. Allg. nichtkonvexe restringierte quadratische (Hilfs-)Problem

$$\text{MIN}\left\{ m_k(\boldsymbol{d}) := f_k + (\boldsymbol{g}^k)^T \boldsymbol{d} + \frac{1}{2}\boldsymbol{d}^T H_k \boldsymbol{d} \;\middle|\; \|\boldsymbol{d}\| \leq \rho_k \right\} . \tag{3.64}$$

Dieses Problem besitzt nach dem Satz von Weierstraß für festes ρ_k und für eine beliebige symmetrische Matrix H_k eine globale Minimalstelle $\boldsymbol{d}^*$. Die Funktion m_k wird dabei als *Modellfunktion* von f in $\boldsymbol{x}^k$, die Matrix H_k als *Modellmatrix*, die Nebenbedingung $\|\boldsymbol{d}\| \leq \rho_k$ als *Kugelnebenbedingung* und die Kugel

$$K(\boldsymbol{x}^k, \rho_k) := \boldsymbol{x}^k + K_{\rho_k} \text{ mit } K_{\rho_k} := \{\boldsymbol{d} \in \mathbb{R}^n \mid \|\boldsymbol{d}\| \leq \rho_k\}$$

als *Vertrauensbereich* (engl. trust region) in $\boldsymbol{x}^k$ bezeichnet. Dementsprechend bezeichnen wir das Problem (3.64) als *Trust-Region-Problem* (kurz: *TR-Problem*) . Die Grundidee der in diesem Abschnitt betrachteten sogenannten *Trust-Region-Verfahren* (engl. trust-region method oder restricted step method) besteht nun darin, für eine Näherungslösung $\boldsymbol{d}^k$ von (3.64) die Güte der Approximation von $f(\boldsymbol{x}^k + \boldsymbol{d}^k) - f(\boldsymbol{x}^k)$ durch $m_k(\boldsymbol{d}^k) - m_k(\boldsymbol{0})$ zu testen und ggf. den Vertrauensbereich adaptiv anzupassen.

Der folgende Satz liefert ein Optimalitätskriterium für das TR-Problem.

Satz 3.79
Es seien $\boldsymbol{g} \in \mathbb{R}^n$, $H \in \mathbb{R}^{(n,n)}$ mit $H = H^T$ und $\rho > 0$. Dann gilt:
Der Vektor $\boldsymbol{d}^* \in \mathbb{R}^n$ ist genau dann globale Lösung von

$$\text{MIN}\left\{ m(\boldsymbol{d}) := \boldsymbol{g}^T \boldsymbol{d} + \frac{1}{2}\boldsymbol{d}^T H \boldsymbol{d} \;\middle|\; \|\boldsymbol{d}\| \leq \rho \right\} , \tag{3.65}$$

wenn ein $\lambda^* \in \mathbb{R}$ existiert mit

(a) $\|d^*\| \leq \rho$,

(b) $\lambda^* \geq 0$,

(c) $\lambda^* (\|\boldsymbol{d}^*\| - \rho) = 0$,

(d) $(H + \lambda^* E_n)\, \boldsymbol{d}^* = -\boldsymbol{g}$ und

(e) $H + \lambda^* E_n$ ist positiv semi-definit.

Beweis: Für ein $\boldsymbol{d}^* \in \mathbb{R}^n$ existiere zunächst ein $\lambda^* \in \mathbb{R}$, sodass (a)-(e) erfüllt sind. Dann gilt für ein beliebiges $\boldsymbol{d} \in \mathbb{R}^n$ mit $\|\boldsymbol{d}\| \leq \rho$

$$\begin{aligned} m(\boldsymbol{d}) - m(\boldsymbol{d}^*) &= \boldsymbol{g}^T(\boldsymbol{d} - \boldsymbol{d}^*) + \tfrac{1}{2}\boldsymbol{d}^T H\boldsymbol{d} - \tfrac{1}{2}\boldsymbol{d}^{*T} H\boldsymbol{d}^* \\ &= (\boldsymbol{g} + H\boldsymbol{d}^*)^T(\boldsymbol{d} - \boldsymbol{d}^*) + \tfrac{1}{2}(\boldsymbol{d} - \boldsymbol{d}^*)^T H(\boldsymbol{d} - \boldsymbol{d}^*) \\ &= -\lambda^*(\boldsymbol{d} - \boldsymbol{d}^*)^T\boldsymbol{d}^* + \tfrac{1}{2}(\boldsymbol{d} - \boldsymbol{d}^*)^T(H + \lambda^* E_n)(\boldsymbol{d} - \boldsymbol{d}^*) - \tfrac{\lambda^*}{2}\|\boldsymbol{d} - \boldsymbol{d}^*\|^2 \\ &\geq -\lambda^*(\boldsymbol{d} - \boldsymbol{d}^*)^T\boldsymbol{d}^* - \tfrac{\lambda^*}{2}\|\boldsymbol{d} - \boldsymbol{d}^*\|^2 \\ &= \tfrac{\lambda^*}{2}(\|\boldsymbol{d}^*\|^2 - \|\boldsymbol{d}\|^2) \\ &= \tfrac{\lambda^*}{2}(\|\boldsymbol{d}^*\|^2 - \rho^2) + \tfrac{\lambda^*}{2}(\rho^2 - \|\boldsymbol{d}\|^2) \\ &\geq 0\,, \end{aligned}$$

womit $\boldsymbol{d}^*$ eine globale Lösung von (3.65) ist.
Es sei nun andererseits $\boldsymbol{d}^* \in \mathbb{R}^n$ eine globale Lösung von (3.65). Dann ist $\boldsymbol{d}^*$ auch eine globale Lösung von

$$\text{MIN}\left\{ m(\boldsymbol{d}) := \boldsymbol{g}^T\boldsymbol{d} + \frac{1}{2}\boldsymbol{d}^T H\boldsymbol{d} \;\middle|\; \frac{1}{2}(\|\boldsymbol{d}\|^2 - \rho^2) \leq 0 \right\}. \tag{3.66}$$

Im Fall $\|\boldsymbol{d}^*\| < \rho$ folgt mit Satz 2.2 und Satz 2.4 für $\lambda^* = 0$ die Gültigkeit von (a) bis (e) unmittelbar. Somit gelte $\|\boldsymbol{d}^*\| = \rho$, womit die Bedingungen (a) und (c) trivialerweise erfüllt sind. Weiterhin folgt mit Satz 2.22 angewandt auf (3.66) die Existenz eines $\lambda^* \geq 0$ mit

$$\boldsymbol{g} + H\boldsymbol{d}^* + \lambda^*\boldsymbol{d}^* = \boldsymbol{0}\,,$$

und somit für dieses λ^* die Bedingungen (b) und (d). Mit Satz 2.30 wiederum angewandt auf (3.66) folgt weiterhin

$$\boldsymbol{v}^T(H + \lambda^* E_n)\boldsymbol{v} \geq 0$$

für alle $\boldsymbol{v} \in \mathbb{R}^n$ mit $\boldsymbol{v}^T\boldsymbol{d}^* = 0$. Somit gelte $\boldsymbol{v} \in \mathbb{R}^n$ mit $\boldsymbol{v}^T\boldsymbol{d}^* \neq 0$. Setzen wir

$$\tau := -\frac{2\boldsymbol{v}^T\boldsymbol{d}^*}{\boldsymbol{v}^T\boldsymbol{v}} \neq 0\,,$$

dann folgt

$$(\boldsymbol{d}^* + \tau\boldsymbol{v})^T(\boldsymbol{d}^* + \tau\boldsymbol{v}) = (\boldsymbol{d}^*)^T\boldsymbol{d}^* \text{ bzw. } \|\boldsymbol{d}^* + \tau\boldsymbol{v}\| = \|\boldsymbol{d}^*\| = \rho\,.$$

Da $\boldsymbol{d}^*$ die globale Lösung von (3.65) ist, ergibt sich mit (d) und der Definition von τ

$$\begin{aligned} 0 &\leq m(\boldsymbol{d}^* + \tau\boldsymbol{v}) - m(\boldsymbol{d}^*) \\ &= \tau(\boldsymbol{g} + H\boldsymbol{d}^*)^T\boldsymbol{v} + \tfrac{1}{2}\tau^2\boldsymbol{v}^T H\boldsymbol{v} \\ &= -\tau\lambda^*(\boldsymbol{d}^*)^T\boldsymbol{v} + \tfrac{1}{2}\tau^2\boldsymbol{v}^T H\boldsymbol{v} \\ &= \tfrac{1}{2}\tau^2\boldsymbol{v}^T(H + \lambda^* E_n)\boldsymbol{v} \end{aligned}$$

für alle $\boldsymbol{v} \in \mathbb{R}^n$ mit $\boldsymbol{v}^T\boldsymbol{d}^* \neq 0$, womit auch (e) gezeigt ist. □

Der Beweis des folgenden Lemmas sei dem Leser als Aufgabe 3.41 überlassen.

Lemma 3.80
Es sei $\boldsymbol{d}^* \in \mathbb{R}^n$ eine globale Lösung des TR-Problems (3.65). Dann gilt $m(\boldsymbol{d}^*) = m(\boldsymbol{0})$ genau dann, wenn $\boldsymbol{g} = \boldsymbol{0}$ und H positiv semi-definit ist.

Mittels Hauptachsentransformation für die symmetrischen Matrix $H \in \mathbb{R}^{(n,n)}$ lassen sich eine orthogonale Matrix $U \in \mathbb{R}^{(n,n)}$ mit $U^T = U^{-1}$ und eine Diagonalmatrix $\Lambda = \mathrm{diag}(\lambda_1, \ldots, \lambda_n) \in \mathbb{R}^{(n,n)}$ der Eigenwerte von H konstruieren, sodass $H = U\Lambda U^T$ gilt. Aus $(H + \lambda^* E_n)\boldsymbol{d}^* = -\boldsymbol{g}$ folgt damit für $\lambda^* \neq \lambda_i$ mit $i = 1, 2, \ldots, n$

$$\boldsymbol{d}^* = -(H + \lambda^* E_n)^{-1}\boldsymbol{g} = -U(\Lambda + \lambda^* E_n)^{-1}U^T\boldsymbol{g} \ .$$

Beachtet man die Norminvarianz der euklidischen Norm bei orthogonalen Transformationen, dann folgt durch Einsetzen von $\boldsymbol{d}^*$ in die aktive Kugelnebenbedingung

$$\rho^2 = \|\boldsymbol{d}^*\|^2 = \|(\Lambda + \lambda^* E_n)^{-1}U^T\boldsymbol{g}\|^2 = \left\| \begin{pmatrix} \frac{1}{\lambda_1+\lambda^*} & 0 & \cdots & 0 \\ 0 & \frac{1}{\lambda_2+\lambda^*} & \cdots & 0 \\ \vdots & \vdots & \ddots & \vdots \\ 0 & 0 & \cdots & \frac{1}{\lambda_n+\lambda^*} \end{pmatrix} \begin{pmatrix} \gamma_1 \\ \gamma_2 \\ \vdots \\ \gamma_n \end{pmatrix} \right\|^2 ,$$

wobei γ_i für $i = 1, 2, ..., n$ die i-te Koordinate von $U^T\boldsymbol{g}$ ist. Also folgt

$$\rho^2 = \sum_{i=1}^{n} \frac{\gamma_i^2}{(\lambda_i + \lambda^*)^2} =: \psi(\lambda^*) \ . \tag{3.67}$$

Analytisch lässt sich (3.67) nur in seltenen Spezialfällen lösen (siehe Beispiele 3.81, Beispiel 3 und 5). Eine numerische Lösung von (3.67) ist i. Allg. schwierig, da die Funktion ψ (mehrere) Polstellen besitzt. Allerdings ist für eine numerische Lösung von (3.67) nur der rechte Zweig des Graphen von ψ für $\lambda \geq \hat{\lambda} := \max\{0, -\lambda_{\min}(H)\}$ interessant. Für diese λ ist ψ streng monoton fallend.
In den Abschnitten 7.3 von Conn, Gould und Toint (2000), 4.2 von Nocedal und Wright (2006) sowie 14.4 von Geiger und Kanzow (1999) werden Methoden zur numerischen Lösung der Gleichung (3.67) beschrieben. Anstelle der Lösung von (3.67) wird die numerisch stabiler lösbare sogenannte *Säkulargleichung* $\frac{1}{\psi(\lambda)} = \frac{1}{\rho^2}$ betrachtet. Sie wird mit einem modifizierten Newton-Verfahren gelöst, welches garantiert, dass man den rechten monotonen Zweig von ψ nicht verlässt. Dabei wird $H + \lambda E_n$ in Abhängigkeit von λ geeignet faktorisiert, um den numerischen Aufwand für die Berechnung von $\boldsymbol{d}^*$ in Grenzen zu halten. Die beschriebenen Methoden zur Berechnung von $\lambda(\rho)$ als Lösung von (3.67) sind meist superlinear bis quadratisch konvergent.
Sowohl für die exakte als auch für die approximative Lösung des Trust-Region-Problems sind die Newton-Richtung und die Richtung des steilsten Abstiegs von m im Iterationspunkt $\boldsymbol{x}$ wichtig. Wir definieren für $\boldsymbol{g} \neq \boldsymbol{0}$:

- Ein *Newton-Punkt* $\boldsymbol{d}^{Newt}$ ist eine Lösung der Newton-Gleichung $H\boldsymbol{d} = -\boldsymbol{g}$, sofern diese Gleichung lösbar ist.
- Ein *Cauchy-Punkt* $\boldsymbol{d}^C$ ist eine Lösung der Minimierungsaufgabe

$$\mathrm{MIN}\,\{m(-t\boldsymbol{g}) \mid t > 0\}\,,$$

sofern diese Aufgabe eine Lösung hat.

Die folgenden Beispiele im $\mathbb{R}^2$ verdeutlichen die Schwierigkeiten, die bei der Bestimmung von $\lambda(\rho) := \lambda^*$ und $\boldsymbol{d}(\lambda(\rho)) := \boldsymbol{d}^*$ bei gegebenem $\rho > 0$ auftreten können.

Beispiele 3.81
Die Matrizen H sind o. B. d. A. in den Beispielen bereits als Diagonalmatrizen gewählt. Die folgenden Abbildungen 3.51 bis 3.55 enthalten für die betrachteten Beispiele jeweils die Höhenlinien der Funktion m gemäß (3.65) und die Kreise $\|\boldsymbol{d}\| = \rho$ für verschiedene $\rho > 0$. Die Lösungen $\boldsymbol{d}^*$ des TR-Problems werden wir unter Zuhilfenahme des Satzes 3.79 und der Monotonieeigenschaft von ψ gemäß (3.67) für $\lambda > \hat{\lambda}$ oder $\lambda \geq \hat{\lambda}$ diskutieren. Da die Lösungen $\lambda(\rho)$ i. Allg. auch für diese Beispiele nicht explizit berechenbar sind, ermitteln wir den Verlauf von $\boldsymbol{d}(\lambda(\rho))$ durch die geometrische Beobachtung, dass alle Punkte von $\boldsymbol{d}(\lambda(\rho))$ gemeinsame Tangenten an die Höhenlinien von m sowie an die Kreise $\|\boldsymbol{d}\| = \rho$ besitzen. Falls keine Lösung zu dem linearen Gleichungssystem $(H + \hat{\lambda}E_2)\boldsymbol{d} = -\boldsymbol{g}$ existiert, dann wird der Verlauf von $\boldsymbol{d}(\lambda(\rho))$ zusätzlich durch die Lösungen der Quadratmittelprobleme $\mathrm{MIN}\left\{\|(H + \hat{\lambda}E_2)\boldsymbol{d} + \boldsymbol{g}\|^2 \;\middle|\; \boldsymbol{d} \in \mathbb{R}^2\right\}$ charakterisiert (siehe Abschnitt 3.8).

Beispiel 1: H positiv definit
$H := \mathrm{diag}(2,1)$, $\boldsymbol{g} := (-3,-3)^T$ (siehe Abb. 3.51).
Es gilt $\lambda^* \geq \hat{\lambda} = 0$. Für $\lambda^* = 0$ folgt $\boldsymbol{d}^* = \boldsymbol{d}^{Newt} = (\frac{3}{2}, 3)^T$ und $\|\boldsymbol{d}^*\|^2 = \frac{45}{4}$. Damit ist für $\rho^2 > \frac{45}{4}$ die Kugelnebenbedingung nicht aktiv, und die Lösungen des TR-Problems liegen in K_ρ. Da ψ für $\lambda \geq \hat{\lambda} = 0$ streng monoton fallend ist, folgt $\lambda(\rho) > 0$ für $\rho^2 < \frac{45}{4}$, und damit ist in diesem Fall die Kugelnebenbedingung stets aktiv. Nach unseren geometrischen Betrachtungen verläuft $\boldsymbol{d}(\lambda(\rho))$ im Winkelraum zwischen $\boldsymbol{d}^{Newt}$ und $\boldsymbol{d}^C = (2,2)^T$.

Beispiel 2: H positiv semi-definit, $H\boldsymbol{d} = -\boldsymbol{g}$ unlösbar
$H := \mathrm{diag}(2,0)$, $\boldsymbol{g} := (-3,-3)^T$ (siehe Abb. 3.52).
Es gilt $\lambda^* \geq \hat{\lambda} = 0$. Wegen $\mathrm{rang}(H, \boldsymbol{g}) = 2 \neq 1 = \mathrm{rang}\, H$ existiert kein Newton-Punkt. Die Modellfunktion m ist nach unten nicht beschränkt, und ihre Höhenlinien sind Parabeln. Folglich liegen die Lösungen des TR-Problems für alle $\rho > 0$ auf dem Rand von K_ρ. Die Kurve $\boldsymbol{d}(\lambda(\rho))$ schmiegt sich an die Lösungsmenge $\{(\frac{3}{2}, \mu)^T \mid \mu \in \mathbb{R}\}$ des Quadratmittelproblems $\mathrm{MIN}\{(2d_1 - 3)^2 \mid \boldsymbol{d} \in \mathbb{R}^2\}$ an.

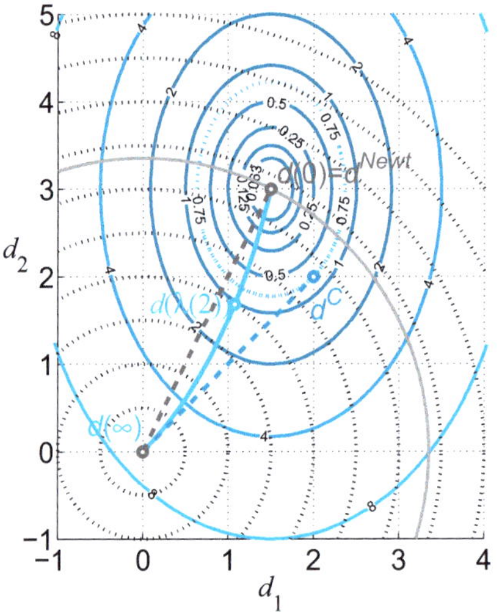

Abb. 3.51 TR-Problem bei positiv definiter Matrix H

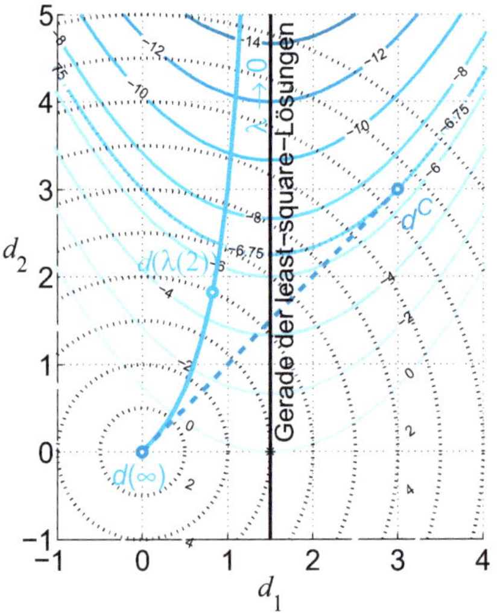

Abb. 3.52 TR-Problem bei positiv semi-definiter Matrix H, $H\boldsymbol{d} = -\boldsymbol{g}$ unlösbar

Beispiel 3: H positiv semi-definit, $H\boldsymbol{d} = -\boldsymbol{g}$ lösbar
$H := \mathrm{diag}(2, 0)$, $\boldsymbol{g} := (-3, 0)^T$ (siehe Abb. 3.53).
Es gilt $\lambda^* \geq \hat{\lambda} = 0$. Wegen $\mathrm{rang}(H, \boldsymbol{g}) = \mathrm{rang}\, H = 1$ existiert eine eindimensionale lineare Mannigfaltigkeit von Newton-Punkten $\boldsymbol{d}^{Newt} = (\frac{3}{2}, \mu)^T$ mit $\mu \in \mathbb{R}$. Die Modellfunktion

m ist nach unten beschränkt und ihre Höhenlinien sind zueinander parallele Geraden. Wegen

$$\psi(\lambda) := \frac{9}{(2+\lambda)^2} = \rho^2$$

gilt $\lambda(\rho) = \frac{3}{\rho} - 2$ für $\rho < \frac{3}{2}$. Für $\rho \geq \frac{3}{2}$ ist $\lambda(\rho) = \hat{\lambda} = 0$, und die Schnittmenge

$$\left\{ \left(\frac{3}{2}, \mu\right)^T \,\middle|\, \frac{9}{4} + \mu^2 \leq \rho^2 \right\}$$

der Newton-Punkte mit K_ρ ist die konvexe Lösungsmenge des TR-Problems. Für $\rho = 2$ ist in Abb. 3.53 die zugehörige Lösungsmenge $\{(\frac{3}{2}, \mu)^T \mid \mu \in \frac{1}{2}[-\sqrt{7}, \sqrt{7}]\}$ eingezeichnet.

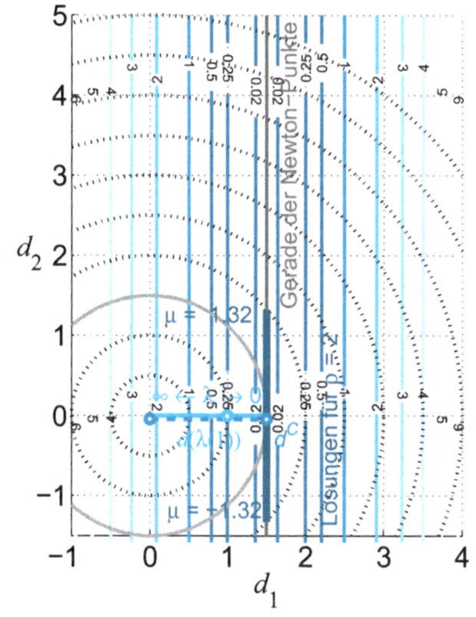

Abb. 3.53 TR-Problem und ψ bei positiv semi-definiter Matrix H, $H\boldsymbol{d} = -\boldsymbol{g}$ ist lösbar

Beispiel 4: H indefinit, $(H - \lambda_{\min}(H)E_n)\boldsymbol{d} = -\boldsymbol{g}$ unlösbar
$H := \operatorname{diag}(2, -1)$, $\boldsymbol{g} := (-1, -1)^T$ (siehe Abb. 3.54).
Es gilt $\lambda^* \geq \hat{\lambda} = 1$. Die Modellfunktion m ist nach unten unbeschränkt und die Höhenlinien von m sind Hyperbeln. Damit liegen die Lösungen des TR-Problems für jedes $\rho > 0$ auf dem Rand von K_ρ. Der Newton-Punkt (Kreuzungspunkt der Asymptoten der Hyperbeln) ist zwar wegen $\operatorname{rang}(H, \boldsymbol{g}) = \operatorname{rang} H = 2$ eindeutig durch $\boldsymbol{d}^{Newt} = (\frac{1}{2}, -1)^T$ gegeben, hat aber für die Lösung des TR-Problems keine Bedeutung. Wegen der Unlösbarkeit von $(H + \hat{\lambda}E_n)\boldsymbol{d} = -\boldsymbol{g}$ muss $\lambda > \hat{\lambda}$ gelten. Die Kurve $\boldsymbol{d}(\lambda(\rho))$, $\rho > 0$ schmiegt sich an die Lösungsmenge $\{(\frac{1}{3}, \mu)^T \mid \mu \in \mathbb{R}\}$ des Quadratmittelproblems $\text{MIN}\{(3d_1 - 1)^2 \mid \boldsymbol{d} \in \mathbb{R}^2\}$ an.

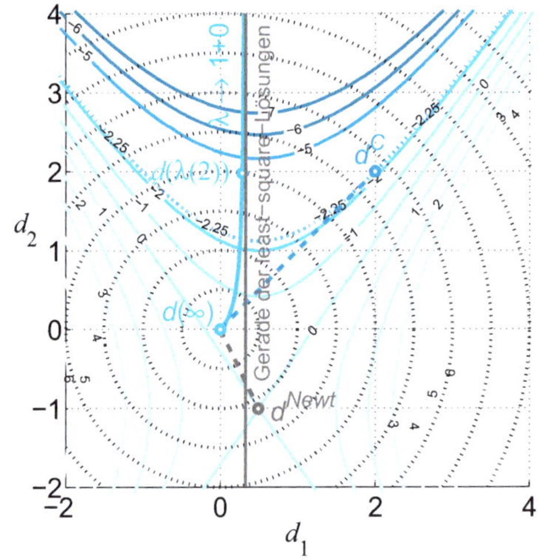

Abb. 3.54 TR-Problem und ψ bei indefiniter Matrix H, $(H - \lambda_{\min}(H)E_n)\boldsymbol{d} = -\boldsymbol{g}$ unlösbar

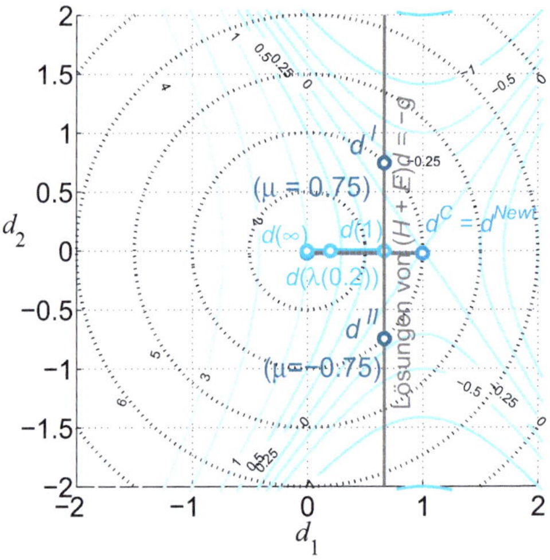

Abb. 3.55 TR-Problem und ψ bei indefiniter Matrix H, $(H - \lambda_{\min}(H)E_n)\boldsymbol{d} = -\boldsymbol{g}$ lösbar

Beispiel 5: H indefinit, $(H - \lambda_{\min}(H)E_n)\boldsymbol{d} = -\boldsymbol{g}$ lösbar
$H := \text{diag}(2, -1)$, $\boldsymbol{g} := (-2, 0)^T$ (siehe Abb. 3.55)
Es gilt $\lambda^* \geq \hat{\lambda} = 1$. Wie in Beispiel 4 ist m wieder nach unten unbeschränkt, die Höhenlinien von m sind ebenfalls Hyperbeln und die Lösungen des TR-Problems liegen auch stets auf dem Rand von K_ρ. Es gilt $\boldsymbol{d}^{Newt} = \boldsymbol{d}^C = (1, 0)^T$. Wegen $\text{rang}(H + \hat{\lambda}E_n, \boldsymbol{g}) =$

$\text{rang}(H + \hat{\lambda}E_n) = 1$ besitzt $(H + \hat{\lambda}E_n)\boldsymbol{d} = -\boldsymbol{g}$ eine eindimensionale lineare Mannigfaltigkeit als Lösungsmenge. Mit

$$\psi(\lambda) := \frac{4}{(2+\lambda)^2} = \rho^2$$

gilt $\lambda(\rho) = \frac{2}{\rho} - 2 \geq 1$ für $\rho < \frac{2}{3}$. Für $\rho \geq \frac{2}{3}$ ergeben sich die Lösungen des TR-Problems für $\lambda(\rho) = 1$ aus der Schnittmenge der Geraden $\{(\frac{2}{3}, \mu)^T \mid \mu \in \mathbb{R}\}$ mit dem Rand von K_ρ, sodass für $\rho = \frac{2}{3}$ genau eine Lösung $\boldsymbol{d}(\lambda(\rho)) = (\rho, 0)^T = (\frac{2}{3}, 0)^T$ und für $\rho > \frac{2}{3}$ genau zwei Lösungen $\boldsymbol{d}^I = (\frac{2}{3}, \sqrt{\rho^2 - \frac{4}{9}})^T$ und $\boldsymbol{d}^{II} = (\frac{2}{3}, -\sqrt{\rho^2 - \frac{4}{9}})^T$ des TR-Problems existieren. In Abb. 3.55 sind die beiden Lösungen für $\rho = 1, \mu = \pm\frac{1}{3}\sqrt{5}$ eingezeichnet. ■

3.7.2 Ein Prinzipalgorithmus für TR-Verfahren

Alle in EdOptLab implementierten TR-Verfahren basieren auf dem folgenden Prinzipalgorithmus (siehe Alt (2002), S. 148).

Algorithmus 19 (Prinzipalgorithmus TR-Verfahren)

S0 Wähle $\boldsymbol{x}^0 \in \mathbb{R}^n$, $\rho_0 \in (0, \infty)$, η_1 und η_2 mit $0 < \eta_1 < \eta_2 < 1$ sowie σ_1 und σ_2 mit $0 < \sigma_1 < 1 < \sigma_2$, und setze $k := 0$.

S1 Wenn $\nabla f(\boldsymbol{x}^k) = \boldsymbol{0}$, dann STOPP.

S2 Berechne $f_k := f(\boldsymbol{x}^k)$ sowie $\boldsymbol{g}^k := \nabla f(\boldsymbol{x}^k)$, und wähle eine symmetrische Matrix $H_k \in \mathbb{R}^{(n,n)}$. Setze $m_k(\boldsymbol{d}) := f_k + (\boldsymbol{g}^k)^T\boldsymbol{d} + \frac{1}{2}\boldsymbol{d}^T H_k \boldsymbol{d}$.

S3 Bestimme eine hinreichend gute Näherungslösung $\boldsymbol{d}^k$ des TR-Problems (3.64), und setze $\hat{\boldsymbol{x}}^k := \boldsymbol{x}^k + \boldsymbol{d}^k$.

S4 Berechne

$$r_k := \frac{f(\boldsymbol{x}^k) - f(\hat{\boldsymbol{x}}^k)}{m_k(0) - m_k(\boldsymbol{d}^k)}, \tag{3.68}$$

und wähle

$$\rho_{k+1} \in \begin{cases} [\rho_k, \sigma_2\rho_k) & \text{, wenn } r_k \geq \eta_2, \\ [\sigma_1\rho_k, \rho_k] & \text{, wenn } r_k \in [\eta_1, \eta_2), \\ (0, \sigma_1\rho_k] & \text{, wenn } r_k < \eta_1. \end{cases} \tag{3.69}$$

S5 **Wenn** $r_k \geq \eta_1$, **dann** setze $\boldsymbol{x}^{k+1} := \hat{\boldsymbol{x}}^k$ sowie $k := k+1$, und gehe zu **S1**.
Sonst setze $\boldsymbol{x}^{k+1} := \boldsymbol{x}^k$ sowie $k := k+1$, und gehe zu **S3**.

Wir möchten zunächst auf einige mögliche Spezialisierungen des Prinzipalgorithmus 19 eingehen. Eine empfohlene Wahl für die Startparameter lautet $\eta_1 \in [0.001, 0.1]$, $\eta_2 \in$

$[0.7, 0.9]$, $\sigma_1 := 0.5$ und $\sigma_2 := 2$. Um zu Beginn auch größere Schritte zu ermöglichen, sollte der Startradius ρ_0 nicht zu klein gewählt werden. Möglichkeiten hierfür sind

$$\rho_0 := \frac{\|\boldsymbol{g}^0\|}{10} \text{ oder } \rho_0 := \frac{\|\boldsymbol{g}^0\|^2}{(\boldsymbol{g}^0)^T H_0 \boldsymbol{g}^0}$$

(siehe auch Conn, Gould und Toint (2000), S. 787).
Die Aussage des Lemmas 3.80 gibt Anlass, bei einer Implementierung als praktische Abbruchbedingung

$$m_k(\boldsymbol{d}^k) - f_k \leq \hat{\varepsilon} \tag{3.70}$$

zu fordern. Allerdings gilt bei hinreichend glatter Problemfunktion an einer strikten Minimalstelle $\boldsymbol{x}^*$ mit positiv definiter Hesse-Matrix $\nabla^2 f(\boldsymbol{x}^*)$ in einer Umgebung von $\boldsymbol{x}^*$ die Beziehung $f(\boldsymbol{x}) - f(\boldsymbol{x}^*) \leq O(\|\nabla f(\boldsymbol{x})\|^2)$. Benutzt man also den Parameter ε als Abbruchtoleranz für die Norm des Gradienten, so ist $\hat{\varepsilon} = O(\varepsilon^2)$ zu setzen. Ist jedoch der Funktionswert an der Minimalstelle nicht Null, so ergeben sich bei der Verwendung von (3.70) erhebliche numerische Probleme wegen möglicher Stellenauslöschungen, und es ist nicht ratsam, diese Abbruchbedingung bei Implementierungen zu benutzen.
Die Vorschrift für die Akzeptanz von $\hat{\boldsymbol{x}}^k$ in S5 ist bei den vielen Modifikationen der TR-Verfahren nahezu einheitlich. Dagegen gibt es eine Fülle von Regeln zur Veränderung des Kugelradius ρ_k. Anstelle der obigen weitgefassten Auswahlregeln benutzt man häufig direkte Vorschriften, wie z. B.

$$\rho_{k+1} := \begin{cases} \sigma_2 \rho_k & \text{, wenn } r_k \geq \eta_2 \,, \\ \rho_k & \text{, wenn } r_k \in [\eta_1, \eta_2) \,, \\ \sigma_1 \rho_k & \text{, wenn } r_k < \eta_1 \,. \end{cases} \tag{3.71}$$

Damit wird der Kugelradius bei (sehr) guter Approximation ($r_k \geq \eta_2$) vergrößert, bei schlechter Approximation ($r_k < \eta_1$) verkleinert und ansonsten unverändert gelassen.
Gilt in S5 $r_k < \eta_1$ und wird daher $\boldsymbol{x}^{k+1} := \boldsymbol{x}^k$ gesetzt, so sprechen wir von einem *Nullschritt*, andernfalls von einem *erfolgreichen TR-Schritt*. Um die Anzahl der Nullschritte zu verringern, wird häufig der Radius so reduziert, dass die vorherige nichtakzeptierte Lösung außerhalb der neuen Kugel liegt. Beispielsweise kann dies für ein fest gewähltes $\alpha \in (0, 1)$ (in EdOptLab $\alpha = 0.9$) durch die direkte Zuordnungsvorschrift $\rho_{k+1} = \min\{\sigma_1 \rho_k, \alpha \|\boldsymbol{d}^k\|\}$ realisiert werden. Wenn die Vergrößerung von ρ_k zu oft erfolgt, kann dies bei nachfolgenden Iterationen zu mehreren Nullschritten führen. Deshalb sollte man den Radius nur dann vergrößern, wenn zusätzlich zu $r_k \geq \eta_2$ für ein fest gewähltes $\beta < 1$ (in EdOptLab $\beta = 0.9$) auch $\|\boldsymbol{d}^k\| \geq \beta \rho_k$ gilt, d. h. die Lösung des TR-Problems $\boldsymbol{d}^k$ fast den Kugelrand erreicht. Bzgl. weiterer Strategien zur Veränderung des Kugelradius ρ_k verweisen wir auf Conn, Gould und Toint (2000), Geiger und Kanzow (1999) sowie Fletcher (1987).
Setzt man in jeder Iteration des Prinzipalgorithmus 19 für die Matrix $H_k := \nabla^2 f(\boldsymbol{x}^k)$,

so bezeichnen wir das Verfahren als *TR-Newton-Verfahren*. Ein *TR-Quasi-Newton-Verfahren* erhält man dagegen, wenn H_k durch eine entsprechende Aufdatierungsvorschrift erzeugt wird, wobei eine Aufdatierung von H_k nur erfolgt, wenn $\boldsymbol{x}^{k+1} := \hat{\boldsymbol{x}}^k$ in S5 gesetzt wird.
Das TR-Problem wird in den meisten implementierten TR-Verfahren nur näherungsweise gelöst, wobei eine Mindestabstiegsbedingung in Analogie zur Bedingung (3.6) bei den Richtungssuchverfahren zu erfüllen ist. Einige geeignete Näherungsmethoden werden in Abschnitt 3.7.4 diskutiert. Für weitergehende diesbezügliche Ausführungen verweisen wir auf Abschnitt 6.4 in Dennis und Schnabel (1983), Kapitel 7 in Conn, Gould und Toint (2000) sowie Abschnitt 14.7 in Geiger und Kanzow (1999). Es existieren jedoch auch Algorithmen zur exakten Lösung des TR-Problems (siehe Geiger und Kanzow (1999), S. 281 sowie Conn, Gould und Toint (2000), S. 793), die quadratisch konvergent und ggf. sogar endlich sind.

3.7.3 Konvergenzeigenschaften der TR-Verfahren

Alle in diesem Buch betrachteten Konvergenzbeweise für Trust-Region-Verfahren basieren auf der folgenden Vorgehensweise (siehe Alt (2002), Conn, Gould und Toint (2000) sowie Werner (1992)):

(1) Es wird gezeigt, dass bei einem erfolgreichen TR-Schritt $f_k - f_{k+1} > 0$ gilt und dieser Abstieg nach unten abgeschätzt werden kann.

(2) Es wird gezeigt, dass im Verlauf des Algorithmus 19 nur endlich viele aufeinanderfolgende Nullschritte auftreten können.

(3) Aus (1) und (2) wird unter den üblichen Glattheitsvoraussetzungen an f gefolgert, dass die Folge der Gradienten gegen Null konvergiert und die Häufungspunkte der Folge von Iterationspunkten stationäre Punkte von f sind.

(4) Unter der Voraussetzung, dass die Hesse-Matrix von f in einem (stationären) Häufungspunkt der Iterationsfolge positiv definit ist, wird gezeigt, dass die Iterationsfolge gegen diesen Punkt konvergiert und dass ab einem gewissen Index k der Kugelrand von $K(\boldsymbol{x}^k, \rho_k)$ nicht mehr aktiv ist. Die TR-Newton-Verfahren gehen damit in das (ungedämpfte) Newton-Verfahren über. Analog hierzu gehen TR-Quasi-Newton-Verfahren in das zugehörige lokale Quasi-Newton-Verfahren über, wenn die aufdatierten Matrizen H_k gegen die Hesse-Matrix im Optimalpunkt konvergieren. In beiden Fällen erbt das TR-Verfahren die lokalen Konvergenzeigenschaften.

Es seien $\boldsymbol{x} \in \mathbb{R}^n$, $\boldsymbol{g} := -\nabla f(\boldsymbol{x}) \neq \boldsymbol{0}$, $\alpha \in (0,1)$, $\lambda \in (0,1)$ und $\rho > 0$. Die (Armijo-)Schrittweite t_a bzw. die Schrittweite t_{aK} werden definiert durch $t_a := \lambda^j$ bzw. $t_{aK} := \lambda^i$, wobei j die kleinste natürliche Zahl ist, sodass

$$m(-\lambda^j \boldsymbol{g}) - m(\boldsymbol{0}) \leq -\alpha\lambda^j \|\boldsymbol{g}\|^2 \tag{3.72}$$

gilt, bzw. i die kleinste natürliche Zahl ist, sodass

$$\lambda^i \|\boldsymbol{g}\| \leq \rho < \lambda^{i-1} \|\boldsymbol{g}\| \tag{3.73}$$

erfüllt ist.

Satz 3.82 (TR-Abstiegseigenschaft)
Es seien $f \in \mathbb{R}$, $\boldsymbol{g} \in \mathbb{R}^n \setminus \{\boldsymbol{0}\}$, $H \in \mathbb{R}^{(n,n)}$ eine symmetrische Matrix, $\rho > 0$ und $m(\boldsymbol{d}) = f + \boldsymbol{g}^T \boldsymbol{d} + \frac{1}{2} \boldsymbol{d}^T H \boldsymbol{d}$. Dann gibt es für alle $\alpha \in (0,1)$ und alle $\lambda \in (0,1)$ ein $\boldsymbol{d}$ mit $\|\boldsymbol{d}\| \leq \rho$ und

$$m(\boldsymbol{d}) \leq m(\boldsymbol{0}) - \alpha\lambda \|\boldsymbol{g}\| \min \left\{ \frac{2(1-\alpha)}{\|H\|} \|\boldsymbol{g}\|, \rho \right\} . \tag{3.74}$$

Beweis: Wegen der Definition von m und der Defintion der Schrittweite t_a gilt

$$m(\boldsymbol{0}) - m(-t_a \boldsymbol{g}) = t_a \left(\|\boldsymbol{g}\|^2 - \frac{1}{2} t_a \boldsymbol{g}^T H \boldsymbol{g} \right) \geq \alpha t_a \|\boldsymbol{g}\|^2 . \tag{3.75}$$

Für $t_a \|\boldsymbol{g}\| \leq \rho$ folgt mit Satz 3.28 und $\|\nabla m(\boldsymbol{x}) - \nabla m(\boldsymbol{y})\| \leq \|H\| \, \|x - y\|$

$$m(\boldsymbol{0}) - m(-t_a \boldsymbol{g}) \geq \alpha t_a \|\boldsymbol{g}\|^2 \geq \alpha\lambda \|\boldsymbol{g}\| \frac{2(1-\alpha)}{\|H\|} \|\boldsymbol{g}\| .$$

Im Fall $t_a \|\boldsymbol{g}\| > \rho$ ergibt sich nach der Definition der Schrittweite t_{ak} zunächst $t_a > t_{aK}$ und $t_{aK} \|\boldsymbol{g}\| > \lambda\rho$. Gilt hier $\boldsymbol{g}^T H \boldsymbol{g} > 0$, dann folgt mit (3.75)

$$(1-\alpha) \|\boldsymbol{g}\|^2 \geq \frac{1}{2} t_a \boldsymbol{g}^T H \boldsymbol{g} \geq \frac{1}{2} t_{aK} \boldsymbol{g}^T H \boldsymbol{g}$$

und somit

$$m(\boldsymbol{0}) - m(-t_{aK} \boldsymbol{g}) = t_{aK} \left(\|\boldsymbol{g}\|^2 - \frac{1}{2} t_{aK} \boldsymbol{g}^T H \boldsymbol{g} \right) \geq \alpha t_{aK} \|\boldsymbol{g}\|^2 \geq \alpha\lambda \|\boldsymbol{g}\| \rho .$$

Für den verbleibenden Fall $\boldsymbol{g}^T H \boldsymbol{g} \leq 0$ gilt schließlich

$$m(\boldsymbol{0}) - m(-t_{aK} \boldsymbol{g}) = t_{aK} \left(\|\boldsymbol{g}\|^2 - \frac{1}{2} t_{aK} \boldsymbol{g}^T H \boldsymbol{g} \right) \geq t_{aK} \|\boldsymbol{g}\|^2 \geq \lambda \|\boldsymbol{g}\| \rho \geq \alpha\lambda \|\boldsymbol{g}\| \rho$$

wegen $\alpha \in (0,1)$, und somit folgt die gewünschte Aussage. □

Für fest gewählte positive Konstanten λ und α sowie unter der Voraussetzung der Beschränktheit der Matrizen H_k im TR-Problem gemäß $\|H_k\| \leq M < \infty$ formulieren wir die Abstiegsbedingung

$$m(\boldsymbol{0}) - m(\boldsymbol{d}) \geq \|\boldsymbol{g}\| \min\{C \|\boldsymbol{g}\|, D\rho\} \tag{3.76}$$

mit $C := \alpha\lambda\frac{2(1-\alpha)}{M} > 0$ und $D := \alpha\lambda > 0$, die bei den folgenden Beweisen von Bedeutung sein wird.
Unter der Abstiegsbedingung (3.76) ergibt sich bei erfolgreichen TR-Schritten wegen $\|\boldsymbol{g}^k\| > 0$ ein Mindestabstieg im Punkt $\boldsymbol{x}^k$ für die Funktionswerte der Zielfunktion f gemäß

$$f_k - f_{k+1} \geq \eta_1(m_k(\mathbf{0}) - m_k(\boldsymbol{d}^k)) \geq \eta_1\|\boldsymbol{g}^k\| \min\{C\|\boldsymbol{g}^k\|, D\rho_k\} > 0 \,. \tag{3.77}$$

Wird für die Lösung des TR-Problems nur eine Näherungslösung $\hat{\boldsymbol{d}}$ berechnet, dann ist es für die Anwendung der folgenden Konvergenzsätze notwendig, dass $\hat{\boldsymbol{d}}$ die Abstiegsbedingung (3.76) für geeignete Konstanten $C, D > 0$ erfüllt.

Satz 3.83 (Konvergenz gegen stationäre Punke)
Es seien $f \in C^1(\mathbb{R}^n, \mathbb{R})$, $\boldsymbol{x}^0 \in \mathbb{R}^n$, f auf $N_f(\boldsymbol{x}^0)$ nach unten beschränkt, ∇f auf $N_f(\boldsymbol{x}^0)$ lokal Lipschitz-stetig und $\{H_k\}_{k\in\mathbb{N}}$ eine Folge von Matrizen mit $\|H_k\| \leq M < \infty$ für alle $k \geq 0$. Weiterhin werde die Folge $\{\boldsymbol{x}^k\}_{k\in\mathbb{N}}$ durch den Algorithmus 19 erzeugt, wobei die Näherungslösungen $\boldsymbol{d}^k$ der TR-Probleme für alle $k \geq 0$ der Abstiegsbedingung (3.76) genügen. Dann gilt

$$\liminf_{k\to\infty} \|\nabla f(\boldsymbol{x}^k)\| = 0.$$

Ist ∇f auf $N_f(\boldsymbol{x}^0)$ Lipschitz-stetig, dann gilt darüberhinaus

$$\lim_{k\to\infty} \|\nabla f(\boldsymbol{x}^k)\| = 0 \,,$$

und jeder Häufungspunkt der Folge $\{\boldsymbol{x}^k\}_{k\in\mathbb{N}}$ ist stationärer Punkt von f in $N_f(\boldsymbol{x}^0)$. Ist $N_f(\boldsymbol{x}^0)$ zusätzlich beschränkt, so hat die Folge $\{\boldsymbol{x}^k\}_{k\in\mathbb{N}}$ mindestens einen Häufungspunkt $\boldsymbol{x}^* \in N_f(\boldsymbol{x}^0)$.

Beweis: Der Beweis wird in zwei Teilen jeweils indirekt geführt. Im Teil 1 nehmen wir an, dass keine Teilfolge der Gradienten gegen Null konvergiert, d. h., dass für jede durch den Algorithmus 19 erzeugte Folge $\{\boldsymbol{g}^k\}_{k\in\mathbb{N}}$ für ein gewisses $\varepsilon > 0$ und für alle $k \in \mathbb{N}$ die Ungleichung $\|\boldsymbol{g}^k\| \geq \varepsilon$ gilt. Dies führt auf $\lim_{k\to\infty} \rho_k = 0$ (Teil 1a). Hieraus schließen wir auf die Konvergenz der Iterationsfolge und damit über Taylor-Entwicklung in einer Umgebung des Grenzpunktes auf $\lim_{k\to\infty} r_k = 1$ (Teil 1b). Folglich ist ab einem Index $k \geq k_0$ der Testquotient $r_k \geq \eta_2$ und nach Algorithmus 19 wird ρ_k ab diesem Index k_0 nicht mehr verkleinert. Dies ist ein Widerspruch zu $\lim_{k\to\infty} \rho_k = 0$. Also gibt es mindestens eine Teilfolge der Gradienten, die gegen Null konvergiert. Im Teil 2 zeigen wir unter der Verwendung der (globalen) Lipschitzstetigkeit der Gradienten, dass die Folge der Gradienten gegen Null konvergiert. Wir führen dazu die Annahme der Existenz einer Teilfolge der Gradienten, die nicht gegen Null konvergiert, zum Widerspruch.

Teil 1a: Es wird gezeigt, dass unter der Annahme

$$\|\boldsymbol{g}^k\| \geq \varepsilon \text{ für alle } k \in \mathbb{N} \tag{3.78}$$

der Grenzwert $\lim\limits_{k\to\infty} \rho_k = 0$ folgt.
Wenn es nur endlich viele akzeptierte Schritte gibt, dann gibt es ab einem Index k_1 nur noch Nullschritte. Wegen $\rho_{k+1} \leq \sigma_1 \rho_k$ konvergieren die Radien gegen Null. Gibt es unendlich viele akzeptierte Schritte, dann sei I die zugehörige unendliche Indexmenge. Da stets $f_k \geq f_{k+1}$ (Gleichheit nur bei Nullschritt) gilt und $f(\boldsymbol{x})$ auf der Niveaumenge nach unten beschränkt ist, folgt hieraus die Konvergenz der Funktionswerte f_k gegen ein $f^* \in \mathbb{R}$ und somit $\lim\limits_{k\to\infty}(f_k - f_{k+1}) = 0$. Mit (3.77) und (3.78) folgt unmittelbar $\lim\limits_{k\to\infty} \rho_k = 0$.
Teil 1b: Wir zeigen zunächst, dass unter der Annahme (3.78) sogar die Reihe der Radien konvergent ist und dies die Konvergenz der Iterationspunkte impliziert.
Durch Aufsummieren von $f_k - f_{k+1}$ über $k \in I$ und Verwendung der Abschätzung (3.77) und der Annahme (3.78) erhält man

$$\eta_1 \varepsilon \sum_{k\in I} (\min\{C\varepsilon, D\rho_k\}) \leq \sum_{k\in I} (f_k - f_{k+1}) \leq \sum_{k=0}^{\infty} (f_k - f_{k+1}) = f_0 - f^* < \infty. \tag{3.79}$$

Aus $\lim\limits_{k\to\infty} \rho_k = 0$ folgt für $k \geq k_2$ und $k \in I$, dass $C\varepsilon \geq D\rho_k$ ist. Somit ist $\sum\limits_{k\in I} \rho_k < \infty$.
Wir haben noch die Reihe der Radien ρ_k für $k \notin I$ nach oben abzuschätzen. Wenn $i \in I$ und alle nachfolgenden Indizes nicht zu I gehören, dann kann die Menge aller nachfolgenden Indizes nur endlich sein, anderenfalls wäre die Menge I endlich. Also gelte $i \in I$, $i+1, ..., i+k \notin I$ und $i+k+1 \in I$. Dann folgt zunächst $\rho_{i+1} \leq \sigma_2 \rho_i$ wegen $i \in I$. Da $i+1, ..., i+k$ nicht in I liegen, ergibt sich

$$\rho_{i+j} \leq \sigma_1 \rho_{i+j-1} \leq \cdots \leq \sigma_1^{j-1} \rho_{i+1} \leq \sigma_2 \sigma_1^{j-1} \rho_i$$

für $j = 2, ..., k$ und damit wegen $0 < \sigma_1 < 1$ die Abschätzung der Summe der ρ_{i+j} mit $j = 1, \ldots, k$ nach oben durch eine geometrische Reihe gemäß

$$\sum_{j=1}^{k} \rho_{i+j} \leq \sigma_2 \rho_i \sum_{j=1}^{k} \sigma_1^{j-1} \leq \frac{\sigma_2}{1-\sigma_1} \rho_i \ .$$

Folglich erhalten wir mit der zuerst abgeschätzten Reihe

$$\sum_{l\notin I} \rho_l \leq \frac{\sigma_2}{1-\sigma_1} \sum_{l\in I} \rho_l < \infty.$$

Wegen $\|\boldsymbol{x}^{k+1} - \boldsymbol{x}^k\| \leq \|\boldsymbol{d}^k\| \leq \rho_k$ gilt also

$$\sum_{k=0}^{\infty} \|\boldsymbol{x}^{k+1} - \boldsymbol{x}^k\| \leq \sum_{k=0}^{\infty} \|\boldsymbol{d}^k\| \leq \sum_{k=0}^{\infty} \rho_k < \infty.$$

Damit konvergiert die Norm der Richtungen $\boldsymbol{d}^k$ gegen Null. Die Folge $\{\boldsymbol{x}^k\}_{k\in\mathbb{N}}$ ist wegen

$$\|\boldsymbol{x}^{m+k} - \boldsymbol{x}^k\| = \|\sum_{j=0}^{m-1}(\boldsymbol{x}^{k+j+1} - \boldsymbol{x}^{k+j})\| \leq \sum_{j=0}^{m-1}\|\boldsymbol{x}^{k+j+1} - \boldsymbol{x}^{k+j}\| \leq \sum_{j=k}^{\infty}\rho_k$$

für alle $m \in \mathbb{N}$ eine Cauchy-Folge, und die Folge der Iterationspunkte konvergiert somit gegen einen Punkt $\hat{\boldsymbol{x}} \in N_f(\boldsymbol{x}^0)$.

Wir zeigen jetzt, dass $\lim\limits_{k\to\infty} r_k = 1$ gilt. Aus S4 des Algorithmus 19 und mit der Definition der Modellfunktion $m_k(\boldsymbol{d}^k)$ folgt zunächst unmittelbar

$$|r_k - 1| = \left|\frac{m_k(\boldsymbol{d}^k) - f(\boldsymbol{x}^k + \boldsymbol{d}^k)}{m_k(\boldsymbol{0}) - m_k(\boldsymbol{d}^k)}\right| = \left|\frac{f_k + (\boldsymbol{g}^k)^T\boldsymbol{d}^k - f(\boldsymbol{x}^k + \boldsymbol{d}^k) + \frac{1}{2}(\boldsymbol{d}^k)^T H_k \boldsymbol{d}^k}{m_k(\boldsymbol{0}) - m_k(\boldsymbol{d}^k)}\right| .$$

Den Zähler schätzen wir unter Beachtung der lokalen Lipschitz-Stetigkeit von $\nabla f(\boldsymbol{x})$ mit der Lipschitz-Konstanten L nach Satz 1.77 und mit der Voraussetzung $\|H_k\| \leq M$ nach oben ab. Für die Abschätzung des Nenners nach unten nutzen wir (3.77), (3.78) und $\|\boldsymbol{d}^k\| \leq \rho_k$. Es ergibt sich

$$|r_k - 1| \leq \frac{1}{2\varepsilon D\rho_k}(M+L)\|\boldsymbol{d}^k\|^2 \leq \frac{1}{2\varepsilon D\|\boldsymbol{d}^k\|}(M+L)\|\boldsymbol{d}^k\|^2 = \frac{1}{2\varepsilon D}(M+L)\|\boldsymbol{d}^k\| .$$

Hieraus folgt unmittelbar die Konvergenz der r_k gegen 1. Dies bedeutet, dass ab einem $k \geq k_0$ für den Testquotienten (3.68) die Ungleichung $r_k \geq \eta_2 > 0$ erfüllt ist und die Radien ρ_k nicht mehr verkleinert werden – im Widerspruch zum Teil 1a.

Teil 2: Es sei $\varepsilon > 0$, und es gebe eine Teilfolge $\{\boldsymbol{x}^{k(i)}\}_{i\in\mathbb{N}} \subset \{\boldsymbol{x}^k\}_{k\in\mathbb{N}}$ mit

$$\|\boldsymbol{g}^{k(i)}\| \geq 2\varepsilon \text{ für alle } i \in \mathbb{N}. \tag{3.80}$$

Nach der im Teil 1 bewiesenen Aussage gibt es unendlich viele Indizes k mit $\|\boldsymbol{g}^k\| \leq \varepsilon$. Zu jedem i gibt es daher einen ersten Index $l(i) > k(i)$ mit

$$\|\boldsymbol{g}^{l(i)}\| < \varepsilon, \tag{3.81}$$

und somit

$$\|\boldsymbol{g}^k\| \geq \varepsilon \text{ für alle } k(i) \leq k < l(i). \tag{3.82}$$

Wegen $\|\boldsymbol{x}^{k+1} - \boldsymbol{x}^k\| \leq \rho_k$ und $\|H_k\| \leq M$ ergibt sich mit (3.77) für alle $i, k \in \mathbb{N}$ mit $k(i) \leq k < l(i)$ für einen erfolgreichen Schritt im Punkt $\boldsymbol{x}^k$

$$f_k - f_{k+1} \geq \eta_1\varepsilon \min\{C\varepsilon, D\|\boldsymbol{x}^{k+1} - \boldsymbol{x}^k\|\} \geq 0. \tag{3.83}$$

Für Nullschritte gilt diese Ungleichung trivialerweise. Gemäß Algorithmus 19 ist die Folge der Funktionswerte monoton fallend und wegen ihrer Beschränktheit nach unten gegen ein $f^* > -\infty$ konvergent. Also konvergieren die Differenzen $f_k - f_{k+1}$ gegen Null und aus (3.83) ergibt sich für alle hinreichend großen Indizes i und Indizes k mit $k(i) \leq k < l(i)$ die Gleichung

$$\min\left\{C\frac{\varepsilon}{M}, D\|\boldsymbol{x}^{k+1} - \boldsymbol{x}^k\|\right\} = D\|\boldsymbol{x}^{k+1} - \boldsymbol{x}^k\|.$$

Damit folgt für $k(i) \le k < l(i)$

$$f_k - f_{k+1} \ge \eta_1 \varepsilon D \|\boldsymbol{x}^{k+1} - \boldsymbol{x}^k\|.$$

Summation über diese k ergibt mit der Dreiecksungleichung die Abschätzung

$$\|\boldsymbol{x}^{k(i)} - \boldsymbol{x}^{l(i)}\| \le \sum_{k=k(i)}^{l(i)-1} \|\boldsymbol{x}^{k+1} - \boldsymbol{x}^k\| \le \frac{1}{\eta_1 \varepsilon D} \sum_{k=k(i)}^{l(i)-1} (f_k - f_{k+1}) = \frac{f_{k(i)} - f_{l(i)}}{\eta_1 \varepsilon D}.$$

Aus $\lim_{k\to\infty} f_k = f^* \in \mathbb{R}$ folgt $\lim_{i\to\infty} (f_{k(i)} - f_{l(i)}) = 0$ und somit für die linke Seite der letzten Ungleichungskette $\lim_{i\to\infty} \|\boldsymbol{x}^{k(i)} - \boldsymbol{x}^{l(i)}\| = 0$. Deshalb gibt es ein $i_0(\varepsilon)$, sodass für alle Indizes $i \ge i_0(\varepsilon)$ die Ungleichung

$$\|\boldsymbol{g}^{k(i)} - \boldsymbol{g}^{l(i)}\| \le L\|\boldsymbol{x}^{k(i)} - \boldsymbol{x}^{l(i)}\| < \frac{\varepsilon}{2}$$

erfüllt ist, wobei L die globale Lipschitz-Konstante von ∇f bezeichne. Schließlich ergibt sich für diese i mit unseren Abschätzungen (3.80) und (3.81) der Widerspruch

$$\frac{\varepsilon}{2} > \|\boldsymbol{g}^{k(i)} - \boldsymbol{g}^{l(i)}\| \ge \big|\|\boldsymbol{g}^{k(i)}\| - \|\boldsymbol{g}^{l(i)}\|\big| \ge 2\varepsilon - \varepsilon = \varepsilon\ .$$

Somit gilt also $\lim_{k\to\infty} \|\boldsymbol{g}^k\| = 0$. Die restlichen Aussagen des Satzes ergeben sich aus der Kompaktheit der Niveaumenge $N_f(\boldsymbol{x}^0)$ und der stetigen Differenzierbarkeit von f. □

Stellt man nun schärfere Glattheitsbedingungen an f, löst außerdem die TR-Probleme exakt und fordert weiterhin eine Approximation der Funktion f durch eine Modellfunktion mit

$$\lim_{k\to\infty} \|H_k - \nabla^2 f(\boldsymbol{x}^k)\| = 0\ , \tag{3.84}$$

dann sind in mindestens einem Häufungspunkt der Iterationsfolge $\{\boldsymbol{x}^k\}_{k\in\mathbb{N}}$ die notwendigen Optimalitätsbedingungen zweiter Ordnung nach Satz 2.4 erfüllt. Ein Punkt mit dieser Eigenschaft wird häufig *stationärer Punkt zweiter Ordnung* genannt.

Satz 3.84 (Konvergenz gegen stationäre Punkte zweiter Ordnung)
Es seien $f \in C^2(\mathbb{R}^n, \mathbb{R})$, $\boldsymbol{x}^0 \in \mathbb{R}^n$ sowie $N_f(\boldsymbol{x}^0)$ beschränkt und für die Folge $\{H_k\}_{k\in\mathbb{N}}$ gelte (3.84). Weiterhin werde die Folge $\{\boldsymbol{x}^k\}_{k\in\mathbb{N}}$ durch den Algorithmus 19 erzeugt, wobei $\boldsymbol{d}^k$ eine globale Lösung des zugehörigen TR-Problems für alle $k \ge 0$ ist. Dann besitzt die Folge $\{\boldsymbol{x}^k\}_{k\in\mathbb{N}}$ mindestens einen stationären Punkt $\boldsymbol{x}^*$, in dem die Hesse-Matrix $\nabla^2 f(\boldsymbol{x}^*)$ positiv semi-definit ist.

Beweis: Wegen $f \in C^2(\mathbb{R}^n, \mathbb{R})$ und der Kompaktheit der Niveaumenge $N_f(\boldsymbol{x}^0)$ ist die Norm der Hesse-Matrizen $\nabla^2 f(\boldsymbol{x})$ für alle $\boldsymbol{x} \in N_f(\boldsymbol{x}^0)$ beschränkt und somit existiert wegen (3.84) eine Konstante $M < \infty$ mit $\|H_k\| \le M < \infty$ für alle $k \ge 0$. Es sei λ_k der jeweils kleinste Eigenwert von H_k. Wir setzen voraus, dass der größte Häufungspunkt der Folge $\{\lambda_k\}_{k\in\mathbb{N}}$ nicht negativ ist, d. h. es gelte

$$\limsup_{k\to\infty} \lambda_k =: \bar{\lambda} \ge 0\ . \tag{3.85}$$

Wegen der Kompaktheit der Niveaumenge $N_f(\boldsymbol{x}^0)$ und (3.85) existiert eine Teilfolge $\{k(i)\}_{i\in\mathbb{N}}$ mit $\lim\limits_{i\to\infty} \boldsymbol{x}^{k(i)} = \boldsymbol{x}^*$ und $\lim\limits_{i\to\infty} \lambda(k(i)) = \bar{\lambda}$. Die Gradienten von f sind wegen der Beschränktheit der Niveaumenge $N_f(\boldsymbol{x}^0)$ (global) Lipschitz-stetig, und es folgt aus der stetigen Differenzierbarkeit von f sowie Satz 3.83

$$\mathbf{0} = \lim_{k\to\infty} \nabla f(\boldsymbol{x}^k) = \lim_{i\to\infty} \nabla f(\boldsymbol{x}^{k(i)}) = \nabla f(\boldsymbol{x}^*)$$

und

$$\lim_{i\to\infty} \|\nabla^2 f(\boldsymbol{x}^{k(i)}) - \nabla^2 f(\boldsymbol{x}^*)\| = 0 \ .$$

Wegen $\lim\limits_{i\to\infty} \|H_{k(i)} - \nabla^2 f(\boldsymbol{x}^{k(i)})\| = 0$ folgt weiterhin $\lim\limits_{i\to\infty} \|H_{k(i)} - \nabla^2 f(\boldsymbol{x}^*)\| = 0$ und hieraus, dass $\bar{\lambda}$ der kleinste Eigenwert von $\nabla^2 f(\boldsymbol{x}^*)$ ist. Also ist die Hesse-Matrix von f in $\boldsymbol{x}^*$ positiv semi-definit. Der Satz ist damit unter Voraussetzung (3.85) bewiesen.
Wir zeigen jetzt indirekt, dass (3.85) unter den Voraussetzungen des Satzes 3.84 erfüllt ist und führen dazu die Annahme, dass es ein $\varepsilon > 0$ gibt, sodass für alle k die Ungleichung $\lambda_k \leq -\varepsilon < 0$ gilt, zum Widerspruch.
O. B. d. A. gilt die Eigenwertbeziehung $H_k \boldsymbol{q}^k = \lambda_k \boldsymbol{q}^k$ bzgl. des jeweils kleinsten Eigenwertes λ_k auch für den zugehörigen Eigenvektor $\boldsymbol{q}^k$ mit $\|\boldsymbol{q}^k\| = \rho_k$ und $(\boldsymbol{g}^k)^T \boldsymbol{q}^k \leq 0$. Ist weiterhin $\boldsymbol{d}^k$ die Lösung des entsprechenden TR-Problems, dann folgt

$$\begin{aligned} m_k(\boldsymbol{d}^k) &\leq m_k(\boldsymbol{q}^k) = f_k + (\boldsymbol{g}^k)^T \boldsymbol{q}^k + \frac{1}{2}(\boldsymbol{q}^k)^T H_k \boldsymbol{q}^k \\ &\leq f_k + \frac{1}{2}\lambda_k \rho_k^2 \leq f_k - \frac{1}{2}\varepsilon \rho_k^2 \end{aligned} \tag{3.86}$$

und somit unter Beachtung von $m(\mathbf{0}) = f_k$

$$m_k(\mathbf{0}) - m_k(\boldsymbol{d}^k) \geq \frac{1}{2}\varepsilon \rho_k^2. \tag{3.87}$$

Analog zum Beweis von Teil 1a des Satzes 3.79 zeigt man nun mit (3.87) anstelle von (3.77), dass $\sum\limits_{k=0}^{\infty} \rho_k^2 < \infty$ gilt, was unmittelbar $\lim\limits_{k\to\infty} \rho_k = 0$ und wegen $\|\boldsymbol{d}^k\| \leq \rho_k$ auch $\lim\limits_{k\to\infty} \|\boldsymbol{d}^k\| = 0$ sowie die Konvergenz der Iterationsfolge gegen ein $\hat{\boldsymbol{x}} \in N_f(\boldsymbol{x}^0)$ nach sich zieht. In ähnlicher Weise zeigen wir jetzt die Konvergenz der r_k gegen 1, woraus sich der Widerspruch zur Konvergenz der Radien gegen Null ergibt. Wir nutzen die Taylor-Formel 2. Ordnung mit $\bar{\boldsymbol{x}} := \boldsymbol{x}^k + \xi \boldsymbol{d}^k$ und $\xi \in (0,1)$ in der folgenden Abschätzungskette:

$$\begin{aligned} |r_k - 1| &= \left| \frac{m_k(\boldsymbol{d}^k) - f(\boldsymbol{x}^k + \boldsymbol{d}^k)}{m_k(\mathbf{0}) - m_k(\boldsymbol{d}^k)} \right| \leq \frac{2}{\varepsilon \rho_k^2} \left| f_k + (\boldsymbol{g}^k)^T \boldsymbol{d}^k + \tfrac{1}{2}(\boldsymbol{d}^k)^T H_k \boldsymbol{d}^k - f(\boldsymbol{x}^k + \boldsymbol{d}^k) \right| \\ &= \frac{1}{\varepsilon \|\boldsymbol{d}^k\|^2} \left| (\boldsymbol{d}^k)^T (H_k - \nabla^2 f(\bar{\boldsymbol{x}})) \boldsymbol{d}^k \right| \leq \frac{1}{\varepsilon \|\boldsymbol{d}^k\|^2} \|H_k - \nabla^2 f(\bar{\boldsymbol{x}})\| \|\boldsymbol{d}^k\|^2 \\ &\leq \frac{1}{\varepsilon} \left(\|H_k - \nabla^2 f(\boldsymbol{x}^k)\| + \|\nabla^2 f(\boldsymbol{x}^k) - \nabla^2 f(\hat{\boldsymbol{x}})\| + \|\nabla^2 f(\hat{\boldsymbol{x}}) - \nabla^2 f(\bar{\boldsymbol{x}})\| \right) . \end{aligned}$$

Die drei Summanden in der letzten Ungleichung konvergieren nach Voraussetzung gegen Null, und somit ist $\lim_{k\to\infty} r_k = 1$. Folglich gibt es einen Häufungspunkt $\boldsymbol{x}^*$ der Iterationsfolge, in dem die Hesse-Matrix $\nabla^2 f(\boldsymbol{x}^*)$ positiv semi-definit ist. □

Entscheidend für den Nachweis der positiven Semi-Definitheit von H_k ist die Abschätzung in (3.86). Der Satz 3.84 gilt daher auch für approximative Lösungen $\boldsymbol{d}^k$, wenn diese die Ungleichung in (3.86) ab einem Index $k \geq k_0$ erfüllen (siehe Abschnitte 7.5.5 - 7.5.6 in Conn, Gould und Toint (2000)).

Satz 3.85
Es seien $f \in C^2(\mathbb{R}^n, \mathbb{R})$, $\boldsymbol{x}^0 \in \mathbb{R}^n$, $N_f(\boldsymbol{x}^0)$ beschränkt und r_k definiert gemäß (3.68). Weiterhin gelte (3.84) für die Folge $\{H_k\}_{k\in\mathbb{N}}$, und die Folge $\{\boldsymbol{x}^k\}_{k\in\mathbb{N}}$ werde durch den Algorithmus 19 erzeugt, wobei die Näherungslösungen $\boldsymbol{d}^k$ der TR-Probleme für alle $k \geq 0$ der Abstiegsbedingung (3.76) genügen. Ist $\boldsymbol{x}^*$ ein Häufungspunkt von $\{\boldsymbol{x}^k\}_{k\in\mathbb{N}}$ mit $\nabla^2 f(\boldsymbol{x}^*)$ positiv definit, dann gilt:

(a) $\lim_{k\to\infty} \boldsymbol{x}^k = \boldsymbol{x}^*$.

(b) $\lim_{k\to\infty} r_k = 1$.

(c) Es existiert ein Index k_0, sodass $\|\boldsymbol{d}^k\| < \rho_k$ und $\rho_{k+1} \geq \rho_k \geq \rho_{k_0}$ für alle $k \geq k_0$ gilt.

Beweis:
Zu (a): Wegen $f \in C^2(\mathbb{R}^n, \mathbb{R})$ existiert eine Kugel $U_\delta(\boldsymbol{x}^*)$ mit dem Radius $\delta > 0$ um $\boldsymbol{x}^*$ und eine Konstante $\nu > 0$ mit

$$\boldsymbol{d}^T \nabla^2 f(\boldsymbol{x}) \boldsymbol{d} \geq \nu \|\boldsymbol{d}\|^2 \tag{3.88}$$

für alle $\boldsymbol{x} \in U_\delta(\boldsymbol{x}^*)$ und alle $\boldsymbol{d} \in \mathbb{R}^n$. Sei nun $\varepsilon \in (0, \delta]$ beliebig gewählt. Analog der Schlussweise im Beweis von Satz 3.84 folgt die Existenz einer Konstanten $M < \infty$ mit $\|H_k\| \leq M < \infty$ für alle $k \geq 0$. Damit gilt nach Satz 3.83 $\lim_{k\to\infty} \boldsymbol{g}^k = \boldsymbol{0}$, und es gibt einen Index $j(\varepsilon) \in \mathbb{N}$ mit

$$\|\boldsymbol{x}^{j(\varepsilon)} - \boldsymbol{x}^*\| \leq \frac{\varepsilon}{2}$$

und

$$\|\boldsymbol{g}^k\| \leq \frac{\nu\varepsilon}{4} \tag{3.89}$$

für alle $k \geq j(\varepsilon)$. Für die Konvergenz der gesamten Iterationsfolge gegen $\boldsymbol{x}^*$ genügt es mit vollständiger Induktion über k zu zeigen, dass

$$\|\boldsymbol{x}^k - \boldsymbol{x}^*\| \leq \frac{\varepsilon}{2} \text{ für alle } k \geq j(\varepsilon) \tag{3.90}$$

erfüllt ist. Hierfür gelte (3.90) für ein $k \geq j(\varepsilon)$ (Induktionsvoraussetzung). Wegen (3.84) und (3.88) gilt

$$(\boldsymbol{g}^k)^T \boldsymbol{d}^k + \frac{\nu}{2}\|\boldsymbol{d}^k\|^2 \leq (\boldsymbol{g}^k)^T \boldsymbol{d}^k + \frac{1}{2}(\boldsymbol{d}^k)^T H_k \boldsymbol{d}^k = m_k(\boldsymbol{d}^k) - m_k(\boldsymbol{0}) \leq 0 \ ,$$

damit wegen (3.89)

$$\frac{\nu}{2}\|\boldsymbol{d}^k\|^2 \leq -(\boldsymbol{g}^k)^T \boldsymbol{d}^k \leq \|\boldsymbol{g}^k\|\|\boldsymbol{d}^k\| \leq \frac{\nu\varepsilon}{4}\|\boldsymbol{d}^k\| \text{ bzw. } \|\boldsymbol{d}^k\| \leq \frac{\varepsilon}{2} \tag{3.91}$$

und schließlich nach Induktionsvoraussetzung

$$\|\boldsymbol{x}^{k+1} - \boldsymbol{x}^*\| \leq \|\boldsymbol{x}^{k+1} - \boldsymbol{x}^k\| + \|\boldsymbol{x}^k - \boldsymbol{x}^*\| \leq \|\boldsymbol{d}^k\| + \frac{\varepsilon}{2} \leq \varepsilon \leq \delta \ . \tag{3.92}$$

Um die schärfere Ungleichung $\|\boldsymbol{x}^{k+1} - \boldsymbol{x}^*\| \leq \frac{\varepsilon}{2}$ herzuleiten, entwickeln wir f an der Stelle $\boldsymbol{x}^{k+1}$ in eine Taylor-Reihe. Wegen (3.88) und (3.92) folgt

$$(\boldsymbol{g}^{k+1})^T(\boldsymbol{x}^* - \boldsymbol{x}^{k+1}) + \frac{\nu}{2}\|\boldsymbol{x}^* - \boldsymbol{x}^{k+1}\|^2 \leq f(\boldsymbol{x}^*) - f(\boldsymbol{x}^{k+1}) \leq 0$$

und somit wegen (3.89) in Analogie zu (3.91)

$$\frac{\nu}{2}\|\boldsymbol{x}^* - \boldsymbol{x}^{k+1}\|^2 \leq -(\boldsymbol{g}^{k+1})^T(\boldsymbol{x}^* - \boldsymbol{x}^{k+1}) \leq \|\boldsymbol{g}^{k+1}\|\|\boldsymbol{x}^* - \boldsymbol{x}^{k+1}\| \leq \frac{\nu\varepsilon}{4}\|\boldsymbol{x}^* - \boldsymbol{x}^{k+1}\|$$

bzw. $\|\boldsymbol{x}^* - \boldsymbol{x}^{k+1}\| \leq \frac{\varepsilon}{2}$.

Zu (b): Wegen (3.76), (3.91) und $\|\boldsymbol{d}^k\| \leq \rho_k$ gilt $m_k(\boldsymbol{0}) - m_k(\boldsymbol{d}^k) \geq c\|\boldsymbol{d}^k\|^2$ für ein $c > 0$ und alle $k \geq 0$. Analog der Schlussweise im Beweis von Satz 3.84 folgt für gewisse $\xi_k \in (0, 1)$

$$\lim_{k\to\infty} |r_k - 1| \leq \lim_{k\to\infty} \frac{2}{c}\left(\|H_k - \nabla^2 f(\boldsymbol{x}^k)\| + \|\nabla^2 f(\boldsymbol{x}^k) - \nabla^2 f(\boldsymbol{x}^k + \xi_k \boldsymbol{d}^k)\|\right) = 0 \ .$$

Zu (c): Mit Satz 3.83 und wegen (3.91) ergibt sich $\lim_{k\to\infty} \|\boldsymbol{d}^k\| = 0$. Da $\eta_2 < 1$ gilt, existiert wegen (b) ein Index k_0 mit $r_k \geq \eta_2$ für alle $k \geq k_0$. Mit (3.69) und wegen $\sigma_2 > 1$ folgt $\rho_{k+1} \geq \rho_k \geq \rho_{k_0} > 0$ für alle $k \geq k_0$ und somit die gewünschte Aussage. □

Bemerkung 3.86

Unter den Voraussetzungen von Satz 3.85 gehen sowohl das TR-Newton-Verfahren als auch die TR-Quasi-Newton-Verfahren nach endlich vielen Iterationen in die entsprechenden lokalen Verfahren über und „erben" somit deren Konvergenzeigenschaften. Weiterhin kann bei Quasi-Newton-Aufdatierungen sogar aus der eingeschränkten Broyden-Klasse nicht garantiert werden, dass die positive Definitheit von H_k auf H_{k+1} übertragen wird (siehe Abschnitt 3.5). Die positive Definitheit der Aufdatierungsmatrizen oder der Hesse-Matrizen ist jedoch für die Lösung oder approximative Lösung des TR-Problems nicht erforderlich, um einen Punkt mit hinreichendem Abstieg für das Modell m_k zu bestimmen. Damit gewinnen theoretisch für TR-Verfahren auch Aufdatierungsvorschriften an Bedeutung, die nicht zur eingeschränkten Broyden-Klasse gehören. ■

3.7.4 Approximative Lösung der TR-Probleme

Wird das jeweilige TR-Problem iterativ gelöst, so sprechen wir im Folgenden von *inneren Iterationen*, im Unterschied zu den *äußeren Iterationen* des übergeordneten TR-Verfahrens.

Wir betrachten nun kurz Strategien zur Berechnung von Näherungslösungen der TR-Probleme, die unter gewissen Voraussetzungen die Abstiegsbedingung (3.76) garantieren. Für tiefergehende Ausführungen verweisen wir auf Conn, Gould und Toint (2000), Dennis und Schnabel (1983) sowie Geiger und Kanzow (1999).

Basierend auf der Definition des Cauchy- und Newton-Punktes definieren wir:

- Der *Newton-Kugel-Punkt* $\boldsymbol{d}_K^{Newt}$ ist für festes $\rho > 0$ die orthogonale Projektion von $\boldsymbol{d}^{Newt}$ auf die Kugel K_ρ.
- Der *Cauchy-Kugel-Punkt* $\boldsymbol{d}_K^C$ bezeichnet für festes $\rho > 0$ die Lösung der Minimierungsaufgabe

$$\text{MIN}\{m(-t\boldsymbol{g}) \mid t > 0,\ t\|\boldsymbol{g}\| \leq \rho\} \ .$$

Wir bemerken, dass $\boldsymbol{d}_K^C$ für eine beliebige Matrix $H \in \mathbb{R}^{(n,n)}$ existiert und dass aus der Existenz von $\boldsymbol{d}^{Newt}$ auch die von $\boldsymbol{d}_K^{Newt}$ folgt. Gilt $\boldsymbol{g} \neq \boldsymbol{0}$, so ist für die Existenz von $\boldsymbol{d}^C$ die Bedingung $\boldsymbol{g}^T H \boldsymbol{g} > 0$ notwendig und hinreichend. Weiterhin kann $\boldsymbol{d}^{Newt}$ genau dann eindeutig berechnet werden, wenn H regulär ist. Damit die Modellfunktion m längs der Richtung $\boldsymbol{d}^{Newt}$ im Punkt $\boldsymbol{d}^{Newt}$ ein Minimum besitzt, muss zusätzlich $(\boldsymbol{d}^{Newt})^T H \boldsymbol{d}^{Newt} > 0$ gefordert werden. Offensichtlich sind alle eben gestellten Forderungen im Fall $H \in \mathbb{SPD}^n$ erfüllt.

Dogleg-Strategien zur approximativen Lösung des TR-Problems

Wir setzen zunächst $H \in \mathbb{SPD}^n$ voraus. Gilt $\|\boldsymbol{d}^{Newt}\| \leq \rho$, so ist $\boldsymbol{d}^{Newt}$ natürlich die Lösung des TR-Problems. Die im Folgenden beschriebenen sogenannten Dogleg-Strategien (siehe Dennis und Schnabel (1983)) konstruieren im Fall $\|\boldsymbol{d}^{Newt}\| > \rho$ mithilfe von $\boldsymbol{d}_K^{Newt}$, $\boldsymbol{d}^C$ und $\boldsymbol{d}_K^C$ eine Näherungslösung des TR-Problems (siehe auch Abb. 3.56).

(1) **Vereinfachte Dogleg-Strategie:** (in EDOPTLAB implementiert):
Als Näherungslösung wird der Punkt $\arg\min\left\{m\left(\boldsymbol{d}_K^{Newt}\right), m\left(\boldsymbol{d}_K^C\right)\right\}$ gewählt.

(2) **Dogleg-Strategie:**
Gilt $\|\boldsymbol{d}^C\| < \rho$, dann folgt $\boldsymbol{d}^C = \boldsymbol{d}_K^C$. Als Näherungslösung wird in diesem Fall der Schnittpunkt der Strecke zwischen $\boldsymbol{d}^C$ und $\boldsymbol{d}^{Newt}$ mit dem Kugelrand von K_ρ gewählt. Im Fall $\|\boldsymbol{d}^C\| > \rho$ verfährt man auch hier wie unter **(1)**.

(3) Doppel-Dogleg-Strategie:
Gilt $\|\boldsymbol{d}^C\| < \rho$, so wird für $t \in (\gamma, 1)$ mit

$$\gamma := \frac{\|\boldsymbol{g}\|^4}{\boldsymbol{g}^T H \boldsymbol{g} \, |\boldsymbol{g}^T \boldsymbol{d}^{Newt}|}$$

der Punkt $\boldsymbol{d}(t) := t\boldsymbol{d}^{Newt}$ berechnet. Als Näherungslösung wird hier der Schnittpunkt des Polygonzuges, definiert durch die Punkte $\boldsymbol{d}^C$, $\boldsymbol{d}(t)$ und $\boldsymbol{d}^{Newt}$, mit dem Kugelrand von K_ρ gewählt. In Dennis und Schnabel (1983) findet man beispielsweise die folgende Empfehlung für t:

$$t := 0.8\gamma + 0.2 \ .$$

Im Fall $\|\boldsymbol{d}^C\| > \rho$ erfolgt die Bestimmung der Näherungslösung wiederum gemäß **(1)**.

Man kann zeigen, dass die im Fall (2) bzw. (3) konstruierte Näherungslösung des TR-Problems die eindeutig bestimmte Minimalstelle von m in K_ρ längs des jeweiligen Polygonzuges von $\boldsymbol{d}^C$ nach $\boldsymbol{d}^{Newt}$ ist (siehe auch Aufgabe 3.46).

Gilt $H \notin \mathbb{SPD}^n$, so kann bei allen drei aufgeführten Dogleg-Strategien als einfache Ausweichstrategie der Cauchy-Kugel-Punkt $\boldsymbol{d}_K^C$ als Näherungslösung des TR-Problems gewählt werden. Eine aufwendigere Ausweichstrategie ist die Bestimmung eines (hinreichend großen) $\lambda > 0$ mit $H + \lambda E_n \in \mathbb{SPD}^n$ und die Auswahl des Punktes $\arg\min\left\{m\left(\boldsymbol{d}_K^C\right), m\left(\boldsymbol{d}_\lambda^{Newt}\right)\right\}$ als Näherungslösung, wobei $\boldsymbol{d}_\lambda^{Newt}$ die (eindeutige) Lösung der Gleichung $(H + \lambda E_n)\boldsymbol{d} = -\boldsymbol{g}$ ist. Der offensichtliche Nachteil der ersten Ausweichstrategie ist der zeitweise Übergang zu einem Verfahren des steilsten Abstiegs. Ist jedoch bei der zweiten Ausweichstrategie der Regularisierungsparameter λ sehr groß, dann führt auch diese zu vielen aufeinanderfolgenden sehr kleinen Schritten.

Da bereits der Punkt $\boldsymbol{d}_K^C$ die Abstiegsbedingung (3.76) erfüllt (siehe Aufgabe 3.44), sind bei allen drei Strategien sowohl Satz 3.83 als auch Satz 3.85 anwendbar. Die im Beweis zu Satz 3.84 verwendete Ungleichung (3.86) kann für die approximativen Lösungen jedoch nicht gesichert werden. Für in der Umgebung eines Häufungspunktes gleichmäßig konvexe Funktionen garantieren die drei Dogleg-Strategien, dass das übergeordnete TR-Newton- bzw. TR-BFGS-Verfahren in das lokale Newton- bzw. in das lokale BFGS-Verfahren übergeht. Der Satz 3.85 ist für die PSB-Aufdatierung nicht anwendbar, da die Konvergenz der PSB-Aufdatierungsmatrizen gegen die Hesse-Matrix im Minimalpunkt $\boldsymbol{x}^*$ nicht gesichert ist. Für eine ausführlichere Darstellung verweisen wir auf Dennis und Schnabel (1983).

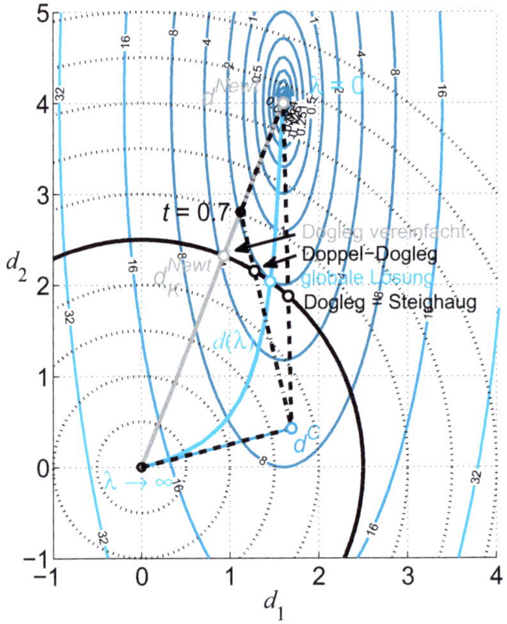

Abb. 3.56 Globale und approximative Lösung eines TR-Problems bei positiv definiter Matrix H

Inexakte (modifizierte) CG-Verfahren zur approximativen Lösung des TR-Problems am Beispiel des Steighaug-Verfahrens

Die in EDOPTLAB implementierte Variante des sogenannten *Steighaug-Verfahrens* basiert auf Algorithmus 7.5.1 in Conn, Gould und Toint (2000). Das Steighaug-Verfahren kann als Modifikation des Algorithmus 15 für nichtnotwendig positiv definite Matrizen $Q := H$ mit Startpunkt $\boldsymbol{y}^0 = \boldsymbol{0}$ zur approximativen Lösung des TR-Problems (innere Iterationen) angesehen werden. Diese Modifikation erzeugt nach Algorithmus 15 nur solange Richtungen $\boldsymbol{s}^j$ und Iterationspunkte $\boldsymbol{y}^{j+1} := \boldsymbol{y}^j + t_j \boldsymbol{s}^j$, wie jede der Bedingungen

$$\nabla m(\boldsymbol{y}^j) \neq \boldsymbol{0}\ , (\boldsymbol{s}^j)^T H \boldsymbol{s}^j > 0 \text{ und } \|\boldsymbol{y}^{j+1}\| \leq \rho \tag{3.93}$$

erfüllt ist. Somit sind beim Abbruch in der l-ten Iteration von Algorithmus 15 wegen Verletzung mindestens einer Bedingung aus (3.93) im gerade zu bearbeitenden Schritt S1, S2 oder S3 in allen vorhergenden Iterationen, d. h. bis zu diesem Abbruch die Bedingungen (3.93) erfüllt. Beim Abbruch können damit unter Beachtung der Reihenfolge von S1, S2 und S3 genau die folgenden Situationen auftreten, denen eine geeignete approximative Lösung des TR-Problems zugeordnet wird:

(1) Es gilt $\nabla m(\boldsymbol{y}^l) = \boldsymbol{0}$ in S1. Dann stoppt die Modifikation in S1. Nach (3.93) gilt somit $\|\boldsymbol{y}^l\| \leq \rho$. Damit ist $\boldsymbol{y}^l$ der Newton-Kugel-Punkt, und er wird als Näherungslösung des TR-Problems gewählt.

(2) Es gilt $\|\boldsymbol{y}^{l+1}\| > \rho$ in S2. Dann stoppt die Modifikation nach S2 und wegen (3.93) gilt wiederum $\|\boldsymbol{y}^l\| \leq \rho$. In diesem Fall wählen wir den Schnittpunkt der Strecke von $\boldsymbol{y}^l$ nach $\boldsymbol{y}^{l+1}$ mit dem Kugelrand von K_ρ als Näherungslösung des TR-Problems.

(3) Es gilt $(\boldsymbol{s}^{l+1})^T H \boldsymbol{s}^{l+1} \leq 0$ in S3. Dann stoppt die Modifikation nach S3 mit $\|\boldsymbol{y}^{l+1}\| \leq \rho$. Wir wählen dann den Schnittpunkt der Strahles ausgehend von $\boldsymbol{y}^{l+1}$ in Richtung $\boldsymbol{s}^{l+1}$ mit dem Kugelrand von K_ρ als Näherungslösung des TR-Problems.

Zur Motivation dieser Vorgehensweise mögen die folgenden Ausführungen dienen:
Da Algorithmus 15 auf die quadratische Modellfunktion m mit ggf. indefiniter Hesse-Matrix H angewendet wird, können wir zunächst die für Algorithmus 15 unter der Voraussetzung der positiven Definitheit von H gezeigten Aussagen und Eigenschaften nicht verwenden. Wir nehmen an, dass mit Algorithmus 15 angewandt auf die Funktion m die Richtungen $\boldsymbol{s}^0, \ldots, \boldsymbol{s}^l$ sowie die zugehörigen Iterationspunkte $\boldsymbol{y}^1, \ldots, \boldsymbol{y}^l$ bis zum Ende von S3 unter Einhaltung von (3.93) erzeugt sind, und der modifizierte Algorithmus wie beschrieben in der nächsten Iteration nach Beendigung von S1, S2 oder S3 abbricht. Es sei $U := \operatorname{span}\{\boldsymbol{s}^0, \ldots, \boldsymbol{s}^l\}$. Dann gilt zwar nach Konstruktion $\nabla m(\boldsymbol{y}^j) \in U$ für $j = 0, ..., l$, aber wir wissen nicht, ob $\boldsymbol{s}^0, \ldots, \boldsymbol{s}^l$ linear unabhängige oder sogar konjugierte Richtungen sind. Durch eine bijektive lineare Transformation $B : \mathbb{R}^p \to U$ mit $p := \dim U$ werden den obigen erzeugten Iterationspunkten $\boldsymbol{0}, \boldsymbol{y}^1, \ldots, \boldsymbol{y}^l \in U$ bzw. den Richtungen $\boldsymbol{s}^0, \ldots, \boldsymbol{s}^l \in U$ die Punkte $\boldsymbol{0}, \boldsymbol{z}^1, \ldots, \boldsymbol{z}^l \in \mathbb{R}^p$ bzw. die Richtungen $\boldsymbol{w}^0, \ldots, \boldsymbol{w}^l \in \mathbb{R}^p$ in eindeutiger Weise zugeordnet. Bilden dabei die Spaltenvektoren der Matrix B eine ONB des Unterraumes U, dann kann man zeigen (siehe Aufgabe 3.49), dass die zugehörige Transformation $\hat{m}$ der quadratischen Funktion m eine positiv definite Hesse-Matrix besitzt und dass die zugeordneten Punkte und Richtungen im $\mathbb{R}^p$ genau die Iterationspunkte und konjugierten Richtungen sind, die bei Anwendung des Algorithmus 15 auf $\hat{m}$ mit Startpunkt $\boldsymbol{z}^0 = \boldsymbol{0}$ entstehen. Somit findet auf dem Unterraum $U \subset \mathbb{R}^n$ ein CG-Verfahren statt, $\boldsymbol{x}^T H \boldsymbol{y}$ ist ein Skalarprodukt auf U, die Richtungen $\boldsymbol{s}^0, \ldots, \boldsymbol{s}^l$ sind H-orthogonal bzgl. U, und es gilt $\dim U = p = l + 1$.
Bricht nun der modifizierte Algorithmus bereits in S1 im Punkt $\boldsymbol{y}^l$ mit $\nabla m(\boldsymbol{y}^l) = \boldsymbol{0}$ ab, dann ist $\boldsymbol{y}^l$ die Minimalstelle von m bezüglich des Unterraums U und zugleich der Newton-Kugel-Punkt, welcher wegen $H \notin \mathbb{SPD}^n$ nicht notwendig die Lösung des TR-Problems ist.
Endet der modifizierte Algorithmus in S2, so verlässt die Trajektorie wegen $\|\boldsymbol{y}^{l+1}\| > \rho$ den Kugelbereich. Wegen der strengen Konvexität von m auf U, mit der Abstiegseigenschaft des CG-Algorithmus 15, und da $\boldsymbol{y}^{l+1}$ die Minimalstelle von m bzgl. U ist, fällt die Modellfunktion m auf der Strecke von $\boldsymbol{y}^l \in K_\rho$ nach $\boldsymbol{y}^{l+1} \notin K_\rho$ streng monoton. Somit hat die Modellfunktion m im Schnittpunkt der Strecke von $\boldsymbol{y}^l$ nach $\boldsymbol{y}^{l+1}$ mit dem

Kugelrand ihr eindeutiges Minimum längs der erzeugten Trajektorie innerhalb der Kugel. Bei Abbruch des modifizierten Algorithmus in S3 minimiert wieder $\boldsymbol{y}^{l+1}$ die Funktion m über den $(l+1)$-dimensionalen Unterraum U, und es ist $\|y^{l+1}\| \leq \rho$ erfüllt. Da wegen des Abbruchs in S3 für die neu erzeugte Richtung aber $(\boldsymbol{s}^{l+1})^T H \boldsymbol{s}^{l+1} \leq 0$ gilt, folgt $\boldsymbol{s}^{l+1} \neq \boldsymbol{s}^l$ und $\nabla m(\boldsymbol{y}^{l+1}) \neq \boldsymbol{0}$. Somit fällt m von $\boldsymbol{y}^{l+1}$ aus in Richtung $\boldsymbol{s}^{l+1}$ unbegrenzt streng monoton, auch wenn $(\boldsymbol{s}^{l+1})^T H \boldsymbol{s}^{l+1} = 0$ gilt. Die nach dem Abbruch gewählte Strategie zur Bestimmung der Näherungslösung des TR-Problems bestimmt also wieder die Minimalstelle von m längs der erzeugten Trajektorie innerhalb der Kugel.

In einigen Implementierungen des Steighaug-Verfahrens wird zur Reduzierung des Aufwandes die Anzahl der maximal auszuführenden CG-Schritte auf die Hälfte der Problemdimension beschränkt.
Da die Iterationstrajektorie des Steighaug-Verfahrens einen Polygonzug beschreibt, kann man es auch als eine Verallgemeinerung der Dogleg-Strategien auffassen. Im zweidimensionalen Fall sind bei streng konvexer Modellfunktion m die Dogleg- und die Steighaug-Strategie identisch (siehe Aufgabe 3.45). Das Steighaug-Verfahren ist aber bei nichtkonvexen Modellfunktionen m i. Allg. der Dogleg-Strategie überlegen, obwohl auch hier Näherungslösungen des TR-Problems mit sehr kleinen Normen $\|\boldsymbol{d}^k\|$ entstehen können, sodass das TR-Verfahren sogar stagnieren kann. Eine Verbesserung des eben beschriebenen Verhaltens verspricht das sogenannte *inexakte Lanczos-Verfahren* (engl. truncated Lanczos method, siehe Conn, Gould und Toint (2000), Abschnitt 7.5.4, Alg. 7.5.2), worauf wir an dieser Stelle aber nicht eingehen wollen.
Da die Steighaug-Verfahren beim Startpunkt $\boldsymbol{y}^0 = \boldsymbol{0}$ mit $\boldsymbol{s}^0 = -\boldsymbol{g}$ zur Lösung des TR-Problems mit $\boldsymbol{d}_k^C$ beginnen, ist die Abstiegsbedingung (3.76) bereits nach der ersten Iteration erfüllt und somit sind ebenfalls Satz 3.83 als auch Satz 3.85 anwendbar. Die im Beweis zu Satz 3.84 verwendete Ungleichung (3.86) kann auch für diese approximativen Lösungen nicht garantiert werden. Für in der Umgebung eines Häufungspunktes gleichmäßig konvexe Funktionen garantieren diese inexakten modifizierten CG-Verfahren ebenfalls, dass das übergeordnete TR-Newton- bzw. TR-BFGS-Verfahren in das lokale Newton- bzw. in das lokale BFGS-Verfahren übergeht.

3.7.5 TR-Verfahren mit Multiplikatorsteuerung

Wir haben bereits festgestellt, dass die Funktion ψ gemäß (3.67) rechts von ihrer größten Polstelle, also für $\lambda > -\lambda_{\min}(H)$, streng monoton fallend ist. Also bewirkt eine Vergrößerung von λ eine Verkleinerung von ρ. Für diese λ ist $H + \lambda E_n$ stets positiv definit, und die zugehörige Gleichung $(H + \lambda E_n)\boldsymbol{d} = -\boldsymbol{g}$ hat für jedes $\boldsymbol{g}$ eine eindeutig bestimmte Lösung. Mit dieser Erkenntnis kann man den Algorithmus 19 modifizieren, indem man im Schritt S3 zur Bestimmung von $\boldsymbol{d}^k$ die Gleichung $(H_k + \lambda_k E_n)\boldsymbol{d} = -\boldsymbol{g}^k$ mit geeignetem Multiplikator $\lambda_k \geq 0$ löst und in Schritt S5 anstelle des Radius ρ_k direkt den

Multiplikator λ_k durch entsprechende Faktoren verändert. Der erste Multiplikator λ_0 kann über eine Regularisierung von H_0 berechnet werden. Wir nutzen unter EdOptLab die Routine `modelhess.m` von Dennis und Schnabel (1983), die zugleich eine günstige Schätzung für λ_0 bestimmt. In Alt (2002) wird z. B. (3.71) durch die folgende Vorschrift ersetzt:

$$\lambda_{k+1} := \begin{cases} \sigma_1 \lambda_k & \text{wenn} \quad r_k \geq \eta_2 \, , \\ \lambda_k & \text{wenn} \quad r_k \in [\eta_1, \eta_2) \, , \\ \sigma_2 \lambda_k & \text{wenn} \quad r_k < \eta_1 \, . \end{cases}$$

Aufgrund des impliziten Zusammenhangs von ρ_k und λ_k ergeben sich bei den so modifizierten Verfahren wegen der strengen Monotonie von ψ kleinere Schritte. Weiterhin werden auch Richtungen $\boldsymbol{d}^k$ akzeptiert, längs derer m_k eine negative Krümmung besitzt $((\boldsymbol{d}^k)^T H_k \boldsymbol{d}^k < 0)$.

Bei einem erfolgreichen Schritt ist $H_k + \lambda_k E_n$ (beispielsweise mit Cholesky-Zerlegung) auf positive Definitheit zu prüfen und λ_k ggf. zu vergrößern. Da bei einem Nullschritt die Modellparameter f_k, $\boldsymbol{g}^k$ und H_k erhalten bleiben, muss in diesem Fall der Multiplikator natürlich nicht vergrößert werden. Da λ_k stets positiv ist (auch im Fall $H_k \in \mathbb{SPD}^n$), kann das so modifizierte TR-Verfahren nicht in das lokale Newton- bzw. lokale Quasi-Newton-Verfahren übergehen. Wird jedoch der Multiplikator $\lambda_k := 0$ gesetzt, wenn eine modifizierte Cholesky-Zerlegung die positive Definitheit von H_k feststellt, dann gehen diese Modifikationen für hinreichend große k in das ungedämpfte Newton- bzw. in das ungedämpfte BFGS-Verfahren über. Für weitere Ausführungen verweisen wir auf Alt (2002), Abschnitt 4.10.3, und Fletcher (1987), S. 102-103.

3.7.6 Nichtmonotone TR-Verfahren

Durch nichtmonotone Varianten der TR-Verfahren in Analogie zur nichtmonotonen Armijo-Regel kann die Effektivität der Verfahren erhöht werden. Es bezeichne $\{\boldsymbol{x}^k\}_{k\in\mathbb{N}}$ die entstehende Folge der erfolgreichen Schritte im TR-Verfahren (Nullschritte werden nicht mit aufgenommen). Weiterhin bezeichne i für ein fest vorgegebenes $M > 0$ die Anzahl der jeweils letzten $i \leq M$ erfolgreichen Iterationen. Anstelle des Testquotienten aus Algorithmus 19 wird nun in der k-ten Iteration der Quotient

$$r_k := \frac{R_k - f(\boldsymbol{x}^k + \boldsymbol{d}^k)}{m_k(0) - m_k(\boldsymbol{d}^k)} \text{ mit } R_k := \max_{j=k,k-1,\ldots,k-i} \left\{ f(\boldsymbol{x}^j) \right\} \tag{3.94}$$

gebildet und nach jeder (erfolgreichen) Iteration $i := \min\{i+1, M\}$ gesetzt. Im Falle eines Restarts des TR-Verfahrens in einem Iterationspunkt $\boldsymbol{x}^k$ oder Nutzung der negativen Gradientenrichtung als approximative Lösung des TR-Problems wird der Zähler $i := 0$ gesetzt.

Stellvertretend für Publikationen zu diesem Themenkreis nennen wir die Arbeiten von Chen, Han und Xu (2001) sowie Shi und Wang (2011). Etwas unerwartet sind die erstaunlichen Effektivitätsgewinne bei dem nichtmonotonen TR-Newton-Verfahren nach (3.94) gegenüber den (monotonen) TR-Newton-Verfahren, die wir auch in unseren Experimenten bestätigen werden. Bei nichtmonotonen TR-Quasi-Newton-Verfahren gemäß (3.94) konnten wir demgegenüber keine Verbesserungen erkennen. Allerdings werden in unserer Implementation zusätzliche Strategien, wie sie z. B. in Shi und Wang (2011) beschrieben werden, nicht berücksichtigt. Die durch (3.94) beschriebene sehr einfache nichtmonotone Strategie wurde für alle TR-Verfahren unter EdOptLab implementiert.

Eine andere Vorgehensweise findet man in Abschnitt 10.1 von Conn, Gould und Toint (2000). Dabei wird zusätzlich ein Quotient gebildet, der sowohl im Zähler als auch im Nenner Summen von jeweils schon berechneten Funktionswertdifferenzen von f bzw. m berücksichtigt, welche den sogenannten „historischen Quotienten" ergeben. Das Maximum des historischen und des bisher bei TR-Verfahren benutzten Testquotienten („aktueller Quotient") wird dann wie üblich für die Steuerung von ρ_k benutzt. Der Umfang der im historischen Quotienten benutzten Funktionswertdifferenzen wird mittels zusätzlicher Vorschriften gesteuert. Nach Aussage der Autoren wird ein Gewinn von ca. 30 % erzielt. Nichtmonotone TR-Verfahren werden seit mehreren Jahren auch für die Konstruktion effektiverer Lösungsmethoden bei restringierten Optimierungsproblemen eingesetzt.

3.7.7 Numerische Experimente zu TR-Verfahren

Unter EdOptLab stehen vier (Grund-)Varianten des TR-Verfahrens nach Algorithmus 19 zur Verfügung. Wir vereinbaren hierfür die folgenden Kurzschreibweisen:

- ***TR-Dogleg***: TR-Verfahren mit vereinfachter Dogleg-Strategie,
- ***TR-CG***: TR-Verfahren mit einem Steighaug-Verfahren ohne Präkonditionierung,
- ***TR-PCG***: TR-Verfahren mit einem präkonditionierten Steighaug-Verfahren,
- ***TR-Mult***: TR-Verfahren mit Multiplikator-Steuerung.

Je nachdem, ob diese Varianten die exakten Hesse-Matrizen oder eine BFGS- bzw. PSB-Aufdatierung verwenden, werden die Kurzschreibweisen durch die nachgestellten Zusätze „-Newt" oder „-BFGS" bzw. „-PSB" erweitert.
Zusätzlich kann auch das TR-Verfahren mit einem modifizierten Steighaug-Verfahren aus der Optimization-Toolbox von Matlab (kurz: **OTB**) getestet werden (`fminunc.m`). Wir vereinbaren hierfür die Kurzschreibweise ***TR-PCG$_2$-OTB***.

Experiment 3.7.1 (Kostenvergleich von TR-Newton-Verfahren mit gedämpften Newton- und BFGS-Verfahren)
TR0701.m: Wir betrachten zunächst die zweidimensionale Rosenbrock-Funktion und

vergleichen die Iterationszahlen, Kosten und CPU-Zeiten von TR-Dogleg-Newt, TR-CG-Newt, TR-PCG-Newt, TR-Mult-Newt und TR-PCG_2-OTB mit dem gedämpften Newton-Verfahren und dem BFGS-Verfahren für LS 5.1 (siehe Abb. 3.57). Bei kleinen Dimensionen und noch nicht zu großen Konditionen der Hesse-Matrizen besitzt offensichtlich keines der betrachteten Verfahren – ausgenommen TR-PCG_2-OTB – einen entscheidenden Vorteil. TR-Mult und das BFGS-Verfahren erweisen sich bzgl. der Kosten in diesem Experiment den anderen Verfahren leicht überlegen. Das Verfahren TR-PCG_2-OTB benötigt die fünf- bis achtfache CPU-Zeit im Vergleich zu den anderen Verfahren, was u. a. darin begründet liegt, dass es für großdimensionale Probleme implementiert ist. Erhöht man die Dimension n der Rosenbrock-Funktion ($10 \leq n \leq 400$), dann ist festzustellen, dass TR-CG-Newt und TR-PCG-Newt im direkten Vergleich bei fester Dimension n fast die gleiche CPU-Zeit benötigen, obwohl die Anzahl der CG-Schritte bei TR-PCG-Newt zwischen 1 und 5 und bei TR-CG-Newt zwischen 10 und 30 variiert. Die Vorteile einer Präkonditionierung sind somit in diesem Experiment nicht zu erkennen. Erst bei sehr großen Konditionen der Hesse-Matrizen kommt der Aufwand für die Präkonditionierung auch schon für kleine Problemdimensionen zum Tragen (siehe Experiment 3.7.3). ■

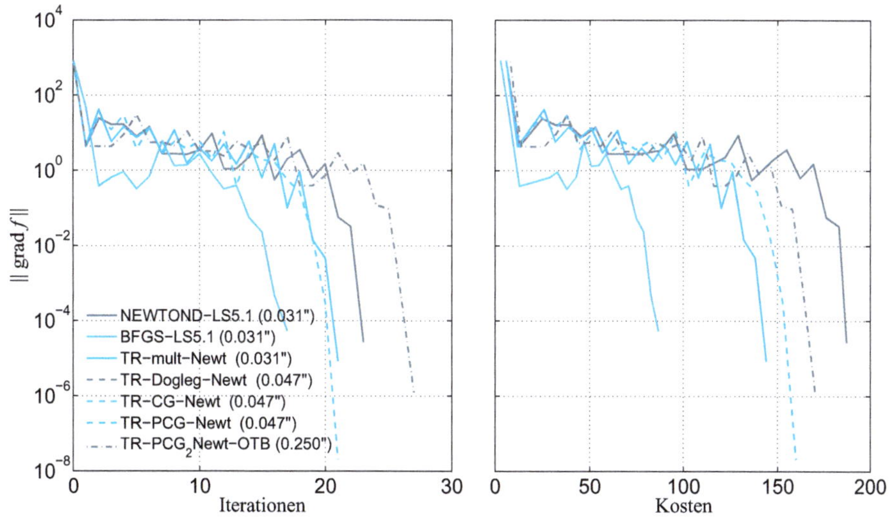

Abb. 3.57 Kostenvergleich zwischen TR-Dogleg-Newt, TR-CG-Newt, TR-PCG-Newt, TR-Mult-Newt und TR-PCG_2-OTB mit dem gedämpften BFGS- und dem gedämpften Newton-Verfahren für die zweidimensionale Rosenbrock-Funktion im Exp. 3.7.1

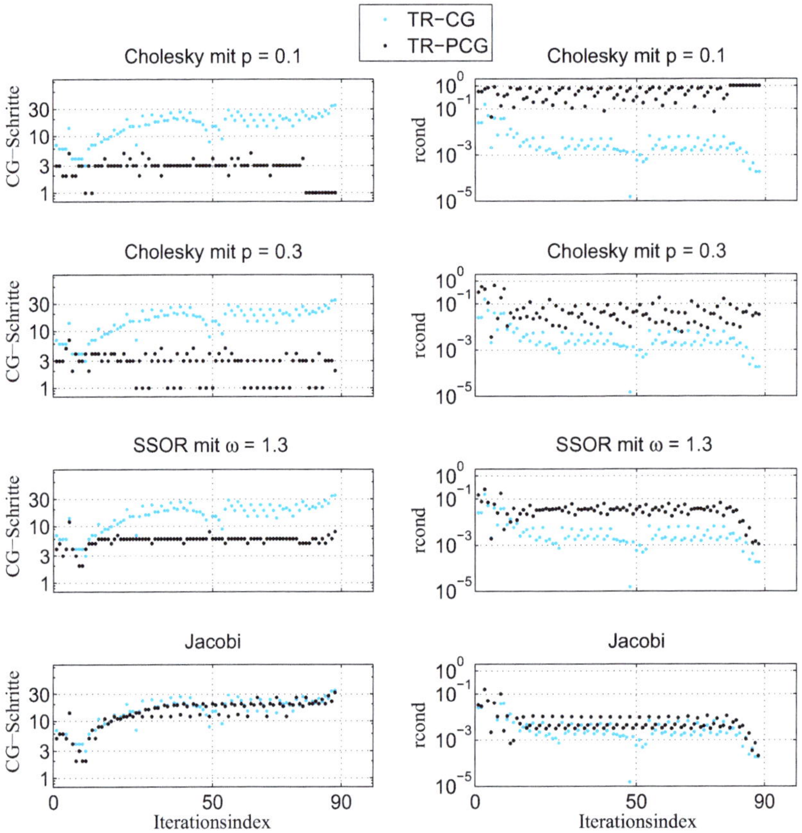

Abb. 3.58 Gegenüberstellung von $\mathrm{rcond}(H_k)$ und Anzahl der inneren Iterationen (CG-Schritte) pro äußerer Iteration bei der Minimierung der 50-dimensionalen Rosenbrock-Funktion mit TR-CG-Newt und TR-PCG-Newt im Exp. 3.7.2

Experiment 3.7.2 (Vergleich der TR-PCG-Newton-Verfahren für unterschiedliche Präkonditionierer)

TR0702.m: Wir betrachten die 50-dimensionale Rosenbrock-Funktion und vergleichen TR-CG-Newt und TR-PCG-Newt (Cholesky-, SSOR- und Jacobi-Präkonditionierer). Ziel dieses Experimentes ist es, für verschiedene Präkonditionierungen (Cholesky-, SSOR- und Jacobi-Präkonditionierer) den Zusammanhang zwischen der Anzahl der inneren Iterationen pro äußerer Iteration und den Werten $rcond(H_k)$ – einer schnellen Approximation von $\kappa(H_k)^{-1}$ unter MATLAB – zu untersuchen. Dabei ist $\kappa(H_k)$ die Kondition der Matrix H_k in der Modellfunktion $m_k(\boldsymbol{d}) := f(\boldsymbol{x}^k) + \nabla f(\boldsymbol{x}^k)^T \boldsymbol{d} + \frac{1}{2}\boldsymbol{d} H_k \boldsymbol{d}^k$ in der k-ten äußeren Iteration. Man erkennt deutlich in Abbildung 3.58 den Zusammenhang zwischen *rcond*(H_k) nahe *rcond*(E_n) $= 1$ und der geringen Anzahl von CG-Schritten bei der Lösung der TR-Probleme. Der Cholesky-Präkonditionierer mit $p = 0.1$ erweist sich insbesondere kurz vor Erreichen der Abbruchtoleranz der äußeren Iterationen als günstig, wogegen der Jacobi-Präkonditionierer fast keinen Einfluss hat. ■

Wir betrachten in den folgenden Experimenten 3.7.3, 3.7.4, 3.7.5 und 3.7.6 jeweils die skalierte dreidimensionale Rosenbrock-Funktion

$$f : \mathbb{R}^3 \to \mathbb{R} \text{ mit } f(\boldsymbol{x}) = \sum_{k=1}^{2} a(x_{k+1} - x_k^2)^2 + (1 - x_k)^2 ,$$

wählen für alle betrachteten Verfahren den Startpunkt $\boldsymbol{x}^0 := (-0.5, -0.5, -0.5)^T$ und setzen die Abbruchtoleranz auf 10^{-10} sowie die maximale Anzahl der (ggf. äußeren) Iterationen auf 20 000. Bzgl. des Skalierungsparameter a gilt in den Experimenten 3.7.3, 3.7.4 sowie 3.7.5 $a := 10^{10}$ und im Experiment 3.7.6 $a := 10^4$.

Für die Auswertung werden stets Tabellen mit gleicher Struktur verwendet. Neben der Spalte für die getesteten Verfahren und die resultierenden Kosten enthalten diese Tabellen die folgenden weiteren Spalten:

- „$\|\boldsymbol{g}\|$“$:= \|\nabla f(\boldsymbol{x}^{\text{end}})\|$,
- „Abbruch“: Grund für Abbruch des Verfahrens,
- „itmax“: Anzahl der Iterationen bis zum Abbruch des Verfahrens und
- „$t = 1$“: Anzahl der Newton- bzw. Quasi-Newton-Schritte in den Iterationen mit Schrittweite 1.

Die Nullschritte bei den TR-Verfahren und die inneren Iterationen bei den TR-Steighaug-Verfahren werden bei der Iterationszählung nicht berücksichtigt. Bezüglich der Spalte „Abbruch“ unterscheiden wir die folgenden Gründe:

- „Opt. Bed.“: Erfüllung der Abbruchtoleranz,
- „steptol“: Unterschreitung der Schritttoleranz in den Iterationen,
- „radtol“: Unterschreitung der Radiustoleranz in den inneren Iterationen (falls vorhanden) sowie
- „maxit“: Überschreitung der vorgegebenen maximalen Anzahl an Iterationen.

Die Abbruchbedingungen werden bei den TR-Verfahren während eines Nullschrittes und bei den TR-Steighaug-Verfahren auch während der inneren Iterationen nicht abgefragt.

Experiment 3.7.3 (Präkonditionierung und Genauigkeit bei TR-PCG-Newt und sehr hohen Konditionen von H_k)
TR0801.m: Ziel dieses Experimentes ist es, die Unterschiede zwischen den Verfahren TR-CG-Newt und TR-PCG-Newt mit Cholesky-Präkonditionierer ($p = 0.1$) in Bezug auf

die erzielte Genauigkeit der berechneten Näherungslösung zu verdeutlichen. Zum Vergleich betrachten wir weiterhin das lokale Newton-Verfahren, das BFGS-Verfahren (LS 7.1) und das gedämpfte Newton-Verfahren (LS 7.1) mit negativer Gradientenrichtung als Ausweichrichtung. Es ist zu erkennen (siehe Tab. 3.31), dass bei der hohen Konditionszahl der Hesse-Matrizen neben dem lokalen Newton-Verfahren nur noch TR-PCG-Newt die Abbruchtoleranz erfüllt. Die scheinbare Überlegenheit des Newton-Verfahrens täuscht darüber hinweg, dass sowohl $\boldsymbol{x}^k$ als auch die Normen der Gradienten in den Iterationen sehr hohe Werte annehmen und somit die Konvergenz des Verfahrens keineswegs als gesichert angesehen werden kann – bei Variation des Startpunktes ist das Verfahren oft divergent.

Das gedämpfte Newton-Verfahren benutzt im Verlauf der 20 000 Iterationen insgesamt 19 994-mal die negative Gradientenrichtung als Ausweichrichtung. Die Anzahl der Iterationen bei TR-PCG-Newt ist ebenfalls noch sehr hoch. Wir zeigen im folgenden Experiment 3.7.4, dass die Anzahl der benötigten Iterationen bei Erhaltung der Genauigkeit durch Verwendung von nichtmonotonen TR-Verfahren erheblich gesenkt werden kann. ■

Verfahren	$\|g\|$	Abbruch	itmax	Kosten	CPU-Zeit	$t=1$
Newton	0	Opt. Bed.	83	756	0.047	83
Newton, LS 7.1	2.0e+00	maxit	19999	105973	49.031	5
BFGS, LS 7.1	2.3e-03	steptol	7553	41256	4.875	5359
TR-CG-Newt	5.0e-06	radtol	5673	57109	6.109	3355
TR-PCG-Newt	0	Opt. Bed.	5674	57153	8.141	3176

Tab. 3.31 Konvergenzanalyse von TR-CG-Newt, TR-PCG-Newt, lokalen und gedämpften Newton- sowie BFGS-Verfahren für die skalierte dreidimensionale Rosenbrock-Funktion ($a = 10^{10}$) im Exp. 3.7.3

Experiment 3.7.4 (Konvergenzbeschleunigung durch nichtmonotone TR-Newton-Verfahren)

TR0802.m: Wir verwenden die nichtmonotonen TR-Newton-Verfahren TR-CG-Newt und TR-PCG-Newt ($p = 0.1$, $M = 10$) sowie das gedämpfte Newton-Verfahren mit der nichtmonotonen Armijo-Regel (LS 9). Die Tabelle 3.32 weist für TR-PCG-Newt einen großen Effektivitätsgewinn gegenüber Experiment 3.7.3 aus. Das gedämpfte Newton-Verfahren erreicht fast den Lösungspunkt, bricht aber durch Unterschreitung der Schritttoleranz mit einer Norm des Gradienten von ca. 2×10^{-5} nach ca. 4000 Iterationen ab. Für TR-PCG-Newt erweist sich die Präkonditionierung bei sehr hohen Konditionszahlen der Hesse-Matrizen H_k in Verbindung mit der nichtmonotonen Strategie als besonders vorteilhaft. Es benötigt zwar etwa die gleiche Anzahl von Iterationen wie das nichtmonotone TR-CG-Newt, aber durch die Präkonditionierung kann die Lösung wesentlich genauer berechnet werden. Damit bestätigt sich im Experiment die in der Literatur (siehe z. B.

Chen, Han und Xu (2001)) beschriebene Konvergenzverbesserung durch nichtmonotone Strategien bei TR-Newton-Verfahren, insbesondere bei Problemen mit äußerst schlecht konditionierten Hesse-Matrizen. ■

Verfahren	$\|g\|$	Abbruch	itmax	Kosten	CPU-Zeit	$t=1$
Newton, LS 9	1.7e-05	steptol	4165	44839	2.984	2085
TR-CG-Newt	1.0e-05	radtol	156	1594	0.234	106
TR-PCG-Newt	0	Opt. Bed.	147	1513	0.281	88

Tab. 3.32 Konvergenzanalyse für die nichtmonotonen TR-Newton-Verfahren TR-CG-Newt und TR-PCG-Newt sowie das gedämpfte Newton-Verfahren (LS 9) bei der skalierten dreidimensionalen Rosenbrock-Funktion ($a = 10^{10}$) im Exp. 3.7.4

Experiment 3.7.5 (Auswahl des Parameters M beim nichtmonotonen TR-Newton-Verfahren TR-PCG-Newt)
TR0803.m, TR1003.m: Wir testen die Effizienz dieses Verfahrens ($p = 0.1$) für $M = 5, 10, 20, 30, 40, 50$. In Tab. 3.33 erkennt man, dass die Anzahl der benötigten Iterationen bei Vergrößerung von M abnimmt. Für die Größe von M gibt es in der Literatur unterschiedliche Empfehlungen wie z. B. $M \in \{8, ..., 16\}$ in Chen, Han und Xu (2001). Die von uns verwendeten Werte $M = 30, 40, 50$ liegen zwar außerhalb dieser Empfehlung, aber das nichtmonotone TR-PCG-Newt benötigt für diese Werte von M sogar weniger Iterationen als das lokale Newton-Verfahren und erreicht bzgl. der CPU-Zeit fast dessen Effektivität. Zu große Parameter M können aber die Divergenz der entsprechenden nichtmonotonen TR-Verfahren bewirken (siehe TR1003.m). ■

TR-PCG-Newt	$\|g\|$	Abbruch	itmax	Kosten	CPU-Zeit	$t=1$
M=5	0	Opt. Bed.	4865	51093	9.109	2440
M=10	0	Opt. Bed.	147	1513	0.266	89
M=20	0	Opt. Bed.	81	827	0.172	52
M=30	3.5e-14	Opt. Bed.	76	776	0.156	50
M=40	3.5e-14	Opt. Bed.	76	776	0.156	50
M=50	0	Opt. Bed.	65	663	0.125	46

Tab. 3.33 Konvergenzanalyse des nichtmonotonen TR-Newton-Verfahren TR-PCG-Newt für $M = 5, 10, 20, 30, 40, 50$ bei der skalierten dreidimensionalen Rosenbrock-Funktion ($a = 10^{10}$) im Exp. 3.7.5

Experiment 3.7.6 (Vergleich von TR-Newton- und TR-Quasi-Newton-Verfahren für monotone und nichtmonotone äußere Iterationen)
Wir verkleinern nun den Parameter der skalierten dreidimensionalen Rosenbrock-

Funktion auf $a = 10^4$ und betrachten sowohl die TR-Newton- als auch die TR-BFGS-Verfahren.

TR0901.m: Die TR-Verfahren mit monotonen äußeren Iterationen weisen zueinander nur geringe Effektivitätsunterschiede auf (siehe Tab. 3.34). In Analogie zu den Richtungssuchverfahren ist die Anzahl der Iterationen bei den TR-Newton-Verfahren ca. 50% geringer als bei den TR-BFGS-Verfahren, dafür verursachen letztere geringere Kosten.

TR0902.m: Die nichtmonotonen TR-Newton-Verfahren mit $M = 20$ (siehe Tab. 3.35) zeigen gegenüber den monotonen Varianten (siehe Tab. 3.34) deutliche Effektivitätsgewinne. Dagegen verschlechtert sich die Effektivität bei den nichtmonotonen TR-BFGS-Verfahren (siehe Tab. 3.35) gegenüber den zugehörigen monotonen Varianten (siehe Tab. 3.34) erheblich. Eine Analyse der Iterationstrajektorien für die nichtmonotonen TR-BFGS-Verfahren zeigt sehr starke Oszillationen. Die in EdOptLab implementierte Variante gemäß (3.94) ist offensichtlich auf TR-BFGS-Verfahren nicht ohne besondere Vorkehrungen übertragbar (siehe Chen, Han und Xu (2001), Shi und Wang (2011) sowie Conn, Gould und Toint (2000)). ■

Verfahren	$\|g\|$	itmax	Kosten	CPU-Zeit	$t = 1$
TR-Mult-Newt	6.4e-11	67	641	0.063	-
TR-Mult-BFGS	4.5e-11	130	583	0.094	-
TR-Dogleg-Newt	0	65	667	0.109	41
TR-dogleg-BFGS	1.4e-11	100	533	0.156	59
TR-CG-Newt	0	65	667	0.109	41
TR-CG-BFGS	4.5e-11	86	450	0.141	65
TR-PCG-Newt, p=0.1	0	65	667	0.141	41
TR-PCG-BFGS, p=0.1	1.3e-11	101	530	0.203	77

Tab. 3.34 Konvergenzanalyse für TR-Newton- und TR-BFGS-Verfahren bei der skalierten dreidimensionalen Rosenbrock-Funktion ($a = 10^4$) im Exp. 3.7.6

Verfahren	$\|g\|$	itmax	Kosten	CPU-Zeit	$t = 1$
TR-Mult-Newt, M=20	5.8e-12	24	225	0.047	-
TR-Mult-BFGS, M=20	1.5e-15	245	1101	0.172	-
TR-dogleg-Newt, M=20	6.1e-12	24	249	0.063	24
TR-dogleg-BFGS, M=20	3.5e-11	160	820	0.219	144
TR-CG-Newt, M=20	6.1e-12	24	249	0.078	24
TR-CG-BFGS, M=20	9.7e-11	673	3534	0.891	552
TR-PCG-Newt, M=20, p=0.1	6.1e-12	24	249	0.141	24
TR-PCG-BFGS, M=20, p=0.1	1.7e-11	207	1085	0.406	162

Tab. 3.35 Konvergenzanalyse für nichtmonotone TR-Newton- und TR-BFGS-Verfahren bei der skalierten dreidimensionalen Rosenbrock-Funktion ($a = 10^4$) im Exp. 3.7.6

Experiment 3.7.7 (Konvergenz von TR-Newton-Verfahren gegen stationäre Punkte)
TR1004.m: Wir betrachten die Funktion (Problem Nr. 6) $f : \mathbb{R}^2 \to \mathbb{R}$ mit

$$f(\boldsymbol{x}) = (x_1^2 + x_2 - 11)^2 + (x_1 + x_2^2 - 7)^2 \ .$$

Diese Funktion besitzt vier lokale Minimalstellen, eine lokale Maximalstelle und vier Sattelpunkte. Wir verwenden TR-Mult-Newt, TR-Dogleg-Newt, TR-PCG-Newt sowie das ungedämpfte Newton-Verfahren in der Nähe dieser stationären Punkte und dokumentieren das Verhalten dieser drei Verfahren in Abb. 3.59. Wir beobachten das unerwartete Ergebnis (siehe Abb. 3.59, rechts), dass das als Abstiegsverfahren konzipierte TR-Mult-Newt gegen ein lokales Maximum konvergiert. Verursacht wird dies durch zu starke Regularisierung von H_k im Startpunkt und in den folgenden Iterationspunkten. Durch die Addition von λE_2 zur Hesse-Matrix mit zu großem λ wird die Funktion f gemäß $\hat{f}(\boldsymbol{x}) := f(\boldsymbol{x}) + \lambda \boldsymbol{x}^T \boldsymbol{x}$ zu $\hat{f}$ „konvexifiziert“ und somit wird aus der lokalen Maximalstelle von f eine lokale Minimalstelle von $\hat{f}$. ■

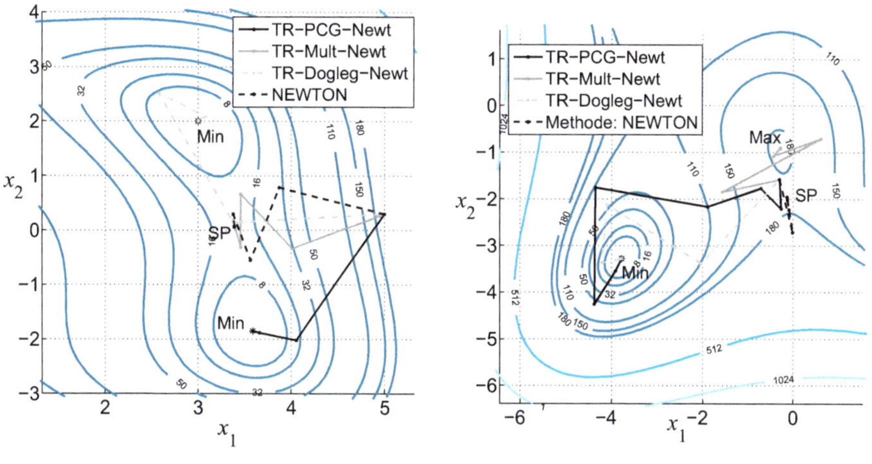

Abb. 3.59 Iterationsverlauf für TR-Mult-Newt, TR-Dogleg-Newt, TR-PCG-Newt und das Newton-Verfahren im Exp. 3.7.7, Konvergenz von TR-Mult-Newt gegen eine Maximalstelle

3.8 Verfahren für diskrete Approximationsprobleme

Zum Abschluss dieses Kapitels wollen wir kurz auf ein Teilgebiet der Approximationsprobleme eingehen, die mit den bisher betrachteten Optimierungsproblemen ohne Nebenbedingungen in engem Zusammenhang stehen (siehe z. B. Dennis und Schnabel (1983) sowie Kosmol (1993)). Die hier betrachteten Aufgabenstellungen illustrieren wir anhand folgender Situation, die häufig bei der Auswertung von Datenmengen (Messwerten) auftritt:

Vorgegeben sind endlich viele Paare $(t_i, y_i) \in \mathbb{R}^2$ mit $i = 1, 2, \ldots, m$. Weiterhin sind Ansatzfunktionen $h : \mathbb{R}^{n+1} \to \mathbb{R}$, der Form $h(\boldsymbol{x}, t)$ mit $\boldsymbol{x} \in \mathbb{R}^n$ und $t \in \mathbb{R}$ gegeben. Die $n < m$ Koeffizienten x_j mit $j = 1, 2, ..., n$ der Ansatzfunktionen sind so zu bestimmen, dass die Differenzen, die sogenannten *Residuen eines Approximationsproblems*

$$r_i(\boldsymbol{x}) := h(\boldsymbol{x}, t_i) - y_i, \quad i = 1, 2, ..., m$$

bezüglich eines nichtnegativen Maßes möglichst klein werden. Benutzt man z. B. als Maße die l_p-Normen (siehe Beispiel 1.7) gemäß

$$\begin{aligned} \|\boldsymbol{r}(\boldsymbol{x})\|_p &:= \left(\sum_{i=1}^{m} |r_i(\boldsymbol{x})|^p \right)^{\frac{1}{p}} && \text{für } 1 \leq p < \infty \text{ bzw.} \\ \|\boldsymbol{r}\|_\infty &:= \max_{1 \leq i \leq m} |r_i(\boldsymbol{x})| && \text{für } p = \infty \ , \end{aligned}$$

so bezeichnet man die sich ergebenen Optimierungsprobleme

$$\text{MIN} \{ \|\boldsymbol{r}(\boldsymbol{x})\|_p \mid \boldsymbol{x} \in \mathbb{R}^n \} \tag{3.95}$$

als *diskrete l_p- Approximationsprobleme* (oder auch *least-p-Approximationsprobleme*).

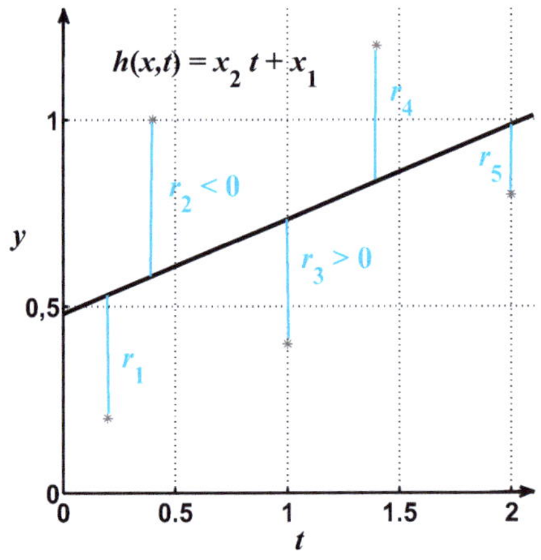

Abb. 3.60 Ausgleichsgerade bei 5 Messpunkten

Beispiel 3.87

Wir betrachten die Aufgabe, eine Datenmenge $\{(t_i, y_i)\}_{i=1,2,...,5}$ mittels einer affin linearen Ansatzfunktion $h : \mathbb{R}^r \to \mathbb{R}$ mit $h(\boldsymbol{x}, t) = x_1 + x_2 t$ bzgl. der l_2-Norm zu approximieren. Die Zielfunktion in (3.95) lautet somit

$$\|\boldsymbol{r}(\boldsymbol{x})\|_2 := \sqrt{\sum_{i=1}^{5} (x_1 + t_i x_2 - y_i)^2} \, .$$

Wegen der strengen Monotonie der Wurzelfunktion können wir anstelle des zugehörigen Optimierungsproblems gemäß (3.95) das äquivalente Optimierungsproblem

$$\text{MIN}\left\{\sum_{i=1}^{5} (x_1 + t_i x_2 - y_i)^2 \mid x_1, x_2 \in \mathbb{R}\right\}$$

betrachten. Der Graph der affin linearen Funktion, die sich für die optimale Lösung $\boldsymbol{x}^* := (x_1^*, x_2^*)^T$ ergibt, wird als Ausgleichsgerade bzgl. der Datenmenge $\{(t_i, y_i)\}_{i=1,2,...,5}$ bezeichnet (siehe Abb. 3.60). ■

Wichtige Familien von Ansatzfunktionen sind z. B.:

(1) Polynome $(l-1)$-ten Grades

$$h(\boldsymbol{x}, t) = \sum_{j=1}^{l} x_j \, t^{j-1}$$

mit $\boldsymbol{x} \in \mathbb{R}^l$ und $t \in [a, b]$,

(2) trigonometrische Polynome $(l-1)$-ten Grades

$$h(\boldsymbol{x}, t) = x_1 + \sum_{j=1}^{l-1} (x_{2j} \cos(jt) + x_{2j+1} \sin(jt))$$

mit $\boldsymbol{x} \in \mathbb{R}^{2l-1}$ und $t \in [a, a + 2\pi)$,

(3) Summen von Exponentialfunktionen

$$h(\boldsymbol{x}, t) = \sum_{j=1}^{l} x_j e^{\lambda_j t}$$

mit $\boldsymbol{x} \in \mathbb{R}^l$, $t \in [a, b]$ und vorgegebenen paarweise verschiedenen $\lambda_j \in \mathbb{R}$ für $j = 1, 2, ..., l$ sowie

(4) gebrochenrationale Funktionen

$$h(\boldsymbol{x},t)=\frac{\sum\limits_{j=1}^{l} x_j\, t^{j-1}}{\sum\limits_{j=1}^{p} x_{l+j}\, t^{j-1}}$$

mit $\boldsymbol{x}\in\mathbb{R}^{l+p}$ und $t\in[a,b]$.

In den ersten drei Beispielen sind die Ansatzfunktionen Linearkombinationen von linear unabhängigen Funktionen $\varphi_j : \mathbb{R}\to\mathbb{R}$, $j=1,2,...,n$. Die Residuen sind damit affin linear bzgl. $\boldsymbol{x}$, d. h. es gilt

$$r_i(\boldsymbol{x}) := \sum_{j=1}^{n} x_j\varphi_j(t_i) - y_i \text{ mit } i=1,2,\ldots,m\,. \tag{3.96}$$

Approximationsprobleme mit Residuenfunktionen gemäß (3.96) werden *lineare Approximationsprobleme* genannt.

Für die Spezialfälle $p=1$, $p=2$ und $p=\infty$ in (3.95) betrachten wir nun kurz die zugehörigen linearen Approximationsprobleme.
Für $p=1$ (*lineare l_1-Approximationsprobleme*) erhält man nach Einführung von m zusätzlichen Variablen $z_1,z_2,...,z_m$ das folgende äquivalente lineare Optimierungsproblem:

$$\text{MIN}\left\{\sum_{i=1}^{m} z_i \,\middle|\, -z_i\le r_i(\boldsymbol{x})\le z_i, \boldsymbol{x}\in\mathbb{R}^n, \boldsymbol{z}\in\mathbb{R}^m_+\right\}. \tag{3.97}$$

Für $p=\infty$ ergibt sich das sogenannte *Chebyshev-* oder auch *lineare least-max-Approximationsproblem*, das durch Einführung nur einer zusätzlichen Variablen z als äquivalentes lineares Optimierungsproblem formuliert werden kann:

$$\text{MIN}\left\{z\,|-z\le r_i(\boldsymbol{x})\le z, \boldsymbol{x}\in\mathbb{R}^n, z\in\mathbb{R}_+\right\}. \tag{3.98}$$

Bezüglich der Lösung der Probleme (3.97) und (3.98) verweisen wir auf Literatur zur linearen Optimierung (siehe z. B. Padberg (1999)).
Etwas ausführlicher gehen wir für $p=2$ auf das zugehörige *lineare least-square- bzw. l_2-Approximationsproblem* ein, welches in der deutschsprachigen Literatur auch als *lineares Quadratmittelproblem* bezeichnet wird. Unter Benutzung der Matrix $A\in\mathbb{R}^{(m,n)}$ mit $A:=(\varphi_j(t_i))_{mn}$ und der Vektoren $\boldsymbol{x}\in\mathbb{R}^n$ sowie $\boldsymbol{y}\in\mathbb{R}^m$ kann man (3.96) in der Form $\boldsymbol{r}(\boldsymbol{x})=A\boldsymbol{x}-\boldsymbol{y}$ schreiben. Damit ergibt sich das Quadratmittelproblem:

$$\text{MIN}\left\{\|A\boldsymbol{x}-\boldsymbol{y}\|_2^2 \mid \boldsymbol{x}\in\mathbb{R}^n\right\}. \tag{3.99}$$

Die Funktion $f:\mathbb{R}^n\to\mathbb{R}$ mit

$$f(\boldsymbol{x})=\|A\boldsymbol{x}-\boldsymbol{y}\|_2^2=(A\boldsymbol{x}-\boldsymbol{y})^T(A\boldsymbol{x}-\boldsymbol{y})=\boldsymbol{y}^T\boldsymbol{y}-2\boldsymbol{y}^TA\boldsymbol{x}+\boldsymbol{x}^TA^TA\boldsymbol{x}$$

ist offensichtlich konvex, und es ergibt sich als notwendige und hinreichende Optimalitätsbedingung für das Problem (3.99)

$$\mathbf{0} = \nabla f(\boldsymbol{x}) = 2A^T A\boldsymbol{x} - 2A^T\boldsymbol{y} \ .$$

Diese sogenannte *Gaußsche Normalengleichung*

$$A^T A\boldsymbol{x} = A^T\boldsymbol{y} \ , \tag{3.100}$$

ist zwar stets lösbar, besitzt aber nur im Fall $\operatorname{rang} A^T A = \operatorname{rang}(A^T A, A^T\boldsymbol{y}) = n$ genau eine Lösung:

$$\boldsymbol{x} = (A^T A)^{-1} A^T\boldsymbol{y} \ . \tag{3.101}$$

Diese wird aus Gründen der numerischen Stabilität mittels QR-Zerlegung von A gemäß

$$A = QR = \begin{pmatrix} Q_1, Q_2 \end{pmatrix} \begin{pmatrix} R_1 \\ 0 \end{pmatrix}$$

bestimmt. Dabei sind $Q \in \mathbb{R}^{(m,m)}$ eine orthogonale Matrix, $Q_1 \in \mathbb{R}^{(m,n)}$, $Q_2 \in \mathbb{R}^{(m,m-n)}$, $R \in \mathbb{R}^{(m,n)}$ sowie $R_1 \in \mathbb{R}^{(n,n)}$ eine reguläre obere Dreiecksmatrix, und $\boldsymbol{x}$ kann wegen (3.101) durch Lösung des numerisch stabileren Gleichungssystems

$$R_1\boldsymbol{x} = Q_1^T\boldsymbol{y}$$

bestimmt werden. Bei Verletzung der Rangbedingung wird die Lösungsmenge von (3.100) durch eine lineare Mannigfaltigkeit V beschrieben. In diesem Fall könnte man beispielsweise das Element aus V mit der kleinsten l_2-Norm berechnen (Hoffmann et al. (2005, 2006), Band 1).

3.8.1 Nichtlineare diskrete l_2-Approximationsprobleme

Wir betrachten das l_2-Approximationsproblem

$$\text{MIN } \{f(\boldsymbol{x}) \mid \boldsymbol{x} \in \mathbb{R}^n\} \quad \text{mit } f(\boldsymbol{x}) = \frac{1}{2}\boldsymbol{r}(\boldsymbol{x})^T\boldsymbol{r}(\boldsymbol{x}) = \frac{1}{2}\sum_{i=1}^{m} r_i(\boldsymbol{x})^2 \tag{3.102}$$

mit nichtlinearer Residuenfunktion $\boldsymbol{r} : \mathbb{R}^n \to \mathbb{R}^m$. Um die in den vorigen Abschnitten behandelten Verfahren anwenden zu können, berechnen wir den Gradienten und die Hesse-Matrix von f im Fall $f \in C^2(\mathbb{R}^n, \mathbb{R})$. Mit

$$J(\boldsymbol{x}) := \nabla\boldsymbol{r}(\boldsymbol{x})^T = \begin{pmatrix} \nabla r_1(\boldsymbol{x})^T \\ \vdots \\ \nabla r_m(\boldsymbol{x})^T \end{pmatrix} \in \mathbb{R}^{(m,n)} \tag{3.103}$$

und

$$H(\boldsymbol{x}) := \sum_{i=1}^{m} \nabla^2 r_i(\boldsymbol{x}) r_i(\boldsymbol{x}) \tag{3.104}$$

gilt somit

$$\nabla f(\boldsymbol{x}) = \sum_{i=1}^{m} \nabla r_i(\boldsymbol{x}) r_i(\boldsymbol{x}) = J(\boldsymbol{x})^T \boldsymbol{r}(\boldsymbol{x}) \tag{3.105}$$

sowie

$$\nabla^2 f(\boldsymbol{x}) = \sum_{i=1}^{m} \nabla r_i(\boldsymbol{x}) \nabla r_i(\boldsymbol{x})^T + \sum_{i=1}^{m} \nabla^2 r_i(\boldsymbol{x}) r_i(\boldsymbol{x}) = J(\boldsymbol{x})^T J(\boldsymbol{x}) + H(\boldsymbol{x}) \,. \tag{3.106}$$

Folglich können beispielsweise ungedämpfte und gedämpfte Newton- bzw. Quasi-Newton-Verfahren sowie die entsprechenden TR-Verfahren unmittelbar auf das nichtlineare Quadratmittelproblem (3.102) angewendet werden. Wir notieren beispielhaft die Berechnung der neuen Richtung $\boldsymbol{d}^k$ des ungedämpften bzw. gedämpften Newton-Verfahrens im Iterationspunkt $\boldsymbol{x}^k$ als Lösung von

$$\left(J(\boldsymbol{x}^k)^T J(\boldsymbol{x}^k) + H(\boldsymbol{x}^k)\right) \boldsymbol{d} = -J(\boldsymbol{x}^k)^T \boldsymbol{r}(\boldsymbol{x}^k) \,. \tag{3.107}$$

Die Berechnung von $H(\boldsymbol{x}^k)$ kann jedoch mit sehr großem Aufwand verbunden sein, da häufig $m \gg n$ gilt. Die Matrix $J(\boldsymbol{x}^k)^T J(\boldsymbol{x}^k)$ ist stets positiv semi-definit und im Fall $\operatorname{rang} J = n$ sogar positiv definit. Wenn für die Lösung $\boldsymbol{x}^*$ des Quadratmittelproblems $\|\boldsymbol{r}(\boldsymbol{x}^*)\|$ sehr klein ist, so kann man in (3.106) wegen (3.104) die Matrix $H(\boldsymbol{x})$ in der Nähe der Lösung $\boldsymbol{x}^*$ vernachlässigen. Die sich für diesen Fall aus (3.107) ergebende sogenannte *Gauß-Newton-Gleichung*

$$J(\boldsymbol{x}^k)^T J(\boldsymbol{x}^k) \boldsymbol{d} = -J(\boldsymbol{x}^k)^T \boldsymbol{r}(\boldsymbol{x}^k) \tag{3.108}$$

besitzt nun offensichtlich die gleiche Lösungsmenge wie das lineare Quadratmittelproblem

$$\text{MIN}\left\{\|\boldsymbol{r}(\boldsymbol{x}^k) + J(\boldsymbol{x}^k)\boldsymbol{d}\|_2^2 \mid \boldsymbol{d} \in \mathbb{R}^n\right\}. \tag{3.109}$$

Ist $\boldsymbol{d}^k$ eine Lösung von (3.108) und setzen wir $\boldsymbol{x}^{k+1} := \boldsymbol{x}^k + \boldsymbol{d}^k$ für alle $k \geq 0$, dann erhalten wir das sogenannte *ungedämpfte Gauß-Newton-Verfahren* , wobei die nach (3.108) berechnete Richtung als *Gauß-Newton-Richtung* bezeichnet wird.

Algorithmus 20 (Gauß-Newton-Verfahren)

S0 Wähle $\boldsymbol{x}^0 \in \mathbb{R}^n$, und setze $k := 0$.

S1 Wenn $\boldsymbol{r}(\boldsymbol{x}^k) = \boldsymbol{0}$, dann STOPP.

S2 Bestimme eine Lösung $\boldsymbol{d}^k$ der Gauß-Newton-Gleichung (3.108).

S3 Setze $\boldsymbol{x}^{k+1} := \boldsymbol{x}^k + \boldsymbol{d}^k$ sowie $k := k+1$, und gehe zu **S1.**

Wir zitieren einen Konvergenzsatz aus Kosmol (1993):

Satz 3.88 (Konvergenz des Gauß-Newton-Verfahrens)
Es seien $\boldsymbol{r} \in C^1(\mathbb{R}^n, \mathbb{R}^m)$, $\boldsymbol{x}^* \in \mathbb{R}^n$ mit $\boldsymbol{r}(\boldsymbol{x}^*) = \boldsymbol{0}$ und die Matrix $J(\boldsymbol{x}^*)^T \boldsymbol{J}(\boldsymbol{x}^*)$ gemäß (3.103) invertierbar. Dann existiert eine ε-Umgebung $U_\varepsilon(\boldsymbol{x}^*)$, sodass für jeden Startpunkt $\boldsymbol{x}^0 \in U_\varepsilon(\boldsymbol{x}^*)$ das Gauß-Newton-Verfahren durchführbar ist und die durch den Algorithmus 20 erzeugte Folge $\{\boldsymbol{x}^k\}_{k\in\mathbb{N}}$ Q-superlinear gegen $\boldsymbol{x}^*$ konvergiert. Gilt darüber hinaus, dass die Jacobi-Matrix $J(\boldsymbol{x})$ in einer Umgebung von $\boldsymbol{x}^*$ Lipschitz-stetig ist, dann konvergiert die durch den Algorithmus 20 erzeugte Folge $\{\boldsymbol{x}^k\}_{k\in\mathbb{N}}$ Q-quadratisch gegen $\boldsymbol{x}^*$.

Wir bemerken, dass im Satz 3.88 mindestens superlineare Konvergenz garantiert werden kann, obwohl wir nur $\boldsymbol{r} \in C^1(\mathbb{R}^n, \mathbb{R}^m)$ voraussetzen. Diese Eigenschaft ist natürlich sehr vorteilhaft und der Tatsache geschuldet, dass bei der hier dargestellten Herleitung des Verfahrens die Struktur der Zielfunktion ausgenutzt wird.
Wenn für die Lösung $\boldsymbol{x}^*$ des Quadratmittelproblems $\|\boldsymbol{r}(\boldsymbol{x}^*)\|$ sehr klein ist, kann unter den entsprechend angepassten Voraussetzungen noch (lokale) Q-lineare Konvergenz des Gauß-Newton-Verfahrens gezeigt werden (siehe Kosmol (1993), Abschnitt 3.7, Satz 2). Ist jedoch $\|r(\boldsymbol{x}^*)\|$ zu groß, so ist die Konvergenz des Gauß-Newton-Verfahrens nicht mehr gesichert. Globale Konvergenz erreicht man in Analogie zu den in den vorhergehenden Abschnitten betrachteten Verfahren (siehe beispielsweise Schwetlick (1979), Kap. 10). In den späteren Experimenten verwenden wir die im Folgenden aufgeführten Modifikationen bzw. Globalisierungen des ungedämpften Gauß-Newton-Verfahrens:

(1) *Gedämpftes Gauß-Newton-Verfahren:* Wir ersetzen im gedämpften Newton-Verfahren nach Algorithmus 9 die Hesse-Matrix $\nabla^2 f(\boldsymbol{x}^k)$ durch die positiv-semidefinite Matrix

$$R(\boldsymbol{x}^k) := J(\boldsymbol{x}^k)^T J(\boldsymbol{x}^k) \ .$$

Wenn die durch (3.108) definierte Gauß-Newton-Richtung $\boldsymbol{d}^k$ für ein vorgegebenes μ (in EdOptLab: $\mu := 10^{-12}$) nicht im Abstiegskegel von f bzgl. $\boldsymbol{x}^k$ und μ liegt, dann wählen wir die negative Gradientenrichtung als Ausweichrichtung. Wegen der positiven Semidefinitheit von $R(\boldsymbol{x}^k)$ bietet sich als zweite Möglichkeit die Regularisierung gemäß $R(\boldsymbol{x}^k) + \tau E_n$ mit einem festen $\tau > 0$ (in EdOptLab: $\tau := 10^{-5}$) an, d. h. es wird als Ausweichrichtung $\boldsymbol{d}^k$ die Lösung von $(R(\boldsymbol{x}^k) + \tau E_n)\boldsymbol{d} = -J(\boldsymbol{x}^k)^T \boldsymbol{r}(\boldsymbol{x}^k)$ gewählt. In beiden Fällen erhält man eine Folge von gradientenähnlichen Abstiegsrichtungen, wenn die zugehörige Folge der Jacobi-Matrizen beschränkt ist. Gilt $\lim_{k\to\infty} \boldsymbol{x}^k = \boldsymbol{x}^*$ und ist die Matrix $R(\boldsymbol{x}^*)$ regulär, dann ist die Folge der erzeugten Abstiegsrichtungen sogar streng gradientenähnlich.

(2) *Gedämpftes Newton-Verfahren:* Wir wenden zu Vergleichszwecken auch das gedämpfte Newton-Verfahren aus Abschnitt 3.4.1 auf nichtlineare Quadratmittelprobleme an, wobei als Ausweichrichtung die Gauß-Newton-Richtung oder die zugehörige Regularisierung nach (1) benutzt wird.

(3) *TR-Gauß-Newton-Verfahren:* Wir ersetzen in den TR-Newton-Verfahren die Hesse-Matrix durch die Matrix $R(\boldsymbol{x}^k)$. Besitzt $R(\boldsymbol{x}^k)$ Eigenwerte nahe Null, so verwenden wir anstelle von $R(\boldsymbol{x}^k)$ die Regularisierung $R(\boldsymbol{x}^k)+\tau E_n$ mit $\tau \approx 10^{-5}$. Damit ist der Konvergenzsatz 3.83 anwendbar, wenn die Folge der Jacobi-Matrizen beschränkt ist. Bezüglich weiterer Ausführungen zu TR-Gauß-Newton-Verfahren verweisen wir auf Levenberg (1944), Marquardt (1963), Dennis und Schnabel (1983) sowie Spellucci (1993).

(4) *Gauß-Quasi-Newton-Verfahren:* Wir bestimmen eine Abstiegsrichtung $\boldsymbol{d}^k$ als Lösung des Gleichungssystems

$$(R(\boldsymbol{x}^k) + H_k)\boldsymbol{d} = -J(\boldsymbol{x}^k)^T \boldsymbol{r}(\boldsymbol{x}^k) \ , \tag{3.110}$$

wobei H_k durch eine Aufdatierungsvorschrift bzgl. der Matrizen $H(\boldsymbol{x}^k)$ gewonnen wird. Dieses Vorgehen ist natürlich weitaus kostengünstiger als die direkte Berechnung der Matrizen $H(\boldsymbol{x}^k)$ und bietet sich insbesondere an, wenn wegen $\|\boldsymbol{r}(\boldsymbol{x}^*)\| \neq 0$ die Konvergenz des ungedämpften Gauß-Newton-Verfahrens nicht garantiert werden kann. Wir vereinbaren

$$\begin{aligned}
\boldsymbol{p}^k &:= \boldsymbol{x}^{k+1} - \boldsymbol{x}^k \ , \\
\boldsymbol{q}^k &:= (J(\boldsymbol{x}^{k+1}) - J(\boldsymbol{x}^k))^T \boldsymbol{r}(\boldsymbol{x}^{k+1}), \\
\boldsymbol{q}_0^k &:= J(\boldsymbol{x}^{k+1})^T \boldsymbol{r}(\boldsymbol{x}^{k+1}) - J(\boldsymbol{x}^k)^T \boldsymbol{r}(\boldsymbol{x}^k) \qquad \text{und} \\
\boldsymbol{w}^k &:= \boldsymbol{q}^k - H_k \boldsymbol{p}^k \ .
\end{aligned}$$

Mit diesen Vereinbarungen lautet die PSB-Aufdatierungsformel für $H(\boldsymbol{x}^k)$

$$H_{k+1} := H_k + \frac{\boldsymbol{w}^k(\boldsymbol{p}^k)^T + \boldsymbol{p}^k(\boldsymbol{w}^k)^T}{\|\boldsymbol{p}^k\|^2} - \frac{(\boldsymbol{w}^k)^T\boldsymbol{p}^k}{\|\boldsymbol{p}^k\|^4}\boldsymbol{p}^k(\boldsymbol{p}^k)^T \ . \tag{3.111}$$

Die folgende, im Vergleich zu (3.111) leicht modifizierte Aufdatierungsformel ist Dennis und Schnabel (1983) entnommen.

$$H_{k+1} := H_k + \frac{\boldsymbol{w}^k(\boldsymbol{q}_0^k)^T + \boldsymbol{q}_0^k(\boldsymbol{w}^k)^T}{(\boldsymbol{q}_0^k)^T\boldsymbol{p}^k} - \frac{(\boldsymbol{w}^k)^T\boldsymbol{p}^k}{((\boldsymbol{q}_0^k)^T\boldsymbol{p}^k)^2}\boldsymbol{q}_0^k(\boldsymbol{q}_0^k)^T \ . \tag{3.112}$$

Vereinbaren wir weiterhin (siehe Bartolomew-Biggs (1977))

$$\alpha_k := \frac{\boldsymbol{r}(\boldsymbol{x}^{k+1})^T \boldsymbol{r}(\boldsymbol{x}^k)}{\|\boldsymbol{r}(\boldsymbol{x}^k)\|^2} \tag{3.113}$$

und ersetzen in (3.111) bzw. (3.112) H_k durch $\alpha_k H_k$, so erhalten wir skalierte Varianten der entsprechenden Aufdatierungsformeln, deren Anwendung besonders dann zu empfehlen ist, wenn $\|\boldsymbol{r}(\boldsymbol{x}^*)\|$ sehr klein ist. In diesem Fall liefert die nichtskalierte Variante sehr schlechte Approximationen von $H(\boldsymbol{x}^{k+1})$, wodurch die superlineare Konvergenz der entsprechenden Verfahren nicht mehr garantiert ist.
Da bei der PSB-Aufdatierung die Matrizen H_k nicht notwendig positiv definit sind, kann das Gleichungssystem (3.110) nicht lösbar sein oder dessen Lösung $\boldsymbol{d}^k$ nicht im Abstiegskegel von f bzgl. $\boldsymbol{x}^k$ und μ liegen. In diesem Fall wird entweder die negative Gradientenrichtung verbunden mit einem Restart bzgl. der Aufdatierung gemäß $H_{k+1} = E_n - R(\boldsymbol{x}^k)$ oder die Gauß-Newton-Richtung (ggf. mit Regularisierung von $R(\boldsymbol{x}^k)$) verbunden mit einem Restart bzgl. der Aufdatierung gemäß $H_{k+1} = \tau E_n$ als Ausweichrichtung gewählt. Da Aufdatierungen natürlich zusätzliche Rechenzeit beanspruchen, sollten sie nur angewendet werden, wenn bei Problemen mit großen Residuen die Gauß-Newton-Methoden versagen oder zu langsam konvergieren.

(5) *TR-Gauß-Quasi-Newton-Verfahren:* Bei den entsprechenden TR-Verfahren mit Quasi-Newton-Aufdatierungen wird $\nabla^2 m_k(\boldsymbol{x}^k)$ ersetzt durch $R(\boldsymbol{x}^k) + H_k$, wobei H_k wie unter (4) aufdatiert werden kann. Bei den so modifizierten TR-Verfahren TR-CG und TR-PCG ist kein Restart vorgesehen, da das Steighaug-Verfahren nur die Symmetrie der Hesse-Matrix des Modells m_k voraussetzt.

Bei den bisher untersuchten Residuen wurde implizit angenommen, dass von den Daten (t_i, y_i) nur die y_i fehlerbehaftet sind. Wenn sowohl y_i als auch t_i fehlerhaft sind, so ist es sinnvoll, die orthogonalen Abstände der Punkte (t_i, y_i), zum Graphen der Ansatzfunktion h als Grundlage für eine Bewertung der Güte der Approximation zu wählen.
Es seien δ_i bzw. ε_i die Fehler bzgl. t bzw. y mit $i = 1, \dots, m$ und

$$r_i(\boldsymbol{x}, \delta_i) := \begin{cases} \varepsilon_i := h(\boldsymbol{x}, t_i + \delta_i) - y_i & , \text{ für } \quad i = 1, 2, \dots, m \ , \\ \delta_i & , \text{ für } \quad i = m+1, \dots, 2m \ . \end{cases}$$

Bei Wahl der l_2-Norm als Maß, ergibt sich somit das folgende nichtlineare Quadratmittelproblem:

$$\text{MIN}\left\{ \|\boldsymbol{r}(\boldsymbol{x}, \boldsymbol{\delta})\|_2^2 \mid \boldsymbol{x} \in \mathbb{R}^n, \boldsymbol{\delta} \in \mathbb{R}^m \right\} \ . \tag{3.114}$$

Die Problemstellung (3.114) wird auch als *orthogonale Regression* bezeichnet und besitzt i. Allg. wegen $m \gg n$ eine sehr viel größere Dimension als die Quadratmittelprobleme. Weiterhin ist das Problem (3.114) auch für affin lineare Ansatzfunktionen nichtlinear. Bezüglich geeigneter numerischer Lösungsansätze für Problem (3.114), in denen die spezielle Struktur der Jacobi-Matrix der Funktion $\boldsymbol{r}$ ausgenutzt wird, verweisen wir z. B. auf Spellucci (1993).

3.8.2 Numerische Experimente zu Approximationsproblemen

Die Wahl von p im Approximationsproblem (3.95) ist selbstverständlich vom Anwender zu treffen. Dabei ist zu beachten, dass mit wachsendem p bei der least-p-Approximation „Ausreißer" in einer Messreihe immer stärkeren Einfluß auf die resultierende Lösung gewinnen, d. h. sie verfälschen ggf. die sich ergebende Approximation. Bei Verwendung einer linearen l_1-Approximation für vorliegende Daten erkennt man Ausreißer als diejenigen Punkte, die weit von der gefundenen Ausgleichskurve entfernt liegen. Entfernt man diese aus dem Datensatz, dann kann mithilfe der least-square-Approximation, d. h. mit der Lösung des Quadratmittelproblems, eine bessere Approximation gewonnen werden.

Experiment 3.8.1 (**l_p-Approximation durch affin lineare Funktionen und Polynome**)
poly01.m, poly02.m: Gegeben ist eine Messreihe (t_i, y_i) mit $i = 1, \ldots, 50$, die durch Addition von normalverteilten Zufallszahlen zu den Funktionswerten einer affin linearen Funktion erzeugt wurde, wobei zusätzlich bei vier t_i-Werten eine größere Abweichung („Ausreißer") der y_i-Werte vorgegeben wurde. Die folgenden Resultate (siehe Tab. 3.36 und Abb. 3.61) ergeben sich bei least-p-Approximation dieser Daten für $p = 1, 2, 5, \infty$ durch eine affin lineare Ansatzfunktion. Der mit p wachsende Einfluss der Ausreißer auf die Ausgleichsgerade ist deutlich zu erkennen.
Natürlich „passt" hier die gewählte Ansatzfunktion zum vorliegenden Datensatz. Wählt man bei Vorliegen einer m-elementigen Menge von Messdaten als Ansatzfunktion ein Polynom vom Grad $n-1 \leq m-2$, so entspricht das Approximationsproblem für $n = m-1$ natürlich einer Polynominterpolation und für die Lösung $\boldsymbol{x}^* \in \mathbb{R}^n$ gilt $\|r(\boldsymbol{x}^*)\|_2 = 0$. Die Frage, ob es bei der vorliegenden Messreihe sinnvoll ist, als Ansatzfunktion Polynome vom Grad $n \geq 2$ zu wählen, möge der Leser anhand der Abbildungen 3.62 und 3.63 selbst entscheiden.
Vergleicht man die skalierte mit der nichtskalierten Variante, dann erkennt man unmittelbar, dass bei Approximationen mit Polynomen höheren Grades Skalierungen für eine erfolgreiche numerische Berechnung der Lösung erforderlich sind. ■

```
Polynomiale Approximation mit Lp-normen, Polynomgrad: 1
=========================================================
           | maximaler Fehler  | Anzahl der Iterationen
---------------------------------------------------------
 L 1 - Norm |     2.069        |          100
 L 2 - Norm |     1.965        |            1
 L 5 - Norm |     1.461        |           11
 Lmax- Norm |     1.131        |            6
---------------------------------------------------------
```

Tab. 3.36 Maximaler Fehler der Ausgleichsgeraden für verschiedene l_p-Approximationen im Exp. 3.8.1

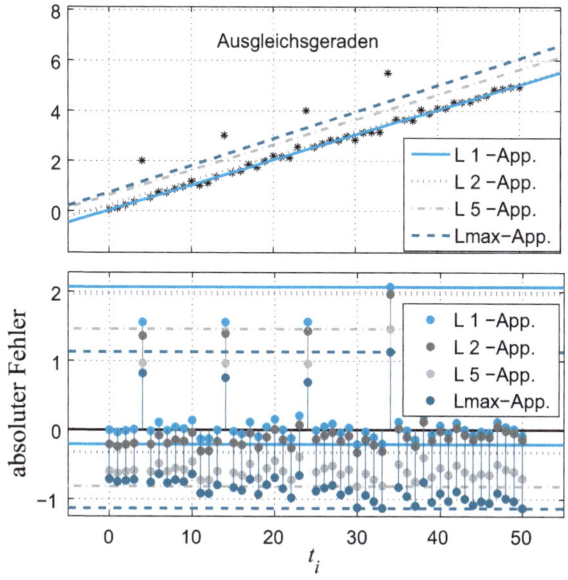

Abb. 3.61 Ausgleichsgeraden und absoluter Fehler für verschiedene l_p-Approximationen im Exp. 3.8.1

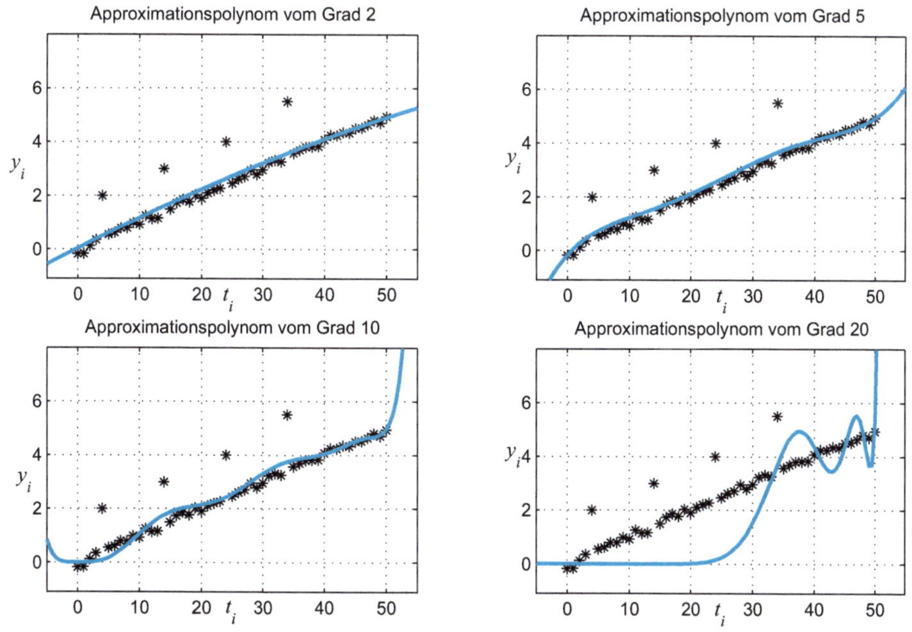

Abb. 3.62 Ausgleichspolynome vom Grad $n = 2, 5, 10, 20$ bei l_2-Approximationen im Exp. 3.8.1

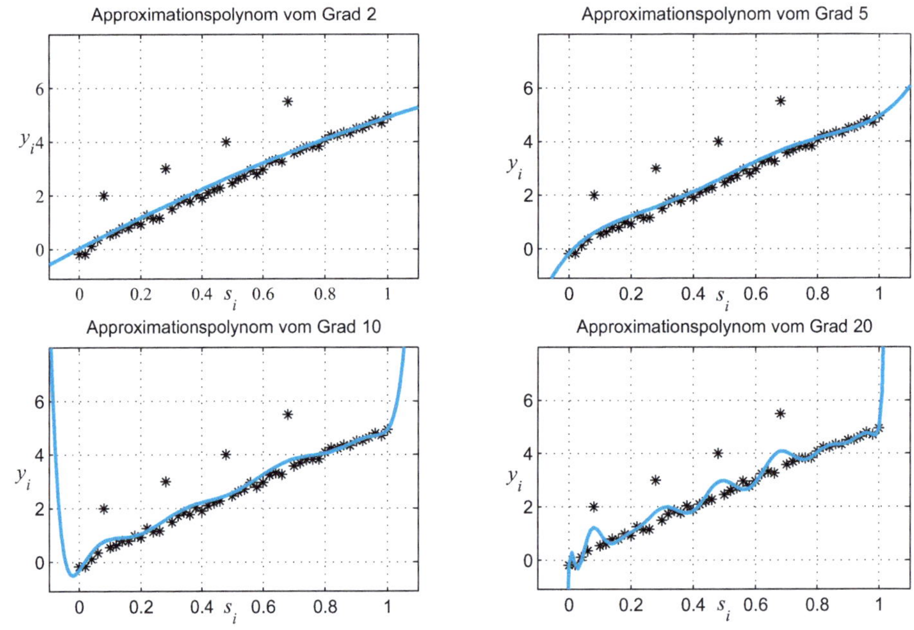

Abb. 3.63 Ausgleichspolynome vom Grad $n = 2, 5, 10, 20$ bei l_2-Approximationen im Exp. 3.8.1 bei Skalierung der t-Werte auf das Intervall $[0, 1]$

Wir betrachten im Folgenden nichtlineare l_2-Approximationsprobleme und wenden zu ihrer Lösung Gauß-Newton- sowie Gauß-Quasi-Newton-Verfahren und zum Vergleich dazu Newton- sowie Quasi-Newton-Verfahren an. Natürlich lässt sich jedes Approximationsproblem der Form (3.102) durch explizite Berechnung der Funktion f in ein nichtlineares Optimierungsproblem (ohne Nebenbedingungen) überführen. Der umgekehrte Weg, also die Umwandlung eines unrestringierten Optimierungsproblems in ein Approximationsproblem, ist jedoch nur in Ausnahmefällen bei Vorliegen gewisser Struktureigenschaften möglich (siehe Exp. 3.8.4).

Wir vereinbaren für die verwendeten Verfahren die Kurzschreibweisen gemäß der folgenden Tabelle:

Kürzel	Beschreibung des Verfahrens
N(L)	ungedämpftes (lokales) Newton-Verfahren
N(D)	gedämpftes Newton-Verfahren, LS 2.1
BFGS(D)	BFGS-Verfahren nach Algorithmus 11, LS 2.1
GN(L)	lokales (ungedämpftes) Gauß-Newton-Verfahren
GN(D)	gedämpftes Gauß-Newton-Verfahren, LS 2.1, Berechnung von $\boldsymbol{d}^k$ als Lösung von $R(\boldsymbol{x}^k)\boldsymbol{d} = -J(\boldsymbol{x}^k)^T\boldsymbol{r}(\boldsymbol{x}^k)$
GQN(D)	Gauß-Quasi-Newton-Verfahren nach Algorithmus 11, LS 2.1, Berechnung von $\boldsymbol{d}^k$ als Lösung von $(R(\boldsymbol{x}^k) + H_k)\boldsymbol{d} = -J(\boldsymbol{x}^k)^T\boldsymbol{r}(\boldsymbol{x}^k)$, Aufdatierung von H_k nach (3.111) mit $\alpha_k = 1$
GQN(DS)	wie GQN(D) mit Skalierung nach (3.113)
GQNDS(D)	wie GQN(D) mit Aufdatierung von H_k nach (3.112)
TRGN(Mult)	TR-Gauß-Newton-Verfahren mit Multiplikatorsteuerung, Berechnung von $\boldsymbol{d}^k$ als Lösung von $(R(\boldsymbol{x}^k) + \lambda E_n)\boldsymbol{d} = -J(\boldsymbol{x}^k)^T\boldsymbol{r}(\boldsymbol{x}^k)$
TRGN(PCG)	TR-Gauß-Newton-PCG-Verfahren mit Modellfunktion $m(\boldsymbol{d}) = f(\boldsymbol{x}^k) + \nabla f(\boldsymbol{x}^k)^T\boldsymbol{d} + \frac{1}{2}\boldsymbol{d}^T R(\boldsymbol{x}^k)\boldsymbol{d}$
TRGQN(PCG)	TR-Gauß-Quasi-Newton-PCG-Verfahren mit Modellfunktion $m(\boldsymbol{d}) = f(\boldsymbol{x}^k) + \nabla f(\boldsymbol{x}^k)^T\boldsymbol{d} + \frac{1}{2}\boldsymbol{d}^T(R(\boldsymbol{x}^k) + H_k)\boldsymbol{d}$, Aufdatierung von H_k nach (3.111) mit $\alpha_k = 1$

Tab. 3.37 Kurzbeschreibung der verwendeten Approximationsverfahren

Experiment 3.8.2 (Konvergenzvergleich der Gauß-Newton-, Gauß-Quasi-Newton-, Newton- und Quasi-Newton-Verfahren)
gsn01.m: Wir betrachten die Aufgabe (siehe Dennis und Schnabel (1983), Abschnitt 10.2), für die drei Punkte $(t_1, y_1) := (1, 2)$, $(t_2, y_2) := (2, 4)$ und $(t_3, y_3) := (3, y)$ im $\mathbb{R}^2$ mit der Ansatzfunktion $h : \mathbb{R}^2 \to \mathbb{R}$ mit $h(x, t) = e^{xt}$ die Quadratmittelprobleme

$$\text{MIN}\left\{ \sum_{i=1}^{3} (e^{xt_i} - y_i)^2 \,\middle|\, x \in \mathbb{R} \right\}$$

in Abhängigkeit vom Parameter $y \in \{8, -1, -8\}$.
Im Fall $y = 8$ (Problem Nr. 213) ergibt sich als (exakte) Lösung des zugehörigen Quadratmittelproblems $x^* = \ln(2)$ mit $\|\boldsymbol{r}(x^*)\|^2 = 0$ (siehe Abb. 3.64, links oben). Für $y = -1$ (Problem Nr. 214) bzw. $y = -8$ (Problem Nr. 215) gilt $x^* \approx 0.04474$ mit $\|\boldsymbol{r}(x^*)\|^2 \leq 6.977$ (s. Abb. 3.64, rechts oben) bzw. $x^* \approx -0.79148$ mit $\|\boldsymbol{r}(x^*)\|^2 \geq 41.145$ (s. Abb. 3.64, links unten). Offensichtlich ist die Ansatzfunktion für die Datensätze im Fall $y = -1$ und $y = -8$ nicht geeignet.
In Tabelle 3.38 haben wir für die Verfahren GN(L), N(L), GN(D), TRGN(Mult),

TRGN(PCG), GQN(D) und GQN(DS) die Anzahl der benötigten Iterationen, die Kosten und die benötigte CPU-Zeit für die betrachteten Fälle zusammengestellt. Unabhängig von der Norm des Residuums im Optimalpunkt konvergieren alle Verfahren bei allen gewählten Werten y – mit Ausnahme von GN(L) im Fall $y = -8$ (siehe Abb. 3.64, rechts unten). ■

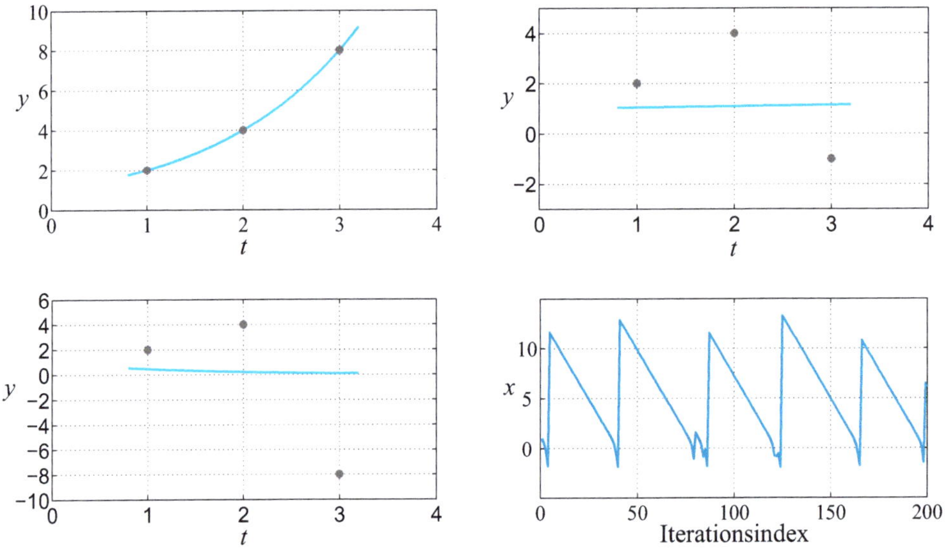

Abb. 3.64 Least-square-Approximation mit Ansatzfunktion $h(x,t) = e^{xt}$ für $y_3 = \in \{8, -1, -8\}$ und Iterationsverlauf von GN(L) im Fall $y_3 = -8$ im Exp. 3.8.2

		GN (L)	N (L)	GN (D)	TRGN (Mult)	TRGN (PCG)	GQN (D)	GQN (DS)
P213	iter	5	6	5	5	5	6	6
	Kosten	12	32	17	17	17	20	20
	CPU	0.063	0.125	0.078	0.078	0.078	0.078	0.094
P214	iter	21	10	21	21	21	10	10
	Kosten	44	52	65	65	65	32	32
	CPU	0.094	0.141	0.109	0.109	0.141	0.094	0.094
P215	iter	199	12	7	21	15	14	14
	Kosten	400	62	42	73	71	44	44
	CPU	0.500	0.156	0.078	0.109	0.141	0.063	0.094

Tab. 3.38 Vergleich von Verfahren zur Berechnung einer least-square-Approximation mit der Ansatzfunktion $h(x,t) = e^{xt}$ im Exp. 3.8.2

Experiment 3.8.3 (Lösung nichtlinearer Gleichungssysteme als Quadratmittelprobleme)
gsn0401.m, gs0402.m: Bei einem nichtlinearen Gleichungssystem

$$r_k(\boldsymbol{x}) = 0, \ k = 1, 2, ..., n \tag{3.115}$$

können die linken Seiten als Residuen interpretiert werden, um anstelle von (3.115) das Quadratmittelproblem

$$\text{MIN}\left\{ \sum_{k=1}^{n} r_k(\boldsymbol{x})^2 \,\middle|\, \boldsymbol{x} \in \mathbb{R}^n \right\} \tag{3.116}$$

zu lösen. Dies hat den Vorteil, dass man bei Unlösbarkeit von (3.115) durch die Lösung von (3.116) ein ggf. auswertbares Resultat erhält („least-square-Lösung eines Gleichungssystems").
Wir betrachten beispielhaft das nichtlineare Gleichungssystem $\boldsymbol{r}(\boldsymbol{x}) = \boldsymbol{0}$ gemäß

$$r_1(\boldsymbol{x}) := x_1^2 + x_2^2 - 2 = 0 \text{ und } r_2(\boldsymbol{x}) := e^{x_1 - 1} + x_2^3 - 2 = 0$$

mit der Lösung $\boldsymbol{x}^* = (1, 1)^T$ (siehe Dennis und Schnabel (1983), S. 141) und definieren die Optimierungsprobleme

$$\text{MIN}\left\{ f(\boldsymbol{x}) = (r_1(\boldsymbol{x}))^2 + (r_2(\boldsymbol{x}))^2 \,\middle|\, \boldsymbol{x} \in \mathbb{R}^2 \right\} \tag{3.117}$$

bzw.

$$\text{MIN}\left\{ f(\boldsymbol{x}) = \frac{1}{2}\left((r_1(\boldsymbol{x}))^2 + (r_2(\boldsymbol{x}))^2\right) \,\middle|\, \boldsymbol{x} \in \mathbb{R}^2 \right\}. \tag{3.118}$$

Ferner interpetieren wir nun (3.117) als unrestringiertes Optimierungsproblem (Problem Nr. 2) und (3.118) als Approximationsproblem (Problem Nr. 212) und vergleichen die Verfahren GQN(D), GQN(DS), GQNDS(D) (angewandt auf Problem Nr. 212) und BFGS(D) (angewandt auf Problem Nr. 2) mit Startpunkt $\boldsymbol{x}^0 = (2, 0.5)^T$ und Abbruchtoleranz 10^{-6}. Wenn die Richtungen d^k nicht im Abstiegskegel bzgl. eines gewählten Parameters μ liegen oder numerisch nicht berechenbar sind, wird bei den Gauß-Quasi-Newton-Verfahren als Ausweichrichtung beim ersten Teilexperiment (gs0401.m) der negative Gradient $\boldsymbol{g}^k := -J(\boldsymbol{x}^k)^T \boldsymbol{r}(\boldsymbol{x}^k)$ (siehe Tab. 3.39) und beim zweiten Teilexperiment (gs0402.m) die Gauß-Newton-Richtung $-R(\boldsymbol{x}^k)\boldsymbol{r}(\boldsymbol{x}^k)$ (siehe Tab. 3.40) verwendet.
In den Tabellen sind die Kosten gemäß `nf+n*ng+(2n-1)*nh` berechnet, und es wird `xerr`:= $\|\boldsymbol{x}^{\text{end}} - \boldsymbol{x}^*\|$ gesetzt. Man beachte, dass wegen (3.118) bzw. (3.117) für die Abbruchbedingungen `gerr` := $\|\nabla f(\boldsymbol{x}^{\text{end}})\|$ (Problem Nr. 2) bzw. `gerr` := $\frac{1}{2}\|\nabla f(\boldsymbol{x}^{\text{end}})\|$ (Problem Nr. 212) gilt.
Die skalierte Aufdatierung beim GQN(DS) bewirkt in beiden Fällen nahezu quadratische Konvergenz (keine Ausweichrichtungen), während bei GQN(D), GQNDS(D) und BFGS(D) nur lineare Konvergenz mit einem kleinen Konvergenzfaktor zu beobachten ist. Dieses Experiment unterstreicht, dass bei zu erwartenden kleinen Residuen im Iterationsverlauf die Skalierung gemäß (3.113) wichtig ist, wenn superlineare Konvergenz mit Gauß-Quasi-Newton-Verfahren erzielt werden soll. ■

	GQN (D) P212	GQN (DS) P212	GQNDS (D) P212	BFGS (D) P002
iter	18	9	18	19
Kosten	97	42	84	91
CPU	0.094	0.094	0.125	0.125
xerr	9.1e-013	9.8e-013	1.0e-007	3.8e-008
gerr	1.5e-011	5.1e-012	2.5e-007	6.3e-008

Tab. 3.39 Vergleich von GQN(D), GQN(DS), GQNDS(D) und BFGS(D) mit negativem Gradienten als Ausweichrichtung im Exp. 3.8.3

	GQN (D) P212	GQN (DS) P212	GQNDS (D) P212	BFGS (D) P002
iter	11	9	13	19
Kosten	51	42	58	91
CPU	0.094	0.078	0.094	0.141
xerr	1.5e-007	9.8e-013	3.6e-008	3.8e-008
gerr	2.0e-007	5.1e-012	3.6e-008	6.3e-008

Tab. 3.40 Vergleich von GQN(D), GQN(DS), GQNDS(D) und BFGS(D) mit der Gauß-Newton-Richtung als Ausweichrichtung im Exp. 3.8.3

Experiment 3.8.4 (Minimierung der 10-dimensionalen skalierten Rosenbrock-Funktion als least-square-Approximationsproblem)
gsn03.m: Wir betrachten die 10-dimensionale skalierte Rosenbrock-Funktion (Problem Nr. 50, $n = 10$)

$$f(\boldsymbol{x}) = \sum_{k=1}^{n-1} \left(a(x_{k+1} - x_k^2)^2 + (1 - x_k)^2 \right)$$

für die Skalierungsparameter $a = 10^k,\ k = 0, 2, 4, 6, 8, 10$. Unter Verwendung der Residuen

$$r_k(\boldsymbol{x}) := \sqrt{a}(x_{k+1} - x_k^2) \text{ und } r_{n-1+k}(\boldsymbol{x}) := 1 - x_k$$

mit $k = 1, 2, \ldots, n-1$ ergibt sich

$$f(\boldsymbol{x}) = \sum_{i=1}^{2(n-1)} r_i(\boldsymbol{x})^2 \ .$$

Für das so konstruierte Approximationsproblem (Problem Nr. 250 mit $\frac{1}{2}f$) betrachten wir die Verfahren GN(L) und GN(D) und vergleichen diese mit N(L) und N(D) (angewandt auf Problem Nr. 50).
Die Resultate (siehe Tab. 3.41) zeigen die Überlegenheit sowohl des lokalen als auch

des gedämpften Gauß-Newton-Verfahrens. Entscheidend hierfür ist die Struktur der Rosenbrock-Funktion: Die Residuen r_i sind nur affin lineare bzw. quadratische Funktionen. Wenn solche Strukturen und insbesondere viele affin lineare Residuen auftreten, sind Varianten von Gauß-Newton-Verfahren sehr effektiv einsetzbar. ■

		GN(L)	N(L)	GN(D)	N(D)
	Probl. Nr.	250	50	250	50
Skal. a					
1e+00	iter	7	9	7	8
	Kosten	77	270	83	307
	CPU	0.234	0.203	0.234	0.234
	xerr	1.2e-011	5.7e-011	1.2e-011	3.0e-008
	gerr	4.5e-011	3.0e-010	4.5e-011	1.4e-008
1e+02	iter	12	26	24	30
	Kosten	132	780	459	1248
	CPU	0.281	0.281	0.719	0.484
	xerr	3.8e-012	2.8e-012	1.2e-010	1.6e-011
	gerr	5.8e-010	5.0e-010	1.5e-008	5.1e-011
1e+04	iter	13	47	43	118
	Kosten	143	1410	699	5137
	CPU	0.297	0.406	0.984	1.422
	xerr	2.7e-015	9.0e-013	8.1e-014	8.3e-012
	gerr	3.8e-011	1.2e-011	1.1e-009	1.2e-010
1e+06	iter	12	67	44	500
	Kosten	132	2010	712	21367
	CPU	0.281	0.531	1.000	5.438
	xerr	2.0e-015	2.7e-013	1.7e-012	1.3e-001
	gerr	2.1e-009	8.6e-010	2.3e-006	1.6e+001
1e+08	iter	12	96	44	500
	Kosten	132	2880	712	21456
	CPU	0.281	0.734	1.016	5.453
	xerr	1.6e-016	5.9e-013	1.7e-012	2.9e+000
	gerr	6.8e-008	4.1e-005	2.4e-004	1.8e+003
1e+10	iter	13	26	44	500
	Kosten	143	780	724	21310
	CPU	0.281	0.281	1.016	5.406
	xerr	0.0e+000	1.4e+010	0.0e+000	3.2e+000
	gerr	0.0e+000	9.1e+009	0.0e+000	1.0e+003

Tab. 3.41 Effektivitätsanalyse von GN(L), GN(D), N(L) und N(D) für wachsende Skalierungsparameter im Exp. 3.8.4

3.9 Übungsaufgaben zu Kapitel 3

Aufgabe 3.1

Zeigen Sie, dass die Folge $\{x^k\}_{k\in\mathbb{N}} \subset \mathbb{R}$ mit $x^k = \left(\frac{1}{2} + (-1)^k \frac{1}{4}\right)^k$ R-linear aber nicht Q-linear gegen $x^* = 0$ konvergiert.

Aufgabe 3.2

Unter den Voraussetzungen von Satz 3.4 ist $\boldsymbol{x}^*$ nach Satz 1.74 (c) und Satz 2.3 die eindeutige globale Minimalstelle von f über U. Gilt $f \in C^1(\mathbb{R}^n, \mathbb{R})$, dann existiert wegen der gleichmäßigen Konvexität von f über U nach Satz 1.68 (c) und nach Satz 1.72 (c) ein $m > 0$ mit

$$f(\boldsymbol{x}^k) \geq f(\boldsymbol{x}^*) + \nabla f(\boldsymbol{x}^*)^T (\boldsymbol{x}^k - \boldsymbol{x}^*) + \frac{m}{2} \|\boldsymbol{x}^k - \boldsymbol{x}^*\|^2$$

sowie

$$\left(\nabla f(\boldsymbol{x}^k) - \nabla f(\boldsymbol{x}^*)\right)^T (\boldsymbol{x}^k - \boldsymbol{x}^*) \geq m \|\boldsymbol{x}^k - \boldsymbol{x}^*\|^2,$$

und es folgt mit $\nabla f(\boldsymbol{x}^*) = \mathbf{0}$

$$\frac{m}{2} \|\boldsymbol{x}^k - \boldsymbol{x}^*\|^2 \leq f(\boldsymbol{x}^k) - f(\boldsymbol{x}^*) \tag{3.119}$$

sowie

$$m \|\boldsymbol{x}^k - \boldsymbol{x}^*\| \leq \left\|\nabla f(\boldsymbol{x}^k)\right\| \tag{3.120}$$

für alle $k \geq k_0$.

Gilt $f \in C^2(\mathbb{R}^n, \mathbb{R})$, dann existiert wegen der Kompaktheit von $N_f(f(\boldsymbol{x}^0))$ (folgt aus der gleichmäßigen Konvexität von f) ein $M \geq 0$ mit $\|\nabla^2 f(\boldsymbol{x})\| \leq M$ für alle $\boldsymbol{x} \in U \cap N_f(f(\boldsymbol{x}^0))$. Mit dem Mittelwertsatz folgt in diesem Fall

$$f(\boldsymbol{x}^k) \leq f(\boldsymbol{x}^*) + \nabla f(\boldsymbol{x}^*)^T (\boldsymbol{x}^k - \boldsymbol{x}^*) + \frac{M}{2} \|\boldsymbol{x}^k - \boldsymbol{x}^*\|^2$$

und mit $\nabla f(\boldsymbol{x}^*) = \mathbf{0}$

$$f(\boldsymbol{x}^k) - f(\boldsymbol{x}^*) \leq \frac{M}{2} \|\boldsymbol{x}^k - \boldsymbol{x}^*\|^2 \tag{3.121}$$

für alle $k \geq k_0$. Gilt weiterhin $\lim_{k\to\infty} \boldsymbol{x}^k = \boldsymbol{x}^*$, dann existiert wegen $\nabla f(\boldsymbol{x}^*) = \mathbf{0}$ wie im Beweis von Satz 3.3 ein $\hat{k}_0 \geq 0$ mit

$$\left\|\nabla f(\boldsymbol{x}^k)\right\| \leq (M+1) \left\|\boldsymbol{x}^k - \boldsymbol{x}^*\right\| \tag{3.122}$$

für alle $k \geq \max\{k_0, \hat{k}_0\}$. Beweisen Sie mit diesen Hinweisen Satz 3.4.

Aufgabe 3.3

Es seien $f \in C^2(\mathbb{R}^n, \mathbb{R})$, $\nabla^2 f(\boldsymbol{x}) = (a_{ij}(\boldsymbol{x}))_{nn}$ und $B = (b_{ij}(\boldsymbol{x}))_{nn}$ die Approximation von $\nabla^2 f(\boldsymbol{x})$ durch 1. Vorwärtsdifferenzen der Gradienten von f im Punkt $\boldsymbol{x} \in \mathbb{R}^n$.

Zeigen Sie: Gilt $a_{i_0 j_0}(\boldsymbol{x}) = 0$ für alle $\boldsymbol{x} \in \mathbb{R}^n$ mit $1 \leq i_0, j_0 \leq n$, dann ist auch $b_{i_0 j_0}(\boldsymbol{x}) = 0$ für alle $\boldsymbol{x} \in \mathbb{R}^n$.

Gilt diese Aussage auch für die Approximation der Hesse-Matrix durch 2. Vorwärtsdifferenzen aus den Funktionswerten?

Aufgabe 3.4

Zeigen Sie, dass das Newton-Verfahren die Minimalstelle einer streng konvexen quadratischen Funktion $f : \mathbb{R}^n \to \mathbb{R}$ in einer Iteration liefert.

Aufgabe 3.5

Gegeben sei die Funktion $f : \mathbb{R} \to \mathbb{R}$ mit $f(x) = \sqrt{1 + ax^2}$ und $a \in \mathbb{R}_{++}$. Zeigen Sie, dass das Newton-Verfahren für alle Startpunkte x^0 mit $|x^0| \geq \frac{1}{\sqrt{a}}$ nicht gegen die (globale) Minimalstelle von f über $\mathbb{R}$ konvergiert.

Aufgabe 3.6

Gegeben sei die Funktion $f : \mathbb{R}^2 \to \mathbb{R}$ mit $f(\boldsymbol{x}) = |x_1| - \ln(1 + |x_1|) + |x_2| - \ln(1 + |x_2|)$. Zeigen Sie:

(a) Die Funktion f ist für alle $\boldsymbol{x} \in \mathbb{R}^2$ zweimal Lipschitz-stetig differenzierbar.

(b) Gilt für den Startpunkt des Newton-Verfahrens $x_i^0 = -1$ bzw. $x_i^0 = 1$ mit $i \in \{1, 2\}$, so folgt für die Iterierten des Newton-Verfahrens

$$x_i^k = (-1)^{k+1} \text{ bzw. } x_i^k = (-1)^k \ .$$

(c) Gilt für den Startpunkt des Newton-Verfahrens $\left|x_i^0\right| < 1$ mit $i \in \{1, 2\}$, so folgt für die Iterierten des Newton-Verfahrens $\lim\limits_{k\to\infty} x_i^k = 0$.

(d) Gilt für den Startpunkt des Newton-Verfahrens $\left|x_i^0\right| > 1$ mit $i \in \{1, 2\}$, so folgt für die Iterierten des Newton-Verfahrens $\lim\limits_{k\to\infty} |x_i^k| = \infty$.

Aufgabe 3.7

Es gelte $f \in C^1(\mathbb{R}^n, \mathbb{R})$. Zeigen Sie, dass für alle $k \geq 0$ beim Verfahren des steilsten Abstiegs mit perfekter Schrittweite $\nabla f(\boldsymbol{x}^k)^T \nabla f(\boldsymbol{x}^{k+1}) = 0$ für zwei aufeinanderfolgende Iterationspunkte $\boldsymbol{x}^k$ und $\boldsymbol{x}^{k+1}$ gilt.

Aufgabe 3.8

Wir betrachten das im Beispiel 3.13 formulierte Abstiegsverfahren. Wegen der Orthogonalität von $\boldsymbol{d}^{k-1}$ und $\boldsymbol{x}^k$ gelten für $k \geq 1$ die Beziehungen

$$\beta_k = \frac{\pi}{2} - \gamma_k, \ \cos(\gamma_k) = \frac{\rho_k}{\rho_{k-1}} \text{ und } \cos^2(\beta_k) = \sin^2(\gamma_k) = 1 - \left(\frac{\rho_k}{\rho_{k-1}}\right)^2 .$$

(a) Zeigen Sie, dass $\sum\limits_{j=1}^{\infty} \gamma_j < \infty$ bei der Wahl $\rho_j = 1 + 2^{-k}$ für alle $k \geq 1$ gilt.

(b) Zeigen Sie, dass $\sum\limits_{j=1}^{\infty} \gamma_j = \infty$ bei der Wahl $\rho_k = 1 + \frac{1}{\sqrt{k+1}}$ für alle $k \geq 1$ gilt.

Mit den Bezeichnungen aus diesem Beispiel lässt sich die Zoutendijk-Bedingung wie folgt formulieren:

$$\sum_{j=0}^{\infty}\left(\frac{\nabla f(\boldsymbol{x}^k)^T\boldsymbol{d}^k}{\|\nabla f(\boldsymbol{x}^k)\|\|\boldsymbol{d}^k\|}\right)^2=\sum_{j=1}^{\infty}\cos^2(\beta_k)=\sum_{j=1}^{\infty}\left(1-\left(\frac{\rho_k}{\rho_{k-1}}\right)^2\right)=\infty\,.$$

(c) Zeigen Sie, dass die Zoutendijk-Bedingung bei der Wahl einer Folge $\{\rho_k\}_{k\in\mathbb{N}}$ mit $\lim\limits_{k\to\infty}\rho_k=\bar{\rho}>0$ nicht erfüllt ist.

(d) Zeigen Sie, dass die Zoutendijk-Bedingung bei der Wahl einer Folge $\{\rho_k\}_{k\in\mathbb{N}}$ mit $\lim\limits_{k\to\infty}\rho_k=0$ erfüllt ist.

Damit ist die Zoutendijk-Bedingung in diesem Beispiel sowohl hinreichend als auch notwendig für die Konvergenz der Folge $\left\{\boldsymbol{x}^k\right\}_{k\in\mathbb{N}}$ gegen $\boldsymbol{x}^*$.

(e) Bestimmen Sie die Konvergenzgeschwindigkeit des Verfahrens bei der Wahl einer Folge $\{\rho_k\}_{k\in\mathbb{N}}$ mit $\lim\limits_{k\to\infty}\rho_k=0$.

Hinweis zu (c) und (d): Gilt $q_j>0$ für alle $j\geq 1$, dann ist das unendliche Produkt $\prod\limits_{j=1}^{\infty}(1-q_j)$ genau dann konvergent, wenn die Reihe $\sum\limits_{j=1}^{\infty}q_j$ konvergiert. Divergiert das Produkt $\prod\limits_{j=1}^{\infty}(1-q_j)$ gegen Null, so folgt $\sum\limits_{j=1}^{\infty}q_j=\infty$.

Aufgabe 3.9

Gegeben sei die Funktion $f:\mathbb{R}^2\to\mathbb{R}$ mit $f(\boldsymbol{x})=x_1^2+4x_2^2$. Bestimmen Sie alle Startpunkte $\boldsymbol{x}^0\in\mathbb{R}^2$, die auf der Höhenlinie $f(\boldsymbol{x})=16$ liegen und für die das Verfahren des steilsten Abstiegs mit perfekter Schrittweite das (globale) Minimum von f in einer Iteration liefert.

Aufgabe 3.10

Zeigen Sie, dass unter den Voraussetzungen des Satzes 3.15

$$\left\|\boldsymbol{x}^{k+1}-\boldsymbol{x}^*\right\|\leq\sqrt{\kappa}\left(\frac{\kappa-1}{\kappa+1}\right)\left\|\boldsymbol{x}^k-\boldsymbol{x}^*\right\|$$

und

$$\left\|\boldsymbol{x}^{k+1}-\boldsymbol{x}^*\right\|\leq\sqrt{\kappa}\left(\frac{\kappa-1}{\kappa+1}\right)^{k+1}\left\|\boldsymbol{x}^0-\boldsymbol{x}^*\right\|$$

für die Folge der Iterierten $\{\boldsymbol{x}^k\}_{k\in\mathbb{N}}$ gilt.

Aufgabe 3.11

Zeigen Sie, dass die Abschätzung aus Satz 3.15 bestmöglich ist. Betrachten Sie hierzu das Verfahren des steilsten Abstiegs mit perfekter Schrittweite angewandt auf die Funktion $f:\mathbb{R}^2\to\mathbb{R}$ mit $f(\boldsymbol{x})=\frac{1}{2}\left(x_1^2+\kappa x_2^2\right)$, $\kappa>1$ und Startpunkt $\boldsymbol{x}^{(0)}=(1,\frac{1}{\kappa})^T$.

Aufgabe 3.12

Zeigen Sie, dass beim Verfahren des steilsten Abstiegs mit perfekter Schrittweite angewandt auf eine streng konvexe quadratische $f : \mathbb{R}^2 \to \mathbb{R}$ mit Minimalstelle $\boldsymbol{x}^* \in \mathbb{R}^2$ der Quotient

$$C_k := \frac{f(\boldsymbol{x}^{k+1}) - f(\boldsymbol{x}^*)}{f(\boldsymbol{x}^k) - f(\boldsymbol{x}^*)}$$

für alle $k \in \mathbb{N}$ konstant bleibt.

Hinweis: Betrachten Sie o. B. d. A. für $\kappa > 1$ die Funktion $f(\boldsymbol{x}) = \frac{1}{2}\left(x_1^2 + \kappa x_2^2\right)$ und den Startpunkt $\boldsymbol{x}^0 = (a, \frac{b}{\kappa})^T$. Es ergibt sich $C_k = a^2 b^2 \dfrac{(\kappa - 1)^2}{(\kappa a^2 + b^2)(a^2 + \kappa b^2)}$.

Aufgabe 3.13

Es seien $f \in C^1(\mathbb{R}^n, \mathbb{R})$, $\{\boldsymbol{x}^k\}_{k \in \mathbb{N}} \subset \mathbb{R}^n$ mit $\nabla f(\boldsymbol{x}^k) \neq \boldsymbol{0}$ für alle $k \in \mathbb{N}$ und $\{\boldsymbol{d}^k\}_{k \in \mathbb{N}} \subset \mathbb{R}^n$ eine streng gradientenähnliche Folge bezüglich f und $\{\boldsymbol{x}^k\}_{k \in \mathbb{N}}$. Zeigen Sie, dass $\{\boldsymbol{d}^k\}_{k \in \mathbb{N}}$ auch eine gradientenähnliche Folge bezüglich f und $\{\boldsymbol{x}^k\}_{k \in \mathbb{N}}$ ist.

Aufgabe 3.14

Es sei $f \in C^2(\mathbb{R}^n, \mathbb{R})$. Zeigen Sie: Gilt $\nabla^2 f(\boldsymbol{x}^*) \in \mathbb{SPD}^n$ für ein $\boldsymbol{x}^* \in \mathbb{R}^n$, dann existieren eine Umgebung $U(\boldsymbol{x}^*)$ und ein $m > 0$, sodass

$$m\|\boldsymbol{z}\|^2 \leq \boldsymbol{z}^T \nabla^2 f(\boldsymbol{x})\boldsymbol{z}, \quad \forall \boldsymbol{z} \in \mathbb{R}^n \text{ und } \forall \boldsymbol{x} \in U(\boldsymbol{x}^*)$$

gilt.

Aufgabe 3.15

Es seien $f \in C^1(\mathbb{R}^n, \mathbb{R})$, $\boldsymbol{x} \in \mathbb{R}^n$ mit $\nabla f(\boldsymbol{x}) \neq \boldsymbol{0}$ und $\mu > 0$. Zeigen Sie, dass der Abstiegskegel $K \subset \mathbb{R}^n$ von f bzgl. $\boldsymbol{x}$ und $\mu > 0$ definiert durch

$$K := \left\{\boldsymbol{d} \in \mathbb{R}^n \;\middle|\; -\nabla f(\boldsymbol{x})^T \boldsymbol{d} \geq \mu\|\nabla f(\boldsymbol{x})\|\|\boldsymbol{d}\| \right\}$$

ein abgeschlossener konvexer Kegel ist.

Aufgabe 3.16

Es seien $f \in C^1(\mathbb{R}^n, \mathbb{R})$, $\{\boldsymbol{x}^k\}_{k \in \mathbb{N}}$ eine durch den Algorithmus 2 erzeugte Folge, und es gelte die Abstiegsbedingung (3.6). Zeigen Sie: Ist die Funktion f nach unten beschränkt, dann gilt $\lim\limits_{k \to \infty} \|\nabla f(\boldsymbol{x}^k)\| = 0$.

Aufgabe 3.17

Belegen Sie an einem geeigneten Beispiel, dass man bei einer streng konvexen quadratischen Funktion $f : \mathbb{R}^2 \to \mathbb{R}$ mit $f(\boldsymbol{x}) = \frac{1}{2}\boldsymbol{x}^T Q \boldsymbol{x}$ eine Matrix $B \in \mathbb{SPD}^2$ finden kann, sodass die Abbildung $\boldsymbol{x} \mapsto B\nabla f(\boldsymbol{x})$ nicht gleichmäßig monoton ist. (Damit ist die Q-lineare Konvergenz für Matrixrichtungen $\boldsymbol{d}^k := -B\nabla f(\boldsymbol{x}^k)$ in analoger Weise zu Satz 3.24 sogar für $B \in \mathbb{SPD}^n$ nur beweisbar, wenn zusätzlich die gleichmäßige Monotonie von $x \mapsto B\nabla f(\boldsymbol{x})$ vorausgesetzt wird.)

Hinweis: Man zeige, dass $\frac{1}{2}(QB + (QB)^T) \notin \mathbb{SPD}^2$ für eine Diagonalmatrix B mit geeigneten positiven Diagonalelementen bei beliebig vorgegebener Matrix $Q \in \mathbb{SPD}^2$ möglich ist.

Aufgabe 3.18
Beweisen Sie Satz 3.29.

Aufgabe 3.19
Es seien $f \in C^1(\mathbb{R}^n, \mathbb{R})$, $\boldsymbol{x} \in \mathbb{R}^n$, $N_f(f(\boldsymbol{x}))$ kompakt, ∇f auf $N_f(f(\boldsymbol{x}))$ Lipschitz-stetig mit Lipschitz-Konstante $L > 0$, $\mu_1, \mu_2 > 0$, $\alpha \in (0,1)$, $\beta \in (\alpha, 1)$, $q \in (0,1)$ und $\boldsymbol{d} \in \mathbb{R}^n$ derart, dass

$$\nabla f(\boldsymbol{x})^T \boldsymbol{d} < 0, \; \mu_1 \|\nabla f(\boldsymbol{x})\|^2 \leq -\nabla f(\boldsymbol{x})^T \boldsymbol{d} \text{ sowie } \|\boldsymbol{d}\| \leq \mu_2 \|\nabla f(\boldsymbol{x})\|,$$

erfüllt ist.
Zeigen Sie, dass unter diesen Voraussetzungen Konstanten $C_{\text{A}} > 0$ und $C_{\text{PW}} > 0$ mit

$$t_{\text{A}} \geq C_{\text{A}} \frac{q\,(1-\alpha)}{L} \text{ und } t \geq C_{\text{PW}} \frac{(1-\beta)}{L}$$

für alle $t_{\text{A}} \in \mathcal{T}_{\text{A}}(\boldsymbol{x}, \boldsymbol{d})$ und $t \in \mathcal{T}_{\text{PW}}(\boldsymbol{x}, \boldsymbol{d})$ existieren.

Aufgabe 3.20
Es seien $f : \mathbb{R}^n \to \mathbb{R}$ eine streng konvexe quadratische Funktion, $\bar{\boldsymbol{x}}, \boldsymbol{d} \in \mathbb{R}^n$ mit $\nabla f(\bar{\boldsymbol{x}})^T \boldsymbol{d} < 0$, t_{perf} die eindeutig bestimmte perfekte Schrittweite im Punkt $\bar{\boldsymbol{x}}$ in Richtung $\boldsymbol{d}$, $h : [0, \infty) \to \mathbb{R}$ mit $h(t) = f(\bar{\boldsymbol{x}} + t\boldsymbol{d})$, $0 \leq a < b$, $p : \mathbb{R} \to \mathbb{R}$ das quadratische Interpolationspolynom nach Hermite mit $p(a) = h(a)$, $p'(a) = h'(a)$ sowie $p(b) = h(b)$ und t^* die eindeutig bestimmte (globale) Minimalstelle von p. Zeigen Sie $t_{\text{perf}} = t^*$.

Aufgabe 3.21
Zeigen Sie: Ist $Q \in \mathbb{R}^{(n,n)}$ eine symmetrische indefinite Matrix und $D \in \mathbb{R}^{(n,n)}$ eine positiv definite Diagonalmatrix, dann existiert ein $\mu_0 \geq 0$, sodass die Matrix $Q + \mu_0 D$ positiv semi-definit ist und $Q + \mu D \in \mathbb{SPD}^n$ für alle $\mu > \mu_0$ gilt.

Aufgabe 3.22
Bestimmen Sie mit dem gedämpften Newton-Verfahren die einzige (reelle) Nullstelle x^* der Funktion $f : \mathbb{R} \to \mathbb{R}$ mit $f(x) = x^3 + x - 2$. Benutzen Sie dazu die Schrittweite $t_k = 1 + \sqrt{|x^k - 1|}$ und den Startpunkt $x^0 = 0$.

(a) Zeigen Sie, dass die Folge der Iterationspunkte für gewisse $C_2 > C_1 > 0$ und $\varepsilon > 0$ und alle $|\boldsymbol{x}^k - 1| < \varepsilon$ der Abschätzung

$$C_1 |x^k - 1|^{\frac{3}{2}} \leq |x^{k+1} - 1| \leq C_2 |x^k - 1|^{\frac{3}{2}}$$

genügt (Man sagt: Die Folge $\{x^k\}_{k \in \mathbb{N}}$ besitzt die Q-Konvergenzordnung $r = \frac{3}{2}$.) und damit Q-superlinear aber nicht Q-quadratisch ($r = 2$) konvergent ist.

(b) Wie muss t_k gewählt werden, damit die Q-Konvergenzordnung der Folge $\{x^k\}_{k\in\mathbb{N}}$ $r = 1 + \frac{1}{n}$ ist?

Aufgabe 3.23
Beweisen Sie die Folgerung 3.39.

Aufgabe 3.24
Für die streng konvexe quadratische Funktion $f : \mathbb{R}^n \to \mathbb{R}$ mit $f(\boldsymbol{x}) = \boldsymbol{x}^T Q\boldsymbol{x} + \boldsymbol{q}^T\boldsymbol{x}$ werde das gedämpfte Newton-Verfahren mit skalierter Armijo-Schrittweite und Sekantenparameter $\alpha \in (0, \frac{1}{2})$ ausgeführt. Wegen der gleichmäßigen Konvexität von f ist die negative Gradientenrichtung als Ausweichrichtung nicht erforderlich. Die Anfangstestschrittweite für die Armijo-Bedingung sei durch

$$t = \max\left\{1, \frac{-\nabla f(\boldsymbol{x}^k)\boldsymbol{d}^k}{(\boldsymbol{d}^k)^T\boldsymbol{d}^k}\right\} \tag{3.123}$$

gegeben, wobei $\boldsymbol{d}^k$ der Newton-Gleichung

$$Q\boldsymbol{d}^k = -\nabla f(\boldsymbol{x}^k) \tag{3.124}$$

genüge.

(a) Zeigen Sie, dass die Testschrittweite t gemäß (3.123) die Armijo-Bedingung im Punkt $\boldsymbol{x}^k$ bzgl. der Newton-Richtung $\boldsymbol{d}^k$ erfüllt, wenn $1 \le t < 2(1-\alpha)$ gilt.

(b) Zeigen Sie, dass das gedämpfte Newton-Verfahren bei $1 < t < 2(1-\alpha)$ nur linear konvergent ist mit dem Konvergenzfaktor $C = t - 1$.

(c) Geben Sie für die Funktion $f : \mathbb{R}^2 \to \mathbb{R}$ mit $f(\boldsymbol{x}) = \frac{1}{4}(x_1 - 5)^2 + (x_2 - 6)^2$ alle Punkte im $\mathbb{R}^2$ an, für welche sich $t = 1$ gemäß Formel (3.123) ergibt, d. h. für welche das gedämpfte Newton-Verfahren nach einem Schritt den Lösungspunkt erreicht.

Aufgabe 3.25
Es sei $f \in C^2(\mathbb{R}^n, \mathbb{R})$, und es gelte die (m,M)-Bedingung (3.8). Zeigen Sie, dass für jede Folge $\{\boldsymbol{x}^k\}_{k\in\mathbb{N}}$ aus $\mathbb{R}^n$ die Folge der zugehörigen Newton-Richtungen $\{\boldsymbol{d}^k\}_{k\in\mathbb{N}}$ streng gradientenähnlich ist.

Aufgabe 3.26
Es sei $f \in C^2(\mathbb{R}^n, \mathbb{R})$. Zeigen Sie, dass für jede beschränkte Folge $\{\boldsymbol{x}^k\}_{k\in\mathbb{N}}$ mit zugehöriger Folge $\{H_k\}_{k\in\mathbb{N}}$ von regularisierten Hesse-Matrizen von f die Folge der Abstiegsrichtungen $\{\boldsymbol{d}^k\}_{k\in\mathbb{N}}$ gemäß $H_k\boldsymbol{d}^k = -\nabla f(\boldsymbol{x}^k)$ streng gradientenähnlich ist.

Aufgabe 3.27
Beweisen Sie die Teilaussage (a) von Lemma 3.45.

Aufgabe 3.28

Zeigen Sie, dass für alle $\boldsymbol{p} \in \mathbb{R}^n$ die Matrix $\hat{H}$ gemäß

$$\hat{H} = H - \frac{H\boldsymbol{p}(H\boldsymbol{p})^T}{(H\boldsymbol{p})^T\boldsymbol{p}}$$

positiv semi-definit ist, wenn $H \in \mathbb{SPD}^n$ gilt.

Aufgabe 3.29

Beweisen Sie Lemma 3.54.

Aufgabe 3.30

Es sei $\boldsymbol{a} + M \subset \mathbb{R}^n$ eine den Punkt $\boldsymbol{a}$ enthaltende lineare Mannigfaltigkeit mit dem zugehörigen Unterraum M. Der Punkt $\boldsymbol{y}$ sei die (orthogonale) Projektion des Punktes $\boldsymbol{x} \notin M$ auf die lineare Mannigfaltigkeit $\boldsymbol{a} + M$. Zeigen Sie , dass $\boldsymbol{y}$ Lösung des Problems

$$\text{MIN}\left\{\|\boldsymbol{m} - \boldsymbol{x}\|^2 \mid \boldsymbol{m} \in \boldsymbol{a} + M\right\}$$

ist (siehe Satz 3.59).

Aufgabe 3.31

Bestimmen Sie eine inverse PSB-Formel für die Aufdatierung von B zu B_+ aus der Lösung der Minimierungsaufgabe

$$\text{MIN}\left\{\|\widetilde{B} - B\|_F^2 \;\middle|\; \widetilde{B}\boldsymbol{q} = \boldsymbol{p}, \widetilde{B} = \widetilde{B}^T\right\} .$$

Aufgabe 3.32

Es seien $f \in C^2(\mathbb{R}^n, \mathbb{R})$, $\lim\limits_{k\to\infty} \boldsymbol{x}^k = \boldsymbol{x}^*$ und $\boldsymbol{x}^{k+1} = \boldsymbol{x}^k + t_k\boldsymbol{d}^k$. Zeigen Sie die Äquivalenz der beiden Aussagen

$$\lim_{k\to\infty} \frac{\|\left(\nabla^2 f(\boldsymbol{x}^k) - H_k\right)\boldsymbol{d}^k\|}{\|\boldsymbol{d}^k\|} = 0$$

und

$$\lim_{k\to\infty} \frac{\|\nabla f(\boldsymbol{x}^{k+1}) - \nabla f(\boldsymbol{x}^k) - H_k\boldsymbol{d}^k\|}{\|\boldsymbol{d}^k\|} = 0 ,$$

wenn $\lim\limits_{k\to\infty} t_k = 1$ gilt.

Aufgabe 3.33

Es seien $\boldsymbol{x}^{k-1}, \boldsymbol{x}^k \in \mathbb{R}^n$, $\boldsymbol{x}^{k-1} \neq \boldsymbol{x}^k$ und $f \in C^2(\mathbb{R}^n, \mathbb{R})$ gleichmäßig konvex auf einer beschränkten Umgebung U von $\text{conv}\{\boldsymbol{x}^{k-1}, \boldsymbol{x}^k\}$. Zeigen Sie, dass

$$Y_k := \int_0^1 \nabla^2 f\left(\boldsymbol{x}^{k-1} + t(\boldsymbol{x}^k - \boldsymbol{x}^{k-1})\right) dt$$

positiv definit ist .

Aufgabe 3.34 (Spellucci (1993), S. 134)
Es seien $f : \mathbb{R}^2 \to \mathbb{R}$ mit $f(\boldsymbol{x}) = \frac{1}{2}(0.1x_1^2 + 0.01x_2^2)$, $\boldsymbol{x}^0 = (10, 100)^T$ und $H_0 = E_2$. Zeigen Sie, dass bei Anwendung des Algorithmus 11 auf f mit perfekter Schrittweite t_0 und der Aufdatierung von H_0 zu H_1 gemäß (3.31) die Matrix H_1 nicht mehr positiv definit ist.

Aufgabe 3.35
Es sei $H \in \mathbb{SPD}^n$. Unter welcher Bedingung an $\boldsymbol{p}$ und $\boldsymbol{q}$ ist die gemäß der symmetrischen Rang-1-Aufdatierungsformel (3.31) gebildete Matrix H_+ ebenfalls positiv definit?
Hinweis: Untersuchen Sie die Matrix $(H^{\frac{1}{2}})^{-1} H_+ (H^{\frac{1}{2}})^{-1}$.

Aufgabe 3.36
Beweisen Sie Folgerung 3.70.

Aufgabe 3.37
Es sei $Q \in \mathbb{SPD}^n$. Zeigen Sie, dass $m \leq n$ paarweise Q-orthogonale Richtungen des $\mathbb{R}^n$ eine linear unabhängige Menge bilden.

Aufgabe 3.38
Beweisen Sie Lemma 3.67.

Aufgabe 3.39
Es seien $Q \in \mathbb{SPD}^n$, $Q = LL^T$ die zugehörige Cholesky-Zerlegung, $A \in \mathbb{R}^{(n,m)}$ vom Rang m sowie BR gemäß $L^T A = BR$ eine sogenannte QR-Zerlegung der Matrix $L^T A$ unter Verwendung einer orthogonalen Matrix B und einer mit Nullzeilen ergänzten oberen Dreiecksmatrix R. Zeigen Sie:

(a) Die Spalten von $B_Q := L^{-T} B$ sind Q-orthonormal, und es gilt $A = B_Q R$.

(b) Die Spalten von B_Q bilden die durch das Orthogonalisierungsverfahren nach Gram-Schmidt erzeugte Q-orthogonale Basis und in R stehen die Koeffizienten der Basisdarstellung nach (3.47).

Aufgabe 3.40
Beweisen Sie die Ungleichung

$$\max_{\lambda \in [a,b]} \left(\frac{2}{(a+b)} \left(\frac{a+b}{2} - \lambda \right) \right)^2 \leq \left(\frac{b-a}{b+a} \right)^2$$

im Beweis von Folgerung 3.73.

Aufgabe 3.41
Beweisen Sie Lemma 3.80.

Aufgabe 3.42
Es seien $f \in \mathbb{R}$, $\boldsymbol{g} \in \mathbb{R}^n$, $H \in \mathbb{R}^{(n,n)}$ und $m : \mathbb{R}^n \to \mathbb{R}$ mit $m(\boldsymbol{d}) = f + \boldsymbol{g}^T d + \frac{1}{2}\boldsymbol{d}^T H \boldsymbol{d}$ sowie $\boldsymbol{g} \neq \boldsymbol{0}$. Zeigen Sie, dass die Menge $M := \{m(-t\boldsymbol{g}) \mid t \geq 0\}$ genau dann unbeschränkt nach unten ist, wenn $\boldsymbol{g}^T H \boldsymbol{g} \leq 0$ gilt.

Aufgabe 3.43
Es seien $f, g, H \in \mathbb{R}$ und $m : \mathbb{R} \to \mathbb{R}$ mit $m(x) := f + gx + \frac{1}{2}Hx^2$ sowie $\alpha \in (0,1)$. Zeigen Sie, dass die Existenz eines $t_0 > 0$ mit

$$m(-t_0 g) - m(0) \leq -t_0 \alpha g^2$$

die Gültigkeit dieser Ungleichung für alle $t \in [0, t_0]$ nach sich zieht. Zeigen Sie danach, dass sich hiermit im Beweis zu Satz (3.82) der Fall $t_a\|g\| > \rho$ kürzer abhandeln lässt.

Aufgabe 3.44
Beweisen Sie die folgende Aussage:
Es seien $f \in \mathbb{R}$, $\boldsymbol{g} \in \mathbb{R}^n \setminus \{\boldsymbol{0}\}$, $H \in \mathbb{R}^{(n,n)}$ eine symmetrische Matrix, $\rho > 0$ und $m(\boldsymbol{d}) = f + \boldsymbol{g}^T + \frac{1}{2}\boldsymbol{d}^T H \boldsymbol{d}$. Dann gibt es ein $\boldsymbol{d}$ mit $\|\boldsymbol{d}\| \leq \rho$ und

$$m(\boldsymbol{d}) - m(\boldsymbol{0}) \leq -\frac{1}{2}\|\boldsymbol{g}\| \min\left\{\frac{\|\boldsymbol{g}\|}{\|H\|}, \rho\right\}. \tag{3.125}$$

Insbesondere erfüllen die Lösung des zugehörigen TR-Problems $\boldsymbol{d}^*$ und $\boldsymbol{d}_K^C$ diese Ungleichung.

Aufgabe 3.45

(a) Zeigen Sie, dass für $n = 2$ die approximativen Lösungen des TR-Problems gemäß der Dogleg-Strategie und dem Steighaug-Verfahren ohne Präkonditionierung bei positiv definiter Matrix H übereinstimmen.

(b) Konstruieren Sie ein Beispiel im $\mathbb{R}^3$, bei dem dies nicht gilt.

Aufgabe 3.46
Für das TR-Problem (3.64) sei die Matrix H positiv definit. Mit dem Newton-Punkt $\boldsymbol{d}^{Newt}$ und dem Cauchy-Punkt $\boldsymbol{d}^C$ werde im Falle $\|\boldsymbol{d}^{Newt}\| > \rho$ die stückweise lineare Dogleg-Kurve $\{\boldsymbol{d}(t) \mid t \in [0,2]\}$ wie folgt konstruiert:

$$\boldsymbol{d}(t) := \begin{cases} t\boldsymbol{d}^c & \text{für} \quad 0 \leq t \leq 1\,, \\ \boldsymbol{d}^C + (t-1)(\boldsymbol{d}^{Newt} - \boldsymbol{d}^C) & \text{für} \quad 1 \leq t \leq 2\,. \end{cases}$$

Zeigen Sie:

(a) Es gilt $\|\boldsymbol{d}(t)\| < \|\boldsymbol{d}(\hat{t})\|$ für alle $t, \hat{t} \in \mathbb{R}$ mit $0 \leq t < \hat{t} \leq 2$.

(b) Es gilt $m(\boldsymbol{d}(t)) > \boldsymbol{m}(\boldsymbol{d}(\hat{t}))$ für alle $t, \hat{t} \in \mathbb{R}$ mit $0 \leq t < \hat{t} < 2$.

(c) Die Dogleg-Kurve hat genau einen Schnittpunkt $\boldsymbol{d}^{dog}$ mit dem Kugelrand von K_ρ.

(d) $\boldsymbol{d}^{dog}$ erfüllt die Abstiegsbedingung (3.125).

Aufgabe 3.47
Es seien $D \in \mathbb{R}^{(n,n)}$ eine reguläre Matrix und m die Zielfunktion des TR-Problems (3.64). Formulieren und beweisen Sie für das modifizierte TR-Problem

$$\mathrm{MIN}\{m(\boldsymbol{d}) \mid \|D\boldsymbol{d}\| \leq \rho\} \tag{3.126}$$

einen Satz analog zu Satz 3.79.
Hinweis: Nutzen Sie die eineindeutige Transformation $\boldsymbol{s} = D\boldsymbol{d}$ und die Aussage von Satz 3.79.

Aufgabe 3.48
Gegeben sei ein TR-Problem gemäß (3.64) mit $H \in \mathbb{SPD}^n$ und $\|\boldsymbol{d}^{Newt}\| > \rho$. Gesucht ist eine approximative Lösung $\bar{\boldsymbol{d}}$ mit $\bar{\boldsymbol{d}} \in \operatorname{span}\{\boldsymbol{d}_K^C, \boldsymbol{d}^{Newt}\}$. Formulieren Sie ein TR-Problem im $\mathbb{R}^2$ zur Bestimmung von $\bar{\boldsymbol{d}}$.

Aufgabe 3.49
Es seien $\phi \in C^2(\mathbb{R}^n, \mathbb{R})$, $\boldsymbol{x} \in \mathbb{R}^n$, $f := \phi(\boldsymbol{x})$, $\boldsymbol{g} := \nabla\phi(\boldsymbol{x})$, $H \in \mathbb{R}^{(n,n)}$ eine indefinite symmetrische Matrix, $\boldsymbol{g}^T H \boldsymbol{g} > 0$ und

$$m : \mathbb{R}^n \to \mathbb{R} \text{ mit } m(\boldsymbol{y}) := f + \boldsymbol{g}^T\boldsymbol{y} + \frac{1}{2}\boldsymbol{y}^T H \boldsymbol{y} \,.$$

Durch den Algorithmus 15 werden beginnend mit $\boldsymbol{y}^0 = \boldsymbol{0}$ solange Iterationspunkte $\boldsymbol{y}^j$ sowie Richtungen $\boldsymbol{s}^j$ berechnet, wie jede der folgenden drei Bedingungen (siehe (3.93))

$$\nabla m(\boldsymbol{y}^j) \neq \boldsymbol{0}\,, \tag{3.127}$$

$$\|\boldsymbol{y}^{j+1}\| \leq \rho \text{ und} \tag{3.128}$$

$$(\boldsymbol{s}^j)^T H \boldsymbol{s}^j > 0 \tag{3.129}$$

erfüllt ist, und im $(l+1)$-ten Iterationsschritt werde erstmals mindestens eine dieser Bedingungen verletzt. Es seien nun $U := \operatorname{span}(\boldsymbol{s}^1, \ldots, \boldsymbol{s}^l)$, $\boldsymbol{b}^1, \ldots, \boldsymbol{b}^p$ eine orthonormale Basis von U bzgl. des üblichen Skalarproduktes gemäß $\langle \boldsymbol{x}, \boldsymbol{y} \rangle = \boldsymbol{x}^T\boldsymbol{y}$ und $B := (\boldsymbol{b}^1, \ldots, \boldsymbol{b}^p)$ die zugehörige Basismatrix.
Zeigen Sie zunächst, dass die lineare Transformation $B : \mathbb{R}^p \to U$ gemäß $\boldsymbol{y} = B\boldsymbol{z}$ die quadratische Funktion m in die streng konvexe quadratische Funktion $\hat{m} : \mathbb{R}^p \to \mathbb{R}$ überführt. Beweisen Sie anschließend, dass die Anwendung des CG-Verfahrens nach Algorithmus 15 mit dem Startpunkt $\boldsymbol{z}^0 = \boldsymbol{0}$ auf $\hat{m}$ für alle $j = 1, 2, ..., l$ die gleichen Iterationspunkte $\boldsymbol{z}^j$ und (konjugierten) Richtungen $\boldsymbol{w}^j$ erzeugt wie die Rücktransformation der Iterationspunkte $B^T\boldsymbol{y}^j$ und der Richtungen $B^T s^j$. (Somit gilt $\dim U = l+1$ sowie $\langle \boldsymbol{s}^j, \boldsymbol{s}^i \rangle_H = 0$ für alle $0 \leq i < j \leq l$, und $\langle\cdot,\cdot\rangle_H$ ist ein Skalarprodukt auf U.)
Hinweis: Beweisen Sie zunächst nacheinander die folgenden Aussagen:

1. B ist eineindeutig, d. h. $B\boldsymbol{z} = \boldsymbol{0}$ hat nur die triviale Lösung.
2. Es gilt $B^T B = E_p$, d. h. $B^T : U \to \mathbb{R}^p$ ist die Umkehrabbildung zu B.
3. Es gilt $BB^T\boldsymbol{x} \in U$ für alle $\boldsymbol{x} \in \mathbb{R}^n$.

4. Es gilt $BB^T\boldsymbol{y} = \boldsymbol{y}$ und $\langle \boldsymbol{x} - BB^T\boldsymbol{x}, \boldsymbol{y} - BB^T\boldsymbol{x}\rangle = 0$ für alle $\boldsymbol{y} \in U$ (d. h. BB^T ist die orthogonale Projektion von $\mathbb{R}^n$ auf U).

5. Es gilt $\hat{m}(\boldsymbol{z}) = f + (B^T\boldsymbol{g})^T\boldsymbol{z} + \frac{1}{2}\boldsymbol{z}^T B^T HB\boldsymbol{z}^T$ und $B^T HB \in \mathbb{SPD}^p$.

Aufgabe 3.50

Gegeben seien die folgende Wertetabelle:

i	1	2	3	4	5
t_i	1	2	3	4	5
y_i	1	1	4	1	1

Bestimmen Sie die Lösung x_p^* des Problems

$$\text{MIN}\left\{ \sum_{i=1}^{5} |x - y_i|^p \,\middle|\, x \in \mathbb{R} \right\} .$$

für $p \in [1, \infty)$ und $p = \infty$, und zeigen Sie, dass $\lim\limits_{p\to\infty} x_p^* = x_\infty^*$ gilt.

Aufgabe 3.51

Zeigen Sie, dass für alle $i = 1, 2, ..., m$ der Vektor $(\delta_i^0, y_i - h(\boldsymbol{x}^0, t_i + \delta_i^0))$ für eine lokale Lösung $(\boldsymbol{x}^0, \delta^0)$ der orthogonalen Regression gemäß (3.114) senkrecht auf der Tangente an $t \mapsto h(\boldsymbol{x}^0, t)$ in $t = t_i + \delta_i^0$ steht. Aus dieser Eigenschaft leitet sich der Name orthogonale Regression ab.

Aufgabe 3.52

In dem Spezialfall, dass die Datenpunkte $\boldsymbol{z}^i := (y_i, t_i)^T, i = 1, \ldots, m$ durch eine affin lineare Modellfunktion im Sinne der orthogonalen Regression zu approximieren sind, wird das Problem (3.114) auch als totales Quadratmittelproblem (total least square) bezeichnet.

Abweichend von dem im Abschnitt 3.8 verwendeten Ansatz, beschreiben wir jetzt den Graphen der linear-affinen Funktion $y = h(\hat{\boldsymbol{x}}, t) := \hat{x}_1 + \hat{x}_2 t$ allgemeiner durch die Geradengleichung

$$\boldsymbol{z}^T\boldsymbol{x} = \alpha, \tag{3.130}$$

mit den unbekannten Koeffizienten (Normalenvektor) $\boldsymbol{x} \in \mathbb{R}^2$ und $\alpha \in \mathbb{R}$. Offensichtlich sind mit $\boldsymbol{z} := (y, t)^T$ die Identitäten $\hat{x}_2 = -\frac{x_2}{x_1}$ und $\hat{x}_1 = \frac{\alpha}{x_1}$ im Fall $x_1 \neq 0$ gegeben. Wegen der Homogenität der Gleichung (3.130) bzgl. des Variablenvektors $(x_1, x_2, \alpha)^T$ fordern wir zusätzlich die Normierungsbedingung $\boldsymbol{x}^T\boldsymbol{x} = 1$. Damit gehören zu jeder Geraden in der (y, t)-Ebene genau zwei Tripel $\pm(x_1, x_2, \alpha)$. Orthogonale Regression bedeutet nun die Minimierung der Summe der (orthogonlen) Abstandsquadrate

$$r_i^2 := \left((\boldsymbol{z}^i)^T\boldsymbol{x} - \alpha\right)^2 .$$

Wir betrachten also das restringierte Approximationsproblem

$$\mathrm{MIN}\left\{\sum_{i=1}^{m}\left((\boldsymbol{z}^i)^T\boldsymbol{x}-\alpha\right)^2 \,\middle|\, \|\boldsymbol{x}\|_2^2=1,\ \boldsymbol{x}\in\mathbb{R}^2, \alpha\in\mathbb{R}\right\}. \tag{3.131}$$

Mit den Bezeichnungen

$$Z := (\boldsymbol{z}^1, \boldsymbol{z}^2, \ldots, \boldsymbol{z}^m) \in \mathbb{R}^{(2,m)}, \quad \boldsymbol{e} := (1, 1, \ldots, 1)^T \in \mathbb{R}^m$$

kann das Problem (3.131) äquivalent formuliert werden durch

$$\mathrm{MIN}\left\{(Z^T\boldsymbol{x}-\boldsymbol{e}\alpha)^2 \mid \boldsymbol{x}^T\boldsymbol{x}=1,\ \boldsymbol{x}\in\mathbb{R}^2, \alpha\in\mathbb{R}\right\}.$$

(a) Zeigen Sie, dass

$$\alpha(\boldsymbol{x}) := \bar{\boldsymbol{z}}^T\boldsymbol{x} \text{ mit } \bar{\boldsymbol{z}} := \frac{Z\boldsymbol{e}}{m}$$

die globale Lösung der Minimierungsaufgabe

$$\mathrm{MIN}\left\{\sum_{i=1}^{m}\left((\boldsymbol{z}^i)^T\boldsymbol{x}-\alpha\right)^2 \,\middle|\, \alpha\in\mathbb{R}\right\}$$

für jeden vorgegebenen Vektor $\boldsymbol{x}$ mit $\|\boldsymbol{x}\| = 1$ ist. Interpretieren Sie den Vektor $\bar{\boldsymbol{z}}$ geometrisch in Bezug auf die Datenpunkte.

(b) Wegen $\min\limits_{u\in A, v\in B} \phi(u,v) = \min\limits_{u\in A}(\min\limits_{v\in B}\phi(u,v)) = \min\limits_{v\in B}(\min\limits_{u\in A}\phi(u,v))$ für eine stetige Funktion ϕ und kompakte Mengen A, B genügt es zur Berechnung der Lösung(en) des Problems (3.131) mit $S^T := Z^T - \boldsymbol{e}\bar{\boldsymbol{z}}^T$ die Lösungen des Problems

$$\mathrm{MIN}\left\{\boldsymbol{x}^T SS^T\boldsymbol{x} \mid \boldsymbol{x}^T\boldsymbol{x}=1,\ \boldsymbol{x}\in\mathbb{R}^2\right\} \tag{3.132}$$

zu berechnen. Bestimmen Sie die globalen Lösungen des Minimierungsproblems (3.132) mit Hilfe von Lemma 1.20.

(c) Zeigen Sie, dass die Lösungsgerade des Quadratmittelproblems mit einem Polynom 1. Grades

$$\mathrm{MIN}\left\{\sum_{i=1}^{m}(x_1+x_2t_i-y_i)^2 \,\middle|\, \boldsymbol{x}\in\mathbb{R}^2\right\} \tag{3.133}$$

für den obigen Datensatz $\bar{\boldsymbol{z}}$ enthält.

(d) Zeigen Sie, dass sich unter Verwendung von $\alpha(\boldsymbol{x})$ und der Matrix

$$T = \begin{pmatrix} 1 & 0 \\ 0 & 0 \end{pmatrix}$$

aus den Lösungen des Problems

$$\mathrm{MIN}\left\{\boldsymbol{x}^T SS^T\boldsymbol{x} \mid \boldsymbol{x}^T T\boldsymbol{x}=1,\ \boldsymbol{x}\in\mathbb{R}^2\right\}$$

die Lösungen des Quadratmittelproblems (3.133) ergeben.

(e) Welches Quadratmittelproblem wird unter **(d)** mit

$$T = \begin{pmatrix} 0 & 0 \\ 0 & 1 \end{pmatrix}$$

gelöst?

4 Lösungsverfahren für Optimierungsprobleme mit Nebenbedingungen

Übersicht

In diesem Abschnitt werden wichtige Lösungsverfahren für Optimierungsprobleme mit Nebenbedingungen motiviert und darauf aufbauend Algorithmen mit zugehörigen Konvergenzaussagen angegeben. Abschließend werden die Algorithmen anhand der Implementationen unter EdOptLab getestet, wobei an ausgewählten Beispielen auf numerische Effekte eingegangen wird. Ein Vergleich mit den Lösungsalgorithmen der Optimization Toolbox von Matlab beschließt die numerischen Experimente. Eine ausführliche Darlegung der Theorie und der Konvergenzeigenschaften der Verfahren analog dem Kapitel 3 würde den Rahmen dieses Buches sprengen. Bezüglich tiefergehender Darstellungen verweisen wir auf Bertsekas (1999), Geiger und Kanzow (2002), Jarre und Stoer (2004) sowie Spellucci (1993).

4.1 Sattelpunkte, Dualität und Sensitivität

Um die betrachteten numerischen Verfahren für Probleme mit Nebenbedingungen besser motivieren zu können, ergänzen wir die Theorie aus Abschnitt 2.2 um einige Aussagen zu Sattelpunkten, Dualität und Sensitivität für restringierte Probleme.

Lemma 4.1
Es seien $F : X \times Y \times Z \to \mathbb{R}$ mit $X \subset \mathbb{R}^n$, $Y \subset \mathbb{R}^m$ und $Z \subset \mathbb{R}^p$. Dann gilt

$$\sup_{y \in Y,\ z \in Z} \inf_{x \in X} F(\boldsymbol{x}, \boldsymbol{y}, \boldsymbol{z}) \le \inf_{x \in X} \sup_{y \in Y,\ z \in Z} F(\boldsymbol{x}, \boldsymbol{y}, \boldsymbol{z}) .$$

Beweis: Offensichtlich gilt

$$\inf_{x \in X} F(\boldsymbol{x}, \hat{\boldsymbol{y}}, \hat{\boldsymbol{z}}) \le F(\hat{\boldsymbol{x}}, \hat{\boldsymbol{y}}, \hat{\boldsymbol{z}}) \le \sup_{y \in Y,\ z \in Z} F(\hat{\boldsymbol{x}}, \boldsymbol{y}, \boldsymbol{z})$$

für alle $(\hat{\boldsymbol{x}}, \hat{\boldsymbol{y}}, \hat{\boldsymbol{z}}) \in X \times Y \times Z$ und somit auch

$$\sup_{y \in Y,\ z \in Z} \inf_{x \in X} F(\boldsymbol{x}, \boldsymbol{y}, \boldsymbol{z}) \le \inf_{x \in X} \sup_{y \in Y,\ z \in Z} F(\boldsymbol{x}, \boldsymbol{y}, \boldsymbol{z}) ,$$

womit die Aussage des Lemmas bewiesen ist. □

Definition 4.2
Es seien $F : X \times Y \times Z \to \mathbb{R}$ mit $X \subset \mathbb{R}^n$, $Y \subset \mathbb{R}^m$ und $Z \subset \mathbb{R}^p$. Ein Vektor $(\hat{\boldsymbol{x}}, \hat{\boldsymbol{y}}, \hat{\boldsymbol{z}}) \in X \times Y \times Z$ heißt *Sattelpunkt* von F bezüglich $X \times Y \times Z$, wenn

$$F(\hat{\boldsymbol{x}}, \boldsymbol{y}, \boldsymbol{z}) \le F(\hat{\boldsymbol{x}}, \hat{\boldsymbol{y}}, \hat{\boldsymbol{z}}) \le F(\boldsymbol{x}, \hat{\boldsymbol{y}}, \hat{\boldsymbol{z}})$$

für alle $(\boldsymbol{x}, \boldsymbol{y}, \boldsymbol{z}) \in X \times Y \times Z$ gilt.

Ist $(\hat{\boldsymbol{x}}, \hat{\boldsymbol{y}}, \hat{\boldsymbol{z}})$ ein Sattelpunkt von F bezüglich $X \times Y \times Z$, so ist $\hat{\boldsymbol{x}}$ ein globales Minimum der Funktion $F_{\hat{y},\hat{z}} : X \to \mathbb{R}$ mit $F_{\hat{y},\hat{z}}(\boldsymbol{x}) := F(\boldsymbol{x}, \hat{\boldsymbol{y}}, \hat{\boldsymbol{z}})$ bzw. $(\hat{\boldsymbol{y}}, \hat{\boldsymbol{z}})$ ein globales Maximum der Funktion $F_{\hat{x}} : Y \times Z \to \mathbb{R}$ mit $F_{\hat{x}}(\boldsymbol{y}, \boldsymbol{z}) := F(\hat{\boldsymbol{x}}, \boldsymbol{y}, \boldsymbol{z})$. Die Aussage des folgenden Lemmas folgt nun unmittelbar aus Lemma 4.1 und der Definition eines Sattelpunktes.

Lemma 4.3
Es seien $F : X \times Y \times Z \to \mathbb{R}$ mit $X \subset \mathbb{R}^n$, $Y \subset \mathbb{R}^m$ und $Z \subset \mathbb{R}^p$. Das Tripel $(\hat{\boldsymbol{x}}, \hat{\boldsymbol{y}}, \hat{\boldsymbol{z}})$ ist genau dann ein Sattelpunkt von F bezüglich $X \times Y \times Z$, wenn

$$F(\hat{\boldsymbol{x}}, \hat{\boldsymbol{y}}, \hat{\boldsymbol{z}}) = \max_{y \in Y,\ z \in Z} \min_{x \in X} F(\boldsymbol{x}, \boldsymbol{y}, \boldsymbol{z}) = \min_{x \in X} \max_{y \in Y,\ z \in Z} F(\boldsymbol{x}, \boldsymbol{y}, \boldsymbol{z})$$

gilt.

Der folgende Satz zeigt, dass jeder Sattelpunkt der Lagrange-Funktion eines Optimierungsproblems der Form $\left(P_{=}^{\leq}\right)$ mit differenzierbaren Problemfunktionen gleichzeitig ein KKT-Punkt dieses Problems ist.

Satz 4.4
Es seien $f \in C^1(\mathbb{R}^n, \mathbb{R})$, $G \in C^1(\mathbb{R}^n, \mathbb{R}^m)$ und $H \in C^1(\mathbb{R}^n, \mathbb{R}^p)$. Ist $(\hat{\boldsymbol{x}}, \hat{\boldsymbol{u}}, \hat{\boldsymbol{v}})$ ein Sattelpunkt der Lagrange-Funktion des Optimierungsproblems $\left(P_{=}^{\leq}\right)$ bzgl. $\mathbb{R}^n \times \mathbb{R}_+^m \times \mathbb{R}^p$, dann ist $(\hat{\boldsymbol{x}}, \hat{\boldsymbol{u}}, \hat{\boldsymbol{v}})$ ein KKT-Punkt und $\hat{\boldsymbol{x}}$ eine globale Lösung von $\left(P_{=}^{\leq}\right)$.

Beweis: Ist $(\hat{\boldsymbol{x}}, \hat{\boldsymbol{u}}, \hat{\boldsymbol{v}})$ ein Sattelpunkt der Lagrange-Funktion eines Optimierungsproblems der Form $\left(P_{=}^{\leq}\right)$ bzgl. $\mathbb{R}^n \times \mathbb{R}_+^m \times \mathbb{R}^p$, so ist $\hat{\boldsymbol{x}}$ ein globales Minimum der Funktion $L_{\hat{u},\hat{v}} : \mathbb{R}^n \to \mathbb{R}$ mit $L_{\hat{u},\hat{v}}(\boldsymbol{x}) := f(\boldsymbol{x}) + \hat{\boldsymbol{u}}^T G(\boldsymbol{x}) + \hat{\boldsymbol{v}}^T H(\boldsymbol{x})$ und $L_{\hat{u},\hat{v}} \in C^1(\mathbb{R}^n, \mathbb{R})$. Mit Satz 2.2 folgt

$$\nabla L_{\hat{u},\hat{v}}(\hat{\boldsymbol{x}}) = \nabla_x L(\hat{\boldsymbol{x}}, \hat{\boldsymbol{u}}, \hat{\boldsymbol{v}}) = \mathbf{0} \; .$$

Aufgrund der Sattelpunkteigenschaft des Punktes $(\hat{\boldsymbol{x}}, \hat{\boldsymbol{u}}, \hat{\boldsymbol{v}})$ gilt weiterhin

$$L(\hat{\boldsymbol{x}}, \boldsymbol{u}, \boldsymbol{v}) \leq L(\hat{\boldsymbol{x}}, \hat{\boldsymbol{u}}, \hat{\boldsymbol{v}}) \text{ bzw. } (\boldsymbol{u} - \hat{\boldsymbol{u}})^T G(\hat{\boldsymbol{x}}) + (\boldsymbol{v} - \hat{\boldsymbol{v}})^T H(\hat{\boldsymbol{x}}) \leq 0$$

für alle $(\boldsymbol{u}, \boldsymbol{v}) \in \mathbb{R}_+^m \times \mathbb{R}^p$ und somit

$$\nabla_u L(\hat{\boldsymbol{x}}, \hat{\boldsymbol{u}}, \hat{\boldsymbol{v}}) = G(\hat{\boldsymbol{x}}) \leq \mathbf{0} \text{ und } \nabla_v L(\hat{\boldsymbol{x}}, \hat{\boldsymbol{u}}, \hat{\boldsymbol{v}}) = H(\hat{\boldsymbol{x}}) = \mathbf{0} \; .$$

Weiterhin folgt für die spezielle Wahl $\boldsymbol{u} = \mathbf{0}$ sowie $\boldsymbol{v} = \hat{\boldsymbol{v}}$

$$\hat{\boldsymbol{u}}^T G(\hat{\boldsymbol{x}}) \geq \mathbf{0}$$

und wegen $\hat{\boldsymbol{u}} \in \mathbb{R}_+^m$

$$\hat{\boldsymbol{u}}^T \nabla_u L(\hat{\boldsymbol{x}}, \hat{\boldsymbol{u}}, \hat{\boldsymbol{v}}) = \hat{\boldsymbol{u}}^T G(\hat{\boldsymbol{x}}) = 0 \; .$$

Wiederum wegen der Sattelpunkteigenschaft des Punktes $(\hat{\boldsymbol{x}}, \hat{\boldsymbol{u}}, \hat{\boldsymbol{v}})$ gilt

$$L(\hat{\boldsymbol{x}}, \hat{\boldsymbol{u}}, \hat{\boldsymbol{v}}) \leq L(\boldsymbol{x}, \hat{\boldsymbol{u}}, \hat{\boldsymbol{v}}) \; ,$$

und es folgt

$$f(\hat{\boldsymbol{x}}) = f(\hat{\boldsymbol{x}}) + \hat{\boldsymbol{u}}^T G(\hat{\boldsymbol{x}}) + \hat{\boldsymbol{v}}^T H(\hat{\boldsymbol{x}}) \leq f(\boldsymbol{x}) + \hat{\boldsymbol{u}}^T G(\boldsymbol{x}) + \hat{\boldsymbol{v}}^T H(\boldsymbol{x}) \leq f(\boldsymbol{x})$$

für alle $\boldsymbol{x} \in M = \{\boldsymbol{x} \in \mathbb{R}^n | \; G(\boldsymbol{x}) \leq \mathbf{0}, \; H(\boldsymbol{x}) = \mathbf{0}\}$, womit die Aussage des Satzes bewiesen ist. □

Die Umkehrung von Satz 4.4 gilt i. Allg. nicht (siehe Aufgabe 4.2). Für konvexe Optimierungsprobleme mit differenzierbaren Problemfunktionen gilt jedoch:

Satz 4.5
Es seien $f \in C^1(\mathbb{R}^n, \mathbb{R})$, $G = (g_1, \cdots, g_m)^T \in C^1(\mathbb{R}^n, \mathbb{R}^m)$, $H = (h_1, \cdots, h_p)^T$, f konvex über $\mathbb{R}^n$, $g_i : \mathbb{R}^n \to \mathbb{R}$ konvex über $\mathbb{R}^n$ für alle $i \in \{1, \cdots, m\}$ und $h_j : \mathbb{R}^n \to \mathbb{R}$ affin-linear für alle $j \in \{1, \cdots, p\}$. Ein Punkt $(\hat{\boldsymbol{x}}, \hat{\boldsymbol{u}}, \hat{\boldsymbol{v}})$ ist genau dann ein Sattelpunkt der Lagrange-Funktion des konvexen Optimierungsproblems $\left(P^{f,\leq\ konv.}_{=\ aff.-l.}\right)$ bzgl. $\mathbb{R}^n \times \mathbb{R}^m_+ \times \mathbb{R}^p$, wenn $(\hat{\boldsymbol{x}}, \hat{\boldsymbol{u}}, \hat{\boldsymbol{v}})$ ein KKT-Punkt von $\left(P^{f,\leq\ konv.}_{=\ aff.-l.}\right)$ ist.

Beweis: Mit Satz 4.4 genügt es zu zeigen, dass jeder KKT-Punkt $(\hat{\boldsymbol{x}}, \hat{\boldsymbol{u}}, \hat{\boldsymbol{v}})$ des konvexen Problems $\left(P^{f,\leq\ konv.}_{=\ aff.-l.}\right)$ ein Sattelpunkt der zugehörigen Lagrange-Funktion ist. Wir betrachten hierfür wiederum die im Beweis von Satz 4.4 definierte Funktion $L_{\hat{u},\hat{v}}$. Aufgrund der Konvexität der Funktionen f und $g_1, \cdots, g_m$ sowie der affinen Linearität der Funktionen $h_1, \cdots, h_p$ ist die Funktion $L_{\hat{u},\hat{v}}$ eine konvexe Funktion über $\mathbb{R}^n$. Ist nun $(\hat{\boldsymbol{x}}, \hat{\boldsymbol{u}}, \hat{\boldsymbol{v}})$ ein KKT-Punkt des konvexen Optimierungsproblems, so gilt aufgrund der KKT-Bedingungen

$$\nabla_x L(\hat{\boldsymbol{x}}, \hat{\boldsymbol{u}}, \hat{\boldsymbol{v}}) = \nabla L_{\hat{u},\hat{v}}(\hat{\boldsymbol{x}}) = \mathbf{0}\ ,$$

und mit Satz 2.3 folgt

$$L_{\hat{u},\hat{v}}(\hat{\boldsymbol{x}}) \leq L_{\hat{u},\hat{v}}(\boldsymbol{x}) \text{ bzw. } L(\hat{\boldsymbol{x}}, \hat{\boldsymbol{u}}, \hat{\boldsymbol{v}}) \leq L(\boldsymbol{x}, \hat{\boldsymbol{u}}, \hat{\boldsymbol{v}})$$

für alle $\boldsymbol{x} \in \mathbb{R}^n$. Weiterhin gilt aufgrund der KKT-Bedingungen

$$\nabla_u L(\hat{\boldsymbol{x}}, \hat{\boldsymbol{u}}, \hat{\boldsymbol{v}}) = G(\hat{\boldsymbol{x}}) \leq \mathbf{0},\ \hat{\boldsymbol{u}} \geq \mathbf{0},\ \hat{\boldsymbol{u}}^T \nabla_u L(\hat{\boldsymbol{x}}, \hat{\boldsymbol{u}}, \hat{\boldsymbol{v}}) = \hat{\boldsymbol{u}}^T G(\hat{\boldsymbol{x}}) = 0 \text{ sowie}$$
$$\nabla_v L(\hat{\boldsymbol{x}}, \hat{\boldsymbol{u}}, \hat{\boldsymbol{v}}) = H(\hat{\boldsymbol{x}}) = \mathbf{0}\ .$$

Es ergibt sich für alle $(\boldsymbol{u}, \boldsymbol{v}) \in \mathbb{R}^m_+ \times \mathbb{R}^p$

$$\begin{aligned} L(\hat{\boldsymbol{x}}, \hat{\boldsymbol{u}}, \hat{\boldsymbol{v}}) &= f(\hat{\boldsymbol{x}}) + \hat{\boldsymbol{u}}^T G(\hat{\boldsymbol{x}}) + \hat{\boldsymbol{v}}^T H(\hat{\boldsymbol{x}}) \\ &= f(\hat{\boldsymbol{x}}) \\ &\geq f(\hat{\boldsymbol{x}}) + \boldsymbol{u}^T G(\hat{\boldsymbol{x}}) + \boldsymbol{v}^T H(\hat{\boldsymbol{x}}) \\ &= L(\hat{\boldsymbol{x}}, \boldsymbol{u}, \boldsymbol{v}) \end{aligned}$$

und zusammengefasst

$$L(\hat{\boldsymbol{x}}, \boldsymbol{u}, \boldsymbol{v}) \leq L(\hat{\boldsymbol{x}}, \hat{\boldsymbol{u}}, \hat{\boldsymbol{v}}) \leq L(\boldsymbol{x}, \hat{\boldsymbol{u}}, \hat{\boldsymbol{v}})$$

für alle $(\boldsymbol{x}, \boldsymbol{u}, \boldsymbol{v}) \in \mathbb{R}^n \times \mathbb{R}^m_+ \times \mathbb{R}^p$. □

Für die Lagrange-Funktion L eines Optimierungsproblems der Form $\left(P^{\leq}_{=}\right)$ mit stetigen Problemfunktionen f, G und H sowie zulässigem Bereich M gilt

$$\begin{aligned} \sup_{u \in \mathbb{R}^m_+,\ v \in \mathbb{R}^p} L(\boldsymbol{x}, \boldsymbol{u}, \boldsymbol{v}) &= \sup_{u \in \mathbb{R}^m_+,\ v \in \mathbb{R}^p} \left(f(\boldsymbol{x}) + G(\boldsymbol{x})^T \boldsymbol{u} + H(\boldsymbol{x})^T \boldsymbol{v}\right) \\ &= \begin{cases} f(\boldsymbol{x}) & \text{, falls } \boldsymbol{x} \in M \\ \infty & \text{, sonst} \end{cases} \end{aligned}$$

und somit

$$\inf_{x\in\mathbb{R}^n} \sup_{u\in\mathbb{R}^m_+,\ v\in\mathbb{R}^p} L(\boldsymbol{x},\boldsymbol{u},\boldsymbol{v}) = \inf_{x\in M} f(\boldsymbol{x}) \ .$$

Vereinbaren wir weiterhin

$$\operatorname{dom} q := \left\{ (\boldsymbol{u},\boldsymbol{v}) \in \mathbb{R}^m_+ \times \mathbb{R}^p \;\middle|\; \inf_{x\in\mathbb{R}^n} L(\boldsymbol{x},\boldsymbol{u},\boldsymbol{v}) > -\infty \right\} ,$$

dann gilt für die Funktion

$$q : \operatorname{dom} q \subset \mathbb{R}^m_+ \times \mathbb{R}^p \to \mathbb{R} \text{ mit } q(\boldsymbol{u},\boldsymbol{v}) := \inf_{x\in\mathbb{R}^n} L(\boldsymbol{x},\boldsymbol{u},\boldsymbol{v})$$

offensichtlich

$$\sup_{u\in\mathbb{R}^m_+,\ v\in\mathbb{R}^p} \inf_{x\in\mathbb{R}^n} L(\boldsymbol{x},\boldsymbol{u},\boldsymbol{v}) = \sup_{(u,v)\in\operatorname{dom} q} q(\boldsymbol{u},\boldsymbol{v}) \ .$$

Die Problemstellungen

$$\begin{array}{ll} (P) & \operatorname{MIN}\{f(\boldsymbol{x}) \mid \boldsymbol{x} \in M\} \ , \\ (D) & \operatorname{MAX}\{q(\boldsymbol{u},\boldsymbol{v}) \mid (\boldsymbol{u},\boldsymbol{v}) \in \operatorname{dom} q\} \end{array}$$

werden zueinander duale Problemstellungen genannt. Dabei wird (P) als *primales Problem* und (D) als *duales Problem* bezeichnet. Die zugehörigen Zielfunktionen f bzw. q heißen *primale Zielfunktion* bzw. *duale Zielfunktion*. Weiterhin ist $\operatorname{dom} q$ eine konvexe Menge, die duale Zielfunktion q konkav über $\operatorname{dom} q$ und somit jede lokale Lösung des dualen Problems auch eine globale Lösung (siehe Aufgabe 4.3).

Beispiel 4.6
Wir betrachten das primale (lineare) Optimierungsproblem

$$(P) \quad \operatorname{MIN}\left\{ \boldsymbol{c}^T\boldsymbol{x} \middle| \ A\boldsymbol{x} = \boldsymbol{b},\ \boldsymbol{x} \geq \boldsymbol{0} \right\}$$

mit $A \in \mathbb{R}^{(p,n)}$, $\boldsymbol{c},\boldsymbol{x} \in \mathbb{R}^n$ sowie $\boldsymbol{b} \in \mathbb{R}^p$ und zugehöriger Lagrange-Funktion $L : \mathbb{R}^n \times \mathbb{R}^n_+ \times \mathbb{R}^p \to \mathbb{R}$ mit

$$L(\boldsymbol{x},\boldsymbol{u},\boldsymbol{v}) := \boldsymbol{c}^T\boldsymbol{x} + (-\boldsymbol{x})^T\boldsymbol{u} + (\boldsymbol{b} - A\boldsymbol{x})^T\boldsymbol{v} = \boldsymbol{b}^T\boldsymbol{v} + \left(\boldsymbol{c} - \boldsymbol{u} - A^T\boldsymbol{v}\right)^T \boldsymbol{x} \ .$$

Offensichtlich gilt für die duale Zielfunktion $q : \mathbb{R}^n_+ \times \mathbb{R}^p \to \mathbb{R}$ mit

$$q(\boldsymbol{u},\boldsymbol{v}) := \inf_{x\in\mathbb{R}^n} L(\boldsymbol{x},\boldsymbol{u},\boldsymbol{v}) = \begin{cases} -\infty & \text{, falls } \boldsymbol{c} - A^T\boldsymbol{v} \neq \boldsymbol{u} \geq \boldsymbol{0} \\ \boldsymbol{b}^T\boldsymbol{v} & \text{, falls } \boldsymbol{c} - A^T\boldsymbol{v} = \boldsymbol{u} \geq \boldsymbol{0} \end{cases} ,$$

und das duale Problem zu (P) lautet

$$(D) \quad \operatorname{MAX}\left\{ \boldsymbol{b}^T\boldsymbol{v} \middle| \ A^T\boldsymbol{v} \leq \boldsymbol{c} \right\} .$$

■

Mit Lemma 4.1 folgt unmittelbar:

Satz 4.7 (Schwache Dualität)
Es seien (P) ein primales Problem mit Zielfunktion f und zulässigem Bereich M sowie (D) das zugehörige duale Problem mit dualer Zielfunktion q und dual zulässigem Bereich $\operatorname{dom} q$. Dann gilt

$$\sup_{(u,v)\in \operatorname{dom} q} q(\boldsymbol{u},\boldsymbol{v}) \leq \inf_{x\in M} f(\boldsymbol{x}) \, .$$

Mit anderen Worten besagt Satz 4.7, dass der duale Zielfunktionswert eines jeden dual zulässigen Punktes eine untere Schranke für den optimalen Zielfunktionswert des primalen Problems ist. Umgekehrt liefert auch der primale Zielfunktionswert eines jeden primal zulässigen Punktes eine obere Schranke für den optimalen Zielfunktionswert des dualen Problems.

Beispiel 4.8
Wir betrachten das primale Optimierungsproblem

$$(P) \quad \mathrm{MIN}\left\{ f(\boldsymbol{x}) = x_1^2 + x_2^2 \,\middle|\, g(x_1,x_2) = 2 - x_1 \leq 0 \right\}$$

mit der globalen Lösung $\hat{\boldsymbol{x}} = (2,0)^T$ und optimalem primalen Zielfunktionswert $f(2,0) = 4$. Für die zugehörige Lagrange-Funktion L gilt

$$\inf_{x\in\mathbb{R}^2} L(\boldsymbol{x},u) \quad = \quad \inf_{x\in\mathbb{R}^2} \left(x_1^2 + x_2^2 + u\,(2 - x_1)\right) = -\tfrac{1}{4}u^2 + 2u \ ,$$

und das duale Problem zu (P) lautet

$$(D) \quad \mathrm{MAX}\left\{ q(u) = -\frac{1}{4}u^2 + 2u \,\middle|\, u \in \mathbb{R}_+ \right\} .$$

Weiterhin ist offensichtlich $\hat{u} = 4$ die globale Lösung des dualen Problems mit optimalem dualen Zielfunktionswert $q(4) = 4$. ■

Im Gegensatz zu linearen Optimierungsproblemen (siehe z. B. Beispiel 4.8) gilt für ein Paar dualer Probleme i. Allg. jedoch nicht

$$\sup_{(u,v)\in \operatorname{dom} q} q(\boldsymbol{u},\boldsymbol{v}) = \inf_{x\in M} f(\boldsymbol{x}) \ ,$$

sondern es können durchaus sogenannte *Dualitätslücken* mit

$$\sup_{(u,v)\in \operatorname{dom} q} q(\boldsymbol{u},\boldsymbol{v}) < \inf_{x\in M} f(\boldsymbol{x})$$

auftreten, womit in diesem Fall auch der Optimalwert des dualen Problems keine scharfe untere Schranke für den optimalen Zielfunktionswert des primalen Problems darstellt.

Beispiel 4.9
Das primale Optimierungsproblem

$$(P) \quad \text{MIN}\{f(x) \mid g(x) = -x \leq 0\}$$

mit

$$f(x) = \begin{cases} 2x+4 & \text{, falls } x < -2 \\ -x^2 - 2x & \text{, falls } -2 \leq x < 0 \\ x^2 - 2x & \text{, falls } 0 \leq x < 2 \\ 2x - 4 & \text{, falls } 2 \leq x \end{cases}$$

besitzt die globale Lösung $\hat{x} = 1$. Für die zugehörige Lagrange-Funktion L gilt

$$L(x,u) = \begin{cases} (2-u)x+4 & \text{, falls } x < -2 \\ -x^2 - (2+u)x & \text{, falls } -2 \leq x < 0 \\ x^2 - (2+u)x & \text{, falls } 0 \leq x < 2 \\ (2-u)x - 4 & \text{, falls } 2 \leq x \end{cases}$$

und

$$\inf_{x\in\mathbb{R}} L(x,u) \begin{cases} -\infty & \text{, falls } u \neq 2 \\ -4 & \text{, falls } u = 2 \end{cases},$$

womit zwischen dem optimalen dualen Zielfunktionswert $q(2) = -4$ und dem optimalen primalen Zielfunktionswert $f(1) = -1$ eine (endliche) Dualitätslücke besteht. ∎

Existieren jedoch ein $\hat{\boldsymbol{x}} \in M$ und ein $(\hat{\boldsymbol{u}}, \hat{\boldsymbol{v}}) \in \operatorname{dom} q$ mit $q(\hat{\boldsymbol{u}}, \hat{\boldsymbol{v}}) = f(\hat{\boldsymbol{x}})$, so ist offensichtlich $\hat{\boldsymbol{x}}$ eine globale Lösung des primalen Problems und $(\hat{\boldsymbol{u}}, \hat{\boldsymbol{v}})$ eine globale Lösung des dualen Problems. Mit Lemma 4.3 folgt weiterhin unmittelbar:

Satz 4.10 (Starke Dualität)
Es seien (P) ein primales Problem der Form $(P_{\overline{=}}^{\leq})$ mit Zielfunktion f und zulässigem Bereich M sowie (D) das duale Problem zu (P) mit dualer Zielfunktion q und dual zulässigem Bereich $\operatorname{dom} q$. Das Tripel $(\hat{\boldsymbol{x}}, \hat{\boldsymbol{u}}, \hat{\boldsymbol{v}})$ ist genau dann ein Sattelpunkt der zugehörigen Lagrange-Funktion L bezüglich $\mathbb{R}^n \times \mathbb{R}^m_+ \times \mathbb{R}^p$, wenn

$$L(\hat{\boldsymbol{x}}, \hat{\boldsymbol{u}}, \hat{\boldsymbol{v}}) = \max_{(u,v)\in\operatorname{dom} q} q(\boldsymbol{u}, \boldsymbol{v}) = \min_{x\in M} f(\boldsymbol{x})$$

gilt.

Für konvexe Optimierungsprobleme mit differenzierbaren Problemfunktionen folgt aus Satz 4.5 und Satz 4.10:

Satz 4.11 (Starke Dualität bei konvexen Optimierungsproblemen)
Es seien $f \in C^1(\mathbb{R}^n, \mathbb{R})$, $G = (g_1, \cdots, g_m)^T \in C^1(\mathbb{R}^n, \mathbb{R}^m)$, $H = (h_1, \cdots, h_p)^T$, f konvex über $\mathbb{R}^n$, $g_i : \mathbb{R}^n \to \mathbb{R}$ konvex über $\mathbb{R}^n$ für alle $i \in \{1, \cdots, m\}$ und $h_j : \mathbb{R}^n \to \mathbb{R}$ affin-linear für alle $j \in \{1, \cdots, p\}$. Für das konvexe Optimierungsproblem $\left(P^{f,\leq\, konv.}_{=\, aff.-l.}\right)$ mit zulässigem Bereich M sind die folgenden Aussagen äquivalent:

(a) $(\hat{\boldsymbol{x}}, \hat{\boldsymbol{u}}, \hat{\boldsymbol{v}})$ ist ein KKT-Punkt von $\left(P^{f,\leq\, konv.}_{=\, aff.-l.}\right)$.

(b) $(\hat{\boldsymbol{x}}, \hat{\boldsymbol{u}}, \hat{\boldsymbol{v}})$ ist ein Sattelpunkt der Lagrange-Funktion L von $\left(P^{f,\leq\, konv.}_{=\, aff.-l.}\right)$ bzgl. $\mathbb{R}^n \times \mathbb{R}^m_+ \times \mathbb{R}^p$.

(c) Für die Lagrange-Funktion L von $\left(P^{f,\leq\, konv.}_{=\, aff.-l.}\right)$ gilt

$$L(\hat{\boldsymbol{x}}, \hat{\boldsymbol{u}}, \hat{\boldsymbol{v}}) = \max_{(u,v) \in \operatorname{dom} q} q(\boldsymbol{u}, \boldsymbol{v}) = \min_{x \in M} f(\boldsymbol{x}) .$$

Zum Abschluss dieses Abschnittes wollen wir noch einen zweiten Zugang zu den Dualitätsaussagen anführen, welcher für numerische Zwecke zwar kaum Bedeutung hat, aber bei der Entwicklung von Lösungsverfahren für Probleme mit Nebenbedingungen ein wichtiges Denkmodell liefert. Wir werden später diesen Zugang in abgewandelter Form immer wieder aufgreifen. Dafür wollen wir für Optimierungsprobleme der Form $\left(P^{\leq}\right)$ mit stetigen Problemfunktionen f und G sowie zulässigem Bereich $M \neq \emptyset$ die „Empfindlichkeit" der ggf. existierenden optimalen Lösungen gegenüber Änderungen der Nebenbedingungen betrachten. Die Funktion $\lambda : \Lambda \subset \mathbb{R}^m \to \overline{\mathbb{R}}$ mit

$$\lambda(\boldsymbol{b}) := \inf_x \{f(\boldsymbol{x}) \mid G(\boldsymbol{x}) \leq \boldsymbol{b}\} \text{ und } \Lambda := \{\boldsymbol{b} \in \mathbb{R}^m \mid \exists \boldsymbol{x} \in \mathbb{R}^n \text{ mit } G(\boldsymbol{x}) \leq \boldsymbol{b}\}$$

heißt *Sensitivitätsfunktion* des Optimierungsproblems $\left(P^{\leq}\right)$. Oft definiert man zusätzlich $\lambda(\boldsymbol{b}) := \infty$ für alle $\boldsymbol{b} \notin \Lambda$, und setzt somit die Sensitivitätsfunktion auf dem gesamten $\mathbb{R}^m$ fort. Die so definierte Sensitivitätsfunktion λ ist monoton fallend, d. h. für alle $\boldsymbol{b}^1, \boldsymbol{b}^2 \in \Lambda$ mit $\boldsymbol{b}^1 \leq \boldsymbol{b}^2$ gilt $\lambda(\boldsymbol{b}^1) \geq \lambda(\boldsymbol{b}^2)$, jedoch i. Allg. nicht differenzierbar (auch im Falle differenzierbarer Problemfunktionen). Sind ferner alle Koordinatenfunktionen g_i konvex über $\mathbb{R}^n$, so ist Λ eine konvexe Menge (siehe Aufgabe 4.4) und λ konvex über Λ (siehe beispielsweise Elster et al. (1977)). Für jedes festes $\boldsymbol{u} \in \mathbb{R}^m_+$ definieren wir nun

$$\rho(\boldsymbol{u}) := \sup \left\{ \rho \in \mathbb{R} \,\middle|\, \rho - \boldsymbol{u}^T \boldsymbol{b} \leq \lambda(\boldsymbol{b}) \; \forall \boldsymbol{b} \in \Lambda \right\}$$

und darauf aufbauend für den Fall $\rho(\boldsymbol{u}) > -\infty$ eine affin-lineare Funktion

$$l : \mathbb{R}^m \to \mathbb{R} \text{ mit } l(\boldsymbol{b}) := \rho(\boldsymbol{u}) - \boldsymbol{b}^T \boldsymbol{u} ,$$

welche den Graphen der Sensitivitätsfunktion λ „stützt". Mit

$$s(\boldsymbol{x},\boldsymbol{b}) := \begin{cases} 0 & \text{, falls } G(\boldsymbol{x}) \le \boldsymbol{b} \\ \infty & \text{, sonst} \end{cases}$$

und der Definition der dualen Zielfunktion für Problemstellungen der Form $\left(P^{\le}\right)$ folgt

$$\begin{aligned} \rho(\boldsymbol{u}) &= \inf_{b\in\Lambda}\left(\inf_{x\in\mathbb{R}^n}\{f(\boldsymbol{x})|\ G(\boldsymbol{x})\le \boldsymbol{b}\} + \boldsymbol{u}^T\boldsymbol{b}\right) = \inf_{b\in\Lambda}\inf_{x\in\mathbb{R}^n}\left(f(\boldsymbol{x}) + \boldsymbol{u}^T\boldsymbol{b} + s(\boldsymbol{x},\boldsymbol{b})\right) \\ &= \inf_{x\in\mathbb{R}^n}\inf_{b\in\Lambda}\left(f(\boldsymbol{x}) + \boldsymbol{u}^T\boldsymbol{b} + s(\boldsymbol{x},\boldsymbol{b})\right) = \inf_{x\in\mathbb{R}^n}\left(f(\boldsymbol{x}) + \inf_{b\in\Lambda}\left\{\boldsymbol{u}^T\boldsymbol{b}\,|\ G(\boldsymbol{x})\le\boldsymbol{b}\right\}\right) \\ &= \inf_{x\in\mathbb{R}^n}\left(f(\boldsymbol{x}) + G(\boldsymbol{x})^T\boldsymbol{u}\right) = \inf_{x\in\mathbb{R}^n} L(\boldsymbol{x},\boldsymbol{u}) \end{aligned}$$

und somit $\inf_{x\in M} f(\boldsymbol{x}) = \lambda(\boldsymbol{0}) \ge \sup_{u\in\mathbb{R}^m_+}\rho(\boldsymbol{u}) = \sup_{u\in\mathbb{R}^m_+}\inf_{x\in\mathbb{R}^n} L(\boldsymbol{x},\boldsymbol{u}) = \sup_{u\in\operatorname{dom} q} q(\boldsymbol{u})$, was einen Zusammenhang zwischen λ und dem schwachen Dualitätssatz herstellt.

Beispiel 4.12

Wir betrachten erneut das primale Problem (P) aus Beispiel 4.9 mit zulässigem Bereich $M = \{x\in\mathbb{R}|\ \ g(x) = -x \le 0\}$. Für die Sensitivitätsfunktion $\lambda : \mathbb{R}\to\mathbb{R}$ von (P) gilt

$$\lambda(b) := \begin{cases} -2b-4 & \text{, falls } b < -2 \\ b^2+2b & \text{, falls } -2\le b < -1 \\ -1 & \text{, falls } -1 \le b < \frac{5}{2} \\ -2b+4 & \text{, falls } \frac{5}{2} \le b \end{cases}, \quad \rho(\boldsymbol{u}) = \begin{cases} -\infty & \text{, falls } u \ne 2 \\ -4 & \text{, falls } u = 2 \end{cases}$$

und $\inf_{x\in M} f(\boldsymbol{x}) = \lambda(0) = -1 > -4 = \sup_{u\in\operatorname{dom} q} q(u)$. ■

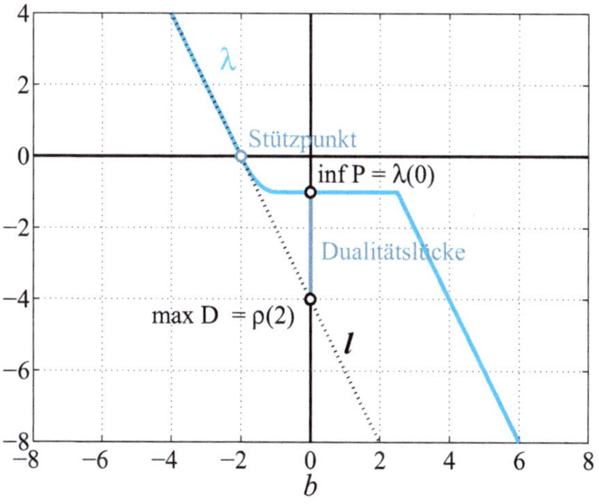

Abb. 4.1 Sensitivitätsfunktion λ und stützende affin-lineare Funktion l für Beispiel 4.12

4.2 Straffunktionen und Strafverfahren

Die in diesem Abschnitt betrachteten sogenannten *Strafverfahren* zählen historisch gesehen mit zu den ersten Verfahrensansätzen zur Lösung von restringierten nichtlinearen Optimierungsproblemen. Hierbei wird im Idealfall das ursprüngliche restringierte Problem durch die Lösung einer Folge von unrestringierten Problemen ersetzt, wobei die Zielfunktionen dieser Folge von unrestringierten Problemen eine Verletzung der Nebenbedingungen bzgl. des zugrundeliegenden restringierten Optimierungsproblems mit einem wachsenden Folgenparameter immer stärker „bestrafen". Von zentraler Bedeutung für die Beschreibung der Strafverfahren ist deshalb der Begriff der Straffunktion, den wir im Folgenden einführen wollen. Wir betrachten dafür ein Optimierungsproblem der Form $\left(P_{=}^{\leq}\right)$ mit zumindest stetigen Problemfunktionen f, G und H sowie zulässigem Bereich M. Ferner sei $\Psi:\ \mathbb{R}^n \to \mathbb{R}_+$ eine stetige Funktion mit

$$\Psi(\boldsymbol{x}) = 0 \Leftrightarrow \boldsymbol{x} \in M \text{ sowie } \Psi(\boldsymbol{x}) > 0 \Leftrightarrow \boldsymbol{x} \notin M \ .$$

Die (stetige) Funktion $\mathcal{S} : \mathbb{R}^n \times \mathbb{R}_{++} \to \mathbb{R}$ mit

$$\mathcal{S}(\boldsymbol{x}, r) := f(\boldsymbol{x}) + r\Psi(\boldsymbol{x}) \tag{4.1}$$

wird als *Straffunktion*, der Parameter $r > 0$ als *Strafparameter* und die Funktion Ψ als *Strafterm* für die Problemstellung $\left(P_{=}^{\leq}\right)$ bezeichnet. Für nicht zulässige Punkte $\boldsymbol{x}$ wird zu dem entsprechenden Wert der Zielfunktion also ein positives Vielfaches des Strafterms addiert. Wir werden uns bei unseren weiteren Betrachtungen in diesem Abschnitt zunächst auf eine spezielle Klasse von Straffunktionen, die sogenannten quadratischen Straffunktionen, beschränken.

Für einen Vektor $\boldsymbol{a} \in \mathbb{R}^m$ sei der Vektor $[\boldsymbol{a}]^+ \in \mathbb{R}^m$ koordinatenweise definiert durch

$$[\boldsymbol{a}]_i^+ := \max\{0, a_i\} \text{ mit } i \in \{1, \cdots, m\} \ .$$

Die Funktion $S:\ \mathbb{R}^n \times \mathbb{R}_{++} \to \mathbb{R}$ mit

$$S(\boldsymbol{x}, r) := f(\boldsymbol{x}) + r\left(\|\, [G(\boldsymbol{x})]^+ \,\|^2 + \|H(\boldsymbol{x})\|^2\right)$$

wird als *quadratische Straffunktion* für die Problemstellung $\left(P_{=}^{\leq}\right)$ bezeichnet, und für jedes (feste) $r > 0$ lässt sich der ursprünglichen Problemstellung $\left(P_{=}^{\leq}\right)$ nun ein unrestringiertes Optimierungsproblem gemäß

$$\left(SP_{=}^{\leq}\right)_r \quad \text{MIN}\left\{ S_r(\boldsymbol{x}) := f(\boldsymbol{x}) + r\left(\|\, [G(\boldsymbol{x})]^+ \,\|^2 + \|H(\boldsymbol{x})\|^2\right) \middle|\ \boldsymbol{x} \in \mathbb{R}^n \right\}$$

zuordnen.

Die den Strafverfahren (mit quadratischer Straffunktion) zugrundeliegende Idee besteht nun darin, für eine streng monoton wachsende Folge von Strafparametern $\{r_k\}_{k\in\mathbb{N}}$ globale (oder auch lokale) Lösungen $\boldsymbol{x}^k$ der zugehörigen unrestringierten Optimierungsprobleme $\left(SP_{\leqq}^{\leqq}\right)_{r_k}$ zu bestimmen, natürlich in der Hoffnung, sich damit einer globalen (oder auch lokalen) Lösung des ursprünglichen restringierten Optimierungsproblems $\left(P_{\equiv}^{\leq}\right)$ anzunähern. Ein entsprechender Prinzipalgorithmus kann wie folgt formuliert werden:

Algorithmus 21 (Prinzipalgorithmus Strafverfahren)

S0 Wähle $r_0 > 0$, und setze $k := 0$.

S1 Bestimme $\boldsymbol{x}^k \in \arg\min_{x\in\mathbb{R}^n} S(\boldsymbol{x}, r_k)$.

S2 Gilt $G(\boldsymbol{x}^k) \leq \mathbf{0}$ und $H(\boldsymbol{x}^k) = \mathbf{0}$, dann STOPP.

S3 Wähle $r_{k+1} > r_k$, setze $k := k + 1$, und gehe zu **S1.**

Wir setzen also bei der Formulierung von S1 die Existenz globaler Lösungen voraus und möchten zunächst die (theoretische) Abbruchbedingung in S2 motivieren. Aus der Definition der Straffunktion S folgt für alle Iterierten $\boldsymbol{x}^k$

$$f(\boldsymbol{x}^k) \leq S(\boldsymbol{x}^k, r_k) \leq \inf_{x\in M} S(\boldsymbol{x}, r_k) = \inf_{x\in M} f(\boldsymbol{x}) \ . \tag{4.2}$$

Gilt nun $G(\boldsymbol{x}^k) \leq \mathbf{0}$ und $H(\boldsymbol{x}^k) = \mathbf{0}$, so folgt $f(\boldsymbol{x}^k) \geq \inf_{x\in M} f(\boldsymbol{x})$ wegen $\boldsymbol{x}^k \in M$ bzw. $f(\boldsymbol{x}^k) = \min_{x\in M} f(\boldsymbol{x})$ wegen (4.2), womit $\boldsymbol{x}^k$ eine globale Lösung des ursprünglichen Problems $\left(P_{\equiv}^{\leq}\right)$ ist. Bei den folgenden Betrachtungen beschränken wir uns zunächst auf Problemstellungen der Form $(P_=)$.

Satz 4.13
Es seien $f \in C^0(\mathbb{R}^n, \mathbb{R})$, $H \in C^0(\mathbb{R}^n, \mathbb{R}^p)$, $M := \{\boldsymbol{x} \in \mathbb{R}^n \mid H(\boldsymbol{x}) = \mathbf{0}\} \neq \emptyset$ und $\{r_k\}_{k\in\mathbb{N}} \subset \mathbb{R}_{++}$ eine streng monoton wachsende Folge mit $\lim_{k\to\infty} r_k = \infty$. Dann gilt für jede durch den Prinzipalgorithmus 21 für das Optimierungsproblem $(P_=)$ erzeugte Folge $\left\{\boldsymbol{x}^k\right\}_{k\in\mathbb{N}}$:

(a) Die Folge $\left\{S(\boldsymbol{x}^k, r_k)\right\}_{k\in\mathbb{N}}$ ist monoton wachsend.

(b) Die Folge $\left\{\|H(\boldsymbol{x}^k)\|\right\}_{k\in\mathbb{N}}$ ist monoton fallend.

(c) Die Folge $\left\{f(\boldsymbol{x}^k)\right\}_{k\in\mathbb{N}}$ ist monoton wachsend.

(d) Es gilt $\lim_{k\to\infty} H(\boldsymbol{x}^k) = \mathbf{0}$.

(e) Jeder Häufungspunkt der Folge $\left\{\boldsymbol{x}^k\right\}_{k\in\mathbb{N}}$ ist (globale) Lösung von $(P_=)$.

Beweis:
Zu (a): Offensichtlich gilt wegen $\boldsymbol{x}^k \in \arg\min\limits_{x\in\mathbb{R}^n} S(\boldsymbol{x}, r_k)$ und $r_{k+1} > r_k > 0$

$$S(\boldsymbol{x}^k, r_k) \le S(\boldsymbol{x}^{k+1}, r_k) \le S(\boldsymbol{x}^{k+1}, r_{k+1})$$

für alle $k \in \mathbb{N}$.
Zu (b) und (c): Wiederum wegen $\boldsymbol{x}^k \in \arg\min\limits_{x\in\mathbb{R}^n} S(\boldsymbol{x}, r_k)$ gilt

$$S(\boldsymbol{x}^k, r_k) + S(\boldsymbol{x}^{k+1}, r_{k+1}) \le S(\boldsymbol{x}^{k+1}, r_k) + S(\boldsymbol{x}^k, r_{k+1})$$

für alle $k \in \mathbb{N}$. Mit der Definition der Funktion S folgt

$$(r_k - r_{k+1})\left(\|H(\boldsymbol{x}^k)\|^2 - \|H(\boldsymbol{x}^{k+1})\|^2\right) \le 0$$

und somit wegen $r_{k+1} > r_k$

$$\|H(\boldsymbol{x}^k)\|^2 - \|H(\boldsymbol{x}^{k+1})\|^2 \ge 0$$

für alle $k \in \mathbb{N}$. Dies impliziert jedoch unmittelbar

$$\|H(\boldsymbol{x}^k)\| \ge \|H(\boldsymbol{x}^{k+1})\|$$

und damit wegen $S(\boldsymbol{x}^k, r_k) \le S(\boldsymbol{x}^{k+1}, r_k)$ sowie $r_k > 0$ auch

$$f(\boldsymbol{x}^{k+1}) - f(\boldsymbol{x}^k) \ge r_k\left(\|H(\boldsymbol{x}^k)\|^2 - \|H(\boldsymbol{x}^{k+1})\|^2\right) \ge 0$$

für alle $k \in \mathbb{N}$.
Zu (d): Wegen $M \neq \emptyset$ gilt $\inf\limits_{x\in M} f(\boldsymbol{x}) < \infty$. Mit (c) sowie (4.2) folgt

$$f(\boldsymbol{x}^0) + r_k\|H(\boldsymbol{x}^k)\|^2 \le S(\boldsymbol{x}^k, r_k) < \infty$$

für alle $k \in \mathbb{N}$ und somit wegen $\lim\limits_{k\to\infty} r_k = \infty$ unmittelbar $\lim\limits_{k\to\infty} H(\boldsymbol{x}^k) = \boldsymbol{0}$.
Zu (e): Es seien $\hat{\boldsymbol{x}}$ ein Häufungspunkt der Folge $\left\{\boldsymbol{x}^k\right\}_{k\in\mathbb{N}}$ und $\{\boldsymbol{x}^{k(l)}\}_{l\in\mathbb{N}}$ eine gegen $\hat{\boldsymbol{x}}$ konvergente Teilfolge. Mit (d) folgt $H(\hat{\boldsymbol{x}}) = \boldsymbol{0}$ und somit $\hat{\boldsymbol{x}} \in M$. Weiterhin gilt wegen (4.2)

$$\inf_{x\in M} f(\boldsymbol{x}) \le f(\hat{\boldsymbol{x}}) = \lim_{l\to\infty} f(\boldsymbol{x}^{k(l)}) \le \lim_{l\to\infty} S(\boldsymbol{x}^{k(l)}, r_{k(l)}) \le \inf_{x\in M} f(\boldsymbol{x})$$

und damit $f(\hat{\boldsymbol{x}}) = \min\limits_{x\in M} f(\boldsymbol{x})$. □

Sind für Problemstellungen der Form $(P_=)$ die Problemfunktionen f und H stetig differenzierbar, dann sind auch die Funktionen S_r für alle r stetig differenzierbar, und es gilt

$$\nabla S_r(\boldsymbol{x}) = \nabla f(\boldsymbol{x}) + 2r\nabla H(\boldsymbol{x})H(\boldsymbol{x}) \; .$$

Nach Satz 2.2 gilt also für die Iterierten $\boldsymbol{x}^k$ des Prinzipalgorithmus 21

$$\mathbf{0} = \nabla f(\boldsymbol{x}^k) + 2r_k \nabla H(\boldsymbol{x}^k) H(\boldsymbol{x}^k) \ . \tag{4.3}$$

Ein Vergleich von (4.3) mit den KKT-Bedingungen des ursprünglichen Problems $(P_=)$ zeigt, dass die Werte

$$\boldsymbol{v}^k := 2r_k H(\boldsymbol{x}^k) \tag{4.4}$$

als Näherung der Lagrange-Multiplikatoren betrachtet werden können, was wiederum die Verletzung der KKT-Bedingungen in $(\boldsymbol{x}^k, \boldsymbol{v}^k)$ und der Zulässigkeit beispielsweise gemäß

$$\|\nabla f(\boldsymbol{x}) + 2r \nabla H(\boldsymbol{x}) H(\boldsymbol{x})\|_\infty < \varepsilon \text{ und } \|H(\boldsymbol{x})\|_\infty < \varepsilon$$

für ein vorgegebenes $\varepsilon > 0$ als praktisches Abbruchkriterium in S2 des Prinzipalgorithmus 21 nahelegt. Zur weiteren Motivation dieser Vorgehensweise dient der folgende Satz:

Satz 4.14
Es seien $f \in C^1(\mathbb{R}^n, \mathbb{R})$, $H = (h_1, \cdots, h_p)^T \in C^1(\mathbb{R}^n, \mathbb{R}^p)$, $\{r_k\}_{k \in \mathbb{N}} \subset \mathbb{R}_{++}$ eine streng monoton wachsende Folge mit $\lim\limits_{k \to \infty} r_k = \infty$, $\left\{\boldsymbol{x}^k\right\}_{k \in \mathbb{N}}$ eine durch den Prinzipalgorithmus 21 für das zugehörige Optimierungsproblem $(P_=)$ erzeugte Folge mit $\lim\limits_{k \to \infty} \boldsymbol{x}^k = \hat{\boldsymbol{x}}$ und die Folge $\left\{\boldsymbol{v}^k\right\}_{k \in \mathbb{N}} \subset \mathbb{R}^p$ definiert gemäß (4.4). Sind ferner die Gradienten $\nabla h_1(\hat{\boldsymbol{x}}), \cdots, \nabla h_p(\hat{\boldsymbol{x}})$ linear unabhängig, dann gilt:

(a) Es existiert ein $\hat{\boldsymbol{v}} \in \mathbb{R}^p$ mit $\lim\limits_{k \to \infty} \boldsymbol{v}^k = \hat{\boldsymbol{v}}$.

(b) $\hat{\boldsymbol{x}}$ ist eine (globale) Lösung, und das Paar $(\hat{\boldsymbol{x}}, \hat{\boldsymbol{v}})$ ist ein KKT-Punkt von $(P_=)$.

Beweis:
Zu (a): Wegen der linearen Unabhängigkeit der Gradienten $\nabla h_1(\hat{\boldsymbol{x}}), \cdots, \nabla h_p(\hat{\boldsymbol{x}})$ gilt

$$\operatorname{rang} \nabla H(\hat{\boldsymbol{x}}) = \operatorname{rang} \nabla H(\hat{\boldsymbol{x}})^T = p$$

und somit wegen $\lim\limits_{k \to \infty} \boldsymbol{x}^k = \hat{\boldsymbol{x}}$ und der stetigen Differenzierbarkeit von H

$$\operatorname{rang} \nabla H(\boldsymbol{x}^k) = \operatorname{rang} \nabla H(\boldsymbol{x}^k)^T = p$$

für alle hinreichend großen k. Damit sind aber sowohl die Matrix $\nabla H(\hat{\boldsymbol{x}})^T \nabla H(\hat{\boldsymbol{x}})$ als auch die Matrix $\nabla H(\boldsymbol{x}^k)^T \nabla H(\boldsymbol{x}^k)$ für alle hinreichend großen k invertierbar. Wegen (4.3) und (4.4) folgt

$$\mathbf{0} = \nabla H(\boldsymbol{x}^k)^T \nabla f(\boldsymbol{x}^k) + \nabla H(\boldsymbol{x}^k)^T \nabla H(\boldsymbol{x}^k) \boldsymbol{v}^k$$

und daher wegen $\lim_{k\to\infty} \boldsymbol{x}^k = \hat{\boldsymbol{x}}$

$$\begin{aligned}\lim_{k\to\infty} \boldsymbol{v}^k &= -\lim_{k\to\infty} \left(\nabla H(\boldsymbol{x}^k)^T \nabla H(\boldsymbol{x}^k)\right)^{-1} \nabla H(\boldsymbol{x}^k)^T \nabla f(\boldsymbol{x}^k) \\ &= -\left(\nabla H(\hat{\boldsymbol{x}})^T \nabla H(\hat{\boldsymbol{x}})\right)^{-1} \nabla H(\hat{\boldsymbol{x}})^T \nabla f(\hat{\boldsymbol{x}}) \\ &=: \hat{\boldsymbol{v}} ,\end{aligned}$$

womit die Aussage (a) bewiesen ist.
Zu (b): Wegen $H \in C^1(\mathbb{R}^n, \mathbb{R}^p)$, $\lim_{k\to\infty} r_k = \infty$, $\lim_{k\to\infty} \boldsymbol{x}^k = \hat{\boldsymbol{x}}$, (4.4) sowie (a) folgt

$$H(\hat{\boldsymbol{x}}) = \lim_{k\to\infty} H(\boldsymbol{x}^k) = \lim_{k\to\infty} \frac{\boldsymbol{v}^k}{2r_k} = \boldsymbol{0} ,$$

weshalb $\hat{\boldsymbol{x}}$ nach Satz 4.13 (e) eine (globale) Lösung des Optimierungsproblems $(P_=)$ ist. Da weiterhin in $\hat{\boldsymbol{x}}$ die Regularitätsbedingung **(LICQ)** erfüllt ist, existiert nach Satz 2.22, Satz 2.26, Satz 2.28 und Aufgabe 2.12 ein eindeutig bestimmter Lagrange-Multiplikator $\bar{\boldsymbol{v}} \in \mathbb{R}^m$ mit $\boldsymbol{0} = \nabla f(\hat{\boldsymbol{x}}) + \nabla H(\hat{\boldsymbol{x}})\bar{\boldsymbol{v}}$ bzw. $\boldsymbol{0} = \nabla H(\hat{\boldsymbol{x}})^T \nabla f(\hat{\boldsymbol{x}}) + \nabla H(\hat{\boldsymbol{x}})^T \nabla H(\hat{\boldsymbol{x}})\bar{\boldsymbol{v}}$. Unter Verwendung der Ausführungen und der Definition von $\hat{\boldsymbol{v}}$ im Beweis von (a) folgt nun $\bar{\boldsymbol{v}} = \hat{\boldsymbol{v}}$ und somit $\boldsymbol{0} = \nabla f(\hat{\boldsymbol{x}}) + \nabla H(\hat{\boldsymbol{x}})\hat{\boldsymbol{v}}$, wodurch auch die Aussage (b) gezeigt ist. □

Wir bemerken nochmals, dass wir bei der Formulierung von Satz 4.13 und Satz 4.14 implizit vorausgesetzt haben, dass für alle Strafparameter r_k die in Schritt S1 des Prinzipalgorithmus 21 betrachteten Funktionen globale Minimalstellen über $\mathbb{R}^n$ besitzen (was i. Allg. nicht der Fall ist) und diese globalen Minimalstellen sogar jeweils exakt bestimmt werden können. Sind für Problemstellungen der Form $\left(P^{\leq}\right)$ die Problemfunktionen f und G stetig differenzierbar, dann sind die Funktion S_r für alle r ebenfalls stetig differenzierbar, und es gilt

$$\nabla S_r(\boldsymbol{x}) = \nabla f(\boldsymbol{x}) + 2r\nabla G(\boldsymbol{x}) \left[G(\boldsymbol{x})\right]^+ . \tag{4.5}$$

Da weiterhin $G(\boldsymbol{x}) \leq \boldsymbol{0}$ äquivalent zu $[G(\boldsymbol{x})]^+ = \boldsymbol{0}$ ist, lassen sich die Aussagen der Sätze 4.13 und 4.14 auf Problemstellungen der Form $\left(P^{\leq}\right)$ und damit auch auf die allgemeine Problemstellung $\left(P^{\leq}_{=}\right)$ übertragen, worauf wir jedoch nicht weiter eingehen wollen.

Beispiel 4.15
Wir betrachten das Optimierungsproblem (Problem Nr. 101)

$$\text{MIN}\left\{f(\boldsymbol{x}) = -x_1^2 + x_2^2 \mid 0 \leq x_1 \leq 1,\ -1 \leq x_2 \leq 1\right\}$$

mit (globaler) Lösung $\hat{\boldsymbol{x}} = (1,0)^T$ und optimalen Zielfunktionswert $f(\hat{\boldsymbol{x}}) = -1$ (siehe Aufgabe 2.15) sowie zugehöriger quadratischer Straffunktion

$$S_r(\boldsymbol{x}) = -x_1^2 + x_2^2 + r\left(\left([-x_1]^+\right)^2 + \left([x_1-1]^+\right)^2 + \left([-x_2-1]^+\right)^2 + \left([x_2-1]^+\right)^2\right) .$$

Für alle $r > 0$ ist zunächst $\tilde{\boldsymbol{x}} = (0,0)^T$ ein Sattelpunkt von S_r. Ist weiterhin für $r > 0$ der Punkt $\hat{\boldsymbol{x}}(r)$ eine globale Minimalstelle von S_r über $\mathbb{R}^2$, so muss $\hat{x}_2(r) = 0$ gelten, und es genügt (für ein festes $r > 0$) zur Minimierung von S_r die Hilfsfunktion

$$\begin{aligned} \bar{S}_r(x_1) \quad &:= \quad -x_1^2 + r\left(\left([-x_1]^+\right)^2 + \left([x_1-1]^+\right)^2\right) \\ &= \quad \begin{cases} (r-1)x_1^2 & \text{, falls } x_1 < 0 \\ -x_1^2 & \text{, falls } 0 \le x_1 \le 1 \\ (r-1)x_1^2 - 2rx_1 + r & \text{, falls } 1 < x_1 \end{cases} \end{aligned}$$

zu betrachten. Gilt $0 < r \le 1$, so besitzt die zugehörige Hilfsfunktion $\bar{S}_r$ und somit die entsprechende Straffunktion S_r keine globale Minimalstelle. Für $r > 1$ ist jedoch $\hat{\boldsymbol{x}}(r) = \left(\frac{r}{r-1}, 0\right)^T$ mit $S_r(\hat{\boldsymbol{x}}(r)) = -\frac{r}{r-1}$ die globale Minimalstelle der Straffunktion S_r über $\mathbb{R}^2$, und es gilt $\lim\limits_{r\to\infty} \hat{\boldsymbol{x}}(r) = \hat{\boldsymbol{x}} = (1,0)^T$ sowie $\lim\limits_{r\to\infty} S_r(\hat{\boldsymbol{x}}(r)) = f(\hat{\boldsymbol{x}}) = -1.$ ∎

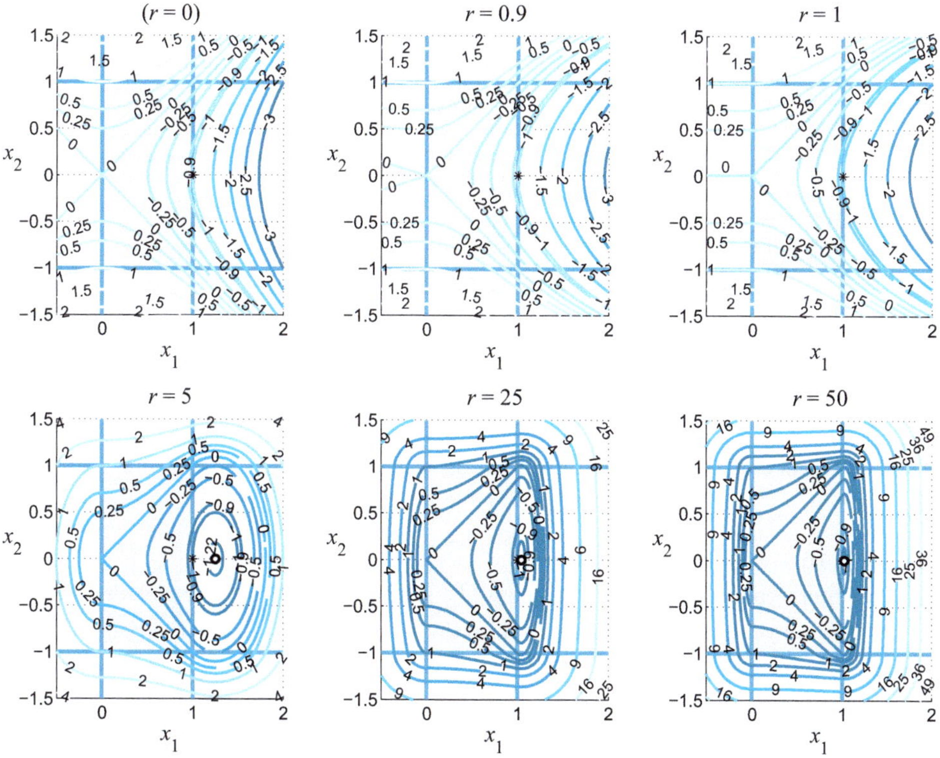

Abb. 4.2 Höhenlinien der Zielfunktion ($r = 0$) und der zugehörigen quadratischen Straffunktion mit Strafparameter $r = 0.9, 1, 5, 25, 50$ für Beispiel 4.15

In Analogie zum vorhergehenden Abschnitt wollen wir für quadratische Straffunktionen einen zweiten Zugang über die Sensitivitätsfunktion diskutieren. Wir betrachten wiederum ein Optimierungsproblem der Form $\left(P^{\leq}\right)$ mit zumindest stetigen Problemfunktionen f und G, zulässigem Bereich $M \neq \emptyset$ sowie Sensitivitätsfunktion λ. Für jedes feste $r > 0$ definieren wir nun

$$\rho(r) := \sup\left\{\rho \in \mathbb{R} \,\middle|\, \rho - r\,\|\boldsymbol{b}\|^2 \leq \lambda(\boldsymbol{b})\ \forall\, \boldsymbol{b} \in \Lambda\right\}$$

mit der Absicht, den Graphen der Sensitivitätsfunktion λ des Problems $\left(P^{\leq}\right)$ durch quadratische Funktionen

$$\pi : \mathbb{R}^m \to \mathbb{R} \text{ mit } \pi(\boldsymbol{b}) := \rho(r) - r\|\boldsymbol{b}\|^2$$

zu „stützen". Analog der Schlussweise im vorhergehenden Abschnitt folgt

$$\rho(r) = \inf_{x\in\mathbb{R}^n} \left(f(\boldsymbol{x}) + r\|\,[G(\boldsymbol{x})]^+\,\|^2\right) = \inf_{x\in\mathbb{R}^n} S_r(\boldsymbol{x})\ .$$

Vereinbaren wir nun

$$\operatorname{dom}\Theta := \left\{r > 0 \,\middle|\, \inf_{x\in\mathbb{R}^n} S_r(\boldsymbol{x}) > -\infty\right\}$$

und

$$\Theta : \operatorname{dom}\Theta \to \mathbb{R} \text{ mit } \Theta(r) := \inf_{x\in\mathbb{R}^n} S_r(\boldsymbol{x})\ ,$$

so können wir durch

$$\mathrm{MAX}\,\{\Theta(r) \mid r \in \operatorname{dom}\Theta\}$$

ein anderes „duales" Problem zu (P) formulieren, für welches

$$\inf_{x\in M} f(\boldsymbol{x}) = \lambda(\boldsymbol{0}) \geq \sup_{r>0} \rho(r) = \sup_{r>0} \inf_{x\in\mathbb{R}^n} S_r(\boldsymbol{x}) = \sup_{r\in\operatorname{dom}\Theta} \Theta(r) \tag{4.6}$$

gilt. Offensichtlich ist die Funktion Θ monoton wachsend, und in (4.6) kann Gleichheit i. Allg. nur für $r \to \infty$ erreicht werden.

Beispiel 4.16
Wir betrachten erneut das primale Problem (P) aus Beispiel 4.8 mit der globalen Lösung $\hat{\boldsymbol{x}} = (2,0)^T$ und optimalen primalen Zielfunktionswert $f(\hat{\boldsymbol{x}}) = 4$. Für die Sensitivitätsfunktion $\lambda : \mathbb{R} \to \mathbb{R}$ von (P) gilt

$$\lambda(b) := \begin{cases} (b-2)^2 & \text{, falls } b < 2 \\ 0 & \text{, falls } b \geq 2 \end{cases}$$

und somit $\lambda(0) = f(\hat{\boldsymbol{x}}) = 4$. Weiterhin folgt für alle $r > 0$

$$\rho(r) = \inf_{x\in\mathbb{R}^2} S_r(\boldsymbol{x}) = \inf_{x\in\mathbb{R}^2} \left(x_1^2 + x_2^2 + r([2-x_1]^+)^2\right) = S(\hat{\boldsymbol{x}}(r), r)$$

mit
$$\hat{\boldsymbol{x}}(r) = \left(\frac{2r}{1+r}, 0\right)^T \quad \text{sowie} \quad \rho(r) = \frac{4r}{1+r}\,.$$
Die die Sensitivitätsfunktion λ „stützenden“ quadratischen Funktionen $\pi : \mathbb{R} \to \mathbb{R}$ haben daher die Form
$$\pi(b) = \frac{4r}{1+r} - rb^2$$
und berühren („stützen“) den Graphen der Sensitivitätsfunktion λ in den Punkten
$$\left(\frac{2}{1+r}, \frac{4r^2}{(1+r)^2}\right)^T.$$
Ferner gilt $\lim\limits_{r\to\infty} \hat{\boldsymbol{x}}(r) = (2,0)^T$ sowie $\sup\limits_{r>0} \rho(r) = \lim\limits_{r\to\infty} \rho(r) = 4$. ■

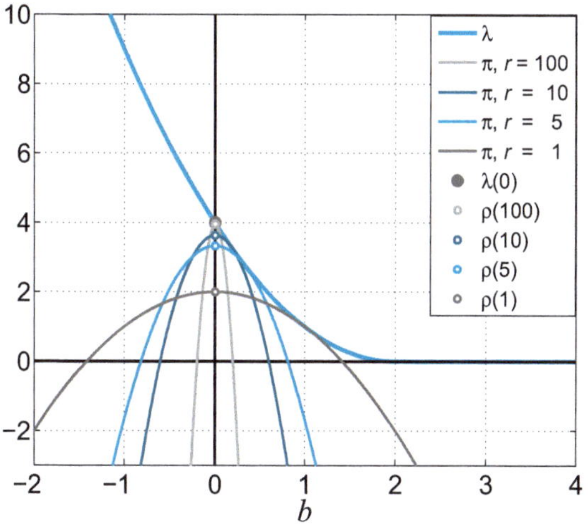

Abb. 4.3 Sensitivitätsfunktion λ und stützende quadratische Funktionen π für Beispiel 4.16

Die bisher betrachteten Strafverfahren (mit quadratischen Straffunktionen) haben (wie bereits erwähnt) den Nachteil, dass i. Allg. eine (globale) Lösung der unrestringierten Hilfsprobleme $(SP^{\leqq}_{\equiv})_r$ nur für $r \to \infty$ auch eine (globale) Lösung des ursprünglichen Problems $(P^{\leqq}_{\equiv})$ ist und die Hilfsprobleme mit wachsendem Strafparameter r immer schlechter konditionierte Hesse-Matrizen besitzen. So gilt im Beispiel 4.16
$$\nabla^2_x S^{\leq}(\hat{\boldsymbol{x}}(r), r) = \begin{pmatrix} 2+2r & 0 \\ 0 & 2 \end{pmatrix},$$
d. h. die spektrale Konditionszahl der Hesse-Matrix $\nabla^2_x S^{\leq}(\hat{\boldsymbol{x}}(r), r)$ strebt mit r gegen unendlich (siehe auch Beispiel 4.15). Es existieren jedoch sogenannte exakte Straffunktionen, die diesen Nachteil für gewisse Problemklassen nicht aufweisen.

Definition 4.17
Es seien $\hat{\boldsymbol{x}}$ eine lokale Lösung eines Optimierungsproblems der Form $\left(P_{=}^{\leq}\right)$ mit stetigen Problemfunktionen f, G und H sowie $\mathcal{S} : \mathbb{R}^n \times \mathbb{R}_+ \to \mathbb{R}$ eine Straffunktion für die Problemstellung $\left(P_{=}^{\leq}\right)$ gemäß (4.1). Die Straffunktion $\mathcal{S}$ heißt *exakt* in $\hat{\boldsymbol{x}}$, wenn ein $\bar{r} > 0$ existiert, sodass $\hat{\boldsymbol{x}}$ für alle $r \geq \bar{r}$ auch eine lokale Minimalstelle der Funktion

$$\mathcal{S}_r : \mathbb{R}^n \to \mathbb{R} \text{ mit } \mathcal{S}_r(\boldsymbol{x}) := \mathcal{S}(\boldsymbol{x}, r)$$

über $\mathbb{R}^n$ ist.

Beispielsweise ist unter zusätzlichen Voraussetzungen durch die sogenannten l_q-*Straffunktionen*

$$S^q : \mathbb{R}^n \times \mathbb{R}_+ \to \mathbb{R} \text{ mit } S^q(\boldsymbol{x}, r) := f(\boldsymbol{x}) + r \left\| \begin{pmatrix} [G(\boldsymbol{x})]^+ \\ H(\boldsymbol{x}) \end{pmatrix} \right\|_q$$

mit $1 \leq q \leq \infty$ eine Klasse exakter Straffunktionen gegeben. Der nachfolgende Satz zeigt, dass wir uns beim Nachweis der Exaktheit der l_q-Straffunktionen beispielsweise auf die l_1-Straffunktion

$$S^1 : \mathbb{R}^n \times \mathbb{R}_+ \to \mathbb{R} \text{ mit } S^1(\boldsymbol{x}, r) := f(\boldsymbol{x}) + r \left(\| [G(\boldsymbol{x})]^+ \|_1 + \|H(\boldsymbol{x})\|_1 \right)$$

beschränken können.

Satz 4.18
Existiert für ein Optimierungsproblem der Form $\left(P_{=}^{\leq}\right)$ mit stetigen Problemfunktionen f, G und H sowie lokaler Lösung $\hat{\boldsymbol{x}}$ ein $\bar{q}$, sodass die zugehörige $l_{\bar{q}}$-Straffunktion $S^{\bar{q}}$ exakt in $\hat{\boldsymbol{x}}$ ist, so sind für alle q mit $1 \leq q \leq \infty$ die zugehörigen l_q-Straffunktionen S^q exakt in $\hat{\boldsymbol{x}}$.

Beweis: Wir vereinbaren zunächst

$$\Psi^{\bar{q}}(\boldsymbol{x}) := \left\| \begin{pmatrix} [G(\boldsymbol{x})]^+ \\ H(\boldsymbol{x}) \end{pmatrix} \right\|_{\bar{q}} \text{ und } \Psi^q(\boldsymbol{x}) := \left\| \begin{pmatrix} [G(\boldsymbol{x})]^+ \\ H(\boldsymbol{x}) \end{pmatrix} \right\|_q$$

mit $1 \leq \bar{q}, q \leq \infty$. Aufgrund der Normäquivalenz im $\mathbb{R}^{m+p}$, und da nach Voraussetzung $S^{\bar{q}}$ exakt in $\hat{\boldsymbol{x}}$ ist, existieren ein $C \geq 1$, ein $\bar{r}' > 0$ und eine ε-Umgebung $U_\varepsilon(\hat{\boldsymbol{x}})$ mit

$$\Psi^{\bar{q}}(\boldsymbol{x}) \leq C\Psi^q(\boldsymbol{x}) \text{ und } S^{\bar{q}}_{r'}(\hat{\boldsymbol{x}}) \leq S^{\bar{q}}_{r'}(\boldsymbol{x})$$

für alle $\boldsymbol{x} \in U_\varepsilon(\hat{\boldsymbol{x}})$ und alle $r' \geq \bar{r}'$, woraus unmittelbar

$$S^q_{Cr'}(\hat{\boldsymbol{x}}) = S^q_{r'}(\hat{\boldsymbol{x}}) = S^{\bar{q}}_{r'}(\hat{\boldsymbol{x}}) \leq S^{\bar{q}}_{r'}(\boldsymbol{x}) = f(\boldsymbol{x}) + r'\Psi^{\bar{q}}(\boldsymbol{x}) \leq f(\boldsymbol{x}) + r'C\Psi^q(\boldsymbol{x}) = S^q_{Cr'}(\boldsymbol{x})$$

für alle $\boldsymbol{x} \in U_\varepsilon(\hat{\boldsymbol{x}})$ und alle $r' \geq \bar{r}'$ folgt. Somit ist $\hat{\boldsymbol{x}}$ auch eine lokale Minimalstelle von S_r^q über $\mathbb{R}^n$ für alle $r \geq \bar{r} := C\bar{r}'$ und die gewünschte Aussage bewiesen. □

Wir formulieren nun zunächst ein Exaktheitsresultat für die l_1-Straffunktion bei konvexen Problemstellungen.

Satz 4.19
Ist $(\hat{\boldsymbol{x}}, \hat{\boldsymbol{u}}, \hat{\boldsymbol{v}}) \in \mathbb{R}^n \times \mathbb{R}^m \times \mathbb{R}^p$ ein KKT-Punkt des konvexen Optimierungsproblems $\left(P^{f,\leq\, konv.}_{=\, aff.-l.}\right)$ mit $f \in C^1(\mathbb{R}^n, \mathbb{R})$ und $G \in C^1(\mathbb{R}^n, \mathbb{R}^m)$, dann ist $\hat{\boldsymbol{x}}$ für alle

$$r > \bar{r} := \max\left\{\|\hat{\boldsymbol{u}}\|_\infty, \|\hat{\boldsymbol{v}}\|_\infty\right\}$$

sowohl eine globale Lösung von $\left(P^{f,\leq\, konv.}_{=\, aff.-l.}\right)$ als auch eine strenge globale Minimalstelle von $S_r^1 : \mathbb{R}^n \to \mathbb{R}$ mit $S_r^1(\boldsymbol{x}) := f(\boldsymbol{x}) + r\left(\|\,[G(\boldsymbol{x})]^+\,\|_1 + \|H(\boldsymbol{x})\|_1\right)$ über $\mathbb{R}^n$.

Beweis: Ist $(\hat{\boldsymbol{x}}, \hat{\boldsymbol{u}}, \hat{\boldsymbol{v}})$ ein KKT-Punkt von $\left(P^{f,\leq\, konv.}_{=\, aff.-l.}\right)$, so ist $\hat{\boldsymbol{x}}$ nach Satz 2.24 eine globale Lösung des konvexen Optimierungsproblems, und es gilt

$$\nabla f(\hat{\boldsymbol{x}}) + \nabla G(\hat{\boldsymbol{x}})\hat{\boldsymbol{u}} + \nabla H(\hat{\boldsymbol{x}})\hat{\boldsymbol{v}} = \boldsymbol{0},\ G(\hat{\boldsymbol{x}}) \leq \boldsymbol{0},\ \hat{\boldsymbol{u}} \geq \boldsymbol{0},\ \hat{\boldsymbol{u}}^T G(\hat{\boldsymbol{x}}) = 0 \text{ sowie } H(\hat{\boldsymbol{x}}) = \boldsymbol{0}\,.$$

Mit Satz 1.68 (a) und der Definition von $\bar{r}$ folgt

$$\begin{aligned}
S_r^1(\hat{\boldsymbol{x}}) &= f(\hat{\boldsymbol{x}}) + G(\hat{\boldsymbol{x}})^T\hat{\boldsymbol{u}} + H(\hat{\boldsymbol{x}})^T\hat{\boldsymbol{v}} \\
&= f(\hat{\boldsymbol{x}}) + G(\hat{\boldsymbol{x}})^T\hat{\boldsymbol{u}} + H(\hat{\boldsymbol{x}})^T\hat{\boldsymbol{v}} + \left(\nabla f(\hat{\boldsymbol{x}}) + \nabla G(\hat{\boldsymbol{x}})\hat{\boldsymbol{u}} + \nabla H(\hat{\boldsymbol{x}})\hat{\boldsymbol{v}}\right)^T(\boldsymbol{x} - \hat{\boldsymbol{x}}) \\
&= f(\hat{\boldsymbol{x}}) + \nabla f(\hat{\boldsymbol{x}})^T(\boldsymbol{x} - \hat{\boldsymbol{x}}) + \left(G(\hat{\boldsymbol{x}}) + \nabla G(\hat{\boldsymbol{x}})^T(\boldsymbol{x} - \hat{\boldsymbol{x}})\right)^T\hat{\boldsymbol{u}} \\
&\quad + \left(H(\hat{\boldsymbol{x}}) + \nabla H(\hat{\boldsymbol{x}})^T(\boldsymbol{x} - \hat{\boldsymbol{x}})\right)^T\hat{\boldsymbol{v}} \\
&\leq f(\boldsymbol{x}) + G(\boldsymbol{x})^T\hat{\boldsymbol{u}} + H(\boldsymbol{x})^T\hat{\boldsymbol{v}} \\
&= f(\boldsymbol{x}) + \sum_{i=1}^m \hat{u}_i g_i(\boldsymbol{x}) + \sum_{j=1}^p \hat{v}_j h_j(\boldsymbol{x}) \\
&\leq f(\boldsymbol{x}) + \sum_{i=1}^m \hat{u}_i\,[g_i(\boldsymbol{x})]^+ + \sum_{j=1}^p |\hat{v}_j|\,|h_j(\boldsymbol{x})| \\
&\leq f(\boldsymbol{x}) + \sum_{i=1}^m \bar{r}\,[g_i(\boldsymbol{x})]^+ + \sum_{j=1}^p \bar{r}\,|h_j(\boldsymbol{x})| \\
&= f(\boldsymbol{x}) + \bar{r}\left(\|\,[G(\boldsymbol{x})]^+\,\|_1 + \|H(\boldsymbol{x})\|_1\right) \\
&< f(\boldsymbol{x}) + r\left(\|\,[G(\boldsymbol{x})]^+\,\|_1 + \|H(\boldsymbol{x})\|_1\right) = S_r^1(\boldsymbol{x})
\end{aligned}$$

für alle $\boldsymbol{x} \in \mathbb{R}^n$ und alle $r > \bar{r}$, womit die Aussage gezeigt ist. □

Für nichtkonvexe Problemstellungen kann die in Satz 4.19 formulierte „globale" Exaktheit der l_q-Straffunktionen i. Allg. nicht garantiert werden (siehe Beispiel 4.21). Es gilt jedoch der folgende Satz, den wir ohne Beweis zitieren.

Satz 4.20 (Bertsekas (1999))
Es sei $\hat{\boldsymbol{x}}$ eine lokale Lösung des Optimierungsproblems $\left(P_{=}^{\leq}\right)$ mit $f \in C^2(\mathbb{R}^n, \mathbb{R})$, $G \in C^2(\mathbb{R}^n, \mathbb{R}^m)$, $H \in C^2(\mathbb{R}^n, \mathbb{R}^p)$ sowie $M := \{\boldsymbol{x} \in \mathbb{R}^n \mid G(\boldsymbol{x}) \leq \boldsymbol{0}, H(\boldsymbol{x}) = \boldsymbol{0}\}$. Sind in $\hat{\boldsymbol{x}}$ die Regularitätsbedingung **(LICQ)** und im eindeutig bestimmten zugehörigen KKT-Punkt $(\hat{\boldsymbol{x}}, \hat{\boldsymbol{u}}, \hat{\boldsymbol{v}})$ von $\left(P_{=}^{\leq}\right)$ das hinreichende Optimalitätskriterium 2. Ordnung nach Satz 2.32 erfüllt, dann ist $\hat{\boldsymbol{x}}$ für alle

$$r > \bar{r} := \max\{\|\hat{\boldsymbol{u}}\|_\infty, \|\hat{\boldsymbol{v}}\|_\infty\}$$

sowohl eine strenge lokale Minimalstelle von f über M als auch eine strenge lokale Minimalstelle von $S_r^1 : \mathbb{R}^n \to \mathbb{R}$ mit $S_r^1(\boldsymbol{x}) := f(\boldsymbol{x}) + r\left(\| [G(\boldsymbol{x})]^+ \|_1 + \|H(\boldsymbol{x})\|_1\right)$.

Beispiel 4.21
Wir betrachten erneut das Optimierungsproblem aus Beispiel 4.15 (Problem Nr. 101) mit (globaler) Lösung $\hat{\boldsymbol{x}} = (1,0)^T$, den eindeutig bestimmten zugehörigen Lagrange-Multiplikatoren $\hat{\boldsymbol{u}} = (0,2,0,0)^T$ und der l_1-Straffunktion

$$S^1(\boldsymbol{x}, r) = -x_1^2 + x_2^2 + r\left([-x_1]^+ + [x_1 - 1]^+ + [-x_2 - 1]^+ + [x_2 - 1]^+\right) \ .$$

Offensichtlich besitzt für alle $r > 0$ wegen

$$\lim_{x_1 \to \infty} S_r^1(x_1, 0) = \lim_{x_1 \to \infty} \left(-x_1^2 + r(x_1 - 1)\right) = -\infty$$

die korrespondierende Funktion S_r^1 keine globale Minimalstelle über $\mathbb{R}^n$, und $\hat{\boldsymbol{x}}$ ist nur für $r > 2$ eine lokale Minimalstelle von S_r^1. ■

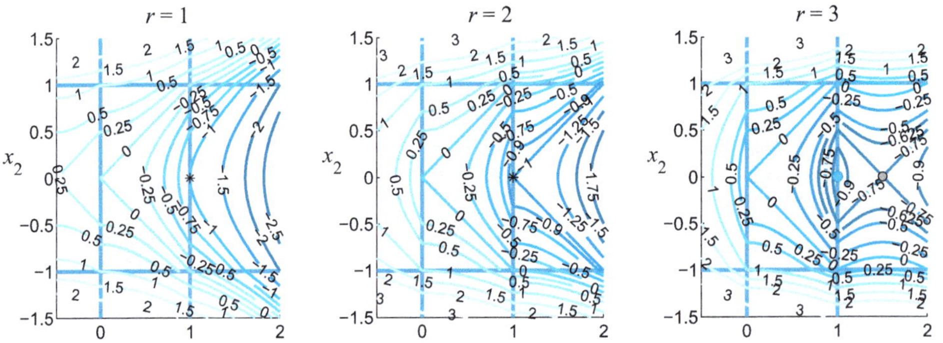

Abb. 4.4 Höhenlinien der l_1-Straffunktion mit Strafparameter $r = 1, 2, 3$ für Beispiel 4.21

Wir bemerken, dass für eine beliebige l_q-Norm mit $1 \leq q \leq \infty$ die Aussagen der Sätze 4.19 und 4.20 erhalten bleiben, wenn

$$\bar{r} := \left\| \begin{pmatrix} \hat{\boldsymbol{u}} \\ \hat{\boldsymbol{v}} \end{pmatrix} \right\|_{q'} = \max_{\|(u,v)\|_q = 1} \left| \hat{\boldsymbol{u}}^T \boldsymbol{u} + \hat{\boldsymbol{v}}^T \boldsymbol{v} \right| \text{ (induzierte Matrixnorm der Matrix } (\hat{\boldsymbol{u}}^T, \hat{\boldsymbol{v}}^T))$$

mit $\frac{1}{q} + \frac{1}{q'} = 1$ für $1 < q, q' < \infty$ bzw. $q' = 1$ für $q = \infty$ gesetzt wird. Weiterhin lassen sich auf Grund der Normäquivalenz die Aussagen der Sätze 4.18, 4.19 und 4.20 sogar auf beliebige Normen im $\mathbb{R}^{m+p}$ übertragen. Der nachfolgende Satz offenbart jedoch den grundlegenden Nachteil von exakten Straffunktionen.

Satz 4.22
Es seien $f \in C^1(\mathbb{R}^n, \mathbb{R})$, $G \in C^1(\mathbb{R}^n, \mathbb{R}^m)$ sowie $H \in C^1(\mathbb{R}^n, \mathbb{R}^p)$ und $\hat{\boldsymbol{x}}$ eine lokale Lösung des zugehörigen Optimierungsproblems $(P^{\leqq}_{=})$ mit $\nabla f(\hat{\boldsymbol{x}}) \neq \boldsymbol{0}$. Dann gilt: Ist $\mathcal{S} : \mathbb{R}^n \times \mathbb{R}_+ \to \mathbb{R}$ mit $\mathcal{S}(\boldsymbol{x}, r) := f(\boldsymbol{x}) + r\Psi(\boldsymbol{x})$ eine in $\hat{\boldsymbol{x}}$ exakte Straffunktion, dann ist der Strafterm Ψ in $\hat{\boldsymbol{x}}$ nicht differenzierbar.

Beweis: Ist $\mathcal{S} : \mathbb{R}^n \times \mathbb{R}_+ \to \mathbb{R}$ mit $\mathcal{S}(\boldsymbol{x}, r) := f(\boldsymbol{x}) + r\Psi(\boldsymbol{x})$ eine in $\hat{\boldsymbol{x}}$ exakte Straffunktion, dann existiert per Definition ein $\bar{r} > 0$, sodass $\hat{\boldsymbol{x}}$ für alle $r \geq \bar{r}$ eine lokale Minimalstelle der Funktion $S_r : \mathbb{R}^n \to \mathbb{R}$ mit $S_r(\boldsymbol{x}) := \mathcal{S}(\boldsymbol{x}, r)$ über $\mathbb{R}^n$ ist. Angenommen, der Strafterm $\Psi : \mathbb{R}^n \to \mathbb{R}_+$ sei differenzierbar in $\hat{\boldsymbol{x}}$ (und damit auch die Straffunktion $\mathcal{S}$), dann gilt nach Satz 2.2

$$\boldsymbol{0} = \nabla_x \mathcal{S}(\hat{\boldsymbol{x}}, r) = \nabla f(\hat{\boldsymbol{x}}) + r_1 \nabla \Psi(\hat{\boldsymbol{x}}) = \nabla f(\hat{\boldsymbol{x}}) + r_2 \nabla \Psi(\hat{\boldsymbol{x}})$$

für alle $r_2 > r_1 \geq \bar{r}$, und es folgt sukzessive

$$\boldsymbol{0} = (r_2 - r_1)\, \nabla \Psi(\hat{\boldsymbol{x}}), \;\; \boldsymbol{0} = \nabla \Psi(\hat{\boldsymbol{x}}) \text{ sowie } \boldsymbol{0} = \nabla f(\hat{\boldsymbol{x}})$$

– im Widerspruch zur Voraussetzung $\nabla f(\hat{\boldsymbol{x}}) \neq \boldsymbol{0}$. □

Da wir uns in diesem Buch überwiegend auf Verfahren für glatte Optimierungsprobleme beschränken, wollen wir an dieser Stelle nicht weiter auf Strafverfahren mit exakten Straffunktionen eingehen. Wir werden jedoch im Abschnitt 4.5 im Rahmen unserer Ausführungen zu den SQP-Verfahren noch einmal auf die l_1-Straffunktion zurückkommen und wollen abschließend in Analogie zu den quadratischen Straffunktionen auch für die exakten l_q Straffunktionen den Zusammenhang mit der Sensitivitätsfunktion diskutieren. Wir betrachten auch hier wiederum ein Optimierungsproblem der Form $(P^{\leq})$ mit zumindest stetigen Problemfunktionen f und G, zulässigem Bereich $M \neq \emptyset$ sowie Sensitivitätsfunktion λ. Für eine festgewählte l_q-Norm und jedes $r > 0$ definieren wir nun

$$\rho(r) := \sup \left\{ \rho \in \mathbb{R} \;\middle|\; \rho - r \|\boldsymbol{b}\|_q \leq \lambda(\boldsymbol{b}) \forall \boldsymbol{b} \in \Lambda \right\}$$

mit der Absicht, den Graphen der Sensitivitätsfunktion λ durch Funktionen der Form

$$\kappa : \mathbb{R}^m \to \mathbb{R} \text{ mit } \kappa(\boldsymbol{b}) := \rho(r) - r\|\boldsymbol{b}\|_q$$

(also durch nach unten geöffnete Hyperkegel) zu „stützen". Wiederum analog der vorhergehenden Schlussweisen folgt

$$\rho(r) = \inf_{x\in\mathbb{R}^n} \left(f(\boldsymbol{x}) + r\| \, [G(\boldsymbol{x})]^+ \, \|\right) = \inf_{x\in\mathbb{R}^n} S_r^q(\boldsymbol{x})$$

mit $S_r^q : \mathbb{R}^n \to \mathbb{R}$ und $S_r^q(\boldsymbol{x}) := S^q(\boldsymbol{x}, r) = f(\boldsymbol{x}) + r\left\|[G(\boldsymbol{x})]^+\right\|_q$.
Vereinbaren wir nun

$$\operatorname{dom}\Xi := \left\{ r > 0 \,\middle|\, \inf_{x\in\mathbb{R}^n} S_r^q(\boldsymbol{x}) > -\infty \right\}$$

und

$$\Xi : \operatorname{dom}\Xi \to \mathbb{R} \text{ mit } \Xi(r) := \inf_{x\in\mathbb{R}^n} S_r^q(\boldsymbol{x}) \,,$$

so können wir durch

$$\mathrm{MAX}\,\{\Xi(r) \mid r \in \operatorname{dom}\Xi\}$$

ein weiteres „duales" Problem zu (P) formulieren, für welches

$$\inf_{x\in M} f(\boldsymbol{x}) = \lambda(\boldsymbol{0}) \geq \sup_{r>0} \rho(r) = \sup_{r>0} \inf_{x\in\mathbb{R}^n} S_r^q(\boldsymbol{x}) = \sup_{r\in\operatorname{dom}\Xi} \Xi(r)$$

gilt. Offensichtlich ist auch die Funktion Ξ monoton wachsend. Im Gegensatz zur quadratischen Straffunktion kann aber hier $\lambda(\boldsymbol{0}) = \sup_{r>0} \rho(r)$ nach Satz 4.18 und Satz 4.19 bei konvexen Optimierungsproblemen bereits für endliches r erreicht werden, sofern der Anstieg der Empfindlichkeitsfunktion λ in $\boldsymbol{b} = \boldsymbol{0}$ längs aller Richtungen nach unten beschränkt ist. Bei nichtkonvexen Problemen darf hierfür die Empfindlichkeitsfunktion zusätzlich nicht stärker als linear fallen.

Beispiel 4.23
Wir betrachten erneut das primale Problem (P) aus Beispiel 4.8 mit der globalen Lösung $\hat{\boldsymbol{x}} = (2,0)^T$ und $\lambda(0) = 4$. Für die Funktionen

$$\kappa : \mathbb{R} \to \mathbb{R} \text{ mit } \kappa(b) := \rho(r) - r|b|$$

gilt hier

$$\rho(r) = \begin{cases} 2r - \frac{r^2}{4} & \text{, falls } 0 < r < 4 \\ 4 & \text{, falls } 4 \leq r \end{cases} .$$

■

Für tiefergehende Untersuchungen bzgl. Straffunktionen und Strafverfahren verweisen wir auf Bertsekas (1982), Bertsekas (1999), Fiacco und McCormick (1968), Fletcher (1987), Geiger und Kanzow (2002) sowie Großmann und Kleinmichel (1976).

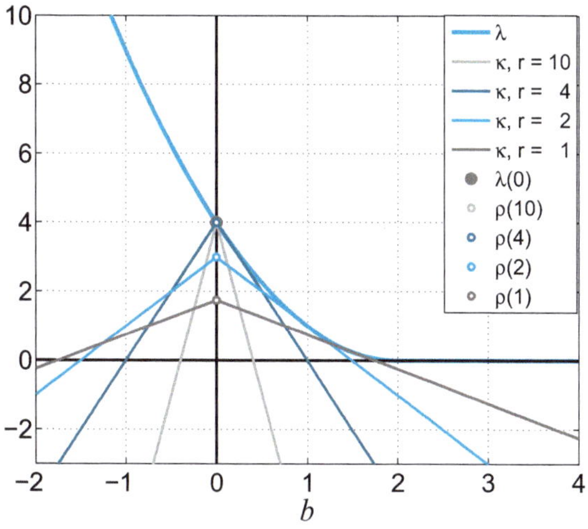

Abb. 4.5 Sensitivitätsfunktion λ und stützende Funktionen κ für Beispiel 4.23

4.3 Multiplikatorverfahren

Die sogenannten *Multiplikatorverfahren* ähneln den im vorhergehenden Abschnitt betrachteten Strafverfahren. Sie sind jedoch bzgl. ihrer numerischen Eigenschaften vorteilhafter. Wir betrachten wiederum zunächst Problemstellungen der Form $(P_=)$ mit zweimal stetig differenzierbaren Problemfunktionen f und H sowie zugehöriger Lagrange-Funktion $L:\ \mathbb{R}^n \times \mathbb{R}^p \to \mathbb{R}$ gemäß

$$L(\boldsymbol{x}, \boldsymbol{v}) := f(\boldsymbol{x}) + H(\boldsymbol{x})^T \boldsymbol{v}\ .$$

Für ein fest vorgegebenes $r > 0$ heißt die ebenfalls zweimal stetig differenzierbare Funktion $L_r : \mathbb{R}^n \times \mathbb{R}^p \to \mathbb{R}$ mit

$$L_r(\boldsymbol{x}, \boldsymbol{v}) := f(\boldsymbol{x}) + H(\boldsymbol{x})^T \boldsymbol{v} + r\|H(\boldsymbol{x})\|^2$$

verallgemeinerte Lagrange-Funktion des Optimierungsproblems $(P_=)$. Offensichtlich stimmt die verallgemeinerte Lagrange-Funktion mit der Lagrange-Funktion des Optimierungsproblems

$$(P_=)_r \qquad \text{MIN}\left\{ S_r(x) := f(\boldsymbol{x}) + r\|H(\boldsymbol{x})\|^2 \middle|\ H(\boldsymbol{x}) = \boldsymbol{0} \right\} \tag{4.7}$$

überein.

Ist nun $(\hat{\boldsymbol{x}}, \hat{\boldsymbol{v}}) \in \mathbb{R}^n \times \mathbb{R}^p$ ein KKT-Punkt von $(P_=)$, dann gilt

$$\nabla_x L(\hat{\boldsymbol{x}}, \hat{\boldsymbol{v}}) = \nabla f(\hat{\boldsymbol{x}}) + \nabla H(\hat{\boldsymbol{x}})\hat{\boldsymbol{v}} = \boldsymbol{0} \text{ sowie } \nabla_v L(\hat{\boldsymbol{x}}, \hat{\boldsymbol{v}}) = H(\hat{\boldsymbol{x}}) = \boldsymbol{0}\ ,$$

und es folgt für die verallgemeinerte Lagrange-Funktion

$$\nabla_x L_r(\hat{\boldsymbol{x}}, \hat{\boldsymbol{v}}) = \nabla f(\hat{\boldsymbol{x}}) + \nabla H(\hat{\boldsymbol{x}})\hat{\boldsymbol{v}} + 2r\nabla H(\hat{\boldsymbol{x}})H(\hat{\boldsymbol{x}}) = \mathbf{0} \; .$$

Somit ist $\hat{\boldsymbol{x}}$ gleichzeitig ein stationärer Punkt der Funktion

$$L_{r,\hat{v}} : \mathbb{R}^n \to \mathbb{R} \text{ mit } L_{r,\hat{v}}(\boldsymbol{x}) := L_r(\boldsymbol{x}, \hat{\boldsymbol{v}}) \; .$$

Ist in $(\hat{\boldsymbol{x}}, \hat{\boldsymbol{v}})$ für das Problem $(P_=)$ sogar das hinreichende Optimalitätskriterium 2. Ordnung nach Satz 2.32 erfüllt, d. h. gilt

$$\boldsymbol{d}^T \nabla_x^2 L(\hat{\boldsymbol{x}}, \hat{\boldsymbol{v}})\boldsymbol{d} > 0$$

für alle $\boldsymbol{d} \in \mathbb{R}^n \setminus \{\mathbf{0}\}$ mit $\nabla H(\hat{\boldsymbol{x}})^T \boldsymbol{d} = \mathbf{0}$, so zeigt Satz 4.25, dass $\hat{\boldsymbol{x}}$ nicht nur eine lokale Lösung von $(P_=)$ ist, sondern für hinreichend große endliche Strafparameter r (analog den exakten Straffunktionen) auch eine lokale Minimalstelle der Funktion $L_{r,\hat{v}}$ über $\mathbb{R}^n$ ist. Zum Beweis dieser Aussage benötigen wir das folgende Lemma.

Lemma 4.24
Es seien $P \in \mathbb{R}^{(n,n)}$ symmetrisch, $Q \in \mathbb{R}^{(n,n)}$ positiv semi-definit und $\boldsymbol{d}^T P\boldsymbol{d} > 0$ für alle $\boldsymbol{d} \in \mathbb{R}^n \setminus \{\mathbf{0}\}$ mit $Q\boldsymbol{d} = \mathbf{0}$. Dann existiert ein $\bar{\alpha} > 0$ mit $P + \alpha Q \in \mathbb{SPD}^n$ für alle $\alpha \geq \bar{\alpha}$.

Beweis: Angenommen, für jedes $k \in \mathbb{N}$ mit $k \geq 1$ existiert ein $\boldsymbol{d}^k \in \mathbb{R}^n \setminus \{\mathbf{0}\}$ mit

$$(\boldsymbol{d}^k)^T(P + kQ)\boldsymbol{d}^k = (\boldsymbol{d}^k)^T P\boldsymbol{d}^k + k(\boldsymbol{d}^k)^T Q\boldsymbol{d}^k \leq 0$$

bzw.

$$(\boldsymbol{d}^k)^T Q\boldsymbol{d}^k \leq -\frac{1}{k}(\boldsymbol{d}^k)^T P\boldsymbol{d}^k \; . \tag{4.8}$$

O. B. d. A. gelte $\|\boldsymbol{d}^k\| = 1$ für alle $k \geq 1$. Dann existiert eine konvergente Teilfolge $\{\boldsymbol{d}^{k(i)}\}_{i\in\mathbb{N}}$ von $\{\boldsymbol{d}^k\}_{k\in\mathbb{N}}$ mit $\lim_{i\to\infty} \boldsymbol{d}^{k(i)} = \boldsymbol{d}^* \neq \mathbf{0}$. Mit (4.8) und aufgrund der positiven Semidefinitheit der Matrix Q folgt

$$(\boldsymbol{d}^*)^T P\boldsymbol{d}^* \leq 0 \text{ und } (\boldsymbol{d}^*)^T Q\boldsymbol{d}^* = 0 \; .$$

Weiterhin gilt jedoch auch

$$0 = (\boldsymbol{d}^*)^T Q\boldsymbol{d}^* = (\boldsymbol{d}^*)^T Q^{\frac{1}{2}} Q^{\frac{1}{2}} \boldsymbol{d}^* = \|Q^{\frac{1}{2}}\boldsymbol{d}^*\|^2$$

und somit

$$Q^{\frac{1}{2}}\boldsymbol{d}^* = \mathbf{0} \text{ bzw. } Q\boldsymbol{d}^* = \mathbf{0}$$

– im Widerspruch zur Voraussetzung, dass $\boldsymbol{d}^T P\boldsymbol{d} > 0$ für alle $\boldsymbol{d} \in \mathbb{R}^n \setminus \{\mathbf{0}\}$ mit $Q\boldsymbol{d} = \mathbf{0}$ gilt. □

Satz 4.25
Es seien $f \in C^2(\mathbb{R}^n, \mathbb{R})$, $H \in C^2(\mathbb{R}^n, \mathbb{R}^p)$ und $(\hat{\boldsymbol{x}}, \hat{\boldsymbol{v}}) \in \mathbb{R}^n \times \mathbb{R}^p$ ein KKT-Punkt des zugehörigen Optimierungsproblems $(P_=)$. Ist in $(\hat{\boldsymbol{x}}, \hat{\boldsymbol{v}})$ das hinreichende Optimalitätskriterium 2. Ordnung nach Satz 2.32 erfüllt, so existiert ein $\bar{r} > 0$, sodass $\hat{\boldsymbol{x}}$ für alle $r \geq \bar{r}$ eine strikte lokale Minimalstelle der Funktion

$$L_{r,\hat{v}} : \mathbb{R}^n \to \mathbb{R} \text{ mit } L_{r,\hat{v}}(\boldsymbol{x}) := f(\boldsymbol{x}) + H(\boldsymbol{x})^T \hat{\boldsymbol{v}} + r\|H(\boldsymbol{x})\|^2$$

über $\mathbb{R}^n$ ist.

Beweis: Da $(\hat{\boldsymbol{x}}, \hat{\boldsymbol{v}}) \in \mathbb{R}^n \times \mathbb{R}^p$ ein KKT-Punkt von $(P_=)$ ist, gilt (wie bereits ausgeführt)

$$\nabla L_{r,\hat{v}}(\hat{\boldsymbol{x}}) = \nabla f(\hat{\boldsymbol{x}}) + \nabla H(\hat{\boldsymbol{x}})\hat{\boldsymbol{v}} + 2r\nabla H(\hat{\boldsymbol{x}})H(\hat{\boldsymbol{x}}) = \mathbf{0}\ .$$

Wegen $H(\hat{\boldsymbol{x}}) = \mathbf{0}$ folgt weiterhin

$$\nabla^2 L_{r,\hat{v}}(\hat{\boldsymbol{x}}) = \nabla_x^2 L(\hat{\boldsymbol{x}}, \hat{\boldsymbol{v}}) + 2r\nabla H(\hat{\boldsymbol{x}})\nabla H(\hat{\boldsymbol{x}})^T\ .$$

Da in $(\hat{\boldsymbol{x}}, \hat{\boldsymbol{v}})$ das hinreichende Optimalitätskriterium 2. Ordnung nach Satz 2.32 erfüllt ist, gilt

$$0 < \boldsymbol{d}^T \nabla_x^2 L(\hat{\boldsymbol{x}}, \hat{\boldsymbol{v}})\boldsymbol{d}$$

für alle $\boldsymbol{d} \in \mathbb{R}^n \setminus \{\mathbf{0}\}$ mit $\nabla H(\hat{\boldsymbol{x}})^T \boldsymbol{d} = \mathbf{0}$ bzw. $\nabla H(\hat{\boldsymbol{x}})\nabla H(\hat{\boldsymbol{x}})^T \boldsymbol{d} = \mathbf{0}$. Mit $P := \nabla_x^2 L(\hat{\boldsymbol{x}}, \hat{\boldsymbol{v}})$ und $Q := \nabla H(\hat{\boldsymbol{x}})\nabla H(\hat{\boldsymbol{x}})^T$ existiert nach Lemma 4.24 ein $\bar{r} > 0$ mit $\nabla^2 L_{r,\hat{v}}(\hat{\boldsymbol{x}}) \in \mathbb{SPD}^n$ für alle $r \geq \bar{r}$. Die Aussage des Satzes folgt nun unmittelbar mit Satz 2.5. □

Im Allgemeinen ist natürlich weder $\bar{r} > 0$ noch der Lagrange-Multiplikator $\hat{\boldsymbol{v}}$ bekannt. Aus diesem Grund muss bei der Implementierung von Multiplikatorverfahren der optimale Lagrange-Multiplikator geeignet approximiert werden. Sind r_k der aktuelle Strafparameter, $\boldsymbol{v}^k$ eine aktuelle Näherung von $\hat{\boldsymbol{v}}$ und $\boldsymbol{x}^{k+1}$ ein stationärer Punkt von

$$L_{r_k,v^k} : \mathbb{R}^n \to \mathbb{R} \text{ mit } L_{r_k,v^k}(\boldsymbol{x}) := f(\boldsymbol{x}) + H(\boldsymbol{x})^T \boldsymbol{v}^k + r_k\|H(\boldsymbol{x})\|^2\ ,$$

dann gilt

$$\nabla L_{r_k,v^k}(\boldsymbol{x}^{k+1}) = \nabla f(\boldsymbol{x}^{k+1}) + \nabla H(\boldsymbol{x}^{k+1})\left(\boldsymbol{v}^k + 2r_k H(\boldsymbol{x}^{k+1})\right) = \mathbf{0}\ .$$

Da andererseits für einen KKT-Punkt $(\hat{\boldsymbol{x}}, \hat{\boldsymbol{v}})$ des Optimierungsproblems $(P_=)$

$$\nabla_x L(\hat{\boldsymbol{x}}, \hat{\boldsymbol{v}}) = \nabla f(\hat{\boldsymbol{x}}) + \nabla H(\hat{\boldsymbol{x}})\hat{\boldsymbol{v}} = \mathbf{0}$$

gilt, erscheint es naheliegend als neue Näherung für $\hat{\boldsymbol{v}}$

$$\boldsymbol{v}^{k+1} := \boldsymbol{v}^k + 2r_k H(\boldsymbol{x}^{k+1})$$

zu wählen.

In Analogie zur Straffunktion wird durch den Term $r_k\|H(\boldsymbol{x})\|^2$ in L_{r_k,v^k} die Verletzung der Nebenbedingung $H(\boldsymbol{x}) = \boldsymbol{0}$ mit dem Ziel „bestraft“, dass sich die Iterierten dem zulässigen Bereich nähern. Erfolgt in einer Iteration diese Annäherung an den zulässigen Bereich (beispielsweise bzgl. der l_∞-Norm) nicht hinreichend gut, so bietet es sich (in Analogie zu den Strafverfahren) an, auch den Strafparameter r_{k+1} im Vergleich zu r_k zu erhöhen. Die bisherigen Betrachtungen motivieren den folgenden Prinzipalgorithmus für Multiplikatorverfahren bei Problemstellungen der Form $(P_=)$.

Algorithmus 22 (Prinzipalgorithmus Multiplikatorverfahren $(P_=)$)

S0 Wähle $\boldsymbol{x}^0 \in \mathbb{R}^n$, $\boldsymbol{v}^0 \in \mathbb{R}^p$, $r_0 > 0$ sowie $\beta \in (0,1)$, und setze $k := 0$.

S1 Ist $(\boldsymbol{x}^k, \boldsymbol{v}^k)$ ein KKT-Punkt von $(P_=)$, dann STOPP.

S2 Bestimme $\boldsymbol{x}^{k+1} \in \arg\min_{x\in\mathbb{R}^n} L_{r_k,v^k}(\boldsymbol{x})$.

S3 Setze $\boldsymbol{v}^{k+1} := \boldsymbol{v}^k + 2r_k H(\boldsymbol{x}^{k+1})$.

S4 Gilt $\|H(\boldsymbol{x}^{k+1})\|_\infty \geq \beta\|H(\boldsymbol{x}^k)\|_\infty$, dann wähle $r_{k+1} > r_k$.

S5 Gilt $\|H(\boldsymbol{x}^{k+1})\|_\infty < \beta\|H(\boldsymbol{x}^k)\|_\infty$, dann setze $r_{k+1} := r_k$.

S6 Setze $k := k+1$, und gehe zu **S1.**

Offensichtlich besitzen die Probleme $(P_=)$ und $(P_=)_r$ für alle $r > 0$ die gleichen lokalen Lösungen. Ist $(\hat{\boldsymbol{x}}, \hat{\boldsymbol{v}}) \in \mathbb{R}^n \times \mathbb{R}^p$ ein KKT-Punkt von $(P_=)$, so ist unter den Voraussetzungen von Satz 4.25 für alle $r \geq \bar{r}$ die Hesse-Matrix $\nabla^2 L_{r,\hat{v}}(\boldsymbol{x})$ in einer hinreichend kleinen Umgebung von $\hat{\boldsymbol{x}}$ positiv definit. Basierend auf dieser Beobachtung lassen sich mit Hilfe des Satzes über implizite Funktionen die folgenden Differenzierbarkeitseigenschaften der zugehörigen Familie von dualen Zielfunktionen beweisen.

Satz 4.26 (Bertsekas (1982))
Es seien $f \in C^2(\mathbb{R}^n, \mathbb{R})$, $H \in C^2(\mathbb{R}^n, \mathbb{R}^m)$ und $(\hat{\boldsymbol{x}}, \hat{\boldsymbol{v}})$ ein KKT-Punkt von $(P_=)$, in dem das hinreichende Optimalitätskriterium 2. Ordnung nach Satz 2.32 erfüllt ist. Weiterhin seien $\nabla h_1(\hat{\boldsymbol{x}}), \cdots, \nabla h_p(\hat{\boldsymbol{x}})$ linear unabhängig und r hinreichend groß. Dann existieren $\varepsilon(r) > 0$ und $\delta(r) > 0$, sodass für alle $\boldsymbol{v} \in U_{\delta(r)}(\hat{\boldsymbol{v}})$ eine lokale Lösung $\boldsymbol{x}(\boldsymbol{v})$ des Problems

$$\mathrm{MIN}\{L_{r,v}(\boldsymbol{x}) \mid \boldsymbol{x} \in U_{\varepsilon(r)}(\hat{\boldsymbol{x}})\}$$

existiert und die (lokal definierte) duale Zielfunktion

$$q_r(\boldsymbol{v}) := \inf_{x\in U_{\varepsilon(r)}(\hat{x})} L_{r,v}(\boldsymbol{x})$$

die folgenden Eigenschaften besitzt:

(a) $q_r \in C^2(U_{\delta(r)}(\hat{\boldsymbol{v}}), \mathbb{R})$,

(b) $\nabla q_r(\boldsymbol{v}) = H(\boldsymbol{x}(\boldsymbol{v}))$,

(c) $\nabla^2 q_r(\boldsymbol{v}) = -\nabla_x H(\boldsymbol{x}(\boldsymbol{v}))^T [\nabla_x^2 L_{r,v}(\boldsymbol{x}(v))]^{-1} \nabla_x H(\boldsymbol{x}(\boldsymbol{v}))$ und

(d) $q_r(\hat{\boldsymbol{v}}) = \sup\limits_{v \in U_{\delta(r)}(\hat{v})} q(\boldsymbol{v}) = \inf\limits_{x \in U_{\varepsilon(r)}(\hat{x})} \{S_r(\boldsymbol{x}) \mid H(\boldsymbol{x}) = \boldsymbol{0}\}$.

Wir bemerken, dass S3 im Algorithmus 22 mit Satz 4.26 (b) somit als ein Gradientenschritt zur Maximierung der (lokal konkaven) dualen Zielfunktion mit der (Konstant-) Schrittweite $2r$ interpretiert werden kann. Der soeben formulierte Satz 4.26 bildet die wesentliche Grundlage für tiefergehende Untersuchungen bzgl. der Multiplikatorverfahren.

Wir wollen nun unsere bisherigen Überlegungen bzgl. der Multiplikatorverfahren auf Optimierungsprobleme der Form $(P^{\leq})$ mit zweimal stetig differenzierbaren Problemfunktionen f und G übertragen. Für einen Vektor $\boldsymbol{a} \in \mathbb{R}^m$ sei der Vektor $[\boldsymbol{a}]^2 \in \mathbb{R}^m$ komponentenweise definiert durch

$$[\boldsymbol{a}]_i^2 := a_i^2 \text{ mit } i \in \{1, \cdots, m\} .$$

Durch die Einführung von zusätzlichen Variablen $s_i \in \mathbb{R}$ mit $i \in \{1, \cdots, m\}$ lassen sich die Ungleichungsnebenbedingungen $g_i(\boldsymbol{x}) \leq b_i$ äquivalent als Gleichungsnebenbedingungen $g_i(\boldsymbol{x}) + s_i^2 = b_i$ formulieren. Mit $\boldsymbol{s} := (s_1, \cdots, s_m)^T$ ist somit das Problem $(P^{\leq})$ äquivalent zu

$$\text{MIN}\{f(\boldsymbol{x}) | \; G(\boldsymbol{x}) + [\boldsymbol{s}]^2 = \boldsymbol{0}\} . \tag{4.9}$$

Für ein fest vorgegebenes $r > 0$ lautet somit die verallgemeinerte Lagrange-Funktion $\tilde{L}_r : \mathbb{R}^n \times \mathbb{R}^m \times \mathbb{R}^m \to \mathbb{R}$ von (4.9)

$$\tilde{L}_r(\boldsymbol{x}, \boldsymbol{u}, \boldsymbol{s}) := f(\boldsymbol{x}) + (G(\boldsymbol{x}) + [\boldsymbol{s}]^2)^T \boldsymbol{u} + r \| G(\boldsymbol{x}) + [\boldsymbol{s}]^2 \|^2 .$$

Die Minimierung der Funktion $\tilde{L}_r$ bzgl. $\boldsymbol{s}$ liefert (siehe Aufgabe 4.9)

$$L_r(\boldsymbol{x}, \boldsymbol{u}) := \min_{s \in \mathbb{R}^m} \tilde{L}_r(\boldsymbol{x}, \boldsymbol{u}, \boldsymbol{s}) = f(\boldsymbol{x}) + \sum_{i=1}^m \left(u_i(g_i(\boldsymbol{x}) + z_i^*) + r\,(g_i(\boldsymbol{x}) + z_i^*)^2 \right)$$

mit $z_i^* := \left[-\left(\frac{u_i}{2r} + g_i(\boldsymbol{x}) \right) \right]_+$. Für ein $i \in \{1, \cdots, m\}$ gilt nun

$$\begin{aligned} u_i(g_i(\boldsymbol{x}) + z_i^*) + r\,(g_i(\boldsymbol{x}) + z_i^*)^2 &= \begin{cases} -\frac{1}{4r} u_i^2 & \text{, falls } -\left(\frac{u_i}{2r} + g_i(\boldsymbol{x}) \right) \geq 0 \\ u_i g_i(\boldsymbol{x}) + r g_i^2(\boldsymbol{x}) & \text{, falls } -\left(\frac{u_i}{2r} + g_i(\boldsymbol{x}) \right) < 0 \end{cases} \\ &= \frac{1}{4r} \left(\left([u_i + 2r g_i(\boldsymbol{x})]_+ \right)^2 - u_i^2 \right) , \end{aligned}$$

und es folgt

$$L_r(\boldsymbol{x}, \boldsymbol{u}) = f(\boldsymbol{x}) + \frac{1}{4r} \sum_{i=1}^{m} \left(\left([u_i + 2rg_i(\boldsymbol{x})]_+ \right)^2 - u_i^2 \right) .$$

Die so definierte und i. Allg. nur einmal stetig differenzierbare Funktion $L_r : \mathbb{R}^n \times \mathbb{R}^m \to \mathbb{R}$ heißt *verallgemeinerte Lagrange-Funktion* des Optimierungsproblems $\left(P^{\leq}\right)$.
Definieren wir $L_{r,\hat{u}} : \mathbb{R}^n \to \mathbb{R}$ mit $L_{r,\hat{u}}(\boldsymbol{x}) := L_r(\boldsymbol{x}, \hat{\boldsymbol{u}})$ für festes $\hat{\boldsymbol{u}} \in \mathbb{R}^m$, so können wir unter Beachtung von

$$\nabla L_{r,\hat{u}}(\boldsymbol{x}) = \nabla f(\boldsymbol{x}) + \sum_{i=1}^{m} [\hat{u}_i + 2rg_i(\boldsymbol{x})]_+ \nabla g_i(\boldsymbol{x}) = \nabla f(\boldsymbol{x}) + \nabla G(\boldsymbol{x})[\hat{\boldsymbol{u}} + 2rG(\boldsymbol{x})]_+$$

den Prinzipalgorithmus 22 unmittelbar auf Problemstellungen der Form $\left(P^{\leq}\right)$ übertragen.

Algorithmus 23 (Prinzipalgorithmus Multiplikatorverfahren $\left(P^{\leq}\right)$)

S0 Wähle $\boldsymbol{x}^0 \in \mathbb{R}^n$, $\boldsymbol{u}^0 \in \mathbb{R}^m$, $r_0 > 0$ sowie $\beta \in (0,1)$, und setze $k := 0$.

S1 Ist $(\boldsymbol{x}^k, \boldsymbol{u}^k)$ ein KKT-Punkt von $\left(P^{\leq}\right)$, dann STOPP.

S2 Bestimme $\boldsymbol{x}^{k+1} \in \arg\min_{x \in \mathbb{R}^n} L_{r_k,u^k}(\boldsymbol{x})$.

S3 Setze $\boldsymbol{u}^{k+1} := [\boldsymbol{u}^k + 2rG(\boldsymbol{x})]_+$.

S4 Gilt $\|[G(\boldsymbol{x}^{k+1})]_+\|_\infty \geq \beta \|[G(\boldsymbol{x}^k)]_+\|_\infty$, dann wähle $r_{k+1} > r_k$.

S5 Gilt $\|[G(\boldsymbol{x}^{k+1})]_+\|_\infty < \beta \|[G(\boldsymbol{x}^k)]_+\|_\infty$, dann setze $r_{k+1} := r_k$.

S6 Setze $k := k + 1$, und gehe zu **S1.**

Beispiel 4.27
Um die Arbeisweise einer Implementierung des Algorithmus 23 mit numerisch sinnvollen Abbruchtoleranzen in S1 und S2 zu verdeutlichen, betrachten wir das Optimierungsproblem (Problem Nr. 109)

$$\text{MIN} \left\{ f(\boldsymbol{x}) = \frac{10}{3} x_1 x_2 + \frac{1}{6} x_1 \;\middle|\; x_1^2 + \frac{5}{2} x_2^2 \leq \frac{19}{16},\ -x_1 + x_2 \leq \frac{3}{5} \right\}$$

mit globaler Lösung $\hat{\boldsymbol{x}} = \left(\frac{3}{4}, -\frac{1}{2}\right)^T$ und lokaler Lösung $\tilde{\boldsymbol{x}} \approx (-0.325, 0.275)^T$. Im Schritt S0 wählen wir $\boldsymbol{x}^0 := (-0.8, -0.8)^T$, $\boldsymbol{u}^0 := (0,0)^T$, $\beta = 0.25$ und $r_0 := 5$. Weiterhin verwenden wir zur Minimierung in S2 ein BFGS-Verfahren (*innere Iterationen*). In der Abb. 4.6 sind oben links bzw. rechts die Höhenlinien der Zielfunktion f bzw. die Höhenlinien der Funktion L_{r_0,u^0} dargestellt. In der ersten *äußeren Iteration* liefert das BFGS-Verfahren (bei voreingestellter grober Abbruchbedingung) den Punkt $\boldsymbol{x}^1$ als Näherung für die lokale Minimalstelle von L_{r_0,u^0}, und es ergeben sich $\boldsymbol{u}^1 \approx (0, 1.63)^T$ sowie

$r_1 = r_0 = 5$. Die Höhenlinien der Funktion L_{r_1,u^1} sind unten links dargestellt. Im zweiten äußeren Iterationsschritt macht das BFGS-Verfahren zu Beginn der inneren Iteration in S2 einen großen Schritt, umgeht dadurch die lokale Minimalstelle $\bar{\boldsymbol{x}} \approx (-0.319, 0.269)^T$ der Funktion L_{r_1,u^1} in der Nähe von $\tilde{\boldsymbol{x}}$, endet in unmittelbarer Nähe der gesuchten Lösung $\hat{\boldsymbol{x}}$ im Punkt $\boldsymbol{x}^2$ und liefert $\boldsymbol{u}^2 = (1,0)^T$. Da in dieser äußeren Iteration die Verletzung der Restriktionen gemäß S4 nicht genug verringert wurde, wird darüberhinaus $r_2 := 10r_1 = 50$ gesetzt. Unten rechts findet der Leser die entsprechende Abbildung für die dritte äußere Iteration im vergrößerten Maßstab, wobei $\boldsymbol{x}^3$ der Lösung $\hat{\boldsymbol{x}}$ im Rahmen der Zeichengenauigkeit entspricht. Bei kleinen Änderungen des Startpunktes (z. B. $\boldsymbol{x}^0 = (-1,-1)^T, r_0 = 5$) oder von r_0 (z. B. $\boldsymbol{x}^0 = (-0.8,-0.8)^T, r_0 = 6$) konvergiert das Verfahren gegen die lokale Lösung $\tilde{\boldsymbol{x}}$. ■

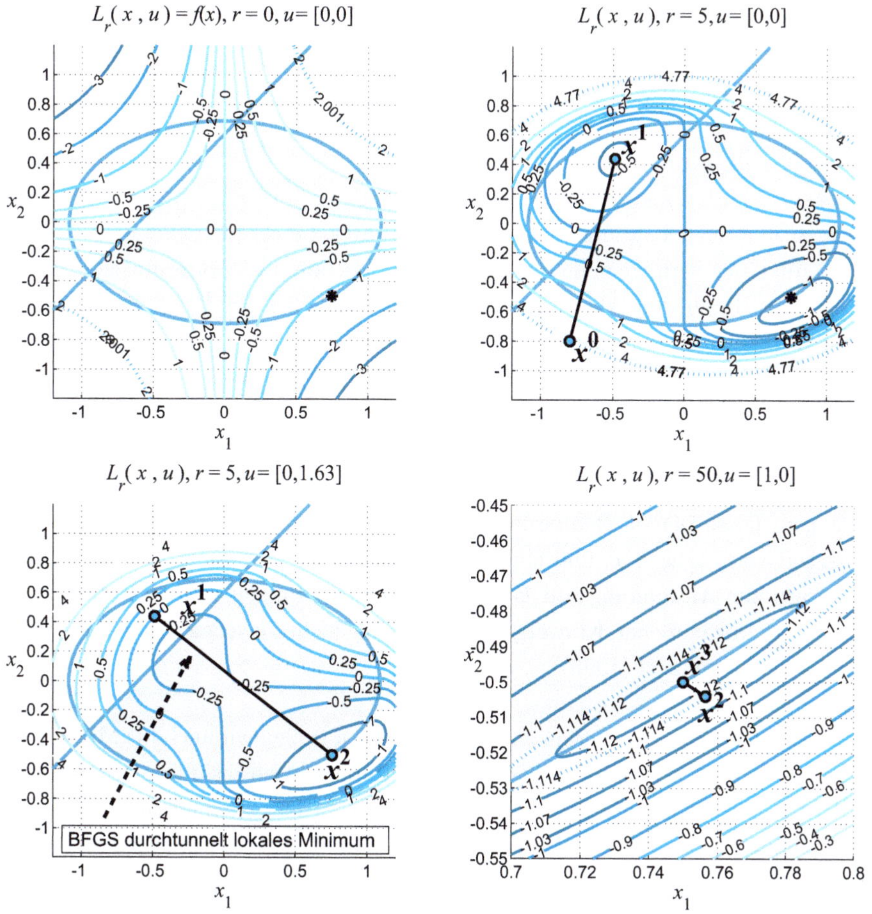

Abb. 4.6 Höhenlinien von f und L_{r_k,u^k} mit $k = 0,1,2$ für Beispiel 4.27

Grundlegende Konvergenzbetrachtungen für Multiplikatorverfahren sind in Bertsekas (1982) aufgeführt. Wir geben hier stellvertretend einen Konvergenzsatz für glatte konvexe Probleme an, der auch als starker Dualitätssatz gedeutet werden kann. Dazu formulieren wir zunächst ein *modifiziertes Multiplikatorverfahren* mit konstantem Strafparameter r.

Algorithmus 24 (Modifiziertes Multiplikatorverfahren für $\left(P^{\leq}\right)$)

S0 Wähle $\boldsymbol{x}^0 \in \mathbb{R}^n$, $\boldsymbol{u}^0 \in \mathbb{R}^m$ sowie $r > 0$, und setze $k := 0$.

S1 Ist $(\boldsymbol{x}^k, \boldsymbol{u}^k)$ ein KKT-Punkt von $\left(P^{\leq}\right)$, dann STOPP.

S2 Bestimme $\boldsymbol{x}^{k+1} \in \arg\min_{x \in \mathbb{R}^n} L_{r,u^k}(\boldsymbol{x})$.

S3 Setze $\boldsymbol{u}^{k+1} := [\boldsymbol{u}^k + 2rG(\boldsymbol{x})]_+$.

S4 Setze $k := k + 1$, und gehe zu **S1.**

Für dieses Verfahren gilt der folgende Konvergenzsatz:

Satz 4.28 (Großmann und Terno (1997))
Es seien $f \in C^1(\mathbb{R}^n, \mathbb{R})$ sowie $G \in C^1(\mathbb{R}^n, \mathbb{R}^m)$ konvex über $\mathbb{R}^n$ und $(\hat{\boldsymbol{x}}, \hat{\boldsymbol{u}})$ ein Sattelpunkt der zugehörigen Lagrange-Funktion L. Dann ist $(\hat{\boldsymbol{x}}, \hat{\boldsymbol{u}})$ für beliebiges $r > 0$ auch ein Sattelpunkt der verallgemeinerten Lagrange-Funktion L_r. Weiterhin ist jeder Häufungspunkt der durch den Algorithmus 24 erzeugten Folge $\left\{\boldsymbol{x}^k\right\}_{k \in N}$ eine Lösung des zugehörigen Ausgangsproblems $\left(P^{\leq}\right)$.

Für nichtkonvexe Probleme benötigt man für einen Konvergenzbeweis des Algorithmus 24 weit schärfere zusätzliche Voraussetzungen, wie z. B. die strikte Komplementarität im Lösungspunkt und die Erfüllung der linearen Unabhängigkeitsbedingung für die aktiven Restriktionen. Diese beiden Bedingungen garantieren dann die zweifache stetige Differenzierbarkeit von L_r nach $\boldsymbol{x}$, und ein Satz analog zu Satz 4.26 kann formuliert werden. Im Gegensatz zur Anwendung auf konvexe Problemstellungen sind die Multiplikatorverfahren trotz vorhandener Konvergenzbeweise bei nichtkonvexen Problemen weniger erfolgreich (siehe Spellucci (1993)).

In Analogie zu den beiden vorhergehenden Abschnitten wollen wir auch für Multiplikatorverfahren einen zweiten Zugang über die Sensitivitätsfunktion diskutieren. Wir betrachten wiederum ein Optimierungsproblem der Form $\left(P^{\leq}\right)$ mit zweimal stetig differenzierbaren Problemfunktionen f und G, zulässigem Bereich $M \neq \emptyset$ sowie Sensitivitätsfunktion λ. Für festes $\boldsymbol{u} \in \mathbb{R}^m$ und festes $r > 0$ definieren wir zunächst

$$\rho(\boldsymbol{u}, r) := \sup\left\{\rho \in \mathbb{R} \,\middle|\, \rho - \boldsymbol{u}^T\boldsymbol{b} - r\left\|\boldsymbol{b}\right\|^2 \leq \lambda(\boldsymbol{b}) \;\forall\, \boldsymbol{b} \in \Lambda\right\}$$

mit der Absicht, den Graphen der Sensitivitätsfunktion λ (falls möglich) nun durch quadratische Funktionen

$$\pi : \mathbb{R}^m \to \mathbb{R} \text{ mit } \pi(\boldsymbol{b}) := \rho(\boldsymbol{u}, r) - \boldsymbol{u}^T\boldsymbol{b} - r\,\|\boldsymbol{b}\|^2$$

zu „stützen“. Analog der Schlussweisen in den beiden vorhergehenden Abschnitten und den entsprechenden Ausführungen in diesem Abschnitt folgt

$$\begin{aligned}
\rho(\boldsymbol{u}, r) &= \inf_{x\in\mathbb{R}^n} \left(f(\boldsymbol{x}) + \inf_{b\in\Lambda} \left\{ \boldsymbol{u}^T\boldsymbol{b} + r\|b\|^2 \mid G(\boldsymbol{x}) \le \boldsymbol{b} \right\} \right) \\
&= \inf_{x\in\mathbb{R}^n} \left(f(\boldsymbol{x}) + \inf_{s\in\mathbb{R}^m} \left(\boldsymbol{u}^T \left(G(\boldsymbol{x}) + [\boldsymbol{s}]^2 \right) + r\|G(\boldsymbol{x}) + [\boldsymbol{s}]^2\,\|^2 \right) \right) \\
&= \inf_{x\in\mathbb{R}^n} \left(f(\boldsymbol{x}) + \frac{1}{4r} \sum_{i=1}^{m} \left([u_i + 2rg_i(\boldsymbol{x})]_+^2 - u_i^2 \right) \right) \\
&= \inf_{x\in\mathbb{R}^n} L_r(\boldsymbol{x}, \boldsymbol{u}) \ .
\end{aligned}$$

Vereinbaren wir nun für $r > 0$

$$\operatorname{dom}\Omega_r := \left\{ \boldsymbol{u} \in \mathbb{R}^m \,\middle|\, \inf_{x\in\mathbb{R}^n} L_r(\boldsymbol{x}, \boldsymbol{u}) > -\infty \right\}$$

und

$$\Omega_r : \operatorname{dom}\Omega_r \to \mathbb{R} \text{ mit } \Omega_r(\boldsymbol{u}) := \inf_{x\in\mathbb{R}^n} L_r(\boldsymbol{x}, \boldsymbol{u}) \ ,$$

so können wir durch

$$\mathrm{MAX}\,\{\Omega_r(\boldsymbol{u}) \mid \boldsymbol{u} \in \operatorname{dom}\Omega_r\}$$

eine von $r > 0$ abhängige Familie von „dualen“ Problemen formulieren, für welche unter zusätzlichen Voraussetzungen (beispielsweise Konvexität der Problemstellung mit erfüllter Regularitätsbedingung) sogar für hinreichend große r

$$\min_{x\in M} f(\boldsymbol{x}) = \lambda(\boldsymbol{0}) = \bar{\rho} := \max_{u\in\operatorname{dom}\Omega_r} \Omega_r(\boldsymbol{u})$$

gilt.

Beispiel 4.29
Wir betrachten nochmals das primale Problem (P) aus Beispiel 4.8 mit der globalen Lösung $\hat{\boldsymbol{x}} = (2,0)^T$, zugehörigem Lagrange-Multiplikator $\hat{u} = 4$ und $\lambda(0) = 4$. Für die mit $\hat{u}$ korrespondierenden quadratischen Funktionen

$$\pi : \mathbb{R} \to \mathbb{R} \text{ mit } \pi(b) := \rho(4, r) - 4b - rb^2 \ ,$$

gilt offensichtlich $\rho(4, r) = \lambda(0) = 4$ für alle $r \ge 0$. Es existieren also Parabeln, die den Graphen von λ im Punkt 0 stützen, und der zugehörige Strafparameter r ist endlich (vgl. Abb. 4.3). ■

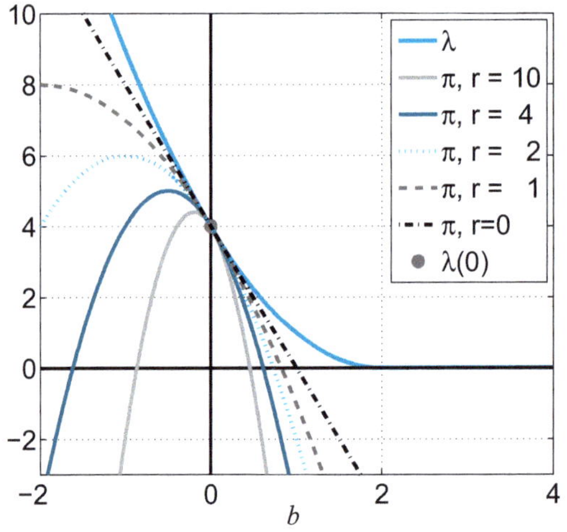

Abb. 4.7 Sensitivitätsfunktion λ und stützende quadratische Funktion π für Beispiel 4.29

Bezüglich weiterer Ausführungen zu Multiplikatorverfahren verweisen wir auf Bertsekas (1982), Bertsekas (1999), Fletcher (1987), Großmann und Kaplan (1979), Großmann und Terno (1997) sowie Spellucci (1993).

4.4 Verfahren für quadratische Optimierungsprobleme

In diesem Abschnitt wollen wir uns mit quadratischen Optimierungsproblemen beschäftigen – der wohl einfachsten Klasse von nichtlinearen Optimierungsproblemen. Unter einem *quadratischen Optimierungsproblem* versteht man Problemstellungen mit einer quadratischen Zielfunktion und (affin-)linearen Nebenbedingungen, also Problemstellungen der Form

$$(QP^{\leqq}_{=}) \qquad \text{MIN}\left\{ f(\boldsymbol{x}) = \tfrac{1}{2}\boldsymbol{x}^T Q\boldsymbol{x} + \boldsymbol{b}^T\boldsymbol{x} + c \;\middle|\; \begin{array}{ll} \boldsymbol{a}_i^T\boldsymbol{x} \leq \beta_i, & i \in \{1,\cdots,m\} \\ \boldsymbol{a}_i^T\boldsymbol{x} = \beta_i, & i \in \{m+1,\cdots,m+p\} \end{array} \right\},$$

$$(QP^{\leq}) \qquad \text{MIN}\left\{ f(\boldsymbol{x}) = \tfrac{1}{2}\boldsymbol{x}^T Q\boldsymbol{x} + \boldsymbol{b}^T\boldsymbol{x} + c \;\middle|\; \boldsymbol{a}_i^T\boldsymbol{x} \leq \beta_i, \quad i \in \{1,\cdots,m\} \right\} \text{ bzw.}$$

$$(QP_{=}) \qquad \text{MIN}\left\{ f(\boldsymbol{x}) = \tfrac{1}{2}\boldsymbol{x}^T Q\boldsymbol{x} + \boldsymbol{b}^T\boldsymbol{x} + c \;\middle|\; \boldsymbol{a}_i^T\boldsymbol{x} = \beta_i, \quad i \in \{1,\cdots,p\} \right\}$$

mit symmetrischer Matrix $Q \in \mathbb{R}^{(n,n)}$, $\boldsymbol{b} \in \mathbb{R}^n$, $c \in \mathbb{R}$, $\boldsymbol{a}_i \in \mathbb{R}^n$ und $\beta_i \in \mathbb{R}$.

Lemma 4.30
Es seien $\boldsymbol{a}_i \in \mathbb{R}^n$ und $\beta_i \in \mathbb{R}$ für alle $i \in \{1, \cdots, m+p\}$, sowie

$$M := \left\{ \boldsymbol{x} \in \mathbb{R}^n \;\middle|\; \begin{array}{ll} \boldsymbol{a}_i^T \boldsymbol{x} \le \beta_i, & i \in \{1, \cdots, m\} \\ \boldsymbol{a}_i^T \boldsymbol{x} = \beta_i, & i \in \{m+1, \cdots, m+p\} \end{array} \right\},$$

dann ist für alle $x \in M$ die Regularitätsbedingung **(CQ)** erfüllt.

Beweis: Es seien $x \in M$, $\hat{I}(\boldsymbol{x}) = \left\{ i \;\middle|\; a_i^T \boldsymbol{x} = \beta_i,\ i \in \{1, 2, \cdots, m\} \right\}$ und somit

$$K(\boldsymbol{x}) = \left\{ \boldsymbol{y} \in \mathbb{R}^n \;\middle|\; \begin{array}{ll} \boldsymbol{a}_i^T \boldsymbol{y} \le 0, & i \in \hat{I}(\boldsymbol{x}) \\ \boldsymbol{a}_i^T \boldsymbol{y} = 0, & i \in \{m+1, \cdots, m+p\} \end{array} \right\}.$$

Mit Lemma 2.15 genügt es zu zeigen, dass $K(\boldsymbol{x}) \subset T(M, \boldsymbol{x})$ gilt. Es seien dafür $\boldsymbol{d} \in K(\boldsymbol{x})$, $\boldsymbol{d} \neq \boldsymbol{0}$ und $\{\boldsymbol{x}^k\}_{k \in \mathbb{N}}$ mit $\boldsymbol{x}^k := \boldsymbol{x} + \frac{1}{k}\boldsymbol{d}$. Für die so definierte Folge gilt

$$\lim_{k \to \infty} \boldsymbol{x}^k = \boldsymbol{x} \text{ und } \lim_{k \to \infty} \frac{\boldsymbol{x}^k - \boldsymbol{x}}{\|\boldsymbol{x}^k - \boldsymbol{x}\|} = \frac{\boldsymbol{d}}{\|\boldsymbol{d}\|}.$$

Weiterhin gilt für alle k und $i \in \hat{I}(\boldsymbol{x})$ bzw. $i \in \{m+1, \cdots, m+p\}$

$$\boldsymbol{a}_i^T \boldsymbol{x}^k \le \beta_i \text{ bzw. } \boldsymbol{a}_i^T \boldsymbol{x}^k = \beta_i$$

sowie für alle hinreichend großen k und $i \in \{1, 2, \cdots, m\} \setminus \hat{I}(\boldsymbol{x})$

$$\boldsymbol{a}_i^T \boldsymbol{x}^k = \boldsymbol{a}_i^T \boldsymbol{x} + \frac{1}{k} \boldsymbol{a}_i^T \boldsymbol{d} < \beta_i + \frac{1}{k} \boldsymbol{a}_i^T \boldsymbol{d} \le \beta_i .$$

Somit ist $\boldsymbol{x}^k \in M$ für alle hinreichend großen k und damit offensichtlich $\boldsymbol{d} \in T(M, \boldsymbol{x})$. □

Mit Satz 2.22 und Lemma 4.30 folgt unmittelbar:

Satz 4.31
Ist $\hat{\boldsymbol{x}}$ eine lokale Lösung des Optimierungsproblems $\left(QP_{\leqq}\right)$, dann existieren Multiplikatoren $\hat{\boldsymbol{u}} \in \mathbb{R}^m$ und $\hat{\boldsymbol{v}} \in \mathbb{R}^p$, sodass $(\hat{\boldsymbol{x}}, \hat{\boldsymbol{u}}, \hat{\boldsymbol{v}})$ ein KKT-Punkt von $\left(QP_{\leqq}\right)$ ist.

Wir betrachten nun zunächst quadratische Optimierungsprobleme der Form $(QP_=)$ und vereinbaren

$$A := \begin{pmatrix} \boldsymbol{a}_1^T \\ \vdots \\ \boldsymbol{a}_p^T \end{pmatrix} \in \mathbb{R}^{(p,n)} \text{ und } \boldsymbol{\beta} := \begin{pmatrix} \beta_1 \\ \vdots \\ \beta_p \end{pmatrix} \in \mathbb{R}^p .$$

Nach Satz 4.31 existieren zu jeder lokalen Lösung $\hat{\boldsymbol{x}}$ von $(QP_=)$ Lagrange-Multiplikatoren $\hat{\boldsymbol{v}} \in \mathbb{R}^p$ derart, dass $(\hat{\boldsymbol{x}}, \hat{\boldsymbol{v}})$ die zugehörigen KKT-Bedingungen

$$\begin{pmatrix} Q & A^T \\ A & 0 \end{pmatrix} \begin{pmatrix} \boldsymbol{x} \\ \boldsymbol{v} \end{pmatrix} = \begin{pmatrix} -\boldsymbol{b} \\ \boldsymbol{\beta} \end{pmatrix} \tag{4.10}$$

erfüllt. Die Bestimmung eines KKT-Punktes für Problemstellungen der Form $(QP_=)$ reduziert sich somit auf das Lösen eines linearen Gleichungssystems.

Satz 4.32
Für ein Optimierungsproblem der Form $(QP_=)$ sei $\boldsymbol{d}^T Q \boldsymbol{d} > 0$ für alle $\boldsymbol{d} \in \mathbb{R}^n \setminus \{\boldsymbol{0}\}$ mit $A\boldsymbol{d} = \boldsymbol{0}$. Dann gilt:

(a) Ist $(\hat{\boldsymbol{x}}, \hat{\boldsymbol{v}}) \in \mathbb{R}^n \times \mathbb{R}^p$ ein KKT-Punkt des Optimierungsproblems $(QP_=)$, dann ist $\hat{\boldsymbol{x}}$ die eindeutig bestimmte globale Lösung von $(QP_=)$.

(b) Sind die Vektoren $\boldsymbol{a}_1, \cdots, \boldsymbol{a}_p$ linear unabhängig, dann besitzt das Gleichungssystem (4.10) eine eindeutige Lösung $(\hat{\boldsymbol{x}}, \hat{\boldsymbol{v}})^T$ und das Optimierungsproblem $(QP_=)$ somit den eindeutig bestimmten KKT-Punkt $(\hat{\boldsymbol{x}}, \hat{\boldsymbol{v}}) \in \mathbb{R}^n \times \mathbb{R}^p$.

Beweis:
Zu (a): Für einen beliebigen zulässigen Punkt $\boldsymbol{x}$ von $(QP_=)$ mit $\boldsymbol{x} \neq \hat{\boldsymbol{x}}$ gilt $A(\boldsymbol{x} - \hat{\boldsymbol{x}}) = \boldsymbol{0}$ und somit wegen (4.10)

$$\begin{aligned} f(\boldsymbol{x}) &= f(\hat{\boldsymbol{x}}) + \tfrac{1}{2}\boldsymbol{x}^T Q \boldsymbol{x} + \boldsymbol{b}^T \boldsymbol{x} - \tfrac{1}{2}\hat{\boldsymbol{x}}^T Q \hat{\boldsymbol{x}} - \boldsymbol{b}^T \hat{\boldsymbol{x}} \\ &= f(\hat{\boldsymbol{x}}) + \tfrac{1}{2}(\boldsymbol{x} - \hat{\boldsymbol{x}})^T Q (\boldsymbol{x} - \hat{\boldsymbol{x}}) + (Q\hat{\boldsymbol{x}} + \boldsymbol{b})^T (\boldsymbol{x} - \hat{\boldsymbol{x}}) \\ &> f(\hat{\boldsymbol{x}}) + (Q\hat{\boldsymbol{x}} + \boldsymbol{b})^T (\boldsymbol{x} - \hat{\boldsymbol{x}}) \\ &= f(\hat{\boldsymbol{x}}) - \hat{\boldsymbol{v}}^T A (\boldsymbol{x} - \hat{\boldsymbol{x}}) \\ &= f(\hat{\boldsymbol{x}}) \,. \end{aligned}$$

Zu (b): Offensichtlich genügt es wegen (a) zu zeigen, dass das zu (4.10) korrespondierende homogene lineare Gleichungssystem

$$\begin{pmatrix} Q & A^T \\ A & 0 \end{pmatrix} \begin{pmatrix} \boldsymbol{x} \\ \boldsymbol{v} \end{pmatrix} = \begin{pmatrix} \boldsymbol{0} \\ \boldsymbol{0} \end{pmatrix}$$

nur die triviale Lösung $\boldsymbol{x} = \boldsymbol{0}$ und $\boldsymbol{v} = \boldsymbol{0}$ besitzt. Angenommen es gilt $\boldsymbol{d}^T Q \boldsymbol{d} > 0$ für alle $\boldsymbol{d} \in \mathbb{R}^n \setminus \{\boldsymbol{0}\}$ mit $A\boldsymbol{d} = \boldsymbol{0}$, $Q\boldsymbol{x} + A^T\boldsymbol{v} = \boldsymbol{0}$ und $A\boldsymbol{x} = \boldsymbol{0}$, dann folgt

$$\boldsymbol{x}^T Q \boldsymbol{x} + \boldsymbol{x}^T A^T \boldsymbol{v} = \boldsymbol{x}^T Q \boldsymbol{x} + \boldsymbol{v}^T A \boldsymbol{x} = \boldsymbol{x}^T Q \boldsymbol{x} = \boldsymbol{0}$$

und somit sowohl $\boldsymbol{x} = \boldsymbol{0}$ als auch $A^T\boldsymbol{v} = \boldsymbol{0}$. Da nach Voraussetzung die Vektoren $\boldsymbol{a}_1, \cdots, \boldsymbol{a}_p$ linear unabhängig sind, folgt weiterhin $\operatorname{rang} A = \operatorname{rang} A^T = p$ und somit ebenfalls $\boldsymbol{v} = \boldsymbol{0}$. □

Setzen wir $\boldsymbol{x} = \boldsymbol{x}^k + \boldsymbol{d}$ mit $A\boldsymbol{x}^k = \boldsymbol{\beta}$, so erhalten wir als äquivalente Formulierung zu (4.10)

$$\begin{pmatrix} Q & A^T \\ A & 0 \end{pmatrix} \begin{pmatrix} \boldsymbol{d} \\ \boldsymbol{v} \end{pmatrix} = \begin{pmatrix} -\boldsymbol{b} - Q\boldsymbol{x}^k \\ \boldsymbol{\beta} - A\boldsymbol{x}^k \end{pmatrix}$$

bzw.

$$\begin{pmatrix} Q & A^T \\ A & 0 \end{pmatrix} \begin{pmatrix} \boldsymbol{d} \\ \boldsymbol{v} \end{pmatrix} = \begin{pmatrix} -\nabla f(\boldsymbol{x}^k) \\ \boldsymbol{0} \end{pmatrix}. \tag{4.11}$$

Diese Darstellung wird sich für unser weiteres Vorgehen, speziell bei der Herleitung und Formulierung eines iterativen Verfahrens zur Lösung von quadratischen Problemstellungen der allgemeinen Form $\left(QP^{\leqq}_{=}\right)$, als nützlich erweisen.
Wir betrachten nun Problemstellungen der Form $\left(QP^{\leqq}_{=}\right)$ und vereinbaren

$$A^{(1)} := \begin{pmatrix} \boldsymbol{a}_1^T \\ \vdots \\ \boldsymbol{a}_m^T \end{pmatrix} \in \mathbb{R}^{(m,n)} \text{ und } \boldsymbol{\beta}^{(1)} := \begin{pmatrix} \beta_1 \\ \vdots \\ \beta_m \end{pmatrix} \in \mathbb{R}^m$$

bzw.

$$A^{(2)} := \begin{pmatrix} \boldsymbol{a}_{m+1}^T \\ \vdots \\ \boldsymbol{a}_{m+p}^T \end{pmatrix} \in \mathbb{R}^{(p,n)} \text{ und } \boldsymbol{\beta}^{(2)} := \begin{pmatrix} \beta_{m+1} \\ \vdots \\ \beta_{m+p} \end{pmatrix} \in \mathbb{R}^p.$$

Wiederum nach Satz 4.31 existieren nun zu jeder lokalen Lösung $\hat{\boldsymbol{x}}$ von $\left(QP^{\leqq}_{=}\right)$ Lagrange-Multiplikatoren $\hat{\boldsymbol{u}} \in \mathbb{R}^m$und $\hat{\boldsymbol{v}} \in \mathbb{R}^p$ derart, dass der Vektor $(\hat{\boldsymbol{x}}, \hat{\boldsymbol{u}}, \hat{\boldsymbol{v}})$ die zugehörigen KKT-Bedingungen

$$\begin{pmatrix} Q & (A^{(1)})^T & (A^{(2)})^T \\ A^{(2)} & 0 & 0 \end{pmatrix} \begin{pmatrix} \boldsymbol{x} \\ \boldsymbol{u} \\ \boldsymbol{v} \end{pmatrix} = \begin{pmatrix} -\boldsymbol{b} \\ \boldsymbol{\beta}^{(2)} \end{pmatrix}, \; A^{(1)}\boldsymbol{x} \leq \boldsymbol{\beta}^{(1)}, \; \boldsymbol{u} \geq \boldsymbol{0} \text{ und } \boldsymbol{u}^T A^{(1)}\boldsymbol{x} = 0$$

erfüllt. Die Lösung dieses Systems von linearen Gleichungen und linearen Ungleichungen zur Bestimmung eines KKT-Punktes $(\hat{\boldsymbol{x}}, \hat{\boldsymbol{u}}, \hat{\boldsymbol{v}})$ ist im Vergleich zur Lösung des linearen Gleichungssystems (4.10) erheblich schwieriger. Dies liegt darin begründet, dass für eine unbekannte Lösung $\hat{\boldsymbol{x}}$ natürlich auch die Indexmenge der aktiven Ungleichungsnebenbedingungen unbekannt ist. Die wesentliche Idee zur Bestimmung eines KKT-Punktes $(\hat{\boldsymbol{x}}, \hat{\boldsymbol{u}}, \hat{\boldsymbol{v}})$ eines Optimierungsproblems der Form $\left(QP^{\leqq}_{=}\right)$ mittels der sogenannten *Strategie der aktiven Indizes* besteht nun darin, iterativ gleichungsrestringierte quadratische

Hilfsprobleme zu lösen, die sich dadurch ergeben, dass in einem aktuellen und zulässigen Iterationspunkt $\boldsymbol{x}^k$ von den m Ungleichungsnebenbedingungen lediglich eine Teilmenge der in $\boldsymbol{x}^k$ aktiven Ungleichungsnebenbedingungen berücksichtigt werden. Mit

$$\tilde{I}(\boldsymbol{x}^k) \subset \hat{I}(\boldsymbol{x}^k) := \left\{ i \,\middle|\, \boldsymbol{a}_i^T \boldsymbol{x}^k = \beta_i,\ i \in \{1, 2, \cdots, m\} \right\}$$

lautet also das im Iterationspunkt $\boldsymbol{x}^k$ betrachtete Hilfsproblem

$$(QP_=)_k \quad \text{MIN} \left\{ f(\boldsymbol{x}) = \frac{1}{2}\boldsymbol{x}^T Q \boldsymbol{x} + \boldsymbol{b}^T \boldsymbol{x} + c \,\middle|\, A_k^{(1)} \boldsymbol{x} = \boldsymbol{\beta}_k^{(1)},\ A^{(2)} \boldsymbol{x} = \boldsymbol{\beta}^{(2)} \right\},$$

wobei die Matrix $A_k^{(1)}$ aus $A^{(1)}$ bzw. der Vektor $\beta_k^{(1)}$ aus $\beta^{(1)}$ durch Streichen aller Zeilen $\boldsymbol{a}_i^T$ bzw. aller Komponenten β_i mit $i \in \{1, \cdots, m\} \setminus \tilde{I}(\boldsymbol{x}^k)$ unter Beibehaltung der Zeilen- bzw. Koordinatenindizes $i \in \tilde{I}(\boldsymbol{x}^k)$ entstehen. Analog der vorhergehenden Ausführungen erfüllt jeder KKT-Punkt $(\boldsymbol{x}^{k+1}, \bar{\boldsymbol{u}}^{k+1}, \boldsymbol{v}^{k+1}) \in \mathbb{R}^n \times \mathbb{R}^{|\tilde{I}(x^k)|} \times \mathbb{R}^p$ dieses Hilfsproblems das Gleichungssystem

$$\begin{pmatrix} Q & (A_k^{(1)})^T & (A^{(2)})^T \\ A_k^{(1)} & 0 & 0 \\ A^{(2)} & 0 & 0 \end{pmatrix} \begin{pmatrix} \boldsymbol{x} \\ \boldsymbol{u} \\ \boldsymbol{v} \end{pmatrix} = \begin{pmatrix} -\boldsymbol{b} \\ \boldsymbol{\beta}_k^{(1)} \\ \boldsymbol{\beta}^{(2)} \end{pmatrix},$$

welches mit $\boldsymbol{x} = \boldsymbol{x}^k + \boldsymbol{d}$ analog (4.11) äquivalent zu

$$\begin{pmatrix} Q & (A_k^{(1)})^T & (A^{(2)})^T \\ A_k^{(1)} & 0 & 0 \\ A^{(2)} & 0 & 0 \end{pmatrix} \begin{pmatrix} \boldsymbol{d} \\ \boldsymbol{u} \\ \boldsymbol{v} \end{pmatrix} = \begin{pmatrix} -\nabla f(\boldsymbol{x}^k) \\ \boldsymbol{0} \\ \boldsymbol{0} \end{pmatrix} \tag{4.12}$$

ist. Es seien nun $(\boldsymbol{d}^k, \bar{\boldsymbol{u}}^{k+1}, \boldsymbol{v}^{k+1}) \in \mathbb{R}^n \times \mathbb{R}^{|\tilde{I}(x^k)|} \times \mathbb{R}^p$ eine Lösung von (4.12) (wobei die Koordinatenindizes von $\bar{\boldsymbol{u}}^{k+1}$ entsprechend den Zeilen- bzw. Koordinatenindizes von $A_k^{(1)}$ bzw. $\beta_k^{(1)}$ gewählt werden) sowie $(\boldsymbol{d}^k, \boldsymbol{u}^{k+1}, \boldsymbol{v}^{k+1}) \in \mathbb{R}^n \times \mathbb{R}^m \times \mathbb{R}^p$ mit $u_i^{k+1} := \bar{u}_i^{k+1}$ für alle $i \in \tilde{I}(\boldsymbol{x}^k)$ und $u_i^{k+1} := 0$ für alle $i \in \{1, \cdots, m\} \setminus \tilde{I}(\boldsymbol{x}^k)$. Weiterhin setzen wir im Folgenden $\boldsymbol{d}^T Q \boldsymbol{d} > 0$ für alle $\boldsymbol{d} \in \mathbb{R}^n \setminus \{\boldsymbol{0}\}$ mit $A^{(2)}\boldsymbol{d} = \boldsymbol{0}$ voraus, womit $\boldsymbol{x}^k + \boldsymbol{d}^k$ nach Satz 4.32 (a) die eindeutig bestimmte globale Lösung von $(QP_=)_k$ ist.

Zur Herleitung eines iterativen Verfahrens (siehe auch Fletcher (1971)) zur Bestimmung eines KKT-Punktes des ursprünglichen Problems $\left(QP_{\overline{\overline{<}}}\right)$ mittels der Strategie der aktiven Indizes analysieren wir die hierbei auftretenden Fälle:

Gilt $\boldsymbol{d}^k = \boldsymbol{0}$ und $\boldsymbol{u}^{k+1} \geq \boldsymbol{0}$, so ist $(\boldsymbol{x}^k, \boldsymbol{u}^{k+1}, \boldsymbol{v}^{k+1})$ auch ein KKT Punkt von $\left(QP_{\overline{\overline{<}}}\right)$.

Ist $\boldsymbol{d}^k = \boldsymbol{0}$ und $u_i^{k+1} < 0$ für mindestens einen Index $i \in \tilde{I}(\boldsymbol{x}^k)$, so erfüllt $(\boldsymbol{x}^k, \boldsymbol{u}^{k+1}, \boldsymbol{v}^{k+1})$ nicht die KKT-Bedingungen von $\left(QP_{\overline{\overline{<}}}\right)$. Da jedoch in diesem Fall $\boldsymbol{x}^k$ die eindeutig bestimmte globale Lösung von $(QP_=)_k$ ist, bietet es sich an, für das im nächsten Iterationsschritt zu betrachtende Hilfsproblem den zulässigen Bereich zu vergrößern, d. h. einen Index aus der Menge $\tilde{I}(\boldsymbol{x}^k)$ zu entfernen. Als Wahl für diesen zu entfernenden Index

bietet sich ein Index $j \in \tilde{I}(\boldsymbol{x}^k)$ mit minimalen Lagrange-Multiplikator u_j^{k+1} an.
Gilt $\boldsymbol{d}^k \neq \boldsymbol{0}$ und ist $\boldsymbol{x}^k + \boldsymbol{d}^k$ zulässig für das ursprüngliche Problem $\left(QP_{\overline{=}}^{\leq}\right)$, so erscheint es wegen

$$\begin{aligned} f(\boldsymbol{x}^k + \boldsymbol{d}^k) &= f(\boldsymbol{x}^k) + \nabla f(\boldsymbol{x}^k)^T \boldsymbol{d}^k + \tfrac{1}{2}\left(\boldsymbol{d}^k\right)^T \nabla^2 f(\boldsymbol{x}^k)\boldsymbol{d}^k \\ &= f(\boldsymbol{x}^k) - \left(\bar{\boldsymbol{u}}^{k+1}\right)^T A_k^{(1)} \boldsymbol{d}^k - \left(\boldsymbol{v}^{k+1}\right)^T A^{(2)} \boldsymbol{d}^k - \tfrac{1}{2}\left(\boldsymbol{d}^k\right)^T Q\boldsymbol{d}^k \\ &= f(\boldsymbol{x}^k) - \tfrac{1}{2}\left(\boldsymbol{d}^k\right)^T Q\boldsymbol{d}^k \\ &< f(\boldsymbol{x}^k) \end{aligned}$$

naheliegend, $(\boldsymbol{x}^{k+1}, \boldsymbol{u}^{k+1}, \boldsymbol{v}^{k+1})$ mit $\boldsymbol{x}^{k+1} := \boldsymbol{x}^k + \boldsymbol{d}^k$ zu setzen und für das (evtl.) im nächsten Iterationsschritt zu betrachtende Hilfsproblem die Indexmenge $\tilde{I}(\boldsymbol{x}^k)$ nicht zu verändern.
Ist schließlich $\boldsymbol{d}^k \neq \boldsymbol{0}$ und $\boldsymbol{x}^k + \boldsymbol{d}^k$ nicht zulässig für das ursprüngliche Problem $\left(QP_{\overline{=}}^{\leq}\right)$, dann existiert wegen der Zulässigkeit von $\boldsymbol{x}^k$, der Wahl von $\tilde{I}(\boldsymbol{x}^k)$ und (4.12) mindestens ein Index $i \in \{1, \cdots, m\} \setminus \tilde{I}(\boldsymbol{x}^k)$ mit $\boldsymbol{a}_i^T \boldsymbol{d}^k > 0$. Setzen wir nun $(\boldsymbol{x}^{k+1}, \boldsymbol{u}^{k+1}, \boldsymbol{v}^{k+1})$ mit $\boldsymbol{x}^{k+1} := \boldsymbol{x}^k + t_k \boldsymbol{d}^k$ und

$$t_k = \min\left\{ \frac{\beta_i - \boldsymbol{a}_i^T \boldsymbol{x}^k}{\boldsymbol{a}_i^T \boldsymbol{d}^k} \;\middle|\; i \in \{1, \cdots, m\} \setminus \tilde{I}(\boldsymbol{x}^k),\ \boldsymbol{a}_i^T \boldsymbol{d}^k > 0 \right\} \in [0, 1)\ ,$$

so gilt $f(\boldsymbol{x}^{k+1}) = f(\boldsymbol{x}^k) + \left(\frac{1}{2}t_k^2 - t_k\right)\left(\boldsymbol{d}^k\right)^T Q\boldsymbol{d}^k < f(\boldsymbol{x}^k)$ falls $t_k \in (0,1)$, $\boldsymbol{a}_i^T \boldsymbol{x}^{k+1} \leq \beta_i$ für alle $i \in \{1, \cdots, m\} \setminus \tilde{I}(\boldsymbol{x}^k)$, $\boldsymbol{a}_i^T \boldsymbol{x}^{k+1} = \beta_i$ für alle $i \in \tilde{I}(\boldsymbol{x}^k)$, $\boldsymbol{a}_i^T \boldsymbol{x}^{k+1} = \beta_i$ für alle $i \in \{m{+}1, \cdots, m{+}p\}$ und somit die Zulässigkeit von $\boldsymbol{x}^{k+1}$ für das ursprüngliche Problem $\left(QP_{\overline{=}}^{\leq}\right)$. Ferner gilt $\boldsymbol{a}_j^T \boldsymbol{x}^{k+1} = \beta_j$ für jedes $j \in \{1, \cdots, m\} \setminus \tilde{I}(\boldsymbol{x}^k)$ mit $\boldsymbol{a}_j^T \boldsymbol{d}^k > 0$ und

$$t_k = \frac{\beta_j - \boldsymbol{a}_j^T \boldsymbol{x}^k}{\boldsymbol{a}_j^T \boldsymbol{d}^k}\ .$$

In diesem Fall erscheint es nun naheliegend für das (evtl.) im nächsten Iterationsschritt zu betrachtende Hilfsproblem, die Indexmenge $\tilde{I}(\boldsymbol{x}^k)$ um einen solchen Index j zu erweitern. Diese vollständige Fallunterscheidung motiviert den folgenden Algorithmus für quadratische Problemstellungen der Form $\left(QP_{\overline{=}}^{\leq}\right)$ mit nichtleerem zulässigen Bereich:

Algorithmus 25 (Strategie der aktiven Indizes für $\left(QP_{\overline{=}}^{\leq}\right)$)

S0 Bestimme ein für $\left(QP_{\overline{=}}^{\leq}\right)$ zulässiges $\boldsymbol{x}^0 \in \mathbb{R}^n$ und zugehörige Lagrange-Multiplikatoren $\boldsymbol{u}^0 \in \mathbb{R}^m$ und $\boldsymbol{v}^0 \in \mathbb{R}^p$, setze

$$k := 0 \text{ sowie } \tilde{I}(\boldsymbol{x}^0) := \left\{ i \,\middle|\, \boldsymbol{a}_i^T \boldsymbol{x}^0 = \beta_i,\ i \in \{1, 2, \cdots, m\} \right\}\ .$$

S1 Ist $(\boldsymbol{x}^k, \boldsymbol{u}^k, \boldsymbol{v}^k)$ ein KKT-Punkt von $\left(QP_{\overline{=}}^{\leq}\right)$, dann STOPP.

S2 Bestimme eine Lösung $(\boldsymbol{d}^k, \bar{\boldsymbol{u}}^{k+1}, \boldsymbol{v}^{k+1})$ von (4.12), und setze

$$u_i^{k+1} := \bar{u}_i^{k+1} \text{ für alle } i \in \tilde{I}(\boldsymbol{x}^k) \text{ sowie } u_i^{k+1} := 0 \text{ für alle } i \in \{1, \cdots, m\} \setminus \tilde{I}(\boldsymbol{x}^k)\ .$$

S3 Ist $\boldsymbol{d}^k = \boldsymbol{0}$ und $\boldsymbol{u}^{k+1} \geq \boldsymbol{0}$, dann setze

$$\boldsymbol{x}^{k+1} := \boldsymbol{x}^k,\ \tilde{I}(\boldsymbol{x}^{k+1}) := \tilde{I}(\boldsymbol{x}^k)\ ,$$

und gehe zu **S7**.

S4 Ist $\boldsymbol{d}^k = \boldsymbol{0}$ und $u_i^{k+1} < 0$ für mindestens ein $i \in \tilde{I}(\boldsymbol{x}^k)$, dann bestimme einen Index $j \in \tilde{I}(\boldsymbol{x}^k)$ mit

$$u_j^{k+1} = \min\left\{u_i^{k+1} \mid i \in \tilde{I}(\boldsymbol{x}^k)\right\}\ ,$$

setze

$$\boldsymbol{x}^{k+1} := \boldsymbol{x}^k,\ \tilde{I}(\boldsymbol{x}^{k+1}) := \tilde{I}(\boldsymbol{x}^k) \setminus \{j\}\ ,$$

und gehe zu **S7**.

S5 Ist $\boldsymbol{d}^k \neq \boldsymbol{0}$ und $\boldsymbol{x}^k + \boldsymbol{d}^k$ zulässig für $\left(QP_{\leqq}\right)$, dann setze

$$\boldsymbol{x}^{k+1} := \boldsymbol{x}^k + \boldsymbol{d}^k,\ \tilde{I}(\boldsymbol{x}^{k+1}) := \tilde{I}(\boldsymbol{x}^k)\ ,$$

und gehe zu **S7**.

S6 Ist $\boldsymbol{d}^k \neq \boldsymbol{0}$ und $\boldsymbol{x}^k + \boldsymbol{d}^k$ nicht zulässig für $\left(QP_{\leqq}\right)$, dann bestimme einen Index $j \in \{1, \cdots, m\} \setminus \tilde{I}(\boldsymbol{x}^k)$ mit

$$\frac{\beta_j - \boldsymbol{a}_j^T \boldsymbol{x}^k}{\boldsymbol{a}_j^T \boldsymbol{d}^k} = \min\left\{ \frac{\beta_i - \boldsymbol{a}_i^T \boldsymbol{x}^k}{\boldsymbol{a}_i^T \boldsymbol{d}^k} \;\middle|\; i \in \{1, \cdots, m\} \setminus \tilde{I}(\boldsymbol{x}^k),\ \boldsymbol{a}_i^T \boldsymbol{d}^k > 0 \right\}\ ,$$

setze

$$t_k := \frac{\beta_j - \boldsymbol{a}_j^T \boldsymbol{x}^k}{\boldsymbol{a}_j^T \boldsymbol{d}^k},\ \boldsymbol{x}^{k+1} := \boldsymbol{x}^k + t_k \boldsymbol{d}^k,\ \tilde{I}(\boldsymbol{x}^{k+1}) := \tilde{I}(\boldsymbol{x}^k) \cup \{j\}\ ,$$

und gehe zu **S7**.

S7 Setze $k := k + 1$, und gehe zu **S1**.

Beispiel 4.33

Wir betrachten das Optimierungsproblem (Problem Nr. 122)

$$\text{MIN}\left\{ f(\boldsymbol{x}) = \frac{1}{2}(x_1^2 + x_2^2) + 2x_1 + x_2 \;\middle|\; \begin{array}{lll} g_1(\boldsymbol{x}) = -x_1 - x_2 & \leq 0 \\ g_2(\boldsymbol{x}) = x_2 - 2 & \leq 0 \\ g_3(\boldsymbol{x}) = x_1 + x_2 - 5 & \leq 0 \\ g_4(\boldsymbol{x}) = -x_1 + x_2 - 2 & \leq 0 \\ g_5(\boldsymbol{x}) = x_1 - 5 & \leq 0 \\ g_6(\boldsymbol{x}) = x_2 - 1 & \leq 0 \end{array} \right\}.$$

Die Tab. 4.1 und die Abb. 4.8 veranschaulichen die Arbeitsweise des Algorithmus 25. ■

x^k	$\tilde{I}(x^k)$	d^{k+1}	u_1	u_2	u_3	u_4	u_5	u_6	Bemerkung
x^0	$\{3,5\}$	$=\mathbf{0}$	0	0	<0	0	<0	0	$x^1 = x^0$
x^1	$\{3\}$	$\neq \mathbf{0}$							$x^1 + d^k \notin M$
x^2	$\{2,3\}$	$=\mathbf{0}$	0	>0	<0	0	0	0	$t_1 < 1,\ x^3 = x^2$
x^3	$\{2\}$	$\neq \mathbf{0}$							$x^3 + d^4 \notin M$
x^4	$\{2,4\}$	$=\mathbf{0}$	0	<0	0	>0	0	0	$t_4 < 1,\ x^5 = x^4$
x^5	$\{4\}$	$\neq \mathbf{0}$							$x^5 + d^6 \notin M$
x^6	$\{1,4\}$	$=\mathbf{0}$	>0	0	0	<0	0	0	$t_6 < 1,\ x^7 = x^6$
x^7	$\{1\}$	$\neq \mathbf{0}$							$x^7 + d^8 \in M$
x^8	$\{1\}$	$=\mathbf{0}$	>0	0	0	0	0	0	Lösung

Tab. 4.1 Aktive Mengenstrategie für Beispiel 4.33

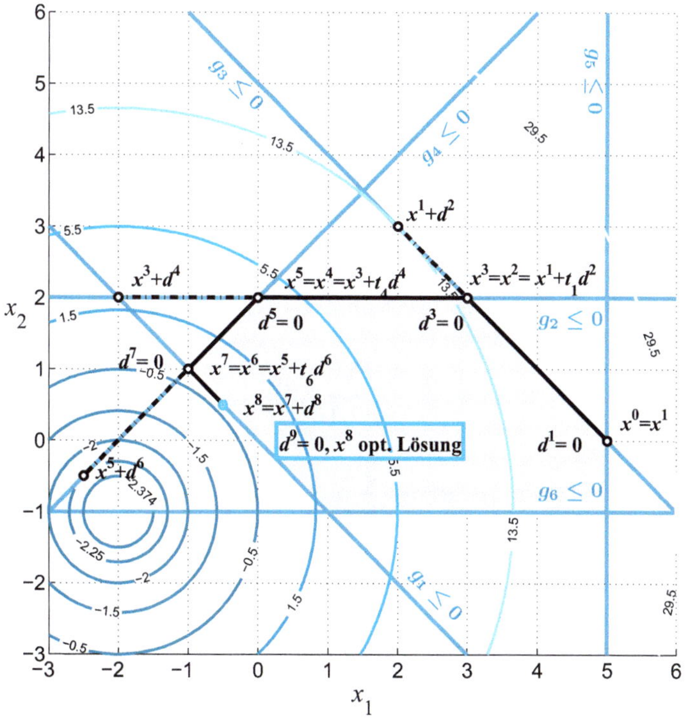

Abb. 4.8 Iterationsverlauf des Algorithmus 25 für Beispiel 4.33

Wir bemerken zunächst, dass die Bestimmung eines zulässigen Punktes oder die Feststellung, dass der zulässige Bereich leer ist, analog der Vorgehensweise beim Simplex-Algorithmus zur Lösung linearer Optimierungsprobleme erfolgen kann (siehe beispielsweise Padberg (1999)), worauf wir nicht weiter eingehen. Stattdessen wollen wir nun in Analogie zu unserer Vorgehensweise bei Problemstellungen der Form $(QP_=)$ hinreichende Bedingungen für die eindeutige Lösbarkeit des linearen Gleichungssystems (4.12) in S2 des Algorithmus 25 formulieren, wobei wir jeweils annehmen, dass $(\boldsymbol{x}^0, \boldsymbol{u}^0, \boldsymbol{v}^0)$ kein KKT-Punkt von $\left(QP_{\overline{\overline{<}}}\right)$ sein möge. Als unmittelbare Folgerung aus Satz 4.32 (b) erhalten wir:

Satz 4.34
Für ein Optimierungsproblem der Form $\left(QP_{\overline{\overline{<}}}\right)$ sei $\boldsymbol{d}^T Q \boldsymbol{d} > 0$ für alle $\boldsymbol{d} \in \mathbb{R}^n \setminus \{\boldsymbol{0}\}$ mit $A^{(2)}\boldsymbol{d} = \boldsymbol{0}$. Sind für $\left(QP_{\overline{\overline{<}}}\right)$ im k-ten Iterationsschritt von Algorithmus 25 die Vektoren $\boldsymbol{a}_i$ mit $i \in \tilde{I}(\boldsymbol{x}^k) \cup \{m+1, \cdots, m+p\}$ linear unabhängig, dann besitzt das zugehörige Gleichungssystem (4.12) eine eindeutige Lösung.

Weiterhin gilt:

Satz 4.35
Sind für ein Optimierungsproblem der Form $\left(QP_{\overline{\overline{<}}}\right)$ im k-ten Iterationsschritt von Algorithmus 25 die Vektoren $\boldsymbol{a}_i$ mit $i \in \tilde{I}(\boldsymbol{x}^k) \cup \{m+1, \cdots, m+p\}$ linear unabhängig, dann sind auch die Vektoren $\boldsymbol{a}_i$ mit $i \in \tilde{I}(\boldsymbol{x}^{k+1}) \cup \{m+1, \cdots, m+p\}$ linear unabhängig.

Beweis: Wird $\tilde{I}(\boldsymbol{x}^{k+1})$ in S3, S4 oder S5 von Algorithmus 25 gesetzt, so gilt $\tilde{I}(\boldsymbol{x}^{k+1}) \subset \tilde{I}(\boldsymbol{x}^k)$ und die gewünschte Aussage folgt unmittelbar. Wird jedoch $\tilde{I}(\boldsymbol{x}^{k+1})$ in S6 gesetzt, so gilt $\tilde{I}(\boldsymbol{x}^{k+1}) = \tilde{I}(\boldsymbol{x}^k) \cup \{j\}$ mit $j \in \{1, \cdots, m\} \setminus \tilde{I}(\boldsymbol{x}^k)$ sowie $\boldsymbol{a}_j^T \boldsymbol{d}^k > 0$. Angenommen, die Vektoren $\boldsymbol{a}_i$ mit $i \in I := \tilde{I}(\boldsymbol{x}^{k+1}) \cup \{m+1, \cdots, m+p\}$ sind linear abhängig, dann existieren $\gamma_i \in \mathbb{R}$ mit

$$\boldsymbol{a}_j = \sum_{i \in I \setminus \{j\}} \gamma_i \boldsymbol{a}_i ,$$

und es folgt mit (4.12)

$$\boldsymbol{a}_j^T \boldsymbol{d}^k = \sum_{i \in I \setminus \{j\}} \gamma_i \boldsymbol{a}_i^T \boldsymbol{d}^k = 0$$

– im Widerspruch zu $\boldsymbol{a}_j^T \boldsymbol{d}^k > 0$. □

Nach Satz 4.34 und Satz 4.35 ist S2 im Algorithmus 25 für ein Optimierungsproblem der Form $\left(QP_{\overline{\overline{<}}}\right)$ mit $\boldsymbol{d}^T Q \boldsymbol{d} > 0$ für alle $\boldsymbol{d} \in \mathbb{R}^n \setminus \{\boldsymbol{0}\}$ und $A^{(2)}\boldsymbol{d} = \boldsymbol{0}$ somit wohldefiniert, sofern die Vektoren $\boldsymbol{a}_i$ mit $i \in \tilde{I}(\boldsymbol{x}^0) \cup \{m+1, \cdots, m+p\}$ linear unabhängig sind.
Die in den beiden vorausgehenden Sätzen formulierte Voraussetzung $\boldsymbol{d}^T Q \boldsymbol{d} > 0$ für alle $\boldsymbol{d} \in \mathbb{R}^n \setminus \{\boldsymbol{0}\}$ mit $A^{(2)}\boldsymbol{d} = \boldsymbol{0}$ ist natürlich trivialerweise erfüllt, wenn $Q \in \mathbb{SPD}^n$ gilt.

In diesem Fall kann gezeigt werden, dass der Algorithmus 25 nach endlich vielen Iterationen eine Lösung von $\left(QP_{\equiv}^{\leq}\right)$ liefert, und alle unseren bisherigen Ausführungen für Problemstellungen der Form $\left(QP_{\equiv}^{\leq}\right)$ lassen sich unmittelbar auf Problemstellungen der Form $\left(QP^{\leq}\right)$ übertragen.
Bezüglich effizienter Lösungsverfahren für lineare Gleichungssysteme verweisen wir auf Hoffmann et al. (2005, 2006) und Kanzow (2005). Wir bemerken, dass es neben der hier beschriebenen Strategie der aktiven Indizes eine Vielzahl weiterer Verfahren zur Lösung von quadratischen Optimierungsproblemen bzw. von nichtlinearen Optimierungsproblemen mit linearen Nebenbedingungen gibt. Für weitergehende diesbezügliche Ausführungen verweisen wir beispielsweise auf Alt (2002), Fletcher (1987), Geiger und Kanzow (2002), Gill und Murray (1978), Gill et al. (1981), Goldfarb (1972), Goldfarb und Idnani (1981), Goldfarb und Idnani (1983), Großmann und Terno (1997) sowie Spellucci (1993).

4.5 SQP-Verfahren

Eine der wichtigsten Verfahrensklassen zur Lösung von nichtlinearen Optimierungsproblemen mit Nebenbedingungen sind die sogenannten *SQP-Verfahren* (engl. sequential quadratic programming). Die grundlegende Idee dieser Verfahrensklasse besteht darin, anstelle des Ausgangsproblems eine Folge von quadratischen Optimierungsproblemen zu lösen (siehe Wilson (1963)).
Ausgangspunkt für die SQP-Verfahren ist das sogenannte *Newton-Lagrange-Verfahren.* Zur Herleitung der Idee dieses Verfahrens betrachten wir ein Optimierungsproblem der Form $(P_=)$ mit $f \in C^2(\mathbb{R}^n, \mathbb{R})$ und $H \in C^2(\mathbb{R}^n, \mathbb{R}^p)$. Mit der zugehörigen Lagrange-Funktion

$$L : \mathbb{R}^n \times \mathbb{R}^p \to \mathbb{R} \text{ und } L(\boldsymbol{x}, \boldsymbol{v}) := f(\boldsymbol{x}) + H(\boldsymbol{x})^T \boldsymbol{v}$$

sind die KKT-Bedingungen durch das i. Allg. nichtlineare Gleichungssystem

$$\begin{pmatrix} \nabla_x L(\boldsymbol{x}, \boldsymbol{v}) \\ \nabla_v L(\boldsymbol{x}, \boldsymbol{v}) \end{pmatrix} = \begin{pmatrix} \nabla f(\boldsymbol{x}) + \nabla H(\boldsymbol{x})\boldsymbol{v} \\ H(\boldsymbol{x}) \end{pmatrix} = \boldsymbol{0} \tag{4.13}$$

gegeben. Wenden wir nun das (ungedämpfte) Newton-Verfahren auf (4.13) an, so erhalten wir im Iterationspunkt $(\boldsymbol{x}^k, \boldsymbol{v}^k) \in \mathbb{R}^n \times \mathbb{R}^p$ als zugehörige Newton-Gleichung

$$\begin{pmatrix} \nabla_x^2 L(\boldsymbol{x}^k, \boldsymbol{v}^k) & \nabla H(\boldsymbol{x}^k) \\ \nabla H(\boldsymbol{x}^k)^T & 0 \end{pmatrix} \begin{pmatrix} \boldsymbol{d} \\ \boldsymbol{q} \end{pmatrix} = - \begin{pmatrix} \nabla f(\boldsymbol{x}^k) + \nabla H(\boldsymbol{x}^k)\boldsymbol{v}^k \\ H(\boldsymbol{x}^k) \end{pmatrix} \tag{4.14}$$

und somit den folgenden Prinzipalgorithmus zur Bestimmung eines KKT-Punktes des ursprünglichen Problems $(P_=)$.

Algorithmus 26 (Newton-Lagrange-Verfahren für $(P_=)$)

S0 Wähle $(\boldsymbol{x}^0, \boldsymbol{v}^0) \in \mathbb{R}^n \times \mathbb{R}^p$, und setze $k := 0$.

S1 Ist $(\boldsymbol{x}^k, \boldsymbol{v}^k)$ ein KKT-Punkt von $(P_=)$, dann STOPP.

S2 Bestimme eine Lösung $(\boldsymbol{d}^k, \boldsymbol{q}^k) \in \mathbb{R}^n \times \mathbb{R}^p$ des linearen Gleichungssystems (4.14).

S3 Setze $(\boldsymbol{x}^{k+1}, \boldsymbol{v}^{k+1}) := (\boldsymbol{x}^k + \boldsymbol{d}^k, \boldsymbol{v}^k + \boldsymbol{q}^k)$, $k := k+1$, und gehe zu **S1.**

Durch unmittelbare Übertragung der Konvergenzaussagen aus Satz 3.7 für das Newton-Verfahren auf den Algorithmus 26 erhalten wir:

Satz 4.36
Es seien $f \in C^2(\mathbb{R}^n, \mathbb{R})$, $H \in C^2(\mathbb{R}^n, \mathbb{R}^p)$, $(\hat{\boldsymbol{x}}, \hat{\boldsymbol{v}}) \in \mathbb{R}^n \times \mathbb{R}^p$ ein KKT-Punkt des zugehörigen Optimierungsproblems $(P_=)$ und die Matrix

$$\Phi(\hat{\boldsymbol{x}}, \hat{\boldsymbol{v}}) := \begin{pmatrix} \nabla_x^2 L(\hat{\boldsymbol{x}}, \hat{\boldsymbol{v}}) & \nabla H(\hat{\boldsymbol{x}}) \\ \nabla H(\hat{\boldsymbol{x}})^T & 0 \end{pmatrix}$$

invertierbar. Dann existiert eine ε-Umgebung $U_\varepsilon(\hat{\boldsymbol{x}}, \hat{\boldsymbol{v}})$, sodass für jeden Startpunkt $(\boldsymbol{x}^0, \boldsymbol{v}^0) \in U_\varepsilon(\hat{\boldsymbol{x}}, \hat{\boldsymbol{v}})$ das SQP-Verfahren durchführbar ist und die durch den Algorithmus 26 erzeugte Folge $\{(\boldsymbol{x}^k, \boldsymbol{v}^k)\}_{k\in\mathbb{N}}$ Q-superlinear gegen $(\hat{\boldsymbol{x}}, \hat{\boldsymbol{v}})$ konvergiert. Gilt darüber hinaus, dass $\nabla^2 f(\boldsymbol{x}^*)$ und $\nabla^2 h_j$ für alle $j \in \{1, \cdots, p\}$ in einer Umgebung von $\hat{\boldsymbol{x}}$ Lipschitz-stetig sind, dann konvergiert die durch den Algorithmus 26 erzeugte Folge $\{(\boldsymbol{x}^k, \boldsymbol{v}^k)\}_{k\in\mathbb{N}}$ Q-quadratisch gegen $(\hat{\boldsymbol{x}}, \hat{\boldsymbol{v}})$.

Eine hinreichende Bedingung für die die Invertierbarkeit der Matrix $\Phi(\hat{\boldsymbol{x}}, \hat{\boldsymbol{v}})$ liefert das folgende Lemma:

Lemma 4.37
Es seien $f \in C^2(\mathbb{R}^n, \mathbb{R})$, $H \in C^2(\mathbb{R}^n, \mathbb{R}^p)$ und $(\hat{\boldsymbol{x}}, \hat{\boldsymbol{v}}) \in \mathbb{R}^n \times \mathbb{R}^p$ ein KKT-Punkt des zugehörigen Optimierungsproblems $(P_=)$. Sind die Gradienten $\nabla h_1(\hat{\boldsymbol{x}}), \cdots, \nabla h_p(\hat{\boldsymbol{x}})$ linear unabhängig und gilt $\boldsymbol{y}^T \nabla_x^2 L(\hat{\boldsymbol{x}}, \hat{\boldsymbol{v}}) \boldsymbol{y} > 0$ für alle $\boldsymbol{y} \in \mathbb{R}^n \setminus \{\boldsymbol{0}\}$ mit $\nabla H(\hat{\boldsymbol{x}})^T \boldsymbol{y} = \boldsymbol{0}$, so ist die zugehörige Matrix $\Phi(\hat{\boldsymbol{x}}, \hat{\boldsymbol{v}})$ aus Satz 4.36 invertierbar.

Der Beweis von Lemma 4.37 erfolgt analog dem Beweis von Satz 4.32 (b) und sei dem Leser als Aufgabe 4.10 überlassen.
Setzen wir $\boldsymbol{\lambda} := \boldsymbol{v}^k + \boldsymbol{q}$, so ergibt sich als äquivalente Formulierung zu (4.14)

$$\begin{pmatrix} \nabla_x^2 L(\boldsymbol{x}^k, \boldsymbol{v}^k) & \nabla H(\boldsymbol{x}^k) \\ \nabla H(\boldsymbol{x}^k)^T & 0 \end{pmatrix} \begin{pmatrix} \boldsymbol{d} \\ \boldsymbol{\lambda} \end{pmatrix} = - \begin{pmatrix} \nabla f(\boldsymbol{x}^k) \\ H(\boldsymbol{x}^k) \end{pmatrix} . \tag{4.15}$$

Dieses lineare Gleichungssystem entspricht jedoch den KKT-Bedingungen des quadratischen Optimierungsproblems

$$(SQP_=)_k \quad \text{MIN}\left\{ \frac{1}{2}\boldsymbol{d}^T\nabla_x^2 L(\boldsymbol{x}^k, \boldsymbol{v}^k)\boldsymbol{d} + \nabla f(\boldsymbol{x}^k)^T\boldsymbol{d} \;\middle|\; \nabla H(\boldsymbol{x}^k)^T\boldsymbol{d} = -H(\boldsymbol{x}^k) \right\},$$

womit der Algorithmus 26 auch wie folgt formuliert werden kann:

Algorithmus 27 (SQP-Verfahren für $(P_=)$)

S0 Wähle $(\boldsymbol{x}^0, \boldsymbol{v}^0) \in \mathbb{R}^n \times \mathbb{R}^p$, und setze $k := 0$.

S1 Ist $(\boldsymbol{x}^k, \boldsymbol{v}^k)$ ein KKT-Punkt von $(P_=)$, dann STOPP.

S2 Bestimme einen KKT-Punkt $(\boldsymbol{d}^k, \boldsymbol{\lambda}^k) \in \mathbb{R}^n \times \mathbb{R}^p$ des quadratischen Optimierungsproblems $(SQP_=)_k$.

S3 Setze $(\boldsymbol{x}^{k+1}, \boldsymbol{v}^{k+1}) := (\boldsymbol{x}^k + \boldsymbol{d}^k, \boldsymbol{\lambda}^k)$, $k := k+1$, und gehe zu **S1.**

Während sich das Newton-Lagrange-Verfahren (Alg. 26) nicht ohne weiteres auf Problemstellungen der Form $\left(P_{\overline{=}}^{\leq}\right)$ übertragen lässt, liegt die Übertragung des Algorithmus 27 für diese allgemeinen Problemstellungen auf der Hand. Setzen wir die Problemfunktionen f, G und H als zweimal stetig differenzierbar voraus und linearisieren in jedem Iterationspunkt auch die Ungleichungsnebenbedingungen, so führt dies auf das quadratische Hilfsproblem

$$\left(SQP_{\overline{=}}^{\leq}\right)_k \quad \text{MIN}\left\{ \frac{1}{2}\boldsymbol{d}^T\nabla_x^2 L(\boldsymbol{x}^k, \boldsymbol{u}^k, \boldsymbol{v}^k)\boldsymbol{d} + \nabla f(\boldsymbol{x}^k)^T\boldsymbol{d} \;\middle|\; \begin{array}{l} \nabla G(\boldsymbol{x}^k)^T\boldsymbol{d} \leq -G(\boldsymbol{x}^k) \\ \nabla H(\boldsymbol{x}^k)^T\boldsymbol{d} = -H(\boldsymbol{x}^k) \end{array} \right\}$$

und wir erhalten in Analogie zu Algorithmus 27 den folgenden Prinzipalgorithmus:

Algorithmus 28 (SQP-Verfahren für $\left(P_{\overline{=}}^{\leq}\right)$)

S0 Wähle $(\boldsymbol{x}^0, \boldsymbol{u}^0, \boldsymbol{v}^0) \in \mathbb{R}^n \times \mathbb{R}^m \times \mathbb{R}^p$, und setze $k := 0$.

S1 Ist $(\boldsymbol{x}^k, \boldsymbol{u}^k, \boldsymbol{v}^k)$ ein KKT-Punkt von $\left(P_{\overline{=}}^{\leq}\right)$, dann STOPP.

S2 Bestimme einen KKT-Punkt $(\boldsymbol{d}^k, \boldsymbol{\lambda}^k, \boldsymbol{\mu}^k) \in \mathbb{R}^n \times \mathbb{R}^m \times \mathbb{R}^p$ des quadratischen Optimierungsproblems $\left(SQP_{\overline{=}}^{\leq}\right)_k$.

S3 Setze $(\boldsymbol{x}^{k+1}, \boldsymbol{u}^{k+1}, \boldsymbol{v}^{k+1}) := (\boldsymbol{x}^k + \boldsymbol{d}^k, \boldsymbol{\lambda}^k, \boldsymbol{\mu}^k)$, $k := k+1$, und gehe zu **S1.**

Für den Algorithmus 28 gilt die folgende lokale Konvergenzaussage:

Satz 4.38
Es seien $f \in C^2(\mathbb{R}^n, \mathbb{R})$, $G \in C^2(\mathbb{R}^n, \mathbb{R}^m)$, $H \in C^2(\mathbb{R}^n, \mathbb{R}^p)$, $(\hat{\boldsymbol{x}}, \hat{\boldsymbol{u}}, \hat{\boldsymbol{v}}) \in \mathbb{R}^n \times \mathbb{R}^m \times \mathbb{R}^p$ ein KKT-Punkt des zugehörigen Optimierungsproblems $\left(P_{\leqq}^{\leqq}\right)$ und $\hat{I}(\hat{\boldsymbol{x}}) := \{i \mid g_i(\hat{\boldsymbol{x}}) = 0,\ i \in \{1, 2, \cdots, m\}\}$. Gilt $\hat{u}_i > 0$ für alle $i \in \hat{I}(\hat{\boldsymbol{x}})$, sind die Gradienten $\nabla g_i(\hat{\boldsymbol{x}})$ mit $i \in \hat{I}(\hat{\boldsymbol{x}})$ sowie $\nabla h_1(\hat{\boldsymbol{x}}), \cdots, \nabla h_p(\hat{\boldsymbol{x}})$ linear unabhängig und gilt $\boldsymbol{y}^T \nabla_x^2 L(\hat{\boldsymbol{x}}, \hat{\boldsymbol{u}}, \hat{\boldsymbol{v}}) \boldsymbol{y} > 0$ für alle $\boldsymbol{y} \in \mathbb{R}^n \setminus \{\boldsymbol{0}\}$ mit $\nabla g_i(\hat{\boldsymbol{x}})^T \boldsymbol{y} = 0$ für alle $i \in \hat{I}(\hat{\boldsymbol{x}})$ und $\nabla H(\hat{\boldsymbol{x}})^T \boldsymbol{y} = \boldsymbol{0}$, dann existiert eine ε-Umgebung $U_\varepsilon(\hat{\boldsymbol{x}}, \hat{\boldsymbol{u}}, \hat{\boldsymbol{v}})$, sodass für jeden Startpunkt $(\boldsymbol{x}^0, \boldsymbol{u}^0, \boldsymbol{v}^0) \in U_\varepsilon(\hat{\boldsymbol{x}}, \hat{\boldsymbol{u}}, \hat{\boldsymbol{v}})$ das SQP-Verfahren durchführbar ist und die durch den Algorithmus 28 erzeugte Folge $\left\{(\boldsymbol{x}^k, \boldsymbol{u}^k, \boldsymbol{v}^k)\right\}_{k \in \mathbb{N}}$ Q-superlinear gegen $(\hat{\boldsymbol{x}}, \hat{\boldsymbol{u}}, \hat{\boldsymbol{v}})$ konvergiert. Gilt darüber hinaus, dass $\nabla^2 f(\boldsymbol{x}^*)$, $\nabla^2 g_i$ für alle $i \in \{1, \cdots, m\}$ und $\nabla^2 h_j$ für alle $j \in \{1, \cdots, p\}$ in einer Umgebung von $\hat{\boldsymbol{x}}$ Lipschitz-stetig sind, dann konvergiert die durch den Algorithmus 28 erzeugte Folge $\left\{(\boldsymbol{x}^k, \boldsymbol{u}^k, \boldsymbol{v}^k)\right\}_{k \in \mathbb{N}}$ Q-quadratisch gegen $(\hat{\boldsymbol{x}}, \hat{\boldsymbol{u}}, \hat{\boldsymbol{v}})$.

Bezüglich des Beweises von Satz 4.38 verweisen wir auf Geiger und Kanzow (2002).

Im Allgemeinen müssen für die quadratischen Hilfsprobleme $\left(SQP_{\leqq}^{\leqq}\right)_k$ keine zulässigen Punkte existieren. Dies ist offensichtlich der Fall, wenn $G(\boldsymbol{x}^k) > 0$ und $\nabla G(\boldsymbol{x}^k) = \boldsymbol{0}$ oder $H(\boldsymbol{x}^k) \neq 0$ und $\nabla H(\boldsymbol{x}^k) = \boldsymbol{0}$ gilt. Sind jedoch alle Koordinatenfunktionen g_i von G konvex über $\mathbb{R}^n$ sowie alle Koordinatenfunktionen h_j von H affin-linear und besitzt das ursprüngliche Optimierungsproblem $\left(P_{\leqq}^{\leqq}\right)$ einen nichtleeren zulässigen Bereich, so kann gezeigt werden, dass für alle $(\boldsymbol{x}^k, \boldsymbol{u}^k, \boldsymbol{v}^k)$ auch das quadratische Optimierungsproblem $\left(SQP_{\leqq}^{\leqq}\right)_k$ einen nichtleeren zulässigen Bereich besitzt(siehe Aufgabe 4.11). Es existieren jedoch modifizierte SQP-Verfahren, bei denen garantiert werden kann, dass deren zulässige Bereiche auch im nichtkonvexen Fall stets nichtleer sind, sofern nur das ursprüngliche Optimierungsproblem $\left(P_{\leqq}^{\leqq}\right)$ einen nichtleeren zulässigen Bereich besitzt (siehe beispielsweise Bonnans et al. (2003), Geiger und Kanzow (2002), Jarre und Stoer (2004), Powell (1978) sowie Spellucci (1993)).
Die Verwendung der exakten Hesse-Matrizen $\nabla_x^2 L(\boldsymbol{x}^k, \boldsymbol{u}^k, \boldsymbol{v}^k)$ in den bisher formulierten SQP-Verfahren ist natürlich sehr aufwendig. Aufgrund der hohen Kosten zur Berechnung dieser Hesse-Matrizen, und da i. Allg. diese Matrizen nicht positiv definit sind, bietet sich in der Praxis der Einsatz von Quasi-Newton-Aufdatierungen bzw. von modifizierten Quasi-Newton-Aufdatierungen an (siehe Abschnitt 3.5). Der folgende Algorithmus ist Powell (1978) entnommen.

Algorithmus 29 (*SQP-Verfahren mit modifiziertem BFGS-Update*)

S0 Wähle $(\boldsymbol{x}^0, \boldsymbol{u}^0, \boldsymbol{v}^0) \in \mathbb{R}^n \times \mathbb{R}^m \times \mathbb{R}^p$, $Q_0 \in \mathbb{SPD}^n$, und setze $k := 0$.

S1 Ist $(\boldsymbol{x}^k, \boldsymbol{u}^k, \boldsymbol{v}^k)$ ein KKT-Punkt von $\left(P_{\leqq}^{\leqq}\right)$, dann STOPP.

S2 Bestimme einen KKT-Punkt $(\boldsymbol{d}^k, \boldsymbol{\lambda}^k, \boldsymbol{\mu}^k) \in \mathbb{R}^n \times \mathbb{R}^m \times \mathbb{R}^p$ des quadratischen Optimierungsproblems

$$\left(SQP_{\equiv}^{\leq}\right)_{Q_k} \quad \text{MIN}\left\{ \frac{1}{2}\boldsymbol{d}^T Q_k \boldsymbol{d} + \nabla f(\boldsymbol{x}^k)^T \boldsymbol{d} \;\middle|\; \begin{array}{l} \nabla G(\boldsymbol{x}^k)^T \boldsymbol{d} \leq -G(\boldsymbol{x}^k) \\ \nabla H(\boldsymbol{x}^k)^T \boldsymbol{d} = -H(\boldsymbol{x}^k) \end{array} \right\} .$$

S3 Setze

$$\begin{aligned}
&(\boldsymbol{x}^{k+1}, \boldsymbol{u}^{k+1}, \boldsymbol{v}^{k+1}) := (\boldsymbol{x}^k + \boldsymbol{d}^k, \boldsymbol{\lambda}^k, \boldsymbol{\mu}^k) ,\\
&\boldsymbol{z}^k := \nabla L_x(\boldsymbol{x}^{k+1}, \boldsymbol{u}^k, \boldsymbol{v}^k) - \nabla L_x(\boldsymbol{x}^k, \boldsymbol{u}^k, \boldsymbol{v}^k) ,\\
&\tau_k := \begin{cases} 1 & \text{, falls } (\boldsymbol{d}^k)^T \boldsymbol{z}^k \geq 0.2 (\boldsymbol{d}^k)^T Q_k \boldsymbol{d}^k \\ 0.8 \dfrac{(\boldsymbol{d}^k)^T Q_k \boldsymbol{d}^k}{(\boldsymbol{d}^k)^T Q_k \boldsymbol{d}^k - (\boldsymbol{d}^k)^T \boldsymbol{z}^k} & \text{, falls } (\boldsymbol{d}^k)^T \boldsymbol{z}^k < 0.2 (\boldsymbol{d}^k)^T Q_k \boldsymbol{d}^k \end{cases} ,\\
&\boldsymbol{q}^k := \tau_k \boldsymbol{z}^k + [1 - \tau_k] Q_k \boldsymbol{d}^k ,\\
&Q_{k+1} := Q_k - \frac{Q_k \boldsymbol{d}^k (\boldsymbol{d}^k)^T Q_k}{(\boldsymbol{d}^k)^T Q_k \boldsymbol{d}^k} + \frac{\boldsymbol{q}^k (\boldsymbol{q}^k)^T}{(\boldsymbol{q}^k)^T \boldsymbol{d}^k} ,\\
&k := k + 1 ,
\end{aligned}$$

und gehe zu **S1.**

Wir verzichten auf eine Konvergenzanalyse des Algorithmus 29 und verweisen diesbezüglich ebenfalls auf Powell (1978). Stattdessen wollen wir auf eine Eigenschaft des quadratischen Hilfsproblems $\left(SQP_{\equiv}^{\leq}\right)_{Q_k}$ eingehen, die sich für unsere weiteren Ausführungen als nützlich erweisen wird. Ist $(\boldsymbol{d}^k, \boldsymbol{\lambda}^k, \boldsymbol{\mu}^k)$ ein KKT-Punkt von $\left(SQP_{\equiv}^{\leq}\right)_{Q_k}$, so gilt

$$\begin{gathered}
Q_k \boldsymbol{d}^k + \nabla f(\boldsymbol{x}^k) + \nabla G(\boldsymbol{x}^k) \boldsymbol{\lambda}^k + \nabla H(\boldsymbol{x}^k) \boldsymbol{\mu}^k = \boldsymbol{0} ,\\
G(\boldsymbol{x}^k) + \nabla G(\boldsymbol{x}^k)^T \boldsymbol{d}^k \leq \boldsymbol{0} , \boldsymbol{\lambda}^k \geq \boldsymbol{0},\ \left(\boldsymbol{\lambda}^k\right)^T \left(G(\boldsymbol{x}^k) + \nabla G(\boldsymbol{x}^k)^T \boldsymbol{d}^k\right) = 0 \text{ und}\\
H(\boldsymbol{x}^k) + \nabla H(\boldsymbol{x}^k)^T \boldsymbol{d}^k = \boldsymbol{0} .
\end{gathered}$$

Für $\boldsymbol{d}^k = \boldsymbol{0}$ ergibt sich

$$\begin{gathered}
\nabla f(\boldsymbol{x}^k) + \nabla G(\boldsymbol{x}^k) \boldsymbol{\lambda}^k + \nabla H(\boldsymbol{x}^k) \boldsymbol{\mu}^k = \boldsymbol{0} ,\\
G(\boldsymbol{x}^k) \leq \boldsymbol{0} , \boldsymbol{\lambda}^k \geq \boldsymbol{0},\ \left(\boldsymbol{\lambda}^k\right)^T G(\boldsymbol{x}^k) = 0 \text{ sowie}\\
H(\boldsymbol{x}^k) = \boldsymbol{0} ,
\end{gathered}$$

und somit ist $(\boldsymbol{x}^k, \boldsymbol{\lambda}^k, \boldsymbol{\mu}^k)$ ein KKT-Punkt des ursprünglichen Problems von $\left(P_{\equiv}^{\leq}\right)$.
In Analogie zum Newton-Verfahren lassen sich die bisher formulierten (ungedämpften) SQP-Verfahren durch die Einführung von Schrittweiten gemäß

$$(\boldsymbol{x}^{k+1}, \boldsymbol{u}^{k+1}, \boldsymbol{v}^{k+1}) := (\boldsymbol{x}^k + t_k \boldsymbol{d}^k, \boldsymbol{\lambda}^k, \boldsymbol{\mu}^k)$$

mit $t_k > 0$ globalisieren, sodass sie unter gewissen zusätzlichen Voraussetzungen für beliebige Startpunkte gegen eine lokale Lösung konvergieren. Da die Iterierten $\boldsymbol{x}^k$ für das ursprüngliche Problem i. Allg. nicht zulässig sind, ist jedoch für die Bestimmung einer geeigneten Schrittweite t_k bzw. für die Bewertung einer neuen Näherung $\boldsymbol{x}^{k+1}$ nicht nur die Verkleinerung des Zielfunktionwertes $f(\boldsymbol{x}^{k+1})$ im Vergleich zu $f(\boldsymbol{x}^k)$ zu betrachten, sondern es muss auch die Verletzung der Zulässigkeit berücksichtigt bzw. „bestraft" werden. Dies legt unmittelbar die Verwendung von exakten Straffunktionen zur Schrittweitensteuerung nahe, wobei wir unsere diesbezüglichen Betrachtungen auf die bereits eingeführte l_1-Straffunktion

$$S^1 : \mathbb{R}^n \times \mathbb{R}_+ \to \mathbb{R} \text{ mit } S^1(\boldsymbol{x}, r) := f(\boldsymbol{x}) + r\left(\| [G(\boldsymbol{x})]^+ \|_1 + \|H(\boldsymbol{x})\|_1\right)$$

beschränken. Zwar ist für festes $r > 0$ nach Satz 4.22 die Funktion

$$S_r^1 : \mathbb{R}^n \to \mathbb{R} \text{ mit } S_r^1(\boldsymbol{x}) := f(\boldsymbol{x}) + r\left(\| [G(\boldsymbol{x})]^+ \|_1 + \|H(\boldsymbol{x})\|_1\right)$$

nicht differenzierbar, es existieren jedoch für alle $\boldsymbol{x}, \boldsymbol{d} \in \mathbb{R}^n$ die einseitigen Richtungsableitungen

$$S_r^{1'}(\boldsymbol{x}; \boldsymbol{d}) = \lim_{t \downarrow +0} \frac{S_r^1(\boldsymbol{x} + t\boldsymbol{d}) - S_r^1(\boldsymbol{x})}{t} .$$

Es gilt (siehe beispielsweise Geiger und Kanzow (2002))

$$\begin{aligned} S_r^{1'}(\boldsymbol{x}; \boldsymbol{d}) \;=\; & \nabla f(\boldsymbol{x})^T \boldsymbol{d} \\ & -r \sum_{j \in J^-(\boldsymbol{x})} \nabla h_j(\boldsymbol{x})^T \boldsymbol{d} \\ & +r \sum_{i \in \hat{I}(\boldsymbol{x})} \max\left\{0, \nabla g_i(\boldsymbol{x})^T \boldsymbol{d}\right\} + r \sum_{j \in \hat{J}(\boldsymbol{x})} \left|\nabla h_j(\boldsymbol{x})^T \boldsymbol{d}\right| \\ & +r \sum_{i \in I^+(\boldsymbol{x})} \nabla g_i(\boldsymbol{x})^T \boldsymbol{d} + r \sum_{j \in J^+(\boldsymbol{x})} \nabla h_j(\boldsymbol{x})^T \boldsymbol{d} \end{aligned} \tag{4.16}$$

mit

$I^-(\boldsymbol{x}) := \{i \mid g_i(\boldsymbol{x}) < 0,\ i \in \{1, \cdots, m\}\}$, $J^-(\boldsymbol{x}) := \{j \mid h_j(\boldsymbol{x}) < 0,\ j \in \{1, \cdots, p\}\}$,
$\hat{I}(\boldsymbol{x}) := \{i \mid g_i(\boldsymbol{x}) = 0,\ i \in \{1, \cdots, m\}\}$, $\hat{J}(\boldsymbol{x}) := \{j \mid h_j(\boldsymbol{x}) = 0,\ j \in \{1, \cdots, p\}\}$,
$I^+(\boldsymbol{x}) := \{i \mid g_i(\boldsymbol{x}) > 0,\ i \in \{1, \cdots, m\}\}$ und $J^+(\boldsymbol{x}) := \{j \mid h_j(\boldsymbol{x}) > 0,\ j \in \{1, \cdots, p\}\}$.

Satz 4.39
Es seien $f \in C^1(\mathbb{R}^n, \mathbb{R})$, $G \in C^1(\mathbb{R}^n, \mathbb{R}^m)$, $H \in C^1(\mathbb{R}^n, \mathbb{R}^p)$, $\boldsymbol{x}^* \in \mathbb{R}^n$, $Q \in \mathbb{SPD}^n$, $(\hat{\boldsymbol{d}}, \hat{\boldsymbol{\lambda}}, \hat{\boldsymbol{\mu}}) \in \mathbb{R}^n \times \mathbb{R}^m \times \mathbb{R}^p$ ein KKT-Punkt des quadratischen Optimierungsproblems

$$(SQP^{\leq}_{=})_Q \quad \text{MIN}\left\{ \frac{1}{2}\boldsymbol{d}^T Q \boldsymbol{d} + \nabla f(\boldsymbol{x}^*)^T \boldsymbol{d} \;\middle|\; \begin{array}{l} \nabla G(\boldsymbol{x}^*)^T \boldsymbol{d} \leq -G(\boldsymbol{x}^*) \\ \nabla H(\boldsymbol{x}^*)^T \boldsymbol{d} = -H(\boldsymbol{x}^*) \end{array} \right\}$$

mit $\hat{\boldsymbol{d}} \neq \boldsymbol{0}$, $r \geq \max\left\{\|\hat{\boldsymbol{\lambda}}\|_\infty, \|\hat{\boldsymbol{\mu}}\|_\infty\right\}$ und

$$S^1 : \mathbb{R}^n \times \mathbb{R}_+ \to \mathbb{R} \text{ mit } S^1(\boldsymbol{x}, r) := f(\boldsymbol{x}) + r\left(\| [G(\boldsymbol{x})]^+ \|_1 + \|H(\boldsymbol{x})\|_1\right)$$

eine l_1-Straffunktion für das zugehörige Optimierungsproblem $\left(P_{\equiv}^{\leq}\right)$. Dann gilt

$$S_r^{1'}(\boldsymbol{x}^*;\hat{\boldsymbol{d}}) < 0 \ ,$$

d. h. $\hat{\boldsymbol{d}}$ ist eine Abstiegsrichtung von S_r^1 in $\boldsymbol{x}^*$.

Beweis: Da $(\hat{\boldsymbol{d}}, \hat{\boldsymbol{\lambda}}, \hat{\boldsymbol{\mu}}) \in \mathbb{R}^n \times \mathbb{R}^m \times \mathbb{R}^p$ nach Voraussetzung ein KKT-Punkt des quadratischen Optimierungsproblems

$$\left(SQP_{\equiv}^{\leq}\right)_Q \quad \text{MIN}\left\{ \frac{1}{2}\boldsymbol{d}^T Q\boldsymbol{d} + \nabla f(\boldsymbol{x}^*)^T \boldsymbol{d} \;\middle|\; \begin{array}{l} \nabla G(\boldsymbol{x}^*)^T\boldsymbol{d} \leq -G(\boldsymbol{x}^*) \\ \nabla H(\boldsymbol{x}^*)^T\boldsymbol{d} = -H(\boldsymbol{x}^*) \end{array} \right\}$$

ist, gilt

$$\begin{gathered} Q\hat{\boldsymbol{d}} + \nabla f(\boldsymbol{x}^*) + \nabla G(\boldsymbol{x}^*)\hat{\boldsymbol{\lambda}} + \nabla H(\boldsymbol{x}^*)\hat{\boldsymbol{\mu}} = \boldsymbol{0} \ , \\ G(\boldsymbol{x}^*) + \nabla G(\boldsymbol{x}^*)^T\hat{\boldsymbol{d}} \leq \boldsymbol{0} \ , \ \hat{\boldsymbol{\lambda}}^T \left(G(\boldsymbol{x}^*) + \nabla G(\boldsymbol{x}^*)^T\hat{\boldsymbol{d}}\right) = 0 \text{ sowie} \\ H(\boldsymbol{x}^*) + \nabla H(\boldsymbol{x}^*)^T\hat{\boldsymbol{d}} = \boldsymbol{0} \ . \end{gathered}$$

Es folgt

$$\begin{gathered} \nabla f(\boldsymbol{x}^*) = -Q\hat{\boldsymbol{d}} - \sum_{i=1}^{m} \hat{\lambda}_i \nabla g_i(\boldsymbol{x}^*) - \sum_{j=1}^{p} \hat{\mu}_j \nabla h_j(\boldsymbol{x}^*) \ , \\ \nabla g_i(\boldsymbol{x}^*)^T\hat{\boldsymbol{d}} \leq -g_i(\boldsymbol{x}^*) \text{ für alle } i \in \{1,2,\cdots,m\} \ , \\ \max\left\{0, \nabla g_i(\boldsymbol{x}^*)^T\hat{\boldsymbol{d}}\right\} = 0 \text{ für alle } i \in \hat{I}(\boldsymbol{x}^*) \ , \\ \hat{\lambda}_i \nabla g_i(\boldsymbol{x}^*)^T\hat{\boldsymbol{d}} \leq -\hat{\lambda}_i g_i(\boldsymbol{x}^*) \text{ für alle } i \in \{1,2,\cdots,m\} \ , \\ \nabla h_j(\boldsymbol{x}^*)^T\hat{\boldsymbol{d}} = -h_j(\boldsymbol{x}^*) \text{ für alle } j \in \{1,2,\cdots,p\} \ , \\ \nabla h_j(\boldsymbol{x}^*)^T\hat{\boldsymbol{d}} = 0 \text{ für alle } j \in \hat{J}(\boldsymbol{x}^*) \end{gathered}$$

und mit (4.16)

$$\begin{aligned} S_r^{1'}(\boldsymbol{x}^*;\hat{\boldsymbol{d}}) \quad \leq \quad & -\hat{\boldsymbol{d}}^T Q\hat{\boldsymbol{d}} + \sum_{i\in I^-(\boldsymbol{x}^*)} \hat{\lambda}_i g_i(\boldsymbol{x}^*) + \sum_{i\in I^+(\boldsymbol{x}^*)} \left(\hat{\lambda}_i - r\right) g_i(\boldsymbol{x}^*) \\ & + \sum_{j\in J^-(\boldsymbol{x}^*)} (\hat{\mu}_j + r)\, h_j(\boldsymbol{x}^*) + \sum_{j\in J^+(\boldsymbol{x}^*)} (\hat{\mu}_j - r)\, h_j(\boldsymbol{x}^*) \ . \end{aligned}$$

Schließlich ergibt sich mit $\hat{\boldsymbol{\lambda}} \geq \boldsymbol{0}$, $r \geq \max\left\{\|\hat{\boldsymbol{\lambda}}\|_\infty, \|\hat{\boldsymbol{\mu}}\|_\infty\right\}$, $Q \in \mathbb{SPD}^n$ sowie $\hat{\boldsymbol{d}} \neq \boldsymbol{0}$

$$S_r^{1'}(\boldsymbol{x}^*;\hat{\boldsymbol{d}}) \leq -\hat{\boldsymbol{d}}^T Q\hat{\boldsymbol{d}} < 0 \ . \tag{4.17}$$

□

Aufgrund des letzten Satzes und unserer bisherigen Überlegungen können wir nun ein SQP-Verfahren mit Schrittweitensteuerung formulieren, wobei wir eine Armijo-Schrittweitenstrategie verwenden.

Algorithmus 30 (*Gedämpftes SQP-Verfahren*)

S0 Wähle $(\boldsymbol{x}^0, \boldsymbol{u}^0, \boldsymbol{v}^0) \in \mathbb{R}^n \times \mathbb{R}^m \times \mathbb{R}^p$, $Q_0 \in \mathbb{SPD}^n$, $r_0 > 0$, $\varepsilon > 0$, $\alpha \in (0,1)$, $q \in (0,1)$, und setze $k := 0$.

S1 Ist $(\boldsymbol{x}^k, \boldsymbol{u}^k, \boldsymbol{v}^k)$ ein KKT-Punkt von $(P_{\leqq}^{\leqq})$, dann STOPP.

S2 Bestimme einen KKT-Punkt $(\boldsymbol{d}^k, \boldsymbol{\lambda}^k, \boldsymbol{\mu}^k) \in \mathbb{R}^n \times \mathbb{R}^m \times \mathbb{R}^p$ des quadratischen Optimierungsproblems

$$(SQP_{\equiv}^{\leq})_{Q_k} \quad \text{MIN} \left\{ \frac{1}{2}\boldsymbol{d}^T Q_k \boldsymbol{d} + \nabla f(\boldsymbol{x}^k)^T \boldsymbol{d} \;\middle|\; \begin{array}{l} \nabla G(\boldsymbol{x}^k)^T \boldsymbol{d} \leq -G(\boldsymbol{x}^k) \\ \nabla H(\boldsymbol{x}^k)^T \boldsymbol{d} = -H(\boldsymbol{x}^k) \end{array} \right\} .$$

S3 Gilt $\boldsymbol{d}^k = \boldsymbol{0}$, dann setze $(\boldsymbol{x}^{k+1}, \boldsymbol{u}^{k+1}, \boldsymbol{v}^{k+1}) := (\boldsymbol{x}^k, \boldsymbol{\lambda}^k, \boldsymbol{\mu}^k)$, $k := k+1$, und gehe zu **S1.**

S4 Setze $t_k := 1$.

S5 Gilt $S_{r_k}^1(\boldsymbol{x}^k + t_k \boldsymbol{d}^k) \leq S_{r_k}^1(\boldsymbol{x}^k) + \alpha t_k S_{r_k}^{1'}(\boldsymbol{x}^k; \boldsymbol{d}^k)$, dann gehe zu **S7.**

S6 Setze $t_k := q t_k$, und gehe zu **S5.**

S7 Setze

$$\begin{aligned}
&(\boldsymbol{x}^{k+1}, \boldsymbol{u}^{k+1}, \boldsymbol{v}^{k+1}) := (\boldsymbol{x}^k + t_k \boldsymbol{d}^k, \boldsymbol{\lambda}^k, \boldsymbol{\mu}^k) \,, \\
&\boldsymbol{z}^k := \nabla L_x(\boldsymbol{x}^{k+1}, \boldsymbol{u}^k, \boldsymbol{v}^k) - \nabla L_x(\boldsymbol{x}^k, \boldsymbol{u}^k, \boldsymbol{v}^k) \,, \\
&\tau_k := \begin{cases} 1 & \text{, falls } (\boldsymbol{d}^k)^T \boldsymbol{z}^k \geq 0.2 (\boldsymbol{d}^k)^T Q_k \boldsymbol{d}^k \\ 0.8 \dfrac{(\boldsymbol{d}^k)^T Q_k \boldsymbol{d}^k}{(\boldsymbol{d}^k)^T Q_k \boldsymbol{d}^k - (\boldsymbol{d}^k)^T \boldsymbol{z}^k} & \text{, falls } (\boldsymbol{d}^k)^T \boldsymbol{z}^k < 0.2 (\boldsymbol{d}^k)^T Q_k \boldsymbol{d}^k \end{cases} \,, \\
&\boldsymbol{q}^k := \tau_k \boldsymbol{z}^k + [1 - \tau_k] Q_k \boldsymbol{d}^k \,, \\
&Q_{k+1} := Q_k - \frac{Q_k \boldsymbol{d}^k (\boldsymbol{d}^k)^T Q_k}{(\boldsymbol{d}^k)^T Q_k \boldsymbol{d}^k} + \frac{\boldsymbol{q}^k (\boldsymbol{q}^k)^T}{(\boldsymbol{q}^k)^T \boldsymbol{d}^k} \,, \\
&r_{k+1} := \max \left\{ r_k, \; \max \left\{ \|\boldsymbol{u}^{k+1}\|_\infty, \|\boldsymbol{v}^{k+1}\|_\infty \right\} + \varepsilon \right\} \,, \\
&k := k+1 \,,
\end{aligned}$$

und gehe zu **S1.**

In Schritt S5 kann man mit (4.17) die Richtungsableitung auf der rechten Seite durch die leichter berechenbare obere Abschätzung

$$S_{r_k}^1(\boldsymbol{x}^k + t_k \boldsymbol{d}^k) \leq S_{r_k}^1(\boldsymbol{x}^k) - \alpha t_k (\boldsymbol{d}^k)^T Q_k \boldsymbol{d}^k. \tag{4.18}$$

ersetzen, wobei die Konvergenzaussagen erhalten bleiben (siehe Geiger und Kanzow (2002)). Wünschenswert wäre, dass das gedämpfte SQP-Verfahren nach endlich vielen

Schritten in das ungedämpfte SQP-Verfahren übergeht, d. h. die Schrittweite $t_k = 1$ die Armijo-Bedingung erfüllt und der Algorithmus 30 mindestens superlinear konvergiert. Für diesbezügliche Konvergenzaussagen verweisen wir auf Han (1977). Es existieren jedoch Beispiele, bei denen in jeder noch so kleinen Umgebung der Lösung des Ausgangsproblems $(P^{\leqq})$ Punkte existieren, sodass für diese die Schrittweite 1 in Richtung $\boldsymbol{d}$ gemäß S2 des Algorithmus 30 nicht akzeptiert wird. Dieser Effekt wird als *Maratos-Effekt* bezeichnet (siehe Maratos (1978)). Strategien zur Vermeidung des Maratos-Effektes werden beispielsweise in Geiger und Kanzow (2002), Wächter und Biegler (2005), Jarre und Stoer (2004) sowie Spellucci (1993) diskutiert, indem man nichtmonotone Line Search-Strategien betrachtet oder den Line Search durch eine Schrittweitensuche längs einer geeigneten Parabel ersetzt oder auch Trust-Region-Strategien mit sogenannten Filtern zur Globalisierung einsetzt. Eine weitere Möglichkeit zur Schrittweitensteuerung ist die Verwendung von (modifizierten) glatten exakten Straffunktionen wie der verallgemeinerten Lagrange-Funktion (siehe beispielsweise Bertsekas (1982) sowie Schittkowski (1983)). Zum Abschluss dieses Abschnittes bemerken wir, dass eine Vielzahl von Variationen der SQP-Verfahren existieren und verweisen für weitergehende diesbezügliche Ausführungen beispielsweise auf Fletcher und Leyffer (2002), Fletcher et al. (2002), Gill et al. (1981), Jäger und Sachs (1997), Nocedal und Wright (2006), Powell (1978) und Schittkowski (1983).

4.6 Barrierefunktionen und Innere-Punkt-Verfahren

Wir betrachten Problemstellungen der Form

$$\left(P^{\leq}\right) \qquad \mathrm{MIN}\{f(\boldsymbol{x})|\ \boldsymbol{x} \in M\} \text{ mit } M := \{\boldsymbol{x} \in \mathbb{R}^n|\ G(\boldsymbol{x}) \leq \boldsymbol{0}\}$$

mit stetigen Problemfunktionen f und $G = (g_1, \cdots, g_m)^T$. Die im Folgenden betrachteten *Barrierefunktionen* stehen in einem engen Zusammenhang mit den in Abschnitt 4.2 betrachteten Straffunktionen. Während bei den Straffunktionen die Verletzung der Nebenbedingungen durch die Addition eines Straftermes bestraft wurde, wird bei Barrierefunktionen durch die Addition eines *Barriereterms* versucht, die Verletzung der Ungleichungsnebenbedingungen des Problems $\left(P^{\leq}\right)$ zu verhindern. Für die Problemstellung $\left(P^{\leq}\right)$ definieren wir zunächst

$$M^0 := \{\boldsymbol{x} \in \mathbb{R}^n|\ G(\boldsymbol{x}) < \boldsymbol{0}\} .$$

Die Menge M^0 wird als *strikt zulässige Menge*, *strikt zulässiger Bereich* oder auch als *striktes Inneres* von M bezeichnet, wobei wir darauf hinweisen, dass i. Allg. natürlich nicht $M^0 = \operatorname{int} M$ gilt (siehe Aufgabe 4.12). Ist weiterhin $\psi: M^0 \to \mathbb{R}$ eine stetige Funktion und gilt

$$\lim_{k\to\infty} \psi(\boldsymbol{x}^k) = \infty$$

für jede Folge $\{\boldsymbol{x}^k\}_{k\in\mathbb{N}} \subset M^0$ mit $\lim\limits_{k\to\infty} \boldsymbol{x}^k \in M \setminus M^0$, so wird die Funktion

$$\mathcal{B} : M^0 \times \mathbb{R}_{++} \to \mathbb{R} \text{ mit } \mathcal{B}(\boldsymbol{x}, r) := f(\boldsymbol{x}) + r\ \psi(\boldsymbol{x})$$

als Barrierefunktion und der Parameter $r > 0$ als *Barriereparameter* für die Problemstellung $\left(P^{\leq}\right)$ bezeichnet. Wir werden uns bei unseren weiteren Betrachtungen in diesem Abschnitt auf eine spezielle Barrierefunktion, die sogenannte *logarithmische Barrierefunktion* (siehe Frisch (1955)) mit dem Barriereterm

$$\psi(\boldsymbol{x}) := -\sum_{i=1}^{m} \ln(-g_i(\boldsymbol{x}))$$

beschränken und verweisen bzgl. weiterer Barrierefunktionen beispielsweise auf Jensen und Polyak (1994), Polyak (1992), Polyak und Teboulle (1997) sowie Powell (1995). Für jedes (feste) $r > 0$ lassen sich der ursprünglichen Problemstellung $\left(P^{\leq}\right)$ logarithmische Barriereprobleme gemäß

$$\left(BP^{\leq}\right)_r \quad \text{MIN}\left\{ B_r(\boldsymbol{x}) := f(\boldsymbol{x}) - r\sum_{i=1}^{m} \ln(-g_i(\boldsymbol{x})) \,\middle|\, \boldsymbol{x} \in M^0 \right\}$$

zuordnen, hier nun in der Hoffnung, dass sich für eine streng monoton fallende Nullfolge von Barriereparametern $\{r_k\}_{k\in\mathbb{N}} \subset \mathbb{R}_{++}$ die (lokalen bzw. globalen) Lösungen der zugehörigen Barriereprobleme $\left(BP^{\leq}\right)_{r_k}$ einer (lokalen bzw. globalen) Lösung des ursprünglichen Optimierungsproblems $\left(P^{\leq}\right)$ annähern. Diese klassischen *Barriereverfahren* findet man einschließlich einer Konvergenztheorie z. B. in Fiacco und McCormick (1968) sowie Großmann und Kleinmichel (1976). Sind die Problemfunktionen f sowie g_i konvex, so ist offensichtlich auch die Funktion B_r konvex. Für die Konvergenz der Barriereverfahren ist vorauszusetzen, dass jeder zulässige Punkt durch Punkte aus M^0 beliebig genau approximiert werden kann, d. h. man setzt voraus, dass $M^0 \neq \emptyset$ und $\operatorname{cl} M^0 = M$ gilt (siehe auch Aufgabe 4.13).

Beispiel 4.40
Wir betrachten das konvexe Optimierungsproblem (Problem Nr. 172)

$$\text{MIN}\left\{ f(\boldsymbol{x}) = x_1 + x_2^2 \,\middle|\, -x_1 \leq 0,\ -x_2 \leq 0 \right\}$$

mit der globalen Lösung $\hat{\boldsymbol{x}} = (0,0)^T$. Für $r > 0$ lauten die zugehörigen (logarithmischen) Barriereprobleme

$$\text{MIN}\left\{ B_r(\boldsymbol{x}) := x_1 + x_2^2 - r\left(\ln(x_1) + \ln(x_2)\right) \,\middle|\, -x_1 < 0,\ -x_2 < 0 \right\} .$$

Wegen

$$\nabla B_r(\boldsymbol{x}) = \begin{pmatrix} 1 - \frac{r}{x_1} \\ 2x_2 - \frac{r}{x_2} \end{pmatrix}$$

ergibt sich für die eindeutigen globalen Lösungen der Barriereprobleme $\hat{\boldsymbol{x}}(r) = \left(r, \sqrt{\frac{r}{2}}\right)^T$, und es gilt $\lim\limits_{r \downarrow 0} \hat{\boldsymbol{x}}(r) = \hat{\boldsymbol{x}}$. In Abb. 4.9 sind für $r = 10, 5, 1, 0.5, 0.1, 0.01$ jeweils die Höhenlinien der entsprechenden Barrierefunktionen B_r und die Lösungskurve $r \mapsto \hat{\boldsymbol{x}}(\boldsymbol{r})$ gezeichnet. ■

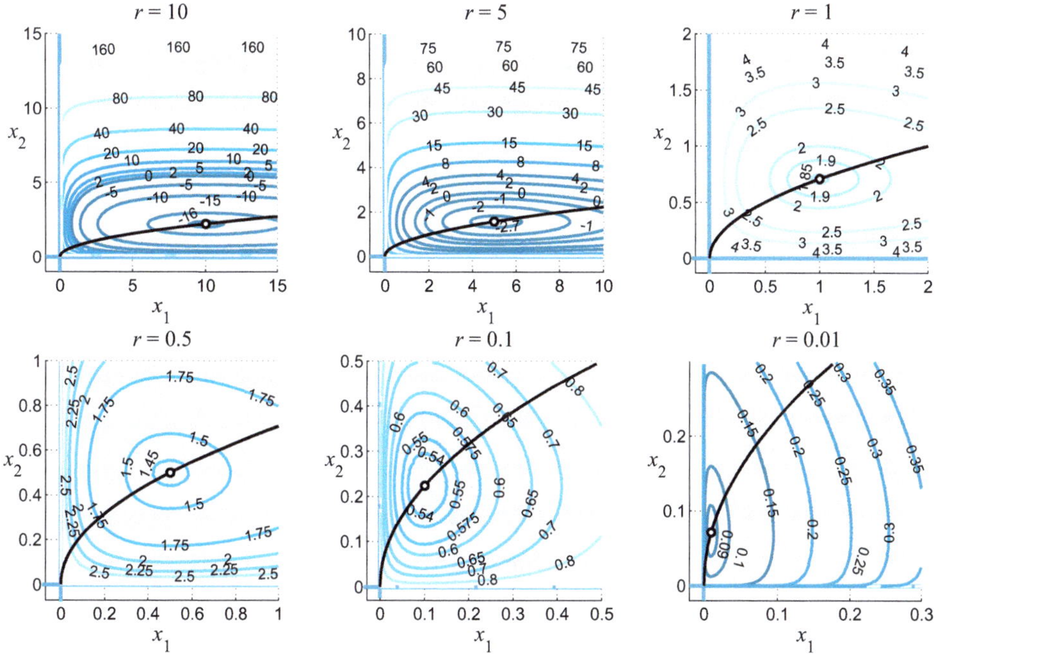

Abb. 4.9 Höhenlinien der Barrierefunktion B_r mit $r = 10, 5, 1, 0.5, 0.1, 0.01$ für Beispiel 4.40

Im Gegensatz zu den Straffunktionen stimmen die Höhenlinien der Barrierefunktion für jedes $r > 0$ auf dem zulässigen Bereich nicht mit den Höhenlinien der Zielfunktion f überein, und die Barrierefunktion ist außerhalb des zulässigen Bereiches nicht definiert. In Analogie zu den quadratischen Strafverfahren sind jedoch auch die Hesse-Matrizen der Barriereprobleme für $r \downarrow 0$ immer schlechter konditioniert (siehe Beispiel 4.40). Aus diesem Grund haben sowohl die Barriereverfahren als auch die Strafverfahren für die Lösung von Optimierungsproblemen mit Nebenbedingungen heute nicht mehr die Bedeutung wie in den siebziger Jahren des vorigen Jahrhunderts.

Durch andere Ansätze wurde die Barrierefunktion bei der Lösung von insbesondere großdimensionalen Optimierungsproblemen wieder interessant. Vornehmlich im letzten Jahrzehnt wurden die sogenannten *Innere-Punkt-Verfahren* (engl. interior-point methods) untersucht, die eng mit den Barriereverfahren verknüpft sind. Ursprünglich wurden diese Innere-Punkt-Verfahren für die Lösung großdimensionaler linearer Optimierungsprobleme entwickelt, bei denen die Rechenzeit der Simplexverfahren mit der Problemgröße exponentiell wachsen kann. In Padberg (1999), Geiger und Kanzow (2002) sowie Jarre und Stoer (2004) findet man Darstellungen dieser Verfahren für lineare Optimierungsprobleme einschließlich der zugehörigen Konvergenztheorie. Wir erläutern hier nur das Grundprinzip dieser Verfahrensklasse an einem Optimierungsproblem mit Ungleichungsnebenbedingungen, um die Zusammenhänge und Unterschiede zur Vorgehensweise bei Barriereverfahren zu demonstrieren und überführen die Ungleichungsnebenbedingungen $G(\boldsymbol{x}) \leq \mathbf{0}$ durch die Einführung von Schlupfvariablen $\boldsymbol{y} \in \mathbb{R}^m_+$ in das System $G(\boldsymbol{x}) + \boldsymbol{y} = \mathbf{0},\ \boldsymbol{y} \geq \mathbf{0}$. Dem zu $\left(P^{\leqq}_{=}\right)$ äquivalenten Optimierungsproblem

$$\mathrm{MIN}\{f(\boldsymbol{x}) |\ G(\boldsymbol{x}) + \boldsymbol{y} = \mathbf{0},\ \boldsymbol{x} \in \mathbb{R}^n,\ \boldsymbol{y} \in \mathbb{R}^m_+\}$$

wird gemäß

$$\left(BP^{\leqq}_{=}\right)_r \qquad \mathrm{MIN}\left\{ f(\boldsymbol{x}) - r\sum_{i=1}^{m} \ln(y_i) \,\middle|\, G(\boldsymbol{x}) + \boldsymbol{y} = \mathbf{0},\ \boldsymbol{x} \in \mathbb{R}^n,\ \boldsymbol{y} \in \mathbb{R}^m \right\}$$

eine Familie von Barriereproblemen mit Gleichungsnebenbedingungen zugeordnet, wobei zu beachten ist, dass die Zielfunktion nur auf der offenen Menge $G = \mathbb{R}^m \times \mathbb{R}^m_{++}$ definiert ist. Nach kurzer Rechnung ergeben sich für jedes $r > 0$ die folgenden KKT-Bedingungen gemäß

$$(KKT)_r \qquad \begin{aligned} \nabla f(\boldsymbol{x}) + \nabla G(\boldsymbol{x})\boldsymbol{u} &= \mathbf{0} \\ G(\boldsymbol{x}) + \boldsymbol{y} &= \mathbf{0} \\ u_i y_i &= r,\ i = 1, 2, \ldots, m \\ \boldsymbol{y} > 0,\ \boldsymbol{u} &> \mathbf{0}. \end{aligned}$$

Unter Beachtung von $\boldsymbol{y} > \mathbf{0}$ und $\boldsymbol{u} > \mathbf{0}$ dient nun das nichtlineare Gleichungssystem in den $(KKT)_r$-Bedingungen als Ausgangspunkt für eine Klasse von Innere-Punkt-Verfahren. Man führt dabei für gewähltes $r_k > 0$ nur jeweils eine Iteration zur Lösung des von r_k abhängigen Gleichungssystems aus und bestimmt damit eine Näherungslösung $(\boldsymbol{x}^k, \boldsymbol{y}^k, \boldsymbol{u}^k) \in \mathbb{R}^n \times \mathbb{R}^m \times \mathbb{R}^m$ von $(KKT)_{r_k}$. Anschließend wird der Parameter r_k wie bei den Barriereverfahren verkleinert. Ausgehend von der zuvor berechneten Näherungslösung wird mit dem neuen Parameter r_{k+1} wieder mit einem Schritt eine Näherungslösung $(\boldsymbol{x}^{k+1}, \boldsymbol{y}^{k+1}, \boldsymbol{u}^{k+1})$ von $(KKT)_{r_{k+1}}$ bestimmt.

Für $M^0 \neq \emptyset$ und $\mathrm{cl}\, M^0 = M$ gelingt es, unter den üblichen Differenzierbarkeitsvoraussetzungen, bei strenger Komplementarität im Lösungspunkt und bei Gültigkeit der hinreichenden Optimalitätsbedingungen 2. Ordnung zu zeigen, dass für $r \downarrow 0$ die exakten Lösungen der Familie von $(KKT)_r$-Bedingungen innere Punkte des zulässigen Bereiches von $\left(P^{\leq}\right)$ sind (daher der Name Innere-Punkt-Verfahren) und gegen eine lokale Lösung von $\left(P^{\leq}\right)$ konvergieren. Die von r abhängige Trajektorie der exakten Lösungen $(\boldsymbol{x}(r), \boldsymbol{y}(r), \boldsymbol{u}(r))$ wird häufig *zentraler Pfad* genannt.

Bei geeigneter Steuerung von $r_k > 0$ mit $\lim\limits_{k\to\infty} r_k = 0$ konvergieren auch die obigen

Einschritt-Näherungslösungen $\boldsymbol{x}^k$ gegen eine lokale Lösung von $\left(P^{\leq}\right)$ mit mindestens linearer Konvergenzgeschwindigkeit. Manche Innere-Punkt-Verfahren sind sogar superlinear konvergent. Wegen der approximativen Lösung der Gleichungen in den $(KKT)_r$-Bedingungen ist in der Anfangsphase der Inneren-Punkt-Methoden die Zulässigkeit bzgl. der Originalnebenbedingungen nicht garantiert, obwohl die Variablen $\boldsymbol{y}$ und $\boldsymbol{u}$ stets positiv sind. Erst in einer hinreichend kleinen Umgebung einer lokalen Lösung von $\left(P^{\leq}\right)$ wird diese Zulässigkeit garantiert. Sowohl die entsprechenden Konvergenzbeweise, die in der Regel die Strategie für die Verkleinerung von r liefern, als auch die Implementierung der zugehörigen Algorithmen sind sehr umfangreich und aufwändig. Für die Bestimmung der Näherungslösungen der $(KKT)_r$-Bedingungen werden globalisierte Schritte von inexakten Newton-Verfahren, Quasi-Newton-Verfahren oder SQP-Verfahren mit Gleichungsnebenbedingungen unter Beachtung der Positivität von $\boldsymbol{y}$ und $\boldsymbol{u}$ ausgeführt.
Es muss beachtet werden, dass die Forderung nach zulässigen Iterierten (hier zumindest in der lokalen Phase) i. Allg. einen höheren Rechenaufwand gegenüber Verfahren erfordern, bei denen die Lösungen durch Iterierte approximiert werden, die erst im Grenzpunkt zulässig sind. Die meisten Innere-Punkt-Verfahren, beispielsweise das in der OTB implementierte Innere-Punkt-Verfahren, gestatten nicht zulässige Startpunkte. Das Verfahren aus der OTB benutzt als Gleichungssystemlöser ein SQP_{max}-Verfahren auf Richtungssuch- und Trust-Region-Basis. Der TR-Schritt führt im Falle der Nichtkonvexität mit der inexakten Lanczos-Methode einen Abstieg in Richtungen mit negativer Krümmung von f aus. Damit verhindert man, dass das Verfahren in Punkten stagniert, in denen die notwendigen Bedingungen 2. Ordnung nicht erfüllt sind. Die genaue Beschreibung des in der OTB verwendeten Verfahrens findet der Leser in Waltz et. al. (2006).
Für weitergehende Ausführungen zu Innere-Punkt-Verfahren für nichtlineare Optimierungsprobleme mit Nebenbedingungen verweisen wir auf Byrd et al. (1999), Jarre und Stoer (2004), Waltz et. al. (2006), Wächter und Biegler (2006) [freie Software IPOPT] und Wright (1997) sowie dort zitierte weitere Literatur zu Inneren-Punkt-Verfahren.

4.7 Numerische Experimente zu Verfahren der restringierten Optimierung

Anhand der angegebenen Algorithmen wird deutlich, dass die Anzahl der zu wählenden Startparameter gegenüber Algorithmen für nichtrestringierte Probleme z. T. erheblich größer ist. Dies impliziert auch einen größeren Umfang der möglichen numerischen Experimente. Wir haben in diesem Abschnitt Testbeispiele und Startparameter ausgewählt, die besondere Effekte bei der Lösung der Probleme aufzeigen.

Wir vereinbaren, dass ein Verfahren *regulär abbbricht*, wenn für vorgegebenen Abbruchparameter $\varepsilon > 0$ folgende drei Bedingungen gleichzeitig erfüllt sind:

$$\begin{aligned} \|\nabla f(\boldsymbol{x}^k) + \sum_{j=1}^{m} u_j \nabla g_j(\boldsymbol{x}^k) + \sum_{i=1}^{p} v_i \nabla h_i(\boldsymbol{x}^k)\|_\infty &< \varepsilon, & (4.19)\\ \|(u_1 g_1(\boldsymbol{x}^k), ..., u_m g_m(\boldsymbol{x}^k))^T\|_2 &< \varepsilon, & (4.20)\\ \|[G(\boldsymbol{x}^k)]^+\|_1 + \|[H(\boldsymbol{x}^k)]^+\|_1 &< \varepsilon. & (4.21) \end{aligned}$$

Die Bedingungen (4.19) und (4.20) representieren die KKT-Bedingungen ohne Berücksichtigung der Zulässigkeit. Das Maximum dieser Abbruchbedingungen („`KKT`") wird in den Abbildungen und in den Tabellen dargestellt. Bedingung (4.21) beschreibt die Summe der absoluten Zulässigkeitsverletzungen („`err(g,h)`"). Diese wird ebenfalls in den Abbildungen und in den Tabellen ausgewiesen. Die Nichtnegativität der Lagrange-Multiplikatoren für die Ungleichungsrestriktionen wird durch die jeweiligen Algorithmen gesichert. Wenn nichts anderes vermerkt ist, wird $\varepsilon = 10^{-6}$ gesetzt. Bei jedem der folgenden zwei Bedingungen wird das Verfahren ebenfalls abgebrochen:

(1) Die maximal vorgebene Anzahl von äußeren Iterationen („`maxit`") ist überschritten.

(2) Zusätzlich zu (4.21) gilt für den Abstand zweier aufeinanderfolgender äußerer Iterierter

$$\|\boldsymbol{x}^k - \boldsymbol{x}^{k-1}\|_2 < 0.01\,\varepsilon.$$

Die Multiplikatoren $\boldsymbol{u}$ für Ungleichungen und $\boldsymbol{v}$ für Gleichungen werden in einem Vektor $\boldsymbol{y}$ zusammengefasst. Bei der Analyse der Anzahlen der Funktionswert-, Gradienten- und Hesse-Matrizenaufrufe unserer „Kostenanalyse" ist zu beachten, dass z. B. unter `nf = 4` bzw. `ng = 6` bzw. `nh = 13` zu verstehen ist, dass die Zielfunktion und alle Restriktionsfunktionen 4-mal, die Gradienten der Zielfunktion und aller Restriktionsfunktionen 6-mal sowie die Hesse-Matrizen der Zielfunktion und aller Restriktionsfunktionen 13-mal berechnet worden sind. Die Größe der Problemstellung bezogen auf die Anzahl der Restriktionen wurde nicht berücksichtigt.

4.7.1 Experimente zu Straf- und Multiplikatorverfahren

Zunächst ein paar Bemerkungen zur Realisierung der Algorithmen. Die Steuerung des Strafparameters r ist bei diesen Verfahren nicht einheitlich. Beim Multiplikatorverfahren wird r nur dann erhöht (in EdOptLab mit dem Faktor 10 multipliziert), wenn die Annäherung an die zulässige Menge zu langsam erfolgt, d. h. wenn die maximale Verletzung der Restriktionen im Vergleich zur vorhergehenden Iteration nicht unter 25 % liegt. Beim Strafverfahren wird der Strafparameter ständig erhöht. Ist hier die Annäherung an den zulässigen Bereich zu langsam, so multiplizieren wir r mit $\max\{5, \|\boldsymbol{y}\|_\infty\}$

und andernfalls mit zwei. Der aktuelle Multiplikator wird für die Gleichungen mit (4.4) und für die Ungleichungen gemäß (4.5) geschätzt. Die Lösung der entsprechenden unrestringierten Hilfsprobleme bestimmen wir unter EdOptLab mit einem BFGS-Verfahren. Die Abbruchtoleranz für dieses BFGS-Verfahren wird an die Abbruchtoleranz im Straf- und Multiplikatorverfahren (äußeres Verfahren) angepasst. Zu Beginn des äußeren Verfahrens ist die Toleranz für das (innere) BFGS-Verfahren relativ groß und wird nach einem Vorschlag von Spellucci (1993) pro Iteration im äußeren Verfahren solange um 2 Zehnerpotenzen verkleinert, bis die Abbruchtoleranz des äußeren Verfahrens erreicht ist. Das BFGS-Verfahren bricht auch ab (Safeguard), wenn 100 BFGS-Schritte (innere Iterationen) erreicht sind und übergibt den letzten (inneren) Iterationspunkt an das äußere Verfahren zur weiteren Verarbeitung. Wenn das Multiplikatorverfahren die regulären Abbruchbedingungen näherungsweise erfüllt und der sogenannte Fletcher-Vektor $\boldsymbol{y}^T = (\boldsymbol{u}^T, \boldsymbol{v}^T)$, der sich als Lösung der least-square-Aufgabe

$$\text{MIN}\{\|\nabla f(\boldsymbol{x}^k) + \nabla G(\boldsymbol{x}^k)\boldsymbol{u} + \nabla H(\boldsymbol{x}^k)\boldsymbol{v}\|_2 \mid \boldsymbol{u} \in \mathbb{R}^m_+, \boldsymbol{v} \in \mathbb{R}^p\}$$

ergibt, einen kleineren Wert in (4.19) liefert als der Vektor $\boldsymbol{y}$ nach Schritt S3, dann wird zur Aufdatierung des Multiplikators der Fletcher-Vektor benutzt. In den Tabellen wird dies durch „`Info = 0.1`“ gekennzeichnet.

Experiment 4.7.1 (Strafverfahren (SV) vs. Multiplikatorverfahren (MV))
MMV01.m: Wir betrachten das Problem Nr. 116 (Spellucci (1993), S. 397) mit der streng konkaven Zielfunktion

$$f(\boldsymbol{x}) = \frac{100}{(x_1 + x_2 - 3.5)^2 + 4(x_2 - x_1 + 0.5)^2}$$

sowie den beiden konvexen Restriktionen $g_1(\boldsymbol{x}) = x_1^2 + x_2 - 1 \leq 0$ und $g_2(\boldsymbol{x}) = x_1^2 - x_2 - 1 \leq 0$. Wegen der strengen Konkavität der Zielfunktion sind lokale Minima immer Randpunkte der zulässigen Menge. Wir starten im Punkt $\boldsymbol{x}^0 = (-1, -1.5)^T$ das SV sowie das MV und vergleichen zunächst die Kosten und die Anzahl der Iterationen. In den Tabellen 4.2 und 4.3 erkennt man die Überlegenheit des MV in allen Bewertungen: Iterationsanzahl (SV:10/MV:6), Kosten (564/209), CPU-Zeit (0.516/0.203 Sek.), Genauigkeit nach gleicher Iterationsanzahl (Iteration 6: $10^{-4}/10^{-7}$). Obwohl beide Verfahren nach 2-3 Iterationen (siehe Abb. 4.10) in eine relativ kleine Umgebung der Optimalstelle gelangen, braucht doch das SV wesentlich länger und wesentlich mehr Aufwand, um die Genauigkeit des Ergebnisses weiter zu verbessern.

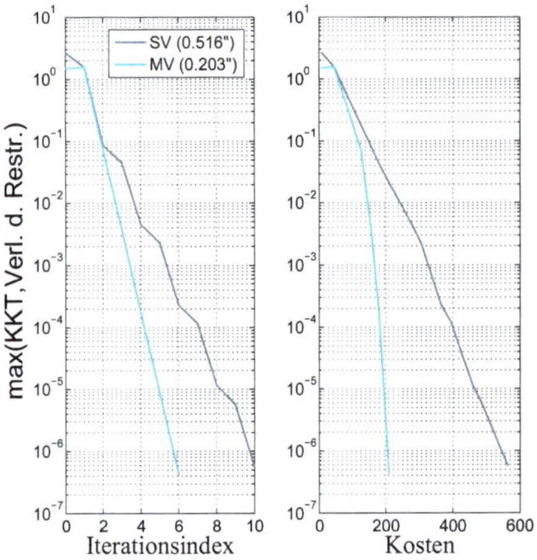

Abb. 4.10 Iterations- und Kostenanalyse für SV und MV im Exp. 4.7.1

it	nf	ng	fiter	in_it	r	err(g,h)	KKT
0	2	2	2.77777e+000	0	1.17e+000	1.50e+000	2.64e+000
1	21	12	2.33247e+000	10	1.17e+000	1.15e+000	1.55e+000
2	78	38	3.36133e+000	21	1.35e+001	8.74e-002	4.60e-002
3	92	43	3.38936e+000	5	2.70e+001	4.46e-002	2.36e-002
4	145	66	3.41578e+000	14	2.70e+002	4.54e-003	2.41e-003
5	162	71	3.41729e+000	5	5.39e+002	2.27e-003	1.21e-003
6	199	83	3.41865e+000	9	5.39e+003	2.28e-004	1.21e-004
7	220	88	3.41872e+000	5	1.08e+004	1.14e-004	6.04e-005
8	258	100	3.41879e+000	9	1.08e+005	1.14e-005	6.04e-006
9	280	104	3.41879e+000	4	2.16e+005	5.69e-006	3.02e-006
10	328	118	3.41880e+000	8	2.16e+006	5.69e-007	3.02e-007

Tab. 4.2 Iterationsverlauf des SV für Problem Nr. 116 im Exp. 4.7.1

it	nf	ng	fiter	in_it	Info	r	err(g,h)	KKT
0	2	2	2.777778e+000	0	0.0	1.17e+000	1.50e+000	9.26e-001
1	21	12	2.332477e+000	10	0.0	1.17e+000	1.15e+000	1.55e+000
2	64	31	3.394840e+000	13	0.0	1.17e+001	7.13e-002	6.78e-002
3	80	38	3.420619e+000	7	0.0	1.17e+001	3.18e-003	3.50e-003
4	93	43	3.418748e+000	5	0.0	1.17e+001	1.74e-004	1.60e-004
5	102	46	3.418808e+000	3	0.0	1.17e+001	7.78e-006	8.54e-006
6	111	49	3.418803e+000	3	1.0	1.17e+001	4.24e-007	3.90e-007

Tab. 4.3 Iterationsverlauf des MV für Problem Nr. 116 im Exp. 4.7.1

Besonders auffallend ist der große Unterschied in den Strafparameterwerten zwischen beiden Verfahren. Die großen Strafparameter bis zu $r = 10^7$ bei den SV erhöhen einerseits die Anzahl der inneren BFGS-Iterationen und andererseits die CPU-Zeit bei der Schrittweitenbestimmung. Bei zusätzlich schlecht konditionierten Problemen kann dies dazu führen, dass die inneren BFGS-Schritte nicht mehr korrekt ausführbar sind. Demgegenüber arbeitet das BFGS-Verfahren bei den MV wegen der viel kleineren Strafparameterwerte wesentlich effektiver. Insbesondere kurz vor Abbruch der Verfahren benötigen die MV deutlich weniger innere BFGS-Schritte. Eine Verwendung des Fletcher-Vektors brachte bei diesem Beispiel im MV keine Vorteile (`Info = 0`). Sehr häufig wird bei MV mit dem Lagrange-Multiplkator $\boldsymbol{y} = \boldsymbol{0}$ begonnen. Dadurch stimmt die erste Iteration bei SV und MV überein. ■

Experiment 4.7.2 (MV vs. SV bei Verletzung der (LICQ))
straf04.m: Es gibt Problemstellungen, bei denen MV gegenüber SV nicht im Vorteil sind. Für die Konvergenztheorie der MV ist im Gegensatz zum SV die Gültigkeit der Regularitätsbedingung **(LICQ)** im Optimalpunkt von entscheidender Bedeutung (siehe beispielsweise Bertsekas (1982), S. 161). Ist diese verletzt, dann verliert das MV seine guten Konvergenzeigenschaften. Wir zeigen dies am Problem Nr. 110 (siehe Beispiel 2.17). Das SV und das MV brechen nach 17 Iterationen wegen zu großem Strafparameter ab, da höhere Strafparameter vom inneren BFGS-Verfahren zur freien Minimierung nicht mehr verarbeitet werden können. Beide Verfahren nähern sich dem Lösungspunkt sehr langsam. Die Vorzüge des MV kommen nicht mehr zur Geltung. Das MV erfordert sogar einen viel höheren Aufwand, da der Summand mit dem Multiplikator in der Lagrange-Funktion, welcher lt. Theorie gegen unendlich geht, die Kondition der Hesse-Matrix der Lagrange-Funktion zusätzlich verschlechtert, sodass das innere BFGS-Verfahren häufiger als beim Strafverfahren mit Überschreiten der maximalen Iterationsanzahl beendet wird. Ein Vergleich liefert: Iterationsanzahl (SV:17/MV:17), Kosten (1762/7223), CPU-Zeit (0.922/2.859 Sek.), Summe der inneren BFGS-Iterationen (298/813). Wir verzichten hier auf die zugehörigen Tabellen und grafischen Darstellungen, die bei Durchführung des Experimentes erzeugt werden. ■

Experiment 4.7.3 (Untersuchungen zur superlinearen Konvergenz von MV)
straf05.m: Wir betrachten das Problem Nr. 106

$$\mathrm{MIN}\{e^{3x_1+4x_2} \mid x_1^2 + x_2^2 = 1, x_1, x_2 \in \mathbb{R}\}$$

mit konvexer Zielfunktion und einer Gleichungsrestriktion. Anhand dieses Beispiels diskutieren wir auch die Bedeutung der Wahl des Strafparameters zu Beginn der Verfahren. Falls r_0 nicht explizit vorgegeben ist, wird unter EDOPTLAB der Startwert für den Strafparameter gemäß

$$r_0 := \sum_{i\in I}^{m} \frac{\|\nabla f(\boldsymbol{x}^0)\|_2}{\|\nabla g_i(\boldsymbol{x}^0)\|_2} + \sum_{j\in J}^{p} \frac{\|\nabla f(\boldsymbol{x}^0)\|_2}{\|\nabla h_j(\boldsymbol{x}^0)\|_2} \tag{4.22}$$

mit $I = \{i \in \{1,2,...,m\} \mid \|\nabla g_i(\boldsymbol{x}^0)\| \geq \gamma > 0\}$ und $J = \{j \in \{1,2,...,p\} \mid \|\nabla h_i(\boldsymbol{x}^0)\| \geq \gamma > 0\}$ und $\gamma = 10^{-5}$ gewählt. Ist diese oft benutzte Näherung für einen Startwert r_0 zu klein, dann kann sich die Anzahl der äußeren Iterationen sehr stark erhöhen. Bei SV wird dies durch die ständige Vergrößerung des Strafparameters r ausgeglichen. Im Gegensatz hierzu kann bei MV mit einem kleinen Startparameter r_0 die Abfrage der Restriktionsverletzung in S5 von Algorithmus 22 bzw. 23 stets erfüllt sein, sodass der Strafparameter im Verlauf des Verfahrens nicht erhöht wird. In dem hier betrachteten Beispiel tritt genau dieser Sachverhalt ein und sowohl das SV als auch das MV benötigen elf Iterationen. Erhöht man den Startwert r_0 auf 2 oder mehr, so benötigt das MV im Vergleich zum SV nur noch ungefähr die Hälfte der Iterationen. In diesem Beispiel sind die durchschnittlichen BFGS-Schritte ab der 2. Iteration im SV und MV etwa gleich. Damit verringern sich die Kosten beim MV gegenüber dem SV erheblich, wenn der Startparameter nicht zu groß ist. Es ist auch erkennbar, dass die Wahl eines zu hohen r_0 eine im Vergleich zu den folgenden Iterationsschritten unverhaltnismäßig hohe Anzahl von inneren BFGS-Iterationen nach sich zieht. Aus diesem Grunde ist die Wahl des ersten Strafparameters entscheidend für die Effektivität der Verfahren. Ein zu hoher Anfangsparameter r kann sogar zur Divergenz beider Verfahren führen (siehe Experiment 4.7.4). In Tab. 4.4 werden für verschiedene Startwerte von r die Anzahl der benötigten Iterationen, die Kosten, die Anzahl der inneren BFGS-Iterationen für den ersten und zweiten Iterationsschritt und die durchschnittliche Anzahl der inneren BFGS-Iterationen pro Iteration ab der zweiten Iteration zusammengestellt. Der Wert für den Strafparameter r_0 in der ersten Zeile entspricht dem Schätzwert gemäß (4.22).

r0	Iter.		Kosten		BFGS 1.It		BFGS 2.It.		BFGS/it ab 2.It	
	SV	MV	SV	MV	SV	MV	SV	MV	SV	MV
0.00161	11	11	249	231	8	8	11	10	4	5
1	9	5	209	113	14	14	4	4	4	3
2	8	4	174	121	14	14	9	9	3	5
10	7	3	195	132	25	25	2	2	3	2
100	5	2	261	219	36	36	2	2	3	2
1000	3	2	436	424	81	81	2	2	2	2

Tab. 4.4 Vergleich zwischen SV und MV für Problem Nr. 106 bei verschiedenen Startwerten r_0 im Exp. 4.7.3

straf06.m: In Bertsekas (1982) wird gezeigt, dass die MV unter entsprechenden Voraussetzungen superlinear konvergent sind, wenn wie bei den SV der Strafparameter r nach unendlich geht. Wenn die Lösung auf dem Rand des zulässigen Bereiches liegt, dann ist die superlineare Tendenz nur noch bzgl. der Abnahme der Verletzung der Zulässigkeit erkennbar, da die Genauigkeit bei der Erfüllung der Kuhn-Tucker-Bedingungen durch die intern vorgegebenen Abbruchbedingungen des BFGS-Verfahrens bestimmt wird . Das folgende Experiment zeigt bei Problem Nr. 106 deutlich eine superlineare Annäherung an den Restriktionsrand (siehe Abb. 4.11). Das innere BFGS-Verfahren erfüllt nach zwei äußeren Iterationen die geforderte Abbruchtoleranz von 10^{-6}, d. h. die KKT-Bedingungen sind ab dieser Iteration beim Multiplikatorverfahren mit dieser Toleranz erfüllt. Eine weitere Verkleinerung der Toleranz beim inneren BFGS-Verfahren ist nicht mehr sinnvoll. Dies würde nur die CPU-Zeit erhöhen. Es gibt deutliche Einsparungen bei MV mit ständiger Erhöhung des Strafparameters (**MVm**) gemäß $r_{k+1} = 10r_k$ im Vergleich zu MV ohne ständige Erhöhung des Strafparameters (**MVo**) in den Iterationen (MVo: 6/MVm: 11), Kosten (162/231) und der Summe der BFGS-Iterationen (33/53). Dies liegt darin begründet, dass bis zum regulären Abbruch des MV der Strafparameter mit $r_6 = 161$ noch hinreichend klein ist. Die ständige Erhöhung des Strafparameters bewirkt bei MV also einerseits eine Vergrößerung der Anzahl an inneren BFGS-Iterationen und andererseits eine Verringerung der Anzahl der äußeren Iterationen. Aufgrund dieser beiden gegenläufigen Tendenzen und möglicher numerischer Probleme bei den inneren BFGS-Iterationen ist es oft nicht vorteilhaft, bei MV den Strafparameter ständig zu erhöhen.

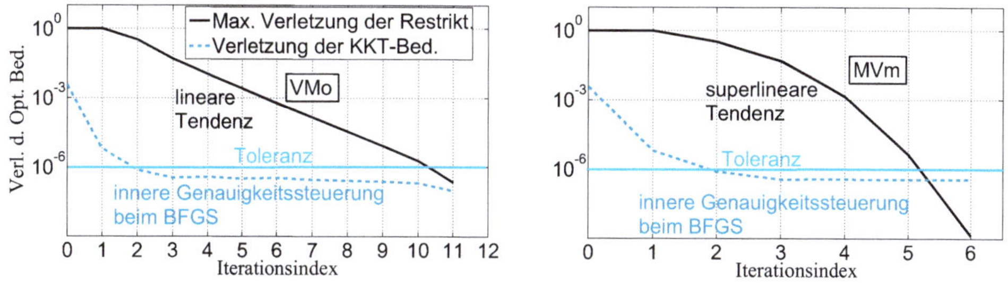

Abb. 4.11 Superlineare Konvergenz von MVm und lineare Konvergenz von MVo für Problem Nr. 106 im Exp. 4.7.3

straf07.m: Wir vergleichen die Iterationsanzahl, die Kosten und die Summe der BFGS-Iterationen bei allen implementierten Problemen für das MVo und MVm unter Benutzung des Startwertes r_0 gemäß der Schätzung (4.22), wobei wir hier nur einige Beispiele zusammenstellen, bei denen es im Iterationsverlauf größere Unterschiede und bei ständig wachsendem r eine superlineare Tendenz gibt. Beim Experiment werden die je Problem und Verfahren entstehenden Tabellen und grafischen Darstellungen sowie die Tabelle 4.5 auf einem temporären Verzeichnis gespeichert und können von diesem abgerufen werden. ■

Problem	it		Kosten		BFGS/it ab 2. it	
	MVo	MVm	MVo	MVm	MVo	MVm
106	11	6	231	162	5	5
116	4	3	157	193	5	8
115	9	5	275	204	6	8
117	8	4	204	157	5	8
118	10	4	213	117	5	5
120	6	4	133	102	3	4
121	7	4	213	166	5	7
123	5	3	121	105	3	3
136	10	5	380	205	6	6
156	6	3	500	326	8	8
157	4	3	486	450	3	3

Tab. 4.5 Vergleich von MVm und MVo für verschieden Probleme im Exp. 4.7.3

Experiment 4.7.4 (SV konvergiert nicht gegen KKT-Punkt)
straf08.m: Wenn man den Strafparameter zu Beginn eines SV zu hoch wählt, hat die Zulässigkeit der Iterierten zu hohe Priorität und das SV stagniert auf dem Rand des zulässigen Bereiches. Wir demonstrieren dies anhand des Problems Nr. 106 für $r_0 = 10^{10}$. In diesem Fall wird das Verfahren mit zu kleiner Schrittweite beendet (siehe Abb. 4.12, links). Wählen wir jedoch r_0 gemäß der Schätzung (4.22), so wird die Lösung durch das SV gut approximiert (siehe Abb. 4.12, rechts). Im ersten Fall erkennt man an der (hier nicht aufgeführten) Iterationstabelle, dass das BFGS-Verfahren in allen äußeren Iterationen die Minimierung gemäß Schritt S2 nicht mehr ordnungsgemäß ausführt, sondern nach 100 inneren Iteration ein Abbruch des BFGS-Verfahrens erfolgt. ■

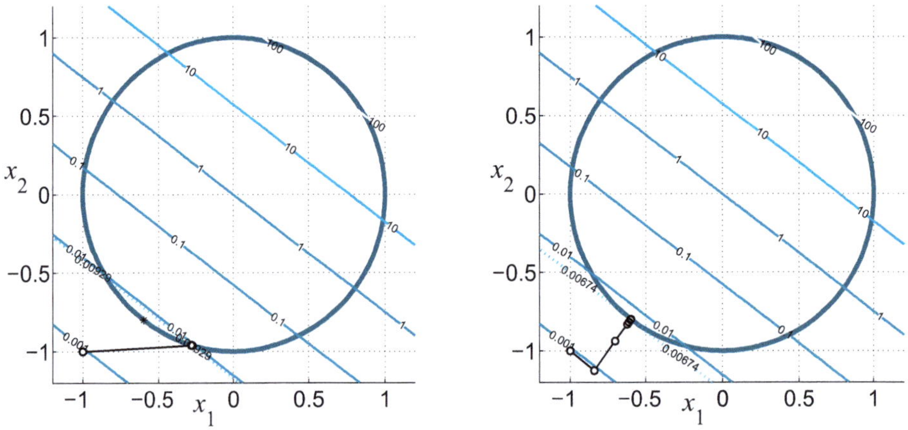

Abb. 4.12 SV konvergiert nicht gegen KKT-Punkt für Problem Nr. 106 im Exp. 4.7.4 bei zu großem r_0

Experiment 4.7.5 (Höhenlinien der Straf- und verallgemeinerten Lagrange-Funktion)
straf09.m: Wir betrachten das Problem Nr. 108

$$\mathrm{MIN}\{-x_1 - x_2 \mid x_1^2 + x_2^2 - 1 \leq 0\} .$$

Nach Berechnung der optimalen Lösung mit SV erzeugen wir zusätzlich zur Abbildung des Iterationsverlaufes (siehe Abb. 4.13, links) die Höhenlinien der quadratischen Straffunktion für den Strafparameter $r = 7.61 \times 10^5$ im letzten Iterationsschritt (siehe Abb. 4.13, rechts). Die schlechte Kondition des Problems ist deutlich erkennbar (vgl. die hohen Werte der Höhenlinien für die quadratische Straffunktion mit denen der Zielfunktion).
In Analogie hierzu erzeugen wir für das MV ebenfalls zusätzlich zur Abbildung des Iterationsverlaufes (siehe Abb. 4.14, links oben) die Höhenlinien der verallgemeinerten Lagrange-Funktion (siehe Abb. 4.14, rechts oben), der quadratischen Straffunktion (siehe Abb. 4.14, links unten) und der Lagrange-Funktion (siehe Abb. 4.14, rechts unten) für den Strafparameter $r = 3.92$ im letzten Iterationsschritt und den (optimalen) Lagrange-Multiplikator $u = \frac{1}{\sqrt{2}}$. Die Höhenlinien der verallgemeinerten Lagrangefunktion sind gegenüber den Höhenlinien der Zielfunktion im zulässigen Bereich leicht verschoben. Am Rand und außerhalb des zulässigen Bereiches sind die Höhenlinienwerte nur im zweistelligen Bereich. Zum Vergleich befindet sich das Minimum der Straffunktion bei diesem Strafparameter noch deutlich außerhalb des zulässigen Bereiches. Ausnahmsweise hat die Lagrange-Funktion mit optimalem Lagrange-Multiplikator sogar ein lokales Minimum im Lösungspunkt. ∎

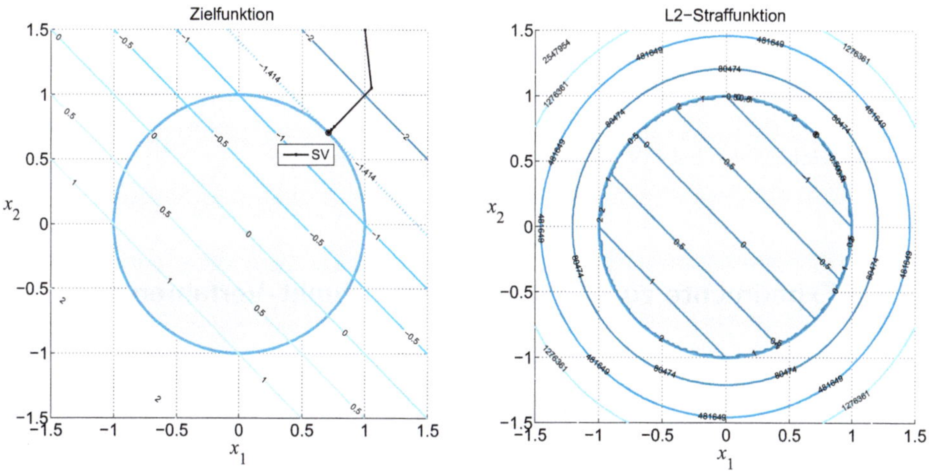

Abb. 4.13 Höhenlinien bei SV für Problem Nr. 108 im Exp. 4.7.5

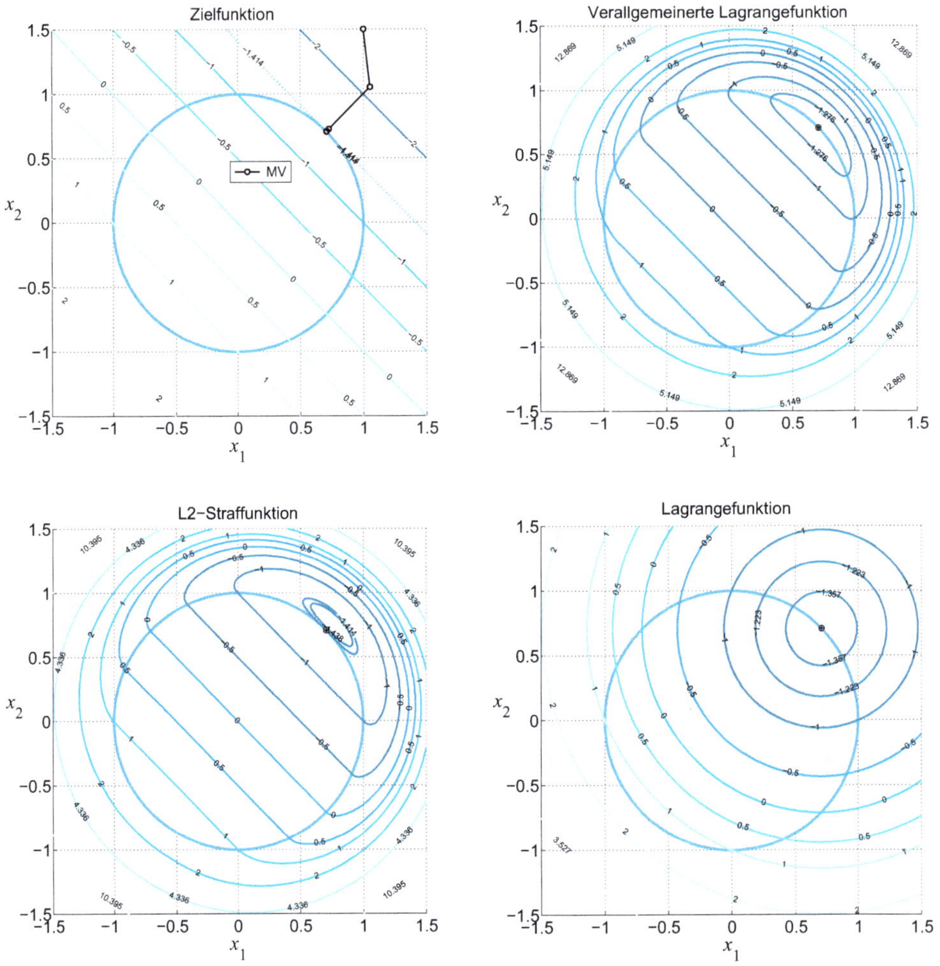

Abb. 4.14 Höhenlinien bei MV für Problem Nr. 108 im Exp. 4.7.5

4.7.2 Experimente zu SQP- und Innere-Punkt-Verfahren

Für die SQP-Verfahren in der Implementation gemäß Algorithmus 30 wollen wir demonstrieren, dass quadratische Konvergenz möglich ist, dass die quadratischen Teilprobleme schon bei einfachen Beispielen nicht lösbar sein können (wenn man dagegen keine Vorkehrungen trifft), und dass das Erzwingen der Zulässigkeit bei Gleichungsrestriktionen die Schrittweite erheblich verringern kann (Maratos-Effekt). Trotzdem sind die SQP-Verfahren oft wesentlich schneller als die Multiplikatorverfahren, die wir immer als Vergleich mit zu Rate ziehen werden. Bei Auftreten des Maratos-Effektes kann das lokale

Verfahren durchaus quadratisch konvergent sein, denn das globalisierte Verfahren erkennt aufgrund der benutzten Globalisierungsstragie nicht, dass die Schrittweite 1 benutzt werden kann und mit dieser Schrittweite die Konvergenz gesichert ist. Unter EdOptLab stellen wir sechs SQP-Verfahren für die Probleme $(P_{\leqq}^{\leq})$ zur Verfügung. Die Dämpfung der Schrittweite erfolgt immer mit der modifizierten Armijo-Regel gemäß (4.18). Die Optimization Toolbox von Matlab (OTB) stellt je Version von Matlab noch 1-2 weitere SQP-Verfahren zur Verfügung (siehe **(7)** und **(8)**), die wir zum Vergleich anführen und testen.

(1) **SQP lokal**: Lokales Newton-Langrange-Verfahren,

(2) **SQPmax-V1**: Gedämpftes SQP-Verfahren mit $\mu_k := \max\left\{1, \|\nabla f(\boldsymbol{x}^k)\|\right\}$, $Q_k := \mu_k E_n$ und l_∞-Straffunktion,

(3) **SQPmax-V2**: Gedämpftes SQP-Verfahren mit 0.8-BFGS-Aufdatierung für Q_k nach Fletcher und l_∞-Straffunktion,

(4) **SQPmax-V3**: Gedämpftes SQP-Verfahren mit (ggf. regularisierter) Hesse-Matrix von L für Q_k und l_∞-Straffunktion,

(5) **SQPL1**: Gedämpftes SQP-Verfahren mit 0.8-BFGS-Aufdatierung nach Fletcher für Q_k und l_1-Straffunktion bei $r \geq \|\boldsymbol{y}\|_\infty$,

(6) **SQPL1g**: Gedämpftes SQP-Verfahren mit 0.8-BFGS-Aufdatierung nach Fletcher für Q_k und l_1-Straffunktion mit individueller Bestrafung der Verletzung der Zulässigkeit bei jeder Restriktion mit ggf. unterschiedlichem Strafparameter gemäß $r_i \geq |y_i|$,

(7) **OTB-ASmax**: SQP-Verfahren mit aktiver Mengenstrategie und BFGS-Aufdatierung sowie l_∞-Straffunktion (Quellcode in OTB publiziert),

(8) **OTB-sqp**: SQP-Verfahren nach Nocedal und Wright mit BFGS-Aufdatierung bei ständiger Zulässigkeit bzgl. Box-Beschränkungen (Quellcode in OTB nicht publiziert).

Für die Verfahren **(1)**-**(6)** gibt es je zwei Varianten. Bei der ersten führt ein nichtlösbares quadratisches Teilproblem sofort zum Abbruch des Verfahrens. Bei der zweiten Variante wurde die Erweiterung von Geiger und Kanzow (2002) (siehe Algorithmus 5.47) hinzugefügt, die im Falle der Nichtlösbarkeit eines quadratischen Teilproblems ein zugehöriges erweitertes quadratisches Teilproblem löst. Bei der Erweiterung wird anstelle des Problems

$$\text{MIN}\left\{\frac{1}{2}\boldsymbol{d}^T Q\boldsymbol{d} + \boldsymbol{c}^T\boldsymbol{d} \,\middle|\, A_1\boldsymbol{d} = \boldsymbol{b}^1,\ A_2\boldsymbol{d} \leq \boldsymbol{b}^2\right\}$$

das quadratische Problem

$$\text{MIN}\left\{\frac{1}{2}\boldsymbol{d}^T Q\boldsymbol{d} + \boldsymbol{c}^T\boldsymbol{d} + rS(\boldsymbol{\eta}^+,\boldsymbol{\eta}^-,\boldsymbol{\xi}) \;\middle|\; \begin{array}{lcl} A_1\boldsymbol{d} - \boldsymbol{\eta}^+ + \boldsymbol{\eta}^- & = & \boldsymbol{b}^1 \\ A_2\boldsymbol{d} - \boldsymbol{\xi} & \leq & \boldsymbol{b}^2 \\ \boldsymbol{\eta}^+,\boldsymbol{\eta}^-,\boldsymbol{\xi} & \geq & \boldsymbol{0} \end{array}\right\}$$

gelöst, wobei $S(\boldsymbol{\eta}^+,\boldsymbol{\eta}^-,\boldsymbol{\xi})$ die Summe aller Zusatzvariablen η_i^+,η_i^-,ξ_j ist und damit wegen der Nichtnegativität dieser Variablen als Strafterm wirkt. Ist der Strafparameter groß genug, dann werden bei der Lösung des erweiterten Problems diese Zusatzvariablen Null, wenn das Originalproblem lösbar ist. Mit dieser Erweiterung ergeben sich analoge Konvergenzsätze. Wenn anstelle der obigen Erweiterung des Hilfsproblems least-square-Lösungen des quadratischen Hilfsproblems berechnet werden, spricht man häufig von LSSQP-Verfahren.

Experiment 4.7.6 (Kostenanalyse von MV im Vergleich zu SQP-Verfahren)
SQP02.m: Wir vergleichen das MV mit den SQP-Verfahren (1)-(6) hinsichtlich der Iterationsanzahl und der kumulierten Kosten für das Problem Nr. 106. In der Abbildung 4.15 erkennen wir deutlich die Vorteile der SQP-Verfahren mit der BFGS-Aufdatierung (SQPmax-V2, SQPL1, SQPL1g). Die Variante SQPmax-V3 mit regularisierten Hesse-Matrizen zeigt ein ähnliches Verhalten wie die Newton-Verfahren mit regularisierter Hesse-Matrix. Es sind zu viele Iterationen erforderlich, bis der lokale Konvergenzbereich erreicht wird. Die Schrittweite 1 ist bei Regularisierung nicht immer die beste Wahl. Außerdem sind bereits die Kosten für die Berechnung der Hesse-Matrizen hoch. Wie erwartet schneidet die steilste Abstiegsvariante SQPmax-V1 schlecht ab. Im Falle der Nichtregularität der Matrix Q des quadratischen Hilfsproblems im Optimalpunkt wie z. B. bei Problem Nr. 110 zeigen sich bei den SQP-Verfahren in unserer Implementation Effektivitätsverluste ähnlich zur Anwendung der MV. ∎

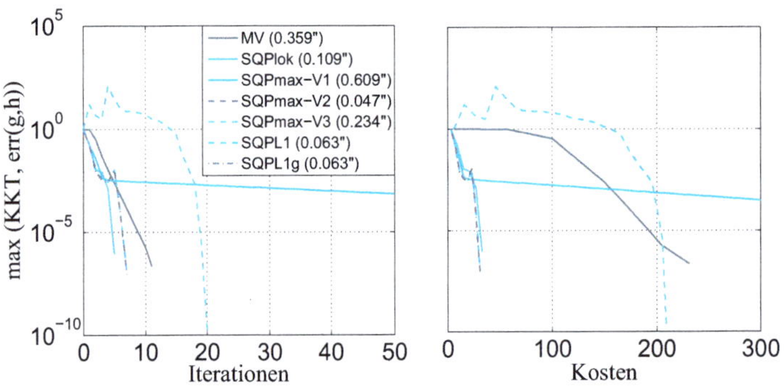

Abb. 4.15 Iterations- und Kostenanalyse für MV und SQP-Verfahren im Exp. 4.7.6

Experiment 4.7.7 (Maratos-Effekt)
SQP03.m: Wir betrachten das Problem Nr. 107 (siehe Powell (1986))

$$\mathrm{MIN}\{2(x_1^2 + x_2^2 - 1) - x_1 \mid x_1^2 + x_2^2 = 1, x_1, x_2 \in \mathbb{R}\}$$

und starten SQPL1 im Punkt $\boldsymbol{x}^0 = (0.1322, -0.9713)^T$ mit der Abbruchtoleranz 10^{-10}. Ab der siebten Iteration verhält sich das Verfahren wie ein lokales SQP-Verfahren, d. h. bis zum Abbruch ist die Schrittweite ständig 1 (siehe Tab. 4.6). Wir bemerken, dass unabhängig davon, wie nahe der Startpunkt $\boldsymbol{x}^0$ bei der Lösung $\boldsymbol{x}^* = (1,0)^T$ auf der Kreislinie gewählt wird, die ersten Schrittweiten stets kleiner als 1 sind. ■

it	nf	ng	nh	fiter	t	r	err(g,h)	KKT
0	1	1	0	-2.1040e-001	0.00	3.99e+000	3.91e-002	3.89e+000
1	5	2	0	-3.1420e-001	0.25	1.94e+000	3.21e-002	9.56e-001
2	11	3	0	-4.2544e-001	0.06	1.45e+000	8.13e-002	9.48e-001
3	15	4	0	-5.4484e-001	0.25	1.74e+000	9.70e-002	6.13e-001
4	20	5	0	-6.2754e-001	0.13	1.62e+000	1.13e-001	4.67e-001
5	24	6	0	-7.1142e-001	0.25	1.60e+000	1.23e-001	3.68e-001
6	27	7	0	-7.7948e-001	0.50	1.55e+000	1.33e-001	1.81e-001
7	29	8	0	-9.2463e-001	1.00	1.52e+000	4.99e-002	1.93e-002
....				stets Schrittweite 1	....			
11	37	12	0	-1.0000e+000	1.00	1.50e+000	4.80e-014	6.33e-011

Tab. 4.6 Iterationsverlauf von SQPL1 für Problem Nr. 107 im Exp. 4.7.7, Maratos-Effekt

Experiment 4.7.8 (Nichtlösbarkeit der quadratischen Hilfsprobleme)
SQP04.m: Wir betrachten das nichtkonvexe Problem Nr. 115 (Hook und Schittkowski (1981), Nr.15)

$$\mathrm{MIN}\left\{ (x_2 - x_1^2)^2 + (1 - x_1)^2 \middle| \; 1 - x_1x_2 \le 0, \; -x_1 - x_2x_2 \le 0, \; x_1 \le 0.5 \right\}$$

und starten SQPL1 im Punkt $\boldsymbol{x}^0 = (-1.0747, 1.9828)$. Nach einer Iteration stoppt das Verfahren wegen Unlösbarkeit des quadratischen Hilfsproblems in einem nicht stationärem Punkt (siehe Abb. 4.16, 1. Trajektorie und siehe Tab. 4.7 oberer Teil). Wird in $\boldsymbol{x}^1$ nun das erweiterte quadratische Hilfsproblem gelöst (SQPL1ex), dann konvergiert das Verfahren gegen eine lokale Lösung, wobei diese Erweiterung nur einmal erforderlich ist (siehe Tab. 4.7, Info=0.1 bei it=2). Für gewisse Startpunkte in unmittelbarer Nähe von $\boldsymbol{x}^0$ sind alle quadratischen Hilfsprobleme lösbar und das Verfahren SQPL1 konvergiert (siehe Abb. 4.16, 2. Trajektorie). Dieses Experiment zeigt, wie wichtig es ist, bei Nichtlösbarkeit der quadratischen Hilfsprobleme durch geeignete Erweiterung dieser Hilfsprobleme trotzdem Abstiegsrichtungen bestimmen zu können. ■

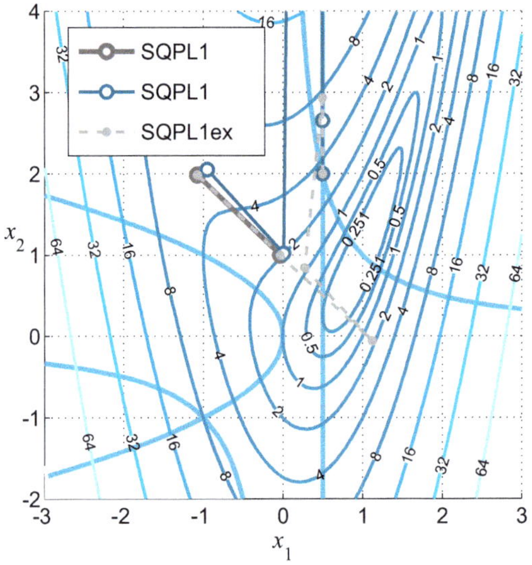

Abb. 4.16 Iterationsverlauf von SQPL1 und SQPL1ex für Problem Nr. 115 im Exp. 4.7.8, Nichtlösbarkeit eines quadratischen Hilfsproblems für SQPL1

it	nf	ng	nh	fiter	Info	t	r	err(g,h)	kkt
0	1	1	0	4.9897e+000	0.0	0.00	3.09e+000	3.13e+000	1.66e+000
1	3	2	0	2.0547e+000	0.0	1.00	2.04e-001	1.03e+000	2.27e+000
---- QP in x1 nicht lösbar, erweitertes QP lösbar, es folgt x2 ----									
2	8	3	0	1.7680e+000	0.1	0.13	2.04e-001	1.06e+000	6.21e+000
------------ ab x2 wieder alle QP lösbar ------------------------									
3	10	4	0	1.1147e+000	0.0	1.00	6.05e-001	7.66e-001	2.81e+000
4	12	5	0	7.4548e+000	0.0	1.00	2.46e+001	0.00e+000	4.28e+001
5	14	6	0	3.3125e+000	0.0	1.00	3.41e+001	0.00e+000	1.01e+001
6	16	7	0	3.3125e+000	1.0	1.00	1.85e+001	0.00e+000	3.55e-015

Tab. 4.7 Iterationsverlauf von SQPL1ex für Problem Nr. 115 im Exp. 4.7.8

Experiment 4.7.9 (Lokales Newton-Lagrange-Verfahren divergent)
SQP05.m: Wir betrachten das Problem Nr. 151

$$\text{MIN}\left\{ (x_1-1)^2 + \sum_{k=1}^{4}(x_k - x_{k+1})^2 \;\middle|\; \begin{array}{rcr} -3\sqrt{2} + x_1 + x_2^2 + x_3^3 & = & 2 \\ -2\sqrt{2} + x_2 - x_3^2 + x_4 & = & -2 \\ x_1 x_5 & = & 2 \end{array} \right\}$$

und vergleichen das Lösungsverhalten von

1. SQP lokal (Newton-Lagrange-Verfahren),
2. SQP lokal (SQP-Umformulierung mit regularisierter Hesse-Matrix) und
3. gedämpftem SQP-Verfahren SQPL1,

wobei jeweils der Startpunkt $\boldsymbol{x}^0 = (-1, 2, 1, -2, -2)^T$ gewählt wird. Das Newton-Lagrange-Verfahren ist divergent (siehe Abb. 4.17, links)). Das lokale SQP-Verfahren mit regularisierter Hesse-Matrix erreicht ein lokales Minimum ($f_{min} \approx 27.87$), ist aber wegen der fortlaufenden Regularisierung nur linear konvergent (ohne Abbildung). Dagegen konvergiert SQPL1 in der Tendenz superlinear gegen das gleiche lokale Minimum und hat nach 12 Iterationen die voreingestellte Abbruchtoleranz erreicht (siehe Abb. 4.17, rechts)). Die anderen implementierten SQP-Verfahren mit Ausnahme von SQPmax-V1 verhalten sich ähnlich wie SQPL1. ■

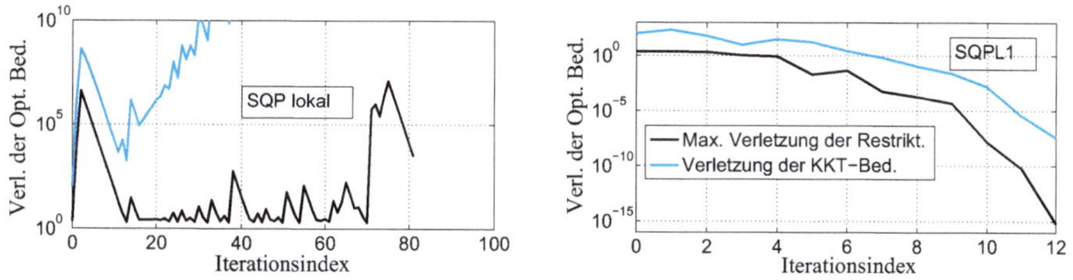

Abb. 4.17 Divergenz des Newton-Lagrange-Verfahrens und Konvergenz von SQPL1 für Problem 151 im Exp. 4.7.9

Wir vergleichen abschließend Varianten des Innere-Punkt-Verfahrens aus der OTB von MATLAB mit den SQP-Verfahren. Das Innere-Punkt-Verfahren erlaubt mehrere Auswahlmöglichkeiten bei den intern benutzten Trust-Region-Verfahren zur approximativen Lösung des nichtlinearen $(KKT)_r$-Gleichungssystems. Man kann dabei die exakten Hesse-Matrizen (**OTB-IP-TR-Newt**), BFGS-Aufdatierungen (**OTB-IP-TR-BFGS**) oder Limited Memory BFGS-Aufdatierungen (**OTB-IP-TR-LM-BFGS**) benutzen.

Experiment 4.7.10 (Lineare Konvergenz bei Verletzung der (LICQ))
IP03.m: Wir betrachten das Problem Nr. 103

$$\text{MIN}\left\{ \frac{1}{4}(x_1^2) - x_2 \,\middle|\, -x_1^2 - (x_2-1)^2 \leq -1,\ (x_1+1)^2 + x_2^2 \leq 1,\ -x_1 \leq 1 \right\},$$

bei dem im Lösungspunkt $\boldsymbol{x}^* = (-1, 1)^T$ zwar die **(MFCQ)** (und damit notwendigerweise die KKT-Bedingungen) aber nicht die **(LICQ)** erfüllt ist.
Zunächst verwenden wir das Verfahren OTB-IP-TR-Newt, welches ab der dritten Iteration zulässige Punkte erzeugt, jedoch nur linear gegen die globale Minimalstelle konvergiert und nach 40 Iterationen durch Unterschreiten der Schritttoleranz abbricht (siehe Abb. 4.18). Dabei gehen die Multiplikatoren der sich im Lösungspunkt berührenden Restriktionen im Verlauf des Verfahrens gegen unendlich ($\boldsymbol{y}_{40} = (6.25 \times 10^4, 0.1, 1.25 \times 10^5)^T$), was die numerischen Probleme des Verfahrens erklärt. Auch die Verwendung von OTB-IP-TR-BFGS und OTB-IP-TR-LM-BFGS ändert nichts an diesem prinzipiellen Verhalten. Demgegenüber benötigen alle SQP-Verfahren (1) bis (8) für den Standardstartpunkt bis zum Abbruch lediglich sieben Iterationen, konvergieren jedoch auf gleicher Trajektorie nicht gegen den Lösungspunkt, sondern gegen den KKT-Punkt $\hat{\boldsymbol{x}} = (0, 0)^T$, in dem das notwendige Kriterium 2. Ordnung nicht erfüllt ist (siehe Abb. 4.19, links oben). In Abhängigkeit von der Wahl anderer Startpunkte konvergieren die SQP-Verfahren auch gegen die Lösung $\boldsymbol{x}^*$ mit ähnlichen Problemen wie die Inneren-Punkt-Verfahren (siehe Abb. 4.19, rechts oben). Die Konvergenz gegen $\boldsymbol{x}^*$ ist nach unseren Tests für alle Varianten der Innere-Punkt-Verfahren aus der OTB unabhängig von der Wahl des Startpunktes gewährleistet (siehe Abb. 4.19, unten). ■

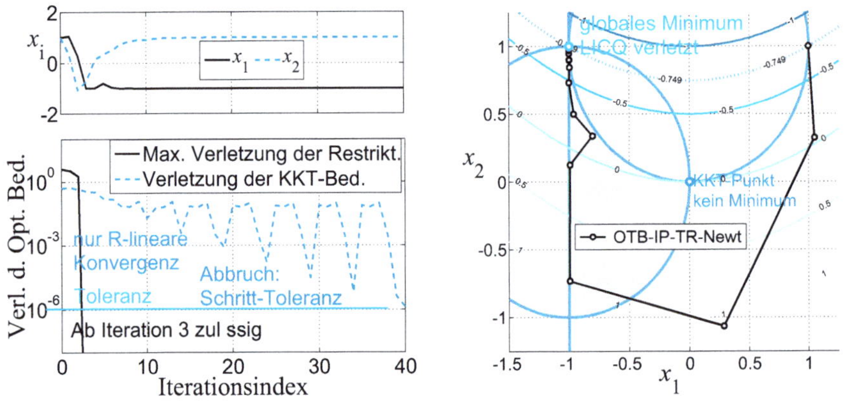

Abb. 4.18 Lineare Konvergenz von OTB-IP-TR-Newt für Problem Nr. 103 im Exp. 4.7.10, **(LICQ)** im Optimalpunkt nicht erfüllt

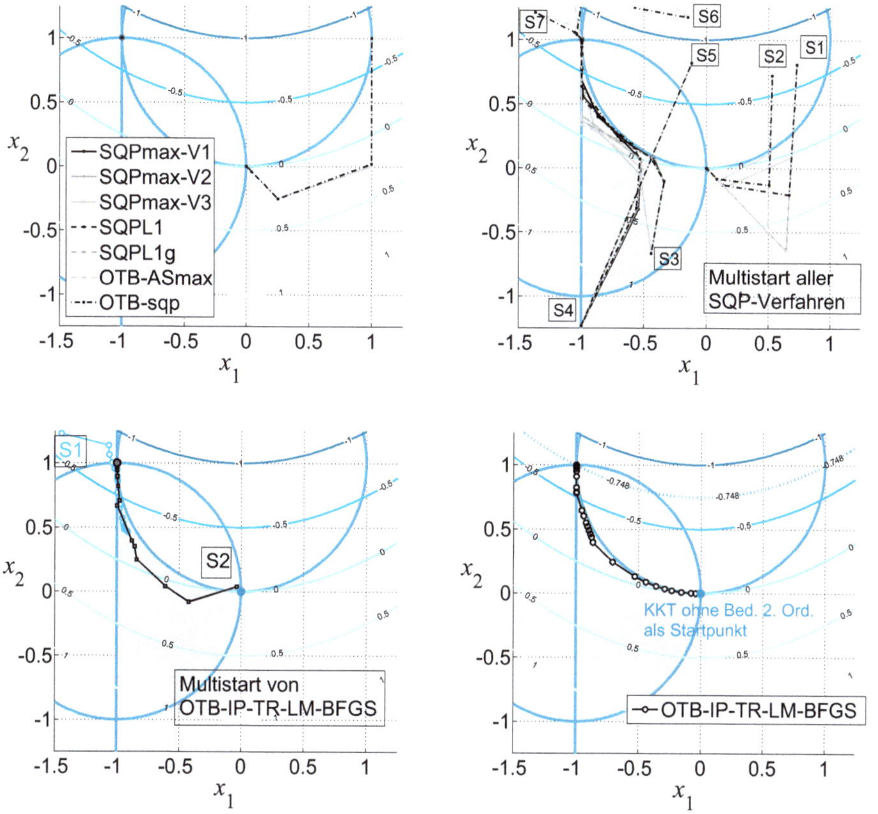

Abb. 4.19 Iterationsverlauf von SQP- und Inneren-Punkt-Verfahren für Problem Nr. 103 im Exp. 4.7.10, z. T. Konvergenz zum nichtoptimalen KKT-Punkt

Experiment 4.7.11 (Superlineare Konvergenz bei erfüllter (LICQ))

IP05.m: Wir betrachten wieder das nichtkonvexe Problem Nr. 115 (siehe Exp. 4.7.8). Bei diesem Problem ist in beiden lokalen Lösungspunkten $\boldsymbol{x}_1^* = (0.5, 2)^T, \boldsymbol{x}_2^* = (-1, -1)^T$ die **(LICQ)** erfüllt.

Alle Varianten des Innere-Punkt-Verfahrens haben nach wenigen Iterationen zulässige Iterationspunkte, aber die Verletzung der KKT-Bedingungen geht nur linear gegen Null mit einem kleinen Konvergenzfaktor von z. B. $C \approx 0.05$ beim OTB-IP-TR-Newt. (siehe Abb. 4.20) bzw. OTB-IP-TR-LM-BFGS (siehe Tab. 4.8). Eine bessere Konvergenz kann nicht erzielt werden, da der Parameter r, der die Verletzung der Schlupfbedingungen darstellt, einerseits laut Algorithmus nur linear verkleinert wird und andererseits unter EdOptLab in der KKT-Abbruchbedingung direkt ausgewertet wird.

Die SQP-Verfahren konvergieren dagegen superlinear bis quadratisch in Bezug auf die

Verletzung der Nebenbedingungen sowie der KKT-Bedingungen (s. Tab. 4.9 bis Tab. 4.12) und sind damit wesentlich schneller als Innere-Punkt-Verfahren. Sie haben dafür aber nur im Ausnahmefall zulässige Iterierte. ■

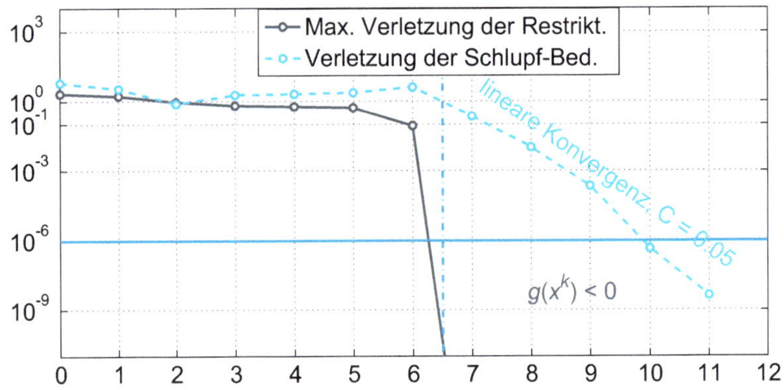

Abb. 4.20 Iterationsanalyse von OTB-IP-TR-Newt für Problem Nr. 115 im Exp. 4.7.11

it	nf	ng	nh	fiter	+r-	r-TR	err(g,h)	KKT
0	1	1	0	1.000e+000	0	1.41e+000	1.00e+000	1.92e+000
1	3	3	0	9.706e-001	-1	1.02e+000	1.00e+000	1.89e+000
2	5	5	0	9.459e-001	-1	1.01e+000	1.00e+000	1.87e+000
3	7	7	0	8.681e-001	1	1.25e+000	9.95e-001	1.80e+000
4	8	8	0	3.823e-001	1	6.58e+000	6.97e-001	1.65e+000
5	10	10	0	3.915e-001	-1	9.97e-001	6.89e-001	1.67e+000
ab hier zulässig								
6	11	11	0	3.361e+000	1	5.00e+000	0.00e+000	4.45e+000
7	12	12	0	3.390e+000	-1	2.92e+000	0.00e+000	6.44e-001
8	13	13	0	3.512e+000	1	5.78e+000	0.00e+000	2.13e-002
9	14	14	0	3.316e+000	-1	2.75e+000	0.00e+000	2.24e-002
lok. Minimum fast erreicht, Verbesserung dauert zu lange								
10	15	15	0	3.313e+000	-1	2.60e+000	0.00e+000	2.42e-003
11	16	16	0	3.313e+000	-1	3.80e-002	0.00e+000	4.44e-005
12	17	17	0	3.313e+000	1	2.81e+000	0.00e+000	8.64e-004
13	18	18	0	3.313e+000	-1	1.70e+000	0.00e+000	8.89e-008
14	19	19	0	3.313e+000	0	2.80e+000	0.00e+000	2.15e-009

Tab. 4.8 Iterationsverlauf von OTB-IP-TR-LM-BFGS für Problem Nr. 115 im Exp. 4.7.11

it	nf	ng	nh	fiter	t	err(g,h)	KKT
0	1	1	0	5.0336000e+000	1.00e+000	2.20e+000	7.51e+000
1	3	2	0	3.6110556e-001	1.00e+000	7.08e-001	3.60e+000
2	6	3	0	2.0056184e+000	7.00e-001	2.13e-001	2.11e+000
zulässig bis auf MACHEPS							
3	8	4	0	3.3125000e+000	1.00e+000	1.11e-016	1.64e+000
Genauigkeitssprung um 16 Stellen							
4	9	4	0	3.3125000e+000	7.00e-001	1.11e-016	1.11e-016

Tab. 4.9 Iterationsverlauf von OTB-sqp für Problem Nr. 115 im Exp. 4.7.11

it	nf	ng	nh	fiter	step	r	err(g,h)	KKT
0	1	1	0	5.0336e+000	0.00	6.57e+000	2.20e+000	6.51e+000
1	3	2	0	3.6111e-001	1.00	6.97e+000	7.08e-001	3.60e+000
ab hier zulässig								
2	5	3	0	3.3125e+000	1.00	7.96e+000	0.00e+000	8.63e+000
3	7	4	0	3.3125e+000	1.00	2.55e+001	0.00e+000	3.55e-015

Tab. 4.10 Iterationsverlauf von SQPmax-V2 für Problem Nr. 115 im Exp. 4.7.11

it	nf	ng	nh	fiter	step	r	err(g,h)	KKT
0	1	1	0	5.0336e+000	0.00	6.57e+000	2.20e+000	6.51e+000
1	3	2	0	3.6111e-001	1.00	6.97e+000	7.08e-001	3.60e+000
ab hier zulässig								
2	5	3	0	3.3125e+000	1.00	7.96e+000	0.00e+000	8.63e+000
3	7	4	0	3.3125e+000	1.00	2.55e+001	0.00e+000	3.55e-015

Tab. 4.11 Iterationsverlauf von SQPmax-V2 für Problem Nr. 115 im Exp. 4.7.11

it	nf	ng	nh	fiter	Info	step	r	err(g,h)	KKT
0	1	1	0	1.0000e+000	0.0	0.00	6.32e+001	1.00e+000	2.00e+000
1	3	2	0	3.1250e-001	0.1	1.00	6.32e+001	1.00e+000	6.32e+001
ab hier zulässig									
2	5	3	0	3.3125e+000	0.0	1.00	5.51e+003	0.00e+000	1.09e+004
Genauigkeitssprung um 19 Stellen !!!									
3	7	4	0	3.3125e+000	1.0	1.00	2.76e+003	0.00e+000	3.55e-015

Tab. 4.12 Iterationsverlauf von SQPL1ex für Problem Nr. 115 im Exp. 4.7.11

4.8 Übungsaufgaben zu Kapitel 4

Aufgabe 4.1
Beweisen Sie Lemma 4.3.

Aufgabe 4.2
Zeigen Sie, dass der zur globalen Lösung zugehörige KKT-Punkt des Optimierungsproblems

$$\text{MIN}\left\{ f(x) = -e^{-x^2} \,\middle|\, g(x) = 1 - x \leq 0 \right\}$$

kein Sattelpunkt der entsprechenden Lagrange-Funktion ist.

Aufgabe 4.3
Zeigen Sie:
Für ein Optimierungsproblem der Form $(P^{\leq}_{=})$ mit zugehöriger Lagrange-Funktion $L:\ \mathbb{R}^n \times \mathbb{R}^m \times \mathbb{R}^p \to \mathbb{R}$ ist

$$\operatorname{dom} q := \left\{ (u, v) \in \mathbb{R}^m_+ \times \mathbb{R}^p \,\middle|\, \inf_{x \in \mathbb{R}^n} L(\boldsymbol{x}, \boldsymbol{u}, \boldsymbol{v}) > -\infty \right\}$$

eine konvexe Menge und die duale Zielfunktion

$$q : \operatorname{dom} q \subset \mathbb{R}^m_+ \times \mathbb{R}^p \to \mathbb{R} \text{ mit } q(\boldsymbol{u}, \boldsymbol{v}) := \inf_{x \in \mathbb{R}^n} L(\boldsymbol{x}, \boldsymbol{u}, \boldsymbol{v})$$

eine konkave Funktion über $\operatorname{dom} q$.

Aufgabe 4.4
Zeigen Sie:
Sind alle Koordinatenfunktionen g_i der Funktion $G : \mathbb{R}^n \to \mathbb{R}^m$ konvex über $\mathbb{R}^n$, so ist die Menge $\Lambda := \{\boldsymbol{b} \in \mathbb{R}^m \mid \exists \boldsymbol{x} \in \mathbb{R}^n \text{ mit } G(\boldsymbol{x}) \leq \boldsymbol{b}\}$ eine konvexe Menge.

Aufgabe 4.5
Gegeben sei das primale Problem

$$(P) \quad \text{MIN}\,\{f(x) \mid g(x) = -x + 2 \leq 0\} \text{ mit } f(x) = \begin{cases} x & \text{, falls } x < 0 \\ x^2 - 4x & \text{, falls } 0 \leq x \end{cases}.$$

Bestimmen Sie die globale Lösung $\hat{x}$ von (P), den zugehörigen optimalen (primalen) Zielfunktionswert $f(\hat{x})$, die Sensitivitätsfunktion λ von (P), das duale Problem (D) zu (P), die globale Lösung von (D) sowie den zugehörigen optimalen dualen Zielfunktionswert.

Aufgabe 4.6
Gegeben sei das Optimierungsproblem

$$(P) \quad \text{MIN}\left\{ f(x) := x^2 + 1 \,\middle|\, h(x) = x - 2 = 0 \right\}$$

mit der globalen Minimalstelle $\hat{x} = 2$.

(a) Bestimmen Sie für alle $r > 0$ die (eindeutig bestimmte) globale Minimalstelle x^* der Funktion

$$S_r : \mathbb{R} \to \mathbb{R} \text{ mit } S_r(x) := f(x) + r(h(x))^2 = x^2 + 1 + r(x-2)^2 .$$

über $\mathbb{R}$.

(b) Bestimmen Sie das minimale $\bar{r} > 0$, sodass $\hat{x}$ für alle $r \geq \bar{r}$ auch die (eindeutig bestimmte) globale Minimalstelle der Funktion

$$S_r^1 : \mathbb{R} \to \mathbb{R} \text{ mit } S_r^1(x) := f(x) + r\|h(x)\|_1 = x^2 + 1 + r|x-2|$$

über $\mathbb{R}$ ist.

Aufgabe 4.7

Gegeben sei das Optimierungsproblems aus Beispiel 2.16

$$\text{MIN}\left\{ f(\boldsymbol{x}) = \frac{1}{2}(x_1+1)^2 + \frac{1}{2}x_2^2 \;\middle|\; \begin{array}{ll} g_1(x_1,x_2) = -x_1 + (x_2+1)^2 - 1 & \leq 0 \\ g_2(x_1,x_2) = -x_1 + (x_2-1)^2 - 1 & \leq 0 \end{array} \right\}$$

mit der globalen Lösung $\hat{\boldsymbol{x}} = (0,0)^T$ und den eindeutig bestimmten zugehörigen Lagrange-Multiplikatoren $\hat{\boldsymbol{u}} = \left(\frac{1}{2}, \frac{1}{2}\right)^T$. Zeigen Sie, dass $\hat{\boldsymbol{x}}$ für alle r mit

$$0 < r < \bar{r} := \max\{\|\hat{\boldsymbol{u}}\|_\infty\} = \frac{1}{2}$$

keine globale Minimalstelle der Funktion

$$S_r^1 : \mathbb{R}^2 \to \mathbb{R} \text{ mit } S_r^1(\boldsymbol{x}) := f(\boldsymbol{x}) + r\left(\left\|\left[(g_1(x_1,x_2), g_2(x_1,x_2))^T\right]^+\right\|_1\right)$$

über $\mathbb{R}^2$ ist.

Aufgabe 4.8

Es sei $G = (g_1, \cdots, g_m)^T : \mathbb{R}^n \to \mathbb{R}^m$ mit $g_i : \mathbb{R}^n \to \mathbb{R}$ konvex über $\mathbb{R}^n$ für alle $i \in \{1, \cdots, m\}$. Zeigen Sie, dass die Funktion $\Psi^q : \mathbb{R}^n \to \mathbb{R}$ mit $\Psi^q(\boldsymbol{x}) = \left\|[G(\boldsymbol{x})]^+\right\|_q$ und $1 \leq q \leq \infty$ ebenfalls konvex über $\mathbb{R}^n$ ist.

Aufgabe 4.9

Es seien $G \in C^2(\mathbb{R}^n, \mathbb{R}^m)$ und $r > 0$. Zeigen Sie, dass für die Funktion

$$\Gamma_r : \mathbb{R}^n \times \mathbb{R}^m \times \mathbb{R}^m \to \mathbb{R} \text{ mit } \Gamma_r(\boldsymbol{x}, \boldsymbol{u}, \boldsymbol{s}) := (G(\boldsymbol{x}) + [\boldsymbol{s}]^2)^T \boldsymbol{u} + r\|G(\boldsymbol{x}) + [\boldsymbol{s}]^2\|^2$$

gilt:

$$\min_{s \in \mathbb{R}^m} \Gamma_r(\boldsymbol{x}, \boldsymbol{u}, \boldsymbol{s}) = \sum_{i=1}^{m} \left(u_i(g_i(\boldsymbol{x}) + z_i^*) + r\,(g_i(\boldsymbol{x}) + z_i^*)^2 \right)$$

mit $z_i^* := \left[-\left(\frac{u_i}{2r} + g_i(\boldsymbol{x})\right)\right]_+$.

Aufgabe 4.10
Beweisen Sie Lemma 4.37.

Aufgabe 4.11
Es seien $f \in C^2(\mathbb{R}^n, \mathbb{R})$, $G = (g_1, \cdots, g_m)^T \in C^2(\mathbb{R}^n, \mathbb{R}^m)$, g_i konvex über $\mathbb{R}^n$ für alle $i \in \{1, \cdots, m\}$ sowie $H = (h_1, \cdots, h_p)^T$ mit $h_j : \mathbb{R}^n \to \mathbb{R}$ und h_j affin-linear für alle $j \in \{1, \cdots, p\}$. Zeigen Sie:
Besitzt das zugehörige Optimierungsproblems $\left(P_{\equiv}^{\leq}\right)$ einen nichtleeren zulässigen Bereich, dann besitzt für alle $(\boldsymbol{x}^k, \boldsymbol{u}^k, \boldsymbol{v}^k) \in \mathbb{R}^n \times \mathbb{R}^m \times \mathbb{R}^p$ auch das Optimierungsproblem $\left(SQP_{\equiv}^{\leq}\right)_k$ einen nichtleeren zulässigen Bereich.

Aufgabe 4.12
Es seien $G \in C^0(\mathbb{R}^n, \mathbb{R}^m)$, $M := \{\boldsymbol{x} \in \mathbb{R}^n | \; G(\boldsymbol{x}) \leq \boldsymbol{0}\}$ und $M^0 := \{\boldsymbol{x} \in \mathbb{R}^n | \; G(\boldsymbol{x}) < \boldsymbol{0}\}$. Zeigen Sie:
Sind alle Koordinatenfunktionen g_i mit $i \in \{1, \cdots, m\}$ konvex über M und ist $M^0 \neq \emptyset$, dann gilt $M^0 = \operatorname{int} M$.

Aufgabe 4.13
Gegeben seien die Funktion $g : \mathbb{R} \to \mathbb{R}$ mit

$$g(x) = \begin{cases} x^2 - 1 & , \text{falls } x \leq 1 \; , \\ 0 & , \text{falls } 1 < x \leq 2 \; . \\ x - 2 & , \text{falls } 2 < x \; . \end{cases}$$

sowie die Mengen $M := \{x \in \mathbb{R} | \; g(x) \leq 0\}$ und $M^0 := \{x \in \mathbb{R} | \; g(x) < 0\}$. Zeigen Sie $\operatorname{cl} M^0 \subsetneqq M$ und $M^0 \subsetneqq \operatorname{int} M$.

Aufgabe 4.14
Gegeben sei das Optimierungsproblem

$$\left(P^{\leq}\right) \quad \text{MIN} \left\{ f(\boldsymbol{x}) = x_1 + x_2 \;\middle|\; \begin{array}{ll} g_1(x_1, x_2) = (x_1 - 1)^2 - x_2 & \leq 0 \\ g_2(x_1, x_2) = -x_1 & \leq 0 \end{array} \right\} .$$

(a) Bestimmen Sie die Lösung $\hat{\boldsymbol{x}}$ des Optimierungsproblems.

(b) Zeigen Sie, dass $\lim_{r \downarrow 0} \hat{\boldsymbol{x}}(r) = \hat{\boldsymbol{x}}$ für die Lösungen $\hat{\boldsymbol{x}}(r)$ der zugehörigen (logarithmischen) Barriereprobleme gilt.

Literaturverzeichnis

Al-Baali, M. (1985) *Descent property and global convergence of the Fletcher-Reeves method with inexact line search.* IMA J. Numer. Anal. 5, 121–124.

Alt, W. (2002) *Nichtlineare Optimierung - Eine Einführung in Theorie, Verfahren und Anwendungen.* Vieweg, Braunschweig-Wiesbaden.

Babtist, P. und Stoer, J. (1977) *On the relation between quadratic termination and convergence properties of minimization algorithms. Part II. Applications.* Numer. Math. 28, 367–391.

Bartolomew-Biggs, M. C. (1977) *The estimation of the Hessian matrix in nonlinear least squares problems with non-zero residuals.* Math. Program. 12, 67–80.

Bertsekas, D. P. (1982) *Constrained optimization and Lagrange multiplier methods.* Academic Press, New York, NY.

Bertsekas, D. P. (1999) *Nonlinear programming.* Athena Scientific, Belmont, MA.

Björck, A. (1996) *Numerical methods for least squares problems.* SIAM, Philadelphia.

Bonnans, J. F., Gilbert, J. Ch., Lemarechal, C. und Sagastizabal, C. A.(2003) *Numerical optimization.* Springer, Berlin-Heidelberg-New York.

Broyden, C. G., Dennis, J. E. und More (1973) *On the local and superlinear convergence of quasi-Newton-methods.*, J. I. M. A. 12, 223–246.

Burg, K., Haf, H. und Wille, F. (2008) *Höhere Mathematik für Ingenieure.* Teil 1 und Teil 2, Teubner, Stuttgart.

Byrd, R. H., Hribar, M. E. und Nocedal, J. (1999) *An interior point algorithm for large-scale nonlinear programming.* SIAM J. Optim. 9, 877–900.

Byrd, R. H., Nocedal, J. und Schnabel, R. B. (1994) *Representations of quasi-Newton matrices and their use inlimited memory methods.* Math. Program. 63, 129–156.

Byrd, R. H., Nocedal, J. und Yuan, Y. (1987) *Global convergence of a class of quasi-Newton methods on convex problems.* SIAM J. Numer. Anal. 24, No. 5, 1171–1190.

Chen, Z.-W., Han, J.-Y. und Xu, D.-C. (2001) *A nonmonotone trust region method for nonlinear programming with simple bound constraints.* Appl. Math. Optim. 43, 63–85.

Cohen, A. I. (1972) *Rate of convergence of several conjugate gradient algorithms.* SIAM J. Numer. Anal. 9, 248–259.

Conn, A. R., Gould und N. I. N., Toint, P. L. (2000) *Trust-Region-methods.* SIAM, Philadelphia.

Dai, Y. H. und Yuan, Y. (1996) *Convergence properties of the Fletcher-Reeves method.* IMA J. Numer. Anal. 16, 155–164.

Dallmann, H. und Elster K.-H. (1968, 1981, 1983) *Einführung in die höhere Mathematik.* Teil 1, Teil 2 und Teil 3, Fischer, Jena.

Daniels, R. W. (1978) *An introduction to numerical methods and optimization Techniques.* North-Holland, New York.

Dennis, J. E. und Moré, J. J. (1974) *A characterization of superlinear convergence and its application to quasi-Newton methods.* Math. Comp. 28, 549–560.

Dennis, J. E. und Schnabel, R. B. (1983) *Numerical methods for nonlinear equations and unconstrained optimization.* Prentice-Hall, Englewood Cliffs, N.J.

Dieudonné, J. (1971) *Grundzüge der modernen Analysis.* VEB Deutscher Verlag der Wissenschaften, Berlin.

Dixon, L. C. W. (1972) *Quasi-Newton techniques generate identical points II. The proof of four new theorems.* Math. Progr. 3, 345–358.

Elster, K.-H., Reinhardt, R., Schäuble, M. und Donath, G. (1977) *Einführung in die nichtlineare Optimierung.* BSB B.G. Teubner Verlagsgesellschaft, Leipzig.

Fiacco, A. V. und McCormick, G. P. (1968) *Nonlinear Programming: Sequential unconstrained minimization techniques.* John Wiley & Sons, New York.

Fletcher, R. (1971) *A general quadratic programming algorithm.* Journal of the Institute of Mathematics and its Applications 7, 76–91.

Fletcher, R. (1987) *Practical methods of optimization.* John Wiley & Sons, New York.

Fletcher, R. und Leyffer, S. (2002) *Nonlinear programming without a penalty function.* Math. Program. 91A, 239–269 (bereits 1997 in Numerical Analysis Report NA/171, Dundee, Scotland).

Fletcher, R., Leyffer, S. und Toint, P. (2002) *On the global convergence of a filter-SQP algorithm.* SIAM Journal of Optimization 13, 44–59.

Frisch, K. R. (1955) *The logarithmic potential method for convex programming.* Technical Report (unpublished manuscript), Institut of Economics, University of Oslo.

Geiger, C. und Kanzow, Ch. (1999) *Numerische Verfahren zur Lösung unrestringierter Optimierungsaufgaben.* Springer, Berlin-Heidelberg-New York.

Geiger, C. und Kanzow, Ch. (2002) *Theorie und Numerik restringierter Optimierungsaufgaben.* Springer, Berlin-Heidelberg-New York.

Gilbert, J. Ch. und Nocedal, J. (1992) *Global convergence properties of conjugate gradient methods for optimization.* SIAM J. Optim. 2, 21–42.

Gill, P. E. und Murray, W. (1974) *Newton-type methods for unconstrained and linearly constrained optimization.* Math. Program. 7, 311–350.

Gill, P. E. und Murray, W. (1978) *Numerically stable methods for quadratic programming.* Math. Program. 14, 349–372.

Gill, P. E. , Murray, W. und Wright, M. H. (1981) *Practical optimization.* Academic Press, London.

Goldfarb, D. (1972) *Extensions of Newton's method and simplex methods for solving quadratic programs.* In: Numerical Methods for Nonlinear Optimization (ed. F. Lootsma). Academic Press, New York.

Goldfarb, D. und Idnani, A. (1981) *Dual an primal-dual methods for solving strictly convex quadratic programs.* In: IIMAS Workshop in Numerical Analysis, Mexico 1981 (ed. J. P. Hennart). Lecture Notes in Mathematics 909, Springer, Berlin-Heidelberg-New York.

Goldfarb, D. und Idnani, A. (1983) *A numerically stable dual method for solving strictly convex quadratic programs.* Math. Program. 27, 1–33.

Goldstein, A. A., Price, J. F. (1967) *An effective algorithm for minimization.* Numer. Math. 10, 184–189.

Griewank, A., Juedes, D. und Utke, J. (1996) *ADOL-C, A package for the automatic differentiation of algorithms written in C/C++.* ACM Transactions on Mathematical Software, 22(2), 131–167.

Griewank, A. und Walther, A. (2000) *Algorithm 799: revolve. An implementation of checkpointing for the reverse or adjoint mode of computational differentiation.* ACM Trans. Math. Softw. 26, No. 1, 19–45.

Griewank, A. und Walther, A. (2008) *Evaluating derivatives: Principles and techniques of algorithmic differentiation.* Series: Other Titles in Applied Mathematics, 2nd ed., SIAM, Philadelphia, PA.

Grippo, L. und Lucidi, S. (1997) *A globally convergent version of the Polak-Ribièr conjugate gradient method.* Math. Program. 78, 375–391.

Griva, I., Nash, S. G. und Sofer, A. (2009) *Linear and nonlinear optimization.* 2nd ed. Philadelphia, PA: Society for Industrial and Applied Mathematics (SIAM).

Großmann, C. und Kaplan, A. A. (1979) *Strafmethoden und modifizierte Lagrangefunktionen in der nichtlinearen Optimierung.* BSB B.G. Teubner Verlagsgesellschaft, Leipzig.

Großmann, C. und Kleinmichel, H. (1976) *Verfahren der nichtlinearen Optimierung.* BSB B.G. Teubner Verlagsgesellschaft, Leipzig.

Großmann, C. und Terno, J. (1997) *Numerik der Optimierung.* Teubner, Stuttgart.

Han, S. P. (1977) *A globally convergent method for nonlinear programming.* Journal of Optimization Theory and Applications 22, 297–309.

Hettich, R. und Zencke, P. (1982) *Numerische Methoden der Approximation und semi-infiniten Optimierung.* Teubner Studienbücher, B. G. Teubner, Stuttgart.

Heuser, H. (2009, 2008) *Lehrbuch der Analysis.* Teil 1 und Teil 2, Teubner, Stuttgart.

Hildebrandt, S. (2002) *Analysis 1.* Springer, Berlin-Heidelberg-New York.

Hock, W. und Schittkowski, K. (1981) *Test examples for nonlinear programming codes.* Lecture Notes in Economics and Mathematical Systems 187, Springer Verlag, Berlin-Heidelberg-New York.

Hoffmann, A., Marx, B. und Vogt, W. (2005, 2006) *Mathematik für Ingenieure.* Teil 1 und Teil 2, Pearson, München.

Jäger, H. und Sachs, E. W. (1997) *Global convergence of inexact reduced SQP methods.* Optim. Methods Softw. 7(2), 83–110.

Jarre, F. und Stoer, J. (2004) *Optimierung.* Springer, Berlin-Heidelberg-New York.

Jensen, D. L. und Polyak, R. A. (1994) *The convergence of a modified barrier method in convex and linear programming.* IBM Journal of Research and Development 38, 657–677.

Kanzow, Ch. (2005) *Numerik linearer Gleichungssysteme: Direkte und iterative Verfahren.* Springer, Berlin-Heidelberg-New York.

Kelley, C. T. (1999) *Iterative methods for optimization.* SIAM, Philadelphia, PA.

Kosmol, P. (1993) *Methoden zur numerischen Behandlung nichtlinearer Gleichungen und Optimierungsaufgaben.* Teubner, Stuttgart.

Levenberg, K. (1944) *A method for the solution of certain nonlinear problems in least squares.* Quart. Appl. Math. 2, 164–168.

Maratos, N. (1978) *Exact penalty function algorithm for finite dimensional and control optimization problems.* TPh.D Thesis, Imperial College, University of London.

Marquardt, D. (1963) *An algorithm forleast squares estimation of nonlinear parameters.* SIAM J. Appl. Math. 11, 431–441.

Myers, G. E. (1986) *Properties of the conjugate gradient and Davidon methods.* J. Optimization Theory Appl. 2, 209–219.

Nocedal, J. und Wright, S. J. (2006) *Numerical optimization.* 2nd ed. Springer, Berlin-Heidelberg-New York.

Ortega, J. M. und Reinboldt, W. C. (1970) *Iterative solution of nonlinear equations in several variables.* Academic Press, New York.

Padberg, M. W. (1999) *Linear optimization and extensions.* Springer, Berlin-Heidelberg-New York.

Polak, E. und Ribière, G. (1969) *Note sur la convergence de méthodes de directions conjuguées.* Rev. Fr. Inf. Rech. Oper. 16, 35–43.

Polyak, R. (1992) *Modified barrier functions: Theory and methods.* Math. Program. 54, 177–222.

Polyak, R. und Teboulle, M. (1997) *Nonlinear rescaling and proximal-like methods in covex optimization.* Math. Program. 76, 265–284.

Powell, M. J. D. (1976) *Some global convergence properties of a variable metric algorithm without exact line searches.* In: Nonlinear Programming (eds. R. Cottle and C. Lemke). AMS, Providence, R. I., 53–72.

Powell, M. J. D. (1977) *Restart procedures for conjugate gradient methods.* Math. Program. 12, 241–254.

Powell, M. J. D. (1978) *A fast algorithm for nonlinearily constrained optimization calculations.* Lecture Notes in Mathematics 630, Springer, Berlin-Heidelberg-New York.

Powell, M. J. D. (1986) *Convergence properties of algorithms for nonlinear optimization.* SIAM Review 28, 487–500.

Powell, M. J. D. (1995) *Some convergence properties of the modified log barrier method for linear programming.* SIAM J. Optim. 5, 695–739.

Pytlak, R. (2009) *Conjugate gradient algorithms in nonconvex optimization.* Nonconvex optimization and its applications 89, Springer, Berlin.

Ritter, K. (1980) *On the rate of superlinear convergence of a class of variable metric methods.* Numer. Math. 35, 293–313.

Rump, S.M. (1999) *INTLAB - INTerval LABoratory.* In Tibor Csendes, editor, Developments in Reliable Computing, Kluwer Academic Publishers, Dordrecht, 77–104.

Sainvitu, C. (2007) *Filter-trust-region methods for nonlinear optimization.* Thesis, Facultes Universitaires Notre-Dame de la Paix Namur, Faculte des Sciences Department de Mathematique, D/2007/1881/11, ISBN-13 : 978-2-87037-548-8.

Schittkowski, K. (1983) *On the convergence of a sequential quadratic programming method with an augmented Lagrangian line search function.* Optimization 14, 197–216.

Schwettlick, H. (1979) *Numerische Lösung nichtlinearer Gleichungen.* VEB Deutscher Verlag der Wissenschaften, Berlin.

Shi, Z., Wang, S. (2011) *Nonmonotone adaptive trust region method.* Eur. J. Oper. Res. 208, No. 1, 28–36.

Spellucci, P. (1993) *Numerische Verfahren der nichtlinearen Optimierung.* Birkhäuser, Basel.

Stoer, J. (1977) *On the relation between quadratic termination and convergence properties of minimization algorithms, Part I. Theory.* Numer. Math. 28, 343–363.

Stoer, J. (1984) *The convergence of matrices generated by rank-two-methods from the restricted β-class of Broyden.* Numer. Math. 44, 37–52.

Wächter, A. und Biegler, L. T. (2005) *Line search filter methods for nonlinear programming: Motivation and global convergence.* SIAM J. Optim., 16, 1–31. *Local convergence*, 32–48.

Wächter, A. und Biegler, L. T. (2006) *On the implementation of an interior-point filter line-search algorithm for large-scale nonlinear programming.* Math. Program., Ser. A 106, 25–57.

Waltz, R. A., Morales, J.L., Nocedal, J. und Orban, D. (2006), *An interior algorithm for nonlinear optimization that combines line search and trust region steps.* Math. Progr., Ser. A 107, 391–408.

Warth, W. und Werner, J. (1977) *Effiziente Schrittweitenstrategien bei unrestringierten Optimierungsaufgaben.* Computing 19, 59–72.

Werner, J. (1992) *Numerische Mathematik 1 u. 2.* Vieweg, Braunschweig, Wiesbaden.

Wilson, R. B. (1963) *A simple algorithm for concave programming.* Ph.D Thesis, Harvard University, Cambridge, MA.

Wright, M. H. (1992) *Interior methods for constrained optimization.* Acta Numerica 1, 341–407.

Wright, S. J. (1997) *Primal-dual interior-point methods.* SIAM, Philadelphia.

Symbolverzeichnis

A^T	transponierte Matrix von A	3
A^{-1}	inverse Matrix von A	10
$C^0(G \subset \mathbb{R}^n, \mathbb{R}^m)$	Menge aller auf G stetigen Funktionen $F: \mathbb{R}^n \to \mathbb{R}^m$	16
$C^{k,L}(G \subset \mathbb{R}^n, \mathbb{R}^m)$	Menge aller auf G k-mal stetig differenzierbaren Funktionen $F: \mathbb{R}^n \to \mathbb{R}^m$, bei denen alle k-ten partiellen Ableitungen auf der Menge G Lipschitz-stetig sind	24
$C^k(G \subset \mathbb{R}^n, \mathbb{R}^m)$	Menge aller auf G k-mal stetig differenzierbaren Funktionen $F: \mathbb{R}^n \to \mathbb{R}^m$	24
E_n, $\boldsymbol{e}_i$	Einheitsmatrix und i-ter Einheitsvektor der Dimension n	4
$F: X \to Y$	Funktion F aus X nach Y	1
$K(\boldsymbol{x})$	linearisierender Kegel in $\hat{\boldsymbol{x}}$	57
$T(M, \boldsymbol{x})$	Tangentenkegel in $\boldsymbol{x} \in M$ an die Menge M	53
$U_r(\boldsymbol{x})$, $\bar{U}_r(\boldsymbol{x})$	(offene) Kugel bzw. abgeschlossene Kugel um $\boldsymbol{x}$ mit Radius $r > 0$	6
$X \subset Y$	X ist Teilmenge von Y	1
$X \cup Y$, $X \cap Y$, $X \setminus Y$	Vereinigung, Durchschnitt und Differenz zweier Mengen X und Y	1
$X_1 \times X_2 \times \cdots X_n$	Kreuzprodukt der Mengen $X_1, X_2, \cdots, X_n$	1
$\operatorname{Desc} f$	Menge aller Paare $(\boldsymbol{x}, \boldsymbol{d})$ mit $\nabla f(\boldsymbol{x})^T \boldsymbol{d} < 0$	108
$\boldsymbol{d}^C$, $\boldsymbol{d}^{Newt}$	Cauchy-Punkt, Newton-Punkt	239
$\boldsymbol{d}_K^C$, $\boldsymbol{d}_K^{Newt}$	Cauchy-Kugel-Punkt, Newton-Kugel-Punkt	254
$\boldsymbol{x}^T$	transponierter Vektor von $\boldsymbol{x}$	3
$\boldsymbol{x}^{\text{end}}$	letzter Iterationspunkt eines Verfahrens	226
$\operatorname{cl} M$	kleinste abgeschlossene Obermenge von M	6
$\operatorname{cone}(M)$	konvexe Kegelhülle von M	33
$\operatorname{conv}(M)$	konvexe Hülle von M	33
δ_{ij}	Kronecker-Symbol	4
$\det A$	Determinante der Matrix A	10

$\mathrm{diag}(a_1, \cdots, a_n)$	Diagonalmatrix A mit den Hauptdiagonalelementen $a_{11} = a_1, \ldots, a_{nn} = a_n$	3
$\dim X$	Dimension des Vektorraumes X	4
$\hat{I}(\boldsymbol{x})$	Menge aller in $\boldsymbol{x}$ aktiven Indizes	57
$\mathrm{int}\, M$	größte offene Teilmenge von M	6
$\kappa(A)$	spektrale Konditionszahl der Matrix A	104
$\lambda_{\min}(A)$, $\lambda_{\max}(A)$	kleinster bzw. größter Eigenwert der Matrix A	10
$\langle \boldsymbol{x}, \boldsymbol{y} \rangle$	Skalarprodukt von $\boldsymbol{x}$ und $\boldsymbol{y}$	4
$\left(P^{\leq}\right)$	Optimierungsproblem mit Ungleichungsnebenbedingungen	56
$(P_{=})$	Optimierungsproblem mit Gleichungsnebenbedingungen	56
$\left(P^{\leq}_{=}\right)$	Optimierungsproblem mit Gleichungs- und Ungleichungsnebenbedingungen	56
$\left(P^{f,\leq\ konv.}_{=\ aff.-l.}\right)$	konvexes Optimierungsproblem	64
$\left(QP^{\leq}\right)$	quadratisches Optimierungsproblem mit Ungleichungsnebenbedingungen	328
$(QP_{=})$	quadratisches Optimierungsproblem mit Gleichungsnebenbedingungen	328
$\left(QP^{\leq}_{=}\right)$	quadratisches Optimierungsproblem mit Gleichungs- und Ungleichungsnebenbedingungen	328
$\mathbb{C}$, $\mathbb{N}$, $\mathbb{R}$, $\mathbb{Z}$	Menge der komplexen, natürlichen, reellen, ganzen Zahlen	1
$\mathbb{R}_{+}$, $\mathbb{R}_{++}$	Menge aller nichtnegativen bzw. aller positiven reellen Zahlen	3
$\mathbb{SPD}^n$	Menge aller positiv definiten Matrizen $A \in \mathbb{R}^{(n,n)}$	12
$\nabla f(\boldsymbol{x})$, $\mathrm{grad} f(\boldsymbol{x})$	Gradient der Funktion f in $\boldsymbol{x}$	20
$\nabla^2 f(\boldsymbol{x})$, $H_f(\boldsymbol{x})$	Hesse-Matrix der Funktion f in $\boldsymbol{x}$	24
$\overline{\mathbb{R}}$	Abschluss der reelen Zahlen, $\overline{\mathbb{R}} := \mathbb{R} \cup \{-\infty, \infty\}$	3
∂M	Menge aller Randpunkte von M	6
$\mathrm{rang}\, A$	Rang einer Matrix A	4
$\mathrm{span}(M)$	lineare Hülle von M	33
macheps	Maschinengenauigkeit bezogen auf die Zahl 1	85
$\|\|A\|\|_F$	Frobenius-Norm der Matrix A	9
$\|\|\boldsymbol{x}\|\|_p$	l_p-Norm des Vektors $\boldsymbol{x}$	7

Index

MIX
Papier aus verantwortungsvollen Quellen
Paper from responsible sources
FSC® C105338

FSC
www.fsc.org

If you have any concerns about our products,
you can contact us on
ProductSafety@springernature.com

In case Publisher is established outside the EU,
the EU authorized representative is:
Springer Nature Customer Service Center GmbH
Europaplatz 3, 69115 Heidelberg, Germany

Printed by Libri Plureos GmbH
in Hamburg, Germany